国家自然科学基金重点项目（编号：51238011）

THE WHOLE BUILDING HANDBOOK
How to design healthy, efficient and sustainable buildings

生 态 建 筑 学
可持续性建筑的知识体系

［瑞］瓦里斯·博卡德斯 Varis Bokalders
［瑞］玛利亚·布洛克 Maria Block
［瑞］罗纳德·维纳斯坦 Ronald Wennersten
张彤 Zhang Tong
顾震弘 Gu Zhenhong

著

东南大学出版社
SOUTHEAST UNIVERSITY PRESS
南京 · 2017

内容提要

随着经济发展和大量的城市建设，我国的能源与生态问题日益严重，转变建筑的方式刻不容缓。遗憾的是当前我国的建筑设计专业人员对生态建筑的理论认知和实施策略普遍缺乏。本书全面而综合地阐述了设计和建造生态建筑的理论原理和具体策略，不仅局限于通常最关注的节能问题，而且对健康、材料、水、废弃物以及社会公众参与等涉及可持续性设计的原则和技术手段都做了详尽的分析。同时本书还对大量的案例，尤其是我国已建成的生态建筑进行了详细的介绍和分析。

本书是对建立系统的生态城市开发思维方法的一次有益尝试，这将促进我国更多可推广的优秀示范案例的建设，适合建筑学、城市规划、土木工程、环境工程等专业的在校大学生、教师学习或研究，也非常适合专业设计人员在实践中作参考。

图书在版编目（CIP）数据

生态建筑学：可持续性建筑的知识体系 / ［瑞典］ 瓦里斯·博卡德斯（Varis Bokalders）等著. 一南京：东南大学出版社，2017.9

　ISBN 978-7-5641-5620-6

　Ⅰ. ①生… Ⅱ. ①瓦… Ⅲ. ①生态建筑-研究 Ⅳ. ①TU-023

中国版本图书馆CIP数据核字（2017）第 100497 号

书　　名：生态建筑学：可持续性建筑的知识体系
著　　者：［瑞］瓦里斯·博卡德斯 ［瑞］玛利亚·布洛克 ［瑞］罗纳德·维纳斯坦 张彤 顾震弘
策划编辑：孙惠玉 责任编辑：徐步政 邮箱：1821877582@qq.com 版式设计：余武莉
出版发行：东南大学出版社　　社址：南京市四牌楼 2 号（210096）
网　　址：http://www.seupress.com
出 版 人：江建中
印　　刷：南京新世纪联盟印务有限公司
开　　本：787mm×1092mm　1/16　印张：33.25　字数：982 千
版 印 次：2017 年 9 月第 1 版　　2017 年 9 月第 1 次印刷
书　　号：ISBN 978-7-5641-5620-6　定价：260.00 元
经　　销：全国各地新华书店　　发行热线：025-83790519　83791830

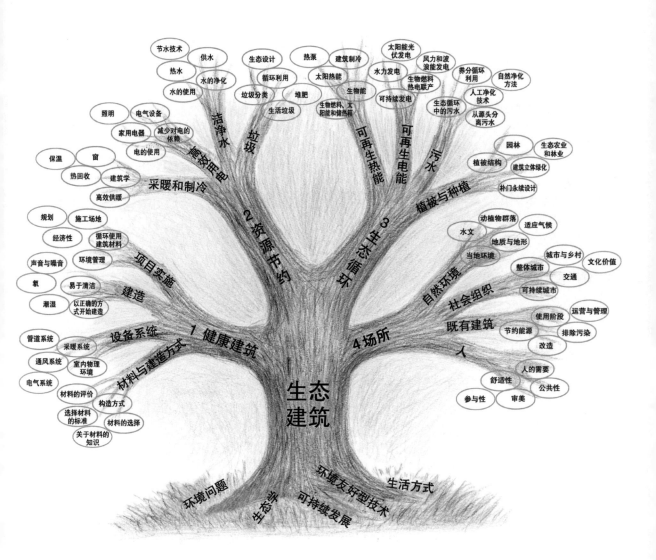

CONTENTS

目录

序一　瓦里斯·博卡德斯（Varis Bokalders）
序二　玛利亚·布洛克（Maria Block）
前言　罗纳德·维纳斯坦 (Ronald Wennersten)

0	**我们的地球**	**001**
0.1	环境问题	002
0.2	生态学	008
0.3	环境友好型技术	011
0.4	可持续发展	014
0.5	生活方式	022

1	**健康建筑**	**031**
1.0	引子	032
1.1	材料与建造方式	035
1.1.1	材料的选择	035
1.1.2	选择材料的标准	038
1.1.3	关于材料的知识	041
1.1.4	材料的评价	051
1.1.5	构造方式	109
1.2	设备系统	116
1.2.1	室内物理环境	116
1.2.2	通风系统	120
1.2.3	电气系统	134
1.2.4	管道系统	141
1.2.5	采暖系统	146
1.3	建造	152
1.3.1	以正确的方式开始建造	152
1.3.2	潮湿	153
1.3.3	氡	156
1.3.4	声音与噪音	158
1.3.5	易于清洁	163

1.4	项目实施	167
1.4.1	环境管理	167
1.4.2	规划	169
1.4.3	经济性	181
1.4.4	施工场地	184
1.4.5	循环使用建筑材料	188

2	**资源节约**	**195**
2.0	引子	196
2.1	采暖和制冷	200
2.1.1	高效供暖	200
2.1.2	保温	210
2.1.3	窗	213
2.1.4	热回收	219
2.1.5	建筑学	223
2.2	高效用电	235
2.2.1	电的使用	235
2.2.2	家用电器	238
2.2.3	照明	243
2.2.4	电气设备	251
2.2.5	减少对电的依赖	253
2.3	洁净水	259
2.3.1	水的使用	259
2.3.2	节水技术	261
2.3.3	热水	265
2.3.4	供水	267
2.3.5	水的净化	274
2.4	垃圾	278
2.4.1	生活垃圾	278
2.4.2	垃圾分类	282
2.4.3	堆肥	286

2.4.4	循环利用	289
2.4.5	生态设计	294
3	**生态循环**	**297**
3.0	引子	298
3.1	可再生热能	302
3.1.1	生物燃料、太阳能和储热箱	302
3.1.2	生物能	307
3.1.3	太阳热能	318
3.1.4	热泵	324
3.1.5	建筑制冷	329
3.2	可再生电能	333
3.2.1	可持续发电	333
3.2.2	生物燃料热电联产	337
3.2.3	水力发电	341
3.2.4	风力和波浪能发电	344
3.2.5	太阳能光伏发电	349
3.3	污水	356
3.3.1	生态循环中的污水	356
3.3.2	从源头分离污水	358
3.3.3	人工净化技术	366
3.3.4	自然净化方法	369
3.3.5	养分循环利用	371
3.4	植被与种植	378
3.4.1	朴门永续设计	378
3.4.2	植被结构	382
3.4.3	建筑立体绿化	386
3.4.4	园林	391
3.4.5	生态农业和林业	396

4	**场所**	**403**
4.0	引子	404
4.1	自然环境	407
4.1.1	当地环境	407
4.1.2	地质与地形	410
4.1.3	水文	414
4.1.4	动植物群落	419
4.1.5	适应气候	422
4.2	社会组织	429
4.2.1	可持续城市	429
4.2.2	交通	433
4.2.3	整体城市	446
4.2.4	城市与乡村	454
4.2.5	文化价值	463
4.3	既有建筑	470
4.3.1	使用阶段	470
4.3.2	运营与管理	472
4.3.3	节约能源	475
4.3.4	排除污染	479
4.3.5	改造	483
4.4	人	492
4.4.1	人的需要	492
4.4.2	舒适性	495
4.4.3	公共性	498
4.4.4	参与性	501
4.4.5	审美	504
参考文献		513
小贴士索引		519
后记		520

PREFACE

瓦里斯·博卡德斯（Varis Bokalders）
（斯德哥尔摩，2010 年 1 月 30 日）

随着石油价格的上涨和大众对气候变化以及环境问题了解的增多，人们对可持续性建筑的兴趣也日益增长。在过去的 30 年里，可持续性建造方式获得很大发展。不过，这种知识的普及在世界不同地区差异很大。在这本书里，我们介绍斯堪的纳维亚地区的方法和经验，同时把这些方法和经验与我们在其他地区获得的知识联系在一起。我们相信在斯堪的纳维亚地区的实践经验对世界其他地方也有重要影响，可以帮助避免重复的研究开发和同样的错误。

有许多不同的术语用来描述可持续性建筑或与其相关的概念：节能建筑、生态建筑、绿色建筑、环境适应性建筑、健康建筑、资源节约、生态循环建筑等等。这些概念的具体意义随着时间发生着变化，因为人们逐渐意识到可持续性建筑不仅仅意味着能源节约或健康材料，而应是建立在环境和生态原则上的一个整体观念。

我们的经验来自于世界不同地区知识的相互补充。比如，斯堪的纳维亚地区在有效地利用资源和适应自然生态循环领域（节能建筑、节能电子产品、水资源保护、废物处理、使用可再生能源的采暖以及适应生态循环的污水处理系统等）处于领先地位；在建筑健康性方面（材料的选择、不同材料对于室内气候的影响和最小电磁辐射等）则是德国处于领先位置；而在奥地利和瑞士对能源的有效利用成功地和建筑结合；荷兰，这个世界上人口密度最大的国家之一，在可持续性城市发展、公共交通以及人

行和自行车交通等方面有着突出的贡献；加拿大、美国和英国在自然通风和自然采光方面做了大量的工作；澳大利亚在发展可持续性建设方面处于领先地位。随着环境问题变得日益显著，我们相信不同地区的知识需要相互借鉴，结合利用。

我们认为可持续性建筑需要以整体的观念来理解，这个观念建立在对于各个部分都有所了解的基础上，通过全面且综合的方法获得。我们呈现在书本内页上的树展示了树的整体以及各个分枝，树冠描绘了相互关联的各个部分。树意味着一种教育方法，不仅解释了整体的观点，还说明了全书的结构。

研究可持续性建筑的专业人员要求能够理解整体，并可以把整体按照自身结构分解成部分，研究各个领域的内容。一旦知识从各个不同的部分获得，它们就可以构成新的整体。在这一过程中树形结构可以用作参照。

在斯堪的纳维亚地区，已经出版了很多文献和研究报告，关注于可持续发展的不同方面。我们的工作在于收集和研究这些材料并且把获得的知识整理汇编成书籍。大部分原始材料都是斯堪的纳维亚语。现在这本书有了英文版本，即将要出版中文版本，给使用不同语言的人提供学习了解这个知识体系的机会。写这本书是一项需要广泛知识的工作，这需要我们拥有作为一名建筑师所必需的坚实的专业基础。我们希望这本书能为更多的人计划和实现一个可持续发展的未来提供帮助。

玛利亚·布洛克（Maria Block）

（斯德哥尔摩，2010 年 1 月 30 日）

充分的科学证据表明环境问题和气候变化已对全球造成了严重威胁，危急的形势要求全球范围的紧急回应。许多研究者和独立分析机构认为我们还需要几十年才可能达到可持续发展的各方面要求。

1. 环境变化。 人类的活动以及我们所使用的技术造成了许多环境问题。石油和危险化学制品的广泛使用污染了我们生存的条件 —— 大气、水和土壤；燃烧石油产生 CO_X、SO_X、NO_X，释放的大量气体影响了气候和臭氧层并加剧了土壤和湖泊的酸化；其他的问题还包括资源的过度开采和人口增长；以目前探测的储量，地球上的石油资源只够开采 30 年，天然气储量可开采 70 年，煤炭可维持 250 年到 300 年；淡水资源缺乏并且分布不均，地下水资源正在被消耗，水资源被污染以至不可食用，水资源管理将成为世界最大的问题之一；可耕作土地极为有限，肥沃的表层土壤因腐蚀而流失，耕地因盐化、水浸和城市发展而缩减。海洋捕捞过度，必须减少捕鱼量以使鱼类得以繁殖；世界许多地方都存在森林过度采伐问题，特别是在热带雨林；物种和基因灭绝的现象在陆地和海洋都呈增长趋势。

2. 斯特恩报告。 人类的活动造成了大气中 CO_2 含量的增加，导致了温室效应和气候变化。计算表明温度增长可能达到 1.6—6℃，这将造成海平面上升 15—100cm。在地球表面的很多区域会发生气候圈的转移。极端气候条件例如暴风雪、洪水和干旱将变得更加普遍。尼古拉斯·斯特恩 (Nicholas Stern) 先生，英国政府经济服务部部长、政府经济气候变化和发展咨询专家，就经济气候变化作了一篇报告。他指出 CO_2 含量的稳定要求每年的排放量要比目前水平下降 80%。如果现在开始采取适当措施，该行动的花费可以控制在每年全球 GDP 的 1%。如果再不采取措施，花费将达到 GDP 的 5%—20%，并且要扭转已造成的变化将非常困难甚至是不可能的。

3. 与自然保持平衡。 我们的星球以及它的生态系统是一个复杂的整体，由植物、动物、人和微生物共同组成，通过不同生物体彼此间的协调和多样性达到自然系统的稳定。每样事物都和其他事物相关，没有东西会消失，只会去向某个地方。自然的生态循环系统包括 4 个组成部分：生产者、消费者、分解者和植物营养储备。规划一个可持续发展的社会需要一个整体性方法，要向自然学习并与自然合作。可再生资源必须用可持续的方式来管理；不可再生资源必须使其循环使用；空气、水和土壤必须保持干净；物种多样性必须保持。当前人口得到了史无前例的增长，根据预测，2050 年全球人口将从 2007 年的 67 亿增长到 90 亿。我们的地球能支撑多大的人口负担呢？

4. 生活方式。 向可持续性技术和可再生资源的转变不足以达到可持续发展的要求，我们还必须改变我们的生活方式。如果世界上所有人都和瑞典人一样生活，我们将需要 4 个地球来满足所需能量和资源。在生活方式和资源利用方面，贫富国家和不同阶层之间有着巨大的差别。人们的生活方式在 3 个方面影响着能量与资源的消费：交通、食物和住房。要达到一个可持续发展的社会我们必须改变我们驾车、用餐和居住的习惯。我们必须少用汽油，少吃肉，居住节能建筑并把我们消费的重点从数量转移到质量上，从物质消费转移到非物质消费上。

5. 可持续发展。 1987 年联合国环境与发展委

员会 [又称布伦特兰委员会，因为主席是可持续发展与公共卫生专家格罗·哈莱姆·布伦特兰（Gro Harlem Brundtland）] 的报告《我们共同的未来》指出了一个不证自明的道德原则"我们必须在不损害我们后代需求的前提下满足当代的需求"。正是布伦特兰委员会的报告提出了"可持续发展"的概念。联合国提出的目标是将科技、经济和可持续发展与一种新的生活方式相结合。因此它是一个生态、经济和社会的可持续问题。人类的生存和幸福也许就取决于我们是否能将可持续发展的原则转化为全球道德伦理，也就是"全球性思考，区域性行动"。有许多珍贵的资源是无价之宝，比如洁净的空气、水和自然。在原有的 GNP 概念中衡量国民幸福指数时，对环境的影响仅占很小比重；绿色 GNP 对 GNP 概念的重新定义，更好地衡量一个国家的生态发展。它不是简单地将工业转换成可持续生产，重要的是，它保证发展朝着正确的方向前行。

"自然足迹"基金会创始人卡尔·亨里克·罗伯特（Karl-Henrik Robèrt）提出，人们必须做到以下 4 点以保证地球的可持续发展：① 我们从地球获取资源，并系统地传递它时，不能造成对自然界的损害（比如化石燃料和重金属）。② 我们不能制造稳定的生物毒素（化学产品）并在自然界系统地扩散，它们在某种程度上会造成对自然的损害。③ 我们不能以自然再生更快的速度从自然界获取资源，我们的获取必须依赖利息（自然界的增长），而不是本金（自然界本体）。④ 地球的资源是有限的，我们必须保护资源并寻求一个合理的分配。越多的人浪费资源，就有越多的人生活在贫困之中。

"自然足迹"基金会认为，为了拥有一个可持续发展的未来，每个行业都需要遵守下面这些原则。这意味着城市规划和房屋建造的方式要发生改变。原则一要求我们的城市和建筑用可再生燃料代替化石燃料来取暖或制冷。金属产品是能源密集型的，并且会产生污染，应该被限制到最少。应该避免重金属有毒物的污染。原则二要求我们研究建筑材料的成分，避免使用危险的化学物质，特别是不可分解的和生物积累性物质，它们可能引发癌症、基因突变或生殖毒素。原则三要求用可持续的方式管理农田和森林。建筑用木料必须通过环境鉴定，生物燃料的生产不能和食物和造纸争夺资源。原则四意味着在可持续发展的社会里，有效地利用资源是至关重要的。所有的建筑都应该是节能的，城市必须以交通运输量最小以及限制汽车使用为原则设计。在这本书中，我们将描述城市规划应该以减少交通量和限制汽车使用为原则。这些原则如何得到贯彻，得到实现。

6. 环境质量目标。我们必须保护并发展基础性自然资源、生物多样性以及耕地。基础性自然资源的所有权十分重要，影响到经济和财富分配。

罗纳德·维纳斯坦（Ronald Wennersten）

（山东济南，2012 年 2 月 22 日）

1. **背景**。如果我们要归纳当今主流世界建筑行业发展的动力，可以用一个词来总结 —— 城市化。尽管发展中国家 60%—70% 的人口仍然居住在农村，全世界一半以上的人口居住在城市。被工作岗位、高工资和更好的生活条件所诱惑，农村人口持续不断地迁移到城市，这给当地和全球都带来了更大的环境压力。造成环境压力不断增长的原因之一是因为我们仍然按照传统的线性思维方式消耗着资源并随之产生垃圾。全球范围内的资源和产品进行着长距离的运输，这进一步增加了环境压力，同时也使人们感到情况是如此的复杂以至于我们无能为力。通过增加民众对这些问题的了解可以提高增加环境保护意识，并创造出更多产生新思想和产业解决现有问题的机会。

建设城市的方式也会影响人们的社会生活。大多数城市遭受着噪音和空气污染，这损害着民众的健康。数以万亿的金钱被用于由于空气污染而产生的健康治疗以及气管炎和哮喘等呼吸道疾病造成的死亡。我们对所使用的含有有毒化学物质的建筑材料的长期副作用一无所知。城市经常被分为富人区和穷人区，商业的增长和游客人数的增加给富裕阶层带来了更多的收入，而贫穷阶层只能从中分到一点好处。我们今天已经在全世界范围都看到太多由于贫富差异造成的城市内的紧张和动荡。毋庸置疑，我们开发城市的方式必须更有历史责任感和长远目标，我们规划城市的方式也会影响到我们利用能源和资源的方式以及生活和消费的模式。

2. **问题**。问题的核心是我们利用资源的方式就好像它们永远取之不尽用之不竭而且生态系统可以承受无穷无尽的污染和垃圾，而生物仍然能保持生存。一个讨论最多的问题是关于对诸如石油、天然气、煤炭等化石燃料的依赖以及由此产生的温室气体排放造成的环境压力。这不仅是个环境问题，还涉及民众健康、世界安全、经济公平等可持续发展议题。随着资源逐渐被消耗以及政治的动荡，我们很快就要经历化石燃料的短缺，这将迅速而强烈地影响全球经济。提高燃料价格会造成只有富人能够负担私家小汽车。今天可以将大多数城市看作是内燃机，一旦没有了化石燃料就会停止运转，进而对社会造成严重后果。这一风险会严重损害世界经济，届时燃料分配的影响力会更加强烈。

城市对资源的消耗也会影响到当地、区域和全球生态系统的物种多样性，这主要是因为建筑、工业和农业的发展需要不停地开发新的土地，在世界范围内重要的生态系统由于森林被砍伐而遭到破坏，同时全球变暖也影响着从地面到海洋的物种栖息地。物种多样性的丧失造成全球生态系统更加脆弱而缺乏弹性。唯一的办法是改变城市的消费模式，在本地和区域范围内建立物质和能量的循环系统。这需要价值观和生活模式的改变，这只能通过提高民众的环境意识进而改变生活态度。

3. **城市的问题**。今天我们城市的许多问题都是与我们生产产品和消耗资源的方式有关，各个工业部门都是建立在廉价的化石燃料基础上。我们曾经认为可以无限制地从自然界开采资源并把它们变成废弃物后排放到空气、水和土壤中。问题在不同的领域暴露出来，这一后果是因为我们缺乏可整合各领域持续要求的城市规划方法，无论是从经济、环境还是社会维度上来看。如果我们仔细分析暴露的问题，我们发现会涉及以下这些领域：能源、交通、建筑、食品、水、垃圾。

（1）能源。能源蕴藏在类似石油、天然气和煤等化石燃料中，它们代表了我们所知的最易利用的浓缩的化学能。有预测认为，未来对化石燃料的需求并不会因为可再生能源的开发而减少。现代工业文明严重依赖于这些高质量的化石燃料，而像风能、太阳能这些能源形式相比较起来则太不稳定且能量密度过低了。那些试图继续维持现有的产业模式而只是将化石燃料改为可再生能源的想法只是部分传统能源公司的如意算盘。对化石燃料的依赖已经深入我们社会的方方面面，不仅是交通和取暖。食品工业非常依赖高产作物，而它们又有赖于消耗大量能源生产的化肥和农药。社会的新陈代谢也是由化石燃料所驱动的。现在是时候开始考虑如何将我们的城市过渡成更富有弹性的状态。解决的方案包括更智能的建筑设计，以及将分散于各地的小型能源生成装置和集中的大型能源供应系统整合为一个智能网络以提供电力和采暖空调所需。

（2）交通。城市交通依然严重依赖汽车来运输人和货物，这造成污染、安全、土地浪费以及对化石燃料的依赖等诸多问题。我们今天更多时候是把希望寄托在发展新能源汽车上，但这是徒劳的。仅仅是目前现有的汽车，不考虑未来更多的新增量，就不可能将所有传统能源汽车更换为新能源汽车。没有足够的土地同时生产粮食和生物燃料，取而代之的是我们将会看到世界范围内由于发达国家在发展中国家购买土地生产生物燃料以满足其国内的汽车燃油需要而造成的矛盾日益突出。最近电动汽车又被认为是新的希望，但是电并不是一种能源而只是一种能量的载体，它的环境影响取决于如何产生，目前我们的电力仍然主要来自水电、核电和火电站。通常来说，各种发动机技术的效率都不高，至多达到30%左右，大部分能量都变成热量浪费了，而没有加以利用。显然城市的交通规划应该换个方向，即减少汽车的使用，重要的原则包括：① 对可持续的解决方案关注多过对交通承载能力的关注（路建得越多只会带来更多的汽车；② 可持续交通系统的综合性规划，同时考虑包括土地利用、区位和交通方式的相互关联；③ 鼓励民众充分利用当地资源的规划，实现从单纯技术性解决方案到改变民众日常生活的跨越；④ 依次优先考虑步行、自行车和公共交通的城市规划。

（3）建筑。建筑是另一个重要的能源消耗领域，采暖和制冷会消耗大量能源。近来建筑领域对于能源和材料问题的关注突飞猛进，这意味着更多更节能和基于低碳低熵的采暖制冷系统受到关注。其他关于可持续建筑的重要内容包括：① 改变民众的行为以节约能源的使用；② 摒弃不断提高人均建筑面积的开发倾向；③ 利用当地的、可持续的和低毒的建筑材料；④ 坚持被动采暖和制冷的设计原则；⑤ 尽量利用本地可再生能源系统。

（4）食品。食品在城市中具有重要的地位。今天食品经常是从遥远的地方运送过来，这对环境具有很大的负面影响。本地食品市场有了很大发展，认证系统在此起到了至关重要的作用，这样消费者就可以选择不是从远方运来或含有某些未知有毒物质的食品。只有透明和生产商的责任意识，才能为消费者提供一个公平的选择机会。城市农场已经成长为一种更可持续的食品生产方式，但是土地的限制和基础设施的充分利用都限制了它的发展。城市和乡村的结合部可以考虑被用来生产本地食品，一个正在增长的趋势是永续耕作。永续耕作建于更可持续利用的土地，这是基于生态和生物原则，采用自然界现有的模式收获最多的食物同时产生最少的垃圾。永续耕作的目标是建立稳定的食品生产系统，将土地和居民整合成为更加循环的社会。

（5）水。水资源的短缺是许多城市面临的严重问题。这部分是因为过度开采，部分是因为污染。发展中国家的大部分人需要将水煮沸消毒或者购买瓶装水。自来水管的铺设通常会优先考虑高级住宅区，穷人仍然需要比富人付出更多用于购买水。解决这一问题应该同时考虑技术手段和改变人的行为两个方面。越来越多的污染来自于生活污水。如果要实现水资源的可持续利用，工业污水、生活污水和雨水应当被分流以采用不同的处理方式。

（6）垃圾。城市不停增长的消费产生的越来越多的垃圾造成了日益严重的问题。传统上垃圾采用填埋的方式，但是垃圾既是材料又是能量资源，我们应该从产品的全寿命循环角度来思考这一问题。怎样才能最大限度地在产品的生命周期内利用资源？中国的城市已经开始进入垃圾管理的下一个阶段——通过垃圾焚烧回收能量。但是垃圾焚烧之前需要复杂的垃圾分类以免危险物质进入，有可能造成垃圾焚烧厂危险品泄漏，进而引起焚烧厂周边环境的污染。通过垃圾分类剔除危险物质，垃圾就可以被更大程度地循环利用，剩余部分可以用安全的方法焚烧。

4. 结论。我们今天建设城市的方式从长远来看是不可持续的，但是一些改变也在产生，尽管困难重重。人们的环境意识在不断提高但是行动却不多。从不可持续到可持续的弹性城市的转变必须按照渐进的方式逐步发展实现，全球性的能源和材料利用系统将被本地的微循环经济和区域经济所补充完善。世界经济系统已经变得如此复杂以至于我们很难找出一条清晰的线索。这一情况也会对改变现状形成阻碍，因为人们会觉得个体的行动太微小以至于对改变总体的形势微不足道。

另一种情况是在较小的区域范围内采取行动，建立积极的运输策略，获得市民的广泛支持，进而实现愿景、互动以及学习。这很重要，因为各种可持续性的因素都是相互关联的。长期的解决方案需要一系列的地方行动，它们就像文化和环境一样丰富多样。微循环经济可以首先从社区开始发展，成功后其形象就会起到示范作用进而吸引更多人参与进来，最终实现更大范围的经济更新和更强健的社区。

微循环经济的发展还具有提高环境意识和创造力的潜在作用，提升的本地治理能力会对城市向可持续之路的转变产生重要的压力。本地经济的目标并不是建立完全自给自足的小农经济，事实上地方化也不是意味着一切产品都要在当地生产当地消费。这是说要在本地、区域和国际市场之间建立更好的平衡。这也意味着应该弱化大型公司的垄断，增加社区对生产什么、哪里生产、生产时间、如何生产等问题的控制。贸易应该更加公平使交易双方都能获利。

对集中的基础设施和资源敏感区域，如能源、水、交通来说，更具弹性的解决方案一定有赖于集中和分散系统的整合。这一解决方案的优势在于以集中系统作为基础辅以大量的灵活的地方系统作为补充的综合系统，而这些地方系统又促进了公众的环保意识和新技术的革新。

探索和发展城市内不同系统在不同层面以及城市和城市周边的互动非常重要。边界条件是什么？比如为住区服务的地方能源系统的发展会对城市、国家和世界有什么影响？当我们讨论地方系统时必须具有城市国家和全球的思维方法。在为住区工作时，我们不仅要检验系统的技术性，也要检验其社会和经济性。我们可以通过建立最佳实践示范项目将渐进式改革与革新整合在一起。这些集成系统的思维方法已经被应用于以下领域：物质空间规划、交通运输、能源生产与利用、水、社会稳定与公平、城市绿地系统、人居。

最理想的情况是能建立起在更大区域范围内针对整个城市的总体愿景，更详细的城市规划应该基于这一总体愿景。产业生态是一门从物质和能量流的基本模型出发，发展出长期有效的城市新陈代谢模型的学科。以下是表示每一样东西当它们进入城市新陈代谢系统后是如何联系的图示。

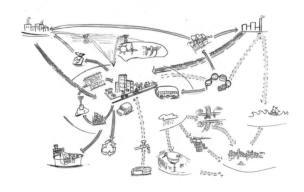

基于这一模型，城市规划应该包括以下主要步骤：① 对现有场地的可持续性评估 —— 哪些方面是最重要的社会、经济和环境可持续问题；② 在有公众参与的过程中建立城市的总体愿景；③ 制定有明确目标和参数指标的可持续发展的规划；④ 实现规划的过程应该整合空间发展框架，包括运转成本的商业模型。

5. 未来的视角。我们的城市已经在数百年的发展过程中成形，在许多老城市我们仍然能通过狭窄的街道和良好的步行可达性体验老城中心。城市中新一些的肌理则往往是考虑人们开汽车或乘坐公交上下班的郊区形态。在大多数年轻的发达国家，如美国，城市已经被塑造成围绕日常汽车交通的形态。虽然我们已经认识到这些以汽车为中心的规划的负面作用，但是由于现有基础设施、道路、建筑标准、技术以及人等原因造成现有的城市模式的锁定效应仍然很强。教育在城市模式的转换过程中扮演着重要的角色，通常我们的建筑师、城市规划师和土木工程师接受的都是本专业内的教育，他们对如何建设城市都有各自的专业局限性。如果要建设可持续的城市，我们就要教育学生采用更经得起时间考验的思维方法，这意味着我们需要同时涉猎许多领域，以便建立起我们想要的城市的情境，这包括健康、节能、水的生态循环、能源与材料、交通运输等方方面面。我们还不得不在解决地方局部问题的同时考虑诸如减少化石能源消耗和保持物种多样性等全球性问题。这些解决方案不仅仅需要科学知识，更重要的是人类必须全身心投入其中，从改变自身的价值观做起。

我们必须开始思考的一件事是如何建立可以适应资源短缺和自然灾害的更有弹性的城市。弹性是系统在不降低效率的情况下自动调节自身的组织结构以适应新的情况要求。由于我们无法预料未来，弹性城市必须像自然生态系统一样具有多样性才能适应各种突发情况。而目前的情况是我们的城市规划正在朝向丧失多样性的方向前进。从本土观点出发我们应该鼓励百花齐放。这也是为什么中国不能不加批判地从发达国家引进所谓可持续城市的解决方案。一旦弹性体现在地方实践和地方资源中，城市之间就会出现差异性。建设可持续城市还要协调不同阶层的利益，可持续城市没有一个严格科学的定义但是解决方案一定要建立在各方利益达成共识的基础上。

中国未来大量增长的城市将成为可持续增长而非 GDP 增长的一个主要挑战。现在的城市不可持续是因为对化石能源的依赖，大量垃圾的产生，水和空气的污染，组群的隔离与对立等等原因，要找出正确的道路我们首先需要分析和讨论不可持续城市的问题所在。这本书不但介绍了现有这些问题的产生原因，而且指出了未来可能的解决办法。最终我们还是会发现城市的可持续性还是要建立在系统的集成程度和民众能改变多少行为习惯。

今天生态城市和低碳城市的概念在中国要比可持续城市更获得关注。在中国已经有超过 100 座城市号称是生态园林城市。在许多案例中很难区分出是已经开发完成还是处在早期规划阶段，许多境外公司也加入中国生态城的规划中。最初生态城市的概念是一种比喻的说法，意思是城市应该像生态系统一样具有高度的多样性和较低的环境压力。尽管有许多环境研究和城市规划领域的专家对生态城的概念从学术角度进行了深化，生态城在社会上的含义始终停留在其字面上，诸如绿色、节能、人与自然的和谐等。至于生态城的评估，仍然没有定量的评价标准。

中国现有发展生态城的方法都是政府主导的自上而下的过程，这通常又是直接引进发达国家的方法而不考虑中国国情的结果。为了开发更合理的生态城，我们需要引入参与机制使各种利益相关者加入。参与机制也许会减慢建设的速度，但它可以确保更全面的可持续性。无论是生态城市还是可持续城市，保持政策的一致性、持久性都很重要。这将需要对工程师、建筑师和城市规划师的教育培养转变为具有从更宏观的角度观察问题以及分析其中的关联性的能力。

6. 本书介绍。这本书是对前面所说的关于建立经得起时间考验的城市开发思维方法的教育的一次有益尝试，这将促进在地方建成可以被推广的优秀示范案例。本书包括以下主要章节：

（1）健康建筑（见本书第 1 章）。建筑是可持续城市的核心。大约 50% 的能源消耗在建筑领域。但建筑的问题不能仅从能源的角度来考虑。建筑建成后会存在很多年，所以要从全寿命周期的角度去思考那些常年使用建筑者的健康问题。建筑中的材料如果含有有毒物质，经过污水和雨水的冲刷也会影响到水处理。建筑是主要的垃圾和污水制造者，因而处于城市基础设施的中心位置。这一章从广泛的视角探讨了如何建造健康建筑。

（2）资源节约（见本书第 2 章）。资源节约是应对未来可持续性挑战的一个关键因素。这包括我们如何以更合理的方式将能源用于采暖和空调，如何使用水资源，如何减少和处理污水。建筑必须按照最有效率的处理固体废弃物的方式建造。固体废弃物在源头就进行分类非常重要，以便更好地循环利用材料、产生能量以及减少污染风险。在这一章中介绍了各种高效的资源节约技术。

（3）生态循环（见本书第 3 章）。今天我们使用资源的从原料到废物的单一线性方式必须改变。大多数生态循环的思想类似于生态系统。生态循环可以体现在不同层面：单一住户层面、城区层面、城市层面和国家层面。这一思想包含了从摇篮到摇篮（而不是从摇篮到坟墓）的方法论，每种物品被制造出来都是为了到适合它的用途的地方。这一章提供了许多能源和物质循环的例子。

（4）场地（见本书第 4 章）。可持续城市的建设只能以可持续建筑为基础。今天我们的一大问题是对建筑、城市规划和市政工程等不同专业人员的分段的割裂式教育方式。市政基础设施会影响到多少能源用于交通，多少用于生活，多少用于生产。城市的开发必须处理好与现有空间和文化环境的关系，以为大多数市民创造能高质量生活的富有活力的城市。城市的开发也包括对旧城的改造，必须关注文化价值的保护和市民的态度。这一章对解决城市难题进行了更整体的思考。

我们的地球

插图　人类只有一个地球
如果全世界的人都采用目前发达国家的生活方式，恐怕需要四个地球才能满足能量和资源的需求

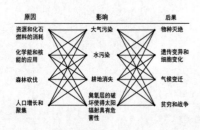

图 0-1 复杂的环境问题
环境问题十分复杂，我们可以将其分为原因、影响和后果，本图描绘了最重要的环境问题及其导致的部分后果

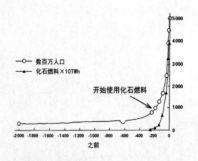

图 0-2 在 2000 年中化石燃料的使用和人口增长
廉价化石能源的使用促使了人口的大幅度增长。很明显这两条曲线相互对应。人口曲线中的一小段骤降是由于中世纪的瘟疫

我们正在一点一点地毁灭我们赖以生存的美丽地球。越来越多的人意识到创建可持续发展社会和阻止环境破坏的重要性。这一切都迫在眉睫。我们必须尽快改变原有的生存方式。许多研究者和独立评论家认为，在目前情况下，要达到可持续发展的目标，我们仍需几十年的努力。

0.1 环境问题

环境问题是人类发展走向歧途最清晰的证据。气候变化、臭氧层破坏和生物多样性的耗竭成为我们最常听到的问题。产生这些问题的主要原因是过度消耗化石燃料和化学品，造成空气、水和土壤的污染（图 0-1）。此外另一个值得关注的情况是廉价的化石燃料使人口出现史无前例的增长，但是对于这些增加的人口，却不再有充足的资源来满足目前西方国家的能源消耗水平（图 0-2）。

1）觉醒

1962 年，雷切尔·卡森（Rachel Carson）的《寂静的春天》（Silent Spring）一书出版，最先敲响了环境问题的警钟。这本书描述了受到水银污染的种子如何使鸟类数目减少。1972 年，罗马俱乐部（The Club of Rome，一个由卓越的科学家和具有各种专业背景的人士共同组成的国际性组织）发表了一份名为《增长的极限》（The Limits to Growth）的报告。由于以石油为代表的自然资源的有限性，导致经济也不可能无限制的增长，该报告对这一问题的前瞻性研究，得到了广泛关注。

今天，四分之一的哺乳动物和八分之一的鸟类都濒临灭绝。在欧洲，野生狐狸和多种海豚、鲸鱼和海豹已濒临灭绝。世界自然保护联盟（The World Conservation Union）列出了一项世界范围内 12 000 种濒临灭绝的动物和植物的清单。

2）化石燃料

我们的能源供给基于化石燃料，这种不可再生资源会对大气产生负面影响，并且导致了气候变化、酸化和臭氧层破坏。此外化石燃料是一种有限的资源，终有一天会消耗殆尽。我们必须学会使用可再生资源，例如太阳能、风能、生物能和水能。

3）气候变迁

由于大量燃烧来自地球内部的化石燃料，大气中的二氧化碳气体排放量大幅度增加。越来越多的研究者警告所谓的温室效应会导致气候变化。温室气体像玻璃一样包裹在地球表面，允许太阳光通过，但却阻止热量向外辐射。

温室效应主要是由二氧化碳的排放造成的，当然，氟利昂、甲烷、氮氧化物和臭氧也难辞其咎。二氧化碳排放总量的 80% 来源于化石燃料的燃烧，剩下的 20% 归因于森林砍伐和生态系统的破坏。植物在生长过程中吸收二氧化碳并在腐烂过程中释放二氧化碳。瑞典的年人均二氧化碳排放量为 1.5t，美国的人均排放量是瑞典的数倍，而印度则是瑞典的 1/4。为了阻止持续增长的温室效应，需要将排放率减至年均 0.3t CO_2/ 人。研究显示全球气温可能增长 1.6—6℃，这将导致海平面上升 15—100cm。地势低的地区将会受到洪水和被污染地下水的严重影响。这将会导致地球绝大部分地区气候的变化。极端的气候情况如风暴、洪水以及干旱将会成为普遍现象。温室效应是最为严峻和困难的环境问题之一。如果我们不走运的话，北极融化的冰川将会改变墨西哥暖流（Gulf Stream），导致北欧国家步入新的冰川时代（表 0-1，图 0-3 至图 0-5）。

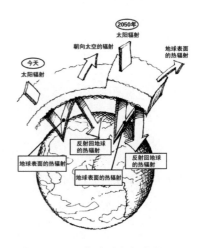

图 0-3　2050 年全球气候变化

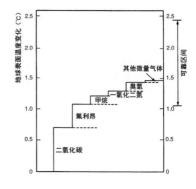

图 0-4　温室气体与气温变化的关系图
其价值在于到 2050 年为止全球平均气温的增长可以被预测。资料源于伯特·博林（Bert Bolin）等

表 0-1　从 1850—2050 年温室气体的增加

年代	1850	1988	2050
二氧化碳 CO_2	275	345	500
甲烷 CH_4	0.7	1.7	3.0
氮氧化物 NO_x	0.285	0.304	0.400

注：单位为 ppmv（每百万分之一的容积数）。

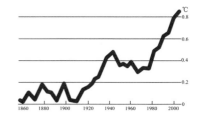

图 0-5　地球平均温度的改变
资料源于 DN，2003-08-12

保护我们的臭氧层

臭氧层阻止
紫外线辐射

氯化物破坏
臭氧层

但是臭氧层的破坏愈演愈烈

图 0-6 臭氧层阻止紫外线辐射
在南极上空的臭氧层空洞正在扩
大，北极上空的臭氧层也存在空
洞。资料源于瑞典环境保护局
（Naturvårdsverket）1995. "Vägskäl
för miljön"

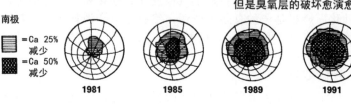

图 0-7 酸化的硫、氮化合物在大
气中的运动过程和在此过程中的
化学反应
资料改编自瑞士标准化协会（SNV）
信息 3（Meddelande），1981

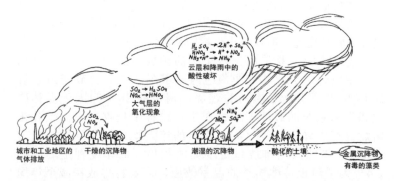

4）臭氧层破坏

化石燃料燃烧产生的温室气体，以及冰箱等电器中使用的氟
利昂，造成了臭氧层的破坏（图 0-6）。紫外线辐射的增加提高
了患皮肤癌的风险。北极上空的臭氧层空洞比南极上空要小。臭
氧层空洞扩大被认为是澳大利亚人患皮肤癌概率增加、南非兔角
膜出现病变以及南极浮游生物减少的原因。

5）酸化

工业区和高密度建筑区域大量燃烧化石燃料产生的氮氧化合
物和硫氧化物造成土壤和水的酸化（图 0-7）。

6）地表臭氧

当汽车排放的废气或有机溶剂与太阳光发生反应产生了地表
臭氧，这会造成农业减收和细胞黏膜病变。有证据表明在瑞典每
年有 1 500 起死亡案例可归因于地表臭氧。

7）化学药品

为了提高生活品质，数以万种的化学药品在全球范围内被广

泛使用。但是另一方面，某些化学药品会导致中毒、过敏、癌症、神经和胎儿损伤、自然链的变异和紊乱等危险。在发展中国家，每年大约有 400 000 人受到杀虫剂的毒害。而在发达国家，由于过度使用化学药品造成水库污染越来越普遍（图0-8、图0-9）。

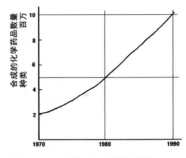

图 0-8　合成的化学药品数量

8）富营养化

从森林和土壤渗漏到河道和海洋中的多余的营养造成富营养化。而且，化肥的使用已经达到了极限，无法再由此提高收成了。

9）辐射

包括放射线、紫外线和电磁波在内的辐射危害具有隐蔽性，人们即使暴露在很危险的辐射环境中也不会有察觉。

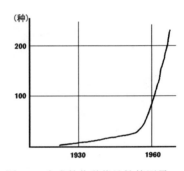

10）基于工业增长的社会

工业社会的发展越来越失去理智。从自然原料到废弃物的线性消耗模式的浪费使得今天的工业社会成为一种过度消耗和低效能体系的样板。成堆的一次性产品最终成为持续增长的垃圾。我们大量使用有限资源，例如煤炭、石油、金属和矿产。不加防护地把金属和放射性物质释放于环境之中。我们的能源供给基于化石燃料的使用。这种方式不能再继续。我们必须学会使用可再生能源，例如太阳能、风能、生物能和水能，并节约使用这些资源。

图 0-9　合成的化学药品的使用量
其中一些生物杀灭剂被用于抑制昆虫繁殖。化学药品滥用产生了事与愿违的后果，越来越多的物种开始对化学药品产生抗药性。资料源于《瑞典人居环境百科全书》（Miljö från A till Ö, Svenska Folkets Miljölexikon），本特·胡本迪克（Bengt Hubendick）编，1992

11）人口增长

我们的地球究竟可以承载多少人口？ 2000 年时期的人口增长速率为年均20%，40 年后，世界人口将达到 80 亿。发展中国家的人口增长问题比较突出。根据预测，2001 年到 2025 年人口数将从 37 亿增加到 68 亿。而在一些经济发达、教育完善、妇女地位较高的国家，人口出生率却有下降的趋势。

12）城市化

在发展中国家，城市人口比乡村人口的增长速度快很多，以至于超出了市政当局的承受力。这必然导致住房、水资源、排水系统和区域交通设施的不足，及贫民区的增加。全世界几乎一半的人居住在人口稠密地区。而第三世界国家的大城市，例如墨西哥城、圣保罗、孟买、雅加达、开罗和德里，都拥有 1 300 万到 2 600 万人口。

13）全球资源

事实上，地球所能承载的人口数量极限或许取决于可再生资源，而不是不可再生资源。另一个限制性因素当然是各种资源的大量使用造成的环境破坏。并且，我们很难估计不可再生资源的储藏量，这是巨大的不确定因素。

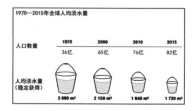

图 0-10　1970—2015 年全球人均淡水量

资料源于安德斯·诺德斯特姆（Anders Nordström）《地球上的水资源》（Jordens Vattenresurser），Vattenvärnet 出版社，1995

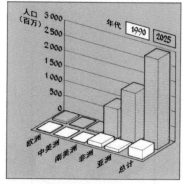

图 0-11　淡水资源短缺

每个国家淡水的可获取都很有限，人口数量的增加使得水资源的供给压力增大。这一柱状图表明在 1990 年（白色柱）和 2025 年（黑色柱）之间对水的需求和水资源短缺之间的矛盾是如何加剧的。资料源于汉斯·尼尔森（Hans Nilsson）根据马林·法尔肯马克（Malin Falkenmark）教授在《永恒流动的水》（The Eternally Flowing Water）一书绘制。《自然科学研究委员会年鉴》（Naturvetenskapliga Forskningsrådetsårsbok），1995

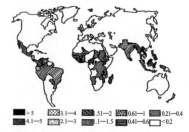

图 0-12　热带地区森林砍伐（年均百分比）

数据源于联合国粮食和农业组织（FAO）在 1981—1982 年的出版物。这个数字每年都在改变，大多数工业国家的森林面积正在增长，美国是个例外。资料源于《瑞典人居环境百科全书》（Miljö från A till Ö, Svenska Folkets Miljölexikon），本特·胡本迪克（Bengt Hubendick）编，1992

14）水资源

表面上看起来，地球上有大量的水资源，因为 71% 的地球表面被水覆盖，但其中大多数是海水。淡水资源仅占全球水资源的 2.5%。大多数淡水资源，69% 是由冰川和雪（主要是在南极和格陵兰岛）组成的。人可用的水资源包括地下水（占淡水资源的 30%）及地表水，例如河流和湖泊水（占淡水资源的 1%）。降雨量不仅在地域上分布不均，而且降水速率也有差异。某些地方，所有的降水在短期内一次下完。因此，能够长期使用这种水资源的方法是人工储藏地下水，好在地下水的蒸发量明显小于池塘。

水资源的供给正在成为全球重大问题之一，其中有几个原因：世界人口的增加，地下水储备被消耗，以及水资源遭受污染以至于无法饮用（图 0-10）。淡水资源在全球分布的不均衡，加上森林砍伐和气候变迁加剧了干旱和洪水问题。联合国的目标是使每一个人都能拥有清洁的水源。水资源的匮乏不仅影响到发展中国家，也影响到美国，那里大量的地下水储备正在干涸。世界上很多地方饮用水都十分有限，在中国西部的一些地区甚至达到了极限（图 0-11）。

15）食物供给

自 20 世纪 90 年代以来，由于腐蚀、盐碱化、洪涝以及土壤贫瘠等对耕地产生的破坏，地表土壤持续减少。在一些国家，优质耕地转瞬间变为建设用地。每年，全球人口增加 900 万，这意味着到了 2025 年食物的产量必须翻倍。第二次世界大战之后，尽管人均耕地持续减少，谷物的收成却因为高产作物、化肥和灌溉的运用而增加。但是到了 20 世纪 90 年代，曲线开始下降。

16）土地资源

现代西方的耕作方式被引入热带地区后使得土壤更加容易被腐蚀，大量富饶的土壤流失。在很多地方，灌溉耕地是为了增加产量。但是如果方法不得当，就会造成土地盐碱化，并且导致板结退化。土壤会因为石油泄漏或过度使用化肥以及放射性污染造成毒化。

17）生物资源

无论在陆地上还是水中，生物和遗传的衰竭现象都在增加。大西洋和太平洋的鱼类资源都被过度捕捞。联合国粮食和农业组织（FAO）声称，当前的捕捞强度必须降低 30% 以允许新资源的再生。大量的森林砍伐发生在制造氧气的热带雨林地区。必须赶快行动了。仅占地球表面积 7% 的热带雨林所包含的物种占地球总数的 2/3。每年大约有 30 000 种热带雨林的物种从地球上消失。大约 70% 的亚洲热带雨林已经消失（图 0-12）。按照这种趋势，在 35 年内热带雨林将会全部消失。即使是欧洲的森林在 20 世纪初也发生了巨大的变化，原因是森林砍伐和种植树种单一，例如云杉森林。如果不采取措施，在 21 世纪上半叶，全球或许会遭受到严重的森林匮乏问题。在瑞典，超过 4 000 种生物被列于所谓的"红色清单"，这一清单包括处于灭绝边缘的动植物。瑞典的许多鸟类，例如夜莺、野鸡、灰雀以及云雀在 10 年内减少了一大半。由于过度捕捞，鳕鱼几乎已在瑞典海域消失，而鳗鱼的数目也减少了 90%。

18）资源会耗尽吗？

磷酸盐是一种很重要的资源，因为磷是肥料中基本的、不可替代的成分。充足的化肥供应使得粮食产量大幅度增长。然而，批评者认为到 2050 年我们一定会陷入困境。生态农业能够降低化肥的使用，但是产量也会随之减少。在工程建设领域中，大量使用砾石于建设公路和铁路的道砟、建筑基础以及水泥和沥青的生产中。研究表明，通过使用更多压碎的材料取代开采的天然石材可以避免砾石矿的短缺。

对于金属来说，短期内还不至于开采殆尽。然而，那些稀缺金属例如金和银会首先增值。钨和铜紧随其后。从长期来看，这一清单还应当包括铅、锌和铂。目前普遍认为全球石油储量还能维持 30 年的开采，天然资源能够维持 70 年，而煤炭能够维持 250—300 年。然而，化石燃料的问题并非在于它们将要耗尽，而是其加工和购买将日益昂贵，它们的使用会导致气候变化。在未来的 10—15 年之间，对于石油的需求量将远大于其可开采量，这意味着价格将会提高。煤分解和释放的污染物远远大于其他的化石燃料。天然气是最清洁的化石燃料，但是它同样会导致气候变化（图 0-13）。

19）贫富差距

在不破坏自然环境的前提下，人类应当如何组成社会？在不同国家、不同社会阶层和不同年龄之间，我们如何公平地分配资源？自然资源是有限的，我们已经开始消耗未来的能源。穷国和富国在生活方式和资源消耗方面具有不合理的巨大差距。事实上，占全世界 20% 的人口正在使用着 80% 的资源，而剩下 80% 的人口却不得不从 20% 的资源中寻求满足（图 0-14）。

20）战争、恐怖主义和地区冲突

资源的分配是不均等的，石油被列于引发战争的最大危机之一。最著名的实例是 1991 年的海湾战争（Gulf War），为了抢占邻国的石油，萨达姆·侯赛因领导的伊拉克军队入侵科威特。在美国、英联邦和一些阿拉伯国家组成同盟加入伊拉克战争之前，伊拉克军队放火烧掉了 700 个油井 —— 这是历史上最严重的环境危机。天空被浓烟染成黑色，石油如泉涌般沿着海岸渗入沙漠，成千上万吨石油填满了海湾（图 0-15）。

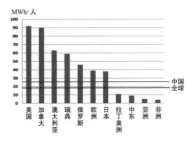

图 0-13　人均能源消耗量

在中国、印度和巴西，年人均石油消耗量不到 1 t。我们也可以看出不同发达国家之间也存在着很大差异。在斯堪的纳维亚地区的国家，每年人均石油消耗量为 3—5 t，而在美国和加拿大，每年人均石油消耗量为 6—7 t。在美国汽油的价格很低，因此高油耗汽车成为了一种生活方式。资料源于 SCB 年度数据报告，欧洲环境部，BP 统计报告，联合国人口统计报告

图 0-14　全球收入分配

每一个水平带表示 1/5 世界人口。占世界人口 1/5 的富人（最上面那条）消耗了 82.7% 的资源，而最穷的 1/5 人口仅消耗了 1.4% 的资源。而 1960 年的数据为 70.2% 和 2.3%。资料源于联合国开发计划署（UNDP），1992 年人类发展报告

图 0-15　海湾战争中燃烧油井造成严重环境污染

0.2 生态学

根据瑞典国家百科全书，生态学的含义是"有关生物与其周边环境关系的科学"。生态系统是一个复杂的整体，动植物、人类和微生物都是构成这一整体的要素。如果我们改变其中的某些组成条件，将很难把握整个系统，也无法准确理解未来会发生什么。在设计精妙的自然环境中，物种之间已经适应了经过长期进化形成的相互关系，然而这一切会被扰乱。尤其是人类，其影响能够彻底摧毁整个生态系统，例如，当森林被摧毁，土壤遭到侵蚀，物种的繁殖能力由于某些长期释放的人工物质而损害。

1）万物皆相互联系

自然界通过各种有机物之间相互作用而达到稳定（图0-16）。而工业社会本身是由大规模单一且集中式生产系统构成的。人类活动破坏了自然的多样性，同时增加其脆弱性（图0-17）。在这

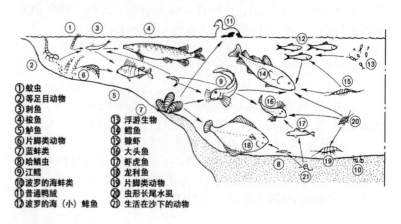

图0-16 波罗的海生态系统的食物链
食物链有许多起点，在不同营养层级之间也存在着很多联系。资料源于卡特琳娜·诺夫多特·扬森（Catarina Rolfsdotter-Jansson），1972

①蚊虫
②等足目动物
③刺鱼
④梭鱼
⑤鲈鱼
⑥片脚类动物
⑦蓝蚌类
⑧哈鳞虫
⑨江鳕
⑩波罗的海蚌类
⑪普通鸭绒
⑫波罗的海（小）鲱鱼
⑬浮游生物
⑭鳕鱼
⑮糠虾
⑯大头鱼
⑰虾虎鱼
⑱龙利鱼
⑲片脚类动物
⑳虫形长尾水虱
㉑生活在沙下的动物

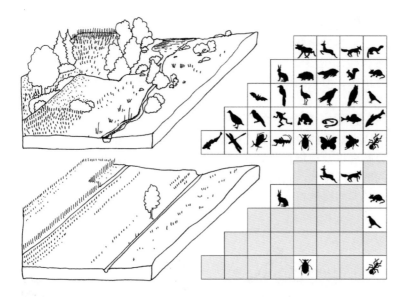

图 0-17　自然界的多样性体现为多样的动植物种类

单一生产会导致物种数目的减少。资料源于《生态建设实践——客户成本意识 A-Z 指南》，H.R.Preisig, W.Dubach, U.Kasser, K.Viridén, 2001

样的社会中一旦出现了问题，将会触发巨大的危机，各部分间相互作用的关系将会瓦解。

2）多样性的优势

基于多样性的系统更为稳定，物种也更为丰富。通过观察自然，我们能够察觉出现的问题。例如，如果大气污染严重，某种苔藓将会首先消失。

3）生态学四法则

生态学法则一：万物皆有联系。生态学法则二：万物皆有归宿。生态学法则三：顺其自然。生态学法则四：天下没有免费的午餐。

4）食物链金字塔

在食物链金字塔中毒素会沉积。物种在食物链金字塔中所处的位置越高，就需要更多的资源以满足需求，因此就更易被毒素侵入。每一个等级之间，毒素以接近 10 倍的速率增长。素食者的情况会好一些，因为他与食物之间仅有一个等级（图 0-18）。

5）增长与承载力

自然界并非呈指数增长。它在开始时比较快而当有机物成熟后就趋于缓慢。在自然界唯一呈指数增长的是疾病，比如癌症。在现代社会，对于天然材料的消耗量呈指数增长，这预示着社会的发展并不健全。我们必须学会保护资源，从长远来看质的增长而不是量的增长才是可行的（图 0-19、图 0-20）。

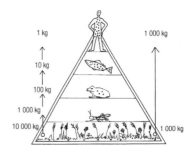

图 0-18　食物金字塔

资料源于《闭合的循环：自然、人和技术》，巴里·康芒纳（Barry Commoner）著，1971

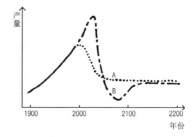

图 0-19　增长的趋势

增长不会一直持续下去，迟早会发生变化。这种变化将会以一种有计划的（A）或是失控的（B）方式发生，例如生态灾难。资料源于奥德姆（Odum），1971

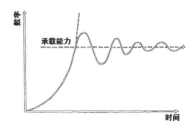

图 0-20　承载力
当超过系统的负载量时，生态系统的增长将会停止。然后生态系统将达到相对稳定的负载量等级

6）有机体

生物进化发展成为各种动植物。光合作用是生物量的基础，然而活细胞所能做的不仅仅是利用太阳光作为能源，活细胞在分子级上对物质的组织比人类的技术手段要更加有效。

7）适应生态循环系统

自然界的生态循环系统由四个部分组成：生产者、消费者、分解者以及植物营养储存和其他简单物质。如果社会结构也有相同的构成方式，我们不仅要减少不必要的环境破坏，而且要减少不必要的能量和资源消耗（图 0-21、图 0-22）。

图 0-21　分解者对生态循环系统的意义（单位：只）
大多数人并未意识到分解者对于生态循环系统的重要意义。该图表示的是在瑞典东部某普通松树林中，一只 44 码鞋子的鞋底所能发现的生物。资料源于针叶林景观的生态学项目

小环虫	400
蚯蚓	0.03
跳虫	1 500
螨	20
甲虫	15
蚊子与苍蝇幼虫	20
蜘蛛	10
螨虫	19 000
蛔虫	100 000
总计大约	**120 000**

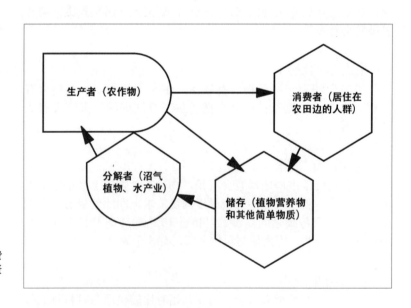

图 0-22　生态循环
自然界的生态循环是由生产者、消费者、分解者和营养储存物构成的。资料源于福尔克·甘瑟（Folke Günther）

0.3 环境友好型技术

技术不是中性的，技术的应用取决于社会模式。高技术昂贵且需要专业人员的支持，低技术简单但过于原始。中间技术相对容易被理解和应用，但是要达到实际运用通常需要一个相当长的知识转化的过程（例如自行车）。生态技术是生物系统与技术系统相结合的产物。理论生态学和应用生态学的知识相结合就是所谓的生态技术。资源节约技术的目标就是以尽可能高的能源效率进行生产。生态技术涉及资源再利用与减少排放。合乎环境要求的技术需要解决好生态、环保以及建立生态循环系统的问题。

1）中间技术

E. F. 舒马赫（E. F. Schumacher）提出了"中间技术"的概念，即不太昂贵且不过于高、精、专的技术。他认为技术应该是成熟的、有效的且科学的，比原始的低技术进步，但比西方国家的高技术简单，更便宜，更易于维护。1965 年，他与几位朋友开创了中间技术开发集团（ITDG），提出了以下四点：

① 规模。高技术仅适用于高密度人群的环境，中间技术需要满足较小尺度的需求。② 简易。高技术依赖专家和尖端的创新，中间技术必须回归简单基础。③ 成本。创新和研发需要高昂的花费，只有跨国公司才有能力去负担这样的高成本。这种趋向必须被改变。④ 环境。技术的发展不能破坏自然。

2）基量 — 资本 — 流

地球上的资源可以分为基量、资本和流三种。在可持续发展的社会，这三部分需要通过不同的方式加以利用。资本是在自然系统中新增的量，如一棵树。超出增长量的资源是不应被使用的。流资源是守恒的，它们永远也不会耗尽（在可以预见的未来），

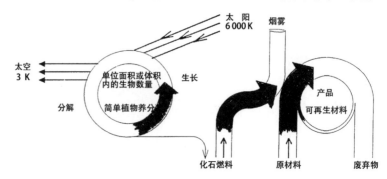

图 0-23　自然界没有垃圾
太阳是生物过程背后的驱动力，在这个过程中植物养分同光合作用一起促进植物生长。当植物死亡，它们被分解产生新植物的原料。在工业社会，产生的废弃物是很难或根本不再利用的

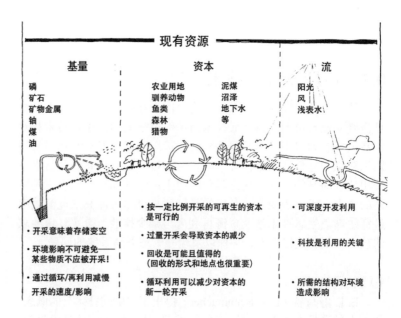

图 0-24　我们所掌握的资源
我们所掌握的资源是基量、资本和流。资料源于汉斯·格约兰德（Hans Grönland），建筑师

例如，太阳源源不断地向地球辐射光和热。我们应该尽可能地立足于可再生能源的使用。基量是不可再生的资源，例如容易开采利用的富集金属矿藏。基量需要保护，回归生态循环，使它们能够被长期使用（图 0-23、图 0-24）。

3）转变的过程

建立可持续发展的社会是一个巨大的挑战。当然，这并不意味着排斥机械、化学制品和计算机，而是学习以可持续发展社会的标准来选用合适的技术。可持续发展意味着化石燃料的使用必须大幅度减少；必须摈弃使用化肥，减少使用金属；有毒金属必须在可控的范围内循环使用；有机环境毒素和化学污染物必须得到清理（图 0-25）。

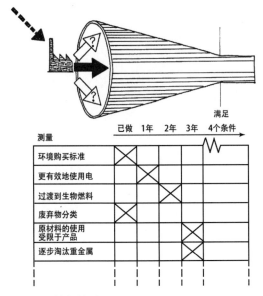

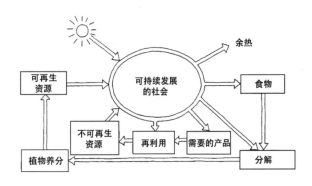

图 0-26　可持续发展社会技术
可持续发展社会的技术好似一个生态系统。使用可再生能源和资源。有机原料堆制成肥料，并形成新的可再生资源的生长基。无机原料进行分类并作为新的生产原料再利用

图 0-25　转变的过程
直接将工业生产转变为可持续性生产是有难度的。重要的是认准方向，沿着正确的道路前进

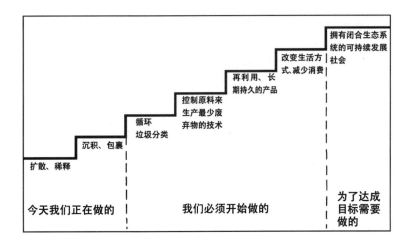

图 0-27　可持续发展的实现
瑞典吕勒奥理工大学的尼尔斯·蒂贝里（Nils Tiberg）教授在他的书《节约之道》（The Economizing Stairway）中，向我们展示了如何逐步实现可持续发展。如果人们对社会革命已经不抱希望，那么想想小的变革也许会有帮助

图 0-28　四项保护地球的准则
"自然脚步"基金会制定了四项保护地球的准则，使我们能够实现可持续发展的要求：① 我们不能过度开发地球的资源，不能以破坏环境的方式将它们扩散到自然界中（比如重金属）。② 我们不应制造稳定的有机毒素，不能以破坏环境的方式将它们扩散到自然界中。③ 从自然界开采的资源不能超过其再生长能力。我们的生活应该依靠自然的利润（额外的自然增长）而不是自然的资本（采伐森林）。④ 地球是一个资源有限的星球，我们应该节约资源，并且争取公正地分配。浪费资源的人越多，生活于贫困之中的人就会越多

4）自然的脚步，系统的要求

　　促使"自然脚步"基金会（Natural Step Foundation）的创始人——卡尔·亨里克·罗伯特（Karl Henrik Robèrt）——开始环境工作的一个重要原因是，人类细胞与其他生物体的细胞具有相似性。他意识到，当树木或海豹有问题时，用不了多久，人类就会开始有问题。活的细胞有其特定的生存条件，这是不能讨价还价的。如果这些条件不能达到，植物、动物和人类的生活前景就会恶化（图 0-26 至图 0-28）。

0.4　可持续发展

我们是自然的一部分，为了保护自然，我们必须节约使用不可再生资源。我们应未雨绸缪，提前为后代人作出考虑，经济的发展应该要适应自然的承受能力。可持续发展意味着我们不能给后代人留下一个生存条件更为糟糕的星球。一种改变视角的方式是不谈"环境问题"，开始讨论"环境挑战"。金钱是衡量价值的尺度，但是许多东西是无价的：清洁的空气、干净的水、自然……这些价值绝不应该被忘记。

1）历史背景

1972 年，第一次联合国人类环境会议在斯德哥尔摩召开。1987 年，布伦特兰委员会的报告《我们共同的未来》中，建立了一个自证的道德原则："我们必须在满足当代人需求的同时，不对后代人满足其需求的能力构成危害。"这就是布伦特兰委员会提出的"可持续发展"的概念。1992 年在里约热内卢召开的联合国环境与发展大会标志着可持续发展的进程迈上了一个新的台阶。

《21 世纪议程》和《里约宣言》是里约热内卢会议的众多成果之一。会议从根本上改变了人们对环境工作的观念。关注的重点从本地环境问题和重要资源的消耗转移到全球环境的威胁和实现可持续发展的目标。联合国赋予各成员国的任务是要建立结合了技术、经济和可持续发展的新型和谐的生活方式。因此，这是一个关于生态的、经济的和社会的可持续发展问题。联合国的环境工作不断得到充实，先后制定了《关于消耗臭氧层的蒙特利尔议定书》（于 1987 年 9 月 16 日在加拿大蒙特利尔通过，1989 年 1 月 1 日生效）、《气候变化协议》（京都，1997 年）、《生物多样性公约》（巴西里约热内卢，1992 年签署）。2002 年，关于可持续发展问题的世界首脑会议在约翰内斯堡举行。

（1）**瑞典环境法**。1999 年 1 月 1 日，瑞典环境法开始生效。在法律条文和实施细则中明确指出，人们利用和改变自然同相应的责任和义务紧密相关。环境法包含了 15 条法规。这些法规涵盖了环境保护、自然保护、自然资源、水、化工产品、废弃物收集和健康保障等领域。跟先前的环境法律相比，环境法的一个重要变化是其目标受到了《里约宣言》及其背后关于环境问题的深刻思考的影响（表 0-2）。① 环境目标。我们应该保护和发展自然资源的基础、多样性以及耕地。基础自然资源的所有权将是非常重要的，必将影响经济和财富的分配。以下是瑞典议会确定的 15 个环境目标和 69 个国家环境目标的概述（表 0-3）。② 绿化指标。在过去几年内经济与环境的关系变得更加凸显。与消费和生活方式相联系的经济活动影响着环境。这导致了明确经济与环境关系的经济核算准则应运而生。环境会计学和绿色指标是把政治讨论和决策落实到环境措施上的工具。在瑞典，地方自治协会与负责 15 个城市环境经济的协会合作制定了可以在城市之间进行比较的绿色指标。一方面适应当前的要求；另一方面为今后的发展明确方向。这些绿色指标是为了在各个城市中引发对于资源消耗、环境工作和环境限制的关注。当城市作为一个地理意义上的区域，这些绿色指标控制的是能源、生物多样性、空气、污水和垃圾。当城市作为一个组织机构，指标关注的是能源、运输与商业活动。

（2）**中国环境保护法规**。中国早在 1979 年就开始试行环境保护法，1989 年进行了修订，随着环境问题日益突出，2012 年开始进行新的修订工作，新版环境保护法于 2015 年颁布实施。除了环境保护法，中国还颁布了一系列的环境法规，以下是中国主要的环境法规（表 0-4）。"十二五"规划提出，中国的国家环境主要目标为：到 2015 年，主要污染物排放总量显著减少；城乡饮用水水源地环境安全得到有效保障，水质大幅提高；重金属污染得到有效控制；持久性有机污染物、危险化学品、危

表 0-2   21 世纪议程的基石

社会和经济	生态	民主
全球措施 与贫困作斗争 消费模式 改善健康 改善居住	大气层的全球保护 不能耗尽非再生资源 不能以超过自身更新的 速度来利用可再生资源	妇女的影响 儿童和青少年 原住民 强调贸易和工业的职能 农业所扮演的角色至关重要 工会

表 0-3　瑞典的 15 个环境目标

序号	环境目标	国家中期目标（达到中期目标的年份）
1	减少气候影响	减少温室气体的排放（2008—2012）
2	清洁的空气	二氧化硫的标准（2005） 二氧化氮的标准（2010） 地表臭氧的标准（2010） 挥发性有机物质的释放（2010）
3	消除非自然酸化	减少酸化水域（2010） 打破土壤酸化的趋势（2010） 减少硫的排放量（2010） 减少氮的排放量（2010）
4	无毒害环境	影响健康和环境质量的化学物质的知识（2010） 产品中关于环境与健康的信息（2010） 逐步淘汰特别危险的物质（2003—2015） 持续减少产生健康和环境危害的化学品（2010） 环境质量的规范值（2010） 受污染地区的认定（2005）
5	保护臭氧层	消除破坏臭氧层的物质
6	安全的辐射环境	禁止使用放射性物质（2010） 消灭太阳照射引发的皮肤癌（2020） 控制电磁场的危害（应该持续关注）
7	零富营养化	保护湖泊、水域和沿海水域的措施计划（2009） 减少磷化物的排放（2010） 减少氮化合物向海洋的排放（2010） 减少氨的排放（2010） 减少一氧化氮的排放（2010）
8	充满生命力的湖泊和水域	保护自然和文化环境的措施计划（2005—2010） 航道修复的措施计划（2005—2010） 制订补水计划（2009） 制止水生动植物的枯竭（2005） 濒危物种和搁浅鱼类的保护措施计划（2005） 保护良好地表水的措施计划（2009）
9	高质量的地下水	地质构造的保护（2010） 明确地下水水位改变的后果（2010） 制订地下水的质量标准（2010） 依照欧盟水框架指令的措施计划（2009）
10	平衡的海洋环境，富有活力的滨海区域与群岛	保护沿海和群岛地区（2005—2010） 制定保护和开发沿海及群岛文化遗产与农耕景观的策略（2005） 保护濒危海洋物种的措施计划（2005） 减少不必要的捕鱼（2010） 适当的捕鱼量（2008） 改变混乱的船运交通（2010） 限制船舶的排放（2010） 依照欧盟水框架指令的措施计划（2009）

序号	环境目标	国家中期目标（达到中期目标的年份）
11	茂盛的湿地	制订保护和管理湿地的战略（2005） 制订湿地的长期保护计划（2010） 穿越湿地的森林公路（2004） 湿地的建立和恢复（2010） 制订关于濒危物种的措施计划（2005）
12	富有活力的森林	制订森林土地的长期保护计划（2010） 增强生物的多样性（2010） 保护有价值的人文环境（2010） 保护濒危物种的措施计划（2005）
13	多样的农耕景观	维护草地和牧场（2010） 保护和建立新的小群落生境的农耕景观（2005） 文化轴线景观要素的管理（2010） 驯养动植物的遗传基因资源（2010） 关于濒危物种和群落生境的措施计划（2006） 农场建筑（2005）
14	壮丽的山地景观	限制破坏土地和植被（2010） 降低山区的噪声（2010） 保护宝贵的自然和文化领域（2010） 保护濒危物种的措施计划（2005）
15	优质的建筑环境	良好的规划基础（2010） 确定文化/历史建筑的价值（2010） 限制噪声（2010） 减少深度采掘沙砾（2010） 减少废弃物（2005） 统一垃圾填埋标准（2008） 建筑中的能源使用（2010） 建筑环境对健康的影响（2020）

表 0-4　中国的主要环境法规

类别	法律（颁布时间）
综合性环境保护	《中华人民共和国循环经济促进法》（2008-08-29） 《中华人民共和国城乡规划法》（2007-12-28） 《中华人民共和国节约能源法》（2007-10-28/2016-07 修订） 《中华人民共和国环境影响评价法》（2002-10-08） 《中华人民共和国清洁生产促进法》（2002-06-09） 《中华人民共和国环境保护法》（1989-12-26）
水环境保护	《中华人民共和国水污染防治法》（2008-03-21） 《中华人民共和国海洋环境保护法》（1999-12-25）
大气环保	《中华人民共和国气象法》（1999-10-31） 《中华人民共和国大气污染防治法》（2000-04-29）

类别	法律（颁布时间）
固体废物及化学品环保	《国家危险废物名录》（2016-03-30） 《中华人民共和国固体废物污染环境防治法》（2004-12-29） 《危险化学品安全管理条例》（2011-02-16）
噪声与振动环保	《中华人民共和国环境噪声污染防治法》（1996-10-29）
放射性与电磁辐射环保	《放射性废物安全管理条例》（2011-12-20） 《中华人民共和国放射性污染防治法》（2003-06-28）
土壤与生态保护	《中华人民共和国野生动物保护法》（2009-08-27） 《中华人民共和国防沙治沙法》（2001-08-31） 《中华人民共和国森林法》（1998-04-29） 《中华人民共和国水土保持法》（1991-06-29）

险废物等污染防治成效明显；城镇环境基础设施建设和运行水平得到提升；生态环境恶化趋势得到扭转；核与辐射安全监管能力明显增强，核与辐射安全水平进一步提高；环境监管体系得到健全。

2）税收作为控制手段

大部分基于短视现金经济的决策往往与生态和环境原则相悖。需要采取社会措施来扭转这种情况。环境税是对污染物排放的一种补偿方式，其出发点是为了鼓励技术发展，采用符合环境要求的技术将比采用旧技术支付较少的环境税。一种作为政策措施的方法是降低人工税，提高环境税。1997 年，税收的75％来自于人工税，而只有 6％ —7％是环境税。我们过度消耗环境资源却没有充分利用劳动力资源。

3）排放许可交易

"污染者赔付原则"是一种管控方法，它意味着污染者应该为其污染行为买单。但是，也可以进行排放交易，即排放者把钱投入到环境事业上，而不是自己的业务。在欧盟内部，排放许可交易在 2005 年启动，以减少工业二氧化碳的排放量。大约 5 000 个欧洲工业公司将加入这一系统。每个欧盟国家有权允许他们的企业一定范围的二氧化碳排放量，同时颁发相同排放量的许可证。如果某企业的排放量少于允许值，就可以将多余的碳排放量以一种特定的欧洲交易方式出售给欧盟内的其他公司，相反如果某公司的排放量超过了允许值，必须支付罚款。实施的对象主要是火力发电、纸浆与造纸、钢铁、水泥和玻璃等行业。

4）自然资源基础

经济系统是全球生态系统的子系统。可持续发展的真正潜力在于从当前的资源浪费和对环境破坏行为转变为生态上可持续且社会经济上行之有效的自然资源管理方式。按照这种方式，我们可以改善未来的经济条件。自然资源基础的所有权将是极为重要的，这必然会影响到经济和财富的分配（图0-29）。

5）环境债务

当今大部分所谓的经济"生产"对生态系统是有害的。只要自然资源的开采量超出了自然本身的生产能力，如果不进行修复，环境负债会持续增长。有些环境的损坏是无法修复的，这部分无法改变的环境债务，不能以货币形式来对后代交代。经济学家赫尔曼·戴利（Herman Daly）和约翰·科布（John Cobb）提出一种被称为可持续经济福利指标（ISEW）的评估方法。他们指出，国民生产总值增长的同时，亦会导致福利的减少。经济发展必须服从于自然和环境，因为它是一个依赖于自然资源的子系统。商业经济可以被看作公共经济的一部分，换句话说，也是我们在地球上拥有所有价值的一部分（图0-30）。

6）生态经济

生态经济中，人们的主要工作是自然资源规划及资源、效率和需求评估。有两种基本思路：第一种是关于生产的概念，在自然界中发生的建设活动是唯一的实际生产，当今经济中大部分生产往往是不利于生态系统的（只要索取的自然资源比生产的多），另外一条思路是需要建立一个与生态系统直接相关的收入和开支的社会账户，这个账户明确表明只能进行不破坏自然的资源利用。

7）绿色 GNP

国民生产总值（GNP）使用同样的标准来衡量好坏。例如，随着汽车交通量的增长，尽管导致了空气污染，但是 GNP 依旧增长。由于负面的环境效应在原有国民财富体系中被考虑得比较少，因此需要重新评价 GNP 的概念，绿色 GNP 将成为衡量国家经济发展的更好标准。破坏环境的价值量要从总的价值量中减去，而不是把环境保护价值加入国民生产总值中。环境的破坏可以采用多种方法进行评估，不过这些方法都存在或多或少的缺点。然而，即使最武断的环境破坏评估也有助于改进国民生产作为财富的标准。长期以来，环境危害被认为是不存在的，即便它的确存在，并且在某些情况下尤为严重（图0-31）。

8）利润和通货膨胀的自由经济

玛格丽特·肯尼迪（Margrit Kennedy）（俄罗斯建筑师和教授）

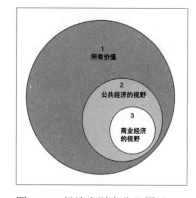

图0-29 经济和财富分配图示
本图示由斯万特·阿列克松（Svante Axelsson）在瑞典自然保护学会（SNF）提出

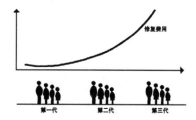

图0-30 环境债务伴随自由放任政策而发展
对有些环境破坏进行修复，修复费用可以看作留给子孙后代的货币化债务。资料改编自《瑞典人居环境百科全书》（Miljöfrån A till Ö, Svenska Folkets Miljölexikon），本特·胡本迪克（Bengt Hubendick）编，1992

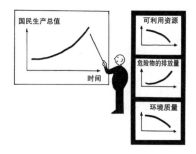

图0-31 增长的代价
在短期内，国民生产总值的增长是以过度开发自然资源为代价的。隐藏于增长的 GNP 指数的背后是损失，图中右侧的三个图用简单的方式说明了这一切。资料改编自《瑞典人居环境百科全书》（Miljöfrån A till Ö, Svenska Folkets Miljölexikon），本特·胡本迪克（Bengt Hubendick）编，1992

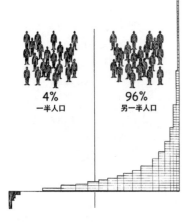

图 0-32 德国货币资本的占有比例图
表明工业国不公平的财富分配。例如 1986 年，德国一半的人口拥有 96% 的资本，而另一半只拥有 4% 的资本

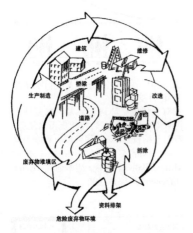

图 0-33 瑞典生态循环委员会
1992 年里约热内卢会议之后，瑞典政府任命了一个生态循环委员会。委员会的工作是使各工业部门更好地适应可持续发展的要求。他们在建筑行业内的合作伙伴，是由建筑界的代表组成的建筑生态循环委员会。该图表明建筑生态循环委员会正在努力实现的目标

写了《利润与通胀经济》一书（Korpens，1994 年），她在书中批评了利润现象。当支付利润时，还需要为这部分利润支付额外的价格。与利润的相对比例是由价格构成中的其他部分决定的，这些费用包括在价格构成内，主要是人员、材料和注销成本。平均而言，利润或本金占到我们日常生活所需要的商品和服务价格的 30%—50%。资本掌握在少数人的手中。80% 的人付出比他们得到的多，10% 的人在这一系统中获得少许收益，还有 10% 的人获得大部分收益。肯尼迪认为，应该将货币作用减至其作为贸易手段、价格标准和价值储存的基本功能。根据肯尼迪的设想，新的经济体制得以建立的前提条件是废除一年的债务，开始建立一种新的更为持久的货币体系（图 0-32）。

9）当地货币

有一种建议是建立两个使用不同货币的市场。一个针对本地的商品和服务，如食品、建材、能源，另一个针对全球劳动力的分工，如电子、医药、照相机和汽车等。两种货币不能兑换，两个市场也不存在交换和流通。比如，把全球贸易的利润注入资本密集的农业是不可能的。适用于与土地相关产业，如林业和农业的法则，不适用于工业。这可以防止规模的无限扩大，并有助于节约资源。

10）生态建筑—可持续性建筑

一些术语很容易相互混淆：节能建筑、生态建设、绿色建筑、环境适应型建筑、健康建筑、资源节约、生态循环建筑等。这些术语的意思随着时间而改变，人们已经意识到，这不仅是一个节能的问题，而是一个基于环境和生态系统的整体概念。更合适的术语是"可持续性建筑"。本书标题中的"生态建筑学"包含了未来建筑所要求的知识体系。

11）建筑界的生态循环委员会

1992 年，联合国在里约热内卢召开环境与发展会议之后，瑞典政府任命了一个生态循环委员会，其任务是督促《21 世纪议程》和《里约宣言》在社会各部门的实施。

在建筑领域，1994 年成立了建筑生态循环委员会。这是一个由建筑和房地产界大约 40 个组织的代表组成的机构，用来应对建筑界对环境兴趣的增长，形成一股可持续发展社会的激励力量。建筑生态循环委员会的宗旨是"建造业承诺推进可靠、高效、系统和协调的环保工作，促进环境的持续改善。这一承诺基于与政府当局的合作，遵循市场经济原则，通过立法得以实现"（图 0-33）。

小贴士 0-1 2003 年瑞典建筑业的环保计划

该环保计划由环境目标和详细目标两部分组成。

1）节能

（1）**环境目标**。环境目标 1（建筑）：从 2000 年到 2010 年，每平方米建筑面积使用的购买能源应当减少 10%；从 2000 年到 2010 年，用于采暖的化石燃料消耗应减少 20%。环境目标 2（市政工程）：从 2004 年到 2010 年，用于交通、建筑机械和市政工程的化石燃料消耗减少 10%。

（2）**详细目标**。① 从 2006 年起，国家施行建筑物能耗统计。② 至少建设 20 个能源效率示范项目（每个县 1 个）。③ 到 2007 年，至少 50% 的集合住宅和小区施行能耗检测、认证、成本控制和节能的措施。④ 到 2010 年，确定住宅的购买能耗标准，并将其平均值控制在 $100 \, kWh/m^2$（包括家庭用电）。

2）节材

（1）**环境目标**。从 2004 年到 2010 年，减少一半施工垃圾掩埋量。

（2）**具体目标**。2004 年开展填埋垃圾的调查。指导原则：① 到 2005 年，制定建筑施工现场处理废弃物的指导原则。② 到 2005 年，制定建筑物拆除 / 改造施工现场处理废弃物的指导原则。③ 到 2005 年，制定建筑物维修施工现场处理废弃物的指导原则。2006 年制定矿物回收的指导原则。

3）逐步淘汰有害物质

（1）**环境目标 1**。到 2010 年，在建筑领域，将对环境和健康有害物质的使用量减少到最低限度。

（2）**环境目标 2**。最迟到 2006 年，在瑞典市场上的主要建筑产品应该具备产品说明，以简化对建筑产品、施工和服务的比选。

（3）**具体目标 1**。① 最迟到 2004 年，制定有害物质的属性标准。② 到 2005 年，建立申请建筑产品标准的系统。③ 到 2006 年，开展针对建筑产品中最广泛使用物质的情况调查。④ 最迟到 2010 年，确定建筑物中的有害物质。

（4）**具体目标 2**。① 最迟到 2006 年，公布建筑材料中有关健康和环境内容的信息。② 最迟到 2006 年，建设建筑材料资讯门户网站。

4）安全可靠的室内环境

（1）**环境目标**。新建筑的设计、建造与维护应该确保一个安全可靠的室内环境。必须对现有建筑进行鉴定，对其中可能导致的健康问题，最迟到 2010 年前完成整改。

（2）**具体目标**。① 到 2005 年，制定室内环境说明的模板。② 最迟到 2006 年，发布新建筑和改造建筑室内环境质量说明。③ 到 2005 年，制定建筑物防潮的说明模板。

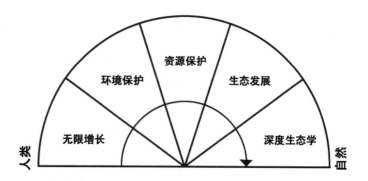

图 0-34　生态政治的视角
挪威生态哲学家阿尔纳·内斯提倡的关于人与自然关系的生态政治视角，我们可以看到从无限增长到所谓深度生态学的层级递进

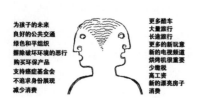

图 0-35　当今社会，我们在愿望之间挣扎
一方面，我们希望有一个更好的环境；另一方面，我们希望有更多的小玩意和更快的汽车。可以说，我们正在变成现代的两面神（Janus）

0.5　生活方式

当今世界存在着巨大的贫富不均。我们日常生活中的每一个小举动都影响着社会发展。人类的生存和福利可能依赖于我们是否能够成功地将可持续发展原则转变为全球伦理，即"思想全球化和行动地区化"。

1）理念

哲学家也将生态学的原理纳入到他们的理论中。起初，受环境和生态问题影响的挪威哲学家们自称为"生态哲学家"。最著名的生态哲学家是阿尔纳·内斯（Arne Naess）。内斯认为区分浅度和深度的生态行动计划是很重要的。浅度生态学局限在与污染和资源消耗的斗争。然而，现有的环境危机解决方案并不涉及人口政策、资源政策和新型无污染技术。这些问题更为复杂，因为自然告诉我们在生物圈内必须要相互尊敬。我们必须从根本上改变我们对自然和人类的看法（图 0-34、图 0-35）。

2）瑞典的生活方式

仅采用环境友好和节能的技术是不够的。瑞典人还必须改变在住房、交通和食品等方面的生活方式。今天，瑞典拥有欧洲最宽敞的住房和最多的大排量汽车，粮食大部分来自进口。即使在日常生活中节约使用能源且有环保意识，瑞典家庭还是乐意在空闲时间包机旅行。如果在内城的 100 m^2 公寓已经可以满足需求，为什么还要盖 200 m^2 的房子？瑞典人能否摆脱过多的私家车？能否以步行、自行车或拼车来代替 SUV？难道必须去国外过周末？可以把假期积攒下来在国外待的时间长些吗？

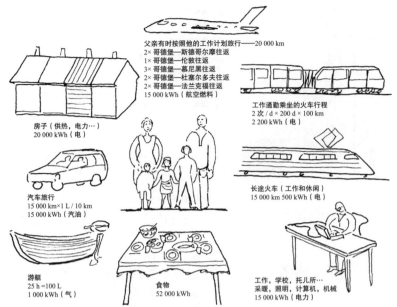

父亲有时按照他的工作计划旅行——20 000 km
2× 哥德堡—斯德哥尔摩往返
1× 哥德堡—伦敦往返
3× 哥德堡—慕尼黑往返
2× 哥德堡—杜塞尔多夫往返
2× 哥德堡—法兰克福往返
15 000 kWh（航空燃料）

房子（供热，电力…）
20 000 kWh（电）

工作通勤乘坐的火车行程
2 次 / d × 200 d × 100 km
2 200 kWh（电）

汽车旅行
15 000 km×1 L / 10 km
15 000 kWh（汽油）

长途火车（工作和休闲）
15 000 km 500 kWh（电）

游艇
25 h =100 L
1 000 kWh（气）

食物
52 000 kWh

工作，学校，托儿所…
采暖，照明，计算机，机械
15 000 kWh（电力）

图 0-36　一个普通的瑞典家庭的能源使用
建筑师汉斯·艾克（Hans Eek），在哥德堡（Gothenburg）工作，住在阿灵索斯（Alingsås）。此图分析了他的家庭能源消耗情况

可以考虑少吃肉产品，并且优先选择当地生产的食品吗？

3）社会阶层

在瑞典，家庭能耗在相当大程度上取决于生活方式。一个家庭生活在城市公寓里使用的能源要少于生活在郊区的大房子里，开大车，玩游艇，住避暑别墅，甚至包机度假。在瑞典，一对有养老金的夫妇居住在小房子里，且使用公共交通，他们的能耗大致为 20 000 kWh/a。居住在适中房子里的家庭，经常使用自己的汽车且拥有游艇，他们的能耗大致为 90 000 kWh/a。一个拥有大房子，一栋宽敞的避暑别墅，两辆汽车，大型游艇，且飞行旅游的家庭，能源消耗量大致为 170 000 kWh/a（图 0-36）。

4）生态足迹

生态足迹是指支持一定数量人口生存需要的土地总面积。不同国家的生活方式产生的生态足迹大小不同。有了这一概念，就有可能知晓实现可持续发展需要采取哪些改变（图 0-37 至图 0-39）。

5）环境空间

瑞典地球之友组织（Friends of the Earth Sweden）计算了如果以世界人口平均划分环境空间，瑞典的人均环境空间会是多少（表 0-5）。

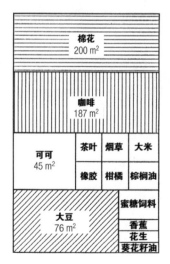

图 0-37　生态足迹图示
为了满足一个瑞典人一年中的消费，而产生与其他国家的生态足迹

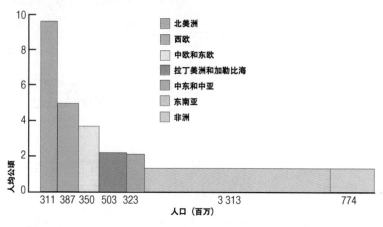

图 0-38 1999 年不同地区和收入
群体的生态足迹
理想学校——生态的学校（Den
godeskole- økologien med iskole），
丹麦生态建筑中心（Dansk center for
byøkologi），2002

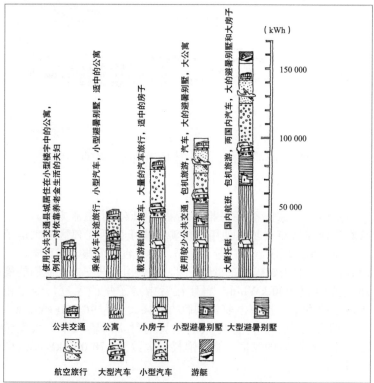

图 0-39 不同类型家庭的能源使用
瑞典里克斯比根（Riksbyggen）住房
协会

表 0-5　瑞典人均环境空间

资源 / 每年人均排放量		1990 年占有 的环境空间	2050 年人均 环境空间目标	变化（%）
主要能源		184 GJ	100 GJ	-46
其中	日常生活消耗	157 GJ	70 GJ	-55
	出口产品消耗	大约 25GJ	20 GJ	-20
	出口电力	1.3 GJ	10 GJ	770
化石燃料		95.7 GJ（a）	16 GJ	-83
核能		28.5 GJ	0 GJ	-100

资源 / 每年人均排放量		1990 年占有的环境空间	2050 年人均环境空间目标	变化（%）
可再生能源		57.8 GJ	80 GJ	39
垃圾，废弃物		2 GJ（b）	4 GJ	96
CO_2 排放量		6.9 t	1.1 t（c）	-84
酸化物排放量（d） SO$_2$		15.1 kg	7.8 kg	-50
NOx		46.3 kg	3.0 kg	-94
不可再生的原材料（e）				
水泥		210 kg（f）	60 kg	-71
生铁		200 kg	34 kg	-83
铝		15 kg	3 kg	-80
氯		26 kg（g）	0 kg	-100
土地面积（总计）		478.3 hm^2	448.3 hm^2	-6
其中	耕地	39.1 hm^2	33.4 hm^2（h）	-15
	经济林地	266.2 hm^2	232.4 hm^2	-13
	其他土地（i）	125.4 hm^2	117.6 hm^2	-6
	建设用地	12.9 hm^2	11.1 hm^2	-6
	保护区用地	34.7 hm^2	52.8 hm^2（i）	52
湖泊和河流		45.4 hm^2	42.6 hm^2	-6
纯进口农业用地		4.2 hm^2	0 hm^2	-100
可再生的原材料				
森林，原木		7.4 m^3	5.5 m^3	-26
森林，国民消费		3.0 m^3	1.0 m^3	-67

注：表中 GJ（吉焦）为热量单位，1GJ = 1×109J；hm^2（公顷）为面积单位，1 hm^2 = 10 000 m^2。① 1990 年瑞典的数据包括 1.4 GJ 的泥煤。② 1990 年瑞典废弃物焚烧量的数据。③ 考虑到瑞典有丰富的可再生能源，使得二氧化碳排放量可低于 1.7 t。所以以此为基础设立了 2050 年人均二氧化碳排放量降为 1.1 t 的目标。④ 空气中的二氧化硫、氮氧化物和氨气含量（Miljöutrymme för svaveldioxid, kväveoxider och ammoniak）计算的数据来自瑞典 NGO 秘书提供的关于哥德堡酸雨的报告。⑤ 涉及主要原材料的消费量。瑞典水泥使用量是指 1990—1994 年的平均水平。⑥ 到 1992 年氯的使用量。⑦ 减少的 9% 是转为保护区的那部分，50 000 hm^2 耕地和 285 000 hm^2 牧场。⑧ 其他土地，包括山地、湿地和低生产力的森林（废弃物和未耕种的土地）。资料摘自"可持续的斯文逊（Svesson）——向公平的环境空间转变"，瑞典地球之友，安娜·马特森（Anna Mattsson），1998 年。

图 0-40　KRAV 的标志

图 0-41　天鹅认证标志

图 0-42　良好环境选择（Bra Miljöval）的认证标识

6）环境认证

环境认证是一个保证产品或服务符合一定环保标准的认证系统。一个具有环境认证标识的产品不一定对环境有好处，但往往比不符合标准的同类产品造成较少的环境压力。瑞典目前有 4 个已施行的环境认证：食品和纺织品的标识 KRAV（见第 3.4 节植被与种植），其他产品（和某些服务）的标识"良好环境选择"（Bra Miljöval）和"天鹅"（Svanen），以及迄今只用于少数产品的"欧盟之花"环境认证系统。除欧盟之花之外，其他标识已经存在了十多年，是目前普遍使用的（图 0-40）。

（1）天鹅（Svanen）。其正式名称是斯堪的纳维亚环境标识（图 0-41）。该标识为整个斯堪的纳维亚地区共同使用。斯堪的纳维亚环境认证是由 SIS 环境标识公司（SIS Miljömärkning AB）代表政府施行和管理的。在认证产品类别和产品数量方面，"天鹅"是最大的环境认证系统。环境标准已经确定了超过 50 项产品类别，但是到目前为止，这其中将近四分之一类别，还没有产品通过认证。从洗碗机到燃油锅炉，任何产品都可以贴上这个标志，数以千计的产品贴有天鹅标识。① 制定标准的工作是斯堪的纳维亚国家之间共同参与的。这项工作是由咨询机构、政府部门、环保团体的代表以及来自 SIS 环境标识公司的代表组成的专家小组完成的。该小组向由社会各部门的代表组成的理事会递交建议，由他们来决定是否应该接受这些标准。斯堪的纳维亚的联合理事会最终批准了这一标准。在制定标准的过程中，"天鹅"考察了产品的整个寿命周期，以便找出哪个环节对环境影响最大。这可能导致天鹅标准只针对于产品寿命的一个特定阶段。② 与"良好环境选择"认证的比较。不同于"良好环境选择"认证，在许多方面，天鹅采用的是相对判断，即不同商品质量的权衡判断。例如，一个产品在某方面质量较差，它可以以其他方面的较好质量作为补偿。由于"天鹅"和"良好环境选择"相互重叠（2003 年在 13 个领域），许多人想知道哪个系统的标准更为严格。除了少数领域，这些标准其实非常相似。目前天鹅系统有两项标准是针对酒店服务和汽车清洗的，并声明还会有更多。当环境认证应用于大量产品时，就能产生环境效益。

（2）良好环境选择（Bra Miljöval）。它是由瑞典最大的非营利环保组织——瑞典自然保护协会施行的认证标识（图 0-42）。该认证系统适用于下列产品和服务：尿布、卫生巾、商店、电力、日用化工、造纸、纺织和运输等。这些不同产品的认证标准是由瑞典自然保护协会与一些专家密切合作制定的。产品制造商可以参与意见，但是在制定标准的工作组内没有代表。通过这一点，可以区分出"良好环境选择"与"天鹅"等其他环境认证的差别。① "良好环境选择"的认证标准严格。产品必须符合所有最低标准，才能获得批准。在许多情况下，产品超过了最低要求，为了给予奖励，"良好环境选择"制定了 A、B

两级标准。B 为最低标准，而 A 是更高的标准。A 级标准甚至会引用其他领域的指标；纺织产品的 A 级标准既包括纤维是如何生产的，同时也包括它们的预加工。② "良好环境选择"认证有两类服务类型。"良好环境选择"只认证无氯漂白的纸张，而天鹅则允许使用二氧化氯漂白（不要与斯堪的纳维亚地区已不再使用的剧毒氯气体漂白相混淆）。"良好环境选择"认证的两类服务是电力和运输。电力服务若想得到标识认证，必须采用可再生能源，比如生物燃料、风能或者水力发电。运输标准同时适用于货运和客运，例如，人均（或单位货物量）的能耗标准，以及这些能源是如何产生的。食品商店也可以贴上"良好环境选择"标签。标准包括选择贴有 KRAV（有机的）标签的食品，不销售所谓的不良产品，比如大对虾、氯，还有音乐明信片等。并且采用"良好环境选择"认证的电力供应。

（3）**欧盟之花**。顾名思义，"欧盟之花"是欧盟的官方环境标识（图 0-43），所有欧盟国家采用共同的标准。欧盟之花应用于几乎与斯堪的纳维亚天鹅标识相同的领域：家居用品、大型家用电器、电脑以及一些不常见的类别，比如鞋子和土壤改良制剂等。在瑞典大约有 60 种室内涂料贴有欧盟之花的标志，这相当于所有欧盟国家采用此认证数量的五分之一。在瑞典，欧盟之花是由 SIS 环境标识公司来管理认证工作的。

图 0-43　欧盟之花认证的标识

（4）**中国环境标志**。中国最高级别的产品环境认证标识是中国环境标志（图 0-44），又称十环标志，是依据 ISO：14024 标准进行认证的，获准使用该标志的产品不仅质量合格，而且在生产、使用和处理过程中符合特定高标准的环境保护要求，与同类产品相比，具有低毒少害、节约资源等环保优势。

图 0-44　中国环境认证的标识

7）公平贸易

许多人认为必须改变经济领域现行的游戏规则，以实现可持续发展和减少世界贫困。由于利率经济和工业化国家过多的经济援助，贫困国家的债务持续增长。征收金融交易税以援助公民协会（ATTAC）是 1998 年在法国成立的一个基层组织，该协会主张对资本交易征税。

"公平贸易标志"是一个国际性标识（图 0-45），表明产品的生产公司尊重人权，并确保为员工提供良好的工作环境。工人和种植业者要得到与他们所做的工作相称的工资。他们反对雇佣童工，鼓励有机增长，发扬民主组织力。在瑞典，公平贸易标志组织的背后是路德教会（Lutherhjälpen）、瑞典教会、红十字会、拯救儿童组织、瑞典贸易联合会（LO）和瑞典职业雇员联盟（TCO）。在其他国家也有类似的公平贸易标识。KRAV 标准同样包括遵守国际惯例和人权的基本要求。森林管理委员会（FSC）是关于森林的环境标识认证组织，已经制定了该领域的规则和标准。

图 0-45　公平贸易标识

小贴士 0-2　瑞典生态建筑的历史

在瑞典，对可持续性建筑的兴趣是作为环境运动的一部分于 20 世纪 70 年代兴起的。1972 年在斯德哥尔摩举办第一届人类环境大会后，这种兴趣迅速增长。在斯德哥尔摩的现代艺术博物馆举办的 ARARAT（建筑、能源、艺术和技术的选择性研究）展览会上，可持续建筑第一次在公众面前亮相。英国的《潜流》（Undercurrents）杂志是其主要的思想源流。

1970 年代对生态建筑的研究，是伴随着对能源有效利用，太阳能以及能源、垃圾与污水系统的综合生态循环技术的研究开始的。1974 年，卡雷·奥尔森（Kåre Olsson）和卡尔·埃里克·埃里克森（Karl-Erik Eriksson）在哥德堡的跨学科研究中心发起了名为"平衡的村庄"（Den välbalanserade byn）的研究（图 0-46、图 0-47）。

到了 20 世纪 80 年代，超级隔热和保温窗以及热回收是研究的焦点。同一时期，生态村运动在瑞典兴起（图 0-48、图 0-49）。

1990 年代人们开始广泛关注室内气候问题，自然通风和健康材料应用于新的生态建筑（图 0-50、图 0-51）。

2000 年后，瑞典第一座被动式建筑（不带有采暖系统的建筑）建成。有趣的是，它同时也是一座现代木结构房屋（图 0-52、图 0-53）。

图 0-46　利姆港的欧联公司
位于马尔默郊外利姆港（Limhamn）的欧联（Euroc）公司于 1974 年在建造了太阳能建筑特默洛克屋（Termoroc-huset），是最早使用太阳能的建筑之一。它在屋顶安装了太阳能集热器，窗户具有良好保温性能并装有在夜晚可关闭的保温百叶。该建筑还为通风和排污管道安装了余热回收热交换器。这幢房子还是瑞典最早采用低温地热系统的房屋之一

图 0-47　自然之屋
由建筑师本特·沃恩（Bengt Warne）设计的自然之屋（Naturhuset）建造于 1976 年，位于斯德哥尔摩郊外的萨尔特舍巴登（Saltsjöbaden）。其概念是一座玻璃屋中的建筑。采用的生态循环系统包括：一个可以把生物垃圾转化为肥料的房屋里的雨水收集器和污水净化装置、用热空气和太阳能取暖的炉子，此外，房屋基础可以储蓄热量，在屋顶设有一个花园

图 0-48　桑那什塔
医学博士马特斯·沃尔加斯特（Mats Wolgast）于 1980 年在乌普萨拉南部的桑那什塔（Sunnersta）建造了第一座超级保温房屋。这座房子在墙上有 28 cm 厚的保温层，屋顶的保温层则有 50 cm 厚；4 层的窗户 U 值达到 1.3W/（$m^2·K$）。房屋的密封性能极佳并装有一个热交换器用于通风，这幢房子取暖所需的能源极少

图 0-49　图格里特（Tuggelite）
图格里特（Tuggelite）第一个生态村图格里特（Tuggelite），位于卡尔斯塔德市（Karlstad）外的斯科勒（Skåre），建于 1984 年。在两层的联排住宅里有 16 套带屋顶大平台的超级保温公寓，采用重型木框架结构。南向窗户都有厚重的外框和大挑檐。它们都装有 Clivus multrum 斜坡堆肥卫生间[1]和预热新风的温室，热源来自颗粒燃烧锅炉[2]和屋顶的太阳能收集板。村庄里有一个日托所、社区活动中心、菜园、地窖和社区物业管理部。村庄总体能源消耗很低。建筑设计：汉斯·格隆朗德（Hans Grönlund）

图 0-50　弗里德库拉斯克兰学校
由克里斯特·努德斯特伦（Christer Nordström）设计的弗里德库拉斯克兰（Fredkullaskolan）学校（建于 1991—1992 年）位于哥德堡北部的孔艾尔夫（Kungälv），是瑞典第一所带有自然通风系统的现代学校，由 DeltaTe 公司的托克尔·安德松（Torkel Andersson）设计。埋在地下的管道引入新鲜空气。学校由健康的材料建成，窗户接受充分的日照。这所学校的室内气候设计是一个巨大的成功，它的自然通风系统至少被一百多个建筑效仿

[1] 斜坡堆肥卫生间：一种无水，无臭卫生处理系统。它不使用化学物质，无需受热或遇水，没有污染排放。每年可以节约超过 60 000 L 的水，年平均成本远低于普通的卫生处理系统。
[2] 以小型木质颗粒为燃料的锅炉，作为集中供暖的热源。

图 0-51　住宅区斯约克瓦特伦
位于瓦斯泰纳（Vadstena）的住宅区斯约克瓦特伦（Sjökvarteren）建于1990—1992年，全部用坚固且健康的材料建成。开发商索伦·尼克拉松（Sören Niklasson）禁止使用矿棉、塑料板和胶合板，取而代之的是轻质混凝土、纤维制品和泡沫玻璃。室内使用不含有毒化学物质的实木和油漆，使用纱线替代喷射泡沫和木板达到密封效果。建筑师：埃里克·阿斯穆森（Erik Asmussen），瓦斯泰纳·法斯泰特斯（Vadstena Fastighets）

图 0-52　被动式建筑
被动式建筑最早在瑞典林多斯（Lindås）由建筑师汉斯·艾克（Hans Eek）提出。很快，一些人跟随他的想法，使用大量保温材料（在基础、墙体和屋顶）、超级保温窗和空气热交换器。被动式建筑在南向有较大的窗户，而在北向窗户较小。入口处有门廊并有保温性能良好的外门。插图说明了在韦纳穆（Värnamo）建于2005年的被动式建筑。由建筑师克里斯特·诺格伦（Christer Nordgren）为芬瓦德斯波斯塔德（Finnvedsbostäder）设计

图 0-53　"BO01"社区展览会上参展的建筑
在马尔默，"BO01"社区展览会上参展的建筑建于2001年，由生态建造者公司（Ekologibyggarna AB）建造。墙体、屋顶和地面结构都是由预制木构件构成。房屋的内墙也是木制的

健康建筑

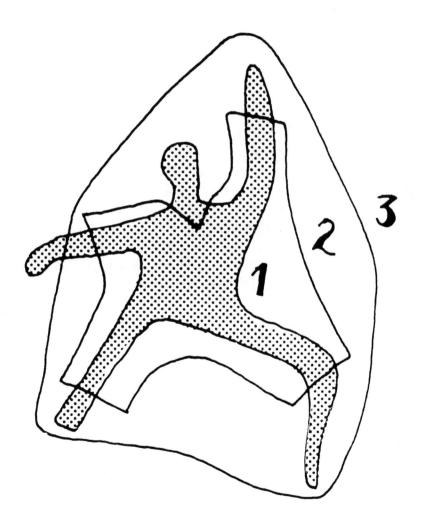

插图　建筑会影响人的健康
如果衣服被认为是人的第二层皮肤，那么建筑就是第三层。资料源于《最后的致病建筑》，比约·贝格（Björn Berge），1988

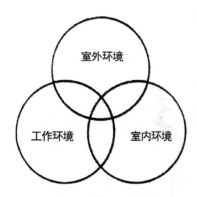

图 1-1　影响健康的环境因素
从环保的角度选择材料时，综合考虑材料对室外环境（自然）和室内环境（使用者的健康）的影响是十分重要的，工作环境同样如此

1.0　引子

建造健康建筑的首要问题是处理好室内环境，即怎样营造出让使用者感到舒适的空间，同时对建筑工人和环境又不会产生不利影响（图 1-1）。在有些气候带，人们有 90% 以上的时间是生活可能的话，我们可以将建筑与所穿的衣服做一个对比，看看它们是如何影响我们的健康的。

（1）**材料**。建筑材料的特性主要在于它们的化学成分，以及在全寿命周期内对环境的影响。通常认为所采用的材料必须把对环境和健康的不利影响减到最少。

（2）**设备**。选择什么样的设备系统能够达到一个温度适宜以及电磁辐射较小的舒适室内环境？怎么才能使一座建筑不被水侵蚀？怎样设计通风、电力和管道系统？

（3）**建造**。即使拥有了健康的材料和优良的设备系统，如果设计不正确，也达不到预期的效果。怎样才能避免潮湿、氡以及噪声的影响？怎样才能使建筑易于清洁和维护？

（4）**实施**。可持续性地建设需要新的知识、更好的协调合作和环境管理，这样对于环境的种种考虑才不会在建造过程中缺失。建筑工地需要新的规则，以及对于建筑废料处理方式的不同态度。

（5）**建筑材料对于环境的影响**。因为需要考虑多种因素，从生态角度选择正确的材料并不是一件容易的事。关键在于，材料是怎样影响室内气候以及身居其中的人的？材料怎样影响室外环境？材料的生产和废弃对动植物会造成怎样的影响？此外，材料还会对材料生产、建造以及建筑拆除的工作环境产生影响。

1）致病建筑

在瑞典，20 世纪 80 年代开始开展了一场关于致病建筑综合征（SBS）的讨论。致病建筑的数量日益增长，我们需要弄清致病建筑综合征的起因，以使其得以避免。大约 10%—30% 的现代建筑会引发致病建筑综合征。在这些建筑中工作或生活的人们往往会出现下列症状：眼—鼻—呼吸道刺激、呼吸道感染、鼻窦感染、黏膜干燥、嘴唇皮肤干燥、脸部头皮瘙痒、皮肤发红、湿疹、疲乏、注意力不集中、恶心、头疼及过敏等问题。

单纯依靠检测来判断一座建筑是否健康是不够的。人们的感觉和症状是判断的依据。在厄勒布鲁市（Örebro）医院，谢尔 • 安德松（Kjell Andersson）等开发出了一种适宜的评价模型，用来判断一座建筑是否是致病的。人们先填一张体验室内环境的调查表（图 1-2、图 1-3）。然后，将答案在“玫瑰图形”里以图示的方式表达出来，一方面是体验的环境因素，一方面是出现的问题和症状（图 1-4）。

当前问题

在最近的三个月中你有没有下列问题/症状？
（即使没有任何问题/症状也请回答每个问题）

		是，经常（每星期）(1)	是，偶尔 (2)	不，从不 (3)	如果是，你觉得是你的工作环境造成的吗？是 (1)	不是 (2)
5—6	疲劳	□	□	□	□	□
7—8	迟钝	□	□	□	□	□
9—10	头疼	□	□	□	□	□
11—12	恶心/头晕	□	□	□	□	□
13—14	注意力不集中	□	□	□	□	□
15—16	发痒、发热、眼睛疼	□	□	□	□	□
17—18	易怒、难受或流鼻涕	□	□	□	□	□
19—20	声音沙哑、喉咙干涩	□	□	□	□	□
21—22	咳嗽	□	□	□	□	□
23—24	皮肤干燥或发红	□	□	□	□	□
25—26	头皮/耳朵痒/皮肤剥落	□	□	□	□	□
27—28	手皮肤干燥、痒、红	□	□	□	□	□
29—30	其他	□	□	□	□	□

图 1-2　室内环境感受的调查问卷
资料源于谢尔 • 安德松（Kjell Andersson）等，瑞典厄勒布鲁市（Örebro）医院

工作环境

在最近的三个月中你有没有在工作单位被下列症状困扰？
（即使没有任何困扰也请回答每个问题）

		是，经常（每星期）(1)	是，偶尔 (2)	不，从不 (3)
28	气流	□	□	□
29	室内温度过高	□	□	□
30	室内温差过大	□	□	□
31	室内温度过低	□	□	□
32	空气不流通	□	□	□
33	空气干燥	□	□	□
34	令人不适的气味	□	□	□
35	静电导致的电击	□	□	□
36	二手烟	□	□	□
37	噪音	□	□	□
38	光线过暗或者有眩光或反射	□	□	□
39	灰尘与污垢	□	□	□

图 1-3　工作环境感受的调查问卷
资料源于谢尔 • 安德松（Kjell Andersson）等，瑞典厄勒布鲁市（Örebro）医院

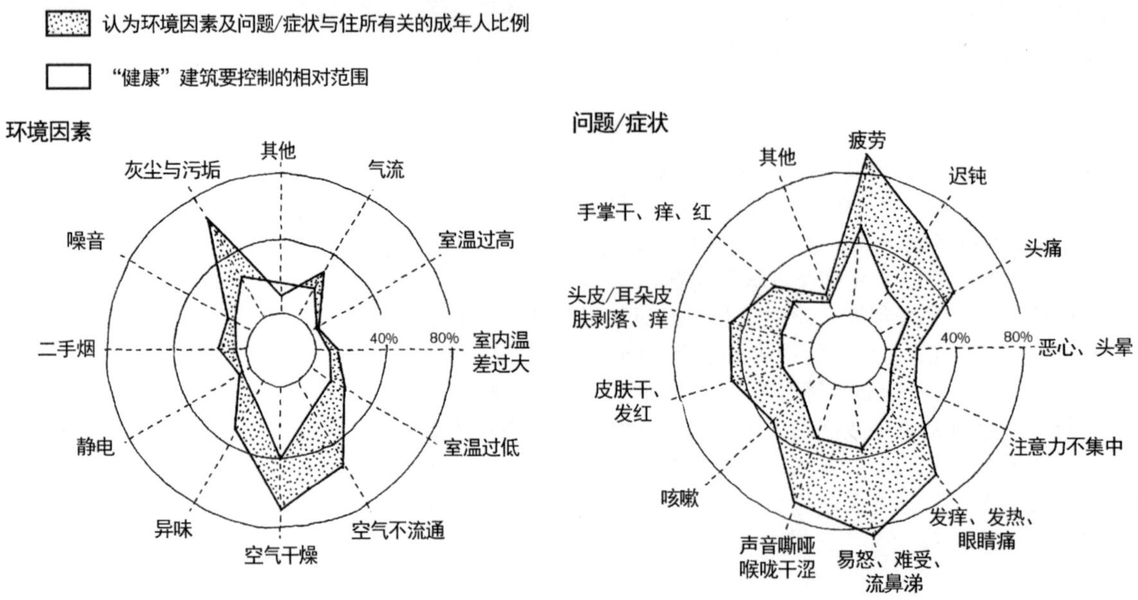

图 1-4　以 "玫瑰图形" 表达疑似致病建筑的调查结果
资料源于谢尔·安德松（Kjell Andersson）等，瑞典厄勒布鲁市（Örebro）医院

2）致病建筑的起因

　　对建筑引起人们的不适或引发疾病的起因多种多样：① 使用劣质的材料（释放化学物质、纤维或过敏原）；② 通风不良（造成潮湿、温度不均、气味难闻）；③ 湿度问题（施工低劣、维护不当、干燥时间不充足等）；④ 电场和磁场辐射（导线、电器、金属等）；⑤ 地面问题（氡、潮湿）；⑥ 周边环境的干扰（交通、噪声、空气污染等）；⑦ 使用不当（使用化学品、浴室溢水、吸烟）；⑧ 清洁维护不足；⑨ 缺乏舒适感；⑩ 缺乏建筑吸引力。

图1-5 瓦斯泰纳（Vadstena）市政住房公司选择建材的例子

建筑的主要材料是轻质混凝土，混凝土底板下方是多孔玻璃棉隔热层，屋面用纤维素纤维做保温层。楼板是木质的，内墙材料使用石膏。屋面采用黏土瓦片，窗台使用石灰石。浴室采用瓷砖和面砖。内部的木质家具采用硬质纤维夹心板。整个窗框被椰壳纤维包裹，以杜绝冷桥

1.1 材料与建造方式

正确地选择材料并不是一件容易的事，需要多方面的专业知识。比如，由于化学物质对健康和生态系统都有影响，化学知识就非常重要。我们还需要有关资源消耗、生产和使用各种材料对环境造成影响的知识。一种材料从生产到消解的过程中对于环境的影响，可以用生命周期评价系统（LCA）来评测，并以环境信息库的形式进行汇报。专家们研究材料从生产到消解的整个过程，以符合可持续发展的社会对材料全生命周期的节约要求。接下来的问题就是综合所有这些知识，作出判断。了解建筑材料如何影响室内环境和使用者的健康，施工现场的材料管理怎样影响到建筑工人的健康，以及材料的使用会如何影响整个生态系统是一件很复杂的事。

1.1.1 材料的选择

评价一种材料，我们需要知道它的成分，如何制造，使用了多少资源，会释放出什么，在制造和运输的过程中消耗了多少什么种类的能源，以及它最终会遗留下什么。这需要建立完整的产品信息库（环保声明）。瑞典的建筑业已经对生态循环委员会的建议达成了共识，所有的建筑材料都需编入这个信息库。这项工作正在开展之中，得到数据仍然是件困难的事，这些数据并不总是完整的。相似的材料可能拥有不同的成分和制造过程。为了作出一个好的环境选择，仅仅知道某类材料的影响是不够的，还必须了解具体产品对环境可能产生的影响（图1-5）。

1）建筑材料详细说明

建筑材料的详细说明应包含的信息：第一，材料名称、简要说明和使用范围；第二，制造商、供应商、对应的环境政策和环境管理系统；第三，成分说明，标注出目前已知的有害成分，以及环境认证。

① 材料生产的资源消耗：原材料、添加剂及各自的含量。排放入空气、水和土壤的物质。有害垃圾产物。是否含有可再生材料？能源消耗总量（可再生材料和不可再生材料）。原材料的来源及运输方式。能源类型（可再生能源或不可再生能源）。② 产品生产过程：能源类型，能量消耗，能量品质，排放入空气、水和土壤的物质。是否产出残留物质？如有产出，残留物质是否可用于其他生产？是否产生有害废弃物？③ 成品建材的运输流通：产地或国家，运输方式，销售方式，包装类型，生产商是否回收包装材料？④ 建筑施工建造过程：对施工机械的需求。建筑施工阶段所需的耗材供应清单。排放入空气、水和土壤的物质。是否产生有害废弃物？是否需要特制材料？剩余材料是否被回收？⑤ 使用阶段的运营维护：运营阶段所需消耗的人工、材料和能源（如清洁剂和润滑油），维护（表面处理、过滤、破损等），使用年限。⑥ 拆除：拆除的难易程度。是否需要特别的措施来保护健康与环境？⑦ 剩余物质的回收再利用：剩余物质可以被再利用吗，可以从中回收材料或者提取能量吗？在燃烧过程中是否会释放有害物质？⑧ 废弃物的处理：在处理废弃物的过程中，是否对空气、水和土壤排放有害物质？对其处理是否根据有害废弃物处理规定执行？⑨ 室内环境：是否含有 CAS（美国化学文摘社）目录中所列对健康有害的成分。合理的存放与操作方法，以避免对室内环境造成不利影响。产生的挥发物及气味。对周围其他材料的要求。

成分说明中要有以下物质成分的数据：① 通常达到重量 2% 的物质；② 如果产品含有对健康有害的、腐蚀性、刺激性、引起过敏或是致癌的物质，或会次生有毒物质，则需要提高要求到重量的 1%，这一要求也同样适用于对环境有害的物质；③ 剧毒、致癌物质、诱变物质或会次生有毒物质，提高到重量的 0.1%（表 1-1）。

（1）**操作过程中的对比**。材料的清洁和维护过程对环境的影响也需要被评测。例如，楼面使用期间的清洁较其生产、运输过程对环境有更大的影响。没有材料是不需要维护的。

（2）**产品信息**。产品的环境信息最好从其生产公司获取。一些国家正在建立他们自己的产品数据库，其中也会有所含危险化学物质的一览表。在瑞典被广泛认同的是名为"建筑供应评估（Byggvarubedömningen）"的数据库（www.byggvarubedomningen.se），该数据库包含了在大多数与建筑有关的产品和原料的环境评估。此外还有弗克山姆（Folksam）保险公司和林雪平健康建筑公司（SundaHus）建立的"健康建筑百万数据"（SundaHus Miljödata）数据库。数据库罗列出了各种建筑

表 1-1　伍尔特（Würth®）黏合剂的成分说明

0.41 成分说明

材料	重量(%)	分类	欧洲化合物目录数据库编号	CAS 编号
丁烷 [＜0.1%　1，3-丁二烯（203-450-8）]	1—15	F+; R12	203-448-7	106-97-8
二甲基乙醚	1—15	F+; R12	204-065-8	115-10-6
丙烷	1—15	F+; R12	200-827-9	74-98-6
二苯基甲烷二异氰酸酯（MDI）聚合物	30—60	Xn; R20 Xi; R36/37/38 R42/43	—	9016-87-9
氯化石蜡 C14-17	10—25	–	287-477-0	85535-85-9

注：资料源于产品数据库的部分信息。

产品是否含有一定程度和一定数量的有害物质。在很大的程度上，他们使用欧盟化学品注册、评估、许可和限制法规（Registration, Evaluation, Authorization and Restriction of Chemicals，简称 REACH）以及瑞典化工部的推荐目录。大型建筑公司也经常有他们自己的产品数据库，但问题是他们的评价基础不同，所以很难理解这些评价是如何做的，而且访问这些数据库的价格不菲。我们的长期目标是建立一个包括产品环境说明的国家产品数据库。

2）环境认证

环境认证是保证产品或服务符合一定的环保标准的认证系统。一个环境认证标识并不一定保证产品对环境有好处，但肯定比不符合标准的产品造成的破坏性小。目前刚刚建立的环境认证"欧盟之花"只适用于少数产品。该认证标准适用于室内涂料和清漆（见涂料和表面处理）、硬质地板、织物和床垫。一些其他的认证系统存在已经超过 10 年，并且被广泛使用。"公平贸易标志"是一个国际性标识。表明产品的生产公司尊重人权并确保为员工提供良好的工作环境。工人和种植业者要得到与劳动相称的工资，反对雇佣童工，鼓励有机增长，发扬民主和组织的权利。大多数认证不包含建筑材料。"天鹅"标志是北欧国家最重要的环境认证，包括住宅、家具和宾馆等都会被认证。"自然＋"（Nature Plus）是一个国际环境组织，其目标是在建筑行业内发展可持续发展理念。为了达到这个目的，该组织已经发展了一个认证系统帮助面向未来的建筑产品达到一个长远发展和可持续的市场地位。《生态测试》（Öko Test）是德国的一家消费者杂志，正在对许多建筑产品中的材料进行测试。他们拥有良好的声誉，通过测试者可以使用 Öko Test 认证。IBO（Österreichisches Institut für Baubiologie und Bauökologi）是在奥地利的一项权威性认证。德国的"R"认证（R-symbol）展示了一

图 1-6　常见的环保标识

种产品中有多少来自可再生原料、矿产和化石燃料。森林管理委员会（FSC）是森林行业的环境认证组织，已经发展了一套关于木材的评价标准。FSC 标识证明产品使用的木材来自遵循 FSC 标准管理良好的森林（参见生态林业）。"十环标志"是中国的环境标志，认证方式、程序等均按 ISO14020 系列标准规定的原则和程序实施，与国际通行环境标志计划做法相一致（图 1-6）。

1.1.2　选择材料的标准

决定材料选择的因素有两个方面：第一，材料如何影响人与生态系统的健康；第二，材料如何影响资源利用，对环境是否造成伤害。从健康角度来看，主要检测的是材料的挥发物质和化学成分；从资源利用角度来看，主要考察材料的生命周期评价（LCA）。

1）健康方面

材料是否影响健康主要取决于其是否含有有害化学成分，尤其是不能在室内环境释放有害物质。

（1）**建筑工业中的化学制品**。全球化学物质的使用在爆炸性增加。通过无数的产品，化学品在社会中不断扩散并传播到自然环境中（图 1-7）。化学品通过垃圾焚烧、垃圾污染、产品渗漏、故意传播（杀虫剂）以及生产性扩散等方式侵害环境。在建筑行业中尽可能杜绝不良化学制品是非常重要的。化学品的危害是多方面的，一些有毒化学品影响长久，在身体里积累产生毒性。例如，有些长期稳定的有毒化学品（聚对苯二甲酸二丁酯 PBT）。众所周知的毒害环境物质有 DDT 和 PCB，溴化灭火剂也对环境产生危害。在身体内积累、产生长久影响的化学物质通常被称作vPvB（非常稳定且易生物积累）。致癌的、诱导有机体突变的、反复毒害的物质被称作 CMR 物质。长久存在的有机环境毒性物质被称作持续有机污染，或 POP 物质。这些化学品能引起神经损伤、行为焦虑、心血管疾病、肾功能损害、激素混乱、骨质疏松、癌症、对胎儿造成损伤以及不孕不育等。

（2）**REACH——欧盟的化学制品规章体系**。REACH 的意思是"化学制品的注册、评估、许可和限制"。欧盟制定了一个规章体系来控制化学制品的使用。所有的化学物质，不论新的或旧的，自主生产的或进口的，只要超过 1 t 就必须注册。注册是为了强迫化学工业建立基础数据。化学工业本身需要评估并对公众表明注册的化学物质有什么危害。在评价之后，当局依据评估成果决定一种物质可以使用、授权使用，还是完全禁止。REACH条例 7.1 条规定，具备下列条件的需要申报注册：① 在正常、合理的使用状况下会发生排放；② 生产总量或进口总量超过 1 t；③ 该物品已因为某种特殊用途申报过。该材料的注册总量必须包含所有生产产品或进口产品的总量。瑞典化学制品监察局的

"PRIO"（优先设定指南）数据库，可协助 REACH 系统使用。查询 PRIO 数据库的信息可以帮助了解哪些物质需要得到 REACH 审批流程的许可。

（3）**排放物**。建筑材料会释放出许多物质，其中有一些受到限制，人们对于不同物质混合之后会产生怎样影响的知识十分有限。因此，之前采用的一种简单方法是测量排放总量（TVOC，总挥发性有机化合物）。不过，这种测量方式目前已不再常用，因为即使是凭经验认为是健康的物质也会有释放物质，例如新烤的面包或木材。现在人们对每一种释放物质施行单独测量。大多数物质的释放会随时间而减少（图 1-8）。

（4）**瑞典化学制品监察局的 PRIO 数据库**。PRIO 数据库的法律基础是瑞典国家环境规范。其主要内容是物质的组成成分，预警条例以及替代条例。这些规章适用于制造商、进口商、销售商以及化学产品使用者。PRIO 数据库由多个部分组成，包括了超过 4 000 种化学物质的数据信息。PRIO 将物质分为两个等级：停止使用和减小危害性的物质。列入停止使用目录的物质是有严重危害的，无论如何不能继续使用。对于这些标准的大量反馈成为核准 REACH 系统（欧盟化学制品规章体系）的基础。需要减小危害性的物质通常含有应特别注意的成分。对其进行的评估和采取的措施取决于它所属的类目和实际的使用情况。PRIO 数据库也有一些实用小窍门，如怎样建立一个化学物质清单，以及怎样分析有害物质并证明其危害性（表 1-2、表 1-3）。

图 1-7　1959 年（左）和 2000 年（右）全球化学物质使用状况

关于化学物质怎样影响健康的知识十分有限，这种影响取决于多少物质在多长的时间内以何种比例进入人体。资料源于瑞典自然保护协会

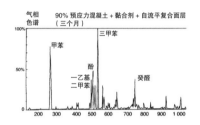

图 1-8　建筑材料会释放物质

含有不同的化学物质，其中一部分会释放到室内空气中。资料源于瑞典厄勒布鲁市（Örebro）医院，谢尔·安德松（Kjell Andersson）

表 1-2　十四种危害最大的化学品

杀虫剂（一些防腐剂和杀菌剂）	黏合剂、涂料、填缝剂、硅胶密封剂
溴化阻燃剂	泡沫塑料，电子、纺织品中使用的塑料
双酚 A- 缩水油醚	环氧树脂、聚碳酸酯
氟利昂（HCFC，HFC）	空调部件、冰箱和冰柜
邻苯二甲酸盐	PVC 地板、PVC 包裹的金属件、涂料、黏合剂、填缝剂、电线、塑料包裹纤维
异氰酸酯	聚氨基甲酸酯、黏合剂、填缝剂、填塞泡沫
异噻唑啉酮	黏合剂、涂料
氯化石蜡	金属屋面油漆中的柔软剂、塑料内的柔软剂
4- 氯间甲酚	黏合剂里的防腐剂
木松香	涂料、油毡
甲乙酮肟	涂料、填缝剂
壬基酚，乙氧化壬基酚，烷基酚	涂料、清漆、黏合剂、填缝剂、底漆
有机溶剂	涂料、填缝剂
多氯联苯	填缝剂、地板填充料、密封玻璃构件

表 1-3　七种有害环境的金属

砷，砷化合物	木材防腐剂和填缝剂
铅，铅化合物	金属屋面板、窗框、水管、硬质 PVC 中的稳定剂、灯泡、热水器、厨卫洁具中的五金件
镉，镉化合物	表面处理剂、稳定剂、电池
铜，铜化合物	水管、金属屋顶、木材防腐剂、油罐
铬，铬化合物	表面处理剂、颜料、厨卫洁具中的五金件
汞，汞化合物	温度计、荧光灯、电池
有机锡化合物	填缝剂、塑料稳定剂、PVC 包裹的金属件

2）环境信息档案

有许多用于描述材料、建造活动或建筑物的资源消耗与环境影响（也被称作生态效益或生态足迹）的系统。建立一个环境信息档案是一项浩大的工程，需要收集很多资料。我们使用生命周期评价系统来研究一种材料在其生命周期的每一个阶段内对环境产生的影响，包括能源及原材料的使用量，以及对空气、水和土壤的排放物等。数据库中相关的信息被整合在一起。对不同的材料使用同一种研究方法才能取得公平的对比。全生命周期研究的阶段包括：原材料的生产，产品的生产、运输，房屋建造、运营使用与拆除。

（1）生命周期评价（LCA）。生命周期评价（LCA）系统是一种研究材料对于环境产生持续作用的方法。环境失衡的量由消耗的能源，以及释放到土壤、空气和水中的物质综合计算得出。生命周期评价系统的问题就是耗费太多的时间，而且新的生产技术对于结果产生的影响可能远大于材料本身。无论如何，生命周期评价系统是改进产品生产、减少环境污染的好工具（图 1-9）。

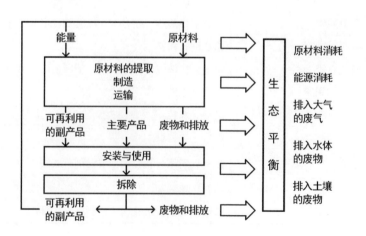

图 1-9　生命周期评价系统
评价系统追踪一个产品从诞生到终结的全过程，揭示材料的选择是如何影响环境的。资料源于瑞士联邦材料测试与开发研究所（EMPA），苏黎世

（2）**MIPS 模型**。MIPS（Material Intensity Per Sequence，材料强度序列分析）模型源于德国，主要针对资源消耗的测试，例如，一种保温材料在生产过程中，需要消耗多少有机物和无机物、水、空气和土壤。利用 MIPS 模型可以测试和比较，使一段墙体的保温性能达到特定 U 值（传热系数），不同的保温材料需要消耗多少资源（图1-10）。

（3）**丹麦环境信息档案模型**。丹麦建筑研究中心（Statens Byggeforskningsinstitut）建立一个名为 BEAT2000 的数据库，包含有多种建筑材料的生命周期评价（LCA）数据。该数据库的环境信息以温室效应、酸化和氮负荷（CO_x，SO_x 和 NO_x）的方式显示了资源和能量的消耗以及对环境的影响。在一些案例中还给出了垃圾管理和有毒物质处理的数值（图1-11）。

（4）**TWIN 模型**。荷兰的 TWIN 模型，对健康和环境影响都作出检验，并且在质和量两方面进行评估。材料的质量用两个竖条表示，一个代表健康影响，一个代表环境影响（图1-12）。

（5）**"自然+"系统**。"自然+"（Natureplus）是一个成立于德国的国际组织，根据严格的健康、环保、性能和生命周期评价数据对建筑材料和日用品施行认证。该认证体系要求一个产品至少要有85%的材料是可循环使用的，并且要有充足的来源。对于合成材料和危害性化学物质的评测标准尤其严格。据估计某些领域只有20%的产品得到了"自然+"认证。

1.1.3 关于材料的知识

从环境的视角去分析获取有关各种材料及他们在不同环境中是如何单独或共同产生作用的知识，是十分有意义的。我们的讨论按以下分类：木材和纤维素纤维为代表的有机材料，以石头、水泥、玻璃和石灰为代表的矿物质材料，金属材料以及塑料等合成材料。

1）有机材料

有机材料有时被称为可再生材料，是可以生长或利用太阳能和光合作用制造的有机物。关于有机材料的基本原则是，只要其使用量不超过生长量，都是有利于环境的。这些材料主要是木材与木制品，以及一些来自植物和动物的其他类型的自然纤维。从环保角度来看，在多数情况下木材都是最好的材料之一。它几乎可以使用在建筑的每一个部分，从立面、屋顶的结构和保温材料到室内家具。选择更有益于环境的处理方法是木材不应暴露在土地和湿气中，如果不能避免，则需要能被迅速干燥。木料的质量取决于其生长环境，树木在何时以何种方式被砍伐，如何进行干燥和维护。密集、种植单一树种会使得木材质量下降。尽量不使用浸渍木材，选择更有益于环境的处理方法，例

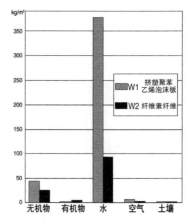

图1-10　MIPS 模型用于研究待定性能的材料使用

这张图表显示了一段 U 值为 0.4 W/（m²·K）的墙体中使用的两种不同保温材料：泡沫塑料（挤塑泡沫塑料，即 XPS）和纤维素纤维（Isofloc）的环境影响参数。资料源于弗雷德里克·施密特-布列克（Friedrich Schmiedt-Bleek），伍珀塔尔住宅（Das Wuppertal Haus）

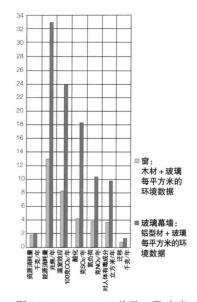

图1-11　BEAT2000 关于一段玻璃幕墙立面的环境数据

上述环境数据说明大面积的双层玻璃表皮会耗费大量的资源，其中部分原因是使用了铝制构件。资料源于《建筑与环境——建筑材料形式和对环境的影响》，罗伯·马什（Rob Marsh），迈克·劳宁（Michael Lauring），埃贝·郝莱瑞斯·彼得森（Ebbe Holleris Petersen），丹麦，2000

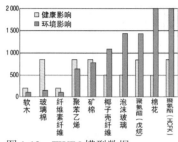

图 1-12　TWIN 模型数据

图中深色柱形条表示环境影响（0-3500）以及这个数值（根据数学模型计算）换算为原材料、造成的污染、废弃物、能源消耗、使用寿命等因素。浅色柱形图条表示一种产品是否健康（0-3500）。健康因素取决于物理和化学方面的影响、生物学与人体工程学效应以及安全性。资料源于《TWIN 模型，建筑材料环境手册》，米歇尔·哈斯（Michiel Haas），荷兰 NIBE 建筑生态研究所，1998

图 1-13　赤杨

赤杨是一种可以用作地板、家具和工艺品的木材

如用油反复处理的松木芯材，有一种利用高温和压力处理的方法，可以使山毛榉、岑木和松木达到与浸渍相同的质量。进口木材需要有 FSC 或 PEFC 认证，以确保木材来自生态的环境。人类有近千年在木建筑中居住的经验，并且知道木材是健康的材料。一些木材，例如松木，开始的时候会散发出萜烯，因此需要时间来散发气味。从环保角度来看，多使用当地落叶树木可以增加地面植物、昆虫和鸟类的生物多样性。在建筑中常用的斯堪的纳维亚木料是松柏类植物，包括松树和云杉。落叶树木常用于地板、室内设施和家具。当然，选择其他木材也是可以的（图 1-13）。

2）有机纤维材料

纸和纸浆是由木头制成的，在建筑中用以制造墙纸或保温材料。纤维素纤维保温材料是由纸浆制成的，加入一些添加物用来抵御微生物、小动物或防火。原则上纤维对生态是有益的，包括稻草、亚麻、椰子、剑麻、黄麻、大麻、棉花，以及泥灰、羊毛和软木。它们可以用于建筑保温和找平。稻草包可以用来建造建筑，稻草可以用作屋顶材料，并可以和黏土混合使用，亚麻可以用作保温卷材，大麻和羊毛也是如此。椰子壳是很好的包装材料，黄麻和剑麻用来做铺垫和墙纸，软木是很好的隔音材料，在地板和隔墙上都可以使用。不过，选择一种材料时，它在运输、种植和生产过程中（例如在棉花上喷洒杀虫剂）产生的环境影响需要列入考虑。

小贴士 1-1　不同种类木材的用途

（1）**屋顶、板材屋顶、木屋顶、木瓦**：橡木、松木、落叶松和白杨的芯材可以不经处理直接使用。木材的下方应保持通风。焦油可以延长木材的寿命，但同时也会增加火灾隐患。

（2）**外墙面板**：与屋顶相同，也可使用纹理密实的云杉。

（3）**窗、外门**：橡木、松木和落叶松芯材，以及纹理密实的云杉。

（4）**结构木料**：松木、云杉、落叶松，以及诸如白杨这样的落叶树材，如果建设期间湿度不高，都可用作壁骨和梁。对于可以看见的柱子和梁，胶合木以及较小的梁来说，白蜡树、栎树、榆树、桦树或白杨这样的落叶树材，都是不错的选择。

（5）**硬质地板**：橡木、山毛榉、白蜡木、榆木、瑞典花楸、杜松，有时也用枫木。

（6）**中等硬度地板**：落叶松、樱桃木、枫木、花楸，有时也用桦木。

（7）**软质地板**：云杉、松木、白杨、赤杨、菩提木等。

（8）**室内镶板**：如果室内的湿度恒定，各种木材几乎都可以使用。如果湿度经常变化，采用鹅耳枥就需要十分谨慎，尤其是和山毛榉或樱桃木一起使用时。

（9）**天花板**：材料选用与室内镶板相同。对栎木这样的重木材需要加强连接。大多未处理的木材时间久了会变黄，白杨能保持光亮，并且可以不作处理或油漆。云杉比松木更为光亮。

图 1-14 奥兰德式风车
一台保存完好的奥兰德式风车（单柱风车），位于瑞典乌普兰

（10）**模板**：材料选用与室内镶板相同。应尽量使用直纹理并且精确切割的干燥木材。

（11）**雕刻**：菩提木和赤杨很容易加工，橡木和桦木比较坚硬耐用。

（12）**厨房工作台**：如果不沾水，橡木、榆木和其他木材都可以使用。注意橡木容易被弄脏腐蚀。

（13）**桑拿房**：白杨多被用于长凳、地板和镶板，被水泼到的地方会变灰色。如果想要有木材的气息，就可以用云杉做镶板和地板，松木会释放出松香。

（14）**潮湿房间**：赤杨、橡木、榆木、松木、落叶松、云杉和白杨可以用于有水的房间。如果不迅速干燥，未经处理的木材会变灰色。如果通风条件好，可以使用更多类型的木材。需注意橡木容易被弄脏腐蚀。

（15）**木连接件**：相同类型的坚韧木材可以一起使用。与其他木材相比，杜松、紫丁香、山灰和黑刺李最适合用于连接件。

（16）**风车，单柱风车**：主立柱由高强度的橡木做成，可以经受各种天气和大风，松木制造房屋，云杉制作叶片（因为它富有弹性），风车轮则由镶有瑞典白面子树嵌齿的桦木制成（图1-14）。

3）矿物材料

矿物材料是不可再生的，但是它们已经大量存在，将他们用作建筑材料不会对环境产生很大影响。对环境影响最大的首先是在生产和运输过程中消耗的一次能源，其次石矿开采和沙砾坑也会给自然留下伤痕。

（1）**玻璃**。玻璃是由石英砂、碱或碳酸钠以及石灰岩构成的。其熔点约为1 400—1 550℃。有许多不同种类的玻璃，旧的玻璃可以回收制造新的玻璃。生产玻璃需要消耗大量能源。应尽量使用机械连接，减少黏合剂给环境带来的危害。除了用于窗户和玻璃隔墙，更厚的玻璃还可以用作承重材料，而加固的泡沫玻璃可以用作保温填充材料。

（2）**石材**。从环保的角度来说，来自附近采石场的石材是好的材料。应该少用需要长途运输的石材，尽量不用带有放射性的石材，在石材开采和加工过程中应尽量避免产生粉尘（长期吸入会导致硅肺病）。用于混凝土的压碎骨料（碎石）是最常用的建筑材料。天然砾石在很多地方比较缺乏，应尽量少用。混凝土、砖，以及其他碎石可以代替作为填充材料（图1-15、图1-16）。

（3）**砖**。砖由黏土制成。黏土砖经过干燥、预热，在800—1 100℃下烧制大约3 h制成。有些砖在1 100—1 200℃的温度下用烈火烧硬。在高温中充分烧制使砖能充分黏结（防火砖），主要用在烟囱和壁炉里。砖能在多种温度下烧制，但是最好使用尽量低温度烧制的砖。在烧制过程中添加诸如沙、锯屑或者碎砖这样的辅料可以使其减小在燃烧期间发生的收缩。添加的锯屑会燃

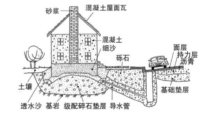

图 1-15 天然沙砾或混凝土中的碎石（碎石路）
这种碎石是最常用的建造材料。天然沙砾在很多地方供应不足，可以使用人工轧碎石料以节省天然沙砾。资料源于《生态建筑材料》，比约·贝格（Björn Berge），1992

图 1-16 位于爱尔兰的中世纪干垒石墙礼拜堂

图 1-17 砖住宅
建筑师约翰·伍重（Jørn Utson）设计，
位于丹麦赫尔辛格（Helsingør）郊外

烧并留下具有保温效应的孔隙。很多国家都生产砖，原则上砖不需要维护。有一个新品种称作蜂窝砖，其壁厚不超过 2—3 mm。它是由特殊的细孔黏土和细纤维合成的多孔材料。蜂窝砖使砖的保温性能接近轻质混凝土的水平。蜂窝砖的导热系数为 0.12 W/（m·K），多孔砖则是 0.20 W/（m·K）。砖可以用作结构材料、垫层、地面铺装。特殊的空心砖砌块可以用作天花板、墙体以及地板的结构。用于地板时，砖表面可以用亚麻籽油处理，用于墙面时，砖表面可以磨光、刷白或油漆。砖在薄灰浆被去掉后可以重新使用。如果砖要被回收再利用，需要检测其压缩强度、抗冻性能及受污染程度（图 1-17）。

（4）**混凝土**。混凝土由水泥、水、骨料（通常是大于 8 mm 的砾石或碎石）以及各种形式的添加剂构成。在瑞典骨料中的氡含量需要接受检测。混凝土中会有一些添加剂，如加快或减缓硬化的制剂、稳定剂、塑化剂、加气剂、减水剂和溶剂。生产混凝土制造需要考虑的性能因素包括：热工和蓄热性能、隔音、抗融冻、钢筋抗腐蚀，以及湿度特性。大多数溶剂包含三聚氰胺和甲醛。添加混凝土添加剂需要在密闭的环境内进行，以防这些物质对工作环境造成不必要的危害。通常混凝土的添加剂需要在使用前检测是否含有对环境有害的物质。混凝土很重，有良好的蓄热性和隔音性。混凝土是耐火的，但抗寒和透气能力差，也不能吸收水汽。混凝土的干燥需要很长时间，这意味着要等到混凝土中的水分降低到一个临界点后才能附着有机材料。潮湿的混凝土常常是导致病建筑的原因之一。完成的混凝土与添加剂紧密结合，不会将它们释放出来，但是在施工后的第一周内会有甲醛散发到空气中。

（5）**陶粒骨料**。史蒂芬·海德（Stephen Hayde）在 20 世纪早期发明了结构性轻质骨料并获得专利。陶粒骨料由去石灰的黏土在转炉中加热到约 1 150 ℃制成。黏土膨胀在黏土球中形成了许多小空腔，同时小球的表面因为高温而烧结，或者说黏土熔化并在表面形成了一层高密度的陶瓷保护层，最后得到的是目前在全世界各类型结构中普遍使用的强韧耐久的轻质骨料。海德以自己的名字命名产品。尽管原先的专利早已失效，"Haydite"仍被多家公司用作陶粒骨料的商标。

4）黏合剂

许多建筑材料中含有的黏合剂会对环境产生严重影响。在建造过程中完全不使用黏合剂是不可能的，但可以尽量减小使用量，并使用对环境危害小的品种。水泥生产需要消耗大量能源，石灰是露天开采的，并且烧制石灰的能耗很大。石膏被广泛使用，特别是室内。黏土需要大量的劳动力，对环境的影响却较小。沥青是石油工业的副产品。胶合剂也是黏合剂的一种，胶合剂会在后文中详述。

（1）**沥青**。沥青（柏油）是石油精炼的一种副产品。裂变产品中的芳香烃（PAKs）被怀疑是致癌物质。另一方面，沥青被认为是"纯净的"，通过安全方式蒸馏，不含有危害健康的成分。研究表明，只有沥青在被加热时释放出的芳香烃烟尘会有害健康。沥青被用来浸染纤维板，制造泡沫玻璃板的黏合剂，以及作为地下室墙体、地面、浴室墙体和天花板的涂料，用于防水防渗。

（2）水泥。波特兰水泥是使用最广泛的水泥，含有64%的烧制石灰（CaO）、20%的硅酸（SiO_2）、5%的长石黏土（Al_2O）、2.5%的氧化铁黏土（Fe_2O_3）和8.5%的其他材料，例如硫酸钙、高炉矿渣、粉煤灰、油页岩、石灰石粉、轻石粉、膨润土等等。这些原料被研磨并在1 500 ℃的温度下烧制。水泥与水混合时会变成如岩石般坚硬的硬块。生产水泥需要消耗大量的能源，并且会释放出 Cox、SOx 和 NOx 以及少量的水银，因此水泥工业想方设法减少排放。水泥中含有少量的铬，大约0.01%，因为它存在于天然的石灰石中。为了使水泥灰浆能长期储存并在使用时迅速凝结，需要使用化学添加剂，要尽量避免使用环氧树脂这类的添加剂，它含有致癌物环氧氯丙烷，而且环氧树脂是过敏原，对眼睛有刺激性，会损伤黏膜。有铬过敏反应的人应避免皮肤直接接触水泥。水泥的生产占据了全球总能耗的7%，通过改进生产过程可以将这个数值降低到3%。

（3）石膏。石膏具有良好的隔音性和储热性，防火性能好，尤其适合在室内使用，如抹灰、粉刷、地板夹层和石膏墙板。石膏主要有三种来源：开采的生石膏、工业烟气脱硫产生的固体废料 REA 石膏和磷酸盐肥料精炼产生的一种副产品磷石膏。REA 石膏有类似于生石膏的特性；磷石膏含有危险的重金属和天然放射性物质，在用作建筑材料前需要检测。生石膏由主要成分为硫酸钙的石膏石（硬石膏）制成。具有经济价值的石膏石分布在德国、英国、加拿大和美国。石膏石以200 ℃高温煅烧将水分排出后就获得石膏粉（半水合物）。石膏粉与水混合时变硬，石膏石（二水化合物）进行重组，这就是石膏墙板和石膏灰泥的生产过程。

（4）石灰。石灰由石灰石烧制而成。当石灰石加热到900 ℃时，分解为生石灰（CaO）。如果在生石灰中加入水，就会释放出大量的热而变成熟石灰 [Ca（OH）$_2$]。石灰块与水混合可以用于粉刷建筑外墙。在这个过程中石灰与空气中的二氧化碳结合再次转变成固体石灰石（$CaCO_3$）。传统的石灰砂浆由沙子和石灰组成，它不仅能吸收和分解水分，还具有消毒功能。石灰被用作砂浆、灰泥和砂砌块的黏合剂。浇筑建筑使用的是一种古老的工艺：矿渣、砖或岩石碎片和石灰砂浆一同在模板内浇捣，石灰砂浆由两份生石灰和一份沙子混合而成，后来人们发现更多的沙子可以使石灰砂浆便于保存。在普通石灰砂浆房子里，石灰和沙子的比例是1:4，而在增加了沙子含量的砂浆房子里，只有10%的石灰。

（5）黏土。黏土无处不在，它的主要成分是硅酸铝。黏土是一种古老的建筑材料。当人们提到生土建筑时，通常都不是指纯净的黏土，而是黏土和沙的混合物（例如以1:2的比例），也可以被称作黏土混凝土，黏土作为黏合剂，沙作为骨料。这样

图 1-18　生土住宅

盖尔诺特·明克斯（Gernot Minkes）教授的生土住宅，位于德国卡塞尔

的黏土被用作墙体材料、砂浆和灰泥。有的时候为了增强性能，掺入其他材料，如加入稻草、切碎秸秆、木屑或陶粒以增强保温性能，加入细树枝、亚麻废料或牛毛以提高强度，掺入如牛粪或马尿以增强塑性。黏土造屋需要大量的人力，并且需要在温暖干燥的气候作业以便迅速干燥。保护建筑不受流水侵蚀是很重要的，因此需要陡直的坡顶和防水槽。生土房屋有舒适的室内环境，冬暖夏凉，黏土具有很好的水汽缓冲性，因此生土建筑内部拥有稳定而舒适的湿度（图 1-18、图 1-19）。① 黏土造屋的技术和方法。黏土造屋有多种技术，方法取决于黏土的材料特性和地方的工艺传统。素土夯实的承重墙将黏土捣入模板成型，下部墙体夯实后，模板移至上部夯筑。建造土房（cob house）时，承重墙并不需要模板，而是用含有少量稻草和小石子的黏性较大的土来建造的。土坯砖（adobe）房是晒干的未经烧结的土坯砖，以黏土砂浆砌筑形成墙体和屋顶。木骨泥墙是将篱笆钉在木龙骨上，再抹上黏土，掺有较多草筋的黏土称为轻黏土，膨胀黏土与其他混杂保温材料的黏土称为隔热黏土。机器压制（压缩土块）的黏土块可以比石块更为坚硬。德国正在努力使黏土建造产业化，可以批量购买黏土石膏、黏土砂浆、黏土砖，以及掺有芦苇加强筋的黏土板材等产品。② 黏土砂浆和黏土抹灰。黏土砂浆延展性好，膨胀或收缩时不易断裂，也易于敲落，所以它常用于砌筑炉窑，当然它更多用于砌筑土坯砖墙。黏土抹灰不仅用于木筋泥墙的建造，还可以抹刷在黏土石或素土夯实的建筑内外。木筋泥墙常见于木构房屋的室内，以使它们能够抗风防水，并为贴附墙纸提供一个更加光滑的表面。室内的木筋泥墙同样可以在混凝土建筑中使用，以改进室内物理环境。黏土建造技术正在西方的自主建造中悄然复兴。为了获得较好的保温性能，人们较多选用掺有稻草或膨胀黏土块的熟黏土（图 1-20、图 1-21）。

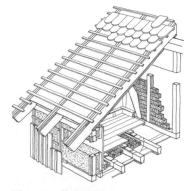

图 1-19　黏土造屋

黏土造屋的传统存在于世界多个文化之中。黏土可以储存热量和水汽，而且是廉价环保的材料。资料源于《天然的建筑材料：黏土》，克劳斯·席尔贝格（Klaus Schillberg）绘，汉斯·克涅瑞曼（Heinz Knieriemen），1993

图 1-20　黏土石墙（一）

这是用酪酸涂料油漆的黏土石墙，托克尔宅（Hus Torkel），瑞典科维克斯海姆（Kovikshamn）

图 1-21　黏土石墙（二）

托克尔宅（Hus Torkel）的黏土石墙，瑞典科维克斯海姆（Kovikshamn）。由于这面墙对着浴室，最下面的两层采用烧制砖以防漏水

5）金属

金属的使用需要十分谨慎。采矿会伤害自然，并产生环境垃圾。冶金工艺给环境造成很大危害。合金和金属表面处理会长时间造成难以确定的环境影响。由于金属的广泛使用，自然界中的废弃金属不断增加，土壤和沉积物中的金属含量也不断增加。金属回收再利用十分重要，尤其是生产时需要消耗大量能量的铝（32 000—71 000 kWh/ t）。如果铝可以被回收再利用，需要的能源只有生产的 5%。比较环保的金属是铁和钢、再利用的铝以及在某些情况下的不锈钢。尽量少用金属，尽可能地使用其他的建筑材料，如胶合木、陶瓷和混凝土复合材料（参见屋面）。钢主要由铁及少量的碳、锰、磷和硫组成。钢是制造过程中能耗最少的金属，不过易生锈，需要面层处理。镀锌钢含有 5%的锌。钢的电镀会产生镍、铬、氰化物和氟化物的物质。作为结构材料，钢材需要包裹其他材料，例如，覆盖多层石膏，或是漆上防火漆。防火漆并不环保。钢结构、钢筋网和金属龙骨必须与地面连接，以减少电磁场对人体的影响。在瑞典化学部门的 PRIO 数据库中，铜、锌和铬都被纳入危害物质之列（建议尽量少用）。它们对水生生物有很大危害，会对水生环境造成长期的影响。铜的危害在其呈离子状态时尤甚。铬在被吸入体内或直接与皮肤接触时，会造成很大的危害。镍会造成过敏，并疑似是致癌物质。有很多种类的合金，最常见的是黄铜，由60% 的铜和 35% 的锌组成。还有少量成分的铅、铬和镍。铝的抗腐蚀性相当强，但其生产过程耗能巨大并且产生有毒的氟污染物。产生大量的对环境有害的红色矿泥。铝由冰晶石和铝矾土（包含铝的黏土）制成。废铝金属的重新冶炼今天非常普遍，一定量的铝产品是由回收的材料生产的。应该鼓励使用由回收铝制成的铝制品。在当今的工业社会，使用铝的增长量比其他任何金属都要大。自然足迹基金会发表了一份关于金属的共同文件。总的来说，他们认为所有金属的使用都会给环境造成负担。判断它们的危害程度可以依据金属的"未来污染特性（FCF，future contamination factor）"，这是对比金属在地壳中的天然含量和从地底深层抽出数量后得出的（图 1-22）。

6）合成材料

合成材料是人工制造的，并不来自于自然，塑料是最常见的合成材料。

（1）**塑料**。塑料是将单元结构连接在一起构成链或网从而最终形成聚合物的材料。单元结构由石油和天然气裂解产生。世界上大约 4% 的原油和天然气是用来制造塑料的。聚合物中会加入添加剂以达到某种特性。应当避免使用含有溴化阻燃剂的塑料。为了使塑料具有不同属性，需要加入各种添加剂，如填充剂、颜料、硬化剂、催化剂、加速剂、抑制剂、抗氧化剂（防老化）、软化剂、紫外线或热稳定剂、阻燃剂、防静电添加剂和发泡剂。塑料

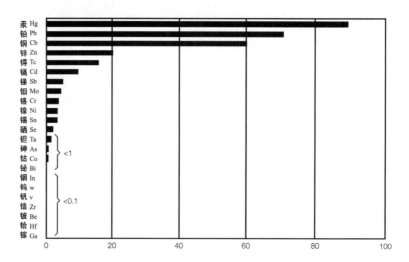

图 1-22　金属的未来污染特性（FCF）

某些金属的危害更大，如汞、铅、铜这些重金属。资料源于自然足迹基金会关于金属的共识文件，1993

的属性主要取决于构成聚合物的组织和化学结构，不过添加剂可以影响这些属性。① 添加剂是塑料的最大问题。因为它们往往是稳定的难以被降解的非生物物质，也可能对健康有害，还有，它们使得塑料的再利用变得复杂。实际上仅仅知道塑料的种类是不够的，知道不同种类的塑料含有什么添加剂也很重要。在塑料生产的过程中，溶剂、润滑剂和下模剂必须有控制地使用。② 热塑性塑料是可塑的。它产生于链状和交叉状的聚合物。加热使得这些聚合物分子在相互影响下移动从而使塑料软化和可塑。冷却之后，这些分子重新相互靠拢，从而使塑料变硬。理论上来说，热塑性塑料可以反复融化塑形，因此很适合循环使用。如今的塑料已经很难分类，它们最多可以反复利用4—5次。在热固性塑料中，聚合物以大的三维网状连接在一起。网眼的等级和密实程度，决定了其变形的可能性和程度。交联在加热或化学物质硬化的过程中发生。由于它们的网状结构，当温度超过一定水平时，热固性塑料不会变软，而是碎裂成片。因此热固性塑料并不适合循环使用，只能通过焚化或分解用来回收能源。

（2）普通塑料。最环保的塑料是含有简单的碳氢化合物的物质，例如聚乙烯、聚丙烯和聚烯烃。LDPE（低密度聚乙烯）不含添加剂，常用于食物包装袋。HDPE（高密度聚乙烯）含有添加剂，不可分解，但可以被烧掉。聚烯烃是由聚乙烯和聚丙烯的混合物组成的。① 聚苯乙烯（PS）和聚酯（PET）的组成。它们由碳、氢、氧组成。从生态角度来看这些物质都不环保，因为它们在焚烧过程中会产生对环境有害的芳香烃（POMs 和 PAKs）。因此需要控制这些塑料的分解过程。它们的生产过程也是复杂的，消耗大量能源并危害环境。苯由石油制成，既是致癌物质，又会影响免疫系统。苯乙烯由苯制成，会扰乱荷尔蒙。二甲苯和苯乙烯在生产过程和成品前两三个月内都会散播有害物质，因此生产过程需要在密封的环境内进行。② 有些塑料应该避免使用。像环氧塑料和酚醛塑料这样的热固性塑料，不可循环使用，在未硬化前极易引起过敏。聚氨酯塑料也是一种热固性塑料，它燃烧时，会形成有毒的异氰酸盐，会引起过敏和哮喘。ABS 塑料（丙烯腈 - 丁二烯 - 苯乙烯）也需要尽量避免。PVC（聚氯乙烯）由碳、氢和氯原子组成，从环保角度来说，是最有争议的塑料（图 1-23）。氯在生产、焚烧和分解过程中会造成环境问题，其生产过程中，需要使用大量水银。焚烧时，会产生盐酸和二噁英（有毒、长存的有机化合物）。氯在高温下会产生对环境有强烈危害的物质。PVC 含有如软化剂、稳定剂和抗氧化剂之类的混合剂。一般的软化剂是在塑料中加入 15%—35% 的邻苯二甲酸酯。混合剂会渗漏出表面。

（3）**未来的新型塑料**。如果塑料的原材料是可再生资源生产，含有的添加剂不会对环境产生不利影响，又可以循环使用多次，它可以成为未来最好的材料之一。在这些情况下，塑料是优秀的、节省资源的材料，可以用来替代会造成环境危害的材料，例如金属。塑料可以用谷物、马铃薯淀粉、纤维素、碳或者植物油生产。这些种类的塑料在市面上都是可见的。它们具有同样的功能，甚至比用原油制造的塑料更好（表 1-4）。

（4）**橡胶**。橡胶是一种通过化学添加剂，经过硫化过程而变得有弹性的聚合物。硫化是分子链之间交联从而形成网络的过程。橡胶可以变形，当压力释放之后可以回复原来的形状。有的橡胶材料附有编织纤维的基底。合成橡胶的原材料是石油。天然橡胶来自橡胶树，在温暖的气候中生长。生产天然橡胶的能耗只有合成橡胶的一半。运输天然橡胶和合成橡胶都需要大量的工作。从环保的角度看，天然橡胶制品比合成橡胶的好。天然橡胶产品常与合成橡胶混合，有的合成橡胶具有和天然橡胶一样的结构。

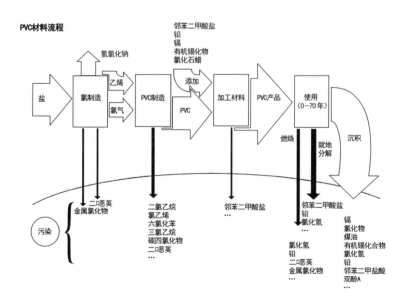

图 1-23　PVC 塑料含有害物质
"绿色和平"组织认为，从环境的角度来看应该避免使用 PVC 塑料。为了应对指责，PVC 产业去除了软化剂和热稳定剂，对产品的生产过程实施优化。PVC 还是一种含氯的材料（57%），因此在废弃、处理和焚烧时会产生有害物质。PVC 所含的另外 43% 的物质来自于化石燃料。资料源于"PVC+ kretslopp =sant?""绿色和平"组织，1993

表 1-4　塑料和橡胶制品的缩写

热塑性塑料，热塑性塑料弹性体	橡胶／硬塑料
ABS　丙烯腈 - 丁二烯 - 苯乙烯	AEM　乙烯丙烯酸橡胶
EVA　乙烯醋酸乙烯酯	BR　聚丁橡胶
PA　聚酰胺（尼龙）	CR　氯丁二烯橡胶
PBT　聚对苯二甲酸丁二醇酯	ECO　氯醚橡胶（环氧乙烷共聚物）
PC　聚碳酸酯	EP　环氧树脂，乙烯丙烯（硬塑料）
PE　聚乙烯	EPDM　三元乙丙橡胶
PET　聚对苯二甲酸乙二醇酯	FPM　氟橡胶
PMMA 聚甲基丙烯酸甲酯（丙烯酸树脂）	HNBR　氢化丁腈橡胶（丙烯腈 - 丁二烯橡胶）
POM　聚甲醛（乙缩醛）	IR　异戊二烯橡胶（合成天然橡胶）
PP　聚丙烯	IIR　丁基橡胶
PPS　聚苯硫醚	NBR　丁腈橡胶
PS　聚苯乙烯	NR　天然橡胶
PTFE　聚四氟乙烯	Q　硅酮橡胶
PUR　聚氨基甲酸酯	SBR　丁苯橡胶
PVC　聚氯乙烯	UP　非饱和聚酯树脂（硬塑料）
SBS　苯乙烯丁二烯苯乙烯	—

所有的橡胶制品，为了评价其对环境的影响，需要知晓其使用了什么添加剂。

（5）纳米材料。纳米技术用于制造纳米（百万分之一毫米或大约五个原子大小）层级的结构。在纳米层级，没有物理、化学、生物学或材料学的区别，这导致了全新的现象和功能。在许多案例中，为了模仿自然生物，如蝴蝶、甲虫和孔雀而采取纳米技术。它们的翅膀、甲壳和羽毛上闪耀的颜色都可以通过角质物质的特殊纳米结构来实现。工业生产的所有门类都会受到纳米技术的影响。在建筑工业中，纳米技术会改进玻璃和橡胶的色彩，研发彩色油漆和水泥。纳米结构表面不会变脏的特性，还有助于研发自洁性的玻璃和织物。对于纳米技术的担忧是：纳米微粒是那么的小，可以通过皮肤和肺部进入人体内。如果分子大小的微粒被吸入，附着于气管壁上的黏液被带入肺部，它们将会进入肺泡——血液补充氧的重要地方。研究表明，纳米碳管伸入老鼠肺部会使其产生严重的炎症，这与吸入石棉纤维的症状是相似的。

1.1.4 材料的评价

所有对材料的评价都是主观的，因为我们不可能用类似数学的精确方法去比较"苹果和梨子"。在本书中，我们运用了以下方法：首先，检测其化学成分以便发现哪些材料含有对环境有害的化学物质。然后，比较相似功能材料的环境信息，例如天花板和地板材料。最后，将材料划分为三个范围——推荐使用材料、可使用材料以及应避免使用材料。

1）我们的选择

下面是一篇关于欧洲环境机构如何评价建筑材料，以及值得信赖的作者写的关于建筑材料方面的书籍的概要。其结论按照材料的不同范畴列了出来。

指导资料源自下列机构和书本：① 德国：Holger König，健康建筑之路，Ökobuch, 1997。② 德国：Thomas Smitz-Günter，生活空间——生态建筑和设计，Ökotest, Könemann, 1999（"Ekologiskt byggande och boende", Könemann, 1998）。③ 挪威：Björn Berge，建筑材料的生态性，第二版，建筑出版社，2009。④ 奥地利：Österreichisches Institut für Baubiologi und Ökologi（IBO），若干刊物。⑤ 荷兰：Michiel Haas, Nederlands Instituut voor Bouwbiologie en Ecologie（NIBE），若干刊物。⑥ 荷兰：Stuurgroep Experimenten Volkhuisvestin，可持续建筑手册，James & James, 1995。⑦ 瑞士：Bosco Büeler，建筑生物学信息注册合作社（GIBB），建筑生物学评级，2001。⑧ 瑞典：Birger Wärn, Tyréns Ingenjörsbyrå, 选择材料指南，数据库，2003。⑨ 瑞典：健康建筑，建筑产品信息库（2009），参考了瑞典化工部的指南。⑩ 瑞典：ABKs（AB Kristianstadsbyggen），环境与质量需求，Kristianstad, 1998。⑪ 瑞典：Göran Stålbom，环境手册，VVS-information, 1999。⑫ 瑞典：技术手册 2009, VVS Företagen。所有的这些机构和专家并没有对全部的材料进行评价，并且所有的评价方式都略有不同。

2）地面材料

一座建筑周围的地面材料会在很多方面影响环境。不仅仅因为材料的生产需要耗能，更是由于一些地面材料含有危险的化学成分。此外，地面材料是否具有渗透性会影响到地表水的处理。它们还会影响微气候，这取决于它们能够吸收多少太阳辐射，蒸发多少水分。这样的覆盖物能够承载汽车交通吗？这些地面材料会怎样被雨、雪和霜冻影响？另一个因素是维护，例如怎样将杂草从砾石路除去？

（1）**沥青（柏油）**。它是石油精炼过程中的残留物。有一种沥青可以让水穿透过去，因此可以轻松解决排水问题。它可以

图1-24 地砖人行道
这是恩厄尔霍尔姆市（Ängelholm）的地砖人行道

图1-25 砖地面
这是奥地利伽特纳霍夫（Gärtnerhof）生态村的砖地面

图1-26 块石人行道地面

从大多数沥青厂得到。这种材料可以在停车场使用，或用于防水层的面层。当灰尘积聚在沥青上时会导致阻塞，必须用高压喷雾清洗干净。

（2）混凝土板。它有多种形式、尺寸和颜色，表面可以是光滑的或有图案的。一块标准的混凝土板的尺寸是450 mm×450 mm×40 mm，或者350 mm×350 mm×50 mm（或70）mm。为了节省材料，应尽量少使用整块的混凝土作铺地。垫层可以是35 mm厚的细砂层。缝隙应当仔细地填上细砂或由细砂和水泥以6∶1的比例混合的干硬性砂浆。将细沙或灰浆扫入连接处，并清除掉多余的砂浆。在混凝土上洒上水来清洗块或板，同时使接缝处潮湿以便水泥变硬。

（3）草。它可以用在草坪或绿地。草割得越勤快，所消耗的能量自然也越多。草面具有很好的透水能力。草面对种植环境很敏感，特别是在春天，尽管表面是柔软的，下层土壤也可能是冻结的。

（4）强化基层草坪。使用强化基层草坪可以在草坪表面铺设一条几乎隐形的路。我们时常会需要一个可以承载机动车的表面来应付紧急情况下的机动车通行。强化基层的停车位并不太显眼。在布下强化层之后，填入土壤和草种。铺路石由多种材料制成，外表变化丰富。最常见的材料是水泥或塑料。

（5）地砖和瓷砖。它们既耐日晒雨淋，又防滑，并且有各种颜色可供选用。较高的烧制温度和板岩黏土增加了抗冻性。在交通量较小的小片区域内，需要30—100 mm的砂垫层。交通量较大的路面需要在砂层之下铺设150—200 mm的碎石垫层。砂层需要夯实平整（图1-24、图1-25）。

（6）块石。块石铺地在花园小径和平台上几乎到处可见，可铺制在夯土、沙或混凝土垫层上。天然石块的厚度各不相同，因此砂层的厚度（约50 mm）需要根据石头来调整。基础必须稳定，这样完成的路面才是平坦和水平的。如果需要的话，石块可以用1∶3的水泥砂浆固定，连接处可以用1∶6的干硬性水泥砂浆填缝（图1-26）。

（7）无机的松散铺地材料。例如细砾石或不同颜色的碎砖，或在道路上使用的大块砾石。砾石的表面需要定期维护，填入新的砾石。天然砾石是一种不可再生资源。目前，有越来越多的可再生填充材料可以用来代替砾石。在斜坡上的砾石很容易被雨水冲走，因此需要除去所有的植物并在区域内下挖50 mm深。地面必须向某一方向倾斜以便于排水。一种防止杂草的方法是在整个区域下铺上塑料或致密的土工织物。为了避免使用除草剂，杂草可以手工去除或用热蒸汽烧掉（已经有用来喷射蒸汽除草的专用装置）。

（8）有机的松散铺地材料。例如用在地面或路面上，围绕着树或在花园地面上的树皮或木片。木片和树皮是最适合用在需要中等硬度表面的材料。四年之后需要补充新的材料。由于要避免使用经过浸渍处理的木材，可以使用石块、砖或水泥作为边缘材料。

（9）**木地板**。户外木地板会腐烂，因此最好以平台的方式将木材架空于地面。木材在淋雨后需要完全干燥。最好选择生长缓慢的芯材，如橡树、落叶松、松树和榆树。底部烧过并插在沙子里的橡树木块是耐久的。由于环境原因，要避免使用经过浸渍处理的木材，不过定期的油处理可以延长木材的寿命。目前可以见到用亚麻籽油处理的压力浸渍木材。另一种让木材防水的方式是将其暴露在高压和高温中。这个过程改变了木材的细胞结构，令其具有更耐久的特性。

3）土工材料

土工材料是指在土地里用来分隔、加强、排泄、过滤或者防止地下水或腐蚀的织造或非织造的纺织品、网、垫或膜。土工产品在世界各地都有生产。它们的使用年限估计超过 60 年。

（1）**排水衬垫**。它由聚丙烯或聚乙烯制成。其他可用的材料有：包裹着聚酯外壳的尼龙线。排水衬垫可以用来替换在建筑基础、道路排水沟和路基周围的地下管道中的级配砾石。

（2）**土工加固（土工网，腐蚀垫）**。可以人工合成或使用天然材料。合成品种通常由聚乙烯、聚丙烯或者聚酯制成。其他合成材料可能是尼龙、聚乙烯酒精和聚芳族酰胺纤维。椰纤维是可使用的天然材料。土工加固可以用来稳定和加强斜面及路基，同样可以用来强化路基和地下结构。它也被用来防止腐蚀和支持植物生长。

（3）**土工膜**。是由聚乙烯、聚丙烯和聚酯制成的。可能含有紫外线稳定剂（如 2% 的炭黑）。一种土工膜是在两层土工织物之间包裹着膨润土（与水接触时会膨胀的黏土材料）。丁基橡胶的土工膜包含其他聚合物，如 EPDM 橡胶、炭黑、填料、粒状硼酸、抗氧化剂和硫化物。有的土工膜由 PVC 制成，有的包含一层铝箔层。在选用材料之前，需要仔细检查合成橡胶土工膜的化学成分。土工膜被当作土中的气候保护层使用，有时用来将污染物（靠近垃圾掩埋地）与径流划分开来，也在建造池塘时使用。同样的，因为它们既不透水也不透气，可以用在建筑基础中来抵御氡。

（4）**土工织物（土工布）**。由含有紫外线稳定剂的聚丙烯，或是与聚酯或聚乙烯混合的聚丙烯制成。土工织物主要用来隔离材料。它们也能起到多孔膜的（分离和过滤）作用。土工织物也用来保护土工膜。

（5）**地表覆盖织物**。在耕作的过程中用来保持土地水分，降低底部温度变化，防止野草生长，为植物生长提供良好的环境。有合成的地表覆盖织物，也有由包裹着双层轻质可降解塑料膜的椰壳纤维制成的可降解地表覆盖织物。

小结。地面材料和土工材料的环境评估见表 1-5。

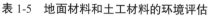

<table>
表 1-5 地面材料和土工材料的环境评估

推荐使用	可使用	避免使用
砾石，沙	混凝土板 *	沥青 ***
草	土工产品，塑料	压力浸渍木材
土工产品，天然材料	强化基层草坪 **	PVC
有机散布材料	陶瓷板	
本地产石材	铺地砖	
木材，比如木块	石材，进口的	
</table>

注：* 钢筋混凝土板是不可接受的，推荐使用含有可回收骨料的混凝土板。** 塑料强化草坪只有在使用可循环 PP 或 PE 塑料时才是可接受的。*** 沥青的使用不可避免，但使用沥青表面的尺寸应尽量减小。

图 1-27 地面材料环境信息比较
如果比较结构材料的各项环境效应，木材总是要比钢筋混凝土好。资料源于《建筑与环境——建筑材料形式和对环境的影响》，罗伯·马什（Rob Marsh），迈克·劳宁（Michael Lauring），埃贝·郝莱瑞斯·彼得森（Ebbe Holleris Petersen），丹麦，2000

4）结构材料

对于绿色建筑来说，寻找比钢筋混凝土和金属更环保的材料是非常重要的。有些结构材料自身就可以保温隔热，例如：轻质混凝土、膨胀黏土、灰砂砖、泡沫混凝土、泡沫玻璃和刨花水泥板。从环境角度来看，砖与灰砂砖结合的填充墙也是可以接受的。最环保的结构材料是木材和黏土。建造 12 层以下的实木房屋经济上都是可以接受的（图 1-27）。

（1）混凝土（见第 1.1.3 节"关于材料的知识"中的"矿物材料"）。可以现场浇注也可以预制成型。大多数混凝土结构通过添加钢筋实现预应力。因为混凝土有很好的抗压和防潮作用，它也是重要的建筑基础材料。混凝土拥有很高的强度，加入了螺纹钢筋和其他非金属的加强件后（例如：玻璃纤维）（图 1-28），混凝土甚至还有抗拉的能力，因此被广泛用于柱子、梁和楼板结构。

（2）泡沫混凝土（见"保温材料"）。可用于实体结构中，既作为承重材料又作为保温材料。

（3）玻璃（见"立面材料"）。

（4）泡沫玻璃板。 由 85% 的疏松泡沫玻璃和 15% 的黏合剂制成。它被作为承重和保温板使用。它形态稳定、防霜冻、防霉、防火，并且不含有害添加物。这种板材与轻质复合板材作用相同。

（5）黏土材料（见"黏合剂"）。被用于建筑已有数千年的历史。有许多不同的加工技术。人们使用生黏土、熟黏土和混有稻草或其他材料的黏土作为建筑材料。传统上，建筑是由就地挖掘的泥土或草泥块来建造的（图 1-29）。例如冰岛的"草屋"。

（6）金属（见第 1.1.3 节"关于材料的知识"）。现代建筑的建造离不开金属。钉子、螺栓、金属配件和钢筋是必不可少的。在特定的结构中，钢结构构件是不可缺少的。

（7）砌体结构。 如果采用砖或灰砂砖作为承重结构，需要

图 1-28 用玻璃纤维代替金属对混凝土建筑基础进行加固的实例
资料源于瑞典布胡斯省（Bohuslän）科维克斯海姆（Kovikshamn）托克尔宅（Hus Torkel）

同时补充其他材料作外围护结构的保温。而膨胀黏土或轻质混凝土，在低层或多层建筑中都可以直接作为承重材料和保温材料。

（8）灰砂砖。由生石灰和沙子制成。白灰砂砖由白石灰和沙子制成。灰砂砖是由5%—8%的生石灰、92%—95%的石英砂与水混合并压制成砖形状的块。这些灰砂砖在温度200—300 ℃的烧窑中，加压4—8 h硬化成型（压热器法）。这个过程释放出二氧化硅与熟石灰混合生成结晶体混合物，同时也含有少量的沙粒和有色粉末（低于重量的1%）。烧制灰砂砖所需要的能量比普通黏土砖少。这种材料吸收水分的能力只有普通砖的1/3，但是加入石膏后，该材料仍然有很好的保温防潮能力。市面上的灰砂砖材料制品有建筑用砖、建筑墙体板材和外墙饰面板材，它具有很长的使用寿命并且基本上是免维护的。德国北拜仁（Nordbayern）生产一种轻质灰砂砖，这种材料的生产方式与灰砂砖相类似，但主要成分是高达90%的膨胀黏土。轻质灰砂砖的特性与膨胀黏土块相近。两者唯一的不同是轻质灰砂砖所用的黏合剂不是水泥而是石灰，这样更加环保。轻质灰砂砖的导热性系数是0.13 W/（m·K）。

（9）**轻质混凝土**。由磨得很细的砂岩或石英砂（占总重量的70%）、石灰（占总重量的7%—20%）、水泥（占总重量的7%—18%）、生石膏（占总重量的3%—7%）、水和少量的沙组成。加入占总重0.1%的铝粉作为发泡剂。在向混合原料加入铝粉的过程中会产生氢气，它可以使混合物膨胀并在内部产生气泡。当混合物凝结以后就可以切割出需要的尺寸，然后放入蒸压器中使之硬化。硅和纤维素衍生物可作为添加剂。轻质混凝土被制成板材、砌块用于墙、天花板和楼板结构。它具有一定的隔音功能，较差的防潮能力，较好的吸收水分能力，中等的蓄热性和较好的耐压性能。与其他材料相比，轻质混凝土墙体需要做得比较厚以获取较好的保温效果。其使用寿命很大程度上依赖于黏合剂的性能（水泥）。轻质混凝土结构常采用钢筋进行加固。

（10）**膨胀陶粒**。是将黏土原料放入1 250 ℃高温的旋转锅炉中煅烧而成。黏土膨胀并形成外部坚硬，内部由充满空腔分隔的球体形状。膨胀陶粒被广泛用于基础的保温材料。陶粒板材和构件由陶粒与水泥混合而成。它包含占总重75%的陶粒、23%的波特兰水泥（普通水泥）和2%的水。减少陶粒的比例能使材料更加坚固。有时会加入少量的多孔材料。它具有相对较好的耐压能力，隔音和保温、防潮性能。该材料运用于建筑室内外和地下室的墙体。膨胀黏土板材可被用作三层以下建筑结构的承重墙。在交接处加入一些加固构件。该板材也可包裹保温材料用于建筑外墙。需要注意的一点是陶粒的生产能耗较高。

（11）**砖**（见第1.1.3节"**关于材料的知识**"）。

（12）**木材**（见第1.1.3节"**关于材料的知识**"）。以前被用作阁楼、柱板结构或木墙体建筑的支撑结构。今天木材被广泛用于建筑的结构框架，如实心托梁和轻质托梁。最新的做法是将

图1-29　用木结构承重建造黏土砖墙面的建筑
资料源于瑞典布胡斯省（Bohuslän）科维克斯海姆（Kovikshamn）托克尔宅（Hus Torkel）

分层胶合的实木用于天花板、墙体和楼板。

（13）**木梁和托架**。传统的木梁和托架受限于木材的长度和厚度，较大的梁有断裂的危险。现在已经发明了将小木料粘接成梁从而具有较大承载能力的方法，有胶合木梁、轻质梁、木桁架。胶合木梁比实木梁更便于设计且拥有更好的承载能力。

（14）**木桁架**。经常在建造独立住宅的屋顶时使用。这些桁架大多以板材用钉子连接成为整体。木制构架甚至可以做到长达20 m以上的跨度。木桁架屋顶同样运用于其他建筑，例如机械厂房、饲料库、牲口厩栏。许多桁架可以完全由木材建造，而有些则需要使用钢筋或钢索加固受拉构件。

（15）**轻型梁**。螺栓连接的轻型梁是另一种有效利用木材的方法。可以利用木螺丝和硬纤维板做成工字形或箱形梁。用同样的方法还可以制造用于更小场合的层压板木梁或框架。这种梁相对于其自重有较好的承载力。它们被用于跨度不太大、承载要求不太高的地方。在屋顶桁架中它们被做成工字形或 T 字形断面。

（16）**胶合木梁**。是由木片（通常为云杉木）黏结经高压处理而制成梁。不同长度和厚度的胶合木梁均有生产。它最多可以做到30 m 长，2 m 高。同等尺寸的胶合木梁比实木梁拥有更大的承载能力。它唯一的缺点是生产过程中需要黏合剂，黏合剂通常含有酚甲醛树脂或聚氨酯（异氰酸酯）。大多情况下使用的黏合剂是酚醛树脂或聚氨酯（含异氰酸酯）。酚醛树脂是一种苯酚树脂黏合剂和甲醛胶黏剂的混合物（参见复合黏合剂）。黏合剂使用量往往小于 3%，黏合剂接触到空气的区域一般较小，因此释放到空气中的量还是较少的。在瑞士如果产品所含黏合剂含量小于 3%，那么该材料是被评估机构推荐使用的，含量在 3%—5%之间的也是可接受的。有时候局部采用螺栓连接的格构梁可以取代胶合木梁（图 1-30）。

（17）**定向刨花板梁**。它是一种新产品，由许多木片胶合形成，形成不同外形的梁。整个梁柱建造系统都是这样制成的。该产品最新的一种应用是使用白杨木片，它是一种廉价的材料。利用这项技术可以将梁做得很薄但又很强韧。

（18）**实木构件**。它是利用现代的方法将木构件接合起来，形成梁或板。这种板可以用钉子、螺丝、榫钉或黏合的方式接合在一起。从环境的角度来看没有黏合剂的构件是首选。实木构件可做成梁和板，用于天花板、墙壁和楼板结构。实木板非常牢固，12 cm 厚的板材可制成跨度 5 m 的梁。实木板有一定的防火、隔音和防潮性。在公寓单元间的墙体以及楼板与天花板托梁的交接处，该板材必须辅以其他材料以达到单元之间的隔音效果。有的公司也生产可作为大型木砖建材的实木板材（图1-31、图1-32）。

（19）**木丝水泥板**（见"保温"）。

小结。结构材料环境评估见表1-6。

图 1-30　胶合木制作结构构件
在丹麦科灵城堡（Koldinghus）的修复中，用胶合木制作新的承重结构。建筑师：约翰内斯·艾斯纳（Johannes Exner）

表 1-6　结构材料的环境评估

推荐使用	可使用	避免使用
灰砂砖	混凝土 *	铝
黏土材料	玻璃	钢 **
轻质灰砂砖	轻质混凝土	木材，压力浸渍的
当地石材	陶粒板	进口石材
木材	胶合板	
木制构架	泡沫混凝土	
	砖	
	定向刨花板（OSB）梁	
	泡沫玻璃板	

注：* 钢筋混凝土是高耗能材料，需要限量使用。钢筋混凝土有时可被其他结构材料代替。** 钢制品既消耗大量能源又会对环境造成破坏，然而建造现代建筑离不开钢材。钉子、螺丝钉、金属配件和金属加固件是必不可少的。在特定的结构中，钢梁和钢柱是不可或缺的。限制钢材的使用或使用其他材料代替钢材是非常重要的。螺丝钉可以用木销钉代替，钢筋可以用玻璃纤维增强物代替等。连续的钢结构以及网状钢筋加固件和金属螺栓都应该避免使用，以减少它们对建筑电磁场的影响。

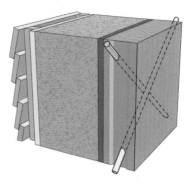

图 1-31　某实木构件构造
承重的实木构件与木钉的斜撑连接在一起，并没有使用胶。外侧是立面材料，然后是 1.5 in 的空气间隔、防水的硬质板材、数英尺的保温层、胶合板（5/8 in）和 3 in 的实木斜撑。资料源于佐姆（Sohm），澳大利亚

5）保温材料

大多数保温材料主要是利用空气隔离层保温，因此它们包含许多小空腔。它们可分为耐潮湿环境的保温材料和必须保持干燥的保温材料。材料质量的关键是它是否能储存热量和水分，是否排列密实，以及是否能承受压力。保温材料，可做成松散的充填物、板材和块体。也有一些特殊产品，如管道保温。新型保温材料，包括用于基础的贝壳保温材料、大麻纤维保温材料以及含有空气层的薄铝箔保温材料等。λ 值越低，保温能力就越好（图 1-33）。

（1）棉花 [$\lambda = 0.04$ W/（m·K）]。具有良好的保温性能，使用形状松散的块状保温。它不需要防虫，但要加入硼酸作为阻燃剂。棉花的种植、采摘、加工和运输即耗时又耗工。棉花生产者在种植和加工棉花的过程中会使用大量的农药，但在成品材料中并没有农药的残留。

（2）硅酸钙板。由石灰、氧化硅以及 3%—6% 的纤维素组成。其 λ 值为 0.045—0.065 W/（m·K）。板材可以承受极高的温度，可以防潮和防霉。该板材可以切割、锯和钻孔。生产过程需要较高的能耗（图 1-34）。

（3）泡沫玻璃板 [$\lambda = 0.042$ W/（m·K）]。其是将空气和煤粉吹入融化的玻璃中，产生含有很多小气泡的封闭结构。该材料

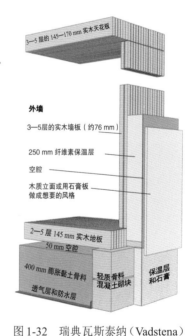

图 1-32　瑞典瓦斯泰纳（Vadstena）生态建造者（Ekologybyggarna）公司开发的实木建筑系统
资料源于《可持续住宅——2002 环境创新决赛作品》，玛丽亚·布洛克（Maria Block）和瓦里斯·博卡德斯（Varis Bokalders）

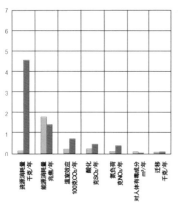

图1-33 每平方米纤维素纤维和聚苯乙烯 [实现 U 值 0.2 W/（m²·K）的厚度] 保温层环境信息比对

对比显示出塑料保温材料比纤维素纤维保温材料对于环境的压力高很多。资料源于《建筑与环境——建筑材料形式和对环境的影响》，罗伯·马什（Rob Marsh），迈克·劳宁（Michael Lauring），埃贝·郝莱瑞斯·彼得森（Ebbe Holleris Petersen），丹麦，2000

图例：
□ U 值为0.20的250 mm 纤维素纤维 预计使用年限：100年
■ U 值为0.20的195 mm 聚苯乙烯 预计使用年限：100年

图1-34 硅酸钙板

图1-35 泡沫玻璃板作为保温材料

以泡沫玻璃板作为基础可同时满足保温要求，而且不需混凝土浇筑。资料源于 Foamglas 公司

致密无孔，防水性好，也不会燃烧和发霉，并有很长的寿命，但生产该材料的能耗较高。它适用于基础。由于泡沫玻璃具有较高的耐压强度，这就意味着在地面上使用时完全不需要混凝土板。如果将其垫在混凝土板下面，混凝土板可以做得更薄。该材料可以完全消除热桥，它有足够的强度能让汽车在上面行驶且不破坏其保温层。有时也用于墙体和屋顶（图1-35）。

（4）泡沫玻璃块 [λ = 0.15 W/（m·K）]。其是由松散的泡沫玻璃（85%）和黏合剂（15%）制成。被用来作为建筑的承重和保温块材。它的形态稳定，能够防霜、防霉、防火，并且不含任何有害的添加剂。

（5）泡沫玻璃松散充填材料 [λ = 0.1—0.11 W/（m·K）]。其是由回收的废玻璃融化吹制而成。正常晶粒尺寸范围为10—60 mm。泡沫玻璃松散充填材料常常作为基础的保温层，即置于地面的楼板之下。这种轻质填充材料还可以作为防水、排水层和霜冻的隔离层。在将泡沫玻璃松散充填材料安装到承重结构上的过程中，松散充填物将被压缩，以获得一个稳定的和最佳的承载能力。相对于其他板材该材料非常便宜。

（6）泡沫塑料 [λ = 0.036—0.04 W/（m·K）]。其是由 EPS（模塑聚苯乙烯）或 XPS（挤塑聚苯乙烯）制成。EPS 由占总重91%—94% 的聚苯乙烯，4%—7% 的戊烷和1% 的阻燃剂组成。泡沫塑料被制造成保温板。在紫外线的照射下，泡沫塑料会解体，因此不能用于室外环境。泡沫塑料只吸收少量的热量和水分，离开了室内环境将没有任何效果。该材料生产过程复杂，能量消耗大且对环境有害，不过生产过程是在封闭的环境中。粗苯从石油中提炼出来，是致癌物质并影响免疫系统，它可用于生产苯乙烯（会扰乱荷尔蒙）。生产过程中和制成成品材料后的两到三个月会释放二甲苯和苯乙烯。另外泡沫塑料含有溴化阻燃剂，密度大于 20 kg/m³。加入石墨之后其 λ 值可以减小到 0.032 W/（m·K）。如果泡沫塑料着火了，它将会迅速烧毁。

（7）纤维素纤维 [λ = 0.04 W/（m·K）]。保温材料是由旧报纸或新的纤维素制成。将报纸碾碎，加入硼酸、硼砂、水玻璃或聚磷酸铵以降低材料易燃性，并减少对真菌和昆虫的吸引。添加剂最多可以占到该材料总重的14%—25%。在欧盟添加剂含有硼酸和硼砂将受到来自健康方面的质疑，而含有聚磷酸铵的纤维素纤维相对更好，该材料具有良好的保温值，并能吸收和缓解水分。如果施工得当，纤维素纤维具有高度气密性，它能在保温层中阻碍空气流动（对流）。纤维素纤维相对较重，因此有良好的隔声效果。材料在压缩机驱动下以一定的压力喷射出来，有效地填补空间并没有沉淀物出现。纤维素在喷涂过程中会产生灰尘因此必须对呼吸采取保护措施。纤维素纤维的生产是以再生纸为原料，能源利用效率较高，而新生产的纤维素需要更多能源（图1-36、图1-37）。

（8）羊毛 [λ = 0.04 W/（m·K）]。这种保温材料通常需要添加约占重量 3% 的硼酸，并混合最多 18% 的聚酯纤维以使板材硬化。具有一定的防火性能并有良好的吸收、存储和释放水分（最大可达到其自重的 30%—40%）能力。硬的压缩羊毛也用作隔声材料。由于羊毛易受虫蛀，所以要将其浸泡在衍生有机卤素化合物中，如 Eulan® SPA01[①] 和 Mitin FF[②] 中。羊毛若无防蛀保护会受蛀虫侵害（图 1-38）。

（9）稻草 [λ = 0.07—0.085 W/（m·K）]。既可以用作保温材料也可以作为墙体承重材料使用。最重要的是要有适合的基础和坚固的屋顶来保持稻草的干燥。稻草保温层可以松散地填充，捆装成板或包。每个稻草包尺寸约为 35 cm×35 cm×60 cm，重约 20 kg。稻草包必须妥善地压缩、干燥（10%—16% 的水分），并防止一切霉变的迹象。

（10）大麻纤维 [λ = 0.038—0.04 W/（m·K）] 块。是厚度压缩至 30—180 mm 的大麻纤维。由于大麻天生具有良好的抗菌性能，大麻保温材料并不需要浸泡。大麻可以防水并能提供良好的隔音效果。大麻是一种耐寒植物，易于管理，无需施肥和打农药。提取纤维的大麻（工业大麻）含有极少量的麻醉成分。大麻保温材料往往会混合聚酯纤维（15%）使其更加稳定，并加入纯碱使其防火（图 1-39）。

（11）椰壳纤维 [λ = 0.045—0.05 W/（m·K）] 块或板。由纯椰子纤维黏结在一起而成。这种材料可燃，容易着火，因此需要浸泡磷铵、硼酸或水玻璃提高防火性能。椰子纤维材料有防潮性能和抗腐蚀、抗菌能力。该材料的弹性好且耐用。椰子纤维被用作包装材料和保温隔热。但是由于产地在热带地区，运输路线往往较长。

（12）软木 [λ = 0.045 W/（m·K）]。由西班牙、葡萄牙和北非的软木橡树皮制成。软木可以在种植 25 年后开始收获。软木树每 8—15 年可剥皮一次，每次最多剥皮 1/3。软木在市面上以板状或颗粒状销售，耐潮湿和腐烂，防虫蛀。如果材料长时间受潮将会发霉。软木受温度影响产生的变形非常小。为了增加其保温能力，通常的方法是在压力罐中用蒸汽加热到 380℃ 使软木膨胀。然后高压压制成板材或预制成管型保温材料。软木通过黏合剂使材料接合在一起。软木板强度较好，具有良好的弹性，因此可用于需要承受压力的保温材料，如阳台屋顶的室外保温（保暖屋顶）。软木屑也可用于地板保温。

（13）刨花木屑 [λ = 0.06—0.08 W/（m·K）]。在过去常用作松散填充物填充墙体和天花板。将木屑干燥，使水分含量低于 20%，填充入墙体中并封好。在填充木屑几年后，被填充的结构必须可以补充更多的木屑。该材料吸收和释放水分的方式与木材相同。可添加约 5% 的熟石灰以减少虫蛀的危险。此外，加入 5%—8% 的硼砂或氯化镁能降低其可燃性。

（14）亚麻纤维 [λ = 0.04 W/（m·K）] 块。是由亚麻纤维组成，对于纤维产品来说亚麻纤维很短。这种材料天然抗虫

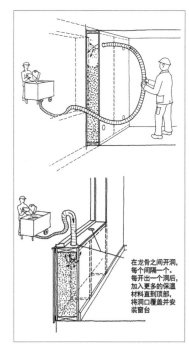

图 1-36　纤维素纤维作为保温材料

纤维素纤维作为保温材料用于许多绿色建筑中，它被喷洒在箱式结构内。纤维素纤维由回收报纸或新的纸浆浸渍在硼酸和聚磷酸铵中制成

在龙骨之间开洞，每个间隔一个。每开出一个洞后，加入更多的保温材料直到顶部，将洞口覆盖并安装窗台

图 1-37　喷洒松散的纤维素纤维

图 1-38　德国生态建筑产品展上销售的保温材料

这里展示的是由羊毛、亚麻和棉花制成的保温材料

① 拓纳拜耳公司生产的有机氯化物杀虫剂。
② Ciba–KGeikgy 公司生产的有机氯化物杀虫剂，中文名防霉灵。

图1-39　大麻纤维保温材料

大麻纤维保温材料非常环保，德国许多卖环保建筑材料的商店都有销售，在丹麦也能买到

图1-40　安装在样板墙上的亚麻材料保温板

图1-41　亚麻纤维保温毛毡

蛀、防水、不易燃。它具有优良的湿度缓解性能（最高可达自重的25%）和隔音性能。为了使亚麻纤维块硬化，可加入占重量2%—18%的聚酯纤维。亚麻种植并不需要大量使用化肥或杀虫剂。纤维在短时间加热过程中黏合在一起，并形成块状。亚麻纤维保温材料也可加入阻燃添加剂（图1-40、图1-41）。

（15）轻质混凝土 [λ = 0.1—0.20 W/（m·K）]（"见结构材料"）。用于墙壁、天花板和地板结构作为承重和受压保温材料。Xellas公司生产的Multipor板材（最多200 mm厚）由沙、石灰、水泥和水制成。它具有较好的保温性能 [λ = 0.045 W/（m·K）]。

（16）膨胀陶粒 [λ = 0.13W/（m·K），松散填充；λ= 0.15—0.20W/（m·K），块]（见"结构材料"）。板和砌块用于墙壁、天花板和地板结构作为承重和受压保温材料（图1-42）。

（17）黏土和稻草混合物 [λ = 0.2—0.4 W/（m·K）]。轻质黏土结构，被用来作为建筑材料已有数百年历史。黏土保存有机物质而稻草保温。用轻质黏土做墙体的建筑需要一个木质框架支撑。将稻草小心浸泡在黏土水中。轻质黏土墙体被做成倾斜面的形式或使用预制砖。该混合物压得越硬，其保温性能越差。使墙体达到恰到好处的干燥是很重要的。建筑保温性能很好的房子需要很厚的墙壁。轻质黏土中可以使用膨胀黏土代替稻草。

（18）矿棉 [λ = 0.033—0.045 W/（m·K）]。可以是玻璃棉或石棉。它可以是松散的也可以成板、成块或打包成片。矿棉具有良好的隔音、防火能力。装有矿棉的建筑应该密闭，使纤维不能进入室内空气中，并防止其扩散，使内部的水分不会进入到结构中去。由于材料不能缓解水分，所以水分可以通过并破坏木质结构。当受潮时，将发生甲醛扩散；在发生火灾时，会释放有害气体，主要是苯酚。由于矿棉中含有尿素，因此它受潮时能闻到臭味。这些材料包含相当多的纤维，如纤维直径小于5 μm和长度超过3 mm时可引起肺损伤。这一问题迫使矿棉生产者开发出新产品，一些生产商转而生产其他不会对肺造成损伤的纤维。① 石棉。石棉由辉绿岩和白云石组成。少量的尿素以及苯酚甲醛树脂作为结合剂。同时，添加占重量1%的硅或矿物油以减少灰尘和提高防潮性。原材料混合并在1 350—1 500℃时熔化。熔融材料通过喷嘴吹制在旋转面上，使矿物纤维形成。该纤维用苯酚甲醛树脂黏合，在220℃时硬化。生产过程中会消耗大量能源。② 玻璃棉。在玻璃棉中，石材被石英砂（占重量的30%）、长石和白云石（占重量的30%）、烧碱（占重量的10%）以及回收玻璃（占重量的30%）代替。现在回收玻璃的比例已经大大增加。ISO-soft是一种美国产的保温材料，具有长而有弹性的玻璃纤维，由丙烯酸纤维缠绕，不含甲醛或尿素。该保温材料类似于羊毛，和矿棉具有相同的保温性能。ISO-soft不会像矿棉或玻璃棉那样让人瘙痒或沾染灰尘，对于容易过敏的人是一个好的选择。

（19）珍珠岩 [λ = 0.044—0.053 W/（m·K）]。由源自火

山的天然玻璃加热到 1 000—1 100℃而成。该材料的体积会膨胀到原来的 15—20 倍。原材料开采自冰岛、希腊的米洛斯岛、匈牙利和土耳其。珍珠岩不会燃烧，且与其他建筑材料不产生化学反应。它可以零用，具有极高的抗压强度，可以用作架空地板的衬层。在呈颗粒形态时，它被用作地板和填充空心墙的保温材料。在欧洲珍珠岩还以板状销售。Hyperlite[①]是在 400 ℃高温下喷洒占重量 0.2% 的硅酸盐的珍珠岩，这样能使其具有防水性能。用沥青处理过的珍珠岩会释放有毒气体，不能用于室内（图 1-43）。

（20）**泡沫混凝土** [$\lambda = 0.1 \text{ W}/(\text{m} \cdot \text{K})$]。用于实体构造中作为支撑和保温材料。泡沫混凝土需要大量的黏合剂，它由含有 50% 的水泥、50% 的矿渣、水以及发泡剂（采用普通可降解的表面活性剂）的水泥浆制成。用于地基的膨胀黏土球也是如此。这是一种相对较轻和坚实的材料。在工厂，它可以被铸造成块状或条状。条状泡沫混凝土加入镀锌钢板网后可以作为支撑材料。为了保证条状泡沫混凝土的运输，首先需要对其进行加固。这种材料不可用来防水。泡沫混凝土是一种相对较新的材料，这意味着对它的使用经验是有限的。

（21）**泥炭** [$\lambda = 0.08 \text{ W}/(\text{m} \cdot \text{K})$，**松散填充物；$\lambda = 0.038 \text{ W}/(\text{m} \cdot \text{K})$，板**]。在过去被用作保温材料，与刨花使用方式相同。如今它并不常用。泥炭可作为松散填充物，板状或块状使用。泥炭提取物来自沼泽的最上层部分，该部分没有进行太多的分解过程，因此纤维还是完好无损的。泥炭填充剂被干燥、磨碎并加入约 5% 的石灰。泥炭具有较低的 pH 值，能抑制细菌和真菌的生长。瑞典的泥炭资源非常丰富，但其增长缓慢。一定量的泥炭被加入到墙体中，并且需要补充。在填充过程中会产生灰尘。

（22）**织物纤维垫**。由不同厚度的织物废料用聚酯纤维绑在一起制作而成。生产过程的能耗较低，其值与矿棉和纤维素纤维近似（图 1-44）。

（23）**透明保温材料**。是一种能让光线通过的未来的塑料保温材料。这种材料的结构（包括蜂窝状、纤维状或管状）以及其特性（例如它包含了大量的空气）都被加以利用。它们通常由聚碳酸酯或气凝胶组成。目前该材料非常昂贵，主要用于提高被动式太阳能采暖系统和太阳能集热器的能量转移效率（图 1-45）。

（24）**真空熔融二氧化硅保温材料** [Vacupor®[①] $\lambda = 0.005 \text{ W}/(\text{m} \cdot \text{K})$]。具有极好的保温性能。这是一种多微孔的无机材料，由 85% 的硅氧化物（SiO_2）和 15% 的硅碳化物（SiC）组成，厚板中间是由铝质的金属封条封闭的真空空腔。材料被抽成真空，完全阻止任何对流造成的热传递。核心材料的生产没有任何排放，不易燃，通常不包含任何暴露在热环境下会释放有害分解物的有机组成部分。该产品可以回收，工业卫生专家认为该

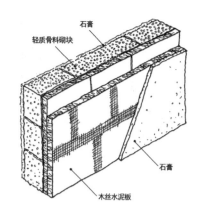

图 1-42　膨胀陶粒墙
如果用膨胀陶粒作为主要墙体材料，墙体必须做得特别厚或添加保温层，因为膨胀黏土本身的保温性能一般。这里展示的是以木丝水泥板做保温层的膨胀陶粒墙

图 1-43　不同的保温材料
左边是纤维素纤维，中间是珍珠岩，右边是矿棉

图 1-44　织物纤维垫
织物纤维垫由织物废料用塑料包裹而成

① Aquapanel 公司的产品。

图 1-45　透明塑料保温层墙体
位于瑞典斯莫兰地区（Småland）阿讷比市（Aneby）的 Ecotopia 实验中心，其透明塑料保温层墙体可以透过光线

图 1-46　用木丝水泥板建造的房子
在瑞典斯塔凡斯托普（Staffanstorp）用木丝水泥板建造的房子。建筑师：马蒂亚斯·鲁科特（Mattias Rückert）

图 1-47　含有矿物填充料的蜂窝砖
由玄武岩制成，产自德国厂商 Unipor。Unipor 公司生产一种名为 Coriso 的产品是特别为低能耗被动式房屋开发的，其值为 0.08 W/（m·K）

① Porextherm 公司的产品。

材料不存在任何健康危害。材料昂贵但非常节省空间。

（25）**木质纤维板** [保温板 λ = 0.037 W/（m·K）；**多孔板** λ = 0.045 W/（m·K），硬质纤维板 λ = 0.17 W/（m·K）]。由切碎和碾碎的木材（纤维质的）加水稀释，然后利用高温和高压压缩而成。木材中的木质素起黏合剂的作用。软木纤维保温板（厚度 40—200 mm）从德国进口，包含作为黏合剂的聚烯烃和作为阻燃剂的聚磷酸铵。德国硬木纤维保温板通常包含一些聚氨酯树脂（约 4%），是一种不被推荐的物质。瑞典生产的木纤维板有硬的、中等硬度的和多孔板。木纤维多孔板（12—40 mm）主要用于保温、隔音和吸音。在某些情况下，加入硫酸铝（1%—3%）以防止生霉，加入硫酸铵以防火。有些板表面有一层蜡。浸油木纤维板防潮性能更好，通常含有松脂。使用了黏合剂的木材纤维板应避免对环境造成影响。

（26）**木丝水泥** [λ = 0.09—0.15 W/（m·K）] 板。其由木丝（占重量的 35%）以及水泥或菱镁矿作为结合剂（占重量的 65%）组成。添加氯化钙（占重量的 0.2%）可以控制硬化。这种材料防潮、吸湿、吸声、耐压、不易燃，并具有较高的 pH 值，能抑制霉菌生长。它常常被用作室内游泳池、健身房和浴室的天花板。木丝水泥板很重，因此能隔音。由于其表面粗糙，所以适合抹灰处理。有一些低矮的建筑物使用的木丝水泥板，既起到支撑作用又有保温效果。也可用杉木对宽度小于 3 m 的木丝水泥板进行加固。各种木丝细度的预漆木丝板都可见到。水泥的生产能耗较大（图 1-46）。

（27）**蛭石** [λ = 0.053—0.065 W/（m·K）]。由云母制成。当这种材料被加热到 800—1 000℃时，会分为薄片和卷曲成为轻质多孔的块，不论是松散填充物还是板都可作保温材料。它也可以按 6∶1 的比例与混凝土混合，使其重量更轻并提高其保温性能。膨胀蛭石具有化学惰性，不燃且能耐高温。蛭石可以吸收更多的水分，这一点使其与珍珠岩相比具有更大的风险。该产品的生产能耗较大（图 1-47）。

小结。保温材料的环境评估见表 1-7。

表 1-7　保温材料的环境评估

推荐使用	可使用	避免使用
纤维素纤维 *	泡沫玻璃	泡沫塑料
大麻纤维	轻质混凝土	EPS，XPS
椰子纤维	陶粒骨料	玻璃棉
软木	珍珠岩	石棉 **
木屑	聚酯	聚氨酯（PUR）

推荐使用	可使用	避免使用
亚麻纤维 *	泡沫混凝土	
稻草	羊毛 *	
木质纤维保温板	真空熔融二氧化硅绝缘材料	
木丝水泥板	蛭石	
泥炭	硅酸钙板	
瓦楞纸板	蜂窝砖 ***	
贝壳	织物纤维垫	
泡沫玻璃颗粒		

注：* 纤维素纤维、亚麻纤维与羊毛保温层对环境的影响取决于该保温材料所含的添加剂。这些材料通常含有阻燃剂及防霉剂，如硼盐、硼酸、聚磷酸铵或水玻璃等。亚麻纤维保温层有时混合聚酯纤维以增加材料的强度。** 石棉在防火方面很有价值。*** 也可用矿物颗粒填充。

6）立面材料

木材是对环境影响最小的面层材料。如果一座建筑以砖为建造材料，在单纯墙体和复合墙体的建造中，砖都可以作为立面材料使用。一些板材也可以作为立面材料。许多材料都可以通过抹灰或油漆的方法给予立面一个特定的形象（图 1-48、图 1-49）。

（1）水泥板（"见板材"）。

（2）玻璃。由石英砂、碱或碳酸钾和石灰石制成。其熔点约 1 400—1 550℃。玻璃的类型很多。旧玻璃可以回收生产新的玻璃。其生产能耗较大。安装时应尽量采用物理安装以避免对环境有害的密封剂。① 平板玻璃可用作窗户、中庭屋顶、墙面板片、立面遮盖和室内家具。现在几乎所有的平板玻璃都是采用皮尔金顿有限公司的浮法玻璃技术制造。② 节能玻璃涂有一层薄薄的涂料，如氧化锡，它很坚固，可用于室外；或涂上薄薄的一层银或金，由于很容易刮伤，它们只能用于室内的复合窗玻璃中。涂层能阻碍长波辐射（热能）从窗口散失。可添加氧化磷（P_2O_3）以使紫外线穿过。③ 保温窗是由两块或三块玻璃面板由充满清洁、干燥空气的密封腔分隔而制成的。铝和软衬垫是最常用的垫片。为了减少热量损失，密封腔里的空气可用密度较大的气体代替，如氩气，使热交换变得缓慢。现在也有采用真空密封腔的技术。④ 遮阳玻璃用于减少由强光照射和高温引起的室内不适。这种玻璃通常以吸收或反射的方式运作，且往往二者并存。还有一种类型的遮阳玻璃可以通过电子信号来控制不同的遮阳的等级。⑤ 玻璃砖（"玻璃混凝土"）是一个特定形状玻璃制品的例子。它可用于外墙和内墙。玻璃块也可用于承受一定重量的结构，如庭院平台。由于玻璃混凝土结构包含许多导热的玻璃砖，因此热损失

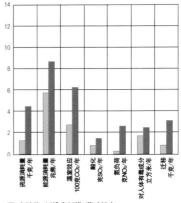

图 1-48　用不同立面材料处理的两面相似外墙面的环境信息
一为木质立面，一为砖立面。资料源于《建筑与环境——建筑材料形式和对环境的影响》，罗伯·马什（Rob Marsh），迈克·劳宁（Michael Lauring），埃贝·郝莱瑞斯·彼得森（Ebbe Holleris Petersen），丹麦，2000

图例：
■ 木结构+纤维素纤维+落叶松木　每平米外墙环境信息
■ 轻质混凝土骨料+玻璃棉织品+砖　每平米楼板构造环境信息

图 1-49　海斯特拉的住宅
位于瑞典布罗斯（Borås）地区海斯特
拉（Hestra）的住宅，建筑的立面和
屋顶均为黑色波纹水泥板（纤维水泥
板）。建筑师：延斯·阿尔弗雷德（Jens
Arnfred），Vandkunsten，丹麦

相对较大。⑥ 夹丝玻璃是将金属丝网嵌入的平板玻璃，具有防火
性能。夹丝玻璃的耐用性比同等的单质玻璃差。⑦ 有两种类型的
安全玻璃：钢化玻璃和夹层玻璃。钢化玻璃是将普通玻璃加热到
600 ℃，然后迅速冷却下来。如果钢化玻璃被打破，其碎片是许
多小立方体形状的碎块，使人们不易被碎块割伤。夹层玻璃是由
两层或两层以上的玻璃黏合而成，其中层与层之间加入塑料薄片。
这种类型的玻璃被用于诸如防盗或防弹玻璃。生产钢化玻璃比生
产非钢化玻璃耗能更高（图 1-50）。
　　（3）硅酸钙板（见"板材"）。
　　（4）灰砂砖（见"结构材料"）。
　　（5）胶合板（见"板材"）。
　　（6）轻质混凝土（见"结构材料"）。
　　（7）膨胀陶粒骨料（见"结构材料"）。

图 1-50　玻璃建筑
德国鲁尔地区黑尔纳市塞尼山索丁根
（Mont-Cenis Sodingen）的 镇 中 心 和
继续教育学院。这个中心是由一个大
玻璃建筑中的各种小建筑构成的。这
个玻璃建筑由木结构支撑。建筑的屋
顶有太阳能光电板，通风经由地下管
道自然通风。因此，整个区域中心形
成了一个微气候。资料源于建筑师布
鲁·约尔达·帕鲁丁（Büro Jorda et
Perraudin）

（8）石膏（见"抹灰和砂浆"）。

（9）石材（见"地面材料"）。石材作为外立面由特殊的金属构件锚固，通风道位于其背后。

（10）砖（见第 1.1.3 节"关于材料的知识"）。砖作为立面材料，既可作为承重结构也可作为立面饰面材料。

（11）木材（见第 1.1.3 节"关于材料和建造材料的知识"）。木镶板作为习惯沿用了 30—50 年。立面饰面和地面之间需要留有一定的空隙（图 1-51、图 1-52）。

（12）木丝水泥板（见"保温材料"）。该板材有非常适合抹灰的表面，并适合用在需要灰泥立面的木建筑中。

小结。立面材料的环境评估见表 1-8。

图 1-51　斯德哥尔摩安德斯坦雪登生态村（Understen shöjden）
其木质面层用廉价的绿矾处理。部分面层由砖砌成，其后是完全用无机材料建造的浴室

表 1-8　立面材料的环境评估

推荐使用	可使用	避免使用
硅酸钙板	混凝土砌块	钢筋混凝土 ***
灰泥	水泥纤维板	金属（板片）***
灰砂砖	玻璃	
黏土石膏	瓷砖	
石材	陶粒 **	
木材 *	轻质混凝土	
木丝水泥	胶合板	
	砖	

注：* 压力浸渍木材应该避免使用。** 加入了泡沫塑料的陶粒制成的夹心板应该避免使用。*** 钢筋混凝土和金属片需要消耗较多能量且对环境有很大影响，但难以完全避免使用。

图 1-52　未经处理的落叶松木面层
斯德哥尔摩郊区提瑞斯塔（Tyresta）国家公园中的建筑。资料源于建筑师佩尔·莱德那（Per Liedner），Formverkstan 建筑公司

7）屋面材料

屋面材料的选择取决于屋顶的坡度。在斯堪的纳维亚的气候下，屋顶必须有一个较大的坡度以保护建筑物免受雨雪的侵害。如在某些情况下采用了相对平坦的屋顶，则可以使用绿化草皮或种植屋面。

（1）**水泥瓦**（屋面坡度 > 14º）。由沙（占重量的 75%）、水泥（占重量的 25%）和水制成。有时会添加石灰矿渣、硅酸盐和氧化铁（不到重量的 1%）。它们具有良好的抗压性和防冻性。生产水泥瓦耗能比瓷瓦少，但水泥生产能耗较大且会对环境造成破坏。还有经过表面处理的水泥瓦，它的外层涂有丙烯酸。本地生产的屋面瓦应优先考虑，以降低运输成本。

（2）**纤维水泥板**（屋面坡度 > 14º）。用于屋面，可成波浪起伏状和平板状。由于该板相对较轻，因此屋顶桁架的尺寸可比重型屋顶小。纤维水泥板包含水泥（占重量的65%—80%）、填料（石灰石或白云石）和纤维素纤维（占重量的6%）。纤维素纤维需浸渍在硅酸（占重量的8%）中，以使它在碱性环境下不会断裂。所使用的硅酸盐是非结晶状的。该板材也可以用2%的PVA（聚乙烯醇）纤维和玻璃纤维加固。纤维水泥板可以涂上油漆或腈纶染色颜料。安装时以螺丝固定。水泥制品耗能较大。生产较小尺寸的纤维水泥板可以不需要纤维加固。

（3）玻璃（见"立面材料"）。有时用于玻璃墙面房间和庭院的屋顶。

（4）绿化屋面（屋顶坡度3°—45°）（见植被和耕作）。是绿化种植屋面的通称。土层的厚度可在30—150 mm之间，作为屋顶花园甚至可以更厚。绿色屋面有许多好处：降低噪音；植物的蒸发作用可改善当地的气候；净化空气，植被层吸收和吸附灰尘及绒毛并释放氧气。植被层吸收了高达50%—80%的雨水，从而减轻排水系统的压力。它提供了鸟类和昆虫栖息的生态环境。景天属植物屋面几乎不需要维护，而植草屋面需要维护并有在炎热夏季缺水的问题。150 mm厚覆土的植草屋面具有较高的热容量，因此与普通屋顶相比是冬暖夏凉的。① 屋面的坡度。完全平坦的屋面排水能力较差且植被容易受到伤害。较缓的坡度（3°—7°）需要有排水层，较陡的坡度则需要蓄水层。屋面坡度在7°—10°之间是最理想的。当种植屋面的坡度大于14°，植被层必须固定在下部垫层上。在坡度更大的斜坡上，重叠的聚乙烯层可作为防水层。植草屋面可以放置在高达45°倾斜的屋面上，但如果坡度大于20°，屋面必须设锚固层（如黄麻编织能保持砂和土壤不会流失）。此外，陡峭的植草屋面需要沿屋檐设置排水管。薄的景天属植物屋面（苔藓—景天属植物垫）30 mm厚，但在坡度较小的屋面上需额外加设30 mm的排水层。厚的草本植物屋面（景天—草本植物垫）有约3 cm的矿物质土壤，约3 cm的排水层和3 cm蓄水层（相当于总共9 cm）。② 植草屋面的厚度。一个真正的植草屋面（景天—草本植物—草坪垫）厚度在120—150 mm之间。它至少有30 mm厚的种植土层，而排水层和蓄水层的厚度取决于屋顶的坡度。植草屋面有很长的寿命，而且几乎免维护。防止根部穿透的保护层对于植草屋面来说尤为重要。这个保护层应防止植物根系破坏隔气层。保护层提供了第二道防水层，并作为一层额外的隔气层，这对于屋顶是非常好的，因为平屋顶往往有渗漏的问题。冷屋顶意味着保温层在隔气层之下，而且隔气层位于保温层和面层之间。热屋顶是保温层处于隔气层之上，因此保温材料需要有防潮能力。景天属植物屋面与草屋面具有相似的属性。由于它们更薄，其吸水性和热容量就较小。景天属植物厚20—60 mm。肉质植物（景天属植物）特别适合这些屋顶，如英国景天。景天属植物屋面不需要浇水，因为景天科植物自己就能蓄水。现在约有40种不同颜色的景天科植物可使用（图1-53至图1-55）。③ 适用于屋顶绿化防

图1-53 景天属植草屋面
资料源于VegTech公司

图1-54 位于瑞典谢尔特镇（Yxhult）的景天属植物屋顶
资料源于VegTech公司

图1-55 混合景天属植物的绿色屋顶特写
资料源于VegTech公司

水层的制成。它由聚乙烯、聚丙烯、聚烯烃、合成橡胶（三元乙丙橡胶和丁基橡胶）和塑料改性沥青（APP 和 ECB）制成。聚乙烯（泡沫片形成了一个隔气层）不能联结或黏合在一起。防水层必须重叠安放在坡屋面上（最小 15º）。聚烯烃垫专为烟囱和管道定制，留有凹口和凸缘。三元乙丙橡胶的价格比塑料材料贵，并含有一些对环境有害的溶剂。根据德国 Ökotest 的说法，从生态的角度来说最好的材料是塑料改性沥青，一种沥青与弹性塑料的混合物。这种材料易于使用，但比较适合小型屋顶。植草屋面很重（在饱和的状态可达 120—150 kg/m²），所以可能需要加强屋顶结构。一个草本植物屋顶的重量为 110—120 kg/m²。薄的景天属植物屋顶在雨水较多的国家重量为 40—50 kg/m²，通常并不需要加固屋顶。

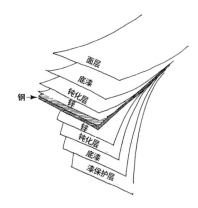

图 1-56　常见的金属屋顶防锈处理实例

（5）金属屋面（铜屋面＞ 3º，双缝直立锁边＞ 6º，单缝直立锁边＞ 14º）。其生产耗能非常大并且生产过程中会释放许多有害物质。当然，由于是使用薄金属，每平方米屋顶材料的能耗是适中的。不过，有环保意识的建筑承包商应有节制地使用金属（图 1-56）。

（6）薄钢板。其主要成分是铁元素（占重量的 98%），是金属中能耗最小的，但它易生锈，必须喷涂表面防锈层保护，但很少有防锈涂料是环保的。用于屋面的薄钢板涂有锌和 / 或铝以防锈蚀。在雨水中有一定量的电镀锌会从表面流失。铝锌涂层比热浸镀锌钢板流失的锌少。大量的锌排放对环境具有一定的危害，特别是对水生生物而言。金属电镀工艺生产会排放镍、铬、氰化物和氟化物。用于屋面的彩色涂层钢板含一层 PVC、聚酯或 PVF2。彩色涂层的预期寿命至少十年。实际使用的钢板很薄，由热浸电镀而成。在给钢板涂上 PVC 层前，先要涂一层底漆，如丙烯酸酯、环氧树脂和聚酯。背面也涂上一层薄环氧树脂。塑胶涂料由聚氯乙烯、软化剂、有机溶剂、金属盐和色素组成。这样做的原因是防止油漆成块剥落。目前，有一种塑胶涂料完全不含邻苯二甲酸盐，它使用聚合物或植物石油作软化剂。随意的燃烧 PVC 会产生二噁英（在氧气有限且温度不够高的条件下）。

（7）不锈钢。是一种包含至少 10.5%—20% 的铬和最多 1.2% 的碳的铁基合金。根据金属所处的不同环境，它也包含了不同程度的镍（0.5%—14%）和钼（＜ 3%）（改善耐腐蚀性）。用于各种不锈钢的铬和镍是没有危险的，也不会引起过敏。例如，用在沿海地区和受污染城市或工业区周围的不锈钢板成分为约 17% 的铬、11% 的镍、3% 的钼，其余是铁。该产品使用寿命与建筑寿命相同，但是在很大程度上也取决于环境的腐蚀性。不锈钢应该以有利于回收再利用的方式使用。

（8）铝。其生产需要大量的能源。在生产过程中，会排放有毒的氟化物和产生大量废渣对环境造成危害。生产再生铝的能耗还不到用铝土矿生产新铝耗能的 5%。一般来说，铝的使用寿命与建筑相同。通常，铝不需要表面处理，但在空气和工业污染严重的城市中其腐蚀变得严重，因此需要表面处理，如上漆或阳极氧化法。

（9）锌合金（例如莱茵辛克钛锌合金和镀铝锌钢板）。相对稳定，但生产锌耗能较大且会释放许多有害物质到空气中。例如生产 1 t 锌会释放约 10 kg 的锌、1.8 t 铅和 0.1 kg 砷。锌是动物必需的微量元素，少量的锌对环境没有危害，但大量的锌会危害环境，特别是对水生生物。

（10）铜片。柔软而又坚韧，因而可以被用作覆盖复杂形状的屋顶。铜片在其他领域的使用有水槽、排水管道和门。铜会释放铜离子，对水生生物有害。斯德哥尔摩市政府估计，市内污水中含有 8 t 的铜，1 t 由工业释放，1 t 来自铜屋顶，6 t 来自建筑物内的锈蚀铜管道。根据斯德哥尔摩市 2003 年生效的环保政策，铜只能用在有文化历史价值的建筑物上。铜片主要含纯铜（大于 99%）。用于屋顶和墙面的铜片通常有很长的使用寿命。在城市环境中，铜表面腐蚀的速度约为每年 0.9 μm 左右。斯德格尔摩城市有一项政策是：在排水未经处理的新建设区域，不得在屋顶和立面材料中使用铜。

（11）海藻（大叶藻）。被用作老房子的屋顶材料和保温材料，这些屋顶很陡并且非常厚（600—800 mm）。因为海藻含有大量的二氧化硅，它们可使用数百年之久。一些海藻在清洗、晾干、切碎后可作为建筑物的保温材料。

（12）页岩（屋面坡度，双层页岩 > 25º）。屋面由薄的页岩片制成（但不小于 6 mm 厚）。页岩具有防水、防冻和耐热性，并耐空气污染。页岩屋顶被认为是最耐用的屋顶之一（至少 100 年）。它们很容易打孔并用钉子固定在屋顶结构上。瓦片需要重叠较多层（三层）。旧页岩瓦片可重复在新的屋顶上使用，而批量生产的石材瓦片耗能就比较大。对环境影响最大的是产品从矿山运送到消费者的过程。因此，当地的石材应该被优先考虑。有一种名为 Skifferit 的人工合成屋面材料，由约 75% 的页岩颗粒、碳酸钙、黏合剂和聚酯树脂组成。表面与页岩相似。但是，其耐用性不如天然的页岩好（图 1-57）。

图 1-57 位于瑞典达尔斯兰省的刚奈尔奈斯庄园（Gunnarsnäs）的建筑
该建筑屋顶和外墙面都采用页岩板

（13）茅草屋面（由芦苇、大苔草或稻草组成，屋面坡度 > 45º）。在过去是经常使用的屋面形式。芦苇是用来做茅草屋面最好的材料，在临海地区大苔草屋面是很常见的。黑麦或小麦秸秆常被采用，燕麦、大麦、亚麻也被使用。稻草必须是成熟、长势较好并脱掉稻谷的。这种屋面的一大缺点就是易燃，从而导致较高的保险费用。阻燃剂可用于秸秆，但它们并非特别环保。芦苇和大苔草没有稻草那么易燃。由专业人员制作的稻草屋顶是比较持久耐用的（约 30 年），并有一定保温和隔音性能。稻草通常绑扎在一起或捆压后用木质梁承托（图 1-58）。

图 1-58 位于爱沙尼亚塔林的露天博物馆 Rocca al Mare 的茅草屋顶

（14）屋面油毡（屋面坡度，三层油毡 > 0.5º，两层油毡 > 3º）（沥青屋面防水卷材）。由浸渍了改性沥青聚合物的合成油毡制成。无论是聚酯油毡或矿物基础油毡（如玻璃纤维），都是经过改性沥青聚合物（占重量的 60%—70%）和苯乙烯保泰松制剂合成橡胶（10%）浸渍的。通过涂抹不同颜色的粉碎矿物质使其表面免受太阳紫外线的侵害，例如，石灰石粉、沙或页岩片。屋面油毡可以以片或卷的方式重叠放置。油毡片由油毡钉固定在下层衬垫之上然后再与其他片相连。屋面油毡能使用大约 30 年。有各种不同类型、不同的属性的聚合物改性沥青，例如，APP（无规聚烯烃）和 SBS（苯乙烯丁苯）。目前生产的绝大部分屋面油毡都包含 SBS 添加剂。从环境的角度来看最好的沥青是塑料沥青（APP 和 ECB）。沥青产品不应该暴露在室内空气中，因为它们会释放多环芳烃（PAHs）。有一种名为 Sarnafils TG66-15 的屋面防水卷材获得了 Sunda 住房公司的认证，它是由柔软的聚烯烃制成，不含任何对环境或健康有害的物质，可用于单层防水或与其他防水材料组合成复合防水层（图 1-59）。

（15）屋面瓦（屋面坡度，没有槽口的 > 22°，有槽口的 > 14°）。是由在 900—1200℃ 高温下煅烧的黏土制成。黏土的质量决定了屋面瓦的耐久性、抗冻性和颜色。屋面瓦叠置于木板条之上，在有强风风险的地方，需要用钩子扣在木板条之上。屋面瓦可以使用很长时间，要更换单独的瓦片也相对容易。烧制屋面瓦耗能很大。屋面瓦片可以上釉面或涂以颜料（氧化铁），以增加其使用寿命和上色。生产表面处理的瓦片比生产不做表面处理的瓦片需要更多的能量。应优先考虑当地生产的瓦片，以减少运输量（图 1-60 至图 1-62）。

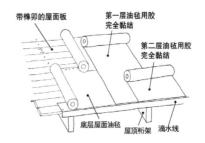

图 1-59　油毡屋面
油毡屋面看起来是环保的，但现在的油毡屋面往往是合成材料制成的，例如：浸渍编织玻璃纤维的沥青。浸渍机织羊毛的沥青可以接受，但它很难获得。资料改编自《木材信息与木材建筑手册》

图 1-60　中国的黏土瓦屋面
中国有三种瓦片：屋脊瓦、屋面瓦和屋檐瓦。屋檐瓦是为了提供协调的屋顶收头。在中国瓦屋顶外沿的木质挡风板的使用方式和欧洲国家是不同的

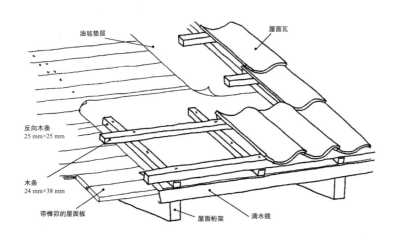

图 1-61　黏土瓦屋面
根据产品设计环境优先策略（EPS），从环境角度上看，黏土瓦屋面被认为是最好的选择。这项策略建立于生命周期评价系统之上，它是由马丁·厄兰德森（Martin Erlandsson）在斯德哥尔摩皇家工学院建筑材料系所完成的。在那里，他进行了黏土瓦、混凝土和金属板屋顶的比较分析。资料源于《木材信息与木材建筑手册》

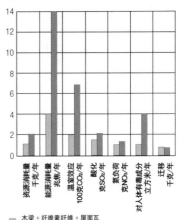

图 1-62　两种屋顶的环境信息比较（瓦屋顶和锌合金屋顶）
资料源于《建筑与环境——建筑材料形式和对环境的影响》，罗伯·马什（Rob Marsh），迈克·劳宁（Michael Lauring），埃贝·郝莱瑞斯·彼得森（Ebbe Holleris Petersen），丹麦，2000

（16）**木屋面 [屋面坡度，木板屋面＞27º（某些例子中，如落叶松＞15º），木瓦屋面＞45º]**。由劈开的原木、板或木瓦组成，这些材料通常来自森林地区。木材如云杉、松树、橡树、白杨、雪松和落叶松等都可以使用，并且应该尽量的直且少有分枝。大多数类型的芯材和含丰富树脂的树木，如落叶松是最持久耐用的。木屋顶必须始终保持通风。压力浸渍木材应当避免使用。使用进口的木材，如杉木或落叶松意味由于运输耗能增加了整个生产运输过程的耗能。手工劈切屋面瓦能使用很长时间（30—100 年）。木瓦是由原木顺着纹路劈切而来。机器劈切会割裂树木的所有纹路，因此，这种木瓦没有用手工劈切的木瓦持久耐用。木瓦必须重叠放置，因此会覆盖三层。厚瓦是非常耐久的，在旧教堂经常可以发现。屋顶越陡，木瓦使用年限越长。雨水必须迅速排掉以避免损坏木瓦。浸油的木瓦或定期涂焦油的木瓦使用年限最长。一般来说木板屋顶使用年限为30—50 年。木板是重叠的和带槽的（指有一个纵向的槽）用于改进排水（图1-63 至图1-65）。

小结。屋面材料的环境评估见表1-9。

图 1-63　有凹口的木屋顶
即有细槽的木板能使水易于排出，这是在瑞典耶夫勒市郊的依格斯赫顿（Engeshöjden）生态村的一座建筑的测试结果。资料源于建筑师安德鲁斯·尼奎斯特（Anders Nyquist）

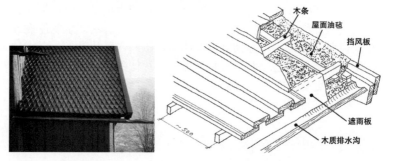

图 1-64　挪威木构教堂的木瓦　图 1-65　木板屋面构造屋顶

表 1-9　屋面材料的环境评估

推荐使用	可使用	避免使用
草、景天属植物	混凝土瓦	金属片 *
当地页岩	水泥纤维片	油毡屋顶 **
茅草	玻璃	
黏土瓦		
木材		

注：* 金属片屋顶在有的情况下是有效的选择。** 油毡屋顶的好坏取决于它的成分，但它通常含有对环境有害的化学物质。

8）隔气、防潮材料

需要隔气、防潮材料的场合多种多样：① 用于墙体和屋面的具有不同程度渗透性的气密层。② 在潮湿地区，耐候材料用于不耐潮气的结构上，如木结构；地面和屋面防水层用于绿化屋顶和池塘（见"土工材料"）。③ 潮湿房间、地面、绿化屋顶和池塘的防水层将在同一张列表中进行比较。

（1）耐候气密层。建筑物应建得防风密闭以免气流、能量损失和潮气侵袭。在不密闭的建筑里，潮气侵害会发生在暖空气泄漏的地方。因此，将气密耐候材料重叠放置并用胶粘、压胶或夹固的方法使之相连是非常重要的。同样重要的是完成所有位置的密封，尤其注意山墙面、烟囱和通风道的密封。甚至室内立面层和屋顶构造都需要防风以避免保温层中发生空气流动。要使结构持久耐用，要点是密封胶应具有较长的寿命，并需要经过测试。当使用有机保温材料时，气密层的不透气性不能太强，因为这会阻止构造层中水蒸气的扩散，从而减弱了防潮特性。虽然大多数室内空气水分是通过换气通风设备排到室外的，但如果外墙材料没有很高的隔气性能，仍有约 2% 的水蒸气是通过外墙扩散出去的。材料的透气能力通过水蒸气不渗透性测量。不渗透性较低的材料可以让更多的水分通过。建筑工程师认为，建筑构造内部的隔气性能应比建筑表面高 5—10 倍，这样水分才能排出。不论怎样建造建筑，重要的是使水分排出比进入更容易。建筑室内水蒸气的不渗透性等于内表面所使用各种材料的水蒸气不渗透性之和。许多构造本身就有气密性，如混凝土或实木建筑。对于这样的建筑，尤为重要的是确保接头处用衬垫和化合物密封剂密封。在较轻的构造中需要使用气密层来防风，减少能耗和防止潮气侵害。塑料布经常使用，但它们往往是不透气的。在绿色建筑中，我们的目标是有这样一种围护结构，它既能遮蔽风雨，又能透气，所以这种材料的吸湿性能有助于达成更好的室内气候。① 纸面石膏板（见"板材"）。它是防风的，被用来抵御外部风力。为了使石膏板形成良好的防风层，妥善的密封节点与边缘是很重要的。防水石膏板覆盖了一层由石蜡或硅密封胶制成的乳状石蜡，以此来防止水分通过。在某些情况下，它们可能含有杀菌剂。② 硬木纤维板（见"板材"）。它也是防风的。硬木材纤维板（3—6 mm）可作为屋顶内部的耐候材料或墙体建造中的室内气密材料。在潮湿环境中，木材纤维板需要经松油或沥青浸渍再使用。部分板材外部涂有蜡。③ 建筑用纸／毛毡。曾被广泛用于隔绝外界气候，如今已被塑料布所取代。然而，建筑用纸／毛毡仍然在绿色建筑领域有所应用。有多种类型的建筑用纸／毛毡，如纤维素和纺织品。可以找到无涂层的建筑用纸／毛毡，不过对材料进行浸渍可以使其或多或少具有更好的气密性。浸渍材料主要有油、树脂或沥青。也有单面或双面涂有聚乙烯、聚丙烯和聚酯，或是铝箔的建筑用纸／毛毡。后者也具有气密性。涂有薄层聚乙烯的羊毛纸板与黄麻纤维毛毡相对可渗透，更多是作为防水，而非气密层。当需要抗风时，可以用二氧化钛和紫外线稳定剂作为添加剂。牛皮纸板因含有织物而具有抗撕性。为了实现建筑用纸／毛毡的良好抗风性，关键在于密封节点与边缘。建筑用纸／毛毡一般重叠放置，各张之间通过折叠方式加以固定。未浸染的建筑用纸的蒸汽阻挡

图 1-66　荷兰某生态建材商店销售的防水和防风建筑用纸 / 毛毡

率大约为 $1×10^3$ s/m（秒每米）。使用寿命估计为 40—50 年，无需维护。羊毛毡由再生纸和至少 15% 的羊毛制成。它柔软且透气，常用在地板中使用以减少噪音（图 1-66）。④ 塑料薄膜。通常是由聚乙烯（PE）与添加剂，如色素、钛氧化物、紫外线稳定剂等合成。常用于立面覆盖内部以阻止保温层内的空气流动。塑料薄膜的其他应用有：基础、墙面与屋顶的防水层；混凝土与木地板间的防潮层；设备间地面的防潮层；以及作为施工阶段的建筑材料。聚乙烯防潮层通常为 0.2 mm 厚。在某些情况下塑料薄膜通过玻璃纤维与聚酰胺（尼龙）进行加强。常见的塑料薄膜是不透气的，不过也有防风却透气的塑料布，如聚烯烃制成的防风织物。后者的气孔较小，不能渗水，但是足以使水蒸气透过。所有的塑料薄膜都是石油产品。所有的接缝应密封，可使用丁基胶带。使用寿命大约为 50 年。透气塑料布的蒸汽阻挡率是 $2.7×10^3$ s/m（秒每米），而气密塑料布的蒸汽阻挡率则是 $2\,000×10^3$ s/m（秒每米）。

小结。耐候气密材料的环境评估见表 1-10。

表 1-10　耐候气密材料的环境评估

推荐使用	可使用	避免使用
建筑用纸 / 毛毡	建筑用纸 / 毛毡、沥青	铝箔
硬木纤维板	聚乙烯薄膜（PE）	建筑用纸 / 毛毡、铝
石膏板	塑化涤纶织物	聚丁烯
硅胶密封的石膏板	聚丙烯（PP）	聚氯乙烯（PVC）
硬木纤维板、乳胶	硬木纤维板、沥青	
瓦楞纸板		

（2）防水层。潮湿房间的建造必须避免出现湿气问题。最好使用可承受湿气的石材建造，从而避免使用防水层。在木建筑中的潮湿房间需要在地板与墙面布置防水层，从环境角度上来说没有很好的替代品。可用的替代物是聚合物基底漆、橡胶或以釉面瓦和炉渣或沥青涂层、板材保护的塑料片（见第 1.1.5 节中的"潮湿房间"）。① 防水层。用于建筑内部或周边以防止建筑进水，例如，种植屋面、路面与基础的防水层。路面防水经常用于诸如截水沟或底部会受到雨水冲刷的路基。建造截水沟时是否需要防水层取决于场地土壤的类型。有些时候并不需要使用防水层来保持截水沟中的水分。② 膨润土（钠膨润土）。这是一种黏土，遇水则膨胀成为坚硬且防水的黏土块。这种材料用于绿化，但必须覆盖至少 40 cm 厚的土壤以提供足量的反压力。材料含有由聚丙烯或聚乙烯土工织物封装起来的膨润土所制成的块与垫。另外还有在混凝土浇筑中应用的节点密封胶膨润土。膨润土在欧洲只有少数地区可见，主要是德国南部和希腊（米洛斯）。世界上主要的膨润土产地是美国。③ 沥青。石油炼制的副产品，由碎石与柏

油原料混合而成。一些沥青被质疑为致癌物质，例如某些含有焦油成分与裂变产品煤焦油，含有大量的多环芳烃（PAHs）。然而仔细蒸馏的纯沥青并不含有任何不健康的物质。如果沥青免受阳光直射、温度变化以及土壤中大量酸性湿气侵蚀，则会拥有相当长的寿命。沥青的生产需要消耗大量能源且对环境具有破坏性，但是其危害性低于塑料的生产。暴露在阳光下的沥青会释放不健康的元素（多环芳烃），这就是其不可暴露于室内空气的原因。

④ 沥青涂层（石油沥青涂层）。用于基础与地下室墙壁的防水，并可作为地基墙体与建筑之间的气密层。潮湿房间的地面、墙壁和屋顶可以涂以沥青来防止水分渗透。沥青也可以在安装泡沫玻璃板时作为黏合剂使用。氧化沥青是将热空气（约250℃）通过蒸馏沥青而成的。这一过程产生的沥青比蒸馏沥青更硬并更像橡胶。将氧化沥青加热（最高180℃）后才可作为涂层（热沥青）使用。沥青产品含有溶剂（如石油溶剂油、苯、汽油和二硫化碳）以使产品更易使用（如冷沥青）。在使用含有沥青、某些种类的聚合物、某些类型的胺以及有机溶剂（可占60%—70%）的石油沥青砂胶时，沥青底漆被用在最外层。应避免使用含有（在瑞典化学品监察局PRIO数据库中列出的）胺和溶剂的沥青底漆。

⑤ 沥青防水卷材。以碎纸板、矿物纤维、聚酯或聚乙烯毛毡作为基础结构层，由沥青和石灰石粉或沙进行覆盖。沥青涂层纸也被用作屋顶瓦面下防渗水的保护层，并应避免阳光直射。它吸收并排放水分，具有水分平衡的功效，有效年限大约为50年。不同种类的沥青涂层纸以一个或多个字母进行识别，如下列括号内所示。对于防水基础墙体来说，适用的是浸渍（A）的沥青或背面附着建筑纸、聚酯（P）或矿物纤维（M）的沥青（Y）。在某些情况下，也可外涂聚丙烯薄膜或页岩颗粒（S）。在卷材的内表面也可以设置一个隔离保护层（Ko）。这类产品可以由涂有3—4 mm沥青的玻璃纤维织物制成。所用的添加剂必须严格检查。沥青卷材可用于潮湿房间中的防潮，且其包括65%的沥青和24%的聚丙烯（PP）。作为支撑材料的玻璃纤维织物和作为基底的聚酯毛毡（无纺布）将防潮层结合起来。木质纤维板也可以通过浸渍沥青（沥青涂层纸板）来增加其防潮性。⑥ 橡胶垫。适合于在潮湿房间内使用。因其防水性，该材料常用于大厅和入口等有大量人流交通的部位。它具有高度耐磨和防滑的特性，作为垫子或瓦都是可见的。橡胶也可以用作水平（或轻微倾斜）屋面的隔离层。合成橡胶（丁苯橡胶和三元乙丙橡胶）是用于制造水管装置与门窗中挡风雨条的密封圈。天然橡胶地板（NR）除了橡胶成分还含有30%重量的硫、染色剂、高岭土和白垩填料。还含有以硬脂（2.5%重量）形式存在的硫化剂、稳定剂、阻燃剂（通常为氧化锌）和润滑油。此外，天然橡胶地板往往需要混合3%—50%重量的合成橡胶以改善其特性。合成橡胶地板常含有丁苯橡胶（SBR）。丁苯橡胶的添加剂有以下几种：稳定剂、阻燃剂、硫化剂和柔软剂。丁苯橡胶的生产逐渐减少。在其生产过程中，会释放有毒的

图 1-67　桦树皮在教堂建筑中的使用

在 1990 年代火灾后进行的斯德哥尔摩卡塔琳娜教堂修复过程中，桦树皮被用在木材与石砌体交接的部位以防潮气侵入木材

亚硝胺。丁二烯是丁苯橡胶产品中包含的一种致癌物质，并会对人体基因合成造成伤害。 三元乙丙橡胶（EPDM）是完全抗臭氧的，有良好的热工性能和耐腐蚀性，因此常用于室外橡胶部件，例如挡雨封条和玻璃压条。它也可以用作种植屋面的防水层。三元乙丙橡胶垫的橡胶颗粒来自回收的轮胎。其最大的优点是消声和耐候性。丁基橡胶（IIR）最显著的特点是其高扩散阻力，常用于屋顶和蓄水池的防水层。⑦ 桦树皮。是一种传统材料，被用在种植屋面（3—20 层）的防水，地板与地基之间的防潮处理，以及木材与石砌体接触的地方。桦树皮具有持久性与耐腐蚀性。它还有水分平衡的功效，比沥青屋面毛毡更适合保护嵌入石砌体的木材两端。如今，桦树皮常在旧建筑修复中用作保护层。在每个木材与石砌体接触的地方，都可以使用桦树皮（图 1-67）。⑧ 塑料（同见第 1.1.3 节"关于材料的知识"）。大多数塑料防水卷材是由聚氯乙烯（PVC）制成，还有更为环保的替代品，如聚乙烯（PE）、聚丙烯（PP）以及聚烯烃的混合物。有塑料布形式的聚乙烯和聚丙烯空隙防水卷材。它们不可融合或黏合在一起，必须相叠安置。塑料片常用于坡屋顶（至少 15°）、地下室墙面外层，有时也用作混凝土基础地板下的防潮层。其目的是同时形成防水层和可以提供通风与防止毛细作用的空气间隙。这样的塑料片应有至少 0.35 mm 厚的高密度聚乙烯（HDPE），具有可形成空气间隙的凹痕。聚烯烃垫可用于烟囱和管道的交接处的密封。由低密度聚乙烯（LDPE）和聚丙烯制成的塑料薄膜可作为潮湿房间地面和基础的隔气层。还有用玻璃纤维或聚酰胺（尼龙）加强的塑料片。塑料薄膜在接缝处可用胶带粘住。塑料隔离层包含紫外线稳定剂与其他添加剂，如防腐剂、抗氧化剂、稳定剂以及阻燃剂。⑨ 塑料沥青防水材料。是将沥青与某些合成材料混合制成，并以此提高特定的技术性能，这种混合物被称为聚合物改性沥青。大致可以分为三类：苯乙烯 - 丁二烯 - 苯乙烯共聚物（SBS沥青）、聚磷酸铵（APP）和乙烯共聚沥青（ECB）。塑料沥青应隔绝阳光、热和氧气。该产品生产过程会对环境产生一定破坏，但其成品本身并不含有害物质。苯乙烯 - 丁二烯 - 苯乙烯共聚物在低温条件下尤其能提高阻隔材料的特性。该产品由 60%—70%的 SBS 改性沥青和 10% 的丁苯橡胶（SBR）组成。通过玻璃纤维、聚酯或黄麻以及填料进行加强。以沙或石粉作为外覆盖层。据德国 Ökotest 测试，从生态角度来看绿色屋顶的最佳隔绝材料是 APP 和 ECB。该材料易于使用，尤其适合小屋顶的建造。APP沥青制成的隔绝垫应采用聚酯毛毡进行强化。⑩ 聚合物底漆。用来防止水通过瓷砖间的缝隙渗入下层板材或混凝土基础中。聚合物或橡胶散料通过刷或滚压安置在墙面上。当其干燥时，裂缝上也会产生防水弹性膜。这些底漆往往含有聚合物分散体（如丙烯酸酯分散液）。对于潮湿房间来说，以橡胶溶剂为基底，并含有不超过 50% 矿物填料的液体防水隔层材料也是常见的。常用的填料有石灰石和白云石。添加剂包括防腐剂和增稠剂。大多数的防

腐剂会导致过敏。瓷砖和填料的密封剂含有氯化石蜡。基于丙烯酸酯聚合物的是公认对环境危害最小的聚合物底漆。其使用年限大约为40年。聚合物与合成橡胶分散体的原料是石油。

小结。 防水材料的环境评估见表1-11。

表1-11　防水材料的环境评估

推荐使用	可使用	避免使用
膨润土 桦树皮	聚酯 聚乙烯（PE） 聚烯烃 聚丙烯（PP） 橡胶*	沥青涂层 聚异丁烯 聚合物基物 PVC 屋面油毡**

注：* 对于合成橡胶以及天然、人工橡胶的混合物，很难具有普适的评价标准。有些橡胶混合物中的成分还有待检测。** 屋面油毡的好坏取决于使用的原料，但其中通常含有对环境有害的化学物质。

9）板材

板材可以使用在房间内部与外部，可以用于干燥区域或潮湿房间，用于外表面或室内构造，也可以作为耐候材料或是承重材料使用。

（1）**沥青薄板**。是经过沥青浸渍的木质纤维板。原料沥青占薄板重量的12%。沥青薄板还包含纸筋、明矾和膨润土（黏土）添加剂。其胶状物里含有一定比例的游离甲醛（约0.1%），相当于约7mg/kg薄板。在一些情况下也会加入硫酸铝（保护模具）。沥青薄板产于斯堪的纳维亚半岛，有硬、中硬和多孔浸渍木材纤维薄板。常被用在室外潮湿环境中做防水防风层。沥青是在炼油过程中产生的副产品，由于其排放多环芳烃（PAHs）的特性，不应用于室内。

（2）**水泥基板材**。种类繁多，其共同特点是均以硅酸盐水泥作为黏合剂。其种类有利用纤维素、玻璃或塑料纤维强化的水泥基纤维板和水泥基木屑板。水泥基板具有防潮、防霜冻、耐火的特性，但是水泥的生产需要消耗大量能源。① 水泥基木屑板。水泥基木屑板非常平整，将菱镁矿作为黏结剂的木屑板也是可以使用的。尽管它们要贵些，但是相较于胶合木屑板来说，则更加环保。该产品较重，主要用于墙壁和地板的建造，如水泥基木屑企口地板。② 水泥基纤维板。有波纹板和平板两种。波纹板可以用作屋面或立面覆盖物。平板则可用在潮湿房间、建筑立面或者用来防风。水泥基纤维板包含水泥（65%—80%）、填料（石灰石或白云石）和纤维素纤维（6%）。为了防止纤维素在碱性环境中分解，这些纤维需要经过硅酸（8%）浸渍。部分板材含有大约2%的合成纤维（聚醋酸乙烯、聚丙烯或硅酸钙），有些板材还用玻璃纤维进行加强。这些板材表面可能会涂有丙烯酸树脂，也可能涂上颜色。硬脂酸铝有时被用作添加剂。

（3）纤维石膏板。含有石膏和纤维素纤维，纤维素纤维由浸水并高压压缩的再生纸制成。石膏纤维板可能含有马铃薯淀粉结合剂，有的有硅密封胶的表面涂层（重量比为0.3%）。石膏纤维板强度大于石膏板，具有防风、防火、储存热量、缓冲水分和吸声的功能。它可以在潮湿环境下使用并不含添加剂，例如用作底层地板。

（4）纸面石膏板。含有一个石膏（硫酸钙）的心层（约95%），两面均以硬纸板胶合以提供充分的拉伸强度和弯曲强度。其中有两种形式的石膏：天然石膏和工业石膏。在产品中使用的添加剂大多在生产过程中消耗，例如表面活性剂、分散剂、缓凝剂和催化剂。淀粉胶或聚醋酸乙烯酯（约总重的1%）被用于石膏和硬纸板的黏合。石膏板具有抗风性、耐火性、热储存性、缓冲水分和吸音的特性。它们被用在室内墙壁和天花板，也可以用作外部抗风。防火石膏板含有高岭土（黏土）和蛭石，并用玻璃纤维进行加强。防水石膏板外表有石蜡或硅密封胶蜡乳液涂层。这些板材有时会含有一定量的杀菌剂。石膏板具有低排放的优点。

（5）秸秆板。可由小麦、大麦或亚麻的秸秆制成。秸秆是由其自身木质素黏合而成。在潮湿环境下容易滋生真菌。

（6）硅酸钙板。由硅酸钙（生石灰和石英砂或碎砂岩组成）、水泥及填充物（云母，珍珠岩或蛭石）组成。此类板材由少量纤维素纤维进行加强。其在高湿和高温下蒸压（硬化）以获得良好的形状稳定性。该板材具有耐久性、防潮性、防霉变性和耐火性。适用于建筑内外、卫生间、通风导管和防火要求较高的地方。

（7）胶合板。适用于室内外的高强度板材。具体可以用作墙面镶板、模板、木工板或是结构构件。胶合板主要由取自云杉、松树、桦树的木材经车床加工而成。它们被切割成合适的尺寸，晾干并黏合成板。胶合板至少由三层带有纤维的薄板胶合在一起，且每一层纤维的走向与相邻层垂直。最常用的黏合剂是酚醛树脂胶（PF），占有5%—10%的比重。酚醛树脂胶合板释放甲醛小于0.01 mg/m³。

（8）夹层芯板。是由木条内芯和薄木片外层贴面组成。芯材要按照尽量防止潮气运动的方式制作，薄木片是由被车床加工成片的薄板胶合在一起的。木芯板包括木板条和胶水，其显著特点是具有高度的耐久性和灵活性。叠片芯板用作木工和室内构件。其最主要的环境问题在于酚醛树脂胶中所含的甲醛。但是，由于该板材仅在薄片接合处使用胶黏剂，其释放的气体相较木屑压合板要低很多。

（9）层压板（塑胶木屑层压板）。被用于对卫生有较高标准要求的场合，如地板、家具、吊顶和柜台面。木屑层压板中含有木屑（约87%）和胶（脲醛树脂）。脲醛树脂可能含有少量的游离甲醛。该产品的外表面包裹了含有三聚氰胺塑料层的贴纸。其他添加剂（比重＜1%）包括蜡、尿素、氨水和硫酸铵。木屑层压板的甲醛测量值约为 $0.07\ \text{mg/m}^3$。甲醛也可能存在于三聚氰胺涂层，但在固态下，其泄露的危险较小。

（10）**用芦苇加强的黏土板**。主要成分是铝硅酸盐，这种混有精细石英砂和小云母片的黏土建筑材料具有良好的水汽缓冲性能。在德国，涂上黏土并经芦席加强的建造板材是可以使用的。它们主要用于室内以增加内墙的水分缓冲性能。

（11）**中密度纤维板（MDF）、高密度纤维板（HDF）和低密度纤维板（LDF）等纤维板（干木材纤维板）**。在化学成分和生产工艺上和刨花板非常类似。干燥处理的纤维板的黏合剂含量比重是 5%—10%。经干燥处理的木材纤维板是由木材和脲醛胶组成的。它也可能含有少量的蜡、尿素、硫酸铵和硫酸铁添加剂。酚醛树脂可能含有少量的游离甲醛。木材纤维板可用于墙板、底层地板、屋顶吊顶、天花板、强化木地板和家具的生产中。定向刨花板（OSB，又称欧松板）是由长而细的木片（0.6—65 mm）制成，这些木片经干燥过后，相互平行摆放整齐，并在表面涂以黏合剂。在每一块板材中，三个木片层相互垂直地黏合在一起。当长木片层与下层呈垂直放置的时候，OSB 的强度会远远大于普通的刨花板。它还具有良好的尺寸和形状的稳定性。由于其强度较高，该板材常用于建筑结构，诸如梁等，而且也可用于室内家具的制作。酚醛树脂胶中的甲醛是定向刨花板最主要的环境问题。但是，黏合剂的比例只占 2%—3%（常见刨花板的黏合剂用量则达到 7%），因此该板材释放更少的甲醛，比普通刨花板更适合室内使用。

（12）**大麻纤维板**。由一种大麻纺织产品产生中的废料制成。这一中密度纤维板不含甲醛，并且不含挥发性有机化合物（VOC），但其中也含有黏合剂。它外表类似于定向刨花板，主要销售于德国。

（13）**普通刨花板**。由木片和黏合剂（7%—10% 比重）组成。所使用的黏合剂主要是甲醛树脂或脲醛树脂塑料黏合剂（尿素甲醛）。黏合剂含有少量的甲醛和苯酚。所有的甲醛不会完全硬化，且气体的释放需要很长一段时间。如果刨花板受潮，也会释放部分甲醛。E1 级认证的刨花板释放最高不超过 0.1 ppm 的甲醛，相当于约 $0.015\ \text{mg/m}^3$ 的室内空气。一些毒理学家认为这一排放量过高。如果一个小房间里放满此类板材制成的家具，且这些板材并未油漆，或是板材的孔洞和锯边与空气接触，房间内甲醛含量则会超过安全数值。附加的添加剂（比重 < 1%）为蜡、尿素、氨水和硫酸铵。该板材可用于地板、墙壁、天花板和家具等地方。

（14）**异氰酸酯刨花板**。如 MDI 板，含有二苯基甲烷 -4、4- 二异氰酸酯。有毒的光气和致癌的芳香胺反应产生氯，而异氰酸酯则产生于这一危险且能源消耗量大的过程中。

（15）**木质纤维板（湿法工艺）**。对木材进行切磨，将其加入水稀释，并使用热压进行压缩而制成。木材的木质素可用作黏合剂，因而只需要很少（比重 < 2%）或不需另加黏合剂。如需

图1-68 用于住宅内墙的硬木质纤维板

位于瑞典斯凯尔哥的斯塔德（Skärgårdsstad）托瑞斯陶特（Toresdotters）家中的内墙在石膏板外侧使用了硬木质纤维板。墙壁上挂满织物，因而所有的墙面可以作公告栏使用

添加的话，所用的黏合剂则为酚醛树脂胶或酚醛甲醛胶。木质纤维板的生产采用湿法工艺，其甲醛的释放量非常低。硬、中硬和多孔板均可使用。所用的添加剂（1%—3%）包括硫酸铝（模具保护）、硫酸铵（增加防火性）和硫酸铁。这些盐类不会威胁健康。在潮湿的环境中，木质纤维板需涂油或浸渍沥青使用（图1-68）。

（16）木丝水泥板（见"保温材料"）。

（17）芦苇垫。一种传统建筑材料，作为在木墙上涂抹灰泥的基底，具有悠久的历史。芦苇具有良好的隔热性和防潮性，因其硅酸含量较高，也具有足够的防火性，因而不需要用阻燃剂浸渍。芦苇秆被紧密地平行放置，由镀锌铁丝或麻线固定，从而形成2—10 cm厚的具有一定灵活性的垫子。该产品易于切割与加工。

（18）厚纸板。被用作屋顶基底的边缘以保证适当的隔热，而使空气间层不受阻碍。厚纸板也可以用于阁楼天花板的隔热。

小结。板材的环境评估见表1-12。

表1-12　板材的环境评估

推荐使用	可使用	避免使用
石膏板	沥青板	中密度纤维板 *
石膏纤维板	水泥基板	刨花板，甲醛黏合
秸秆板	夹层芯板 *	刨花板，异氰酸酯黏合
硅酸钙板	胶合板	
黏土板，通过芦苇强化	定向刨花板（OSB）*	
刨花板，菱镁矿黏合	层压板	
木材纤维板		
木丝水泥板		
大麻纤维板		
芦苇垫		
瓦楞纤维板		

注：* 瑞士有对甲醛黏合剂含量的规定。含胶量低于3%的板材（层压板）是推荐使用的。3%—5%的含胶（定向刨花板）则是允许使用的，含胶量较大的（刨花板和中密度纤维板）应避免使用。

10）抹灰和砂浆

抹灰和砂浆是由结合剂、骨料、水和添加剂所混合而成。抹灰是用美观的方式，对墙面进行保护，降低一些气候对墙面的影响。通常包括三个层次：薄划痕灰浆层或叫抓痕面，毛坯抹灰层，以及最终涂层。冲洗薄的抹灰层是带出衬底纹理的一种方式。抹灰不能比衬底的硬度大，否则将容易脱落。抹灰需要大量的劳力，但是做得好的抹灰具有 40—60 年的使用寿命。

（1）**水泥抹灰**。主要用于外墙。它可用于混凝土墙、混凝土砌块或陶粒和轻质混凝土砌块。首先，所有的裂缝和不均匀的地方必须使用 1∶3 水泥砂浆进行嵌缝或抹平。然后，在表面以相同体积比刷上水泥浆。最后，在表面抹以水泥抹灰，固体混凝土使用 1∶1 水泥砂浆，混凝土砌块、轻集料（LWA）和轻质混凝土使用 1∶3 水泥砂浆。只需要抹灰最外层的这一小部分发挥作用，其表面就几乎可以满足防水要求。水泥生产需要消耗大量的能源。

（2）**水泥砂浆**。其体积比为一份水泥比三（或四）份沙，并加水。砂浆的强度很大，但缺乏弹性。它的吸水性较弱，具有抗霜冻性且硬化较为缓慢。水泥砂浆主要用于铺设瓷砖。由于水泥砂浆强度太高，用水泥砂浆铺过的瓷砖或砖块不能被重复使用。

（3）**水泥石灰混合抹灰**。常用于室外。它比石灰抹灰强度大，且比纯粹的水泥抹灰更有弹性。外墙抹灰由水泥或含有沙子和多种添加剂的石灰砂浆组成。通常情况下水泥中的结合剂占 30%—50% 的比重。如果在外墙抹灰中大量使用水泥，墙面则会更为紧密且形成气密层。抹灰中过多的水泥使墙体内的水分不能蒸发，造成部分砂浆松弛。水泥石灰混合抹灰相较于石灰、石膏、黏土抹灰来说具有较低的水汽缓冲性。其中再添加 25% 的珍珠岩会形成一个防水的抹灰层。

（4）**石灰水泥砂浆**。由体积比为 1∶2∶10、1∶1∶7 或 2∶1∶11 的石灰、水泥和沙组成。石灰水泥砂浆必须包含至少占总体积 35% 的水泥。石灰水泥砂浆强度大，具有弹性和耐霜冻的能力。它有一个相对比较良好的吸湿能力且硬化相对较慢。可用于所有类型的砖石建筑的内部和外部。由于石灰水泥砂浆强度低于砖，所以用石灰水泥砂浆砌的砖可以重复使用。

（5）**石灰石膏抹灰和石灰石膏砂浆**。由 10 份的石灰，1—5 份的石膏和 30—40 份的沙组成。人工搅拌时用砂较少而机器搅拌时用砂较多。为了取得更好的和易性，可能会加入淀粉，这对于用机械混合抹灰尤为重要。石灰石膏抹灰不防水，但可用于卫生间瓷砖的基层。如果水直接喷在抹灰上，抹灰将会损坏。抹灰对调节空气湿度很有效。这个过程中发生了矿化作用，氢氧化钙通过吸收来自室内空气中的二氧化碳，转化为石灰。为了能够涂刷混有石灰涂料的抹灰，需要预先处理基底。

（6）**石灰抹灰**。包含熟石灰、沙（体积比 1∶3）和水。这种抹灰既能吸收水分又能释放水分。石灰在 1 000 度高温下煅烧成烧石灰，然后与水混合制成熟石灰。生产石灰所消耗能源比生产水泥消耗得少。石灰有消毒作用，因此特别适合作为连接处或者抹灰的黏合剂。石灰抹灰要刷很多层直到厚度达到约 1.5 cm。色素添加剂必须是耐碱性的且不能超过总重的 10%。

（7）**石灰砂浆**。是由 1 份石灰、2—3 份沙再加上水制成。砂浆有弹性且相当坚硬，但它的防水防霜冻性能不太好。砂浆硬化很快，可以吸收水分，并有助于平衡湿度。由于石灰砂浆强度

图 1-69　不同自然色的黏土抹灰

低于砖，所以用石灰砂浆或石灰水泥砂浆铺砌的砖可以重复使用。

（8）水硬石灰砂浆。由比例为 1:2 到 1:4 间的水硬石灰和砂，另加水组成。水硬性石灰一个显著特点是它需要通过和水的反应硬化成为一种具有防水性的物质。砂浆有弹性且相对较硬，可平衡湿度，抗霜冻，同时硬化速度快。它可用于所有类型的砖石建筑的内部和外部。

（9）水硬石灰抹灰。由某一特定类型的石灰石组成，除了碳酸钙，它还含有硅酸、氧化铝和氧化铁。水硬石灰抹灰（或石灰火山灰质水泥砂浆）强度大于普通石灰抹灰。

（10）黏土抹灰。包含占总重 75% 的沙子和占总重 20% 的黏土。秸秆、亚麻、大麻、动物毛发可作为增强剂。它具有很强的水汽缓冲性能。黏土抹灰用无机颜料染色，或者用乳胶漆或石灰涂料油漆（图 1-69）。如果晾干得太快就会发生开裂。对于黏土墙来说，垫层的水分含量小于 5% 是很重要的。对于室外抹灰而言，其受天气的影响就相当大了。涂层需要 2—3 cm 厚。许多制作黏土抹灰和胶泥篱笆墙的老配方包括蚁丘、苔藓和马牛粪。动物黏合剂有时也用在黏土抹灰上。在德国，即用型的黏土抹灰以粉末状销售，这样可以在施工现场与水混合。黏土抹灰需要粗糙衬垫以使之固定在墙上。木材墙壁可以被刨出凹凸或绑扎芦苇垫子以便于黏土固定其上。黏土抹灰和砂浆可用水溶解后重复使用。

（11）黏土砂浆。由 5 份黏土和一份沙加水混合而成。黏土砂浆有弹性，但强度和防水抗冻性较弱。黏土砂浆可用于砌筑黏土块、黏土秸秆或轻质烧砖。黏土砂浆也用于砌筑砖炉灶，易于拆卸。

（12）二氧化硅抹灰。是用于室外矿物质垫层下的厚度为 1—3 mm 的薄抹灰。硅酸钾溶液是抹灰的黏合剂。它是强碱性的，因此不需要防腐剂。硅酸钠与矿物垫层反应产生一个防水但透气的外表面。它具有很好的耐久性。抹灰只能用耐碱颜料染色，如氧化铁和氧化钛。市场上也有含有游离合成树脂的二氧化硅抹灰。

小结。抹灰和砂浆的环境评估见表 1-13。

表 1-13　抹灰和砂浆的环境评估

推荐使用	可使用	避免使用
石膏抹灰	水泥抹灰	合成树脂抹灰 *
石灰石膏抹灰	石灰水泥抹灰	
石灰抹灰		
黏土抹灰		
二氧化硅抹灰		

注：* 指苯乙烯丙烯酸乳液。

11）墙面织物和壁纸

大多数基于植物纤维素的墙纸都有一层塑料涂膜，以便于擦洗。如果需要具有表面结构的可涂饰墙面，也可以使用玻璃纤维自由纤维素织物。黄麻纤维墙纸具有粗糙，凹凸不平的结构。墙面织物也可以由其他天然纤维如棉花、亚麻、大麻和羊毛制成，但这些并不常见。有时加入玻璃纤维以增大强度。

（1）**纤维织物**。用作可涂刷的墙面衬垫，主要成分是纤维素和黏合剂，在某些情况下还含有聚酯。关于黏合剂的信息往往不够充分。纤维素织物可能会经过阻燃剂处理。该材料具有毛毡结构并相对较软，易于安装使用。

（2）**玻璃纤维织物墙纸**。由玻璃纤维浸渍在聚醋酸乙烯酯（PVAc）和淀粉中形成。在施工阶段，玻璃纤维可导致瘙痒、皮肤刺激等不适的反应。

（3）**黄麻纤维墙纸**。通常具有相对粗糙的结构。种植、收获和照料这些植物会消耗大量的劳动力，但黄麻产量是大麻的2倍，是亚麻的5倍。世界上约96%的产品来自亚洲。黄麻墙纸非常吸水，因此可以先用油性底漆处理然后再涂上另一种类型的油漆。

（4）**普通墙纸**。可以由纤维素、矿物纤维或用印刷油墨的塑料制成。大多数的普通墙纸都涂有塑料（丙烯酸酯/醋酸乙烯酯）作保护层，所以可以被清洗。

小结。墙面织物和壁纸的环境评估见表1-14。

表 1-14　墙面织物和壁纸的环境评估

推荐使用	可使用	避免使用
纤维素纤维	合成纤维墙纸 *	玻璃纤维纺织品墙纸
天然纤维墙纸		塑料墙纸
普通墙纸		

注：* 取决于使用何种纤维。

12）地板材料

地板是建筑物中暴露出的最易受损耗、最易污染的部分。在选择地板材料时，重要的是要考虑清洁、维护和预计的使用年限。干燥区域的地板和潮湿区域的地板，硬地板和软地板，公共场所的地板和家庭使用的地板应该有所区分。地板通常包括三层：结构层、找平层和面层。找平层可用平整的合成材料、垫子或板材。架空地板是悬浮式的（浮于地面），铺在底层地板或托梁上。地板怎样固定对其周围的环境是有影响的。从环境的角度来看胶水总是一个问题。因此，地板和地板的构造间应该不用或少用胶。小房间里的地毯可以松散放置并可用踢脚线固定，但通常它们被用胶固定在毛地板上。用钉子将它们固定，隐藏在踢脚线的下面的办法也是可行的。

图 1-70　竹地板
一种涂油处理的竹地板，北欧竹业公司销售

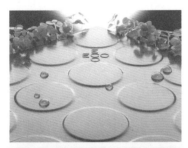

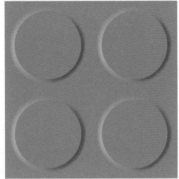

图 1-71　天然橡胶制成的地板
Nora® 地板材料由天然橡胶制成，完全不含 PVC 软化剂（邻苯二甲酸盐）和卤族元素（例如氯），这是迈向正确方向的一步

图 1-72　三种地面材料：油地毡、木地板和瓷砖

（1）竹子。与其他乔木相比实际上是一种草，在中国，它被大规模种植并能长到 35 m 高。竹子生长极快，每年最少可以长 7 m。它的生长常常不用化学方法控制，比橡树坚硬，耐光性能良好。竹地板可以用砂纸打磨后使用。它的颜色可以从浅色变化到深棕色，这取决于它在制造过程中在炉子里加热的程度。由于竹材不耐虫蛀，因此需要进行防腐处理（图 1-70）。

（2）混凝土。被用于工业地板的外表面或次要区域，例如车库。通常情况下，硬化水泥和混凝土能够耐静止的水、碱性物质、油和弱酸物质。生产出来的混凝土地砖看起来像人造石材并用氧化铁着色。为了避免灰尘的问题，混凝土地板都用如硅酸盐或混凝土用油这样的涂料或灰尘黏合剂进行了处理。

（3）水泥马赛克（水磨石）。地板由水泥浆、碎石和颜料制成。通常使用大理石或石灰石，花岗岩、长石或石英可以用来制作强度更高的地板。水泥马赛克耐用且防滑，但不能承受重压。表面机械抛光而成，释放粉尘比混凝土楼板少，并且易于清洁。水泥马赛克可定点浇注（15—20 mm）或做成地砖（40—60 mm）。它们常用在公共场所，如杂货店、车站、学校以及卫生间。可以用硅酸盐或肥皂对其做必要表面处理。

（4）橡胶（见第 1.1.3 节"关于材料的知识"）（图 1-71）。

（5）矿渣板。耐磨耐潮，在原则上免维护且易于清洁，但它的生产耗能较大。矿渣由特殊的黏土混合铝硅酸盐、石英和白垩制成。矿渣瓷砖用 1 200—1 300℃ 高温煅烧而成。它们可以上釉也可以不上釉。上釉是将矿物颜料烧制在其表面。不上釉的瓷砖在煅烧之前需要高压使之成型。这种方法制成的不上釉表面与上釉的表面具有相同的密度，但是抗划伤性比上釉瓷砖好十倍。矿渣可用水泥砂浆与水泥连接，或用胶和黏结砂浆与水泥胶结。一个矿渣铺设的表面因为有连接部位的存在，所以并非是完全不漏水的，因此，其垫层必须是耐水的矿物质或者铺设防潮层。对于地板而言需要良好的防滑性，可以使用一种表面为硬矿物颗粒的特殊瓷砖。带有铅釉的瓷砖应该避免使用。这些瓷砖瑞典已不再生产，但可以进口。本地生产的瓷砖应优先考虑，因为陶瓷十分重且运输耗能较大（图 1-72）。

（6）软木（见"保温材料"）。提供了一种耐磨、柔软、容易清洗的地板。大多的软木砖表面都涂有塑料树脂，例如 PVC 塑料。他们甚至可能把 PVC 涂料用于垫层。应避免软木砖涂 PVC。目前可以获得没有表面涂层的软木砖，这种软木砖经木蜡油处理过。软木砖用胶黏结在毛地板上。

（7）碳酸钙地板。由 50%—80% 重量比的碳酸钙、20%—45% 重量比的热塑性聚合物、颜料以及用于表面加固的丙烯酸聚合物组成。LifeLine 牌碳酸钙地板由芬兰的主要地板生产商 Upofoor Oy 开发生产，可用在公共区域，这种地板不含任何有害物质并且使用环保型的胶安装。其安装四周之后检测出的有机挥发物（TVOC）相当低，小于 5 μg/m²。LifeLine 牌地板可以使用于不同类型的公共环境中，其产品被 Sunda Hus（健康建筑）数据库推荐使用（图 1-73）。

（8）**层压板（见"板材"）**。

（9）**油地毡**。由一种黄麻织物作衬垫，面层是由黏合剂（氧化亚麻油或天然树脂）、填料（木粉、软木粉或石灰岩）和颜料制成。油地毡混合物必须彻底硬化，以避免释放过多的有害气体。油地毡耐磨且能抑制噪音，但对水分敏感。有时也会添加碳酸锌添加剂。油地毡面层通常涂有一层聚氨酯清漆、丙烯酸酯或 PVC 塑料，并且常用 EVA 黏合剂（乙烯 - 醋酸乙烯共聚物）胶黏在毛地板上。油地毡地板应定期打蜡和干洗。应避免使用泡沫塑料衬里的油毡。松香是一种过敏原，也是一种天然树脂，它往往少量地存在于油地毡中（图 1-74）。

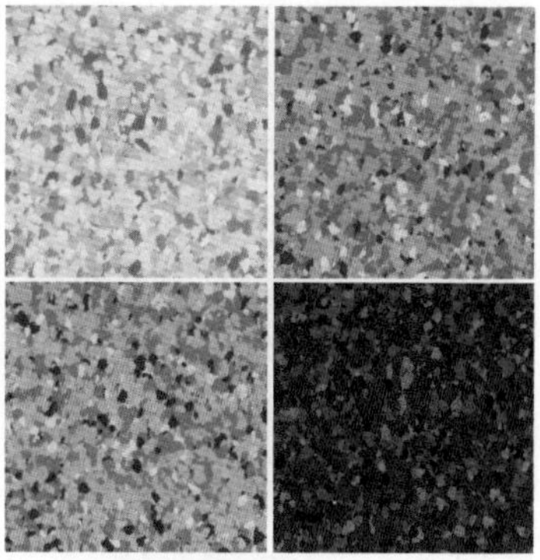

（10）**塑胶地板**。是由聚氯乙烯、聚氨酯或聚烯烃制成。聚氯乙烯和聚氨酯对环境有害，应避免使用。聚烯烃（聚乙烯、聚丙烯和它们的混合物）是相对环保的塑料，同时也取决于使用的添加剂。聚烯烃地板更难以维护，且不如其他塑胶地板耐磨。聚烯烃地板对地板垫层的处理要求很高。塑胶地板还在发展中，希望寻找到更好的原料。市场上的聚烯烃地板可能含有砂、石灰石、铝化物、阻燃剂、抗静电处理、氧化保护层和颜料。聚烯烃的卷材和块板在市场上都可以买到，这些产品往往有聚氨酯（PUR）或丙烯酸酯的耐磨表面。它们跟地板用胶黏合，接缝处用聚烯烃焊接棒密封。不能承重，不耐水，并且因为很难被紧紧地密封，所以不能用在潮湿房间中。塑胶地板往往会产生静电，但可以通过抗静电处理消除。

（11）**石材地板**。很耐磨。板岩、石灰岩、大理石、皂石、花岗岩都是做石质地板的合适材料。大理石是天然杀菌剂，很适合用在餐厅、厨房和浴室。石质地板可以直接铺设或者用机器刨，然后抛光，这样做是为了有利于清洁，但可能会比较容易滑倒。天然石材可以用砂浆黏结在混凝土上铺设。在附属建筑、冬季花园等地方，石材可直接铺设在沙和土地上而不用作任何嵌缝。应利用本国的石材以减少运输带来的能源消耗。一些石料会释放氡。石质地板可以通过上油、皂洗或者打蜡来避免油渍一类的东西。石料会被强碱或强酸物质腐蚀。

（12）**砖（见"结构材料"）**。作为地板是嵌入砂浆或沙子里的。如果砖嵌入沙子或石灰砂浆中，可以被重复使用。砖表面

图 1-73　碳酸钙地板
这是 Upofloor Oy 公司生产的生活线（LifeLine）牌碳酸钙地板

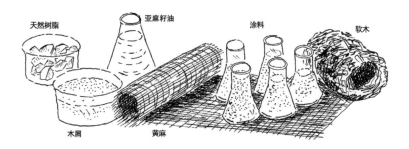

图 1-74　生产油地毡的原材料
油地毡由天然材料制造，但通常会涂一层薄薄的塑胶层作保护

图1-75 经过上油和打蜡处理的软木地板

图1-76 经涂油处理的端纹木地板

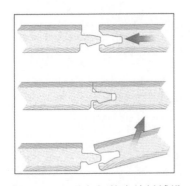

图1-77 一种免钉的木地板铺设系统
资料源于Tarkett公司

可以用亚麻油进行处理。

（13）**陶砖**。是由氧化铝在900 ℃的相对低温中煅烧而成的。可以用蜡或油进行表面处理。常用于家庭地板。陶砖不防水，这种材料多孔，具有渗透性，并会影响室内的湿度平衡。大多数用于满铺地面地毯的织物是合成材料，如聚酰胺、聚酯或聚丙烯腈。地毯有一层聚丙烯织物或聚酯织物的衬里，和一层合成橡胶（SBR）或聚氨酯（PUR）的塑料泡沫衬底。合成树脂地毯含有各种添加剂，如抗静电剂、防污垢剂、消毒剂和阻燃剂。天然材料也可用于制造地毯，包括羊毛、山羊毛、椰壳纤维、剑麻和大麻。黄麻织物可用作衬垫，纺织品、橡胶或聚氨酯作为衬底。天然的材料应避免添加阻燃剂和防蛀剂，也应避免地毯使用聚氨酯衬底。有的地毯由合成树脂和天然纤维混合物制成。纺织地毯通常用胶黏在地板上，为了避免胶黏可以用"魔术贴"（Velcro[①]）代替，这是一种基于仿生学开发的成熟产品。地毯容易吸灰尘，且难以清理，相对来说使用年限较短。

（14）**实木地板**。耐磨性好，可更新，大致包括企口地板、镶木地板和端纹木地板。木地板可用钉子固定，用螺丝钉拧紧、咬接，用胶粘或用螺丝钉固定在护壁板上或金属带上。使用胶粘或钉子的木地板难以重复使用。在斯堪的纳维亚半岛适合做木地板的是松树、云杉和白杨（软质）；桦木、榉木、橡木、白蜡木（耐磨），以及榆树和枫树。用白杨做的木地板不会开裂（图1-75至图1-77）。

（15）**胶合木地板**。由几层木材用胶黏接在一起。芯材可能是实木、木屑压合板或木材纤维板。实木面层不应小于2.5 mm厚。胶是主要的环境影响因素。甲醛树脂水基胶（脲醛树脂胶）或聚醋酸乙烯酯（PVAc）是最常见的。紫外线丙烯酸清漆是工厂产成品地板的最常用漆。对胶合木地板的环境评价需要综合考虑芯材、用胶量和表面处理三个方面。

小结。地板材料的环境评估见表1-15。

表1-15 地板材料的环境评估

推荐使用	可使用	避免使用
不含PVC或PUR的软木	水泥，灰尘黏结剂	PVC塑料垫
椰子纤维，剑麻，黄麻地毯	水泥马赛克	合成橡胶
油毡	瓷砖	合成织物
当地石材	天然橡胶	泡沫衬里织物
羊毛织物*	聚烯烃塑料垫	刨花板
实木	层压木板，非刨花板	
	竹子	
	硅酸钙板	
	砖	

注：* 注意阻燃剂和防蛀剂的使用。

[①]一种尼龙搭扣产品，一面带勾状织物与一面带绒毛状织物，两层织物贴在一起时产生自然黏力，用手一拉即可分离而不损伤织物。

13）找平材料

固体腻子和液体腻子（自流平）是有区别的。混凝土楼板在铺设地板前通常需要表面找平。液体腻子是以普通水泥或铝质水泥为基础的并可加入一些普通水泥添加剂，不加也可。还有的液体腻子是由铝质水泥、普通水泥和粒状高炉矿渣的混合物制成。生产水泥耗能较大。

（1）普通水泥液体腻子。由普通水泥（30%—40%）、沙（45%—50%）和填料，即精细的矿物材料（5%—15%）组成。在以前加入了干酪素添加剂的液体腻子与普通水泥结合使用可能会产生不良气味。高 pH 值的普通水泥与混凝土里含量高的水分结合会使胶和地毯释放有害气体。

（2）高铝水泥液体腻子。由铝质水泥（30%—40%）、沙（45%—50%）和填料，即精细矿物材料（5%—15%）组成。还有基于低碱性高铝水泥的含酪液体腻子。与早期的基于普通水泥的含酪添加剂液体腻子相比，这种水泥产生气味的问题就相当小了。

（3）高铝水泥。含有石灰、泥灰岩和砂岩，以及石膏。石灰石粉、白云石、粉煤灰和矿渣用作填料。用于找平的聚合物材料大多是乙烯基醋酸酯。添加剂包括矿物质形式的消泡剂（< 1%）或硅油，无机盐，纤维素和经稀释的三聚氰胺（< 1%）。液体腻子可经稀释使用也可不稀释使用。目前，主要使用的液体腻子是经稀释剂稀释的三聚氰胺甲醛树脂，它在碱性环境中稳定。经稀释剂稀释的三聚氰胺可能会释放少量的甲醛。

小结。找平材料的环境评估见表 1-16。

表 1-16 找平材料的环境评估

推荐使用	可使用	避免使用
高铝水泥 *	—	水泥混合物
		普通水泥

注：* 找平材料避免使用增塑剂。

14）腻子

腻子通常呈糊状，但是粉状的与水混合后同样可以使用。腻子可以手工使用或喷涂。包括双组分腻子和单组分腻子。在加工单组分腻子过程中防腐剂和黏合剂的过敏性物质会对健康产生危害。油性腻子应该使用在油漆层之下。在使用时，应当把注意力集中在基础层的处理上从而减少腻子的使用。水性腻子通常含有杀菌剂。如果腻子还含有石灰或者水泥，那么就可以避免使用杀菌剂。

（1）石膏腻子。由熟石灰、石膏和沙组成。

（2）轻质腻子和含沙腻子。含有大量白云石。其他原材料可能有纤维素、石膏、铝化合物和塑料添加剂。通常这种腻子也含有杀菌剂。其他可能含有的添加剂还包括消泡剂、色素、附加剂等等。

（3）**双组分腻子**。包括活性成分（比如环氧树脂）、溶剂、填充料和硬化剂。用来填充木材、混凝土、塑料和金属。在加工双组分腻子过程中，对健康的危害主要来自腻子中所含的过敏性物质，如环氧固化剂和过氧化苯甲醛等。另外环氧固化剂具有腐蚀性。其他可能产生问题的成分包括异氰酸盐（过敏素），其中的甲苯异氰酸盐（TDI）会致癌。溶剂对神经系统有影响。在欧盟，苯乙烯因有害健康而被质疑使用（会造成人体内分泌失调）。在许多案例中发现，防腐剂对水产品具有毒性。还包括软化剂、二丁基邻苯二甲酸盐被归入对环境有害成分。

小结。腻子的环境评估见表1-17。

表1-17 腻子的环境评估

推荐使用	可使用	避免使用
石膏腻子 轻质腻子 * 含砂腻子 *	—	双组分腻子

注：* 如果可能，避免使用含杀菌剂的腻子。

15）复合黏合剂

复合黏合剂用于黏结瓷砖，在室内外都得到广泛使用。水性黏合剂通常含有杀菌剂，如果黏合剂中包含石灰或者水泥就不需要添加杀菌剂了。

（1）**水泥复合黏合剂**。含有波特兰水泥、沙、石灰岩粉及少量纤维素和干燥剂。这种产品也可能同时含有塑料添加剂如多乙酸乙烯酯、丙烯酸酯和甲酸钙。含塑料添加剂的黏合剂含有杀菌剂。应当避免在水泥复合黏合剂中添加塑料添加剂。

（2）**塑料复合黏合剂**。含有双组分环氧树脂。硬化剂可能包括胺类和苯类物质，填充料由玻璃粒或者木屑组成。塑料质黏合剂含有杀菌剂。所以应当避免使用。

小结。复合黏合剂的环境评估见表1-18。

表1-18 复合黏合剂的环境评估

推荐使用	可使用	避免使用
普通水泥复合黏合剂 *	—	塑料复合黏合剂

注：* 如果可能，避免使用含有杀菌剂的复合黏合剂。

16）涂料

涂料含有黏合剂、颜料、溶剂和添加剂。由于每种涂料的用法都不同，不可能从环境的长远影响上确定某种涂料的好坏。为了更有把握，应当弄清楚涂料的成分（表 1-19）。欧盟之花是用于涂料和表面处理的环境认证。欧盟之花中关于涂料对健康和环境的影响标准有：① 对于白色颜料的使用有特别的限制。② 挥发性有机化合物（VOC）的含量不能超过规定值，例如在涂刷不光滑表面和吊顶时不超过 15 g/L（含水），在涂刷光滑的墙和顶棚时不超过 60 g/L（含水）。③ 成品墙体涂料中易挥发的芳族烃的含量不应超过总重量的 0.15%。④ 混合成分或者配制剂中不能含有镉、铅、六价铬、汞、砷、钡（硫酸钡除外）、硒中的任何一种或者含有它们的复合物。固定含量的钴作为干燥剂使用也是

表 1-19　涂料和表面处理的使用推荐

使用部位	推荐的表面处理方式	备注
户外木材	胶画涂料	用于粗糙木料，不含铅和 PVAc
	底漆	底漆油，涂刷基层
	亚麻籽油涂料	< 5% 溶剂
	乳胶漆	蛋彩颜料，乳胶颜料
	木油	亚麻籽油
	绿矾	最终呈现灰棕色
灰泥和混凝土	硅酸盐涂料	不使用丙烯酸酯共聚物和凝结剂
	石灰和石灰水泥涂料	哥特兰石灰
	亚麻籽油涂料	含中和成分
	绿矾	最终形成淡黄色带红光
室内	乳胶漆	蛋彩颜料，乳胶涂料
	不含酒精的胶画涂料	亚麻籽油强化
	酪素涂料	底漆
木器	亚麻籽油涂料	< 5% 溶剂
	乳胶漆	蛋彩颜料，乳胶涂料
	天然涂料	天然树脂涂料，德国环保涂料
地板	木油	亚麻籽油
	皂	地板皂
	碱液和漂白剂	苛性钠、石灰和白垩
	蜡	天然蜡
水泥地板	硅酸钠	防尘
户外金属片	防锈涂料	熟亚麻籽油、石墨涂料

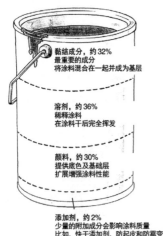

图 1-78　涂料成分

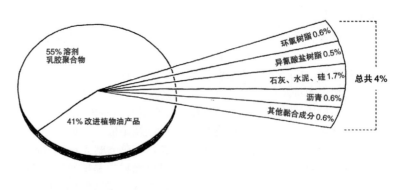

图 1-79　一种现代涂料的成分
饼图统计表显示出黏合剂（4%）可能危害到环境和健康。添加剂比如杀菌剂同样也会危害到环境和健康。一些溶剂和颜料可能也有问题。资料源于《油漆与环境》，Alcro-Beckers 公司宣传手册

可以接受的。⑤ 产品不能是 1999/45/EG 标准中列为剧毒、有毒、对环境危险、致癌、生物毒素、诱导机体突变物或者具有刺激性（R43 风险组除外）类别的物质。对一些如甲醛、异噻唑啉酮类化合物、乙醛乙醚等成分应当有更为具体的要求（图 1-78、图 1-79）。

（1）**醇酸树脂油涂料**。含有醇酸树脂、有机溶剂、色素和添加剂。醇酸树脂油的做法是加热油、酸和酒精的混合物直至沸腾。油可以是亚麻油、大豆油、妥尔油、桐油或者蓖麻油。在这个过程中油分子变大，从而缩短干燥时间并提高黏合剂对化学作用和气候影响的抗性。醇酸树脂涂料具有一种类似亚麻籽油涂料的功能。尽管如此，其白色涂料含有的是二氧化钛而不是氧化锌。一般采用惰性碳化合物作为填充料。在亚麻籽油涂料中使用的同样类型的干燥剂也被用在醇酸树脂涂料中，杀真菌剂也几乎总被使用。还有抗起皮成分（大约 0.3%）和甲基乙基甲酮肟①（一种过敏源）。最终涂刷醇酸树脂油性涂料通常需要 35% 的有机溶剂。醇酸树脂油性涂料从环境角度来说并不是很好的选择，因为它们含大量的有机溶剂和添加剂。

（2）**耐火涂料**。现在产的耐火涂料在某些情况下比以前更加环保。它可以有许多不同的成分并要注意添加剂的使用。采用喷淋装置是一种不用耐火涂料保护木结构多层建筑的现代方法。可以通过使用耐火材料的方法，比如使用比较厚的构件或者用石膏覆盖，对木结构提供保护以达到防火的目的，而不会产生过多的环境影响。钢结构同样可以用石膏覆盖。

（3）**乳胶漆（蛋彩颜料）**。通常的做法是将油与色素/填充物添加剂（10%—50%）的混合物在水中乳化后制得。通常使用的乳化剂如鸡蛋（蛋清油彩）、酪蛋白（酪蛋白蛋彩画），也起到类似于黏合剂（10%—50%）的作用。成品涂料通常含有少量

① 肟系防结皮剂的代表。

防腐剂、干燥剂（0.1%）和增稠剂（微量纤维素提取物）。亚麻籽油、妥尔油或者烷基油都是经常使用的溶剂油，有时也添加蓖麻油防止变黄。乳胶漆有利于环保，但也可能含有有害环境的添加剂。应当避免使用含有烷基苯酚的涂料，含钴／锆盐类干燥剂（是过敏源并会对水生生物产生毒害），含异噻唑啉酮防腐剂如卡松（Kathon）、比特（Bit）^①或者溴硝醇等。在没有防腐剂的情况下，罐装涂料的保质期虽然比较短，但使用方便。乳胶漆的干燥需要明亮的光线和良好的通风，因为许多成分会在干燥过程中被释放出来。油漆工有时会抱怨使用乳胶漆会感觉头疼眼睛痛，或者支气管不舒服，但其中释放出的物质不会对健康或环境产生长久的影响。这种涂料可以用水稀释并可以用在绝大多数物体表面，被用作覆盖层或者上光，并能从平滑到高光，产生不同的光泽度。乳胶漆的干燥过程很费时，表面干燥需要 24 h，彻底干燥需要 3 周时间。这种涂料如果使用过程中不小心涂错，就很难去修改。最有利于环保的做法就是现场调配蛋彩颜料（鸡蛋或鸡蛋粉、油、水和颜料）（图 1-80）。

（4）**纤维涂料**。一种用纤维增强致使外观看上去像抹灰表面的涂料。纤维涂料可能含有纤维、水、黏合剂、填充剂（如碳酸钙和云母）和防腐剂。常见的纤维涂料是用植物纤维作黏合剂的涂料，同时其中的纤维素纤维也起到强化作用。

（5）**底油和底漆**。可能含有大量的有机溶剂（通常是石油溶剂油）但也有水性的替代品。当涂刷室外木料时，第一步是使用有渗透性的底油浸渍端头的木纹表面、接头处和钉孔。木材涂过底油准备妥当之后再涂刷一到两道面漆即可完工。水性油料混合物或者由不同黏稠度的亚麻籽油混合而成的油料混合物都可使用。底漆不仅应具有良好的渗透性和防水性，而且要提供一个好的表面使得后面的几道涂料可以很好地黏合住。底漆含有渗透油、溶剂和颜料或填充剂。普通底漆通常含有杀菌剂。应首选不含有机溶剂的底漆。

（6）**两种浸渍木材的做法**。有两种浸渍木材的做法使其免受真菌和虫类破坏，即预防性措施和主动的防治。在薄弱位置使用高质量木材，比如在立面上主要使用松木或落叶松的心材，在地下部分则使用橡树心材。尽可能在干燥且通风良好的位置使用木材。真菌只会生长在潮湿的木材中。一种做法是将垂直木材构件与地面之间留不小于 30 cm 的间隙，从而避免木材端部吸收潮气。由多种材料混合构成的建筑构件，在材料相接的地方容易出问题，比如木材与灰泥，或木材与金属的连接处。① 被动浸渍法。常作为木材从被砍伐后到运到堆木场之前采取的预防法，可以通过保护性的表面处理方式达到被动浸渍的目的（比如用亚麻籽油），或者燃烧木材表面形成烧焦的面层来保护木材使其他部分完好。一种可供选择的能够替代木材防腐剂使用的方法是热处理。这些替代的方法可以使原木在地面上使用时完全能够抵抗环境的影响。然而，热处理会降低木材的强度，也就意味着经过热

图 1-80　瑞典耶纳（Järna）郊区萨尔泰密尔（Saltå mill）教堂用的釉面涂料

① 一些异噻唑啉酮防腐剂的商品名。

白色粉刷
（亚麻籽油增强涂料）
天然分散涂料
乳胶漆

染色
乳胶涂料
亚麻籽油涂料（亚麻籽油）
天然松香涂料
亚麻籽油增强白色涂料

图1-81　推荐用涂料进行表面处理的情形

对于石膏、纸质或者木质天花板或室内墙体推荐用涂料进行表面处理，这同样适用于处理易损木材和木工作业

处理的原木不能被用作受力较大的部件。② 主动浸渍法。通常是用有毒物质，这种做法必须克制使用。根据建筑师比约·贝格（Björn Berge）的研究，毒性最小同时有效性也最低的主动浸渍物（需要反复处理）是诸如焦油、苏打加碳酸钾和绿矾。常见的防腐剂有铜化合物，常和胺化合物、有机杀真菌剂或铬混合使用，也有可能和砷结合使用。这些水溶性的木材浸渍物，经常用于木材处理（往往是松木），并产生了具有特点的绿色。经过压力检测的浸渍原木被贴上北欧木材保护委员会的标签（NTR）。处理产生的废弃物必须按照市政的相关规定进行处理。现在经过亚麻籽油压力浸渍的原木也开始被使用了。还有无毒的乙酰化木材（Titan Wood[①]），和经糠基乙醇溶液处理的糠基化的木材，也是一种再生的原材料（Kebony[②]）。不过这些替代产品比传统的浸渍原木更加昂贵（图1-81至图1-89）。

（7）绿矾。是硫酸铁的水合物（$FeSO_4 \cdot 7H_2O$），具有抑制真菌的效果。制成的液体是无色的（为了看出哪些地方是涂过的，可以加入少量颜料使用）。木材涂刷之后表面会呈绿银灰色，随后会发生与木材有关的化学反应，颜色逐渐变深或成为银灰色。绿矾同样可以用于矿物材料防腐，产生赭石黄或者铁锈红的石材。绿矾会刺激到皮肤，对水生有机物有危害，但不会在生物体内累积并且被认为对环境也没有什么不良影响。一种已经证实的好办法是保持建筑立面不经任何处理地暴露在空气中一年的时间，使木材的表面张力丧失，然后再用绿矾处理。不过这样做的缺点是与普通木材相比材料强度会下降一半（图1-90）。

（8）石灰涂料和石灰水泥涂料。含有熟石灰（黏合剂和颜料）和水，在石灰水泥涂料中还含有水泥。填充料可采用白云石。如果需要白色以外的其他颜色，就要使用耐石灰的颜料（比如矿物颜料）。工厂生产的石灰涂料可能含有苯乙烯、纤维素和乳胶。在德国含有酪蛋白的石灰涂料甚至适合用于处理粗糙的锯材。应当避免使用含有苯乙烯的添加剂。石灰涂料具有很强的碱性，所以在操作过程中必须注意保护眼睛和皮肤。石灰涂料有着悠久的使用历史，并且是一种环保材料。石灰涂料一般需要涂五到六道，第一道必须是纯石灰水。工厂生产的石灰涂料和石灰水泥涂料只需要两道。在阳光强烈或者有霜冻危险时不宜使用涂料。涂料随着时间流逝会逐渐风化，所以必须经常性地重新涂刷。在酸性环境下石灰涂料更容易损坏。石灰水泥涂料对酸性环境的敏感度较弱，因此会形成更坚固稳定的表面。

（9）酪素涂料。其中的黏合剂由天然乳酸干酪素制成。酪素涂料同样含有方解石和白垩填充料以及颜料（如白色二氧化钛）。可能还含有香精油（如百里香、薰衣草和桉树）、亚麻籽油、蜂蜡、虫漆、硼砂、碳酸钾、沸石和白色熟石灰。这种涂料可用水稀释。酪素涂料是一种室内涂料，适用于多种表面，可作为底漆或是上光剂，例如蜂蜡上光剂。酪素涂料在使用时应当涂刷得薄一些，否则会有开裂的危险。这种涂料完工后的完成面无光泽，

① 泰坦木，一家荷兰公司木材产品的商品名。
② 科博尼，一种经康醇处理的木材产品的商品名。

图 1-82　木板房间的涂刷和表面
处理的例子
色胶涂料可能会多少有些脱落

图 1-83　适宜木材立面的涂刷和
表面处理方式

图 1-84　适合矿物材料地板的表
面处理方法

图 1-85　可被用于室外砖墙表面
处理的环保型涂料类型

图 1-86　环保型表面处理的例子
可用于轻质混凝土、石膏或天然石材室
外立面的环保型表面处理的例子

图 1-87　卫生间中材料、涂料和
表面处理的例子

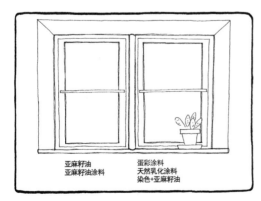

图 1-88　内部木门窗表面处理的建议方法
最简单的处理方式是每隔 5 年刷一次油漆。为防止
变黄，木材表面必须先经处理或者在油料中加入白
色颜料

图 1-89　适合有机地板材料的表面处理方式

图 1-90　经绿矾处理的海边房屋
瑞典哥德堡海边的房屋，立面木材经绿矾处理，建筑师耶特·温佳德（Gert Wingård）

图 1-91　涂有酪素涂料的墙
这段黏土砖（土坯砖）墙涂有酪素涂料并用蜜蜡上光

防水防尘。罐装的酪素涂料易变质，并且有有效期的限制，通常约为半年，当产生腐臭味道时就不能使用了，这点从味道上很容易分辨。酪素涂料也可制成粉末状在使用时现场混合配制，柑橘皮油（柑橘松节油）是比较常用的溶剂。柑橘皮油有产生过敏反应的危险，所以在使用含有柑橘皮油的涂料时应当注意保护皮肤，应该保持良好的通风，并佩戴活性炭过滤器面罩（图 1-91）。

（10）黏土涂料。正如它的名字是由黏土制成。这种涂料在德国十分流行并被 Ekologiska Byggvaruhuset 公司推介到欧洲其他国家。这种涂料以粉末状出售，与水现场混合使用。它可涂刷在室内所有的具有吸水性的表面上。它由黏土土和天然土壤颜料制成。不含塑料或者添加剂。

（11）清漆。例如 UV 紫外线固化丙烯酸清漆，对现代家具工业来说很重要。清漆中的黏合剂含有聚酯纤维、聚氨酯或环氧树脂，一般不含有机溶剂。尽管如此，丙烯酸单体可导致过敏，所以在工厂中这种清漆不宜采用手工喷雾。聚酯纤维清漆、氨基甲酸乙酯清漆和纤维素清漆也是经常使用的清漆品种。很难找到溶剂或其他危险成分不挥发的清漆。水性清漆被用来提高工作环境质量，例如桌面、柜台、凳子表面、厨房和卫生间的处理，但这种清漆的技术性能指标劣于溶剂类清漆。防止紫外线辐射的清漆可以防止木料变黄，其原材料来自于石油化工业。清漆提供了一种持久的表面但难以修复，重涂之前要将以前涂刷的表面用砂纸磨光。Le Tonkinois 是一家老牌法国公司，销售高品质的漆，含有下面的成分：70% 的亚麻籽油（生冷压处理并精炼）和 30% 的重油（中国木油）。Le Tonkinois 不含芳香剂和氯化物，或者一些皮肤接触或呼入会产生危险的物质。

（12）胶彩（胶质涂料）。含有约 1% 的胶水（黏合剂）、33% 的水（溶剂）和 66% 的白垩（颜料），纤维素或者动物胶也会被使用。胶彩中的白色颜料是白垩（$CaCO_3$），但其他色彩颜料也可使用。少量（不超过 1%）的酪蛋白（作为乳化剂）加入胶彩中以减少灰化。完全无防腐剂的胶彩是可以使用的（保质期有限）。购买时必须核对生产日期以防产品老化。胶彩同样也可制成粉状以此节约运费，因为其中的水不用运输。用亚麻籽油加强的胶彩同样可以使用。加入的亚麻籽油会使涂料表面易于清洗。避免在胶彩中加入有害环境的添加剂。市场上有售添加塑料和防腐剂的胶彩，如异噻唑啉酮，卡松（Kathon）、比特（Bit）[①] 或溴硝醇（会产生过敏并对水生生物有剧毒）。胶彩可用于室内墙面及天花板的各种基层，可以形成有光泽但不反光的完成面。胶彩的涂刷层要很薄。一旦修复就很容易看出来。涂层对物理损坏很敏感并且也容易被磨掉（在没有亚麻籽油加强的情况下）。

（13）亚麻籽油涂料。含有 40%—50% 的亚麻籽油（黏合剂）、30%—40% 的颜料（氧化锌或氧化钛），有时可用填充物部分替代（碳酸钙或者硫酸钡），以及浅色颜料（通常是矿物颜

① 一些异噻唑啉酮防腐剂的商品名。

料）。涂料中还含有约 0.1% 的干燥剂（金属化合物形式）和约 1% 的生物杀菌剂。在最后一道中可加入最多 5% 的有机溶剂以达到良好的涂刷性能。头两道漆通常要使用大量溶剂稀释，可以使用不含有机溶剂的亚麻籽油底漆。亚麻籽油可能含有一定量的熟亚麻籽油[1]。应避免亚麻籽油涂料含有超过 5% 的溶剂及其他不环保的成分。钴或锆化合物通常被用作干燥剂。亚麻籽油涂料中含有的生物杀菌剂可能致癌。可以允许含有少量氧化锌。在干燥过程中，可以闻到不同成分物质挥发出来的气味，这些物质具有刺激性，但不会危害健康。亚麻籽油涂料从 18 世纪就开始使用在室内外木材处理中。这种涂料持久耐用具有防潮性。涂刷作业需要在好的天气条件下进行。木材表面通常涂刷三遍，两道底漆一道面漆。亚麻籽油干燥时间较长，热处理（熟亚麻籽油）、光照处理或用干燥剂可以减少干燥时间。在使用亚麻籽油的过程有一定的危险，被亚麻籽油浸泡后的碎布和废棉可能会自燃，因此必须把它们储存在密封玻璃容器中。

（14）**碱液和漂白液**。可以改变各种木材的外观。碱液可用来减淡或加重木材的色调。地板使用的碱液中可能含有苛性钠（氢氧化钠溶液或者苛性钠溶液），碳酸钠（洗涤碱或者纯碱），次氯酸钠（氯）和硼砂。通常溶液中此类物质的含量在 1%—10%。在用碱液处理过地板后，还要进行打肥皂、涂油或者是上蜡的处理。由于碱液有腐蚀性，所以需要使用防护设备。碱液常用于处理松木地板。氢氧化钠溶液处理后的木材的边材保持淡色调，而心材则变成红棕色。氢氧化钠溶液处理过的杉木地板呈淡灰色，橡木和山毛榉经处理后呈淡褐色。各种木材在经过碱液处理后都会呈现出不同的色调，所以在决定之前应当使用小块材料进行表面实验。可使用不同色调的碱液处理地板。符合期望的最终呈现在完成地板上的色彩需要经过精心选择。淡黄色的松木和云杉可通过在碱液中加入漂白剂来进一步增强效果，比如二氧化钛、石灰、白垩或者滑石粉。油、肥皂或蜡被用来保护碱液处理过的材料，它们中通常都含有漂白剂（图 1-92）。

（15）**溶剂和稀释剂**。这两者是不同的。稀释剂（或稀释液）被用来稀释涂料达到期望的黏稠度而不改变它的成分。而溶剂将固体物质溶入涂料中。但是也有同样的液体被同时用作溶剂和稀释剂。现在最常用于表面处理和涂料中的稀释剂和溶剂，除了水，就是石油溶剂油。由石油制成的矿物溶剂有很多商品名，如香蕉水、石油溶剂油、二甲苯、甲苯等等。在低芳香石油溶剂油或者异噻唑啉酮中，最危险的碳氢化合物（芳族烃）已被移除。松节油是不同种类溶剂的总称，它是石油溶剂油进入市场以前最常用的有机溶剂。脂松节油由针叶树的树脂蒸馏制成；柑橘松节油（由柑橘皮制成）被愿意采用绿色建材的企业使用。脂松节油的主要成分 3- 蒈烯[2]是一种过敏源。柑橘松节油含有柠檬油精，对水生生物有毒，会在体内积累并影响肝脏。有机溶剂导致了地面臭氧形成的问题，这种臭氧的形成能够破坏植物，刺激

图 1-92　木地板经过碱液处理的住宅
位于斯科讷省（Skåne）斯塔凡斯托普（Staffanstorp）的建筑师马蒂亚斯·鲁科特斯（Mattias Rückerts）的住宅，木地板经过碱液处理，墙体采用木丝水泥板

[1] 由亚麻籽油或苏籽油等经熬炼或在加热时吹入空气，并调入少量催干剂而成。可用以涂刷物面在空气中能干燥成膜。
[2] 3- 蒈烯是一种天然存在的单萜烯，有强烈香气，不溶于水，与油脂混溶。

呼吸道并加剧温室效应，长期使用还会破坏人和动物的中枢神经系统。涂刷和表面处理工作应尽量不用或少用有机稀释剂和溶剂。

（16）**天然涂料**。它产生于德国环保运动。天然原料制成的涂料有一个重要卖点，就是对环境和健康的长远发展有好处。尽管如此，天然产品也可能对健康有害，所以即使选择天然涂料依然要十分当心。天然涂料含有黏合剂（如蜂蜡、天然树脂、香精油和酪蛋白）、溶剂、填充料、天然色素，有时还含有干燥剂。在某些天然涂料中使用的天然松香树脂是过敏源。这些涂料的共同点是它们都不含软化剂或者强溶剂，比如石油溶剂油。然而在某些产品中，异噻唑啉酮产品和柠檬皮产品被用作溶剂。这些溶剂如果被吸入的话，比石油溶剂油危险性小，但柑橘产品也会有产生过敏反应的危险。长时间处于异噻唑啉酮和柑橘松节油产品中产生的危险，同处于石油溶剂油产生的危险是相当的。一些涂料含有钴锆类颜料，如果以粉尘的形式吸入体内会致癌。

（17）**木工油**。各种品种的木工油都是可以使用的。一般来说，木工油是由很多成分混合而成的，包括醇酸树脂、树脂（天然树脂＝不同树种的胶质）、香脂（松香和易挥发油脂的混合物）和溶剂。为使产品更快干燥，通常添加含有钴或锰的干燥剂。一些木工油中还会加入蜡作为额外的保护，防止木材受潮气影响。一些油可以轻微渗入木材从而给予更深层次的保护。另外一些则维持在木材表面防止磨损。木工油可以被染色并用来上光。木工油通常含有大量的有机溶剂。油料可以在水中乳化（被精细地分开），这个过程可以除去其中的有害溶剂。也有不含任何有机溶剂或者水的木工油。在油料被水乳化的情况下，需要对其中的杀菌剂和防腐剂给予关注。虽然也有动物油和矿物油，但用于表面处理的木工油产品多由植物制成，比如合成树脂和醇酸树脂就是来自于后者。

（18）**颜料**。它是涂料中最重要的成分，因为它决定了涂料的色彩。在建筑领域，颜料可分成三大类：天然无机颜料（如矿物颜料）、无机合成颜料和有机合成颜料。弄清他们在不同混合物中的反应很重要。在石灰混合物中，只有耐石灰的颜料才能够使用。某些颜料更适用于油料混合物。矿物颜料适用于大多数涂料。不同颜料的耐光性不同，在这方面矿物颜料稳定性最高。一般来说，矿物颜料是不同的氧化铁或氢氧化铁，对环境影响很小。① 无机合成颜料通过不同种类金属氧化物和矿物质的化学反应制得。通过这种方法生产的颜料色彩强于无机天然颜料，特别是蓝色和紫罗兰系列。金属氧化物颜料的命名通常都由主要金属成分的名称后加色彩，如铬黄、氧化铬绿或锌白。铜、铬、铅、镉和钴对环境有害，铅、镉和铬化合物对环境危害特别大。二氧化钛是最常用的颜料，对于二氧化钛来说，颜料本身并没有问题，但是制造这种颜料的过程中可能产生有害物质。硫酸盐的制造过程中排放出许多污染气体及硫化废物，氯化过程也会排放出含有氯气的废弃物。欧盟的环境标记文件在关于室内涂料的规定中，对二氧化钛生产过程中的排放物做了要求。② 有机颜料具有很强的色度和明度，通常含有很复杂的成分，如偶氮颜料。淡黄色、橘色和红色颜料都不易制成。耐光抗热等等也有不同。一些涂料中使用的有机颜料，比如偶氮颜料等，会产生芳族胺，对健康和环境都有很大的危害。各国颜料都制定了不同的禁止销售含铅、铬和镉颜料的规定（图 1-93）。

图 1-93　不同色彩的颜料

（19）塑料涂料（乳胶和丙烯酸涂料）。含有聚合物（黏合剂）、水、颜料、填充物和添加剂。聚合物（塑料微粒）精细地散布于水中。这种涂料的优势在于它们不含有机溶剂；劣势在于它们可能含有危害健康或环境的添加剂，即使量很少。聚合物通常产自石化产品。塑料涂料易于使用，干燥得也快，不会变黄，易于清洁。这种涂料可以产生一系列的光泽度，可作为最后一层面漆或者上光漆。应当选择本地产的低污染，并且不含聚结剂、干燥剂和有害于环境的表面活性剂的涂料。粉状塑料涂料目前也正在研发之中。

（20）防锈涂料。用于金属。为了使防锈长期有效必须清除所有铁锈。通常底层和面层防锈涂料被归于非水醇酸树脂油性涂料，但环氧基或水性防锈涂料同样可以使用。为了把对环境的影响降到最低，应该进行封闭处理，用环氧基树脂漆进行工厂喷漆作业，并且涂刷磷酸锌、亚麻籽油和尽可能少的溶剂；或者使用某些形式的天然石墨涂料或者天然防锈涂料。亚麻籽油养护，是用纯的熟亚麻籽油进行处理的方式（图 1-94）。

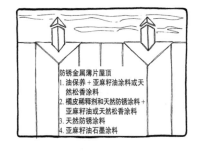

图 1-94　环保型防锈处理的做法

（21）硅酸盐涂料。过去使用硅酸盐涂料是将其和溶于水的颜料一起使用，然后加入硅酸钾（俗称水玻璃），这种涂料现在依然可以买到。现在成品的混合型硅酸盐乳化漆得到广泛使用，它们含有 10%—30% 硅酸钾（黏合剂）、25%—45% 的白垩、滑石粉或者二氧化钛（颜料和填充料），以及 5% 的丙烯酸酯共聚物（稳定剂）和 20%—60% 的水。硅酸盐涂料可能同样含有凝结剂（通常为 0.5%—1% 的乙二醇乙醚）。丙烯酸酯共聚物通常是苯乙烯 / 丙烯酸丁酯共聚物，但由于在涂料中用量较少，所以硅酸盐乳化漆涂料被认为是环保型涂料。涂料具有很强的碱性，所以在使用时要采取保护措施。硅酸盐涂料适用于矿物材料。白垩和强着色颜料适用于这种类型的涂料。黏合剂通过化学作用与基底结合形成坚固的涂层。这种涂料可透过水蒸气，持久耐用并具有防水性。从环保的长远角度出发，最好在施工现场采用传统的方法混合涂料以避免使用丙烯酸酯共聚物和凝结剂。

（22）色胶涂料（例如法伦红①）。含有约 65% 的水、5%的粉末（黏合剂）、20% 的颜料和 1% 的绿矾（杀真菌剂），现在通常也会加入 8% 的亚麻籽油来增加黏合力并防止开裂。它的基本组分作为一种相对环保型材料已经被使用了好几百年。在法伦红颜料中含有一些铅（混合之后小于 0.15%），根据瑞典化学物品销售指导方针，这是不被推荐使用的。经过健康建筑（Sunda Hus）数据库认证的色胶涂料包括 Mäster Olof Naturfärger 公司，

① Falun Red（瑞典语 Falu rödfärg），一种原产地在瑞典法伦（Falun）的红色颜色，因物美价廉被广泛使用。

图 1-95 对木材表面的不同色胶涂料进行测试
位于瑞典耶夫勒（Gävle）乌普萨拉（Uppsala）之间的基辛格历史建筑保护中心对木材表面的不同色胶涂料进行测试

Kulturhantverkarna 公司和 AURO 公司的产品。开罐即用的涂料同样含有防腐剂（杀菌剂）以防其在罐中变质。而通过使用粉状涂料并现场配制则可避免使用杀菌剂。杀菌剂通常含有会引起过敏的异噻唑啉酮和羟甲基脲素等。如果添加亚麻籽油，就需要使用表面活性剂使油和水混合。市场上还有售含有多乙酸乙烯酯（PVAc）的色胶涂料。色胶涂料适用于室外木材或粗糙的锯材，一道漆可能就足够了。这种涂料呈漫散射，光泽十分柔和。可以有多种色彩供选择：淡红色、暗红色、棕色、黑色、白色、蓝色、黄色和绿色。浅色色胶涂料对于霉变和血液很敏感。真正的法伦红涂料中使用的颜料仅有红色颜料。因为法伦红颜料中含有石英（长时间吸入石英会导致硅肺病），所以在清理涂料时必须使用呼吸保护措施。在现场混合涂料可以不使用防腐剂（图 1-95）。

（23）肥皂。被用于保护未处理以及碱液或油处理过的木材的表面。肥皂同样适用于石材和混凝土。尽管如此，被用来处理地板的肥皂，不应被误用于清洗。地板处理用的肥皂可能含有皂化植物和干燥油，这种肥皂可以是液态或糊状。应避免肥皂含有对环境有害的成分。肥皂可能含有表面活性剂，虽然可以用来除垢，但有些种类的活性剂是有毒的。绿色的肥皂不能用来清洁木地板，因为它们最终会使地板呈现出淡绿色。在铺设新地板时，因为马上要擦洗，所以地板主要的一面要朝上，否则板材的凹向就错了。每年需用肥皂和冷水用力清洗地板几次，而热水会使地板变灰变暗。虽然新铺的地板很快就会光泽明亮，但是要成为真正的皂化地板也需要经过数年的时间。

（24）木油。用来保护外表未处理或经过浸渍的木材，防止其开裂、霉变或腐朽。通常木油所含的溶剂量都过高，主要是石油溶剂油（达到 80%—85%）。应当选择不含有机溶剂的木油。纯粹油性的木油含有杀菌剂如甲苯氟磺胺（少于 1%）。有时会加入有机金属盐，比如癸酸锌，来防止腐烂（约 1%）。水性油料一般含 20%—50% 的油。如果油在水中乳化，应当着重注意表面活性剂和助溶剂的成分比如乙二醇醚和杀菌剂。水性木油含有比其他类型木油更多种类的杀菌剂，比如碘代丙炔基氨基甲酸酯。异噻唑啉酮类作为防腐剂被广泛使用。一些木油用蜡作为额外的防水保护。生产木油的原材料是可再生的。蜡可以从植物或石化产品中制得。涂刷的表面每年都要进行处理，同时刷油之前要保持干燥。有些木油可通过加热方法促进表面的渗透。

（25）木焦油。它是由木材蒸馏制得。过去木焦油是通过将焦油压入木炭之中制得的。木焦油富含树脂并具有耐水性。如今木焦油通过在反应器中高温分解得到，同时也制得焦炭。煤焦油比木焦油对健康的危害更大。木焦油从中世纪就开始被人们用于船、码头和房屋的防腐处理（比如木瓦屋顶）。木焦油可以对木材提供很好的保护防止其腐烂，涂刷时也可以选择用压力注入的方式。焦油可以呈现出木材深层次的结构，并且开始涂刷时很光亮但很快就会模糊，经过一段时间后会变得暗淡。将加热后的木焦油涂刷在加热的木材表面，渗透性会加强。木焦油与等量的亚麻籽油和脂松节油混合使用能够很好地渗透进木材中，形成干燥防水表面。这种混合物一直以来被用于船用木材的处理。在北欧不含有害健康和环境物质的木油品牌是贝克（Becker）木油和克莱森（Claesson）木油。

（26）**蜡**。这是能够擦除的脂肪性物质。可从植物或动物界中得到，也可以从矿物中或人工合成获得。蜡的熔点相对较低（40—90 ℃），并且也可以溶解在许多种溶剂中。当溶剂蒸发后，几乎所有种类的蜡都会固化。蜡是可以分解的，比如可以精细地分解于水中，这通常被用来替代有机溶剂使用。当使用纯蜂蜡时，通常混合 10% 的溶剂，比如松节油。要避免使用合成蜡或者含有大量有机溶剂的蜡。蜡的味道不能太强烈，也不适用于潮湿房间。蜡可用于保护已经用地板油处理过的，或被浸渍或涂刷过的木材表面。表面经抛光机或砂纸磨光，呈现出丝绸般平坦的光泽效果。这样的表面不易落尘而且易于保养。蜂蜡因为具有减少静电的能力而出名。清洗蜡被用于蜡处理的地板以保持其光泽度。

小贴士 1-2　涂料中应当避免使用的成分

1）胶黏剂

　　① 脲醛树脂，双组分，冷塑化（释放甲醛）；② 环氧基树脂，双组分（与皮肤接触会引起过敏反应）；③ 异氰酸酯，聚亚胺酯涂料，PUR 涂料，基于异氰酸酯（吸入或与皮肤接触会引起过敏反应）。

2）颜料等

　　① 铅化合物，环丙酸铅 / 辛酸铅（干燥剂），红丹（防锈涂料）（铅是种重金属，具有生物累积性，有害生殖系统健康）；② 铬化合物，重金属（一些铬化合物有致癌作用或引起过敏反应）；③ 锌化合物，重金属（锌化合物对水生生物有毒）；④ 钛，二氧化钛（生产过程破坏环境）；⑤ 镉，重金属（瑞典油漆中已不再使用）；⑥ 环丙酸铜，防腐成分（杀虫剂，需要特别许可）。

3）溶剂

　　最好在使用涂料时不使用有机溶剂，避免使用有机溶剂含量超过 5% 的涂料。挥发性的有机溶剂会破坏神经系统也会产生地面臭氧。① 石油溶剂油，芳香石油溶剂油（氢化石脑油被认为更好些，因为其中芳香剂的含量较少）；② 松节油，含有少量 3- 蒈烯的脂松节油被认为较为合适（较少引起过敏反应），不会产生臭氧；③ 硫酸盐松节油（含有大量 3- 蒈烯）；④ 柑橘松节油（含有的柠檬油精是过敏源，对水生生物有毒，有害肝脏）；⑤ 二甲苯（影响人类健康并对水生生物有害）；⑥ 甲苯（影响人类健康并对水生生物有害）；⑦ 乙二醇醚，溶剂和凝结剂（某些乙二醇醚对健康危害极大，例如 2 - 乙氧基乙醇、2- 甲氧基乙醇、2- 丁氧基乙醇、丁基乙二醇、二甘醇单甲醚等）。

4）添加剂（杀菌剂是防腐剂和杀真菌剂的涵盖性术语）

　　（1）**防腐剂**（用于防止罐装涂料变质）：① 卡松，一种异噻唑啉酮（过敏源并且对水生生物有毒）；

②1，2-苯并异噻唑-3-酮，一种异噻唑啉酮（过敏源）；③1，3-丙二醇（对水生生物有剧毒）。

（2）**杀真菌剂**（防止涂刷完成后的表面生长水藻或真菌）：① 灭菌丹（致癌、过敏源，对水生生物有剧毒）；② 沸石灭菌丹（致癌、过敏源，对水生生物有剧毒）；③ 苯氟磺胺（致癌、过敏源，对水生生物有剧毒）；④ 甲苯磺胺（过敏源，对水生生物有剧毒）；⑤ 百菌清（致癌）；⑥ 多菌灵（致癌）；⑦ 敌草隆（致癌）；⑧ 砷化木材防腐剂（致癌，会在生物体内累积，对水生生物有毒）。

（3）**分散剂**（表面活性剂）（均匀分散涂料中的颜料颗粒）：①烷基酚聚氧乙烯醚（对环境有害）；② 壬酚乙醇酯（壬基苯酚），类似雌激素的成分（有害生殖系统，具有生物累积性并且有毒）。

（4）**软化剂**（防止涂料变脆）：① 邻苯二甲酸酯（许多都具有生物累积性，对水生生物有毒）；② 氯化石蜡（生物累积，对水生生物有毒，燃烧时产生二恶英）；③ 抗起皮剂（防止罐装涂料起皮）；④ 甲基乙基酮肟，也被称为2-丁酮肟（过敏源）。

17）管材及其他

建筑内外都有很多种类的管道。有给水管、污水管、落水管、下水管道以及热力管道。檐沟和落水管用来排放屋顶雨水。热力管道要求管道具有保温性能。

（1）**地面污水管**。通常是水泥制品。如果地下环境有腐蚀性，那么最好选用塑料管道，比如聚丙烯管（PP管）。在欧洲大陆陶瓷管很常用。也有用光滑内管和聚丙烯管套组合的方式。在建筑内部最环保的选择是聚丙烯管、交联聚乙烯管（PEX）和铸铁管。虽然现在的铸铁管材内部常有环氧基树脂的塑胶内层，但其对环境影响最小。PVC管材最常见，但是考虑到环保因素应当避免使用。

（2）**地下排水管**。可以是瓷质（上釉粗陶）或水泥质地的，也可选择交联聚乙烯（PEX）、聚丙烯（PP）、陶（无釉陶制品）和聚酯纤维等多种材质。

（3）**管道保温**。由矿棉或泡沫橡胶作为管道保温很常见。矿棉含有难处理的纤维，而泡沫橡胶可能含有阻燃剂。由软木或绵羊油作为管道保温在德国和瑞士都很常用，也是更为环保的选择。

（4）**卫生洁具**。比如单杆冷热水混合龙头和水龙头通常是黄铜制品。黄铜一般含有62%的铜、36%的锌和2%的铅。通常表面要做镀铬处理。铬和镍的含量很小（0.1%的铬和0.5%的镍）。使用镀铬的卫生器具已经遭到质疑，因为其表面可能会引起镍过敏的危险。用粉末漆的卫生设备不如镀铬的使用持久。而黄铜中的铅会带来最大的环境问题。不锈钢的洁具（如德国的高仪洁具）也是可以使用的。

（5）**屋面排水口**。可以采用传统方法处理，比如使用木檐沟，有时檐沟中还铺设了防水层（三元乙丙橡胶或者沥青）。不同于落水管，可以使用链条或木杆引导落水。更现代的做法是使用聚酯纤维的檐沟和落水管。也可以使用铝材和镀锌钢板。铝制品的生产会消耗大量能量而且也对环境有危害。如果镀锌钢板的表面不做处理，会导致锌泄漏（图1-96）。

（6）**水管**。其选择需要考虑地方因素，因为各地水中化学成分不同；还要考虑水管材料对饮用水质量的影响。聚乙烯（PE）管材可被用作地下水管。也可以选择铸铁管，但铁的寿命很有限。如果水没有腐蚀性且地下环境也不会侵蚀的话，不锈钢是有利于环保的不错的选择。对于室内水管，环保型的聚丙烯管材和聚乙烯管材（交联聚乙烯PEX管材和高密度聚乙烯PE-HD管）可代替铜管。在荷兰，冷热水管通常都使用聚丁烯管材，因为这种塑料被认为是环保的。不锈钢管也是一种选择，但其对环境影响程度比塑料大。出于对环境因素的考虑，应该避免使用铜管，因为它们会使得自来水和污水中含有大量的铜。如果饮水管道使用"管中管"系统，那么外层管（空管）应当使用聚乙烯材质（图1-97）。

（7）**室内热力管道**。通常采用钢管安装而成，以方便检查维修，在各方面都很合适。现在聚乙烯管也被用来供热，比如地板或墙体供热系统。交联聚乙烯管适用于冷热水管道。在荷兰，聚丁烯被认为是一种环保型塑料而广为使用。

小结。管材的环境评价见表1-20。

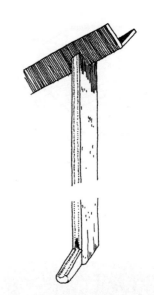

图1-96 传统屋面排水借助于木质天沟和排水管
木质天沟必须使用木心材，以相互交叠的方式安装并且在边缘部位采用凹槽以利排水。可以在天沟内部衬垫能够延长其使用寿命的材料

表1-20 管材的环境评价

推荐使用	可使用	避免使用
水泥管	铸铁管 **	石棉管
陶管，用于污水	聚丁烯管	铅管
钢管，用于供热 *	聚丙烯管（PP）	铜管
陶瓷管，用于排水	聚丁烯管，用于自来水	PVC 管 ****
木材，用于天沟	聚酯纤维，用于排水	铁管，镀锌
	不锈钢，用于自来水 ***	
	铝，用于天沟	

注：* 钢管（镀锌）不能和铜管连接到一起，如果这样会在连接处发生电化学反应释放出锌。** 内部含有环氧涂层的铸铁管在环境评估中被降为"可接受"。以前内部含有沥青的铸铁管是可以使用的（现在则需要避免使用）。*** 在腐蚀环境下不锈钢是首选材料，除非别的材料也具有相同的耐腐蚀性。**** PVC 包含57%的氯，从环保角度来看是有害的。现在北欧国家生产的PVC 管使用钙和锌代替铅安定剂。

图1-97 聚乙烯排水管和上水管
这是一个采用泡沫玻璃作为保温材料的悬浮基础下的照片，展示了聚乙烯排水管和上水管，这种材料比 PVC 和铜更环保

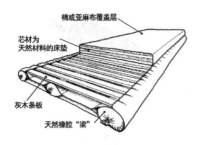

图 1-98　环保建筑中的家具应当采用环保材料

在德国和荷兰，不含合成材料、胶水和金属的床架和床垫随处有售

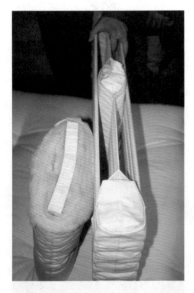

图 1-99　不含金属和合成物质的床垫材料

18）室内设备和家具

室内设备和家具可能是许多对环境有害成分的产生源，比如纺织品和电器设备中的阻燃剂，家具填充成分一旦着火会释放出有毒气体，棉花在种植和加工过程中已经被喷药并用危险的化学品处理过。首选材料应当是实木和木质纤维板，它们都是由木材自身含有的木质素结合在一起的（见"板材"）。

（1）**健康卧室**。在德国，关心健康问题的人们认为拥有一间健康卧室是至关重要的事，在这里人们晚上可以得到很好的休息。这样的卧室拥有实木制成的家具，室内铺满天然材料制成的地毯，木质床架支撑着天然橡胶制成的床垫并且不含任何金属。床垫心是天然乳胶制成的，含有棉填充物的一面用于冬季，而马鬃的一面用于夏季。床垫和被单所用的布料为有机棉或者亚麻。枕头内塞满羊毛、木棉树的棉花、荞麦壳或这些材料的混合物。除此以外，在保险盒开关的帮助下，可以关掉电源，使得卧室内的电流和磁场达到最小（图 1-98、图 1-99）。

（2）**固定家具**。对于固定家具，比如壁橱和橱柜，尤其应当避免使用刨花板。应当将房间内甲醛含量限制到尽可能低的水平。通常来说应当选择由实木、胶合板制成的家具，或者木框架与硬木纤维板围合而成的家具。

（3）**家具装饰材料**。在我们周围有很多种家具装饰材料。泡沫塑料，如聚氨酯，常作为填充材料。填充物可能是室内家具或固定设备中最大的污染物排放源。在火灾中，点燃的填充物会排放出致命的气体。自然材料比如马鬃、棉花或者荞麦壳是塑料材料的替代品。

（4）**纺织品**。大约一半的纺织品是棉制品，另一半则是合成材料，很少一部分是由羊毛或纤维胶（由木质纸浆制成）制成的。棉制品应当选择有机生长的棉花。本地产的羊毛是比较理想的材料。亚麻也是一种很好的材料。首选的合成材料是聚酯纤维和聚酰胺。所有纺织纤维都是先被捻成丝状，例如梭织物和针织物，然后漂白、染色并做最终处理。这种做法对环境有影响，而影响的好坏取决于纤维的来源（天然还是人工合成）。粗纺羊毛和温暖的肥皂水用来制造毛毡。① 天然纤维。天然纤维有棉、亚麻、羊毛、丝和大麻。棉花是最常见的天然材料，但如果采用传统的方法种植，每千克棉花在种植、制造、最终处理和储存上需要使用 1 kg 化学药品。许多化学药品对环境和健康都有影响。一半以上的棉都是人工灌溉的。使用有机棉的纺织工厂均采用环保健康的生产方法。一个称为国际有机农业运动联盟（IFOAM）的组织试图建立和维护一种有机棉花的基本标准并且对有机棉花进行标识。羊毛本身是难燃的。但是没有环保型方法去制造防蛀羊毛。同棉花一样，在制造过程中需要使用化学制品。现代亚麻种植中同时使用杀虫剂和化肥，但用量不大。以前亚麻先被浸在湖里软化，然后放在雪上并暴露于强烈的阳光下漂白。今天，使用化学药品进行软化和漂白。

杀虫剂不能用于丝绸防蛀，所以也不会因为制造丝绸纤维而对环境产生较大影响。② 纤维胶。由漂白木质纸浆制得，也被称为人造纤维。为使木质转化为纺织纤维，大量的有毒物质被使用，其中就含有二氧化硫的硫化物。所有纤维胶纤维成品都要经过漂白，即使它们是由经过漂白的木材制成的，因此几乎所有的纤维胶都被氯漂白过两次。在有些国家，由于清洁不彻底，纤维胶生产过程中的排放危害严重。尽管如此，将纤维素转换成纤维也还是合理的，因为木材是一种可再生资源。不过并不需要用氯漂白两次。此外也可以用不含氯气的方法去漂白木质纸浆。在美国有厂家采用完全不含硫的方法制造纤维胶。③ 合成纤维。最常用的纤维是聚酯纤维、聚酰胺纤维和腈纶。从环保的角度来说，聚酯纤维和聚酰胺纤维要稍优于腈纶纤维，因为腈纶纤维在拉伸成线的过程中需要添加有机溶剂和有害的化学制品。④ 生产过程。纺织品的生产过程开始于纺织厂将动植物纤维纺成线和纱。虽然有其他替代品但是有害环境的纺纱油还是经常被使用。棉花、人造丝和羊毛的纺织只需要很少量的甚至完全不需要纺纱油。合成材料耗油量较大。在编织过程中要浆纱（浆纱是指在纱上施加浆料以提高其可织性的工艺过程），应当保证其可循环使用或者易降解。编织机不需要胶料。避免使用氯漂白棉花、亚麻或者人造丝。不要选择用光学增白剂处理的纺织品。纺织品染色经常会产生环境问题。纤维先经过水洗，然后被染色，最后再用水洗。不同的制造行业都采用这种方式，成百上千的化学制品被使用，但只有小部分会留在布料中，大多最终排入下水道或空气中。洗涤剂可能含有壬酚乙醇酯（一种内分泌干扰物），但是有很好的替代品可供使用。瑞典、丹麦和德国大部分的工厂都不再使用壬酚乙醇酯，但是世界其他国家仍然在使用。有数千种染色剂，它们中的大部分都是合成的。因为好的染色剂要能抵抗日晒并经得起多次的洗涤，并且要不容易褪色，所以，它们对环境都有很大的危害。避免使用含有重金属或对二氨基联苯的染色剂处理过的纺织品。对水和能源的消耗量，以及释放到下水道中的有害成分的含量均高度取决于染色设备的技术进步和下水道中污水的净化处理方式。⑤ 布料处理。为使布料能够抗皱，会在其上留有甲醛残留物。最常使用的清洁剂含有碳氟化合物，对环境有很大危害。为使丝绸布料重一些并且优美地下垂，有时会加入金属盐。加重丝含有25%—60%的磷酸锡。布料处理中加入的各种阻燃剂都是污染排放问题的源泉。经阻燃处理的纺织品在很长时间以后依然会释放出有害成分。从环境保护角度考虑，溴化物阻燃剂污染最严重。防霉菌的物质将会被释放出来并会使人生病。

19）连接材料

嵌缝材料通常含有危险化学品，所以应尽量少使用。嵌缝材料通常用于密封各种构件连接处及孔洞的周围。谨慎地在连接处

图 1-100 椰壳纤维填充轻质混凝土墙

安装模制件可以避免使用嵌缝填料或泡沫材料。麻丝也可被用来代替嵌缝填料。另一种嵌缝材料可用来缓冲周围构件的移动而不损害密封性能。嵌缝材料可分为两类：橡胶类，在挤压后可恢复形状。塑料类，不太具有弹性，在挤压后不能恢复。很多建筑中都需要伸缩接头，能够使得构件的移动适应结构的形变。最适于使用嵌缝填料的位置是预置构件之间的缝隙。

（1）填充料。用于密封墙体和构架的填充料通常由矿棉聚氨酯泡沫（PUR 泡沫）或类似材料构成。这些可使用由天然材料制成的麻丝替代。① 纤维素纤维（见"保温材料"）。纤维素纤维条被用作填充材料。② 绵羊油（见"保温材料"）。未洗的绵羊油可作填充材料而不需要深度加工。③ 大麻纤维（见"保温材料"）。这种材料常被用于麻丝，由干净的压缩大麻纤维组成。由于大麻具有天然的抵抗真菌和细菌的特性，大麻填絮不需要被浸渍，除非有防火需要。④ 黄麻。属于椴属植物，在椴属的大家庭里包含了约 40 个物种。他们含有强力纤维，能被用作填絮。大部分黄麻种植于占到世界产量 96% 的亚洲。⑤ 剑麻。是龙舌兰属植物的纤维。从叶子中萃取的纤维柔韧牢固呈黄白色。剑麻被用于制绳、吊床和制造麻絮。这种植物原产地是墨西哥，需要在热带地区种植。⑥ 亚麻纤维（见"保温材料"）。它是强韧天然纤维中的一种。因其在潮湿环境中不易腐烂，亚麻纤维早已被认为是窗户、门框、船体和管材接头处非常好的一种填充材料。⑦ 椰壳纤维（见"保温材料"）。是一种需要远距离运输的制品。在国际市场上椰壳纤维供应过剩（图 1-100）。⑧ 矿棉（见"保温材料"）。可以是玻璃纤维或矿石纤维，成条状，作为填充物使用。

（2）密封条。密封条被用于混凝土的浇注。应当使用含膨润土的密封条代替通常使用的含有软化 PVC（聚氯乙烯）的密封条。膨润土密封条（钠膨土）。膨润土密封条中含有的黏土遇水会膨胀，形成一个坚固的防水黏土块状物。有适用与混凝土浇筑的含膨润土的密封条。将密封条放在模板中的适当位置，然后灌注混凝土直到淹没部分密封条，当第一部分混凝土凝固后，继续浇注。通过这种方式，既使之收缩，也可以使结构紧密地连接在一起。

（3）密封胶。应当尽量避免使用密封胶。① 丙烯酸盐密封胶。也被称为乳胶或密封涂料。含有约 30% 的均匀分散于水中的丙烯酸聚合物（一种橡胶）、表面活性分散剂、约 55% 的填充料（比如碳酸钙）、约 8% 的软化剂和颜料。添加剂包括增稠剂、防泡沫剂和增黏剂。通常单体是甲基丙烯酸丁酯、氯乙烯和羟基丙烯酸盐。这些物质只要在被聚合物包裹的情况下就不会对环境产生影响，但其中的单体残留物仍可能对环境和健康产生危害。可能会使用溶剂，如石油溶剂油或乙二醇丁醚乙酸酯，但含量很少（约 2%）。乳胶密封剂通常含有杀菌剂。丙烯酸盐密封胶不像其他密封材料那样有弹性，但它们可以有效阻挡紫外线，黏合性好而不需要底漆处理。但它们对于水分和气温变化的适应性很弱，因此几乎只被用于室内。在使用时常常采用涂刷的方式。② 丁基合成橡胶密封胶。是一种单组分溶剂型密封剂。聚合物通常从异丁烯和橡胶的共聚物制得。这种密封胶可能同时含有软化剂、填充料和黏合剂。聚丁烯通常被用来作为软化剂。丁基密封材料很硬，所以吸收不了多少动能。通常在保温玻璃的间隙处使用。③ 软木颗粒密封胶。是一种由软木和天然树脂制成的弹性密封材料。在德国已投入使用而且被德国的建筑生态学家推荐。④ 改性硅烷密封胶。基于聚醚制成，含有烷氧基硅、填充料以及氢化植物油或聚酰胺触变胶。白垩（碳酸钙）通常作为填充材料。添加剂含有硅氧烷（干燥剂约1%）和有机锡化物（催化剂约0.1%）。其在硬化过程中会释放出甲醇和硅氧烷。邻苯二甲酸酯（20%—30%）通常被用作软化剂。也有不含邻苯二甲酸酯的改性硅烷密封胶，但这种密封胶很硬不能用来作为构件连接处的填充材料。改性硅烷密封胶不含异氰酸盐，可以替代聚氨酯（PUR）。可使用的位置与聚氨酯差不多，比如预置水泥构件的结合处以及门窗等位置。在不施底层涂料时黏合力不如室外水泥，在潮湿环境的性能也不如聚氨酯密封胶。⑤ 油性密封胶。属于塑料密封材料的一种。油性密封胶含有植物或合成类油脂、树脂和合成橡胶。可能含有少量有机溶剂，比如溶剂油和二甲苯。白云石和白垩可作为填充料。密封胶中还含有基于钴化物的干燥剂。它们的使用寿命相对较短并且对于动能吸收能力有限，从而限制了它们使用的范围。由亚麻籽油和白垩制成的油灰可以使用并不会产生任何环境问题。这种胶会开裂所以要注意保养。⑥ 聚氨酯密封胶（PUR密封胶）。含有30%—35%二异氰酸盐聚合物、30%—45%的填充料和15%—35%的软化剂。通常使用的填充料是碳酸钙和白云石。一般含有3%—5%的有机溶剂，比如甲苯、二甲苯和溶剂油。有机锡化物被添加作为催化剂。利用异氰酸酯制造的聚氨酯可能导致过敏反应。PUR密封胶比聚氨酯泡沫密封材料含有更多的异氰酸酯。邻苯二甲酸酯通常被用来作为聚氨酯密封胶的软化剂。如果此类密封胶被加热或燃烧起来会释放出异氰酸酯、苯酚、氢氰酸、氮气等有害健康的成分。PUR密封胶可能是建设中最常用的密封材料。在凝固后依然有弹性并可以适应较大的形变。PUR密封胶可以涂刷并能很好地黏合在绝大多数的表面上，并且常常不需要涂底漆。通常被应用立面连接处，即预先建造组合的混凝土预制件之间，并且可作为门窗的密封胶。⑦ 天然材料制成的绳子。如大麻和剑麻，一直用于船体连接处的密封和缓解碰撞。绳子也可应用于建筑中，用来缓解不同材料由于膨胀系数不同产生的变形，比如木地板和石地板之间。但是没有专门用于建筑的产品，就只能采用普通的具有合适厚度绳子替代（图1-101）。⑧ 硅酮密封胶。含有硅聚合物、填充料、一些类型的活性交叉黏合剂，并常含

图1-101　作为连接材料用在木地板和石地板相交处的绳子
瑞典斯德哥尔摩郊外特瑞斯塔（Tyresta）国家公园内的建筑。建筑师：佩尔·列德内（Per Liedner）

催化剂。硅酮密封胶由石英砂、甲醇和氯气制得，有机锡化物作为催化剂，要注意的是这种成分对环境有害。硅酮密封胶中用的软化剂含有各种类型的硅酮密封胶油，硅酮密封胶油中含有硅酸盐聚合物、氧化物和有机分子。硅油被怀疑是一种稳定的具有生物累积性的成分。一些硅酮密封胶可能含有超过20%的有机溶剂。几乎所有硅酮密封胶中都有杀菌剂，比如有机砷化物、多菌灵、比特和卡松。硅酮密封胶有很多种。在硬化过程中会释放出1.5%—4%的各种成分物质。甲醇或乙醇来自于烷氧基固化硅酮密封胶。甲基酮肟产生于中性固化密封胶。由亚硝基固化的密封胶释放的甲基乙基酮肟会导致过敏反应。胺类固化密封胶释放苯酰胺或有机胺或两者的混合物，以及上面已经提到的一些物质。乙酸处理的密封胶会释放乙酸。乙酸的味道很强烈，但释放出的物质对健康无害。乙酸处理的产品对于水泥类的材料黏合性不高，比如釉面砖填缝剂。硅酮密封胶多用于密封浴室及厨房的潮湿位置。使用硅酮密封胶时应注意保持良好的通风。

（4）**泡沫密封剂**。应当避免使用泡沫密封剂，而以填充材料替代。① 聚氨酯密封泡沫（PUR密封泡沫）可以成罐购买。这种产品遇到空气时利用空气中的水分变硬，膨胀20—30倍形成一团泡沫状物质。PUR密封泡沫含有聚氨酯。聚氨酯由异氰酸酯制成，但是这种物质在制造及之后的硬化过程中可能会引起危险的过敏反应。对水生生物非常有毒的有机锡化物被作为催化剂添加其中。邻苯二甲酸酯通常被作为软化剂使用。丁烷或丙烷被用作气体推进剂。使用这种泡沫密封材料的危险是异氰酸酯可能会以悬浮微粒的形式被释放到空气中，从而被人们吸入，尤其是在没有正确使用的情况下，比如气温过低或搅拌不充分。② 尿素甲醛（UF）泡沫由尿酸和甲醛制得，并会释放出甲醛气体。即使很少量的甲醛也可以导致很严重的后果，比如眼睛刺痛，鼻子发痒，喉咙干燥，难以入睡。这种物质可致癌，同时也是过敏源。遇水会膨胀。

（5）**挡风雨条**。挡风雨条被作为密封材料应用于框架和门窗之间。过去常使用织物作挡风雨条，现在则多使用EPDM合成橡胶或者硅胶制成。对环境的影响取决于使用的添加剂的多少。① EPDM合成橡胶（三元乙丙橡胶）对臭氧有完全抵抗力，具有良好的抗热和抗化学作用性能，因此被用于户外需要使用橡胶的部位，比如挡风雨条和镶玻璃条。② 硅橡胶含有硅、乙烯基塑料和掺入物。硅的原材料来自于其他原料中含有的硅酸盐沙。填充料通常是白垩。

小结。连接材料的环境评价见表1-21。

表 1-21　连接材料的环境评价

推荐使用	可使用	避免使用
膨润土	丙烯酸酯密封胶 *	矿棉填充物
纤维素纤维填充物	EPDM 橡胶件	PUR 密封胶
毛毡	瓷砖填缝剂	PUR 泡沫
绵羊油	MS 聚合物密封胶 *	PVC 密封胶
大麻纤维填充物	硅橡胶 *	UF 泡沫
黄麻和剑麻填充物		
石灰砂浆，KC 砂浆		
椰子纤维填充物		
软木团		
亚麻纤维填充料		
天然乳胶密封胶		
油性密封胶		
天然材质绳		

注：* 注意杀虫剂和邻苯二甲酸酯。

20）胶和糨糊

　　绿色建筑中通常避免使用胶，尤其是因为其难以循环使用的特点。机械性连接可以避免使用胶。对于胶和糨糊没有明确的区别标准。尽管如此，糨糊的黏合性较弱通常用于贴壁纸、织物、箔片和类似材料。水性胶 / 糨糊通常含有生物杀伤剂。

　　（1）动物胶。动物胶的获取基于富含蛋白质的成分，比如牛奶、血液和组织。它们具有水溶性。高质量的动物胶通常含有木屑，非常适用于木材，但这种胶却没有防水性，只能用于室内。① 血蛋白胶由血蛋白、氨水、熟石灰和水制得，有时会含有杀菌剂。通常被用来粘薄木板。物体被粘之前需要预热。② 动物胶由动物组织（比如屠宰场废弃物），有时添加氯化钙和水制成。用来粘接家具和薄木板。骨胶和皮胶需要在使用时加热和加压。鱼胶常温即可使用。③ 酪素胶由牛乳蛋白、石灰和水制成。有时含有杀菌剂，用于粘胶合板和叠层木板。斯德哥尔摩中心车站的梁架就是利用酪素胶黏合叠层木板而成。这种胶的黏性很强，可以作为室内结构用胶。新鲜的酪素胶每天都要均匀搅拌。

　　（2）矿物胶。矿物胶由随时可以得到的原材料制得，生产过程能效较高，也利于环境保护。① 水泥胶含有普通水泥、石粉和水。这种黏合料被用来黏合瓷砖和轻质混凝土。用铜丙烯酸盐混合后黏合力很强。丙烯酸盐在室内使用时，在其凝固过程中可能会产生问题。② 碱性亚硫酸盐胶含有碱液和水。用来黏合木质纤维板、沥青毛毡层和油毡。③ 硅酸钠胶由硅酸钠、石灰、石粉和水制成。用来粘贴瓷砖、纸、硬纸板，也可以在油灰中使用。硅酸钠对皮肤和眼睛有刺激性。

（3）**合成胶**。合成胶产自化石燃料。生产过程需要消耗大量的能量并会对环境产生危害。合成胶中对环境影响最小的是聚醋酸乙烯酯胶（PVAc）和乙烯 - 醋酸乙烯共聚物胶（EVA）。许多合成胶含有甲醛，比如甲醛树脂（UF 胶）、苯酚甲醛胶（PF 胶）、间苯二酚甲醛胶（RF 胶）和苯酚间苯二酚甲醛胶（PRF 胶），即使很少量也会对健康产生很大危害。甲醛树脂被作为一种黏合剂，常用来黏合木屑压合板。它主要包括会释放甲醛气体的尿素甲醛树脂和会释放一些含有苯酚气体的具有耐水性的苯酚甲醛树脂。使用这种胶的建筑材料在很长一段时间内都会释放甲醛，即使少量的甲醛也会令人眼睛刺痛、鼻子瘙痒、喉咙干燥或者产生睡眠障碍。这种物质具有致癌性并能引起过敏。即开即用胶及用胶处理过的完成品中游离甲醛含量很低，但是敏感体质者依然会有反应，特别是在房间内含有许多胶黏物时。依据瑞士环保部门的建议，应当避免使用含甲醛量超过 5% 的胶黏剂。这些胶制品中的其他物质也大多存在环境问题。溶剂的使用会对健康产生危害，特别是对神经系统。它们也可能产生地面臭氧和光氧化剂，因此破坏森林和农作物。在使用这些产品时应当保证有良好的空气流通。一些产品还含有松香和会干扰内分泌的壬基苯酚。几乎所有水性合成胶都含有杀菌剂，通常含有异噻唑啉酮或者溴硝醇。① 丙烯酸酯胶。由石油制成，通常以白垩作为填充料。含有乙烯基醋酸纤维、乙烯酸酯和丙烯酸酯等共聚物。通常的丙烯酸酯是指丙烯腈、乙基己基丙烯酸盐和丙烯酸丁酯。这种胶通常用作地板胶黏合油毡和塑胶垫子，或者粘接木材、陶瓷制品和玻璃纤维制品。它可以是水性的，也可以是溶剂性的。在使用过程中会产生排放物。与水汽接触时，胶会皂化释放出刺激生物体内黏膜的化学成分。这种胶释放出的残留物质还可能引起过敏反应，因此要尽可能地降低此类胶的用量。② 沥青胶。由石油提炼而成，含有沥青、大量有机溶剂和白垩。用于基础、卫生间、黏合屋顶油毡和保温材料，比如发泡聚苯乙烯。沥青胶是含有多种成分的混合物，使用时可能混有水或溶剂，如石脑油。一些沥青胶在使用之前需加热，在加热过程中释放出的胺会刺激咽喉和黏膜，当其硬化后就很少排放了。③ 环氧树脂胶。含有环氧氯丙烷、苯酚和乙醇。水性环氧树脂胶在建筑上也会被使用。它常用于黏合混凝土、石材、玻璃、金属、塑料、瓷砖以及墙体粉刷。环氧树脂是强烈过敏源中的一种。环氧氯丙烷具有致癌性并且也能引起过敏反应。环氧树脂胶还含有烷基苯酚和双酚 A，是类雌激素成分。因此在工作环境中需要有防范措施（根据热固性塑料的使用指南）。硬化后的环氧基树脂还是较为安全的。④ 乙烯醋酸乙烯酯胶（EVA 胶）。含有乙烯、醋酸乙烯酯和水，有时也含有杀真菌剂。这种胶被用来粘墙上或地板上的塑胶垫子和油毡。胶中可能也含有软化剂，比如 DBP（邻苯二甲酸二丁酯），因其会影响神经系统、免疫系统和生殖能力。应当避免使用此类物质。⑤ 苯酚甲醛胶（PF 胶）。含有苯酚、甲醛和有机溶剂。这种胶用于矿棉板、防水胶合板和层压板。苯酚有毒，甚至在硬化后还能在树脂中找到少量的苯酚和甲醛。然而，其排放物还算是较少的。⑥ 异氰酸酯胶（EPI 胶）。含有异氰酸酯和丁苯烯橡胶或聚醋酸乙烯酯。被用于黏合胶合板、门、窗、家具和金属。异氰酸酯可能导致皮肤过敏和哮喘。这种胶在刚使用没有完全硬化的情况下，房间内会有一定量的排放物。⑦ 氯丁二烯和氯丁二烯橡胶胶黏剂。是万能胶，含有乙炔、氯以及大量的有机溶剂，比如甲苯、二甲苯和正己烷。他们被用于黏合塑料。氯丁二烯被认为会影响生殖能力。这种胶在使用时是最危险的，在已经处理完成的建筑中如果胶体中的反应没有完成，同样会产生排放物。⑧ 聚氨酯胶（PUR 胶）。是基于异氰酸酯制成的，异氰酸酯是一组能引起过敏反应的物质，其中的一些被收入瑞典化学制品监察局的 PRIO 数据库中。胶中还含有多羟基乙醇。此类胶被用来黏合户外门、金属、塑料、混凝土和一些草纸板。其中含有的异氰酸酯在硬化后的过程中也有产生过敏反应的危险。溶剂对健康有危害，特别是对神经系统。它们同样可产生地面臭氧和光氧化剂，从而破坏森林和农作物。当材料被加热时危险成分（包括异氰酸酯）会释放出来。有机溶剂也会释放出来。⑨ MS 共聚物胶。同 PUR 胶的适用场合相同，但其并不像 PUR 胶那样含有异氰酸酯，因此从环保角度考虑 MS 共聚物胶比 PUR 胶更好一些。胶中含有软化剂，比如邻苯二甲酸酯，也有其他替代物可供选择。MS 共聚物胶通常需要添加有机锡化物作为催化剂，比如二丁基聚合物。⑩ 聚醋酸乙烯酯胶（PVAc 胶）。常常被称为木工胶或白乳胶，适用于家具、窗户及室内木板装饰，也被用作地板胶黏合油毡和塑胶垫子。其中含有乙炔、醋酸盐、乙烯聚合物、乙醇和水或有机溶剂，通常适用白垩作为填充料。PVAc 胶是唯一不含甲醛的合成胶。使用这种胶产生的危险主要取决于活性物质和添加剂的残留水平，杀菌剂如卡松或比特，软化剂如 DBP（邻苯二甲酸二丁酯）、松香、壬基苯酚和硫胺类药剂。三硝酸铬是一种被广泛使用的硬化剂，具有腐蚀性并可导致湿疹，因此应避免皮肤接触。遇到水汽，胶体会皂化释放出刺激黏膜的化学成分。PVAc 胶也含有损害免疫系统的硫胺类药剂。⑪ 间苯二酚和苯酚间苯二酚甲醛（PRF）胶。含有间苯二酚、甲醛和水，有时含有苯酚。常被用于木承重结构，比如胶合层压板木梁、窗框和外门，也用于黏结夹芯板。间苯二酚可导致皮肤过敏，破坏神经系统并且对环境有害。其中苯酚是有毒物质。残留的间苯二酚和甲醛的含量是非常低的。⑫ 苯乙烯丁二烯胶（SBR 胶）。是一种混合胶，含有丁二烯、苯乙烯和有机溶剂。用于黏合硬纸板、石膏板、混凝土和地毯。丁二烯具有致癌性。在欧盟，苯乙烯因为对健康的危害而受到质疑（荷尔蒙失调）。⑬ 脲醛胶（UF胶）。含有尿素、甲醛和水，也被称为尿素胶。被用于黏合薄木片，一些胶合板产品、木工产品、镶木地板、门、底层地板上的毯子和切片板。用UF胶黏合的建筑材料会释放出甲醛。UF胶通常比PF胶、PRF胶和相似的胶释放更多的甲醛。

（4）**植物胶**。墙纸糨糊和纺织品黏合剂通常由淀粉或者纤维素制得，并且是水性的，通常像粉末一样分解在水中。然而，这种胶一般也含有防腐剂（杀菌剂）。当需要这种糨糊时，只用拌好需要的分量即可。只有当拌好的糨糊需要长时间的储存时才需要添加杀菌剂。① 纤维素糨糊。由甲基纤维素和水混合而成，用来固定墙纸、亚麻织物、油毡和抹墙灰。② 纤维素胶。含有纤维素衍生物和有机溶剂，常被用来黏合油毡。纤维素胶可用于潮湿的环境中。胶中所使用的溶剂通常是松节油或者酒精，有时会达到总含量的70%。生产纤维素胶的过程对环境有害。③ 天然橡胶胶黏剂。含有天然橡胶和有机溶剂。用于粘接瓷砖和油毡。④ 天然树脂胶。是基于天然乳胶的乳浊液。含有木质素、虫胶或者柯巴脂并且通常含有有机溶剂（或水）。这种胶被用来黏合油毡或者木料。使用的溶剂通常是松节油或者酒精，含量达到70%。⑤ 马铃薯淀粉糊。含有马铃薯淀粉和水。也可能含有杀真菌剂。常被用于黏合墙纸。只能在干燥处使用。⑥ 黑麦面粉糊。含有黑麦淀粉和水。同样含有杀真菌剂。用于黏合墙纸、黄麻纤维墙面涂料和油毡。黑麦面粉糊是植物胶中黏合力最强的。⑦ 大豆糨糊。含有大豆蛋白和水，也可含有硅酸钠或者杀菌剂。这种糨糊用于黏合胶合板，只能用于干燥处。

小结。胶和糨糊的环境评价见表1-22。

表 1-22　胶和糨糊的环境评价

推荐使用	可使用	避免使用
动物胶 *	EVA 胶	丙烯酸酯胶
水泥胶	PVAc 胶	沥青胶
硅酸钠		EPI 胶
植物胶 *		环氧树脂胶
		PF 胶
		氯丁二烯 / 氯丁二烯橡胶
		MS 共聚物胶
		PUR 胶
		RF 胶
		SBR 胶
		UF 胶

注：* 要注意杀虫剂和杀真菌剂的使用。

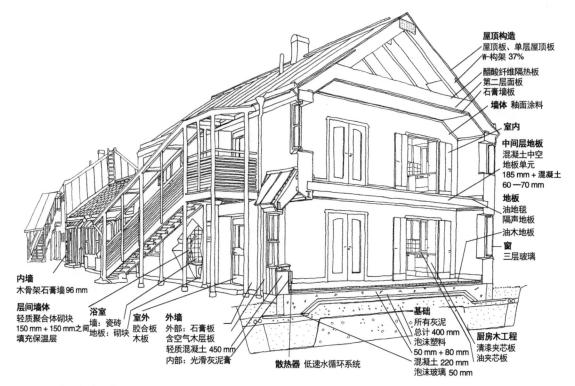

屋顶构造
屋顶板、单层屋顶板
W-构架 37%
醋酸纤维隔热板
第二层面板
石膏墙板
墙体 釉面涂料

室内

中间层地板
混凝土中空
地板单元
185 mm + 混凝土
60 —70 mm

地板
油地毯
隔声地板
油木地板

窗
三层玻璃

基础
所有灰泥
总计 400 mm
泡沫塑料
50 mm + 80 mm
混凝土 220 mm
泡沫玻璃 50 mm

厨房木工程
清漆夹芯板
油夹芯板

内墙
木骨架石膏墙 96 mm

层间墙体
轻质聚合体砌块
150 mm + 150 mm 之间
填充保温层

浴室
墙：瓷砖
地板：砌块

室外
胶合板
木板

外墙
外部：石膏板
含空气木层板
轻质混凝土 450 mm
内部：光滑灰泥膏

散热器 低速水循环系统

1.1.5 构造方式

即使选择了环保型材料，最终结果还取决于这些材料在构造中以何种方式组织在一起，以及材料被置于建筑中的哪个位置。不同轻重的材料会影响室内气候。水分缓冲材料可以很好地保持室内湿度并适用于浴室。有些材料不适宜同时使用，比如有些胶不能适应潮湿的混凝土，如果不仔细考虑水汽运动的话，就会产生潮湿破坏现象，具体破坏程度受材料使用类型、位置和材料防水分扩散性能等因素的影响。

1）蓄热

轻型建筑可以被迅速加热，但当加热结束后散热也很快。重型建筑可以储存冷热空气并且和环境温度波动相符，特别是在整个 24 h 范围内。轻型建筑通常隔热性很好，重型建筑隔热性较差。一个能把轻型建筑的良好隔热外墙和重型建筑的热调节内墙结合起来的建筑会很舒适。

（1）重型结构。典型的重型结构，比如砖、轻质混凝土或者黏土，具有良好的耐久性和蓄热保湿能力。也有重型木结构，利用锯木板材组合成一组实心板材。这种系统由瑞士的朱利叶斯·奈特勒（Julius Natterer）教授开发，在瑞典这种结构也越来越多。

（2）轻型结构。超级隔热建筑需要较厚的墙体和屋顶结构，通常使用轻型木骨架组合墙板系统（lightweight stud system[①]）。通过这种方式，使用最少的结构材料就能得到轻质且隔热性好的结构（图 1-102）。木骨架组合墙由木材龙骨和木质纤维板组

图 1-102 瑞典瓦斯泰纳市的湖边住宅
此住宅由建筑师艾瑞克·阿斯穆森（Erik Asmussen）设计，使用 45cm 厚坚固的轻质混凝土建造。如果普通的墙体要达到同样的效果，就相当的重了，所以采用轻质混凝土，虽然它的保温功能要弱些。屋面构造使用纤维素纤维保温材料，而地板下采用泡沫玻璃保温。资料源于笔者根据里弗·奎斯特（Leif Qvist）原图绘制

① 以木骨架两侧钉木板而成的组合板材为基本的墙体和楼板构件，也被译作平台框架结构。

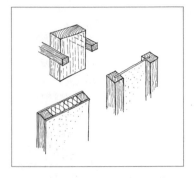

图 1-103　木骨架组合墙板结构
这是一种采用较少结构材料建造良好隔热墙体和屋面的方法

合而成（图 1-103 至图 1-105）。

2）环境信息数据

（1）**环境信息数据**。瑞士已经展开对建设工程不同部分，如内墙和外墙、地板构造等的生命周期分析，由此可以比较不同类型的构造对环境的影响（图 1-106）。制作出每平方米内构造材料成分的清单从而计算出其对环境的影响量，包括与温室效应有关的每平方米 CO_2 排放量，与环境酸化有关的每平方米 SO_2 排放量，与能源消耗有关的每平方米消耗的能量。另外，构造材料好坏的检验立足于以下八个标准：排放物、建造过程、毒性、维护、修理、废弃物循环使用、浪费量及其他因素。类似的环境指标在丹麦建筑研究所也已开始实施。

（2）**组合材料测试**。各种材料是怎样联合作用的？即使某种材料是环保材料，在某些特定情况下也会产生消极作用，特别是在考虑水汽作用时。比如想用胶将地板材料粘在混凝土上，混凝土要充分干燥，而所选的胶不能被混凝土释放出的碱破坏。

3）材料的防水性能

选择材料时需要考虑的另一个问题就是所选择的材料是否会

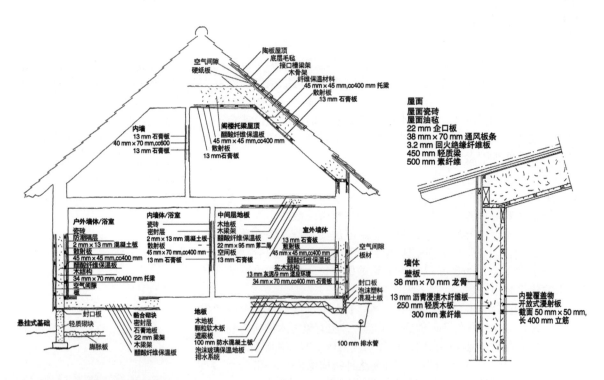

图 1-104　木骨架组合墙板结构住宅
木材不仅是环保材料而且是良好的构造材料。通常采用木骨架组合墙板结构来节约木材。这是瑞典 BOJARK 建筑工程公司的贝蒂尔·约翰松（Bertil Johnsson）设计的一幢采用这一结构的房子。木骨架组合墙结构由较细的木龙骨和木板构成，意味着由少量的结构材料支撑建筑。许多房间是隔热的。同时这样的结构也意味着较低的房屋造价。资料源于贝蒂尔·约翰松（Bertil Jonsson）

暴露于水汽之中。户外和潮湿房间用的材料必须能够防潮。水汽的移动和数量同样要考虑。暖空气可能会比冷空气含有更多的水汽，这就意味着将冷暖空气隔开的构造必须从水汽的角度进行充分的考虑（见第 1.3.2 节"潮湿"）。

（1）**水汽移动**。在采暖建筑中，水蒸气从室内向外扩散，从温暖处向寒冷处扩散。水汽的含量不能超过墙体容纳水汽的能力。因此隔热墙构造内部需要有一个比外层更不易漏气的内层，以至于水汽更容易从构造中排出而难以进入。对于室内有大量来自于人、清洗、烘干、洗浴和植物的蒸发水蒸气的建筑，这点是非常重要的。部分水蒸气可通过通风系统排出建筑。另一种减少水汽含量的方法是使用除湿设备（图 1-107）。

（2）**水蒸气与气密性**。可以依据构造中水汽的运动来区别不同类型的构造。比如，利用塑料或金属密封可以防止空气和水穿过，利用纸板、硬木纤维板或特殊塑料制成的材料，水汽可以通过但不透空气，利用动态隔离材料像穿孔纸板，可以控制空气的通过量（图 1-108）。

（3）**水汽缓冲**。在人们淋浴、准备食物或洗衣服时，房间内常会产生过量的水汽，而在一天当中大量的时间房间是比较干燥的。一些材料可起到缓冲水汽的作用，也就是在潮湿时吸收水汽而在干燥时释放出来（图 1-109）。在这方面黏土是最好的材料，有时会用于室内墙体材料，或作为抹灰使用，目的在于改善室内气候。木材同样有很好的水汽缓冲作用。木刨花水泥板可用于浴室天花板中缓冲水汽，由此浴室中的镜子不容易起雾。硅胶因其具有很高的水汽缓冲性能，而应用于博物馆展示中，还经常应用于药品存储和电子产品运输中。当需要考虑 24 h 全天候的缓冲效

图 1-105　柱子大样
建筑师彼特·坎泼费（Beat Kämpfen）的办公室采用了瑞士苏黎世 Marché 公司的特殊实木技术，其柱子不仅是承重系统的一部分，还包含了全部的通风、水、强电和弱电传输系统

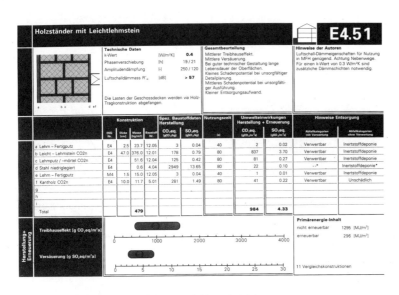

图 1-106　生命周期不同阶段对环境的影响分析
瑞士比较了等效的结构体系而不是比较材料。资料源于瑞士工程师和建筑师协会会刊 D0123，按照生态原则建设，1995-09

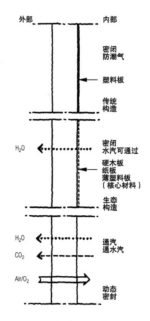

图 1-107　与水汽移动有关的不同种类的墙体和屋面构造形式

图 1-108 瑞典布胡斯省（Bohuslän）科维克斯海姆（Kovikshamn）托克尔宅（Hus Torkel）

在许多构造手册上金属片可以用于窗户顶部和底部边缘的挡水板。然而这种现代的做法不适合用于老建筑。有保护涂层的构造，比如经高质量的亚麻籽油涂刷过的木头心材，在窗户上下边缘都能起到很好的保护作用，如瑞典布胡斯省（Bohuslän）科维克斯海姆（Kovikshamn）托克尔宅（Hus Torkel），该住宅建筑师为玛丽亚·布洛克（Maria Block）和瓦里斯·博卡德斯（Varis Bokalders）

果时，只有很少材料能满足要求。对于全年从夏季到冬季的缓冲效果，所有的实心墙体都能达到要求，比如实木墙或砖墙。

（4）潮湿房间。为避免水汽破坏，潮湿房间的设计需要格外注意。比较好的方法是使用局部通风装置，也就是说使水汽直接从屋顶排除。最环保的方法是建造一间只采用矿物材料的潮湿房间，这样不会发生霉变或腐烂。因此，不能铺设防水层。然而在轻型结构中设置防水层是不可避免的。由于轻型结构建筑的潮气问题，许多规范都因此而改变。防水层对于水蒸气的阻挡率必须大于 1 000 000 s/m（在通常条件下检测）。纸面石膏板不能用于潮湿房间，地面须向排水管放坡（坡度至少 1%，最好能达到 2%），防水层不能直接铺在地板上面（如果直接铺设，板材和防水层间须采用砂浆）（图 1-110 至图 1-114）。

（5）基础。原则上有四种基础：地下室基础、悬浮基础、地面板式基础和柱脚基础。从防潮的角度看，柱脚基础与地面接触最少所以也最安全。从节约能源的角度考虑地面板式基础直接落在地面上，使得地板框架避免暴露于室外空气中所以效果非常好。所有这些基础方式在近年都有很大改善。建筑保温情况的改善改变了建筑的条件，并且对水汽问题也有了更高的重视程度。① 地下室基础。通常会遇到潮气问题，因为水汽会渗入地下室墙体。正确的地下室构造做法需要合理地排水，并且在地下室的外墙上利用塑料薄膜隔气层形成的空气间层来防止水汽渗入。隔气层应当置于承重结构的外部（图 1-115）。② 悬浮基础。被认为是一种很好的基础，尽管在近些年出现了一些防潮问题。这是由于更好的保温地板结构的产生，降低了悬浮地板的温度从而增加了受潮的危险性。在现代悬浮基础中，地面是保温的，防潮层置

图 1-109 潮湿房间墙面做法

在溅水区铺设大理石且用黏土墙作为水分缓冲材料的浴室大理石具有高 pH 值和耐腐蚀性

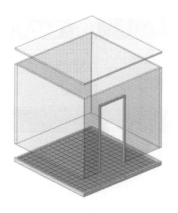

图 1-110 预制卫生间

这种预制的卫生间是建筑内部的防潮单元，使用水密性黏合材料，地面下内置排水管和凹型铸造件。墙壁可由瓷砖或者玻璃板覆盖，矿渣地砖或混凝土马赛克铺在地板上，天花板采用能够缓冲水汽的水泥木丝板

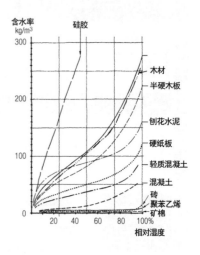

图 1-111 淋浴间示意图

淋浴间可以作为卫生间中的单独房间处理，因为这里的蒸汽量很大，所以可以设置单独的屋顶通风装置

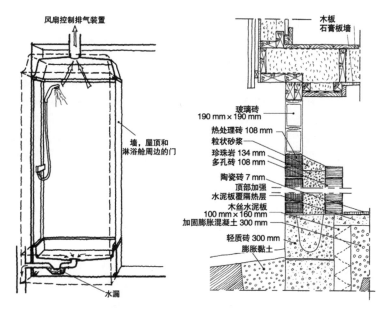

图 1-112　不同材料的水汽缓冲性比较

材料的水汽缓冲性能影响室内气候，因此应当选择可以储存水汽的材料。应当避免使用防水罩面漆或面层，以避免限制水汽缓冲性能的发挥。资料源于笔者根据《潮湿手册》，Nevander & Elmarsson 公司的资料绘制

图 1-113　挪威奥斯陆某建筑底层卫生间的外墙

由建筑师比约·贝格（Björn Berge）设计。墙体为空心砖墙，利用膨胀珍珠岩做保温层。面砖经过高温燃烧而内层砖是多孔的（低温燃烧），因此这种墙没有防水层，由多孔砖吸收和释放水汽。只有浴室由矿物材料制成，建筑的其他部分由木材组成

图中标注：
风扇控制排气装置
墙，屋顶和淋浴舱周边的门
水漏

木板
石膏板墙
玻璃砖 190 mm × 190 mm
热处理砖 108 mm
粒状砂浆
珍珠岩 134 mm
多孔砖 108 mm
陶瓷砖 7 mm
顶部加强
水泥板覆隔热层
木丝水泥板 100 mm × 160 mm
加固膨胀混凝土 300 mm
轻质砖 300 mm
膨胀黏土

图 1-114　淋浴间

这个淋浴间作为单独房间设置在卫生间内，如果有可以直接排出水汽的通风系统就更好了

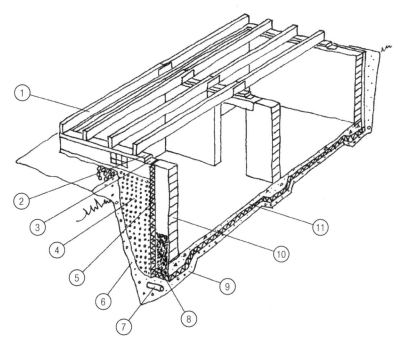

图 1-115　地下室基础做法

地下室必须要能很好地排水。如果进行保温处理，构造必须与室外隔开。地下室造价很高，特别是在需要爆破作业的情况下，如果不使用爆破的话，就需要直接从建筑下面开凿材料。① 木楼 / 地板格栅；② 木制接地连接板；③ 防潮层；④ 塑料薄膜隔气层；⑤ 耐潮湿的外部温材料；⑥ 回填材料；⑦ 排水管；⑧ 室外防潮层（沥青涂层）；⑨ 排水系统和平板底部毛细管阻断层；⑩ 混凝土或轻质混凝土砌块地下室墙体，也可由现浇钢筋混凝土代替；⑪ 钢筋混凝土底板。资料源于笔者根据《木建筑手册》资料绘制

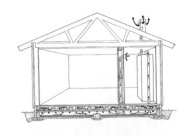

图1-116 热悬浮基础做法
室内的热废气被导入悬浮基础，将水汽挤出，由此保护基础免于受潮

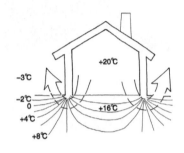

图1-117 在建筑下部建造热垫层的地面板式基础
利用这种基础，热量只会从外墙流失

于外部以防止地面潮气侵入。另外，应当避免在悬浮基础中使用有机材料。地板下的构造应当采用防潮材料，比如泡沫玻璃板或者水泥刨花板。不论新旧悬浮基础的做法，其目的都在于促进它们同室内空气对流，而不是同室外空气对流，这也被称为热悬浮基础。它需要与地面和周边隔离。有的热基础能够积极地排出废气，也有的热基础地板下间隙中的空气通过小的裂缝和漏洞与室内空气对流。在后一种情况下，地板不是隔热的，地板下部基础中的空气间隙同室内空气的温度相同（图1-116）。③ 地面板式基础。在水泥板的上面是保温的，由此常导致水泥板遭到水汽破坏。近些年，常在板下加防潮材料防止水汽侵蚀。在边缘的保温材料是非常重要的，并且有时板周围的地面也要做保温处理，以免板式基础下产生霜冻，进而受到毁坏。制作良好的带有毛细管防水材料的排水系统对于地面板式基础来说非常重要。如果基础板采用的是自保温材料，比如泡沫玻璃，那就不需要用混凝土建造了，建筑的楼地面和墙体可以直接建在基础板上（图1-117至图1-120）。④ 柱脚基础。通常由上面铺设木格栅的混凝土基座构成，建筑建造于此结构之上。柱脚基础的好处在于空气可在建筑下面自由流动，因此不会有水汽破坏的危险。但是底板直接暴露于室外空气中增加了热损失面。近年来，在丘陵地区的建设中，为了避免对自然环境较大的破坏，常常使用高柱脚或架空型的建筑。

（6）可拆卸建造。隆德大学建筑管理系工学博士卡塔里娜·托马克（Catarina Thormark）在她的文章和书中描述了可拆卸并能循环使用的建筑设计的好处。这个概念从20世纪80年代末从欧洲（丹麦、德国、荷兰）、美国和澳大利亚发展起来。其优点总结如下：① 经济性。适应了不断提高的原材料和垃圾处理的成本；建筑循环使用的潜力被包括在建筑环境评估中；可拆卸建筑将会具有更高的剩余价值。② 灵活性。可以进行各种

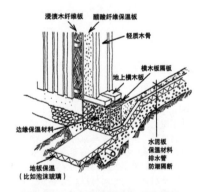

图1-118 采用良好排水系统和平板下隔热层的地面板式基础
该基础被认为是十分可靠的。这是一种能效最高的基础形式，如果能够避免热桥就更好了。如果底板由硬质隔热材料制成，比如泡沫玻璃，构造中就不需要使用混凝土了。建筑的地板和墙体可直接建造在基础上

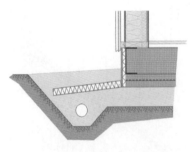

图1-119 Koljern® 基础
底板由泡沫玻璃板制成。薄铝板是构件的一部分，具有抗渗透性，所以完全不受氡和地面臭氧的影响。资料源于 www.koljern.se

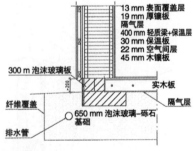

图1-120 采用 Hasopor（充气玻璃颗粒）和 Nopsapor 块（充气玻璃水泥颗粒）的基础构造
该构造可以杜绝边梁的冷桥。资料源于基础图纸，西蒙妮·克罗伊策（Simone Kreutzer），Tyréns

改变以适应人口发展和家庭结构的变化；避免了在建筑达到使用寿命前就要被拆掉重建的趋势。③ 环保性。适应了原材料短缺的状况；减少社会生产的大约 1/3 垃圾是建筑和拆除后的建筑的状况；材料构件更容易被循环使用；降低了材料生产的能源消耗；减弱了由于人类建造活动造成的气候变化问题。

有些可拆卸系统能够被拧紧固定在地面上，代替打桩的螺旋管，建筑模块化（相当于大块的乐高积木），使用钉固定的木材连接件，采用能够被拆下用作设备和地面材料的梁和托梁系统，和具有拆卸和重新使用可能性的、用带子捆扎的石膏墙板和镶板。

挪威建筑师比约·贝格（Björn Berge）发明了一种柔性建造系统，可被拆卸重新组装或添加新构件（图 1-121、图 1-122）。这个系统基于三个原则：① 不同的建造构件要分开；② 每一种组件都易于拆解；③ 每一种组件都有标准尺寸并且由同质材料制成。

不用胶粘或钉子钉。所有的连接处均采用干作业机械连接，如使用螺栓、螺母、螺丝和别针。组件由坚固材料组合而成并且不是用胶黏合的复合体。

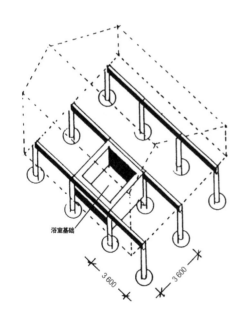

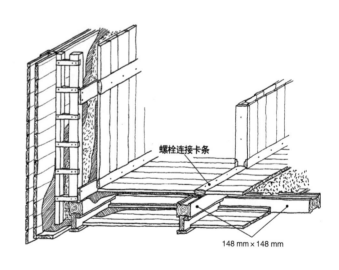

图 1-121　比约·贝格（Björn Berge）系统
在挪威建筑师比约·贝格（Björn Berge）的系统中，一个建筑被分为基础、承重结构、围护结构和服务系统这几个不同的部分

图 1-122　比约·贝格（Björn Berge）系统的外墙和地面
该建造系统的外墙包括：松木板芯材 21/98mm；松木外面板 21mm；双头螺栓 48/48mm；木板 21mm；未浸渍纤维素板；纤维素绝缘材料或木刨花 250—450mm；纤维素板，经亚麻籽油处理；内面板 21mm

图1-123　瑞典马尔默"住01（BO 01）"建筑展览会上的艺术品

1.2　设备系统

　　使用大量的、愈加昂贵和复杂的设备系统，是当前建筑业不断发展的方向。设备系统通常按照以下的顺序来安装：供热系统、供电系统、给排水系统，通风系统的安装通常会晚一些，尤其是在小型建筑中。最后安装的是智能控制（IT）系统，它被用来联络和控制其他的系统。选择这些设备系统的目标是要在提供一个舒适的室内物理环境的同时能节约能源。这些系统应该在不需要太多的管理或特殊技术下正常运行（图1-123）。

1.2.1　室内物理环境

　　影响室内物理环境的因素有很多，要建造一栋健康舒适的建筑必须仔细地考虑这些因素。首先要结合建筑所处的地理位置，尤其是要考虑交通和工业导致的空气污染。建筑材料也会释放不健康的排放物。建筑的设备系统和通风系统共同影响室内物理环境，将会发挥最好的功效。供电系统影响电磁环境。采暖和制冷系统影响舒适度。给排水系统不会导致除了漏水的其他问题。甚至建筑中发生的行为，如抽烟，也会严重的影响空气质量。

1）舒适度

　　舒适度可以被分成以下几种类型：热舒适、湿度、空气质量、声和光环境、电磁环境和可适应性。关于热舒适，通常用有效温度这个术语来表示，它考虑到室温、表面温度和房间中的温度变化。相对湿度与空气湿度水平有关，既不能太干燥，也不能太潮湿。相对湿度介于40%—60%时能够达到最佳的舒适度。空气质量与空气新鲜度和换气量有关，也和气味、灰尘、粒子、放射物和纤维有关。声环境与声级、语音能力、混响时间、回声有关，也与噪音、喧闹、撞击声、次声波和共振有关。光环境与照明、照度、显色性、自然光照的比例有关，也与眩光和反射有关。电磁环境依赖于电磁场和静电的产生。可适应性与能够影响室内物理环境的因素有关，例如温度、通风和采光。对大多数人来说，这是一个很重要的舒适因素（图 1-124 至图 1-128）。

图 1-124　墙壁温度与空气温度的比对

墙壁温度比空气温度更能影响对于室温的体验。一个墙壁暖、空气冷的房间和一个空气暖、墙壁冷的房间相比，前者要暖和得多。资料源于芬兰建筑师伊娃（Eva）和布鲁诺·埃拉特（Bruno Erat）

图 1-125　最重要的舒适度参数：温度和湿度

它不可能让每个人都满意，总有 10% 的人在抱怨，因此能够调节我们自己的室内物理环境是非常有好处的

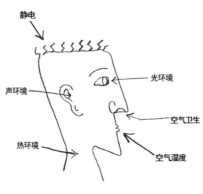

图 1-126　室内舒适度的不同影响因素

这些因素包括空气清洁程度、温度和湿度以及光线条件、声级和电磁气候

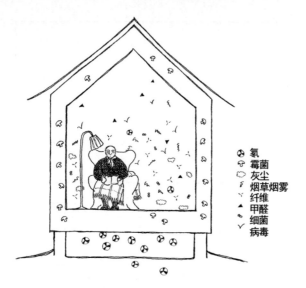

图 1-127　室内空气质量
室内空气有可能被多种物质所污染，包括不健康的和令人
不快的物质

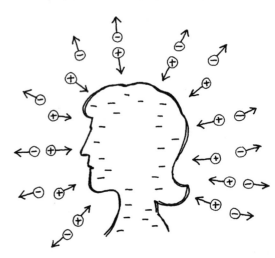

图 1-128　带静电的人
一个带负电的人会吸引带正电的灰尘粒子。当一个带静电
的人碰到一个接地的物体的时候会受到电流的冲击

2）控制和调节系统

　　室内物理环境可以通过人工或自动的方式来调节。人工调节
包括可开闭的窗户和通风口，还有可调节的暖气。这可以通过简
单的方法来实现，但是需要使用者的参与。自动调节在最近几年
随着计算机技术的发展而获得相当快的发展。当前，调节系统通
常连接着本地的计算机控制系统，它可以控制影响室内物理环境
的每个因素，例如通风、供热、制冷和照明等等。原则上，一栋
建筑里会装上多种传感器，用来监控温度、空气湿度、气压和光
线条件等等。所有的传感器都连接到本地的计算机控制系统上，
由程序来控制气流调节器、通风孔和灯具等。目标是要达到一个
良好的室内物理环境，同时储存能量和其他资源。在瑞典，全新的、
高效的调节设备节约的能量对于多层住宅可达 10%，对于办公建
筑更可达能耗（暖气和耗电）的 20%—30%。平均室内温度每降
低 1 度，可以节约总能耗的 4%—5%（图 1-129 至图 1-131）。

　　（1）调节系统的分类。当计算机控制建筑内部功能的时候，
这些功能可以被拓展。由这样的系统所控制的建筑就是所谓的"智
能建筑"。建筑可以被加进更多的功能，包括防盗警铃、防火警铃、
溢流警报器、湿度警报器、调节通风或照明的动作感应器、显示
窗户或外门是否开启的磁力开关和定时器等等。这个系统可以连
接一个显示屏，以此来控制整个系统，显示水电的消耗量、室内
和室外的温度、谁在门外来回走动，以及预约公共洗衣房的时间
等等。当春天的阳光通过窗户照射进来的时候，好的控制系统会
立刻探测到释放出的热量并且降低暖气片（散热器）的输出功率。
短时间的开启窗户会导致冷空气下沉，温度调节装置就会调节热
量输出。智能系统可以被编入程序使得热量在这种短时间段内不

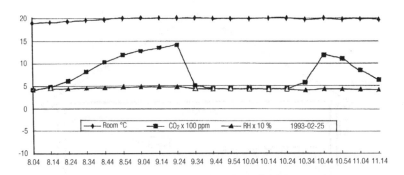

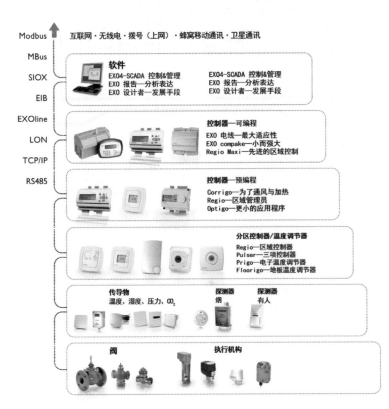

图 1-129 弗雷德斯库拉（Fredskulla）学校的室温、二氧化碳变化图
建筑师克里斯特·诺德斯特姆（Christer Nordström）设计的弗雷德斯库拉（Fredskulla）学校位于瑞典孔艾尔夫（Kungälv），其自然通风是按照需求来调节的。气候监测显示他们成功地把室温保持在大约 20 ℃ 左右，而相对湿度大约是 50%。在冬季，二氧化碳水平有时会超过 1500ppm。这个水平不会影响健康，但是超过了旧的标准。通过规律的课间休息和开窗，二氧化碳水平很快就降低了。资料源于通风顾问托克尔·安德松（Torkel Andersson）和哈坎·基布罗（Håkan Gillbro），哥德堡 DELTAte 事务所

图 1-130 室内物理环境监控器的各种传感器
这些传感器包括空气湿度、烟雾、压力及温度传感器

图 1-131 计算机控制和调节系统
资料源于 Regin 公司版权所有。克拉斯·埃里克森（Klas Eriksson）绘，www.wendelbo.com

增加。在以水作为热媒的暖气系统中，可以用新型恒温器取代老式恒温器，成为控制系统的一部分。这种系统为物业管理提供了全新的可能性。不同的系统被联系在一起，建筑之间的功能可以方便切换，出现问题及早发现，比较对照能量在何处可以获得最高效的使用等等（图 1-132、图 1-133）。

（2）调节系统的要求。控制和调节系统需要满足人们对于舒适和能效的严格要求。下面列出的是一个良好系统的必要条件：① 暖气片的热量输出水平能够迅速改变且很好地适应环境。② 系统应该设有窗户开关，当窗户开启的时候可自动关闭暖气片。例如当房间需要换气的时候，没有必要开启暖气片来补偿温度的快速下降。③ 应该可以为室温设置一个每周的时间表，

图 1-132 暖通计算机控制系统
该系统位于瑞典泰比（Täby）的诺华制药公司办公室内

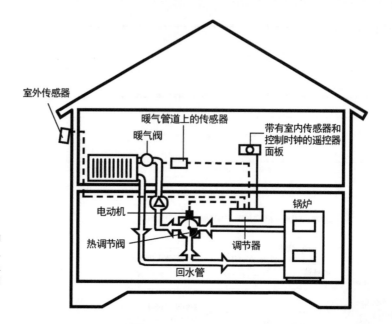

图 1-133　住宅控制系统

这个住宅的控制系统具有自动降温和
周期控制程序，带有室内外传感器以
及连接暖气片管道的传感器。室内温
度调节装置应该放置在不受气流影响
的地方。简单的系统通常运转得更好，
比如单户住宅内的室内气流传感器

室外传感器

暖气管道上的传感器

暖气阀

带有室内传感器和控制时钟的遥控器面板

电动机

锅炉

热调节阀

调节器

回水管

包括白天和夜晚以及周末的不同需求。也应该可以为长期的无
人状况设置一个每月的时间表，保持一个低的温度，在居住者
回到家之前温度会自动上升。④ 应该可以把建筑分成至少四个
区域，每个房间都可以调节不同的温度。例如，在每个区域各
自都被使用的时候，卧室能够保持在 18 ℃，起居室在 19 ℃而厨
房是 21 ℃。⑤ 控制系统应该可以很容易安装和编程，在日常运
行的时候不需要人看管。⑥ 应该与供电部门达成协议，设定供电
网在到达临界负载极限时，建筑最大使用功率的上限值。这被称
为"负载控制"，由供电部门来统一管理。负载控制的好处在于
电网和供电设备不用根据所有用户都达到最大使用功率的最不利
极限条件来设计，避免了浪费。同意负载控制的业主需要设定较
低的额定功率。

1.2.2　通风系统

通风系统是对室内物理环境影响最大的设备系统。通风也是
最常引起愤怒和招致抱怨的问题。通常解决通风问题的方法每十
年就会出现新的策略。这也暗示着通风问题是很难解决的，为了
能以高效持久的方式来实现良好的室内物理环境，通风系统必须
要仔细设计。

1）为什么要通风？

如果仅仅是为了满足人呼吸氧气的需求，建筑并不需要通风。
目前，我们很难建造一栋完全不透气以至于会导致缺氧的建筑，
这种情况只会出现在诸如潜艇或银行金库这样的空间中。二氧化
碳并不是需要通风的主要原因，尽管二氧化碳浓度常常被监测。
对于二氧化碳的监测只能显示出特定房间容积内相关个人的空气

流通量。劳动安全组织建议二氧化碳浓度不能超过 1 000 ppm。然而，研究表明，人的健康在二氧化碳浓度达到 5 000 ppm 时不会受到严重的影响，在潜艇中允许达到 10 000 ppm。今天，自然通风系统不仅仅是根据二氧化碳浓度来评估的。因此，通风首先要满足以下需求：① 调节空气相对湿度（应该为 40%—60%）；② 带走多余的热量（尤其是在学校和办公室）；③ 带走异味和有害气体（尤其是从建筑材料中释放的）。

（1）**室内空气污染。**丹麦学者奥勒·范格（Ole Fanger）研究了室内空气污染的来源。从他的研究中我们可以得到这样的结论，通风系统自身和空气进风口是最严重的污染源，紧随其后的是那些不良的行为，如吸烟。建筑材料释放出的有害气体也是重要的污染源（图 1-134）。由此得出的结论是：如果使用健康的建筑材料，避免在室内吸烟，保证通风系统中的空气进风口不被污染，就可以实现良好的室内物理环境，而不用管通风需求是否需要减少。

（2）**减少通风的需要。**通过采用遮阳板、高效照明灯具和蓄热材料，可以减少多余的热量。通过用水管理、局部通风（例如淋浴间和厨灶上的排风罩）和防潮材料的使用，可以减少多余的湿气。通过谨慎选择材料、表面涂层和清洁剂的使用可以减少化学废气。通过良好的卫生习惯以及在室内种植花草植物可以减少身体的异味。如果采取这些措施，通风主要就是用来带走多余的热量和调节相对湿度。这些因素会受到气候、天气和季节、房间的人员数量的影响。在北欧的气候条件下，多余的热量只是在办公室和学校中才有的问题，在住宅中并不存在。这意味着通风应该根据需要来调节，以避免不必要的过度通风造成能源的浪费。

（3）**房间中的空气流动。**热空气上升，因此暖气片上的空气会向上流动。冷空气下沉，所以通常在窗口的空气会向下流动。把暖气片放在窗户的下面来抵消下向通风是最常见的方法。在这样的房间里，空气的运动就像车轮，沿着外表面上升而沿着相反的内墙面下沉，这样空气得到良好的混合。如果窗户的 U 值很低，

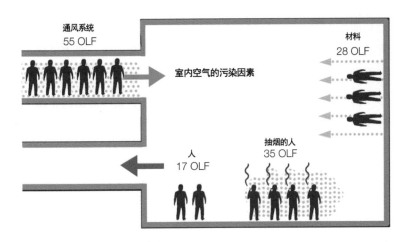

图 1-134　15 间位于哥本哈根的办公室平均污染量
每间办公室平均有 17 个人在里面工作。奥勒·范格（Ole Fanger）发明了一种计量单位 OLF，用于计量一个人排放到室内空气中的废物的量。资料源于奥勒·范格教授从 20 世纪 80 年代开始的研究（Aschrae Journal Nov., 1988）

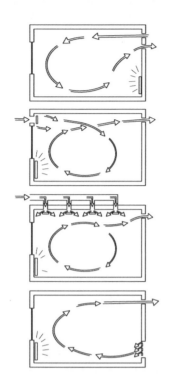

图 1-135　置换通风与混合通风的比对

对于置换式通风和混合式通风哪种好，有许多不同的观点。第一张图说明了进风口在内墙上，窗户是低能耗的，且暖气片在对面内墙上时的空气运动。第二张图显示了进风口在窗户之上时的空气运动。第三张图说明了低温度的新鲜空气从天花板上的固定风口"喷洒"进入房间时的混合通风的变化，这能达到好的混合以及有非常冷的空气进入房间。最下面的图说明了空气从内墙的下部进入，暖气片位于窗户下方，废气从房间的上部排出时的置换通风

图 1-136　通过门的空气流动

一扇敞开的门比通风管道贡献更多的空气交换

暖气片可以放置在窗户相对的内墙面上，而空气将会以相反的方向运动。不同温度气流的混合要花费很长的时间，这种情况的发生会受到空气在何处进入和排出的影响。在北欧，新风通常比室内空气温度低。置换通风和混合通风的区别在于，前者的进气口位于房间的下部而后者的进气口位于房间的上部（图 1-135）。影响空气流动的因素有很多。例如，一扇敞开的门比新风管道提供的空气交换要多得多（图 1-136）。因此防止空气"短路"很重要，例如进气口不应正对着排气口。运行良好的通风系统可以把新鲜空气均匀地散步到整个房间。

2）通风方式

20 世纪五六十年代，最普遍的通风系统是自然通风。这种方式的问题在于它是不均匀的。有时候通风不足，有时候又会通风过量。

20 世纪六七十年代，采用机械排气的通风系统开始流行。管道连接在一起，风扇被安装在排气孔上。这种方式保证了最小的通风量，但是当自然通风和风扇一起工作的时候，通风的量又太大了。另外，风扇的噪声也是一个问题。

20 世纪七十年代，石油价格上涨之后，人们明白这些系统由于增加了热量成本而导致了能耗的增加。

20 世纪七八十年代，为了减少能量消耗，带有空气热交换器的机械通风系统得到推广。这一系统很昂贵，很复杂，而且有许多问题，例如风扇的噪声，通风管道变得很脏并且影响空气质量，过滤器被灰尘污染、堵塞进而影响气流调节，漏气，热交换器出现冷凝和冰冻现象，等等。20 世纪 80 年代末的一份报告中显示，在单身住宅中，人们很少会花钱安装这样一套系统。

20 世纪八九十年代，余热回收热泵开始普及。排气通风再次被推荐，但是在系统上增加了一个热泵，是为了从废气中提取热量并且利用这些热量产热水。这种系统也很昂贵和复杂。而且许多热泵含有氟利昂，具有环境风险（图 1-137）。

风扇增强自然通风在 20 世纪 90 年代被发明。自然通风又回来了，但是经过重新设计，可以实现气流的调节。新增加的自动调温器可以控制通风终端设备减少寒冷季节的过度通风，同时新安装的风扇增强了炎热季节的空气流动，在夜间低温时段为建筑降温，在第二天白天达到一个良好的室内物理环境。在大型建筑中，例如学校和办公楼，传感器、计算机和计算机控制系统被用来控制通风气流，可以根据季节和建筑内部人员的需求来调节通风。自然通风必须和建筑共同起作用，建筑师和通风顾问应通力合作，而且建筑设计（例如天花板高度、房间排布、屋面设计、监测装置、烟囱和塔）要成为通风系统的一部分。

以前，通风系统就是纯粹的自然通风系统，但是在最近的十年中，全机械式通风系统已经变得十分普遍。最新的方式是将自然通风和机械通风结合起来。这些系统被称为"增强自然通风""风扇增强自然通风"或"混合通风"系统（图 1-138 至图 1-140）。

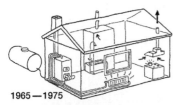

1965 — 1975
自然通风，使用浴室和厨房的通风烟囱以及厨房排风扇，使用燃油加热器的热水供暖系统。

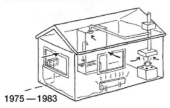

1975 — 1983
机械的连续排气通风，使用直接电加热。

1981 —
机械式进风和排气系统，使用空气热交换器。直接电加热。(DEH)

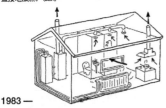

1983 —
使用排气热泵机械通风。热泵从废气中吸取能量，并为热水供热。为满足额外的供热需求，还有一个非浸没式电热器。

图 1-137　瑞典的典型住宅通风系统

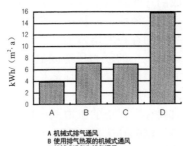

A 机械式排气通风
B 使用排气热泵的机械式通风
C 机械式进气和排气通风
D 机械式进气和排气系统，使用热交换器

图 1-138　公寓楼中不同模式通风系统的电力消耗
资料源于《高效通风》，BFR rapport T11:1994

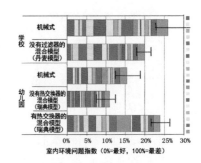

室内环境问题指数（0%=最好，100%=最差）

图 1-139　挪威一项关于通风系统的研究分析
该研究表明，使用者对"风扇增强自然通风"系统最满意，而对纯粹的机械通风系统最不满意。资料源于《绿色建筑产业规划》，整合通风的建筑设计，挪威，2003

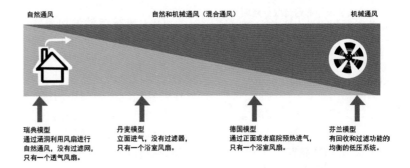

图 1-140　混合通风系统
以前不管自然通风还是机械通风都在被使用。现如今越来越多的系统把自然通风和机械通风结合在一起。这些系统有时被称为混合系统。在这张图中，一个系统采用的技术越多就越靠图的右侧，同时也就需要解决更多的难题，如能耗、噪声、可靠性和进气污染等。资料源于《绿色建筑产业规划》，整合通风的建筑设计，挪威，2003

小贴士 1-4　环境友好型通风系统的原则

① 应该可以根据季节、天气和临时需要来调节每个房间的空气流动；② 尽可能少地处理进气系统里的空气；③ 尽可能采用不产生气流的方式来增加进气，即使是在冬季；④ 当房间温度低于期望值时，加热系统应该只用来加热；⑤ 加热和通风系统应该是静音的；⑥ 建筑与通风系统应该能良好匹配；⑦ 通风系统应该尽量少采用可能出现故障的高技术部件；⑧ 通风系统应该很容易检查、清洁和清洗；⑨ 通风系统应该和自然通风共同作用。

3）自然通风

自然通风由热压差和风压差所驱动。热压差的产生部分是由于冷的、重的外部空气和热的、轻的室内空气之间的压强差造

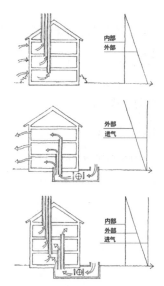

图1-141　自然通风系统
自然通风系统的问题是底层地面比上面楼面拥有更好的空气流动。通过把所有的空气先送进地下室的空气仓，再从这里把空气送到所有的楼层，可以弥补这种不足。资料源于P O Nylund，"Kulturmiljövård1/91"

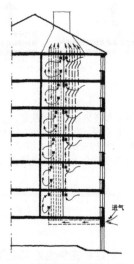

图1-142　"斯德哥尔摩通风"
这是一种在公寓楼中使用的自然通风系统。用管道把新鲜空气从底部向上送到位于公寓楼底层的进气管里。废气从位于高处房间的排气管中经由同样的管道从上部烟囱排出去。管道被分成进气管和排气管两个部分，两者之间没有联系。公寓楼也可以有其他的排气管

① 文丘里效应是指高速气流附近会产生低压，从而产生吸附作用。

成的（热空气上升），部分是由于不同高度的不同压强所造成的（烟囱效应）。风压差的产生部分是由于建筑不同表面的正压和负压的存在所造成的（风压），部分是由于通过烟囱开口的风流动所产生的吸力所造成的（文丘里效应①）。热压强度由室内外的温差以及烟囱的顶部和进气口之间的高差所决定。风压强度由风速和风向、建筑的外形和尺寸，以及烟囱开口的设计所决定。只要存在很小的压力差自然通风就起作用。通过比较，我们发现循环水泵在大约2 000 mm wc（水柱）时可以工作，风扇在大约200 mm wc时可以工作，而自然通风系统在大约0.2—1 mm wc时就可以工作。大约一半的热压是由温差产生的，而另一半是由烟囱的高度所产生的。风压通常是自然通风系统中的主要力量。然而，在自然通风系统中要产生足够的流动并不是很难，只要管道足够大就行了，难点在于通风的调节。在冬季，要限制由风压和热压产生的多余通风；在夏季，需要通过交叉气流、打开窗户、地下管道、夜间通风和其他"被动冷却"方式的协助作用来保持良好的室内物理环境，这是个很大的难题（图1-141、图1-142）。

（1）**传统自然通风系统**。通过较高的天花板、房间里从火炉上伸出暖和的高烟囱以及窗户周围缝隙的共同作用就能形成良好的通风。从19世纪晚期到20世纪早期，更先进的自然通风系统被发明出来。这些系统使用了分离的进气和排气。在冬天，进气在特殊的空间中预先加热，在夏天有时候利用冷水来冷却空气。采暖和通风系统经常被结合在一起。通风系统有许多管道，通常埋藏在墙体内部，通过气流调节器来调节。进气系统由地板、墙壁和天花板中的铸铁壁炉组成，通常设计得很漂亮；排气是通过屋面上优雅的烟囱和通风塔来实现的（图1-143、图1-144）。

图1-143　斯德哥尔摩 Operakäll·aren 餐馆用来排气的漂亮的通风口
资料源于玛丽亚·布洛克（Maria Block）

（2）**设计自然通风**。建造运作良好的自然通风系统是有可能的，但是有很多注意事项（图1-145）。密闭的、天花板较高的建筑有利于通风。蓄热和水汽缓冲材料能使室内物理环境变得更为舒缓。遮阳和高效电器可以减少内部热效应造成的通风量。考虑细致的建筑设计能够减少通风管道的数量。平面会影响建筑中的空气流动，包括新风从何处进入？室内的空气流动怎样产生？以及从何处排出。空气经常从卧室和书房进入，然后进入公共空间，最后从厨房和浴室排出。门上的狭窄开槽是空气从一个房间到另一个房间的直接通道。对于自然通风来说，相对大的通风管道是必需的，为了给卧室通风，管径大约需要150 cm；应该避免使用很长的管道和水平管；管道要便于清洁。

（3）**风扇增强自然通风**。风扇增强或者其他方式调节的自然通风是带有诸如自动调温器、气流调节器或风扇等自动控制技术的自然通风系统，这些设备是为了更好地控制气流。例如，在卧室的进气管或进气槽中有可能安装带自动调温器的控制阀，和进气管一起设置在房间的高处或是暖气片的背后以避免过强的气流。按照排气扇的尺寸设计的通风烟囱能够根据厨房和浴室直接排气的需要进行调节。在通风烟囱的顶端，设置风罩来阻止空气倒流，或是设置整流罩来增加和调节气流。还可以手工调节，例如，对于气流调节器，设置一个"离开"的按钮（当没有人在家的时候，通风会减少），或者通过打开风扇来促进通风（在烹饪或聚会时）。在夏季，通过开窗也可以增加通风（图1-146至图1-148）。

① 瑞典学校。20世纪90年代，瑞典学校大批采用自然通风系统。通常它们通过以下的方式来建造：空气经由地下管道进入，在冬季被土壤预热，在夏季被预冷，这样进入室内时的气温就不至于过低或过高。地下通风管常常被设计为隧道，电缆和其他系统管线都放置在里面，管井断面是如此之大以至于空气运动很慢。缓慢的空气运动导致了颗粒的沉淀，它们沉到了地面，变得容易清理。因此系统不需要过滤器。隧道内安装了阻挡小动物的丝网。同时，管道成一定角度安装以便于排水，由此避免了冷凝水的问题，管道设计时要考虑到便于检查和清洁。有时候隧道内装有增强夜间通风的风扇、火灾报警器和预加热进气的暖气片。空气被直接向上输送到教室，有些穿过消声器，通过这种方式避免气流。教室的天花板很高，废气经由通风烟囱排出，传感器可以控制窗户或门的开闭，从而根据季节来改变温度。在夏季，可以通过开窗的方式来实现交互气流。通过气流调节器和开窗可以调节通风。调节可以是人工的，也可以是机械的。在后来进行的问卷调查显示，学校的大多数使用者对于采用自然通风系统的室内物理环境是满意的（图1-149至图1-152）。
② 丹麦办公楼。采用增强自然通风系统的丹麦办公楼近年引起了很多关注。空气经由位于高处的通风窗或进风口进入室内。天花板很高，进气口位于房间的高处，进来的新风和内部的空气混合形成气流。在某些情况下，安装在进气口的加热器预先加热空气。空气通过办公室开启的门或风道进入公共空间。楼梯间或院子可以起到排

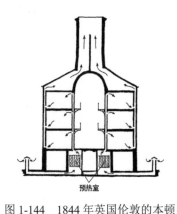

图1-144　1844年英国伦敦的本顿维尔监狱（Pentonville）
在18世纪末19世纪初，带有预加热进气口和预热室的自然通风系统十分普遍。本顿维尔监狱（Pentonville）在夏季即通过开启阁楼内的煤炉来增强热压

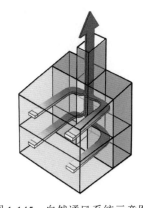

图1-145　自然通风系统示意图
在设计自然通风的时候，建筑师必须思考空气在建筑中是怎样运动的。资料源于《住房和自然通风——气候能源的可靠性》，罗伯·马什（Rob Marsh），迈克·劳宁（Michael Lauring）编，丹麦，2003

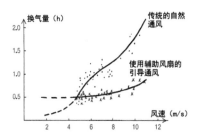

图1-146　不同通风方式、不同风速下烟囱的换气率

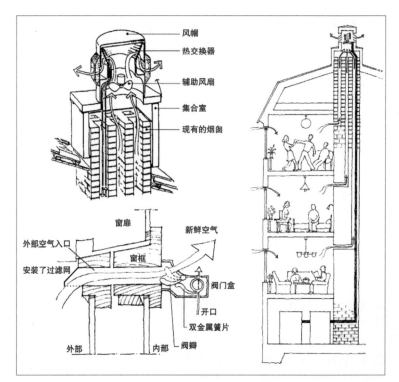

图 1-147　通过其他方式调节的自然通风系统

通过使用 Spar-Ven 公司的烟囱，加上带有自动调温器控制的进气管和通风帽的辅助风扇系统，可以在冬季或有强风的时候避免过度通风。在风扇的帮助下，在炎热的夏季通风也继续工作。图中显示了带有辅助风扇和热交换器的通风帽，以及自动调温器控制的进气管

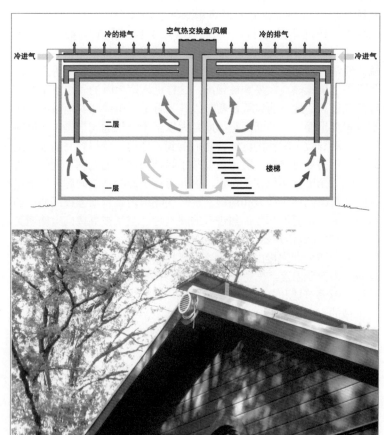

图 1-148　自然通风系统中回收余热示意图

这种在自然通风系统中回收余热的方法由建筑师毛里茨·格鲁曼（Mauritz Glaumann）和乌拉·韦斯特贝里（Ulla Westerberg）开发，并且他们在斯德哥尔摩郊外的住宅中使用了这种解决方案。在屋脊中设置了一套管中管系统，冷的新鲜空气从内管进入过程中被外管中要排出的废气加热

气管的功能，空气通过可开启的窗户或位于建筑顶部的可开启天窗排出。建筑常常使用重质材料来建造，这是为了使室内物理环境变化均匀。根据需要和风向，通过气流调节器和可开启的窗户来自动调节通风。在某些情况下，还有根据压力调节的进气口。在屋顶上也设置了几个排气扇，以防万一，例如为了夜晚的降温需要加强通风时（图1-153）。③德国办公楼。许多德国办公楼建成了双层表皮。有时候双层玻璃之间距离很大，它们形成一个玻璃空腔，可以作为入口和楼梯间。玻璃空腔常常被设计为温室，里面种满绿色植物，可以用来清洁空气并使其变得湿润。经过玻璃空腔预热的空气从那里被送进办公室。建筑被许多高大的烟囱控制，它们把废气排出建筑。烟囱和高塔再一次成为常见的建筑特征（图1-154）。④瑞典办公楼。瑞典办公楼通常采用全机械式通风系统。为了降低能耗，通常会采用重质的框架结构，用于提高蓄热能力，平衡冷热的需求。为了增加散热面积，空心墙有时候被用来进气，而中空楼板则用来排气。在每个房间中，采暖和制冷采用同一个系统。在这样的办公楼里，可以精确地控制室内物理环境，但是这种系统昂贵且复杂。在这种类型的办公楼里，甚至可以完全依靠使用地下管道来进气，而烟囱、楼梯间或者玻璃庭院都可以作为排气通道（图1-155）。

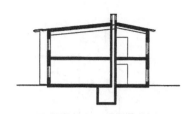

图1-149 瑞典松内（Sunne）弗瑞谢斯卡（Fryxellska）学校带有自然通风系统的两层建筑剖面
资料源于怀特建筑事务所（White Arkitekter AB）

图1-150 地道中带有风扇增强通风的建筑剖面示意图（瑞典模式）弗瑞谢斯卡（Fryxellska）学校带有自然通风系统的两层建筑剖面
资料源于《绿色建筑产业规划》，整合通风的建筑设计，挪威，2003

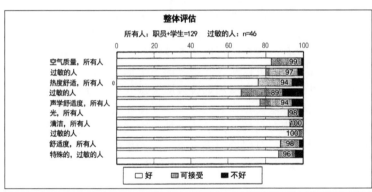

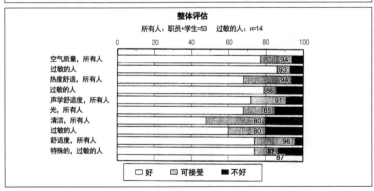

图1-151 瑞典两所学校关于室内环境感受的调研数据统计汇总
这两所学校分别是维斯比（Visby）的加尔达（Garda）小学和孔艾尔夫（Kungälv）的弗里德库拉（Fredkulla）小学。资料源于 "Skolor med ventilation där självdrag används-Exempel på lösningar och resultat"，Anslagsrapport A11:1997 Byggforskningsrådet，玛丽·胡尔特（Marie Hult），怀特建筑事务所

图1-152 瓦格布鲁（Vargbro）学校的混合通风系统
该学校位于韦姆兰省（Värmland）斯图尔福什（Storfors），建于2008年，是一座被动式建筑，带有很多环保设计。其混合通风系统是通过距离外立面30 m外的地道输送空气的，这样的混合通风系统能有效地利用能源且安静无噪音。废气通过屋顶的通风口排除。地道中的风扇在需要时可以增强空气的流动。这所学校带有超级保温的外围护结构，屋面安装有超过130 m²的太阳能光伏发电系统，一年能产生18 000 kWh电。此外，所有系统设备都由先进的计算机控制。建筑设计：K-Konsult Arkitekter I Värmland公司。暖通设计：托克尔·安德松（Torkel Andersson），DELTAte公司

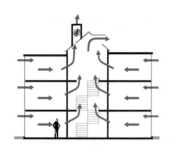

图 1-153　经由建筑立面直接引入空气的建筑剖面示意图（丹麦模式）
资料源于《绿色建筑产业规划》，整合通风的建筑设计，挪威，2003

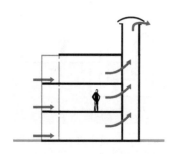

图 1-154　通过双层表皮引入空气的建筑剖面示意图（德国模式）
资料源于《绿色建筑产业规划》，整合通风的建筑设计，挪威，2003

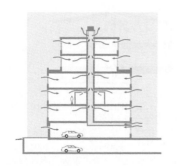

图 1-155　Window Master 公司所构想的基于自然通风的系统
先进的自动开窗器控制进气口，通过靠近天花板的位置来提供新鲜空气，通过烟囱排出废气。夜间的通风确保了宜人的夏季室内物理环境。重质材料保证了室内平缓变化的气温。资料源于斯泰农松德（Stenungsund）的阿克苏 - 诺贝尔（Akzo-Nobel）公司办公楼，阿恩·艾格洛德（Arne Algeröd）设计，Mats & Arne 建筑设计事务所。暖通设计：托克尔·安德松（Torkel Andersson），DELTAte 公司

4）机械通风

自然通风系统并不总是够用的，例如在大型厨房和实验室，必须使用机械通风。极端节能的建筑，用热交换器来回收余热，也是需要机械通风的。关于哪种通风方式最好的讨论从未停止：考虑能源效率优先的人会选择机械通风，而考虑室内物理环境质量优先的人会选择可调控的自然通风，这种方式的能源消耗会更高一些。为了使机械通风能实现很好的室内物理环境，在设计通风系统的时候需要付出更多的努力。

（1）空气热交换器。带有余热回收功能的空气热交换器系统是目前建造节能建筑的一种选择，因为它不再需要采暖系统而变得更加节能，这种通风系统需要一个热交换器。在这种系统中，安静的风扇、容易检修的热交换器（这样易于更换过滤器和保持清洁）以及易于进入清洁的进气管显得尤为重要。同时，热交换器必须是高效的。在被动式住宅中的热交换器通常有普通橱柜的大小（图 1-156）。

（2）进气。新风从室外进入室内，它们通常是最干净的，但是有许多不同方式可以把空气送进房间。最好能定位和设计进气装置，使之受到风的影响越少越好。空气可以经由狭窄的气孔或进气装置直接被送进房间，进气装置可以进行自动温度调节控制以避免在冬季的过度通风。为了避免气流，进气孔应该设置在房间的高处，从而产生空气混合，或是藏在暖气片背后用来预加热空气。也有一些系统可以从天花板的几个固定装置中向房间内喷洒空气，因此可以输入冷空气而不会形成气流。有时进气经由进气管进入，如果要增加烟囱效应（进气口和排气口之间的距离），进气口可以设在相对低处，如果需要输入干净的空气，进气口可以设在相对高处。为了预先加热空气，进气可以经由玻璃空腔、玻璃走廊、双层玻璃表皮或太阳能集热器进入建筑。另一种选择是经由地下管道进气，在冬季预先加热，在夏季首先冷却。空气也可以经由喷洒装置、人工水帘或喷泉进入，通过蒸发冷却的方式进行降温。不同的进气方式在夏季和冬季可以单独或组合使用。根据需求进行调节的自然通风系统必须以某种方式进行管

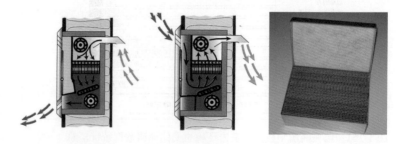

图 1-156　空气之星（Air Star）
这是一种小型的分布式余热回收系统。它利用热交换器吸收排出废气的余热，来加热进入的新鲜空气。热交换器由瓦楞纸板制成，通过吸附作用来储存热量，同时废气中的水分也会被收集起来用于加湿新风。资料源于清洁空气系统

理。可以通过人工开启或关闭窗户使用气流调节器来实现调节，或是完全使用计算机控制的系统来操作，如传感器监测温度、湿度和风向，计算机控制系统自动调节风扇、气流调节器和预热装置。有些气流调节器是机械控制的，最常见的是由自动调温器控制，也有通过湿度和压力感应器控制的气流调节器（图1-157至图1-163）。①通过地下管道进行的自然通风。是指通过地下管道把新风送到建筑底部的进气室中，独立的进气风管（便于清洁）从那里通向所有的卧室和起居室。废气从浴室、洗衣房和厨房排出。排气管直接向上通到屋顶的通风烟囱。烟囱顶部的风扇加强并控制气流的运动。也可以使用手动控制的气流调节器。随着新风被输送到建筑的内部，进气口不受风压的影响，可以实现更充分的稳定送风。此外，因为下向通风和从外墙进气装置排出的气流没有关系，可以在内墙上安装一个既简单又便宜的带有暖气片的加热系统（图1-164、图1-165）。②采用上部进气口的自然通风。当不能或不必要采用地下管道时，采用上部进气口的自然通风也是一种选择。气体从屋顶上可开闭的进气口进入。风管像"潜艇上的通气管"那样工作，把新鲜空气向下送到一个进气室中。除此之外的其他方面，系统和通过地下管道的自然通风一样工作。③预加热新风。位于窗户下部和地板之间的外墙被设计为太阳能墙体，可以在其中预加热新风。新鲜空气通过墙体绝缘层和被玻璃覆盖的黑色金属片之间的空隙进入建筑。在夏季，必须

图1-157 放置在瑞典马尔默BO 01博览会木屋中央的进气管道
该图中还可以看到内置中央真空吸尘系统的插座。资料源于怀特建筑事务所和生态建设者（Ekologibyggarna）公司

图1-158 Acticon公司生产的"Flipper"进气装置
该进气装置可以根据空气的压力和流量进行自动调节。叶片在压力的作用下打开，确保气流足够快地输出新鲜空气

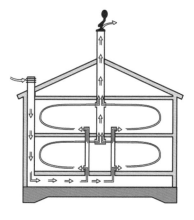

图1-159 Exhausto牌湿度控制进气口
该进气口是机械式的，用一根尼龙带对空气湿度作出反应。资料源于列夫·欣德格伦（Leif Kindgren）

图1-160 瑞典迈什塔（Märsta）某老年住宅
建筑师本特·海德马克（Bengt Hidemark）已经开始应用预加热进气的方法。在瑞典迈什塔（Märsta）为老年人设计的住宅中，窗户底部和地板之间的空间被设计成太阳能集热墙体

图 1-161　Velco 牌进气阀
该进气阀有一个内置的自动调温器，可以根据室外温度来控制进气。资料源于列夫·欣德格伦（Leif Kindgren）

图 1-163　通过屋面进气装置进气的示意图
屋面上部带有进气口的通气管把空气向下送到房间底部的进气室中

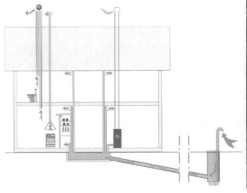

图 1-164　通过地下管道进行自然通风的住宅
新鲜空气被送到位于基础的进气室中。从进气室通向每个房间、壁炉和储藏室的风管很容易清洁。废气通过烟囱从厕所、浴室和厨房排出。资料源于《可持续住宅——2002 环境创新决赛作品》，建筑师玛丽亚·布洛克（Maria Block）和瓦里斯·博卡德斯（Varis Bokalders）

图 1-165　通向地下管道的进气口
新风可以通过蒸发冷却的方式降低温度。图中所示的进气口里面填满了陶粒，在夏季会喷洒上水。新风首先通过蒸发降温，再通过地下温度进一步冷却

图 1-162　一种自然通风形式的建筑
由丹麦哥本哈根 Pihl & Søner 建筑公司建造。其主要办公室采用自然通风形式。新风通过狭窄的、位于高处的可以自动调节的条状窗户进入，其他窗户也可以根据需要手动开启或关闭

能关闭加热器，这样才不会使室内温度过高变得太热。在钢结构的工业建筑中，可以从建筑南侧或屋面金属板的背后进气。金属板被太阳所加热，尤其是深色的金属，同时加热了金属和绝缘体之间的空隙中的进气。暖气片常被用来预先加热新风。在某些暖气片里，暖和的房间空气通过风扇循环和外部空气混合，当需要大量通风的时候，这种方法可以避免气流（图 1-166、图 1-167）。

（3）排气。从厨房、洗衣房和浴室排出废气是最常见的排气方式。厨房炉子上方的排风罩通过自然通风吸走烹饪时的气味。炉子的通风通常要设单独的管道，因为里面容易沾满油污，它应该特别易于清洁。在浴室，淋浴间可以被看作房间中的房间，浴室可以通过淋浴间来进行通风。这些方法都属于局部排气的方式，污染物、食物的臭味和湿气应该在靠近源头的地方被排出去为最

好。这种自然通风可以通过气流调节器来调节。当然也有可能通过安装风扇来周期性地促进通风，但是这种设计在风扇被关闭的时候不应该阻碍自然通风（图1-168至图1-170）。

图1-166 暖气片1
现代的槽形进气口经常和暖气片背后的金属盒结合在一起使用，新风在暖气片中被预加热。如果有必要的话，可以在盒子里放置过滤器。图中所示类型的暖气片，可以被打开，以便于更换过滤器和清洁进气管道

图1-167 暖气片2
有许多方法可以用来预热新风，可以通过暖气片背后的盒子或是通过特殊的进气暖气片进入。图中所示的是由空气系统清洁公司制造的一种暖气片，可以用来抵挡冰冻的危害

图1-169 Tofors公司根据湿度和需求控制的排气装置
该装置上面装有小型的电控马达。电子设备根据湿度、温度和气流情况作出调控反应

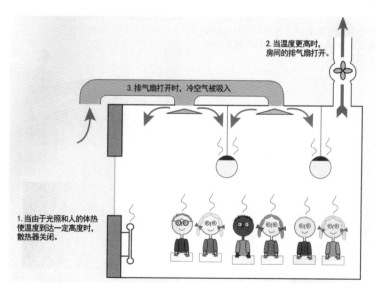

图1-168 默恩达尔（Mölndal）的通风模型
该通风模型中的气流是由室温来控制的。身体的热量不断累积最终会启动排气扇。然后房间里变成负压，室外的冷空气通过屋顶的活动风口被吸进来。资料源于"Bra luft i skolan-Om ventilationens betydelse för inneklimatet i Mölndals skolor"，Svenska kommunförbundet，2002

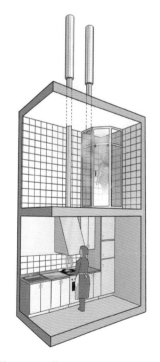

图1-170 淋浴间和抽油烟机的局部排气系统
资料源于《住房和自然通风——气候能源的可靠性》，罗伯·马什（Rob Marsh），迈克·劳宁（Michael Lauring）编，丹麦，2003。绘图：列夫·欣德格伦（Leif Kindgren）

（4）通风烟囱。 烟囱顶部的设计会影响通风。风帽用来防止由风引起的气流倒灌。防倒灌风帽可以根据风向进行调节，在防止气流倒灌的同时增加文丘里效应。风力涡轮可以增加通风。涡轮会在某一临界点上增加通风，在到达这一点后它们进行自动调节，在到达这一临界点前不会过度通风且通风稳定。也有可以自动调节的涡轮（萨伏纽斯转子①），就好像刹车一样，通过热电元件来控制，在外面寒冷且由温差引起的压力增加的时候起作用（因此被称为"清洁涡轮"）。太阳能烟囱是一种带太阳能集热器的烟囱。金属烟囱被涂成黑色，玻璃管包裹着金属管。废气在经过烟囱时被加热，与下部的温差增大，因此增加了自然通风。当然也可以在烟囱里安装一个风扇，在夏季需要增大通风时打开（图1-171至图1-181）。

图 1-171 通风烟囱上的风向标
该风向标会根据风向来调节。它可以阻挡下行气流，并通过文丘里效应来增强自然通风

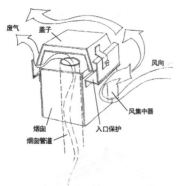

图 1-172 卡勒风帽
该通风帽由瑞典的通风顾问卡勒·芒努松（Kalle Magnusson）发明，是一种带有进气口保护和风收集器的通风帽。它可以改善自然通风

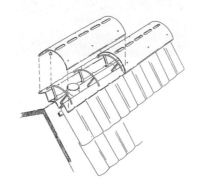

图 1-174 屋脊的自然通风装置
废气不是通过烟囱，而是从屋脊上的自然通风装置排出。吹过屋脊上方的风产生了文丘里效应，增强了自然通风的效果。资料源于建筑师毛里茨·格鲁曼（Mauritz Glaumann），瑞典皇家工学院（KTH）

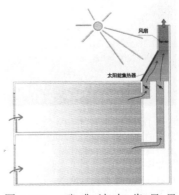

图 1-175 瑞典法尔肯贝里（Falkenberg）探戈（Tånga）学校的通风原理示意图
新风通过墙面上的暖气片进入室内，废气通过太阳能烟囱排出

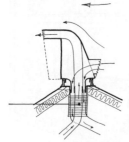

图 1-173 复合功能设备
该设备是一种先进的、可以旋转的设备，可同时起到进气口和排气口的作用。资料源于《气候变化中的建筑——可持续设计指南》，彼得·F.史密斯，2001

图 1-176 超级涡轮

图 1-177 旋转风帽
该旋转风帽由瑞典哥德堡 DELTAte 公司的哈坎·吉尔布罗（Håkan Gillbro）制作，用于布胡斯省（Bohuslän）科维克斯海姆（Kovikshamn）托克尔宅（Hus Torkel）

① 一种垂直轴的涡轮。

图 1-178　瑞典法尔肯贝里（Falkenberg）探戈（Tånga）学校的太阳能烟囱
资料源于建筑师克里斯特·诺德斯特姆（Christer Nordström）

图 1-179　太阳能烟囱

图 1-180　萨伏纽斯转子

图 1-181　通风烟囱
这是丹麦西兰岛（Själland）上一座露营房的通风烟囱。烟囱上设置了翼形风帽，当风吹过时会产生负压，以增强通风效果

小贴士 1-5　瑞典采用自然通风的建筑例子

　　在瑞典，大部分的新建筑采用机械式通风，但在可持续建筑中，自然通风正经历一场复兴。现代自然通风系统根据需要和季节进行调节，这可以通过手动或者计算机来完成。更复杂的建筑把自然通风和风扇结合起来，即混合系统。经验显示，对于大部分自然通风的建筑，使用者都很满意室内的物理环境（图 1-182 至图 1-187）。

图 1-182　托克尔宅（Torkel）
该住宅位于布胡斯省（Bohuslän）科维克斯海姆（Kovikshamn），其通过 3 根地下风管引入新风，废气通过有旋转风帽的通风烟囱排出。3 条管道中有一条是用来给食品柜制冷的。建筑设计：玛丽亚·布洛克（Maria Block）和瓦里斯·博卡德斯（Varis Bokalders）。暖通设计：托克尔·安德松（Torkel Andersson），DELTAte 公司

图 1-183　格鲁曼／韦斯特贝里（Glaumann/Westerberg）住宅
该住宅位于斯德哥尔摩郊外韦德叶（Vidja），其拥有余热回收的自然通风系统。在屋脊上有一个在顶部开槽的大管道，在狭槽上方有一个绕流板，它可以在风中产生负压。这个管道是用来排风的。在这个大管道里有一个稍小的管道，它是用来进新风的，新鲜空气通过山墙顶的进风口进入。排出的空气在大管道中通过小管道的金属内壁对新风进行预热。废气从房间的天花板中排出。新鲜空气从地板底部送入。建筑设计：毛里茨·格鲁曼（Mauritz Glaumann）和乌拉·韦斯特贝里（Ulla Westerberg）

图 1-184　多户住宅"Birgittas Trädgårdar"
该住宅位于瓦斯泰纳（Vadstena）。新鲜空气通过一根地下管道被送到地下室的空气仓中，再通过独立的管道送到每个房间。每个厨房和浴室都有自己独立的通风烟囱，顶部带有旋转式烟囱帽。建筑设计：彼得·卡克（Peter Kark）。暖通设计：托克尔·安德松（Torkel Andersson），DELTAte 公司

图 1-185　米卡丽（Mikaeli）学校

该学校位于尼雪平（Nyköping），是众多采用自然通风的学校中的一所。空气通过一根地下管道被送到学校下面的走廊。从这个走廊有许多管道通到每间教室。教室有很高的天花板，并且在山墙的顶部有用来排放废气的排风窗。这个系统是由手动控制的。建筑设计：阿斯穆森（Asmussen）建筑事务所。顾问：瓦里斯·博卡德斯（Varis Bokalders）。暖通设计：托克尔·安德松（Torkel Andersson），DELTAte 公司

图 1-186　瑞典皇家工学院哈尔厄（Haninge）校区的一栋教学楼

新风通过一根地下管道送到公共空间。这个公共空间穿过所有的楼层并且通过顶部的窗户进行通风。从每间教室也有风管通到位于屋顶的带有风扇的通风烟囱。这个系统是由电脑控制的。建筑设计：Tema 建筑事务所。暖通设计：Göran Ståhlbom，Allmänna VVS-byrån

图 1-187　阿克苏·诺贝尔（Akzo Nobel）公司办公楼

该办公楼位于斯泰农松德（Stenungsund）。这个办公楼用重质材料建造，厚重的体量可以平衡采暖和空调的需求。建筑通过小窗口进行通风。这些窗户由窗户大师（Window Master）公司制造，可以通过具有自动调节功能的传感器来控制开启和关闭，这些传感器根据温度和相对湿度来进行调节，有效地降低了能源消耗。建筑设计：阿恩（Arne Algeröd），Mats & Arne 建筑事务所。暖通设计：托克尔·安德松（Torkel Andersson），DELTAte 公司。摄影：Mats & Arne 建筑事务所

1.2.3　电气系统

我们的周围到处围绕着电线、电气设备和照明设施等。通过电线和导电装置的交流电产生了电磁场，长期来看有些电磁场会不利于健康。知道如何安装电气设备以将这种电磁场减到最弱是很重要的。建筑中的电气设备不是电磁干扰的唯一原因，还包括许多其他的原因：例如高架电缆、地下电缆、移动电话通信基站、雷达站、电网、电视发射站等。

1）电磁场

电气设备产生电磁场。电在今天几乎无处不在，人们不断被各种电磁场包围着。如果采取措施来改善电磁环境，或者使电磁环境在今后能更容易加以改进，那么未来的需求可以相对容易地得到满足。对于新的建筑，这些方法并不会花费太多钱。如果在设计之初没有考虑这个问题，在建筑建成之后再改变线路费用则会更加昂贵。电气设备产生的电磁场可以通过使用接地金属薄片或金属网来加以限制。磁场增加的常见原因有杂散电流和泛频峰。磁场也可以得到限制，例如增加距离，设置相反的磁场使它们互相抵消，或使用五线制来代替四线制（图 1-188 至图 1-191）。

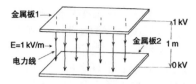

图 1-188　不同电压物体之间所产生的电场
E（电场强度）= V（电压）/m（物体之间的距离）

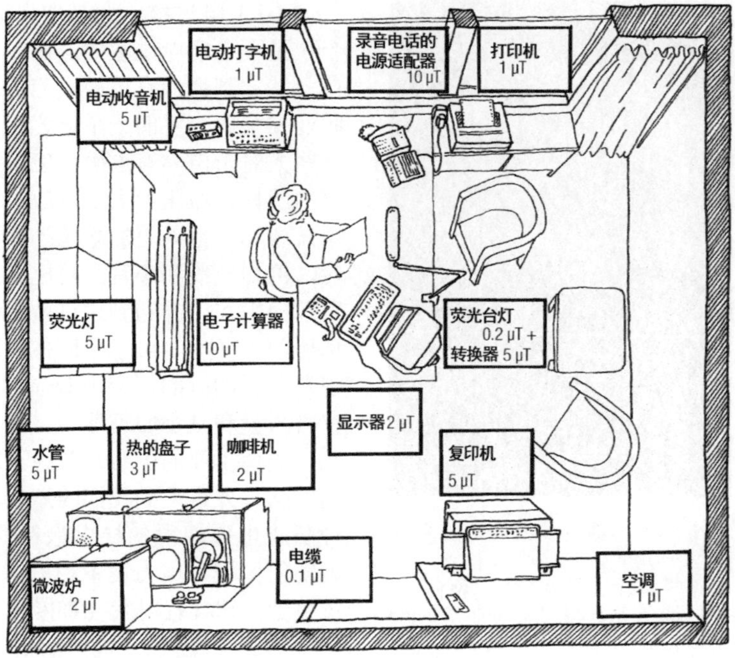

图 1-189　办公室里的电磁场
在办公室里，人们经常被许多设备所包围，这些设备都会产生电磁场。当你意识到电缆的走向，你就能推测出下面房间的荧光灯也许就在你脚下 30 cm 的地方。图片指出了距离设备 10cm 以内的磁场值，磁场值有可能差异巨大。资料源于笔者根据英厄·布鲁姆格林（Inger Blomgren）在 Periodical Arbetsmiljö 3/89 中的图改绘

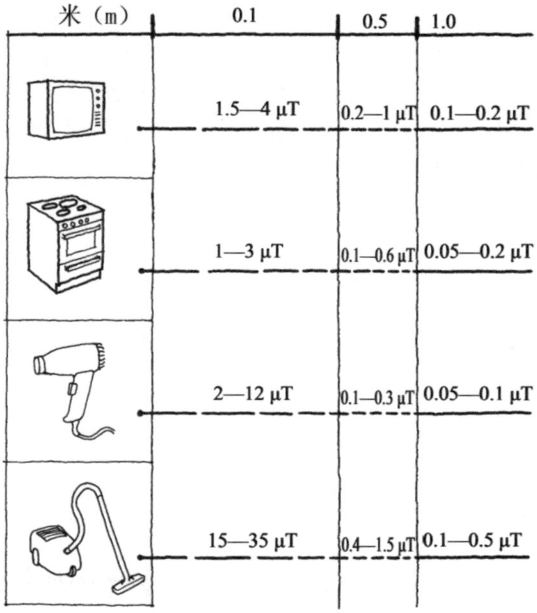

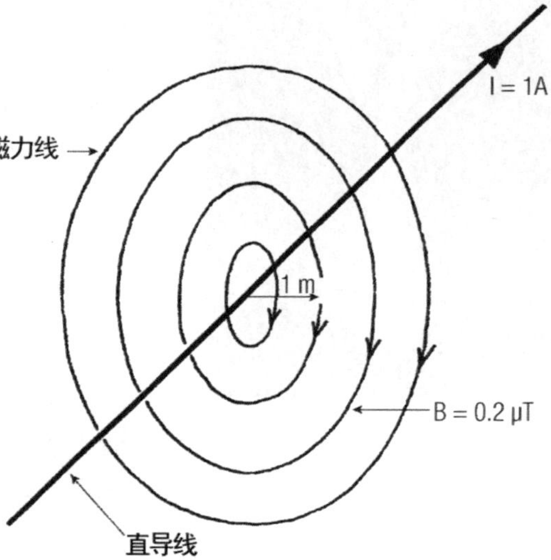

图 1-190　电气设备附近的磁场
电气设备附近可能会有强磁场，但磁场强度随着和发生源距离的增大而迅速减少。从健康的角度来看，人们应该小心谨慎，不要长时间靠近那些已经使用了很长时间的电气设施

图 1-191　带电导体周围所产生的磁场
磁场强度的单位是特斯拉（T）

图 1-192　输电线铁塔的艺术设计（一）
该铁塔位于芬兰埃斯波（Esbo）。资料源于菲格瑞德·奥雅（Fingrid Oyj）。摄影：埃萨·库奇康加斯（Esa Kurkikangas）

图 1-193　输电线铁塔的艺术设计（二）
该铁塔位于芬兰韦斯屈莱（Jyväskylä）。资料源于菲格瑞德·奥雅（Fingrid Oyj）。摄影：里斯托·尤提拉（Risto Jutila）

图 1-194　不同电缆线路的磁场
输电线周围的磁场根据电线彼此之间安放的位置关系可以减少 90%。斯德哥尔摩电力公司的拉尔斯·杨森（Lars Jonsson）发明了一种塔，用五根线来代替三相位电线，可以在很大程度上减少磁场

（1）**电过敏**。通过做血液测试或体格检查是不可能确定一个人是否会对电过敏的。被归为对电有过敏反应的那类人是那些自己感觉到他们有过敏反应的人。位于瑞典于默奥市的瑞典国家职业安全研究院的一个研究小组对这一问题做了许多研究，指出有些人对于电具有过敏反应。通过测量研究对象在靠近不同物体时的脉搏、血压和大脑反应，他们指出对电有过敏反应的人神经系统要比其他人更加敏感，他们更容易对各种各样的刺激作出反应，例如光线和声音。对电有过敏反应最多的人群是那些在监视器前面工作，并遇到过过敏问题的人。通过改变他们家中和工作场所的电环境，可以帮助他们减轻症状。其他方法包括减少在监视器前面的时间、使用低辐射强度的监视器、替换荧光灯、改善空气质量和减小心理压力。近几年，移动电话网络已经普及。因此，关掉主要的电路开关并不能把我们从电磁场中解放出来——辐射从户外进入到我们的家中。卡普乐尔（Caparol）公司销售一种防止电磁辐射的导电涂料"ElectroShield"，该涂料可用于电磁辐射区域、电力设备和电缆周围的低频领域，涂刷过的表面应该接地，这样辐射就会直接导入大地。

（2）**高压线**。根据欧盟法规的建议值，人们不应该长时间暴露在 100 μT（1 微特斯拉 = 10^{-6} 特斯拉）和 5 kV/m 的磁场环境下。对电流有过敏反应的人会对强度弱至 20—30 nT（1 纳特斯拉 = 10^{-9} 特斯拉）的磁场起反应。在距离 400 kv 高压线几百米地方的磁场强度仍可以达到这种强度。研究表明，如果家中的磁场超过 0.4 μT，儿童白血病发生率高于正常。高架电线应该被地下电缆取代，这可以从根本上降低磁场强度，但这种方法花费极大。相对便宜的一种方法是以三角形来安装三相位电线，这可以减少磁场，但没有地下电缆那么有效（图 1-192 至图 1-194）。

不同电缆线路的磁场

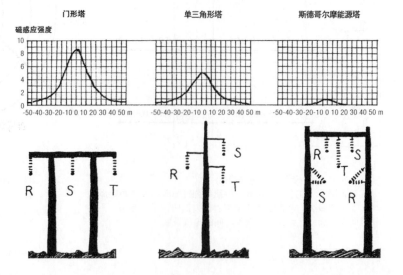

（3）**变压器**。磁场的来源之一是封闭的变电站。在这样的变电站旁边或正上方的空间里，磁场强度有可能增加到几十特斯拉。变电站不应该建在临近人们居住或工作的地方。

（4）**入户线**。为建筑供电的地下管线应该位于距离建筑物 5—10 m 深处，以这样的方式连接到建筑的配电，建筑内部的线路应越短越好（图 1-195）。

（5）**配电箱**。配电箱不应该建在人们频繁使用到的空间的附近。配电箱应该和配电间直接相连以降低主要线路上的电流强度。所有的配电间都应该做金属屏蔽和接地保护。所有的干线都应该设独立的零线和地线，以减少不对称荷载时接地保护中的电流。

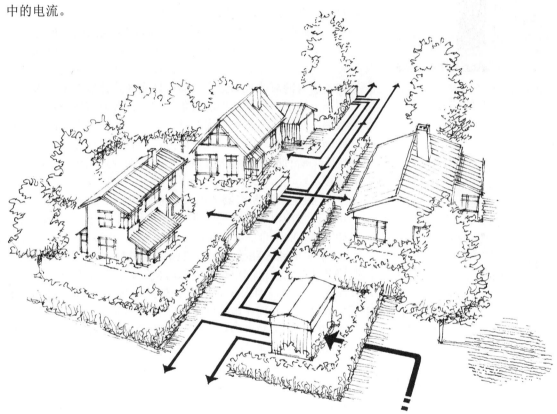

图 1-195　入户电线规划图
规划入户电线时应该考虑变电站的电磁场和地下管线的问题

小贴士 1-6　关于建立良好电磁环境的建议

①需要设置屏蔽的部位：电网、电气设备和连接器。②在线管中使用双股 FK- 电缆，以减少磁场。③仪表板、电器盒等应设在最不会被侵扰的地方。④尽可能使用五相线。⑤电位平衡。⑥防止杂散电流和泛频峰。⑦避免 230 V 设备，这会产生泛频峰。⑧安装当负载断开时能关闭电源的装置。⑨将低压总线系统与 230 V 电压系统相结合使用是种好的方法（资料源于 Eljo El-San）。

图1-196　接地金属部件
该金属部件能减少电磁作用

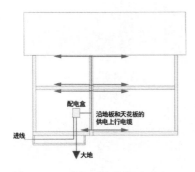

图1-197　电气设备的接地线路
电气设备应该以使电磁场最小化的方式来进行安装。电气设备的安装是很灵活的，电脑、扬声器和电话线也要安装在固定的管槽中。资料源于《可持续住宅——2002环境创新决赛作品》，建筑师玛丽亚·布洛克（Maria Block）和瓦里斯·博卡德斯（Varis Bokalders）

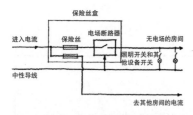

图1-198　卧室主电路断路器示意图
当最后一盏灯被关闭，主电路断路器接收到一个信号，随即切断卧室中所有用电装置中的供电，因此人们有可能在一个没有电场的房间中睡觉

2）电气设备

（1）**隔离变压器**。隔离变压器进线和出线的电压相同，它的唯一目的是把支线和电力供应干线断开，使它们不直接相连，而只通过变压器核心的电磁场相连，因此被称为"隔离变压器"。这个装置的目的是供电干线的电流干扰不会进入用电设施中，从而可以保护用电设备的安全。来自于电力公司变压器的电线通常很长，长的电线导致了高电感和高电容，高电感会导致接地不起作用，而高电容会导致从一个导体到另一个导体的跳跃干扰。隔离变压器使电流重新开始，通过新的接地点、较短的线路和新的五线制可以保证较少的干扰。当然也可以通过一个网络滤波器从干线直接接电，滤波器被用来排除来自干线的干扰。

（2）**接地**。如果建筑本身安装有接地系统的话，那建立良好电磁环境的可行性就会高得多。接地系统通常由两个部分组成。接地棒，通常掩埋在冻土线的下面；接地导线，连接到接地棒。在德国，所有的新建筑都必须安装接地系统，接地系统由深入到隔气层下方的混凝土基础内的铁条组成。铁条应该环绕整个基础闭合成圈。在瑞典不能被使用这种方法，因为在冬季地面冰冻要求基础和地面的湿气隔开，代替的方法是将接地线掩埋在建筑四周空地下。所有的接地保护应该和对应的接地点相连，以避免电流的转移。

（3）**接地漏泄断路器**。如果所有的电流不能从用电回路返回的话，通地漏泄断路开关就会释放并且切断供电。这是防范伤害（如短路）的一个好方法（图1-196、图1-197）。

（4）**主电路断路器**。主电路断路器是控制总入户线路的电流断路开关，它位于配电箱（"保险盒"）内。主断路器应该可以在卧室中控制，因为我们每晚上要在卧室待上8 h，通过关闭主开关就可以不暴露在电流中安睡一夜。当最后一盏灯被关闭，电路被切断，所有的电线停止放射出电磁辐射。在直流电压的帮助下，如果一盏灯或其他电气设施被打开，断路器就会接收到一个信号，随即让电流通过。直流电不会引起对生物有危害的电场。木建筑中的材料不能阻隔或减弱电场。如果卧室中所有电线的电流都被断掉，电场仍然能从周围的房间、下面的地板和邻近的邻居那里进入。从这个角度来说，石墙和混凝土梁的建筑显得更加有利。在木建筑中，附加了电磁屏蔽线路的主电路断路器对于减少电场是最有效的办法（图1-198、图1-199）。

（5）**暖气、供水和洁具的调节装置**。电子调节设备被集中到一个柜子并有单独的中性线和地线，以将不均匀荷载时可能产生的电位差降到最小。电气柜应该放在不常被碰到的位置。如果使用带风扇和马达的转速控制器，应该对转速控制器的制造商和质量仔细地加以挑选。转速控制器应该和谐波滤波器安装在一起。

3）线路设计

（1）**电位均衡**。电位均衡和接地对于个人用电安全和健康的电磁环境都是很重要的。电位差也称作电势差和电压，建筑用电中就是指物体和地面之间的电压。当测量接地杆和大地之间的电压时，很可能会有 1 V 或更高。当测量其他金属物体，如电话线的接地线、钢筋、中央供暖系统和通风道，也可以发现他们或多或少都存在电压。电位均衡的目的就是消除这些电位差。如果发生问题或出现干扰，电位均衡就会防止在不同位置的电线之间潜在的电位差。由此，将一只手放在水管上，而另一只放在冰箱上，同时赤脚站在地漏上，这样应该没有任何风险。由于电位均衡使所有金属物体具有相同的电位，所以它们之间的电压为零。如果电源线、水管和大地电极能从同一点接入房子是最为理想的，如果在接入点使用短的、粗的铜导线就能形成电位均衡。电位均衡的电流经过最短的线路接入建筑，就大大控制了杂散电流的产生。一个正常运作的电位均衡系统意味着建筑中的钢筋和其他大型金属构件应该是接地的，同时电源线、电话线以及集中供热的管道都是接地的。如果不同物体具有不同电位，那么它们之间就会产生电流交变磁场，电流交变磁场会扰乱人们和电子设备。电气设备的接地和电位均衡必须正常正确安装，以便其发挥作用。

（2）**五线制**。电系统设计的一条基本原则是三相线系统应该被设计成五线制（TN-S 系统）以消除电磁场，而且所有的配线都应该设置电磁屏蔽。在瑞典，以前使用三相电时常常采用四线制连到主配电箱，从主配电箱用三相线路连接到电炉、洗碗机和其他需要大电流的电器设备。今天，所有的主电路都应该被设计成五线制（图 1-200）。

（3）**电磁屏蔽**。目前，普通塑料管包裹的电线不能屏蔽电场。因此，可以在墙壁中发现电线产生的磁场。选择屏蔽电气系统是减少配电线天线效应的一种方法。居住环境中的电场强度通常要比办公室中高很多，因为办公室里的电气设施通常是有接地保护的（图 1-201）。

（4）**布线、接线盒和插座**。从现有的观点来看，布线和人体靠得过近是一个问题。应该有充足的电器插座，这样就可以缩短接线的长度，从而减弱电场。覆盖有编织的金属网的屏蔽电线使得电线更加柔韧。电线的末端经过特殊设计使其能够良好接地。目前，非屏蔽的电线还是最普遍的。在电线中使用双绞线是很值得期待的，它能很好地减少磁场。Supra LoRad[①]是唯一获得欧盟完全认证的屏蔽电缆。绞在一起的短电缆可以屏蔽电磁辐射和磁场，有效地阻止了交变磁场。插座、接线盒和开关应该被接地保护。目前，最合适的材料是不锈钢。旧的带有金属盖子的嵌入式接线盒是最理想的选择。螺丝放在接线盒的底部，而接地线接在螺丝上。塑料接线盒就很难使用，屏蔽罩连在接线盒的顶部，有独立的扣件。在接线盒中也有可能用铝片绕上电线，并把铝片

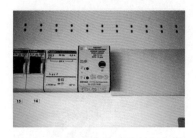

图 1-199　位于中央配电箱（保险盒）中的主电路断路器

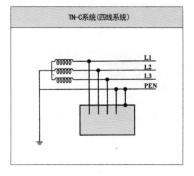

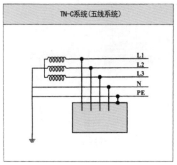

图 1-200　四线系统与五线系统的比对

在瑞典的现有建筑中，四线制是最普遍的。在这些建筑中，地线（PE）和中性线（N）位于同一个 PEN 导线中。在五线制中，中性线和地线是分开的

① 汤米·杰夫宁（Tommy Jenving）的全球专利产品。

图 1-201　Wasan Flex 电缆

为了实现更好的电环境，可以在五线制系统中使用带屏蔽的线缆。图中显示了 Wasan Flex 电缆中屏蔽金属片和裸铜线相接触，即使金属片断掉也能保证它们的接触。另一种选择是采用屏蔽双绞线

接地。单极开关应该被双极开关所替代，所有的相位包括中性线都应该被分离（图 1-202 至图 1-207）。

（5）照明。节能灯（紧凑荧光灯）会比白炽灯泡产生更强的磁场。高频荧光灯管通常会比普通荧光灯管产生的磁场要弱，但是高频电场会更强。屏蔽灯管可以在人们长期停留的房间中使用。它们由可以释放电场的金属灯身和一个由金属或滤色玻璃制成的防眩光罩组成，灯管被接地以释放电场。为了适应特别敏感的人，可以用白炽灯泡来替代水银灯泡、节能灯、高频荧光灯管、紧凑荧光灯管和普通荧光灯管。照明和电气设备都会产生电磁干扰，电磁干扰既能传导（通过电线）也能辐射。电气系统就好像一根天线，把传导干扰转换成辐射干扰。传导干扰也来自于通过电线为设备提供电源的外部电流（图 1-208）。

图 1-203　木墙上的木质插座（白蜡木）

图 1-204　带屏蔽的接线盒和线管

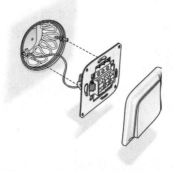

图 1-206　带有屏蔽金属薄片的开关

这个方案屏蔽了前面和后面的电磁场。屏蔽金属薄片被连接到带有自粘带和内壁有保护螺旋线的盒子。资料源于 Eljo El-San 的小册子

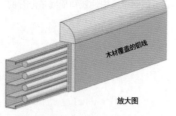

图 1-202　布线示意图

为了便于更换，电线应放在接地并不含卤素的线缆槽中。盖板采用搭扣式，装上或取下都很方便

图 1-205　不含卤素的电线

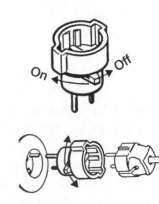

图 1-207　带有双极开关的接线座

当关闭时会把所有的接线断开，以确保设备被关掉的时候，没有残余的电流辐射电磁场。资料源于《住房和健康——建一个健康的家庭指南》，朗纳·福斯胡伍德（Ragnar Forshuvud），1998

（6）电脑。电磁干扰对电脑会产生不利的影响，但这种影响不会立刻发生，因为电脑程序可以忽视错误的输入。随着电脑的运行速度逐渐变慢，这个过程需要一段时间才会变得明显。此外，干扰会导致高敏感人群产生疾病的征兆，我们有理由相信许多人都会受到消极的影响，却不知道是怎么回事。在一栋健康的建筑中，我们尝试消除所有对于环境的消极影响，电磁干扰也被尽可能地减少。我们应该选择经过 TCO 认证的电脑（图 1-209）。

（7）**金属建筑部件**。电容电压是指没有和任何电线直接接触的金属结构部件，由于置于电磁场中其内部产生了电流。众所周知的例子是电力线附近的金属栅栏和金属屋顶必须被接地，这样触摸它们的时候才不会被电击。如果金属结构被接地，电场就会几乎完全消失。金属桌必须要考虑电容电压而且应该被接地。其他部分也应该被接地，例如金属梁和混凝土中的钢筋。电器柜、配电房和大型计算机机房周围的墙壁里应该用木头取代金属螺栓。

（8）**地磁场**。在许多情况下，在建筑选址之前会先调查一下地磁场的情况。地磁场被认为对空气会有巨大的影响，即使是位于很高处的多层建筑中。对于这种影响的重要性存在不同的观点。那些认为地磁场对人类有重要影响的人，卧室和工作场所位置的选择应该要避开以下这些位置：① 地下水源处；② 岩床有问题的地区；③ Curry[①] 线形成西北—东北网格并且距离大约为 4 m；④ Hartman 线形成南—北网格并且距离大约为 3 m。Curry 线和 Hartman 线相交的地方尤其需要避开。

1.2.4　管道系统

保险公司每年要付出大量的资金来赔付漏水引起的损害。水灾怎样才能避免？倒不如采用对自来水管、热力管和污水管影响最小的安装方式，并且易于维护和替换。

1）能显示漏水的构造

瑞典每年由于漏水造成的经济损失估计可达到 50 亿瑞典克朗。其中很大一部分是由于腐蚀、冰冻或不正确安装而引起管道系统的泄露。错误的安装也会产生军团病菌、细菌和火灾的风险。供暖、通风和环卫工人组织的行业协会建立了一系列涉及健康和安全问题的标准（见 www.sakervatten.se）。潮湿房间和用水设备应该被设计成一旦发生漏水就能快速发现。即使发生漏水，也不会马上造成损害。用水设备应该被设计成在维修时不影响其他房间使用。维修起来最昂贵的房间是浴室。如果所有的用水设备都能以一个合理的价格被更换，那么在它们出故障之前就应该能更换。

（1）**管道铺设**。在铺设管道的时候，应该作出规划以应对

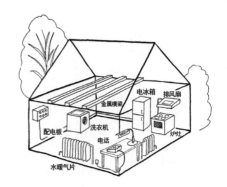

图 1-208　房屋中的杂散电流示意图

杂散电流产生磁场。当电气设施中的电流没有回到配电柜，而是通过建筑中的金属导体走捷径的时候会产生杂散电流

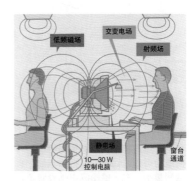

图 1-209　计算机终端工作站周围不同的场

远距离的重要性也被表达出来。资料源于《电磁波过敏症——我们该如何处理？》，玛姬·米勒（Maggie Miller），Arbetarskyddsnämnden，1995

---

① Curry 线是一套表示天然电磁场强度的网格系统，由德国人 Manfred Curry 和 Ernst Hartmann 最早提出。

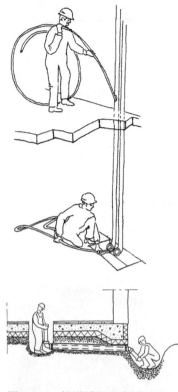

图 1-210 管道铺设示意图
在空管道内部铺设管道使得管道的替换成为可能，同时可以把漏水的危害减到最小。在干的涵洞中铺设管道是一种灵活且防潮的方法，适用于给水管和污水管

今后可能发生的漏水和维修（图 1-210、图 1-211）。① 管道应该尽可能是可以替换的。规划的最终目标是所有的管道都能够被替换，而不会影响到建筑结构。② 所有的卫生设备都应该合理安装并便于检查。任何管套都应该可以拆开。③ 漏水的管道应该能够被快速发现。④ 卫生设备的布置应该要适合建筑的结构和内部的功能。⑤ 家具的设计应该使得漏水可见，而且不会马上造成损害。⑥ 排水管、污水管和供热系统的任何漏水都应能被及时发现。⑦ 自来水管的接头应该设在地面带有防水层的房间中。⑧ 自来水管和热水管的接头应该是可更换的，并且不应设置在隐蔽的位置。在水槽和管道内的连接应该完全避免。⑨ 每一层楼的冷热水阀门都应该贴上标签。⑩ 接洗碗机或为洗碗机做准备的水管应该要带有自动关闭功能的水阀，洗碗机的下水应带有汽、水分离器。⑪ 连接花园浇水软管的室外水龙头应该要防霜冻。

（2）地漏。① 优先考虑采用被实践证明安全可靠的地漏。② 不要在采用塑料地板面层的楼面上使用带突出环的地漏。③ 不要使用在低于楼面防水层部位设置额外进水口的地漏。④ 根据装配说明书来安装地漏。一些重要细节，例如地漏与楼板结构和防水层的连接方式，在装配说明书中应该明确说明。⑤ 根据宽度和高度来确定地漏的尺寸。地漏应该水平安放，并且放在易于清洁的位置。⑥ 确保所有相关的建筑使用者都知道地漏的位置和使用注意事项（图 1-212 至图 1-214）。

（3）管套和螺栓五金配件。卫生间的平面布局和管道走向应保证固定管道的五金件不会暴露在泼溅的水中。① 卫生间里的自来水管和热水管走线不应该穿过地面上。② 管道穿越防水层时应该根据规定的方法进行密封。③ 不要在地板上或靠近淋浴的地方安装螺栓配件。④ 选择水阀、淋浴喷头（图 1-215）和其他配件（那些要安装在淋浴区里的）时，应尽量少在防水层上钻洞。架子、肥皂碟、衣钩等必须用螺丝旋进墙壁中固定的配件不应该

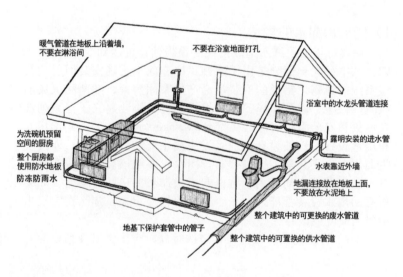

暖气管道在地板上沿着墙，不要在淋浴间

不要在浴室地面打孔

浴室中的水龙头管道连接

为洗碗机预留空间的厨房

整个厨房都使用防水地板防冻防雨水

露明安装的进水管

水表靠近外墙

地漏连接放在地板上面，不要放在水泥地上

地基下保护套管中的管子

整个建筑中的可更换的废水管道

整个建筑中的可置换的供水管道

图 1-211 防漏水系统的各个组成部分

图 1-212　地漏位置选取示意图
挖出一个空间，而不要把地漏直接浇在混凝土里面。先把地漏水平放置在合适的位置，然后再固定

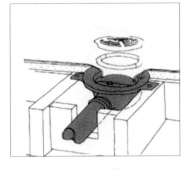

图 1-213　地漏示意图
地漏占了卫生间漏水问题中的 25%。资料源于 VASKA 项目，于默奥（Umeå）

图 1-214　Purus 管
这是一种特殊设计的地漏，它包含有一个存水弯。通过这个产品可以使浴室的地板向一个方向倾斜。资料源于普鲁斯（Purus）公司

安装在淋浴区。⑤ 卫生间中明装的管道不应在淋浴区或浴缸的后面。此外，卫生间中所有的螺栓和防水层上的其他洞口都应该根据规范的方法进行密封。任何必需的管道固定件都应该在建造阶段就被安装好。

2）地面和墙面处理

（1）**卫生间的地面和墙面**。① 卫生间的地面应该被设计成朝向地漏处放坡。如果有可能，整个地面的坡度最好能不小于 1%。② 地面和墙面的防水层应该适应基层和当地气候条件。

（2）**厨房地面和墙面**。① 厨房的地面层应该覆盖整个厨房地面，并在橱柜安装前铺设好。地板边缘在靠近墙面处应上翻至少 5 mm，在放置橱柜和洗碗机的地方应上翻至少 50 mm。② 水槽下部空间不应封死，保证可以检修该处地面。

（3）**水管连接箱**。使用不带接头的管子和软管可以使水危害的可能性减少，因为泄露常常发生在接头处（保险公司推荐使用这种管子和软管）。专业公司已经开发出直接由管道材料制造弯管、法兰盘以及环箍的管道系统。此外还有表面带有防护层的聚乙烯管可用于自来水管。

（4）**指示标志**。公寓或住宅中的"指示标志"应包含以下内容：① 主水管总阀的位置；② 排水口的位置以及类型；③ 浴室内允许开洞的位置；④ 安装洗碗机和洗衣机的说明；⑤ 排气设备的清洁说明；⑥ 紧急电话号码。这些说明应该被永久地固定在某处墙面上，例如中央配电箱上面。

（5）**设施基础和井道**。通过对基础的设计可以设置一个集中容纳建筑设备系统的排水检修井，所有管线可以集中到这个容易检查且防水的地方，这样就不需要暗埋管线，而维修和保养都会方便很多。存在的一个问题是这些建筑设备需要占据建筑面积，有些需要人进入检修的空间还有净高的要求。当然从另一方面来看，由于明装管线简化了安装和维护，成本也就降低了。例如，在采用地下管道进气即安装有自然通风系统的学校里，主要的水

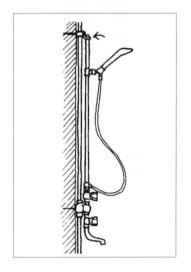

图 1-215　淋浴喷头示意图
淋浴喷头应采用防水材料的支架

图 1-216　比吉塔花园（Birgitta's Garden）公寓卫生间的设备井

在瓦斯泰纳（Vadstena）的比吉塔花园（Birgitta's Garden）公寓中，所有的设备都被限定在几个竖井中。通过卫生间里的一个小门就可以检修设备井，这里有冷热水管、热力管和电源线

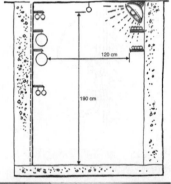

图 1-217　管沟

设计良好的管沟允许快速安装管线，同时便于维修和更换，这样的总成本甚至还更低。该管沟还可以用作埋地的进气道，通过土壤冬季预热夏季预冷新风

管和电缆放置在大的进气井内，也可以将所有管线放置在进气井道内，以便维修更换。最主要的革新是将需要经常更换的主供水管和污水管放置在建筑之外。管线放置在井道内的设计可以保证其使用更加耐久且降低更换时的施工成本（图 1-216 至图 1-219）。

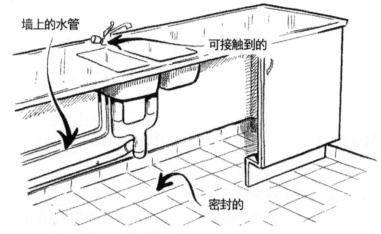

图 1-218　厨房明装管线示意图

设备系统的防水问题至关重要，这样可以保护其免受潮气侵袭，避免发霉。厨房地板应该铺到橱柜下面且上翻到墙上，便于当漏水流到地板上时发现漏水。水管应该便于检修，应避免在地板或水槽下面暗铺水管。资料源于 VASKA 项目，于默奥（Umeå）

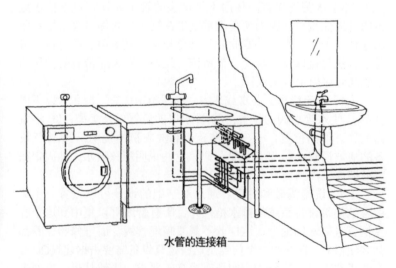

图 1-219　水管连接箱

为了避免使用隐藏的接头，现在经常使用水管连接箱，所有的水管都无缝连接到这个箱子

（6）**埋设管道。**暗埋管对环境的影响大部分产生于埋设阶段，大约 80% 的资源消耗花费在该阶段。此外，地面管线开挖施工时会对周围的环境造成很大影响，造成街道拥堵，为步行者和店主带来许多麻烦。其实一般总有办法不必开挖地面而埋置管道通过敏感区域。如今，不用明挖的埋管技术已经成熟，并具有巨大的竞争力。螺旋钻孔和微型隧道技术利用千斤顶将管道顶入地下，并且利用管道尾端的钻头移走多余的泥土。管道被推动前进，但这实际上是另一种挖掘，使用钢管和喷嘴来进行有控制的钻孔，并且这种方式几乎可以用于任何地质情况，甚至包括岩石。首先要挖好始发井和接收井，随后钻头旋转喷出高压钻井液并开始向前推进，一旦停止旋转当钻头出现问题时钻探方向就会发生改变。当钻头钻洞的时候，洞随后被一个旋转的扩孔钻（一种圆锥形钻头）拓宽，这个钻头同时还将管道拉入地道。金刚石或硬质合金钻头可用来钻探岩石。大部分时候是可以不必开挖地面而修复旧管道的，并且有许多不开挖的修理法可供选择。柔性套管法是利用高气压将柔性套管插入损坏的管道内，并用蒸汽使之硬化。滑动替换法是用新的管道替换现有管道。扩展管线法是用塑料管包住旧管道。在热力和压力的帮助下，新管会将旧管壁顶出。对于大管子可以用部分管材进行修补。管道爆裂法是使用管道爆破头沿着旧管道钻探的同时将旧管道破碎，同时将新管道拉进原有的位置替换旧管道。有时候管道仅仅是需要疏通清理，有许多可供选择的方法可以实现这一目的。高压水流是最常用的办法，清洗过后的废水可以通过管口排出。树根刀在管道内转动，可以切碎树根或其他造成管道不畅的固体阻塞物。清管器是一种利用水压疏通管道的设备（图 1-220 至图 1-223）。

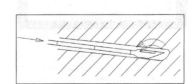

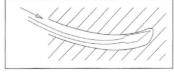

图 1-222　两种钻头钻探方向比对
上图为同时旋转和带有压力，在钻头钻探方向是不会改变的。下图为只有压力而没有旋转时，钻头钻探方向会发生改变

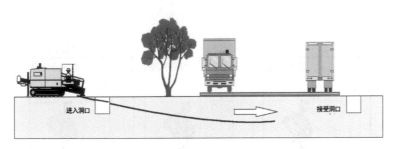

图 1-220　钻探导向洞

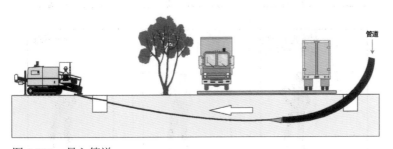

图 1-221　导入管道

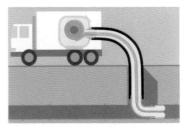

图 1-223　管理修理法
使用空气压力挤入新管道并用蒸汽硬化

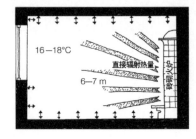

图 1-224　辐射式采暖
辐射式采暖是利用大块热的物体（如砖砌壁炉等）辐射到室内采暖

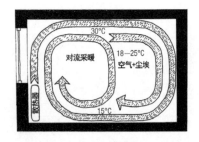

图 1-225　对流式取暖
对流式取暖是指利用暖气片或对流式散热器以空气为热量载体对房间进行采暖。对流式散热器是经过设计可以比辐射式采暖产生更多对流热量的散热器

1.2.5　采暖系统

　　一般来说，建筑采暖有三种方式：循环热水采暖、中央空调采暖、电暖器或燃烧木材热辐射采暖。在过去，燃烧木材是最普遍的采暖方式，例如在每个房间砌筑壁炉。直接用电来采暖在本书中不予讨论，因为这种方式与可持续发展是水火不容的。空调采暖系统通常会造成糟糕的室内物理环境，在室内和管道间循环的大量空气夹带着管道中的灰尘，时常还会造成室内巨大的温差。使用空调采暖系统时，通风的需求很难与采暖的需求相协调。因此，空调采暖系统在此书中也不予论述。生态建筑通常采用循环热水采暖系统或者使用燃烧木材加热的采暖系统。

1）采暖方式

　　辐射式采暖（如使用砖石壁炉采暖）是最为舒适的采暖方式（图 1-224）。尽量采用辐射热源取暖可以形成舒适的人居环境，最舒适的方式是采用大面积的低温辐射。热风供暖系统远不如辐射采暖系统这样舒适。有些暖气片，例如对流式散热器，散发出许多对流热，也就是暖空气流，这种采暖效果也不如辐射采暖舒适（图 1-225）。对于一个大部分是辐射采暖的供暖系统来说，应该采用低温水循环系统，例如地板采暖、墙体采暖、踢脚板采暖或暖气片采暖。天花板水循环采暖是不舒适的，因为它很容易造成室内温度的不均衡，人头部以上高度的位置容易过热，脚部温度则太低。封闭的空气加热系统也可以产生辐射热，即热空气地板或火炕系统。火炕是一种采用木材加热的火炉，有封闭的通气管，可以为室内的很大区域供暖。这种采暖系统以前在德国使用很普遍（图 1-226）。

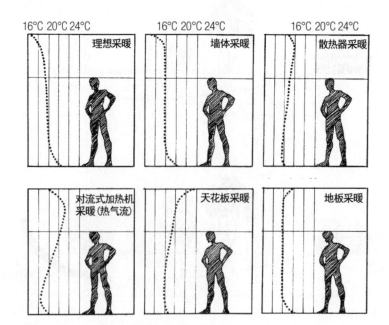

图 1-226　不同采暖方式对比
不同的采暖方式导致不同的室内温度分布。墙体供暖可以说是最为理想的采暖方式——从人体的一侧进行大面积的低温度辐射

（1）**循环热水采暖**。这里有必要明确供暖系统是什么。任何供暖系统都有一个与分配系统相连的热源，热量经由采暖系统分配到各个房间。分配系统包括储热水箱、热水器和操控调节系统。这里所说的循环热水采暖系统包括暖气片采暖、地板采暖、墙体采暖和踢脚板采暖。建筑的供热系统的所有部件应当由绝缘管道相连接。

（2）**储热水箱**。使用可再生能源（诸如太阳能、生物质能）加热的供暖系统通常需要一个储热水箱来存储热量。太阳热量必须从早到晚地收集存储，而生物质能则可以在短时间内剧烈释放并存储于储热器中，储热水箱使供暖系统的使用变得更加灵活。热量可以从太阳能、生物质能或电能中获得并储藏于储热水箱中，然后转移到需要采暖的空间或者自来水中。具备这种功能的储热水箱通常配备三组热交换器线圈：底部温度最低的地方用来储存太阳热量，中部是预加热自来水的部位，顶部安置的线圈则是温度最高的加热完毕的自来水。燃木锅炉加热位于水箱中部的水套，最终热量被传到顶部的散热器。热量的储存能力可以通过增加额外的水箱来增加，增加的水箱是附属储存器，不用安装热交换线圈，而且在夏天可以断开附属水箱。储热水箱由钢材制成，可以承受压力，外面可以用纤维素纤维覆盖保温。为安全起见，水箱必须配备膨胀阀和减压阀，当水开始沸腾时可以放水降低压力（图1-227至图1-229）。

（3）**注水系统**。在储热水箱和热水锅炉之间需要一个注水系统。注水系统的功能如下：① 开始阶段：停止水在水箱中的循环，水仅在锅炉中循环，以尽快达到工作温度。② 注水阶段：当锅炉热交换器中的水达到热力阀的打开温度时，恒温器逐渐调整使得冷水得以在热交换器中与已经加热的水混合。如果锅炉热交

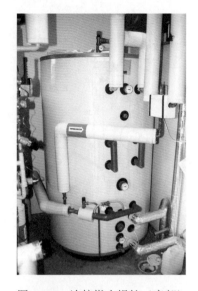

图1-228　连接燃木锅炉（底部）和供暖系统（顶部）的储热水箱
水箱用三个线圈来生产热水。底部的线圈连接到太阳能集热器，中部的线圈进行预热，顶部的线圈则提供最高温度的热水。电热器又可以辅助热水达到最高温度

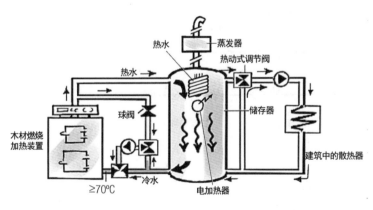

图1-227　储热水箱工作原理示意图
放置储热水箱的原则是放在采暖系统的核心位置。锅炉把流到储存器顶部的水加热，这些热水为采暖系统提供热量后冷却，下沉到水箱底部，最终回到锅炉重新加热。因此，水返回锅炉时不会太冷（至少70℃），一些留在锅炉里的热水与进入锅炉的冷水混合。热水一直保持位于水箱的上部。资料源于笔者根据《生物能源别墅》2003年1月的图绘制

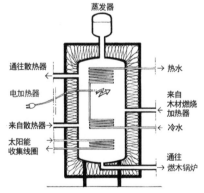

图1-229　储热水箱

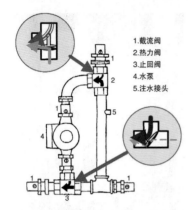

1. 截流阀
2. 热力阀
3. 止回阀
4. 水泵
5. 注水接头

图 1-230 注水系统
其位于储热水箱和锅炉之间。资料源于《生物能源别墅》2003 年 1 月

换器中的水温下降，则混合的冷水量会减少，反之则会增加。因此，在注水阶段恒温器起到水混合开关的作用，以确保锅炉热交换器中的水保持恒定的温度，并且使流过水箱的水流尽可能小。考虑到水温分层现象的重要性，这是很必要的。应用这一系统，水箱顶部被注满热水，并且冷水与热水的分界线很明显。即使水箱中的水没有注满，注水过程也可以被停止。③ 关闭阶段：一旦锅炉停止加热，锅炉降温，温度阀关闭切断锅炉和水箱之间的水流。因此，在锅炉停止工作阶段不会有热量损失（图 1-230）。

（4）套装操作设备。为了达到最佳成本和使用效益，供暖系统的各个部件之间需要相互配合，因此许多供暖系统生产厂家（比如太阳能供暖系统生产厂家）销售成套的操作设备，包括水泵、压力水箱、安全阀以及使系统得以正常运行所需的所有附件。由于对于一个不熟练的水管工而言分别购置所有零部件并以合适的尺寸组合是相当困难的，这时他们就可以购买成套的完整设备。

（5）恒温混合阀（或分流阀）。采暖系统常见的缺陷有三种：① 高速水流系统，噪声大且难于调控；② 经常会体积过大；③ 分流连接装置安装有问题。旁路连接器用于混合冷热水，使供暖系统的输出水流能达到合适的水温。未正确安装的旁路连接器会导致一侧压力过高，引起水泵对冲工作。对于家庭用供暖系统，由于暖气片上设有恒温器，没有必要安装旁路连接器。采暖系统应该设计尽量少用水泵以降低能耗。由奥斯丁·桑德贝格（Östen Sandberg）在 20 世纪 70 年代开发的基律纳（Kiruna）法的是一种不需要主泵的系统。这种系统在热水箱回路有一个泵，并且将一个三通阀作为混合阀，连接在将热水打到暖气片的泵之前。因此，系统中的两个泵可以共同工作，从而减少了每个单独水泵的能耗（图 1-231）。

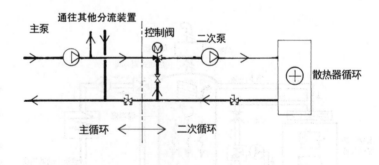

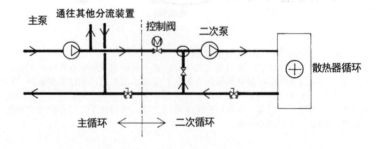

图 1-231 三路和两路分流连接的供暖系统
在很多供暖系统中，由于水泵之间运行不协调造成相互抵消，会造成巨大的耗能。解决的方法之一是安装三路分流连接装置（上图），就像本图显示的那样

（6）**高速水流和低速水流**。许多现代供暖系统是高速水流系统，这样的系统可以有效利用较低的水温。然而，由于这种系统不易调节，因此难以控制。房间很容易变得太热，并且管道里会有汩汩的水流声。低速水流系统则是更好的解决方案。低速水流系统中水流更慢，泵压更低，注水与回水装置间的温差更高，因此调节水温的可能性提高了，在整个系统作用下房间温度得以保持均衡。在优质的恒温器作用下，低泵压和慢速水流使供暖系统较为安静（图1-232）。

（7）**重力循环系统**。以前，采暖的水循环是通过重力循环实现的。在一些生态建筑中，为了避免动力故障造成的系统中断，自然循环是最好的选择。为了在不使用电的情况下保证供暖系统正常运转，暖气片与储热水箱也必须采用自然循环（图1-233）。自然循环系统需要大口径的管道和精心设计的水管走线。当水泵停止运转时，使用自然循环的采暖系统仍可以保证工作，尽管水泵运行时供暖系统的效率更高。多数燃木锅炉配备有水泵和风扇，因此依赖于电源运转。在那些经常停电的区域，可以用无风扇的自然通风锅炉。储热水箱可以用这样的方式连接在锅炉上，以使热量通过自然循环（不需要泵）传递。当锅炉热交换器中的水被泵打到水箱后，只要锅炉保持运行，就算停电，水也可以继续加热沸腾。另一种方法是配备备用电池组以防停电，在有备用电源的情况下，泵和风扇可以依靠电池的直流电运行。

2）散热方式

（1）**辐射式暖气片采暖**。辐射式暖气片的种类繁多：平板型散热器、由若干层对流板覆盖输热管道组成的对流散热器，以及采用古典形式新设计的散热器。对流散热器散发的热量中仅20%—30%是辐射热，其余部分是加热的空气。在散热片之间会堆积灰尘。温度越高，对流越强烈，将灰尘带入室内空气。管状散热器散发的热量中大约40%为辐射热。不带有对流板的板型散热器是最佳的散热器，这种散热器散发的热量中辐射热比例大于60%。并且由于这种散热器更轻，使用的水更少，因此能源利用效率更高，并且可以更迅速地升温和降温。大型板型散热器可以在温度相当低的环境中工作，因此非常适合应用于采用储热水箱的低温系统（图1-234）。

（2）**地板采暖**。地板采暖比暖气片多消耗30%以上的能量，因为这种设备调控慢，在地板以下热损失大。采用地暖系统的地板需要比其他采暖系统更好的保温。地暖的温度不应该高于24℃。当达到27℃时人会感到不适，空气产生对流夹杂灰尘。德国的建筑生物学家也认为足部温度过高可能导致静脉曲张，因此他们推荐在人长期使用的房间内不要使用地暖。一般人们认为在浴室和走廊是可以安装地暖的，但地暖应该可以关闭以减少不必要的能耗。考虑到塑料管的使用寿命和可能发

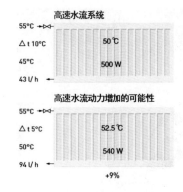

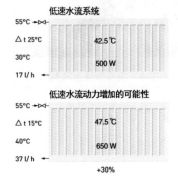

图1-232　高速水流系统与低速水流系统比对
循环水暖气片是一种舒适的供暖方法，但为了达到最佳的热量调控，这种散热器应当设计成低速水流系统。此外，低速水流系统更为安静

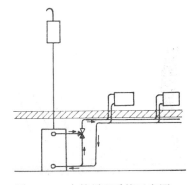

图1-233　自然循环系统示意图
自然循环需要细心安排锅炉和散热器的位置，还需要大口径的热力管。必须指出的是，自然循环系统比泵装置系统难调控得多，因此也更耗能。自然循环系统的优势是即使停电仍然可以工作。资料源于VVS-teknik，托德·马克思泰德（Tord Markstedt），斯特恩·奥斯特鲁姆（Sten Åström），1972

图 1-234　墙面循环水暖气片
整墙的循环水暖气片面积很大，散热面积也很大，能形成舒适的室内温度环境

生的泄漏，有些建筑师犹豫是否应该安装地暖。气热地暖比水热地暖调控更慢，但在发生管道泄漏时不会造成太严重的后果（图 1-235、图 1-236）。

（3）踢脚板暖气。踢脚板暖气有两种方式：一种是平的，看上去像踢脚板的金属板模块；另一种则是沿着墙裙排列，又长又低的层状水管散热器。在低能耗建筑中，沿建筑外墙内侧的踢脚板暖气足以满足采暖要求。板型踢脚板暖气片的功能类似板型暖气片，其散发热量的 60% 为辐射热。而长的层状水管散热器可以加热空气为上部墙面提供热量（图 1-237）。

（4）墙体采暖。热水管墙体采暖系统由嵌入墙壁的低温热水管道组成。墙体采暖系统在瑞典并不常见，但在德国的生态建筑中相当受欢迎。这种系统需要巨大的表面积，并且使得该墙面不适合放置家具、橱柜和绘画。建筑物保温越好，墙体采暖所需表面积越小。置于墙体内侧的墙体采暖系统能耗比地暖要低。在轻质石膏板内隔墙上安装的墙体采暖系统的能源利用率最高且易于控制。但是人们一般认为重质外墙提供的热量较为舒适，例如，在墙体外表面用实木保温，墙体内侧则用供热管嵌入黏土灰浆，黏土使热量在一定区域内分散，因此管道不必排布得非常紧密。以空气为热载体的墙体采暖系统由嵌在墙角下部的长的分层管道散热器组成，它在墙壁缝隙中（如在石膏板后）加热空气。也可以用于特制的空心混凝土砌块墙体，这些砌块中间的空腔形成风道，用来容纳加热的空气。采用这种系统的内隔墙比一般的墙体要厚一些（图 1-238、图 1-239）。

（5）燃木设备辐射采暖。在保温良好且热量需求很小的建筑物内是可以通过单个燃木设备进行采暖的，而在其他建筑物中，燃木采暖设备是利用可再生能源的方法之一。然而这些建筑物需要采取开放式的空间设计以保证热量可以散布到整个建筑。为了

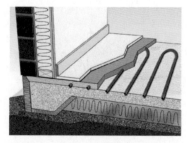

图 1-235　热水管地暖系统
这是一种很流行的采暖方式。其缺点是调控速度慢，因此无法发挥免费加热的优点。此外埋入楼板的热水管道长时间运行后有泄漏的危险。绘图：列夫·欣德格伦（Leif Kindgren）

图 1-236　采用循环水管地热采暖的实木楼面构造
资料源于 Uponor 公司

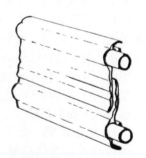

涂漆金属踢脚板供暖系统，5.5 m 长，15 mm 管道直径，1 mm 壁厚

图 1-237　踢脚板暖气系统
这种系统的功能类似暖气片，散热器设计成金属踢脚板的样式，使得散热器的表面积较大，并且不占据家具的放置空间

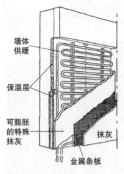

墙体
供暖

保温层

可膨胀
的特殊
抹灰

抹灰

金属条板

图 1-238　热水墙体采暖系统
这种系统在德国应用广泛，德国居民认为这种系统可以创造舒适的室内环境。墙体供暖系统有多种不错的设计，然而这种系统调控较慢，并且在长时间使用的情况下有可能发生泄漏问题

图 1-239　多功能墙裙板（FFP 板）
这种板由 Rappgo 公司开发，其既具有采热系统的功能，又有布线功能。资料源于 Rappgo 公司

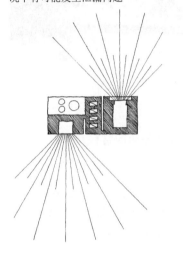

图 1-240　燃木供暖设备
设计为开放式平面的建筑可以使用安置在烟囱周围的燃木设备提供辐射热。图中显示了装有木材燃料炉的砖制烟囱、烤箱以及反方向的砖砌炉子

图 1-241　火炕供暖系统
在德国，火炕供暖系统在生态建筑中很常用，是一种封闭的空气加热系统，该系统安置在木材燃料设备的周围。这种系统相对较为昂贵，且由于要安装在每个房间，限制了建筑平面设计的选择，但是该系统可以创造非常舒适的室内环境

使燃木采暖设备产生的热量更容易传播，必须安装通风管道，但是那样就会存在空气带走热量的问题。也可以通过长烟囱来传播热量。比如在芬兰，烟道可前后活动的隔墙很常见，并且设计得可以方便清扫。德国人则使用封闭的空气采暖系统和火炕系统。在火炕系统中，烟道产生的热量可以在热交换器中传播并使气体加热。接下来加热的空气通过自然循环在砖气道内流通。燃木产热设备、烟囱和砖制的气道共同构成位于建筑正中的标志性元素。在多个相距较远的房间运用小型散热器的燃木供暖设备广受好评（图 1-240、图 1-241）。

图1-242 奥斯陆的格鲁路德（Grorud）住宅
这是一幢有效利用空间的建筑，带有在立面上可见的完全由矿物材料建成的卫生间。矿物材料用来防止潮湿和霉菌对浴室的损害。建筑师：比约·贝格（Björn Berge），挪威

1.3 建造

要建造一座健康的建筑，单单选择健康的材料是不够的。在结构上，材料必须以适当的方式连接以适应它们的功能。如果连接方式不当，就很容易会带来一系列的问题，例如潮湿、氡、噪声、不易清洁等等。潮湿是造成致病建筑的常见原因。在瑞士，与其他构造不当引起的问题相比，氡被认为会造成更高的死亡率。噪声会引起紧张和不舒适。易于清洁和维护是创造健康建筑的重要因素（图1-242）。

1.3.1 以正确的方式开始建造

通过不断研究和开发来跟上时代的发展是很重要的。环境方面的发展在快速进步，新材料、新构造方式和新的环保技术不断涌现。由于建筑生态学的很多方面还相对较新且未曾尝试过，因此从实践经验中获得反馈也很重要。

1）维护保养

不同的操作方法和细节的设计最终都会影响到维护保养的可操作性和经济性。生态建筑应该在规划设计阶段就考虑到维护和保养的问题。本节内容的大部分信息来自于《建筑环境一体化——以正确的方式开始建造》（Fastigheten som arbetsmiljö-bygg rätt från början）一书，古德龙·林（Gudrun Linn），1997。

（1）室外的维护保养。如今，汽车解决了大部分的室外维护保养任务。在不影响交通规则的情况下，可达性是很重要的。应当为残疾人、出租车、救护车、消防车等设置出入口。用于维护保养的车辆需要有停靠场地来完成工作。应当妥善考虑不同的

标高和路牙，尤其是在除雪的时候。在设计地面铺装时要考虑到维护问题，比如除草。绿地设计应遵循便于维护的原则。绿地可能是集中式的（需要用割草机修建）或原生态的（例如牧场）。需要割草机除草的绿地应当互相连接，且不能过于依赖割草机。植物不应遮挡风景，可以在外墙周围铺设卵石带来防止雨水将污泥溅到墙上。从便于维护角度来看，最好采用不需要经常修剪的灌木。使用树篱剪修剪树篱会对手臂和肩膀造成负担，带刺的灌木也是一个问题。密集的种植覆盖地面，可以防杂草。有些植物的根系，如生长快速的杨树和柳树，可能会侵害水管、下水道和电线或是破坏硬质的铺地，因此在选择树种时应有所考虑。一些种类的树会比其他树木制造更多的"垃圾"。

（2）**建筑的维护保养**。屋面的设计应当便于除雪，屋顶的开口和梯子也需要有所考虑。电动窗和通风口的维护应避免危险的攀爬。换气扇应可以在建筑物内维修。如果需要从外部维修，安全性是首要因素，应避免过长的屋顶走道和楼梯。玻璃立面的内外都应设有永久的清洗装置。同时在建筑内外都应有可移动的脚手架和吊架以便于到达玻璃边。

（3）**室内的维护保养**。可以调节设备和显示故障的控制系统使建筑更易于维护。这些设备必须明显可见易于检查，并且不要过于复杂。风扇和空气过滤器、屋面外的排风扇，都应当易于到达检修。每条主水管和水龙头都应有方便检修的阀门。存水器，包括在地漏里的，必须便于清理。地下管沟的设计需要能够容纳人站立。水管或其他设施需要铺设在便于检修的墙面。应当避免需要爬行的空间。不同标高的楼层间如果仅靠楼梯连接将会使清洁机器、真空吸尘器和轮椅难以到达。风管和电缆之下的天花板应易于拆卸和更换。传统的门槛对于清洗机器、轮椅、传送邮件等来说是一个障碍物。阁楼内的设施、风管、检修面板和屋顶孔洞等都应便于建筑维修人员携带必要的设备和配件出入。通向暖通机房的楼梯应设计得便于配件和设备进出。建筑设计应认真考虑如何维修房间中位置较高的窗户和配件。在有许多植物的办公室里，应妥善考虑植物的养护需求。

2）垃圾房

垃圾处理的空间和设施应适合垃圾的种类和数量，还应考虑其处理系统的运作以及垃圾回收的周期。需要认真考虑垃圾车和垃圾箱的可达性。

1.3.2 潮湿

容易造成损害的潮湿包括：① 土壤潮气（由排水不良引起）；② 漏水（由维护不当或平屋顶引起）；③ 不当的构造；④ 建造潮气（由于施工不当或干燥时间不够引起）。潮气也有可能是由于通风不良、材料的毛细作用或大雨导致。不当的节能措施也会导致潮湿，例如：减少了通风量的防水层，或是室内淋浴导致潮湿度上升。

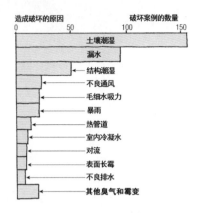

图1-243　潮湿破坏数量图
资料源于笔者根据瑞典国家测试研究机构的研究结果绘制

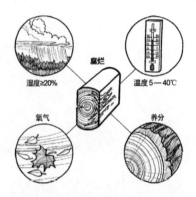

图1-244　有机物腐烂的四个条件
有机物腐烂需要同时满足以下四个条件：养分、氧气、温度和湿度

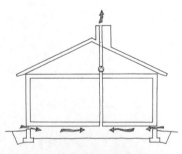

图1-245　建筑物排水方式
在多雨的地区例如斯堪的纳维亚，建筑物应采用坡屋顶并有良好的排水。建筑物附近的地面应为自建筑物起向外逐渐降低的坡

1）潮气的危害

潮气会带来许多问题，例如：霉变、腐烂、增加建筑材料及家具散发的化学物质，还有螨虫。许多家庭，尤其是独户住宅，都遭受了潮气带来的损害。潮湿问题的信号是发霉的气味、室内玻璃上的凝结水、室内材料变色、木材腐烂或石材和塑料的潮解。越早发现，潮湿带来的破坏就越容易处理。渗漏并不总是在可见的破损附近，因为漏水在被发现之前可能已经流动了很长的距离。错误的构造做法造成了90%的潮气问题。注意以下几点可以避免潮湿问题：使用符合本地气候条件的建筑材料；不要用依据现有物理知识推断会造成高湿度的方式建造；不要封闭在生产或建造时仍含有较高湿气的建筑材料；使用宽松的构造系统，使得湿气可以在造成霉变破坏前消散或得到妥善的处理。

2）潮湿问题

（1）**潮湿、霉变和腐烂**。霉变是最普遍的潮气破坏形式，特别是20世纪70年代和80年代建造的房屋。在20世纪90年代和21世纪之初，越来越短的建造时间和建造的疏忽也会造成不良的后果。滋生霉菌的温度比腐烂要低，因此成为一个普遍的问题。由于霉菌频繁滋生于隐蔽的区域，通常是由于难闻的气味而被发现。霉菌和真菌散播的孢子通常在室内和室外的空气中都能被发现。真菌的生长需要潮湿、高温、氧气和养分。霉菌的孢子需要至少75%甚至更高的相对湿度和高于5℃的温度才能存活。糖或含氮化合物是其生长所需的养分，通常从有机物，如木材、纸或纺织品中获得（图1-243、图1-244）。

（2）**土壤潮气**。土壤潮气与不当的基础设计及悬浮基础上的楼板结合是造成潮湿问题的最常见原因。① 雨水和溶化的雪水需要被直接疏导远离基础。好的基础排水需要有不小于0.5%的坡度。在坡度很大的区域，常常需要截断建筑上游的排水沟。建筑之下的排水系统需要铺设洗净的砾石、细骨料或泡沫玻璃垫层。砾石或骨料垫层至少要有150 mm的厚度。泡沫玻璃同时具有排水功能和保温性能，一般需要600 mm的厚度。基础需要用防潮层来防止水气进入结构内部，并需要与排水系统连接以便排水。排水沟应当可以检查并在需要时可以清洁。沟底部要向水流方向倾斜（图1-245）。② 不同的基础方式有不同的防潮问题。桩基础是最安全的选择。悬浮基础如果通风不良也会产生潮湿问题。可以采取以下三个措施来防止潮湿问题：避免悬浮基础内的有机材料暴露在外、设置塑料防水薄膜或膨胀黏土层以防止湿气从地底渗出、通过添加保温层来提高悬浮基础的温度。对板式基础来说，应采取以下措施：在板下布置保温层、确保保温层下有防水槽、提供良好的排水（图1-246、图1-247）。③ 地下室墙体的设计应考虑以下措施：在地下室墙体的外表面设置保温层；确保地下室墙体外部设有透气的隔气层；提供良好的排水系统，并保证地下室墙体的隔气层外设有排水槽。

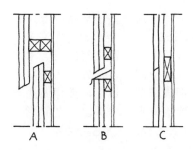

图 1-246　三种不同连接板材方式的比较

施工技术和细部设计对防潮来说是十分重要的。以下是三种不同的连接板材的方式：A. 没有缝隙易于粉刷；B. 有少量缝隙，对端头面有良好保护；C. 在有钉子的地方会有微小的缝隙，当面板固定后无法处理端面；这种方法是目前最普遍使用的方法。资料源于《耐久的木立面》，木材技术（Trätek）公司

图 1-247　悬浮基础

保温良好的悬浮基础在底层地板下常有冷凝水和霉菌，特别是在夏季。在过去，不良的保温和取暖烟囱提高了悬浮基础的温度，因而很少会造成潮气损害

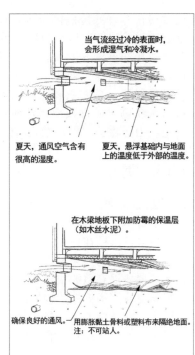

当气流经过冷的表面时，会形成湿气和冷凝水。

夏天，通风空气含有很高的湿度。

夏天，悬浮基础内与地面上的温度低于外部的温度。

在木梁地板下附加防霉的保温层（如木丝水泥）

确保良好的通风。

用膨胀黏土骨料或塑料布来隔绝地面。

注：不应站人。

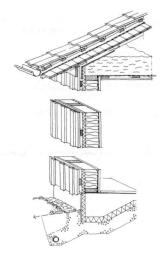

图 1-248　气密性建筑物构造示意图

为了避免潮湿问题，建筑物应该是气密的。在传统构造中，塑料布既是气密的也是防渗透的。在生态的构造方式中，气密性通过纸板、薄板（在连接和转角处需要特别细致的工艺）或可渗透塑料来完成。构造内侧需要比外侧有更强的防潮性能，这对选材起到一定的指导作用。资料源于《建筑防潮》，BFR，1995

（3）渗漏。许多平屋顶已经出现了潮湿问题。平屋顶的渗漏只是个时间问题，除雪也是个大问题。北欧气候条件下的屋顶最好还是采用坡屋顶。好的屋顶挑檐以及合适的门窗构造降低了出现潮湿的风险，大部分渗漏问题都是由不正确的安装引发的。

（4）新的潮湿问题。将建筑建造得"气密"，也就是隔气、防水是很重要的，这样才能将温暖潮湿的空气阻挡在结构之外。确保连接处的密闭是最重要的事，这可以通过重叠放置耐候材料或用螺栓覆盖连接点来完成。气密性塑料常用作隔气材料，但在生态建筑中常使用可渗透隔气层，如 Gore-tex[①] 材料、纸板或硬纤维板。内部材料需要比外部材料更加封闭，这样水汽才能被排出结构之外（图 1-248）。在一些使用纤维素纤维保温但没有气密塑料隔气层的建筑里，阁楼屋顶的内部会有霉斑出现。这些建筑的屋顶保温做得不够密闭，结合顶层楼面较轻的荷载，导致了温暖潮湿的空气透过保温层，在低温的屋顶内侧形成冷凝水，从而形成霉变。这并不是由于使用了纤维素纤维保温层，而是因为气密性不足。透湿的构造需要由纸板、石膏板、硬纤维板或特殊塑料结合而成的气密构造。应给予密封接头、转角处和连接处特殊的关注（图 1-249）。在寒冷的冬季，即使在气密的阁楼天花板内也可能产生冷凝水。一个原因是在寒冷的夜晚，特别是在天气晴朗的地区，屋面内侧的温度会低于露点温度，从而形成湿气。瑞典建筑工业研究基金（SBUF）的研

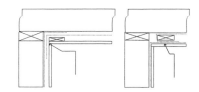

图 1-249　防风纸板的使用

在墙体与屋面交接处，防风纸板被用作内部的密封层。要将它们重叠放置并仔细盖好。资料源于《不用塑料布增加木结构住房的气密性》，伊娃·西坎德尔（Eva Sikander）和阿格妮塔·奥尔松 - 荣松（Agneta Olsson-Jonsson），SP Rapport 1997:34

① 美国戈尔公司（W.L.Gore & Associates, Inc.）发明并生产的一种薄膜材料，具有防水透气功能。

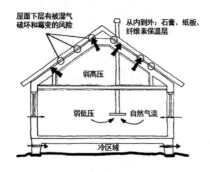

图 1-250　阁楼防潮方式示意图

在保温性良好但通风不佳的阁楼里，冷凝水在天花板内侧凝结并滋生霉菌。这种现象尤其发生在气密性不好的、有气压差的部位。必须采取措施来保证屋顶的内层是气密的且阁楼通风良好。资料源于《新技术》，1997 年第 4 期

究发现在冬季寒冷的阁楼内可以采用可渗透垫层与减少通风相结合的方式来解决这个问题（图 1-250）。近年来建造的许多木房屋直接在泡沫塑料保温层外粉刷石灰而不留空气间层。木结构建筑中常会采用纸面石膏板，湿气从固定连接处侵入石灰，通过保温层，并在石膏板的纸面形成霉菌。目前，推荐做法是将石灰粉刷于矿棉板上，从而在建筑外表面和保温层之间形成空腔。由于霉菌问题，禁止将纸面石膏板用于浴室墙面。

1.3.3　氡

1）氡的危害

　　氡每年都会造成许多肺癌死亡病例。铀的衰变产物镭，会衰变产生氡气。镭在地表衰变时，氡气被释放进入地表的空气或水中。与地表相比，建筑内部的空气压强较低，如果建筑基础不够密闭，地表混有氡的空气会被吸入建筑内部。有些建筑材料比别的材料含有更多的镭，例如由富含铀的明矾页岩制成的蓝色轻质混凝土，这种混凝土会释放氡。氡还会释放进入地下水，并经由自来水进入靠深井取水的建筑里。

2）指导与控制

　　氡气是一种无味的惰性气体，人们既看不到，也感觉不到它的存在。氡气会衰变成为危险的氡衰变产物（氡子体）。假如氡或氡子体被人体吸入，粒子会依附在呼吸系统内。在铀衰变中，氡的四种子体都会在 50 分钟内完成衰变，并且都会释放危险的辐射。在高氡气含量的建筑内吸烟和居住是非常危险的。形成氡气的原因多种多样。市政环境办公室有标示着氡高危险区域的地图。地表面的氡是家庭内氡气最常见的来源。在公寓楼房里，建设中使用的蓝色轻质混凝土是氡的主要来源。氡的含量是可以测定的，因此在建筑的销售过程中，它并不是一个能隐瞒的缺陷。为了将氡带来的问题降到最低，在购买建筑时首先要测量氡的含量。精确的氡气含量测量操作很简单，但需要在一年中采暖期内进行至少两个月的测试。要从实验室或市政环境办公室预定至少两个测量盒，并根据使用说明放置。将测量盒送回之后几个星期就可以取得测量结果。瑞典辐射安全机构估计在瑞典有大约 500 000 个家庭的氡含量要高于 200 Bq/m³[①]（图 1-251）。

　　（1）**新建建筑中的预防措施。**在新建建筑中，氡的问题是可以避免的。新建建筑中氡气的主要来源是土壤氡和源自深井的自来水。就氡的危害而言，建筑用地可以分为以下三类：氡含量低，不需特定的预防措施的用地；氡含量适中，需要采取保护设计的用地；氡含量较高，需要采取防氡设计的用地。对于建筑用地氡含量适中的地区需要进行针对氡的预防性设计，这也是瑞典最主要的用地类型。通过阻止地面的空气进入建筑内部，以及设置可调节的机械通风设施，可使得室内氡的含量

---

① Bq，贝克勒尔，辐射单位。

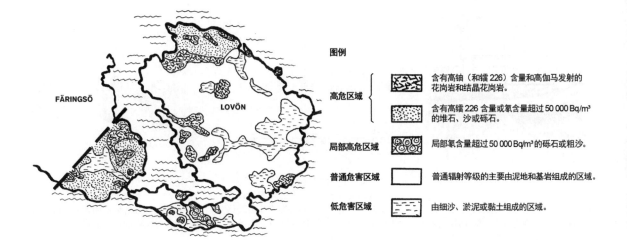

图例

高危区域
含有高铀（和镭226）含量和高伽马发射的花岗岩和结晶花岗岩。

含有高镭226含量或氡含量超过50 000 Bq/m³的堆石、沙或砾石。

局部高危区域
局部氡含量超过50 000 Bq/m³的砾石或粗沙。

普通危害区域
普通辐射等级的主要由泥土和基岩组成的区域。

低危害区域
由细沙、淤泥或黏土组成的区域。

图1-251 瑞典地面氡含量高低分布图
瑞典很多城市都已经发布了这样的地图。资料源于 Ekerö 的氡地图，瑞典

达到最低。① 在地面、地板以及墙面体之间，不应该有明显的漏洞。② 避免板材边缘的保温材料使地表空气顺着混凝土板边缘进入室内。③ 避免建筑沉降。④ 管道穿过建筑混凝土板基础区域需要保证密闭。⑤ 确保悬浮基础上穿过楼板结构的节点和管道应该是密闭的。⑥ 建筑地面之上的部分也应是密闭的（图1-252）。

（2）**氡的防护性设计**。在氡高危险区需要进行氡防护性设计。这里要完全确保地表空气无法渗透到建筑内部。要达到这些标准，可以采取以下措施：① 采用边缘加强、密闭的混凝土板或是密封的泡沫玻璃基础，也可使用一层防氡薄膜。② 水管穿过结构处要保证气密。③ 用混凝土做基础外墙。④ 在建筑下面的防水层里使用排水软管，并将它们与穿过建筑或是通向混凝土板外边缘的管道相连。如果需要降低建筑之下的空气压力，可以在管道中安装一个风扇。一个办法是在楼板下和地下室墙上（如果有地下室）设置通风空气间层。从地表进入的空气在通风空气间层内被吸走，而不是进入室内。同时，管道接缝处必须良好密封。另一个方法是采用开敞的柱脚基础，这样地表的空气会被吹走；或是采用通风良好的悬浮基础。但是，为了防止结冰和地板过冷造成危害，还需要为管道、配件以及楼板结构设置额外的保温层。如果室内的氡子体含量太高，就需要检查建筑设计，并准备一些简单的额外弥补措施（图1-253至图1-255）。

（3）**改造建筑以改善氡含量水平**。对于已建成建筑，有很多措施来处理来自于地面氡的问题。可以将泄漏点密封，或者改变空气在地面与建筑之间的流通的方向。如果没有什么效果，可以加强室内通风，但是新风必须是不含氡的，且必须在建筑内气压较高的时候进行。① 密封裂缝和空隙以防止地表氡进入。② 改变地面和建筑室内的气压。③ 对建筑下部或是悬浮基础进行通风。④ 增加室内通风量。使用填隙材料来填充裂缝与空隙以

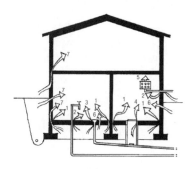

图1-252 建筑基本构造中的常见泄露问题
1. 混凝土楼板与墙体间的渗漏；2. 管道穿过结构处以及管套处的渗漏；3. 地漏处的渗漏；4. 排水沟检查口周围的渗漏；5. 强弱电穿线管周围的渗漏；6. 由于沉降造成的楼板与墙体的渗漏；7. 透气建筑材料的渗漏。资料源于《氡手册》，BFR，1992

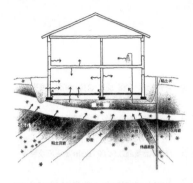

图 1-253　氡进入建筑内的可能方式

氡从地下的矿物颗粒释放到空气中或者从颗粒间进入地下水中。如果建筑内的气压低于地下，那么氡就有可能与空气一起被吸入建筑中。气压差越大，渗透就越严重。土壤的透气性越强，被吸入建筑的氡就越多。资料源于《建筑中的氡》，Text häfte till video，Bertil Clavensjö m fl，BFR，1999

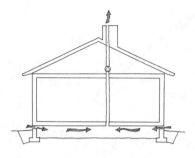

图 1-254　建筑排气通道防氡措施

一种建筑防氡措施是为建筑下部设置独立的废气排放通道。在经过供暖区域的部分通道是有保温层的，因此不会形成湿气。也可以配备一台风扇来增强排风。资料源于《氡手册》，BFR，1992

图 1-255　管道穿洞处防氡措施

管道穿洞之处是氡渗漏的敏感区域。有几种系统可以较好地密闭管道孔洞，这通常也是最便宜的预防措施

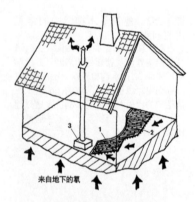

图 1-256　建筑排氡方法示意图

1. 在水泥板上铺一层密实的塑料垫（这层垫子也可以阻止湿气和霉变）；2. 氡留在垫子和混凝土之间的空气中；3. 用一个风扇将含有氡的空气吸出来。建在会释放氡的场地上的建筑，可以通过添加一个额外的气密层，从而在两层地板之间形成一个空气间层，然后可以将空气间层的氡抽掉排出建筑

实现长期的密闭是很困难的。楼板与墙体之间的通风槽不应封闭，以避免潮气对楼板造成损害。吸附氡、氡的疏导以及气垫法都是有代表性的预防措施（图 1-256 至图 1-258）。

（4）**建筑材料中的氡**。自从 20 世纪 20 年代末开始，主要在 1945—1975 年间，大量用于墙体和楼板结构中的蓝色轻质混凝土，会导致高于可接受含量五倍多的氡含量。要了解在墙体、楼板以及屋顶中隐藏了什么材料并不容易。轻质混凝土的伽玛辐射量是可以测量的。瑞典的一些城市就有辐射探测器出租。正确使用的密封层最多可以将室内的氡含量降低 50%。也可以通过加强通风来去除氡。可以通过安装一个附有热交换器并能保持吸入空气与排出废气相平衡的通风系统来加强室内通风。通过安装热交换器进行余热回收可以使能量消耗很低。安装单纯依靠风扇驱动的通风系统通常会使室内产生负压，从而会使地表氡进入建筑，因此它不能作为一个阻止地表氡渗透的预防措施。

（5）**自来水中的氡**。首先，来自于富含铀的花岗岩区域深井中的水会有较高的氡含量。当自来水打开时，或是在淋浴时，氡进入室内空气。按照瑞典辐射安全机构的说法，水中的氡对人体健康最大的威胁是氡会散发到室内空气中。国际辐射保护研究学会指出，富含氡的饮用水对身体的危害远比以前认为的严重，尤其是对儿童。一些可行的技术措施可以去除水中的氡（详见第 2.3 节资源保护中的清洁水）。如果水中的氡含量较高，那么室内空气中很有可能也含有氡。

1.3.4　声音与噪音

噪音问题在日常生活中非常普遍。人们被交通噪音以及通风和供暖系统运转所带来的噪音所困扰。还被低频声波、次声等（例如由风扇运转所产生的）不易被察觉的声波所影响。人们可能会

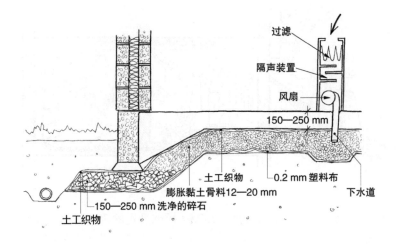

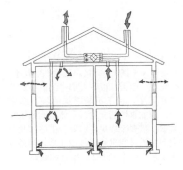

图 1-258 加强通风降低空气中氡
含量的方法示意图
在这个例子中，建筑可以安装一个附有
余热回收热交换器的换气设备，并不会
损失太多的能量。资料源于《氡手册》，
BFR，1992

图 1-257 氡排气系统示意图
该系统是通过排气管道将空气排出，以此来阻止氡进入建筑内部。资料源于《氡手
册》，BFR，1992

被建筑中的碰撞声和空气流动的声音所烦扰。这些问题都是可以
避免的，例如利用厚重的结构材料、断开的构造、特殊的窗户设
计等等。处于周围环境存在噪音的新建建筑应采取隔音措施。

1）噪音

人们常用分贝 [dB（A）] 来描述音量大小。"A"表示相当
于人耳感受到音量大小的不同频率。每增加 3 dB 相当于将音量
放大一倍。

在瑞典，有大于 200 万的人被暴露在影响健康的噪音中，
有近 100 万人曾经抱怨被其住宅周围的噪音打扰，通常是大于
55 dB 的交通噪音。各种噪音的总和不应大于 55 dB。正常交谈的
声音是 60 dB。欧盟国家被要求在 2013 年之前在人口多于 100 万
的城市中将噪音问题在地图上标出并采取补救措施。噪音是一个
广泛的环境问题，干扰了大部分瑞典人的正常生活（图 1-259）。

瑞典住房、建筑和规划部（Boverket）根据瑞典议会的噪音
指南确定了如下的长期目标：到 2020 年，在家庭环境中的噪音
等级不应超过：① 30 dB（A） 室内平均；② 45 dB（A） 室内晚
间最大音量；③ 55 dB（A） 室外平均（立面上）；④ 70 dB（A）
住宅附近最大的户外音量。这是对新建或重大改建建筑的指南。

2）控制噪音

在我们充满压力的社会中，越来越多的人在追求更加安宁平
静的环境。许多的调查明确无误地显示良好的声音环境是居民的
重要需求之一。在瑞典，一个新的声音标准于 1999 年开始生效，
希望将声音频率降低到 50 Hz，也就是声音系统的基本等级（图
1-260）。使用轻型建造技术很难达到标准，而使用重型建筑系统

图1-259　噪音源及其传播方式
1.直接声传播；2.间接声传播；3.串音；
4.漏音。今天，很多人都生活在不良的
声环境中。由于不断增加的噪音新来
源，例如繁忙的交通、立体音响系统和
风扇，需要采取更多的隔音措施。两个
空间中通过空气的声传播通常包括直接
声传播、间接声传播、串音和漏音

则较易达到。下列是瑞典 SS 252 67 标准规定的声音等级。不同等级间的差别一般是 4 dB。声音等级 A：非常好的声音环境。声音等级 B：比声音等级 C 的声音环境略好。声音等级 C：为大多数的居民提供良好的环境，可以满足国家住房、建筑和规划部的最低要求。声音等级 D：不能达到声音等级 C 的标准的环境。例如由于某些原因不可通过翻新达到等级 C 的旧住宅，即使进行了仔细的修复工作。新建筑需要达到声音等级 B。

（1）**安静建筑**。人们可以建造安静的公寓。在常识、全面思考和协作的帮助下，可以建造出免受噪音干扰的建筑，例如在瑞典隆德有一项名为"安静建筑"的项目。不论是交通、邻居、输水管线还是风扇都不会影响居住于此的人。安静建筑由厚混凝土建造，建筑平面和设备都按照噪音最小的方式进行设计。这些可体验安静环境建筑的造价费用比普通建筑要高 2%—3%，这被认为是在合理范围之内。

（2）**公寓中的隔墙和楼板**。有三种方式来减少声音的传播：一是使用厚重的材料；二是使用双层的而不是实心的结构；三是在结构的空腔中填入隔音材料。增加墙体的厚度也可以改善声音环境。通过楼板覆盖物或在楼板覆盖物与承重结构间加入隔音材料可以吸收有害的噪音。三层以上的木框架建筑尤其需要在单元间加入隔音材料，为此已经开发出一些新的构造方式。在隆德的"安静建筑"中，分隔公寓单元的墙体是 240 mm 厚的混凝土墙，以代替普通的 160 mm 厚墙体。楼板结构的厚度则由普通的 200 mm 增加到了 290 mm，而外墙内侧的混凝土层由 150 mm 增加到了 240 mm。混凝土用量的增强将导致更长的干燥时间（图 1-261 至图 1-263）。

（3）**隔音窗**。暴露于很强户外噪音下的建筑可以采用特殊的隔音窗。在至少一半暴露于噪音环境的建筑中，使用更好的窗户是最佳预防措施。一个不幸的后果是，很多需要从户外获得的声音也被隔绝了，比如鸟鸣、孩子的嬉戏和雨滴声。一种降低噪音的弥补措施是在现有窗户内再安装一个内窗（玻璃厚度约 1 cm），这大约可减少 35 dB 的噪音（图 1-264，表 1-23）。

（4）**静音设备**。设备井道和管线经常会发出令人不适的低

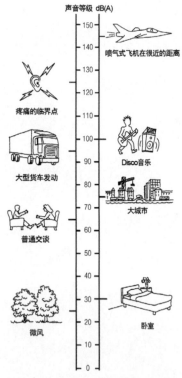

声音等级 dB(A)

喷气式飞机在很近的距离

疼痛的临界点

Disco音乐

大型货车发动

大城市

普通交谈

微风

卧室

图1-260　基于对数体系的声音等级测量

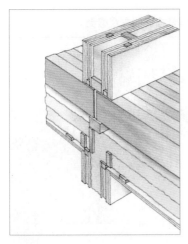

图 1-261　公寓楼分隔墙
对于公寓楼的分隔墙来说，使用断开的构造并不总能有效地降低噪音。常使用双层墙，楼板结构也需要断开。如果实木地板直接暴露在外而没有其他的覆盖物，那么楼层间的实木地板结构需要在其下安装隔音材料。资料源于《实木技术说明》，木材技术（Trätek）公司，2000

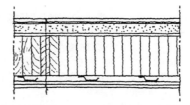

图 1-262　公寓楼的实木地板结构
在地板节点下，金属声学构件与石膏板相连。地板外表面镶木地板覆盖在吸声材料上

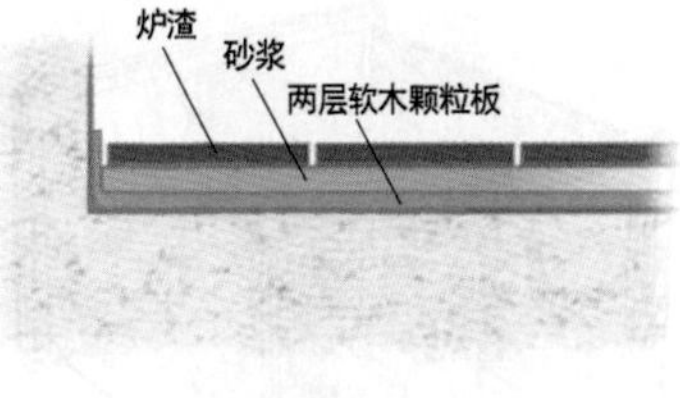

安静的建筑有分离的双层窗户。两层框架间有一层吸声层。

椰纤维条、亚麻纤维条或类似材料。

炉渣
砂浆
两层软木颗粒板

图 1-263　吸声地面做法
一种吸声地面做法的例子：膨胀黏土面层材料与楼地面结构材料之间铺设软木颗粒板，用灰浆黏合。资料源于 Cementa 公司

图 1-264　加强隔音的窗户
资料源于安静建筑（Det tysta huset）项目，JM Byggnads och Fastighets 公司，隆德，1989

频噪音，但我们一般并不会意识到这一点。因为 dB（A）的值并没有给出低频噪音的真实影响，对于 dB（A）中的最高声音等级需要通过 dB（C）来补充[1]。如果 C 声级大于 A 声级 15 dB，那么这时的噪音就可以认为是由低频噪音在控制。如果 C 声级大于 A 声级 25 dB 或更多，那么低频噪音干扰情况将更严重。在这方面有很多问题需要考虑。圆形的管道要比矩形的好。管线可以被埋设在具有良好隔音的管道井中或是减震器中。循环泵和排气扇也可以减震方式安装。同样，在热水管中可以安装减压阀。下面是获得安静的通风系统应考虑的因素：① 风扇和管道的位置；② 声音的吸收；③ 声音的隔绝；④ 风扇的选择和位置；⑤ 管道和隔音材料；⑥ 管道安装；⑦ 通风系统的固定；⑧ 隔绝震动。应选择安装静音风扇，防止振动声的传播。对于一个安静的系统来说，确保马达（不需要高速运转）、风扇、管道和固定装置在规范的限度之内。风扇带来的噪音可以采用带挡板的声阱消声器来阻隔（表 1-24，图 1-265、图 1-266）。

（5）**连接结构构件**。声音可以通过连续的结构从一个结构构件传送到另一个。这可以通过用吸声材料将连续的结构打断来避免。可以用橡胶垫片来包裹走道和露台上的钢筋支撑，从而减小碰撞声。居住层之下的车库楼板可以用特殊的隔音材料与整体结构框架分离。底层的托梁可将震动直接通过车库传递到地下。采用陶粒楼板的楼梯间，可以在混凝土上附加一层垫

① dB（A）代表 A 计权声级，dB（C）代表 C 计权声级。为了能用仪器直接测量出人的主观响度感觉，科研人员为测量噪声的仪器"声级计"设计了一种特殊的滤波器——A 计权网络。通过 A 计权网络测得的噪声值更接近于人的听觉，这个测得的声压级为 A 计权声级。环境影响评价工作中，噪声的受体是人，在标准文件中规定的噪声级限值都是以 A 计权声级作为衡量标准。

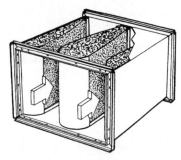

图 1-265　声阱消声器

为了避免声音在管道中传播，管道可以安装声阱消声器。图中的声阱消声器采用纤维素纤维作为隔音材料。资料源于 Acticon 公司

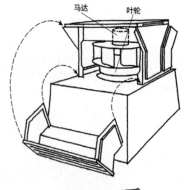

图 1-266　静音风扇

这类风扇已经被风扇公司研制出，且容易维护。资料源于 Gebhardts genovent 公司

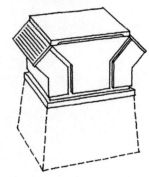

表 1-23　对不同种类隔音措施的主观感受

R'w/DrTw	低语声	平静环境中的平常对话，办公室机器声	平常说话，办公室机器声	大声地交谈	喊叫	扩音器的声音，一般的等级	迪斯科音乐
35							
40							
44							
48							
52							
60							

注：深灰色——听得见，白色——听不见，灰色——听得见但在一般情况下不造成影响。资料源于 "Bullerskydd i bostäder och lokaler"，Boverket，2008。

层（图 1-267）。

（6）电梯。电梯可以用橡胶来消音。为了防止电梯门发出响声，可选择用侧铰链门代替会发出异响的轨道滑动门。侧铰链门带有减震器，可以使它们在关闭时不会由于碰撞而产生噪音。门的边框与墙壁交接处附加了橡胶塞，因此不会发生直接的接触。

（7）消音。房间中的声音可以通过吸声的木丝水泥板、穿孔石膏板、吸声灰浆或是厚织物来吸收。

表 1-24　塑料立管（PEH）的隔音措施与所减小的音量

	隔音措施	减小音量
○	a）没有隔音	0 dB（A）
◎	b）50 mm 矿棉管断面（玻璃棉 50kg/m² 或石棉 50 kg/m²）	12—14 dB（A）
▢	c）13 mm 石膏板盒子（尺寸：200 mm×400 mm）	14—18 dB（A）
▣	d）c 中的盒子，b 中的矿棉	25—30 dB（A）
▣	e）c 中的盒子和 b 中的 50 mm 矿棉片（玻璃棉 36 kg/m² 或石棉 75kg/m²）	24—28 dB（A）

注：为了减轻设备噪音，可将管道包裹起来隔音。资料源于《雨水管安装》，瑞典建筑中心（Svensk Byggtjänst），1978。

1.3.5 易于清洁

　　清洁打扫是建筑维护费用中的一项重要组成部分。要选择易于清洁的材料并定期清理。要使用对环境无害的清洁方式（最好是干作业）。最有效的方法是做好预防措施，因为粗糙的表面，特别是垂直表面，比光滑的表面更容易积灰。静电电荷也会造成积灰。此段信息的主要来源是古德龙·林（Gudrun Linn）的著作《建筑和门窗清洁方法》（Bygg rätt för städning och fönsterputs）和丹麦 ISS 公司出版的《从绘图板开始清洁室内环境》（Renhold og indeklima begynder på tegnebordet）著作。下面是如何达到易于清洁建筑的三条简单的、相互联系的原则：① 要防止灰尘进入建筑；② 会造成污染的行为应有效地与其他行为分开；③ 要能够方便地除去灰尘。

　　（1）**灰尘陷阱**。减轻建筑中清洁负担的一个最简单的方法是防止灰尘进入建筑。入口处需要一个有良好保护的屋檐，入口前的地面应向外有一定的坡度。应有一条足够长的封闭门廊，门的开启方向要与其一致以方便进出。每个门前的地垫要足够大，能够使人们每只脚在上面踏两步。根据经验，门垫需要至少 2 m 长。金属方格防滑网可以避免人们在大门口滑倒（图 1-268）。

　　（2）**可达性**。可达性对于方便的除尘来说是至关重要的（图 1-269 至图 1-271）。以下是提高可达性的几个例子：① 找出靠墙设置的承重柱对地面的清洁十分重要。② 对于由机器清洁的区域来说，应保证机器可以达到更多的地面区域。③ 窗户表面应当内外面都能擦到，也就是说室外地面必须适合安装吊架装置。此外，柱子等构件不应过于靠近玻璃的内侧而导致清洁人员无法清洁玻璃的内表面。④ 玻璃屋顶的维护需要特别的措施。装在滑轨上的固定设备和梯子要比软梯好。⑤ 楼梯下的空间应可以清洁。⑥ 应可以清洁室内的结构构件，因为它们也会积灰，包括前台或类似区域上的顶。⑦ 没有柱子、家具腿、管道或电线的开放地面区域是易于清洁的。用于电脑连接的电源插座或设备接口应被妥善设置以便于只需要很短的电线且不会随便拖在地板上，否则会使清洁变得麻烦。天花板是最适合设置电气接入点的地方。⑧ 设计应包括对优良工作环境的要求。应考虑到易于到达和充足的维护空间，还有就是风扇过滤器以及其他老化组件的更换。工作空间应比需要的最小尺寸大，使得人们可以舒适地工作。应考虑能完成重型货物的运输。⑨ 安装在高处的设备（包括在梯井中的）是很难清洁的，如更换或清洁灯泡。

　　（3）**需要考虑的因素**。① 边缘开敞的楼梯平台会使污水流出边缘并留下难以清除的污垢。清洁排水沟可以解决这个问题。② 门制动器应该有足够的高度使之不会成为保洁手推车和保洁工具的障碍。③ 为了便于清洁，表面越光滑越好。不过这与地板的防滑是相冲突的。④ 对于机器清洁的区域来说，地板材料应选择经久耐磨的种类，因此薄瓷砖或塑料地砖是不合适的。⑤ 入口处的地面材料应选择坚硬、优质和合理处理的。

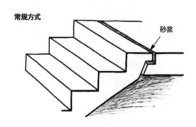
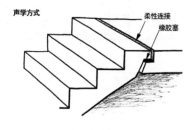

图 1-267　预制混凝土台阶的常规方式与声学方式比较
考虑到声学原因，预制混凝土台阶应装有柔性节点和橡胶垫。资料源于安静建筑（Det tysta huset）项目，1989，BFR，JM 和 SABO 合作项目

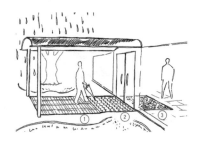

图 1-268　办公室入口灰尘陷阱的设计顺序
办公室入口灰尘陷阱可以按照下列顺序设计：①地格栅；②橡胶垫；③椰壳纤维制成的自然纤维垫。此外，入口附近的地面应有暖气，门厅地面可以采用石材

图 1-269　建筑清洁示意图
建筑应易于清洁

图 1-270　不同材料维护需求的考虑

对于各种材料的维护需求应在规划阶段纳入考虑。例如，需要在不同时段维护的材料不应混合在一起

图 1-271　三联窗

在外开的三联窗中，总有一扇窗扇是从内部难以接触到的，外开单窗的外侧玻璃也是如此。资料源于《建筑清洁和门窗清洁》，古德龙·林（Gudrun Linn），1999

⑥ 入口处的墙面可能会暴露在磨损、灰尘和涂鸦的环境中。还需要防止车辆碰撞。⑦ 清洁需要良好的光线。

（4）**清洁公司（ISS）的办公室**。为了避免灰尘和污垢的堆积并创造便于清洁的空间，在设计的最初就按照正确的方式思考是很重要的。细部设计至关重要。以下范例来自 ISS 清洁公司斯德哥尔摩办公室：① 弧形转角使清洁工人易于移动并可带着他们的清洁机器到达每个地方。② 除了必要的地方，尽量不设置门槛，这使得驾驶清洁机器移动变得便捷。③ 为避免积聚灰尘，所有地板踢脚线都是嵌入墙内的（对于承重墙来说这比较困难，但也有成功的案例），玻璃的断面应有弧形的倒角。④ 所有的电线和数据线需放入电缆槽内而不是放在地面上。⑤ 壁橱和陈列柜要延伸到天花板。⑥ 百叶设置在封闭的玻璃之间，不容易积灰。⑦ 在入口处采用易于清扫的大理石地板。

（5）**服务设备**。① 可倾斜的散热器使得采暖设备容易清洁（图 1-272）。加热房间空气的对流式散热器（带鳍片的散热器）几乎是不可能保持清洁的。② 接近地面放置的散热器对房间清扫来说是个障碍物，并会在其背后造成卫生死角。③ 吊顶、设备和管道在设计时应考虑清洁问题。天花板管道应可以清洁到它们的上部。④ 冰箱的背后通常装有散热器来释放冰箱中带出的热量。许多冰箱安装了内置式散热器，但对于那些没有安装散热器的冰箱最好定期将冰箱拖出并对散热盘管进行真空吸尘。这项措施可以改善冰箱制冷效果的 20%—40%。⑤ 在建筑建造过程中对建筑进行清洁是非常重要的。所有的管道和墙体之间的空间在封闭之前都应使用真空吸尘器进行清洁。⑥ 新风进气系统不易于检查和清理，因此它们实际上从未被清洁。通风系统经常会污染新鲜的空气。它们应当是可以定期清洗的，尤其是进风管道。

（6）**清洁用品储藏区**。清洁用品储藏区应当有足够大的空间以方便取用清洁设备。方便接电和用水对清洁工来说是非常重

图 1-272　可倾斜的热水暖气片
可倾斜的散热器使清洁变得简单

要的。墙上的电源插座、水龙头、地面排水管和中央真空吸尘器的插口应很容易接上使用。有些不是很常规的区域有时候也需要布置水龙头和电线接口，比如楼梯井。对于多层建筑来说在每一楼层都应设置水龙头。

（7）放置自行车、婴儿车和童车的房间。放置自行车、婴儿车和童车的房间应当尽可能地靠近入口，因为轮胎会带入灰尘。在多入口的公寓楼中，带锁的小房间应尽量靠近楼梯间，这样就能缩短房间主人的步行距离。自行车架应固定于墙上或天花板上，这样地板变得易于清洁。自行车应可以锁于自行车架上。

（8）浴室和厕所。墙面材料应易于清洁，例如瓷砖。在有坐便器、脸盆、洁具、管子，甚至厕所刷的浴室内，所有地面应设计为暴露在外可以方便地清扫，不应该有任何的角落或缝隙。没有侧边的浴缸下的地面更易于清洁。嵌入地板的淋浴池要比预制的淋浴房更易清洁。从清洁的角度来看，最好将各部件永久地固定于墙上。管线应可以维修，但最好将它们隐藏在可以开启的面板之后，这样不容易积灰。为了便于清洁，坐便器和脸盆与墙体间的距离不应小于 50 cm（图 1-273）。

（9）家具。所有家具的底部都应可以吸尘和清洁。带有轮子的家具是很好的选择。市场上有许多带有轮子的特殊家具。带有轮子的家具更容易移动，尤其是当它们很重的时候，而且不会划伤地板。沙发和扶手椅可以装上椅套以便于清洗和替换。

（10）不含化学品的清洁方法。有许多的化学品被用于清洁和表面处理。许多化学品的使用只是种惯例，其实可以用干燥的方法或是肥皂和水洗来代替。蒸汽清洁机可以用于专业的清洗（图 1-274）。窗户并不需要用专门的玻璃清洗液来清洁，一块沾了水的超细纤维布通常就可以胜任这个工作。在使用超细纤维拖把的时候很少需要化学品。如果某个表面特别脏，大多数情况下可以使用一点肥皂。超细纤维布和拖把需要经常在沸水中加热或用机器在 60℃的温度下清洗，最好放在清洁网袋里洗。千万不要使用清洗剂，它们会影响布料的静电效应使得布料无法吸附污物。

（11）化学清洁剂。不要使用不必要的清洗剂，如果一定要使用，选择对环境无害的类型。选择对环境无害的化学技术产品并不需要特殊的规划。有现成的环境无害认证产品和对环境有害产品清单。例如 Bra Mijöval（良好环境选择）或天鹅认证产品就不含对健康有害的物质，并且是可降解的。当使用超细纤维清洁设备时通常不需要化学品，而仅仅使用水就足够了。然而，如果一定要使用清洁剂，尽量使用天然的产品，如软肥皂、醋、柠檬酸和酒石酸，或环境认证的清洁剂。① 软肥皂。软肥皂使用天然原料，可以使用在大多数的地板和表面上（图 1-275）。② 醋。醋可用来对卫生间进行消毒。③ 醋、柠檬酸和酒石酸。醋、柠檬酸和酒石酸对坐便器、水池和浴缸内的锈和钙质沉淀物十分有效。

一些清洁剂过于强劲会在清洁表面造成伤痕，最好在真正需要的时候才使用它们。只有在特殊的情况下才选择使用氯清洁消毒，

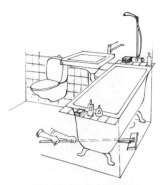

图 1-273　卫生间
浴室往往是难于清洗的。坐便器、脸盆和厕所刷应固定于墙上，避免其下的管道穿过地板。没有侧边的浴缸更便于清洗其底部。为了方便打扫，洁具应至少离地面 20 cm

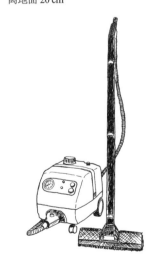

图 1-274　蒸汽清洁机
这是一种可以不用化学清洗剂清洗非常脏的表面的机器

图 1-275　软肥皂
用植物油制成的棕色肥皂已经使用了数
百年，用于木材、石头和织物的清洁和
表面处理非常有效

例如阻止坐便器内传染病的传播。强碱性的物质不可用在拔掉塞子的坐便器内，因为它们会破坏管道。可以用大量的热水来冲洗堵塞物，或是在一罐沸水中加入一杯碳酸氢盐与一杯盐并将其浇入坐便器中。

（12）清洁地板的方法。70% 的地板更换是由于不正确的清洗方式和使用清洁剂造成的。干洗法，例如用干拖把清洁正变得越来越普遍。微生物会在用湿拖把拖地后的潮湿环境中成倍地繁殖。如果先用干拖把，再用湿拖把拖地，那么微生物的数量不会增加。① 油毡地板。对油毡地板的日常清洁，需要同时使用干洗法与污迹清除的方法。而湿洗法则需要同时使用打蜡和自然清洁剂。许多位置需要抛光以获得一个容易清洗的表面，如入口、进餐区域以及一些旧地板上。② 塑料地板。由于不同塑料地板的规格和特性差异很大，最好联系能够提供正确保养说明的厂商。然而，在大部分的案例中使用干洗法与污迹清除或是湿洗法就足够了。当加入水之后，可以使用中性清洁剂或超细纤维布清洁。③ 水磨石楼板。浸渍剂在清洗水磨石楼板和日常清洗程序中都是必备的。浸渍剂与水磨石水泥里的石灰发生化学反应生成石灰皂，可以产生一层防尘防水的表面。其他的选择还有高脂肪含量的中性皂或软蜡。抛光和强碱性的产品（如很多普通肥皂）不可在水磨石地面上使用。酸性清洁剂也应避免被使用，因为它们会腐蚀地面。④ 石材。打磨抛光的石材例如大理石、石灰岩、花岗岩和片麻岩应使用中性清洁剂来清洗。这些石材的表面密度很大，如果使用油性产品会导致表面很黏。当对大理石、石灰岩、花岗岩和片麻岩进行打磨后，其表面会产生气孔。使用高脂肪含量的中性肥皂清洗，这些产品会堵塞气孔，使材料形成防水、防尘的表面。⑤ 陶瓷地面。用没有完全玻化的瓷砖铺设的陶瓷地面与石材地面一样是多孔的。最好用可以填充孔洞的膨胀黏土油对其进行定期维护。上釉的玻化瓷砖地面有着和抛光石材地面类似的密度。残留在表面的皂剂会形成黏腻的表面。这种地面应采用中性清洁剂清洗。不过也有例外，最好的方法是向地板供应商求证。⑥ 复合地板。复合地板对湿气和水是敏感的，应当用中性清洁剂进行清洗。⑦ 实木地板。实木地板对湿气和水也是很敏感的。上油的地板每年应使用护理油进行 1—4 次保养。在日常清洁中，应使用一种可以给地板重新上油并防止干燥的产品，这种产品应当可以与适当的护理油一同使用。油漆过的木地板应尽可能使用干的方法来清洁。如果必须采用湿洗，应该使用中性清洁剂。

图 1-276　环保建筑的施工过程
用塑料布将脚手架包裹起来，减少灰尘
和噪音对环境的影响

1.4　项目实施

建造一幢环保建筑，需要在建造的整个过程中系统地连续地思考。在建设阶段，所有建设活动都应该由一位环境经理、建筑师或者任何能够为质量负责的人监管，以确保工作能够按照计划执行。建设过程中使用的材料和设备应该记录下来，并且工程一完工，就应对其后续的运行进行评估（图 1-276）。

1.4.1　环境管理

如果一家企业严格以可持续发展作为运营导向，那么环境问题必须得到足够的重视。这就意味着这个公司首先要把自己建设成环保型的企业并且和其他有环保意识的企业合作。有几种不同的环境管理体系可以借鉴。一般来说，现代环境管理包括许多不同的在企业和组织内部执行的措施，如从市场概况、产品规划、产品开发到产品投放市场的后续行动等。在建设项目的规划和实施中，也会有许多相关人员参与进来。

1）环境管理体系

一个环境管理体系的建立包括几个阶段。首先，企业管理层要明确他们想要一种积极的环境政策；然后，进行初步的环境审查，区分出企业的哪些行为会造成环境影响（图 1-277）。一旦企业产生的环境影响被确定，就可以设定多种环境绩效目标。目标表达通常要简洁明确，比如工作的重心或者是在某一段时间内所期望的结果。有了这些作为基础，就有了一个书面的环保计划以及一个为执行这个计划而制定的环境管理体系。这个体系也应包含持续改进的概念。因此要定期进行环境审计，其结果要写进

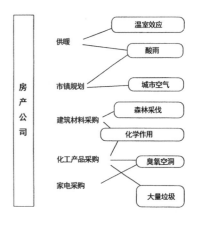

图 1-277　房地产公司在影响环境问题中所扮演的角色
资料源于瑞典住房公司

环境报告中。并根据环境报告，制订新改进的环境目标和更新的环境计划。最常用的环境管理体系是 ISO 14001。

一个公司的内部运作可以以质量管理体系（ISO 9000 系列）和环境管理体系（ISO 14000 系列）为标准。质量管理体系使意图表达和决策制定以质量优先的方式执行。它有利于环境标准与质量管理接轨。为了确保在这一过程中环境保护的目标不会丧失，运用质量管理体系来指导工作是非常好的方法，因为它所包含的各个方面都有环保方面的考虑并致力于在这些方针的指导下进行工作。在整个过程中，应定期评价已经建立的环境标准，同时也要制订监测计划。负责每项标准的人应该是明确的，并且应该有一个后续的跟进措施以确保环境标准的实现。要任命环境经理，质量管理负责人也可以负责环境管理。

2）常见环境管理体系

（1）ISO 14000 **系列标准**。ISO 是国际标准化组织的缩写。ISO 在 ISO 14000 系列下发展了大量的环境标准。其中最重要的是 ISO 14001 环境管理体系标准。标准中并没有提出环境绩效的绝对值。ISO 14000 系列标准（图 1-278）包括：① ISO 14001- 环境管理；② ISO 14006- 关于生态设计的指南；③ ISO 14010- 环境审计；④ ISO 14020- 环境标志和声明；⑤ ISO 14030- 环境绩效评估；⑥ ISO 14040- 生命周期评价；⑦ ISO 14050- 名词解释；⑧ ISO 14062- 整合环境因素于产品设计和开发；⑨ ISO 14063-环境沟通；⑩ ISO 14064-65- 温室气体；⑪ ISO Guide64- 产品标准中的环境因素。

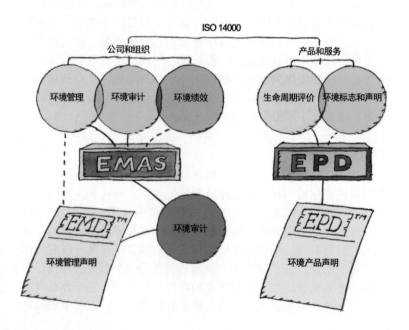

图 1-278　ISO 14000 系列标准
ISO 14000 系列标准的制定有利于从效率和成本效益上促进环境改善。所有标准的指导原则是所做的所有工作应该保持环境绩效不断地改善。资料源于瑞典环境管理委员会（SEMC）

（2）EMAS。生态管理和审计计划（Eco-Management and Audit Scheme，EMAS）是欧盟开发的环境管理和审计体系（图1-279）。EMAS 基于 ISO14001 环境管理系统，并且要求公司提交年度环境报告。EMAS 没有 ISO 14001 使用广泛，但它的额外价值在于该系统提供了检定数据。两个系统都没有规定环境影响的限值范围（图 1-280）。

1.4.2 规划

参与建设过程的人应该具有环保意识，不管是对内部工作组织还是对所要执行的任务都要强调采取环保的工作方式。他们应该充分了解并具有开展环保项目的意愿。远景规划也是至关重要的（图 1-281、图 1-282）。

1）建设项目的环境管理

承包商关于环境友好的建造经验已经证明了把以下步骤作为指导的重要性。① 应该有明确无误的意愿，否则建设是不可能做到环保的。② 选择对环境采取负责态度并知道如何操作的顾问和企业。③ 应该在规划阶段就制定好详细的环境技术要求。④ 最初的意图不应到采购阶段时就被忽视掉。⑤ 在施工过程中应当有一个良好运作的质量管理体系。⑥ 所有权的移交必须谨慎。从一开始就要考虑日常维护的可操作性，只有这样以后才能落实到位。⑦ 应召开后续会议，把规划者、建设者和维护者召集起来共同交流经验。

（1）**环境法规中有关建设部分的规范。**生态循环理事会和瑞典环境管理委员会要求建筑领域的利益相关人可以要求彼此

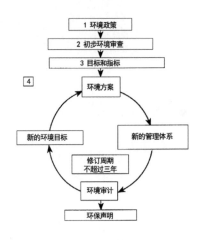

图 1-279 EMAS

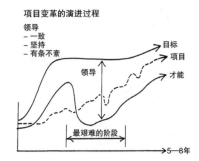

图 1-280 JM 建筑公司项目变革的演进过程
向大型公司灌输新的思想是一个难题。该图显示了 JM-bygg（JM 建筑）公司在一个项目的建造中向着更加环保的目标不断进行调整、逐渐成熟的过程。尽管公司一开始可能希望进行更加环保的建造，但是要使公司内部的态度从根本上转变过来还需要一段时间

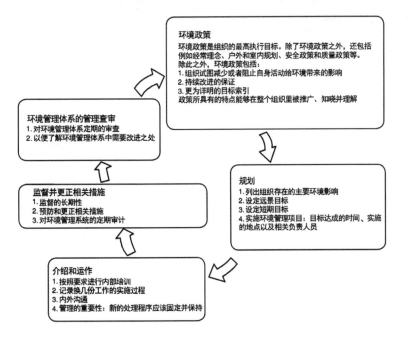

图 1-281 某公司处理环境问题的方法
一些建筑公司已经通过了 ISO 14000 或者 EMAS 的认证。已经得到认证的大公司倡导环境绩效的改善相对更加容易

Familjebostäder AB（家庭住房有限公司）
规划建设环境手册之结构和组织

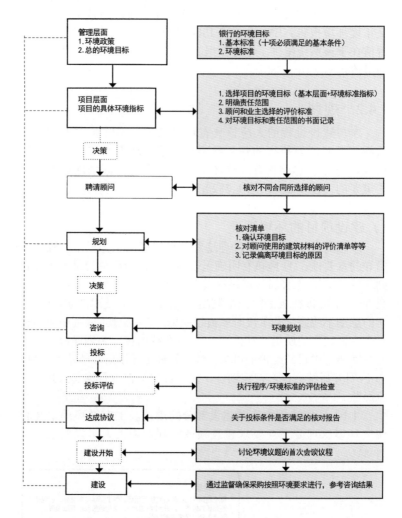

图 1-282　Familjebostäder AB（家庭住房有限公司）委托编制的规划建设环境手册
斯德哥尔摩 Tyréns 公司的一项重要工作是编写公司详细的环境规划和建设手册

以及包括消费者在内的其他人，以合理的成本进行预期控制。项目计划、生产和管理都必须制订计划，以便建筑在其全生命周期内不会对其周围的建筑产生消极的影响，同时在其整个使用过程中为人们提供一个良好的室内环境。这就要求：① 建筑建造过程的环保性；② 节能运行和低二氧化碳排放；③ 良好的通风并使用低污染排放的建筑材料。建议的指导方针包括：① 在招标时对咨询公司和企业家明确环境要求。② 比国家规定的住房、建筑和规划法规更高的节能标准。建议在住宅中各种形式的采暖和用电能耗应该是比 2009 年的建筑法规低 30%。对于第三区（瑞典南部），这意味着能源消耗 75 kWh/（m²· a）（平均）远远低于 2009 年建筑法规规定的瑞典南部的 110 kWh/（$m^2 \cdot a$）（平均）。③ 需要采取防潮构造，在整个施工周期内应定期对水分和环境进行检查。④ 更高的声音质量要求和全国委员会规定的住房、建筑和规划法规。建议不同的单元之间和室内有音响设备的房间应至少满足 B 级隔音要求。⑤ 需要按照建筑材料的化学性质和文档要求的材料进行建设。⑥ 更严格的建筑用化学品和材料管理。

（2）**环境规划清单**。由生态循环委员会和瑞典环境管理委员会提出的为建设单位准备的环境规划清单包括：① 现场环境问题负责人。② 环境规划应有建设单位主管环境问题负责人的带日期签名。③ 环境规划应回应客户对环境的要求。④ 环境规划应参考为这个项目制定的环境清单。⑤ 拆迁的建筑物各部分应详细记录。⑥ 对不同部件提供现场分类系统。例如各种数量尺寸的容器、小型容器、合用容器、麻袋，包括直接堆放在室内到被运走的整个过程等。⑦ 对于建设阶段的场地规划。⑧ 将有害垃圾分离出来或进行明确标注，同时应了解如何处理它们。例如，小心断开被水银污染的污水管，切成 1 m 长，两端塞好，放置在密封容器直到得到处理。⑨ 任何分包商应对自己产生的垃圾负责，同时应对如何处理废弃物负责。⑩ 对如何将垃圾统计的数据报告给业主进行说明。⑪ 承包商对如何确保瑞典化学品名录列出的逐步淘汰和优先减少使用危险物质的使用要进行说明。例如，由谁负责，如何检查并进行相应的记录。⑫ 对如何处理现场安全状况进行说明。⑬ 对雇员和分包商如何沟通环境规划进行说明。⑭ 应对环境检查的频度进行说明。检查内容包括检查废物管理、净化、审批和许可证、化学品管理、如何处理产品和安全信息表、材料存储、噪音、施工防尘等。⑮ 承包商应对如何确保需保护表面干燥到相对湿度小于 85% 进行说明。⑯ 对存储和管理建筑材料采用一定的方法，以避免潮气损害。⑰ 对如何将噪音干扰最小化进行说明。⑱ 对如何避免灰尘影响到周围活动和居民进行说明。例如，利用电风扇在建设区域形成低压、密封门窗、使用可以清洗的垫子等等。⑲ 对偏离既定的环境规划如何处理进行说明。⑳ 对如何确保建筑在施工阶段有高质量的封闭式防护层进行说明。

（3）**环境程序和环境规划**。瑞典咨询工程师和建筑师联合会——瑞典建筑师和建筑工程咨询公司的交易和雇主协会，定义了环境程序和环境规划的概念如下：① 环境程序是完整建设项目程序的重要部分，涵盖了包括业主在内的环境要求、制定环境目标以及记录跟进。环境程序应该包括：谁负责跟踪程序，谁负责防潮，谁负责处理建筑垃圾，等等。所有涉及的人员应该了解这个程序。程序还应该给未来的操作和维护说明提供基础。② 环境规划包含为了满足环境程序需求而采取的计划措施。这通常是一个项目质量保证计划的一部分。应该记住，环境问题在本质上是跨专业的，因此重要的是谁在设计阶段做什么对其进行严格的控制。应采用建筑材料评价系统。业主会涉及的问题是，是否该使用所谓的"环境手册"（从环境角度对建筑或设备的全生命周期

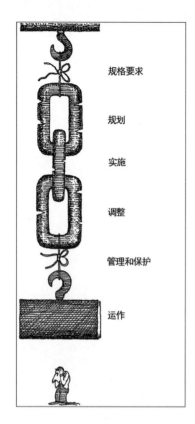

图 1-283　项目建设过程间的联系
一条链锁的强度取决于它最脆弱的环节，这句老话同样可以用来形容建设过程

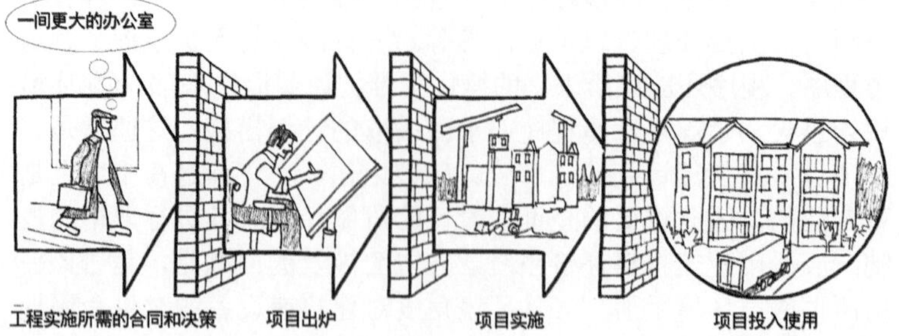

进行系统性控制的工具）。还要确定如何进行认证和自我控制。

（4）**市政当局**。市政当局对于促进环保项目建成负有重大的责任。例如，一些市政当局可以对不同层数和高度的建筑提供不同程度的奖励政策。生态建筑的外围护结构通常比一般建筑有更高的保温隔热要求，这意味着外墙和屋顶可能比一般建筑厚20 cm。如果建筑最大程度撑满建筑红线，生态建筑比普通建筑的使用空间更小。不同地方的市政当局在对待这类问题上有不同的态度，有些地方把因为这个原因造成的建筑外轮廓超出红线视为对当地规划的违背，而有些地方则不这么严格。在某些案例中，由于对建筑红线的控制过于严格，市政当局又不愿提供豁免导致项目最终无法完成。

（5）**选择顾问和企业**。应选择那种能够提供充足的书面材料、证明有能力根据环保领域内的技术要求实施项目的顾问和企业。他们应熟悉该项目的环境标准和目标。大型企业应该有一套环境政策，提供负责环境问题的工作人员的信息，并详细说明其雇员所接受过的环境培训和企业所曾接手过的以环境为导向的项目。他们还应该运用环境管理体系和基于建筑材料的环境评价制度，以帮助采购商作出明智的决定。

（6）**合作**。建造建筑是一门艺术，多专业的互相配合才能产生满意的结果。因此，建立建筑师、施工单位、暖通环境卫生顾问以及电力顾问之间的良好合作关系十分必要。对于许多生态建筑来说，需要更多的专家参与，例如，采暖、通风和环境卫生问题往往是由一位通风工程师、一位给排水工程师以及一位熟悉供暖和制冷的能源专家来处理。景观设计师在初期的参与也非常重要，特别是对于大型项目来说（图 1-283、图 1-284）。

（7）**项目经理的重要性**。项目经理具有良好的项目管理能力十分重要，他可以通过在规划过程中负责日常工作，并作为协调人将参与项目建设的各方联系在一起等方式，来帮助承包商运作整个项目。我们的目标是使整个工程都完美无缺。

（8）**规划过程的实施者**。在某些项目中会涉及超过 200 位参与者。生态建筑项目力图增加参与者的合作程度。为了使设想能够实现并得到完善，必须要求建设过程中参与的各方具有良好的合作关系（图 1-285）。

图 1-284　项目建设全过程
要实施对环境负责的建造过程，会面临的一个问题是在建造的不同阶段之间存在沟通不良的问题，对不同阶段的环保型建造所涵盖的内容也存在知识不足的问题

一间更大的办公室

工程实施所需的合同和决策　　项目出炉　　项目实施　　项目投入使用

2）比较建设项目

不同规模建设项目的环境影响各不相同。如果以建造对环境影响程度低的建筑为目标的话，则需要找到对建设项目进行比较的方法。最好在规划阶段就使用这些方法对不同项目进行比较。这些方法往往是复杂和费时的，指望它们能广泛适用是不可能的。它们有时对于应该如何建造提供建议，将环境评估工具和计算机辅助设计程序相结合的方法还在开发之中。

（1）建筑物的环境影响。建筑物会对很多事物产生影响。在建筑领域，常常会用一些参数和衡量指标来说明它对环境的影响作用。这些指标促进了可持续发展决策的制定。

（2）环境评价。世界各地的不同地区采用不同的环境评价系统。其中最重要的是：LEED（北美）、BREEAM（英国）、可持续住宅标准（英国）、绿色之星（澳大利亚）、CASBEE（日本）、DGNB（德国）、Minergie（瑞士）以及可持续建筑环境国际促进会（iiSBE, International Initiative for a Sustainable Built Environment）的可持续建筑工具（SBTool）。在瑞典有EcoEffect 和建筑环境分级（Miljöklassad byggnad）。这些系统已经发展到能够客观地评价资源消耗、环境影响和室内气候。大部分的系统既可以用于建成建筑，也可以用于新建筑的规划设计，目的是鼓励建设环境友好型建筑。环境评价系统可以提高生态建筑的市场价值（图 1-286 至图 1-288）。

在评价的开始阶段，要根据建筑的实际情况对大量的参数进行赋值。有些标准必须达到，不同参数有不同的权重，最终加权后确定对象的等级。不同系统的差异很大，主要表现在选择哪些参数，以及如何确定其权重。目前尚未有获得一致公认的评价系统。相反，在不同的国家使用不同的系统。在瑞典主要采用瑞典系统、LEED 以及 BREEAM。最重要的是，一个系统的结果应该是可信的，并且评估所需的时间和成本应该被认为是可以接受的。

建筑环境评价系统的主要价值在于它们开启了关于如何对建筑环境属性进行评测的重要讨论。关于建筑环境影响的基本知识是未来建成更多环保建筑的基础，而关于建筑环境评价系统和概念的工作则有望增加这些领域的知识。评价系统的一个重要特点是他们是完全公开透明的，这样就很容易理解不同的项目是如何被打分的。

英国的 BREEAM 是世界上第一个建筑环境评价系统，其他国家紧跟其后。由于该系统没有覆盖足够宽的领域，因此引起一些不满。1996 年在加拿大召开了第一届绿色建筑挑战（Green Building Challenge）会议，人们在会议中互相学习，产生了若干环境评价系统。随后越来越多的国家参与进来。为了实现创建一个国际性方法和组织的目标，成立了可持续建筑环境国际促进会（iiSBE）。尽管如此，各个国家都建立了自己的评价系统。但该会议仍继续举行，为环境评价系统的有益发展作出贡献，会议的名称从"绿色建筑"改为"可持续建筑"，目的是为了使要

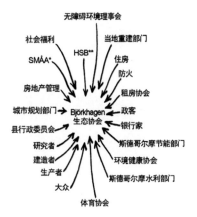

图 1-285　安德斯坦雪登（Understenshöjden）生态社区的部分参与者

该生态社区于 20 世纪 90 年代中期建在斯德哥尔摩比约翰根（Björkhagen），* SMÅA 为斯德哥尔摩市房地产局小建筑部，** HSB 为瑞典国家租户、房主和建房协会

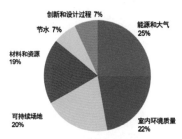

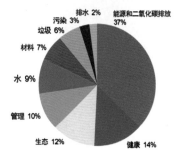

图 1-286　环境评价系统的评价参数

EVALUATION CRITERIA FOR ENVIRONMENTAL CLASSIFICATION SYSTEMS

There are many environmental classification systems. They differ between the properties they examine, how they are evaluated and the final results are presented. A summary is given here of the properties taken into consideration by the most common systems. Environmental classification systems are important because they provide an instrument to market buildings and increase awareness of what needs to be considered to build environmentally.

ENERGY AND POLLUTANTS

	B	C	D	E	J	L	M	S
Energyinformation								
Energy analysis						L		
Output need	B		D		J	L	M	
Output need 10W/m²								S
Output need 30 KWh/m²								
GWP (Global Warming Potential)		C	D	E	J			
CO² releases	B	C						
ODP (Ozone Depletion Potential)			D	E				
SOx			D	E				
Energy Efficiency								
Energyeff. buildings (U-value)						L	M	S
Air density, insulation thickness, 3-glass windows								S
Area efficiency	B							
Energy efficient installations					J			
Electrical Efficiency								
Energy efficient devices						L	M	
Appliances	C							S
Drying room	C							
Energy efficient lighting	B	C				L	M	
Outdoor lighting	C							
Renewable Energy								
Portion of renewable energy	B	C	D	E	J			
Local energy production								
District heating							M	
Solar collectors							M	S
Solar cells								
Wind, hydropower (green electr.)							M	
Environmentally cert. biofuelheat				E			M	

MATERIALS AND WASTE

	B	C	D	E	J	L	M	S
Choice of Materials					J			S
Ecological footprint		C		E				
Energy consumption, production		C						
Fair Trade cert. construction mtrl.		C						
Fair Trade furnishings		C						
Renewable raw materials					J	L		
Long lifetime, robust					J			
Energy efficient transportation								
Hazardous Substances								
Environmentally friendly prod.								
Hazardous substances	B			E			M	
(chemicals, metals, fibres)								
Hazardous coolants	B							
Emissions (T-voc)	B							S
Emissions (formaldehyde)								
Materials documentation								
Household Waste								
Room for storing fractions	B	C						
Composting								S
Construction Waste								
Reduce waste during mtrlprod.						L		
Minimize waste at constr. site						L		
Sort construction waste fractions		C				L		
Reuse products						L		
Recycle material						L		S
Dismantability			D					

INDOOR CLIMATE AND WELLBEING

	B	C	D	E	J	L	M	S
Installations						L		
Ventilation								
Air quality								
(NOx, air change rate)	B	C	D	E	J		M	
Reuse of heat								
Electro-climate				E				
Technical climate				E	J			
Adjustable temperatur	B							
Operative summer temp.			D				M	
Operative winter temperature			D				M	
Light					E	J		
Visual quality			D					
Views								
Adjustability								
Daylight	B	C		E		L	M	
Sunshine hours				E			M	
Technical Design								
Radon				E			M	S
Moisture problems							M	
Acoustics	B	C	D	E	J	L		S
Sound class		C						
Sound insulation			D		J			
Cleanability			D		J			
Easy to maintain								

WATER AND SEWAGE

	B	C	D	E	J	L	M	S
Hydrology								
Surface water management	B	C		E		L		
Develop the water landscape				E		L		
Healthy watershed				E				
Clean Water								
Groundwater protection								
Water quality	B						M	
Tap water temp. (legionella)	B						M	
Conservation								
Water consumption	B	C	D					
Irrigation		C						
Water efficient equipment	B							
Measuring	B							
Water leakage monitoring								
Secondary water (e.g. rainwater)	B							
Sewage			D					
Sewage releases (BOD, N, P)							M	
Recycling of nutrients							M	
Over fertilization			D	E				

CITY LIFE

	B	C	D	E	J	L	M	S
Social Life			D					
Social openness			D					
Public art			D					
Homework places		C						
Private sphere								
Lifelong residency		C						
Societal Structure								
Proximity to services			D					
Use of existing server structure						L		
Use of existing infrastructure						L		
Use of existing transport system						L		
Access to media, e.g. fast www			D					
Leisure								
Access to green areas						L		
Access to exercise facilities						L		
Access to walking areas						L		
Transportation						L		
Long-term sustainable solutions								
Bicycle comfort	B		D					
Bicycle storage		C						
Pedestrian security								
Access to public transportation	B		D					
Comfortable public transport.								

THE SITE

	B	C	D	E	J	L	M	S
Choice of Lot								
Site analysis		C	D					
Building on already used site								
Density								
Level of exploitation		C	D					
Neighbourhood influence					J			
Influence of surrounding area					J			
Outdoor environment					J			
Consideration of local culture					J	L		
Consider. of region environment								
Risks								
Flood and earthquake risk	B	C	D					
Electro-climate, power lines	B			E				
No contaminated land	B			E			M	
NOₓ from traffic in indoor air			D	E				
Surface ozone			D	E				
Noice			D	E				
Reduce soil erosion						L		
Avoid disturbing sound & light						L		
Microclimate			D					
Heat islands/cold air sinks								
Shade				E				
Wind				E				
Flora and Fauna								
Study the local flora and fauna								
Min. impact on the ecosystem				E		L		
Avoid using green areas				E		L		
Adapt to the cultural landscape			D		J			
Green roofs								
Preserve valuable ecolog. areas	B	C			J			
Biological diversity	B	C		E	J			
Replace removed green areas		C						
Establish gardens								

REALIZATION AND MANAGEMENT

	B	C	D	E	J	L	M	S
Economics								
Lifecycle costs				D	E			
Long-term value				D				
Planning								
Environmental policy	B							
Environmental quality of program				D				
Ecointegrated planning (prof.)				D				
Hire prof., environmental issues				D				
Optimization and holistic view				D				
Procurement & sustainability				D				
Friendly environmental operation				D				
Environmental training								
Owners						L		
Planners						L		
The Construction Site								
Reduce Pollutants								
Environmental considerations								
Environment		C						
Labour		C						
The public		C						
Environment. aware subcontractors				D				
System. division of responsability				D				
Quality control				D				
The Use Phase								
Accessibility		C	D		J			
Flexibility				D				
Robust technology								
Safety		C	D					
Free safety				D				
Security monitoring systems								
Users								
Environmental training	B	C						
User handbook								
User behaviour			D					
User questionnaire							M	
Management								
Management handbook	B							
Environmental management	B							
Maintenance plan	B							
Operation	B					J		

B	**= BREEAM (GB)**
C	**= Code for Sustainable Home (GB)**
D	**= DGNB (Germany)**
E	**= EcoEffect (Sweden)**
J	**= CASBEE (Japan)**
L	**= LEED (US)**
M	**= Miljöklassad Byggnad (Sweden)**
S	**= Minergie (Switzerland)**

图 1-287　美国的 LEED 和英国的可持续住宅标准指标的权重分配
上图为美国的 LEED；下图为英国的可持续住宅标准。资料源于《建筑环境评估工具 2——工具比较详解》，玛丽塔·沃尔哈根（Marita Wallhagen），毛里茨·格鲁曼（Mauritz Glaumann）和乌拉·韦斯特贝里（Ulla Westerberg），2009

求更加严格。绿色建筑的概念只是将建筑与标准建筑进行对比，而可持续建筑还会考察建筑对自然和气候产生的影响。

SBTool（可持续建筑工具）是为"绿色建筑挑战"开发的计算机程序，这一环境评价系统产生于加拿大，但 1996 年后由 iiSBE 通过国际合作进行发展。有三个子系统覆盖了所有类型建筑：一个用于计划和分析，一个用于设计，一个用于运行。这些方法主要是为设计师开发的，但甲方和用户也可以使用。结果通

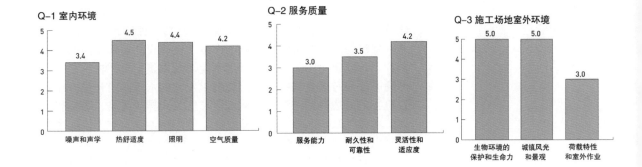

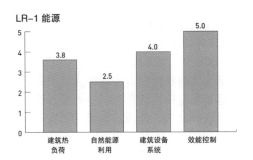

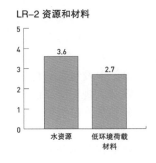

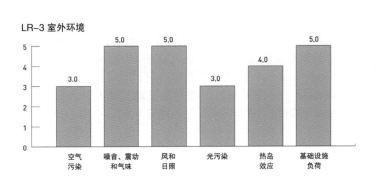

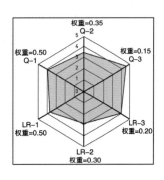

图1-288　日本CASBEE（建筑环境效益综合评价系统）的评价案例
该案例总结了该建筑物对室内外环境的影响

过条形图来显示不同建筑材料对不同领域的影响，以及等价的生命周期成本图表。

　　绿色建筑挑战是一个国际性的规划和评估工具，它使我们能够从环境的角度比较建筑。该工具由两部分组成：建筑物的环保性能和环境影响。建筑物的环保性能包括以下几类内容：以声学、热工性能以及空气和照明质量为主要研究对象的室内微气候环境；在使用阶段，对于建筑可持续性、灵活性以及运营和维护的可操作性的检验；此外，还有从生物多样性、城市环境和区域文化特征等方面入手的对于建筑周围室外环境的评估。

建筑物的环境影响包括以下内容：在建设和运营期间的能源消耗、该建筑物的储能以及可再生能源利用量记录；材料和资源消耗方面要考虑建筑物本身的材料以及它的水资源消耗量；还有建筑物对周边地区的环境影响，涉及空气和异味污染、噪音和眩光、对微气候（风环境和热岛效应）的影响，以及对于该地区的基础设施所产生的负担。

调查中每个因素以一个通常意义上的平均值作为起评点，从1—5分进行打分，用一个六边形的玫瑰图来表示打分结果。在定期举行的国际会议上各个国家将展示其最环境友好的项目。由于这些项目都是用这种统一的方法进行评估，所以具有可比性。① LEED。LEED绿色建筑评价系统是由美国绿色建筑委员会开发的，第一个版本出现在1999年。该系统可用于计划和分析、设计以及运营。住宅、办公室、公共设施和学校四种建筑类型，以及大规模更新改造、运营等都有专项评价标准。不同项目的得分相加，最后根据总分将建设项目分为认证级、银级、金级或白金级四种等级。② BREEAM。BREEAM是一个20世纪90年代早期在英国开发的系统。该系统可用于住宅、办公室、公共设施和学校。它可以用于计划和分析、设计以及运营。把给每个项目的得分相加得出最后的总分，根据总分得出评价：可接受、好、非常好和优秀四级。③ Minergie。瑞士的环境评价系统Minergie出现在1998年，这是一个针对新建和改建建筑的自愿参与系统。2002年开发了针对被动式建筑的系统，称为Minergie-P。2006年发布的Minergie-Eco进一步增加了对建筑材料环境性能的考察。Minergie-P-Eco用于评价采用环保建材的被动式建筑。一些银行会为Minergie建筑提供优惠利率。该系统还包括一个用于计算能耗的计算机程序。该系统可用于计划和分析、设计以及建设阶段，可用于住宅、办公室、公共设施和学校。最终结果会颁发一个证书，证明建筑达到了Minergie要求。④ 可持续住宅标准。可持续住宅标准可以被看作英国政府气候目标的一部分，从2016年起新建住房不会释放任何二氧化碳。这是EcoHomes（BREEAM针对住宅的版本）的进一步发展，同时它也是英格兰、威尔士和北爱尔兰新建住宅的标准。该评价方法可以用于计划和分析、设计以及建设阶段。从2008年5月1日开始所有的待售住房都要被评级。每套公寓都要有等级评价，评价分为六个等级：一星到六星。⑤ Casbee。Casbee环境评价系统在日本得到联邦政府的支持。开发始于2001年，用于满足政治和市场对可持续建筑的需求。施工单位、大学和政府机构都参与了开发过程，由日本可持续建筑财团（JSBC）运营。该系统包括许多工具，从设计到拆迁各个阶段所有类型的建筑。结果以四种不同方式展现：包含不同分项得分的玫瑰图、每个分项的条形图、一个显示生态效率（质量/影响）的图表、一些量化指标。⑥ 绿色之星（Green

Star）。绿色之星（Green Star）是由澳大利亚绿色建筑委员会（GBCA）开发并管理的建筑环境评价系统。这个组织的技术委员们与商务人员在建设与环境领域合作开发标准。该系统有针对计划和分析、设计以及运营的不同版本，可以对许多不同类型的建筑进行评价。最终根据分值评为六级，四级以上可获得证书及奖牌。其中 45—59 分为四星级，称号为"最佳实践"；60—74 分为五星级，称号为"澳大利亚最佳"；75—100 分为六星级，称号为"世界领先"。⑦ DGNB。DGNB（Das Deutsche Gutersiegel Nachhaltiges Bauen）是一个 2009 年 1 月由德国可持续建筑协会开发的环境评估系统。DGNB 得到了德国交通、建筑和城市发展部门的积极支持。大约 50 个项目被评估。与大多数其他系统不同，德国系统还考虑了经济和社会功能。评估等级分为铜级、银级和金级。⑧ EcoEffect。EcoEffect 是由瑞典皇家工学院（KTH）耶夫勒（Gävle）校区开发的一种评估方法。EcoEffect 运用整体分析方法考察环境问题并同时考虑以下几个领域：能源消耗、原材料消耗、室内环境、室外环境以及生命周期成本。这样做的目的是使得环境影响得到量化。他们用柱状图来表示建筑物的各种环境影响产生的结果。⑨ 建筑环境分级。建筑环境分级（Miljöklassad Byggnad）是瑞典的另一个环境评价系统，涉及的范围有能源、室内环境以及材料和化学物质。该项目由名为"面向未来的建筑——生活和物业管理"的项目组负责开发，并与房地产开发商、建设公司、专家学者以及市政当局共同实施。这个系统比 EcoEffect 使用简单也更便宜。它可用于所有类型的建筑，通过简单实用的方式进行交流并鼓励持续的改进。分级系统有四个级别：分类级、铜级、银级和金级。分类级意味着建筑不能满足基本要求，只有基本需求得到满足的建筑才能得到铜级。

（3）带有环境权重的建筑信息模型（BIM）。建筑信息模型（BIM）是一个用于存储建筑建造过程及其生命周期大部分类型数据的方法。使用 BIM 可以考察几何结构、地理信息、空间关系、建筑构件的数量和属性。三维建模常常要考虑到时间以及运算性能。通过采用计算机系统，作为规划过程的一部分，业主、建筑师、建筑咨询公司和施工单位可以输入能源使用、生命周期分析、生态性能等各方面的信息。德国已开发成功计算机模型 LEGEP（图 1-289）。LEGEP 是综合生命周期分析的工具。它为规划小组设计、建造、数量调查和评价新的或现有的建筑物或建筑产品提供支持。LEGEP 数据库包含所有建设内容的说明。所有信息都围绕生命周期各阶段 —— 建造、维护、运营（清洁）、翻新和拆除展开。LEGEP 建立了：① 建设成本；② 生命周期成本（建造、维修、整修和拆除）；③ 暖气、热水、电力等的能耗；④ 环境影响和资源消耗（具体材料投入和浪费）。LEGEP 由四个独立的软件工具组成，每一个都有它自己的数据库，它们可以同时计算建设阶段能源和资源消耗和在使用阶段的能耗。人们还试图去开发一种模型，使之能够评估人们停留在建筑里时建

图 1-289　LEGEP
LEGEP 软件的结构：将计划和说明纳入系统以便计算成本、能源效率及环境影响以及进行生命周期分析。资料源于 http://www.legep.de

筑对人体健康方面产生的影响。

（4）**影响评估**。影响评估是对一个或更多不同特殊利益群体提案的可能结果进行比较，影响评估可以被用来为决策提供依据。在厄尔杨·维克弗斯（Örjan Wikforss）的著作《协商》（Samråd）中比较了建造一个道路交叉口的两个备选建议，其中一种是一条隧道（图 1-290），具体情况如下：第一，对特殊利益群体的影响后果。① 环境和生态：噪音、空气质量、地面和建筑物共振、对自然的影响（如林荫大道的树木）、能源消耗以及对个人生理和心理的影响。② 审美：市容整体风貌、当地的环境、隧道的设计、道路的设计、坡道、标志、栏杆、景观和树木。③ 社会：哪些群体会从中获益？哪些群体的权益又会因此受到损害？④ 人口统计：对不同群体来说该地区的吸引力将增大还是减少？是否有拆迁安置影响？⑤ 技术：公路建设，隧道，供水和污水处理，地下水，照明系统，以及在与旧建筑相连的时候解决振动、地下水和木桩等问题。⑥ 经济：国家的经济成本，州、市相关部门（高速公路管理局、公园管理处），个人，投资成本，运营成本，资本成本（固定和可变）。⑦ 实施：在施工期间将发生哪些情况，机动车怎样通行，步行和自行车交通，商业活动等等。⑧ 组织：总体规划、项目规划、建设、检查、运行和维护、监督管理。⑨ 法律：房地产边界的重新划分和补偿。⑩ 文化：生活方式会

图 1-290　两种改造建议的比较
资料源于《协商》，厄尔杨·维克弗斯（Örjan Wikforss），1984

受到影响吗？⑪政治：政治主张对不同的选民群体有哪些影响，主张是否符合总体规划目标，对项目有什么建议？第二，对不同群体影响的后果。①汽车驾驶员：当地的交通、过境交通、车速、安全、舒适、费用和停车。②行人和骑自行车的人：去城市中心的穿越路线、沿线道路、速度、安全性、舒适性、成本、噪音、空气质量、感受、儿童、老年人、残疾人和"夜间穿行隧道者"。③住房：车道旁、离车道稍远、噪音、空气质量、意外事故、可达性、在白天和/或夜晚打开窗户的可能性、处于户外是否感到不安、儿童玩耍的可能性、当地环境对成年人的影响，以及对服务半径的影响（公交车的易达性、停车、商业、其他服务、游乐场和公园）。④商业：经营状况的改变（更多或更少的顾客）、接近分销商、是否方便顾客驾车到达以及员工的工作环境。

3）合同选择

明确适用于不同情况的合同的责任区分十分重要，否则很容易出现环境目标消失在建设过程之中的情形。使用传统的合同形式的情况越来越少见。重点是要知道书面协议总是比设计图纸更具法律效力。①多承包商。当有不同工种的多承包商时，投资方要和分包建筑、供暖、通风、保洁和电力项目合同的不同的下级承包商进行协商。倘若责任没有转移给某家企业，投资方就必须负责协调不同的企业。如果签订了这种类型的合同，投资方就需要了解建造分包和熟悉如何领导建设工程。②总承包商。如果工程中有总承包商的话，则往往是由负责建造的承包商担任。合同是由投资方和总承包商签订，然后总承包商再在有兴趣的分包商中进行招投标。投资方提供蓝图和指示，并负责统筹顾问之间的协作。总承包商负责统筹建设。③交钥匙合同。交钥匙合同是当投资方同时把规划和建设的权责给单一的承包商，那么他就是所谓的交钥匙承包商。交钥匙承包商可以和分包商合作，或拥有自己的专门项目部，并且决策有很多的灵活性。投资方对于承包商的资质有一定的要求，以便能够实现他们预期的结果。在一份具有指导性的交钥匙合同中，业主控制着合同中某些具体内容。④合伙。合伙是一种相对较新的计划和采购形式。在合伙项目中所有涉及的业主、客户、顾问、企业、安装人员等在前期阶段就可以灵活配合。合伙需要彼此都抱有公开和信任的态度。风险、解决方案和经济问题都要公开透明。参与者们为其设定的目标而共同努力，环境问题在一开始就包括在这些目标之中。合伙最适合于复杂的项目。⑤专项采购。专项采购是指为保证最终建筑中的某项特定功能而进行的采购。对于在早期阶段就确定要进行的专项采购可以提出环境要求，并可以通过后期跟踪确保这些要求得到满足。

（1）**招投标程序**。招标首先需要邀请书。然后承包商计算其投标价。在招投标期间，投资方应尽可能对任何不清楚之处提供有关的信息说明。这可以由建筑师或顾问负责。了解被列入招

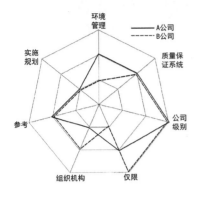

图 1-291　一种比较标书的方法
这种方法是将投标总额乘以基于软素质参数的系数。资料源于 SIAB 公司

图 1-292　系统说明书
当用户搬进大楼时，他们将收到装订成册的材料和系统说明书。资料源于 JM Bygg 公司

图 1-293　后续跟踪和反馈的内容
后续跟踪和反馈有利于建设朝着积极的方向发展。一切完成以后，所有涉及的各方应该召开会议讨论原来的要求是否完成以及建筑运作的问题。资料源于 "Entreprenadupphandling inom byggsektorn. Grundläggande handbok om regler, förfarande, ansvar," 艾瑞克·尼泰尔（Eric Nytell），汉斯·佩德森（Hans Pedersen）1995

标的内容很重要。合同可以包括一些涉及额外补偿的条款。凡是目前还不清楚的东西应当在与承包商谈判过程中澄清。谈判内容应该被记录在招投标文件中，作为最后选择承包商和委托任务的基础。修改的内容也应当纳入该文件，否则将来可能会产生纠纷。在招标过程要考虑一家建设公司的软素质，如伦理、道德和公司的整体实力。如果希望考虑到软件方面的问题，可以给不同的承包商提出有助于形成决定的问题，如关于质量保证体系、环境管理体系、参考资料、执行计划、公司组织、职权和评价。利用这些信息，投标额可乘以一个换算因子，如从 0.9 到 1.1，以比较不同的标书（图 1-291）。

（2）验收。一旦建筑建设完成后，就要进行最后验收，并向当地建设管理局申请最终的审核。验收文件应当包括：验收日期、验收人姓名、到场的人员姓名、附加的一些提到的问题列表、是否验收合格的证明，如有需要的话还可以有就整改问题达成的共识。

（3）交付。向环境管理部门交付时应认真负责。例如应该有简单明了的操作和维修说明。所使用的材料和产品的环保认证也应齐全。

（4）操作说明书。建筑管理包括与大楼的用户建立并保持良好的接触和沟通。为了帮助用户熟悉材料和技术系统，所有相关信息应合订成册（图 1-292）。如果某些系统会受到用户影响的话，让用户熟悉这些系统和材料甚至了解建筑的历史（如果不是新建筑的话）就更加重要。

（5）反馈。建设项目的后续跟踪（图 1-293）是一项重要的工作，其中也包括对用户的要求，遗憾的是这往往被忽视。后续跟踪应纳入质量控制中。应该在后续跟踪会议中讨论的问题有：① 项目的环境要求和目标是否经达到？② 哪些部分偏离了目标，为什么？③ 哪些经验可以被以后的项目借鉴？④ 跨专业的工作取得了哪些宝贵经验？⑤ 向环境管理部门的交付效果怎样？

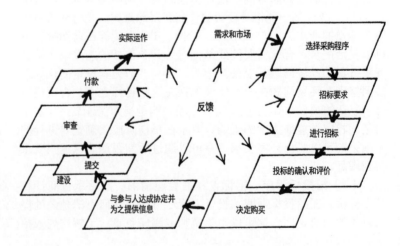

1.4.3 经济性

建筑的经济问题一点也不简单。前期的高投入可能意味着较低的长期运营成本，或正好相反。投入包括建造成本、运营成本、维修成本和寿命周期成本（图1-294）。建立一个高效紧凑、布局灵活的空间既简单又实用。然而还要处理好价格与成本的差异。所以最好是在经济衰退时期建造并努力成为一个精明的买家。

1）建造成本

建造成本包括材料、工资和其他合同费用，如运输和机器的使用费（图1-295）。开发成本包括土地成本、规划、市政费以及在施工期间的资本成本等。1995—2004年，用于建筑材料的成本增加17%以上，超过其他工业产品。通过扩大市场和进口建筑材料也许可以降低成本。在过去15年里，建筑工人的工资增长超过通货膨胀率和其他群体的工资增长速度。这是为什么呢？整个建筑行业缺乏竞争的现状极大地影响了工资和材料成本。为了建造可持续发展的健康建筑，规划和组织施工的时间安排，对提高施工过程的效率是十分必要的。

（1）价格和成本的差异。价格和成本的差异是必须被重点考虑的。成本通常可以基于统计和个人经验计算出来。价格是完全不同的东西，很大程度上取决于供求关系，而且也取决于在实际情况中是否存在自由竞争。价格在签订协议之前都是可以谈判的。价格包括承包商的利润。对于一个投资者来说，在经济衰退

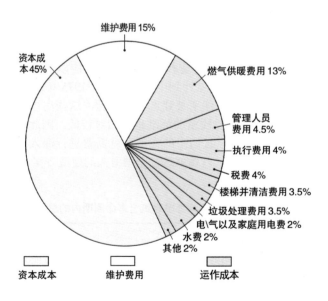

图1-294　建筑的年度总成本统计
此成本除资本成本之外，还包括运行和维护费用

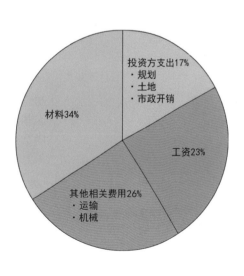

图1-295　建造成本的构成
该构成来自于国家房屋工程造价论坛项目经理桑尼·莫迪阁（Sonny Modig）。资料源于建筑师，2002年第4期

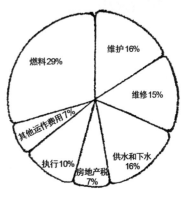

图 1-296　1986 年赛博（SABO）公司所开发住宅的平均运行成本统计

资料源于 SABO 公司

期建造是最为有利可图的。

（2）税费。一半以上的成本并不是真正的建造成本，而是税费，如增值税（VAT）、入网费以及购买建设用地的花费等。自 1991 年以来，瑞典的增值税一直是 25%。在 1990—1998 年间建设成本增加的 95% 是由于增值税的原因。整体来说，税费占工程总成本的 40% 左右（包括占总成本 1/5 的增值税）。在不同的地方市政费用差别很大。瑞典某些地区大城市的市中心土地价格在 17 年里增加了 200%。政府依据地块的增值潜力来确定费用，这使得以合理的价格建造住宅非常困难。

（3）运行成本。运行成本包括暖气、电力、供水和垃圾处理的费用，以及看护、管理、工作人员和保洁的费用。此外，还有税收的费用（图 1-296）。建造能效高的建筑能够大幅度降低暖气、电力、供水和垃圾处理的成本。

（4）维护成本。建筑物的维护费用取决于它的建造质量、材料的耐久性和不同组件的寿命周期。高质量的建筑维护成本较低。长期成本取决于产品在很长一段时间内需要维护的次数，以及每次维护的成本。所以宁可选择易于维护并且维护成本低廉的产品，即使这种产品的价格往往高于其他同类产品。若建筑物寿命以 50 年计算，建造投资费用大约只占总费用的 10%，剩下的 90% 则是运行费用。因此，尽管一次性投入较高，通过使用高质量且耐用的产品来减少 50 年内的总成本这一方式极具潜力。

（5）生命周期成本。选择生命周期成本（LCC）低的产品而不只是选择最便宜的产品或价格较高的高科技产品，这一方法被证明是很经济的，并有可能降低长期的运营和管理的成本。生命周期成本不仅包括建筑建造成本，而且还包括长期运营成本（热、电、水、污水处理和垃圾处理）、清洁、保养和维修，以及工作人员的管理和行政管理费用等，房地产税也应被纳入生命周期成本中（表 1-25）。建造和生活费用，不应以降低房屋质量为代价。在瑞典百万房屋计划中，从 1965—1975 年的 10 年间每年都有超过 10 万户新住宅被建造。据估计，这些房屋的 20%—25% 建造成本较低并且质量的标准也都相对较低。因此，这些房屋使用还不到 30 年，它们中的大部分就需要进行深入的修整和更新，花费远远大于一开始就选择长期耐久的建造方案。

表 1-25　地面材料的选择和成本控制考虑建筑全寿命周期内的总开销

需求		开销的总和				
		建筑使用寿命（30 年）的支出总和（瑞典克朗）				
描述	质量	采购价格	更替成本	维护成本	清洁成本	开销总和
墙、地面、屋面	4 000 m³	2 000 000	5 832 000	3 056 000	6 148 000	1 7056 000
	4 000 m³	2 400 000	2 644 000	2 460 000	5 536 000	13 040 000

注：资料源于福什哈加地板的手册。

2）高效建设

如果一座建筑物的设计不是以长久耐用为目的，即使建设成本很便宜其长期的运营费用也会很昂贵。为了降低投资成本，投资人减少了家具和设备或缩减房屋面积，使家具布置的灵活性、可达性和利用率受到损害，也同样限制了在不同的时间有不同的房屋使用需求的可能性。相反，适宜的、灵活的系统，精心设计的住房环境，适宜的服务半径和良好的沟通能够增加房屋的寿命，降低长期成本，降低能源消耗，从而减少对环境的影响（图1-297、图1-298）。高效建造往往依赖于工业化水平的提高，这意味着专业建造体系的标准化、提高施工现场的效率并增加预制单元的使用。使用预制盒子单元可以降低建设成本10%—25%，缩短工期20%—50%。建造健康的住房变得更加容易，这是因为在干燥的环境下预制单元的组装可以在室内完成，一切都可以迅速在屋顶之下搭建起来。货运卡车的尺寸限制了施工。长度不大于24 m、宽度不大于2.6 m的货运卡车不需要特殊要求。

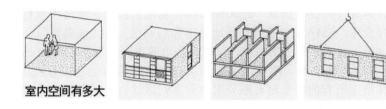

图1-297 减少建设成本的办法
限制规模、紧凑的建筑设计、简单的建筑结构和高效的建造都是减少建设成本的可行办法。资料源于《生态建筑专业知识》，H.R. Preisig, W. Dubach, U. Kasser 以 及 K. Viridén，苏黎世，1999

室内空间有多大

供1—2人居住的单居室 59 m²

供1—3人居住的二居室 59 m²

供1—2人居住的单居室 48 m²

图1-298 智能居住公寓
智能居住公寓（Live-Smart Flats，瑞典语 BoKlok-hu）的设计概念由宜家家居公司（IKEA）和斯堪雅建筑集团（Skanska）提出并运作。建筑有两层，每层6个单元。想法是以每月低廉的费用提供优质的居住条件。在建的既有供出租的单元，也有共同产权的房屋。一方面趁土地便宜时把土地买下来；另一方面让居民自己承担看护住宅和院子的工作，从而降低成本

但是更长或者更宽的卡车，就需要贴标识上路，有时还需要警车开路，需要安装可移动的轮轴并且要有专人护送。当装货超过 4.5 m 高的时候，司机就有责任保证机动车能顺利通过所有所经区域。有些墙体和地板结构的厚度会大于在现场现浇的厚度。工业生产的缺点是，建筑物不能充分地与地形和周围环境融合而变得单调乏味。

3）自主建设和部分自主建设

部分自主建设是指未来建筑的业主通过部分自主劳动以降低成本。用户需要完成有限的工作量，并且承包商会对他们进行材料和技术的指导。建造时间表中纳入了未来用户的劳动，使之与其他的建设进程保持一致。通常的情况是，一个未完成的房屋交给业主继续自主建设，其中剩余多少工作量由自己完成则是由业主自己决定的。自主建设是 SMÅA（斯德哥尔摩市房地产局小建筑部）使用的术语。从 1920 年成立，这个部门就致力于为人们自主建设家园提供帮助。SMÅA 帮助取得土地，提供预制材料和指导。有规划方面的帮助，也有管理方面的，如建筑许可证、贷款、时间安排和控制项目预算。通过和承包商合作，SMÅA 完成所有场地处理和基础性工作，安装暖气、电力、自来水和卫生系统，以及提供市政电网。现在 SMÅA 已经成为 JM 公司、瑞典国家租户、房主和建房协会（HSB）及其员工所有的股份制有限公司。业主们通过自己的劳动最高可节约 150 000 瑞典克朗的建造成本。

4）银行贷款

在一些国家，比如德国，对于那些想进行更环保建设的业主有完善的银行融资渠道。鉴于生态建筑的节能特征，其未来运行具有较高的经济价值，银行愿意为多达 95% 的总投资提供低息贷款，德国联邦银行可以为另外的 5% 提供保证 10 年期固定利率的抵押贷款，此外每月还款能力也不再是可贷款额度的唯一标准。奥地利为生态建筑提供了慷慨的补贴，在福拉尔贝格州建造被动式住宅（Passive House）可以获得四分之一的无息贷款。

1.4.4　施工场地

如果建筑工人对环保建筑感兴趣并有所了解，情况就会非常不同。以正确的方式处理材料避免受潮很重要，要储存于干燥处，并保证干燥时间。应该稍微加长预计的干燥时间，以防止粗心大意导致干燥不充分。在工地现场和同行们保持良好的协作能够很好地防止问题出现。此外，应尽量减少浪费，并应当在现场对垃圾进行分类。

1）质量保证

建筑的所有者要保证建筑结构的技术性能，也要对建筑材料对人和环境产生的影响负责。业主指定一个或多个人来负责项目建设的质量。那些负责质量保证的人员验收工作质量并收集整理工作清单。质量责任人名单和建筑开工申请必须在建造之前提交给政府部门。当确定了工作验收计划和质量保证责任人之后，最后的验收只是一种形式而已，因为提交的验收报告显示不同环节的验收工作已经按规定完成并已通过验收。所需要的验收类型取决于工程的性质和所使用的质量保证体系。好的质量保证体系减少了验收环节。质量保证责任人把验收报告发给当地房屋委员会，委员会收到报告后将颁发最后的认证，建筑验收才能通过。

（1）**施工现场会议**。在每一次施工现场会议中都要讨论环境议题以便对环境目标进行持续的监督。如果情况发生变化，就要做出评估和决定。一种很好的工作方式是随身带一本环境日志，记录施工期间决策的变更及其可能导致的环境影响。环境日志应该在建筑的全寿命周期内不断更新。

（2）**保护周边自然环境**。为了使建筑物适应周边环境，应在规划阶段决定需要保护和保留的东西。一块地用栅栏分割成几个区域，标明哪里不允许进行施工建设，哪里允许。工地上的土壤往往被碾压得很紧实，导致植被很难生长。所以要么提前铺设一个砾石保护层待建筑完工后再移去，要么在建筑完工后对上层土壤进行恢复。还可以将砾石和土壤混合恢复土地原有的排水特性。需要保留的单棵树木应小心翼翼地看护并建立处罚机制，如果树木遭到破坏，客户有权得到经济赔偿。

（3）**材料管理**。对施工现场的材料管理必须进行审查。材料应存放在干燥的地方，最好有遮蔽。在施工中，只要没有环境影响说明的材料运到施工现场，就需要从环境角度审查。在某些情况下所有施工都可以在一个大帐篷下进行（图1-299）。

（4）**清洁的建造**。保持整个施工现场清洁和干燥很重要。

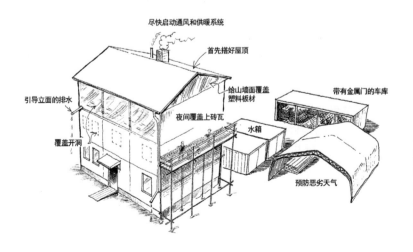

图1-299　施工现场的施工管理
潮湿是建筑工地必须注意的问题。材料应存放在干燥的地方。还要保护建筑免受天气和大风影响。最好是先把屋顶盖起来，然后再施工墙体。排气和采暖系统的建设越早开始越好。资料源于 JM Bygg 公司

示例：混凝土框架

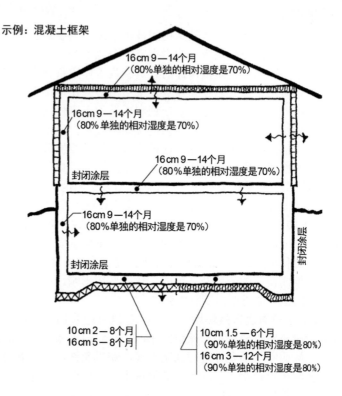

16 cm 9—14个月
（80%单独的相对湿度是70%）

16 cm 9—14个月
（80%单独的相对湿度是70%）

16 cm 9—14个月
（80%单独的相对湿度是70%）

封闭涂层

16 cm 9—14个月
（80%单独的相对湿度是70%）

封闭涂层

封闭涂层

10 cm 2—8个月
16 cm 5—8个月

10 cm 1.5—6个月
（90%单独的相对湿度是80%）
16 cm 3—12个月
（90%单独的相对湿度是80%）

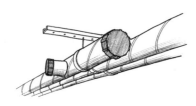

图 1-300　管道在运输过程中的保洁方法
管道在运输过程中应将两头塞紧，这样就可以避免在使用之前被弄脏

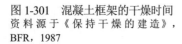

图 1-301　混凝土框架的干燥时间
资料源于《保持干燥的建造》，BFR，1987

要避免将建筑垃圾和材料弄到悬浮基础和橱柜下面等地方（图 1-300）。

（5）施工防潮。建筑施工的速度很快，施工人员尝试用风扇来排走施工过程中产生的潮气，但结果往往很不理想。建造质量低劣的建筑往往有严重的潮湿和发霉问题，这是由于：用保温材料覆盖地面基础、不适当或错误的排水系统、容易漏水的平屋顶、浇注的混凝土还没有完全硬化、漏水的管道井、通风不良的悬浮基础、木制外墙窗台没有设置隔气层、潮湿的房间墙上又覆盖了塑料壁纸和彩绘玻璃纤维织物，以及错误的施工工艺和冷桥造成的结露（冷凝作用）。将绝缘材料暴露在雨雪之中的不当的储存方式，或者在施工期间不采取措施充分干燥也会引起潮湿的问题。一些材料如混凝土等需要很长的干燥养护时间。混凝土的干燥养护的速度取决于混凝土的厚度和质量、是否添加干燥剂以及是一面还是双面都需要干燥养护。干燥养护过程涉及通风、加热、除湿和空气流通等一系列手段。使用在受控的工厂环境中干燥的建筑预制构件可以减少干燥养护时间（图 1-301）。一些建筑材料必须在使用之前把水分含量降低到一个确定的水平，否则会产生危险。下层混凝土在用面层覆盖物，如地毯、油漆和防水层覆盖之前，最大相对湿度含量不应超过 85%。这意味着，地板和墙壁的湿度含量都要被仔细地检查。此外湿度敏感材料如胶水和密封剂对湿度限制格外严格。如果所有的限制都小于 85%，还要注意面层材料的相对湿度含量也不能高过这个水平。木材的水分含量通常称为木材含水率，即木材所含水分的重量与木材干重之比。通常用百分数来表示。风干的木材的含水率是18%。实木地板的含水率在10%—12%之间，干燥的制作家具的木材含水率在8%—9%之间。实木地板在被固定在地面之前应该就地干燥一段时间。如果踢脚板是可活动拆卸的，那么水汽就很容易通过一些缝隙散失掉。

（6）**湿度监测**。湿度监测系统是必需的，并应该列入质量保证计划。地面、墙面和天花板的水分含量应该受到监测，尤其要注意混凝土和木材这两种材料。两种值得推荐的混凝土测量的方法是连接到计算机设备的嵌入式点状监测和提取材料钻芯样品到实验室检测。使用的胶水、油漆和密封剂的供应商应提供相关材料临界含水率的数据，从而在施工过程中避免因超出规定值而发生问题。

（7）**地板铺设**。地板的铺设应尽可能地留到工程的最后阶段进行，以避免磨损和破坏。最重要的是在施工阶段要将地板仔细地覆盖起来。在覆盖之前，所有的灰尘、粉末和垃圾都应该清理干净。鉴于下面的实木或层压木地板仍然可能存在没有完全干燥的情况，用于覆盖的防护材料必须是透气的。不合适的或错误的清洁方法可能会损坏地板的外观和强度。

2）建筑垃圾

对使用材料的精打细算可以避免材料的浪费。使用加工好的材料如切割好的尺寸合适的地板已逐渐被大众所接受。任何使用中的废弃物都应该进行分类。建筑垃圾的分类可以使建筑材料的再利用成为可能，降低处理成本并有利于处理有害垃圾。

（1）**垃圾分类**。每一个施工工地都必须设置垃圾分类系统并有专人负责实施。其目的是尽量减少混合垃圾数量提高回收率。废弃物应至少分成以下几类：木材、塑料、金属、石膏、可燃物、填充料和混合废物。危险品、电气和电子设备垃圾应分开处理。承包商应跟踪垃圾分类的整个过程，确保执行效果。需要准备足够的垃圾车和装满时易于运输的垃圾桶。垃圾收集容器的摆放位置应缩短运输距离并且便于运输，要避免迂回的道路。施工工地往往是局促的，特别是处于市中心时，租用用于放置回收容器的土地也十分昂贵。小型建筑废物收集容器有时会显得更加实用（图1-302）。

（2）**涂料管理**。清洗刷子和其他粉刷工具是一个环境问题。每年都有大量的用洗涤水清洗的油漆排入下水道。污水处理厂很难处理水性涂料，因此存在污染湖泊和河道的危险。可以使用设备来处理剩余的涂料，再用车和容器把处理过刷具的洗涤液运走（图1-303）。被污染的水中加入析出剂（铝土矿），经过几分钟涂料凝聚成块就可以用过滤器滤出。80%—90%的涂料可以用这个简单的方法去除。Ragnsells公司开发了一种名为KRYO的

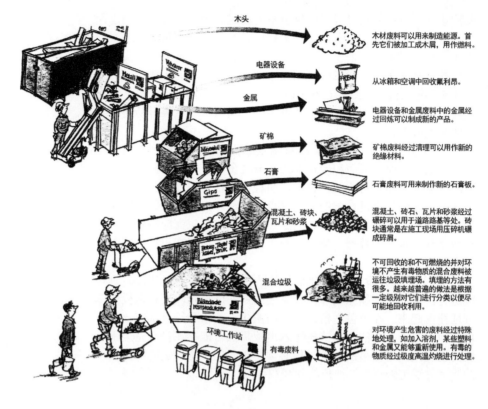

图 1-302　施工现场的垃圾分类
建筑垃圾应在施工现场进行分类。SIAB 的分类系统把垃圾分为下列几类：木材、电气用具、金属、矿棉、石膏、水泥、砖、瓷砖和灰浆、混合垃圾和有害垃圾

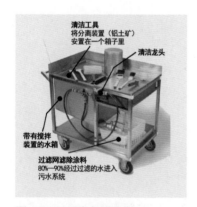

图 1-303　贝克尔清洗车
贝克尔清洗车带有涂料分离器，为现场清洗刷具产生的环境问题提供了解决方法。这种清洗车是由高级粉刷匠阿尔夫·卡尔森（Alf Karlsson）发明的

方法用于回收利用涂料包装和机油滤清器，分为四个步骤。首先，把垃圾用独立的回收容器同危险垃圾分离开来。然后被运送到工厂，在极度寒冷的条件下（-180℃）粉碎过滤器和涂料容器。涂料和油与金属和塑料表面分开，小的碎片可以被分离并回收利用。涂料、油和过滤的废物可用来进行能量回收，金属则可以重新用于钢铁加工。

1.4.5　循环使用建筑材料

我们的目标应该是去建立一个市场，经营可重复使用的或由旧的建筑材料或垃圾再生的材料，同时也要根据地方法规对其他的材料进行分类。在拆除或建设的时候就要制定地方性的建筑材料回收利用的规定。最好使用当地材料以最大限度地减少运输成本。有专业公司专门致力于指导建筑物的拆除，以达到建筑材料回收利用的最大化。最理想的情况是在建筑的规划阶段就考虑好日后废弃时的拆除工作。

1）拆除规划

在建筑物拆除前要列出建筑的材料清单。对材料的数量、组成和可分离性进行评估。材料清单反映了拆除的利润，因为详细的清单是判断市场销售状况和材料价格水平的基础。拆除规划包括制定开展工作和管理材料的原则。拆除对象的特点必须作为确定拆除方法和顺序、决定如何处理现场材料、组织施工现场和材料保管的根本出发点。

（1）选择性拆除。 选择性拆除的发展目前还处在初期阶段，因此实验性的拆除方法还不能适用于所有类型的建筑结构。制定建筑拆除工作的审查和控制条例的目的首先是确保使用环保的方式对废弃物进行处理和保存。条例制定的另一个目的是为旧材料的再利用和回收创造条件。建筑物或设施的拆除涉及环境法、规划和建筑法以及职业安全和健康法等法律条例。此外法律还对危险废物的运输、中间储存和处理作出了具体的规定（图 1-304 至图 1-306）。

图 1-304 专门拆除地板、墙板和带槽天花板的撬棍
这种撬棍可以允许施加很大的力量却不会造成板材的破坏。这些撬棍有不同的尺寸，以适应不同类型的木材。资料源于《拆除手册——规划方法和拆除工具》，Johanna Persson-Engberg, Lotta Sigfrid, Mats Torring, 1999

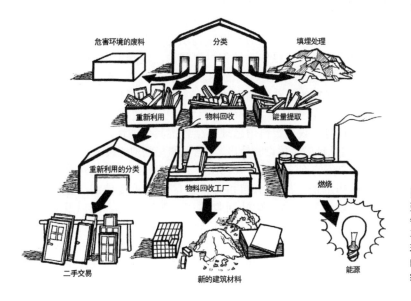

图 1-305 被拆除的建筑垃圾分类
建筑垃圾基本上应分为五类：应该被销毁的有害垃圾、送到二手商店进行再利用的未用完的建设材料、可以循环利用并经过加工成为新的建筑材料的材料、可用于提取能源的材料和最终废弃填埋的材料

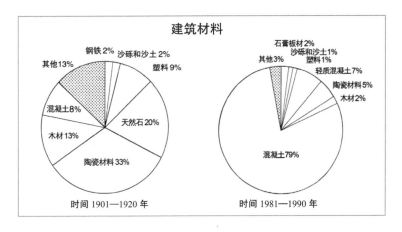

图 1-306 被拆除建筑中的建筑材料构成
从拆除的建筑中回收利用建筑材料，需要了解被拆的建筑物里都有什么材料。资料源于"Byggmaterial på 1900-talet, RVF 92:12"，洛塔·西格弗瑞德（Lotta Sigfrid）

图 1-307　混凝土碎石的分类
各种各样的混凝土碎石根据大小进行分类

（2）**详细拆除计划**。递交拆除申请的时候，也需要包含一个详细的处理拆除下来的废弃物的计划。根据规划和建筑法，当业主拟定了拆除计划，要任命专人来保证质量。以下内容应列入拆除计划：① 确定有害物质和危险废物的方法；② 拆除危险物质过程中采用的工作方法和保护措施；③ 如何分类、处理和运输所有的危险材料和产品，以及如何处理垃圾；④ 可重复利用的建筑构件的拆除方法，需要经过处理才能使用的建筑材料的拆除方法，例如回收利用、焚化或填埋等；⑤ 保护措施和检验破坏木材的寄生虫、昆虫及干腐菌的方法。

（3）**建筑材料的循环利用**。政府存有各种填充材料的应用范围和各种材料的授权和管理信息。也可以从政府废物处理顾问或当地废料场的工作人员了解材料循环利用的信息。下面的信息主要来自于洛塔·西格弗瑞德（Lotta Sigfrid）所著的《增加循环利用率的秘诀 —— 关于建造和拆除中的垃圾产品》一书（只有瑞典文版，原书名为 Tips för Ökad återvinning – Restprodukter från bygg- och rivningsverksamhet）。第一，混凝土。混凝土构件中的混凝土可以重复使用。混凝土可以被碾压成分级道砟材料，也可以拆除混凝土的钢筋然后把它作为填充材料。土地拥有者得到市政当局的许可后可以作为填充材料使用。混凝土中的钢筋被移除后可以重新冶炼，加工成新的钢筋（图 1-307）。第二，泡沫塑料。作为保温材料的泡沫塑料因为含有氯氟烃（氟利昂）被列为危险废物。① 可以整体重复使用或者切片重复使用。② 泡沫塑料可以回收利用。联系塑料信息理事会咨询其可能性。③ 泡沫塑料可以在经过认证的焚化设施焚化。不含氯氟烃的泡沫聚苯乙烯（EPS），也就是白色的泡沫塑料（聚苯乙烯泡沫塑料）可以循环使用。第三，厨房水槽。厨房水槽和支架应尽可能重复使用。金属厨房水槽可以送到废品收购站回收利用。第四，门。门以及完整的门框应重复使用。金属门可以送到回收站，木门焚烧可以用于能源提取。第五，窗户。① 用过的窗户应该被再利用。② 送到旧窗玻璃市场。③ 玻璃可以被回收生产。④ 木窗框和玻璃可以用经过认证的焚化设施焚化。第六，石膏。① 整块拆下来的石膏板可重复使用。② 专门的石膏生产厂回收利用石膏废料。③ 石膏碎片可作为农业硫化肥料。④ 夹杂矿物质的石膏可以作为填充材料（图 1-308）。第七，瓷砖和水泥板。完整的瓷砖和水泥板具有二次使用价值应该重复使用。拆除前应研究出对它们不会造成破坏的拆除方法。无破损拆除很大程度取决于当初使用的水泥砂浆材料。当材料被循环使用制成分级道砟材料时，瓷砖和水泥板碎片可能会被包裹在混凝土块中，并且它们有时可以成为道砟材料的骨料。第八，铜。屋面和立面的含有铜的构件，如金属薄片、水管、排水管和电缆等。铜也是黄铜合金组成成分。铜具有较高的回收价值。第九，油毡。① 未黏合的油毡垫应尽可能地重复使用。② 油毡垫可以在经过认证的设备内焚化。第十，轻质混凝土。轻质混凝土如果形态完整且不释放氡就可以重复使用。他们可制成

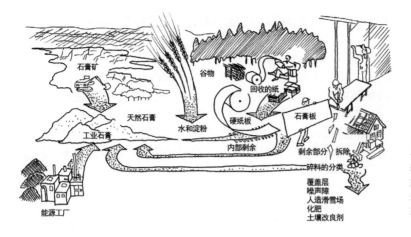

分级的道砟材料。轻质混凝土可以作为填充料，但是不适合在港口使用因为它们会漂浮起来。第十一，矿棉。旧的矿棉不应含有霉菌孢子、污染物、过敏原和传染病菌等。① 完整的矿棉可重复使用。② 一些工厂回收用过的矿棉来制造新的产品。③ 质量好的矿棉可以以散装的形式回收。目前瑞典 70% 的玻璃纤维矿棉产自回收的玻璃。约 10% 的玻璃棉是由回收的物质制成的。融化玻璃碎片比融化新原料节省能源。第十二，塑料。① 未黏合的塑料垫子应重复使用。② 塑料管和塑料垫（通常是较新的材料）在某些情况下被生产者回收利用。③ 塑料材料可在经过认证设备内焚化。第十三，散热器。① 完整的金属板和铁质散热器应重复使用。② 散热器可以送到废品经销商处。其价值取决于当前的金属价格。第十四，管道、电缆。管道、电缆以及废金属可以送到废旧金属经销商处。另外，电缆也可以直接循环使用。可以向政府有关部门咨询经过认证的金属废物和电缆回收及处理设备。第十五，卫生间陶瓷。卫生间陶瓷及器具应尽可能重复使用。经过粉碎的卫生间陶瓷有时可以用作填充材料。第十六，硬纸板和胶合板。硬纸板和胶合板可以重复使用，硬纸板可在经过认证的设备内焚化。第十七，石块。石块和石板可以重复使用。天然的石材通常只占拆除下来的材料总数的很小一部分。石材可以先存起来等二手价高的时候再送去回收，也可以用作分级道砟材料或填充材料。第十八，砖块和瓦片。完整的砖块可以重复使用，完整的瓦片也可以重复使用。碎砖可用于分级的道砟材料，也可以作为填充材料。即将重复使用的砖块在拆除时应确保不受到破坏，然后进行分类和包装，使其在拆除现场就能直接运走。人工拆除和清理砖块（用小型手持式设备）即使对大规模的工程来说在技术上也是可以实现的，但前提是砖块之间的灰缝材料是石灰砂浆。回收砖块的人工处理过程中会使用砖锤、钢丝刷和金属滤网等工具，从拆卸到堆叠在托盘上的速度是 25—30 块砖每人每小时。如果有条件的话，使用砖块清洗机可以节省时间。砖块按照质量、颜色、大小和用途（墙、立面或烟囱）进行分类。即使被用来作为填充物或砾石，碎砖也应保

持清洁。得到政府相关部门的许可后土地拥有者可以用它来作为填充料。从烟囱拆除下来的砖块强度大大减弱，所以不能再次被用来砌筑烟囱。第十九，木材。在新建筑工程（包装）和拆除工作时（木材）木材的使用导致了大量以木材为基础的废弃物。如果一幢即将被拆除的建筑的框架是木结构的话，就必须小心翼翼地进行工作。① 耐久和灵活的大木作尽可能重复使用。② 木地板和框架结构如屋架，可以从中取出钉子并锯开重复使用。③ 未经处理的木材可以通过焚烧提取能源。④ 涂过油漆的木材或浸渍木材只能在经过认证的设施内焚化。受虫害、干腐病或霉菌侵害的木材不适合再被使用。第二十，家用电器。家用电器应尽可能重复使用。但是如果它耗能太大就最好废弃掉。大部分电器可以送去回收利用。第二十一，锌板。锌板、镀锌金属和老式厨房水槽中都含有锌。锌被分类后可用于金属回收（图1-309）。

（4）建筑产品的重复使用。获得二手建筑产品有很多途径。二手经销商买卖炉灶、厨房水槽、马桶、台盆、门、窗和壁橱等用具。家电经销商则回收冰箱、冷冻箱、洗衣机和洗碗机。拆除公司可以交易大部分的建筑产品，但主要还是经营马桶、水槽、木材、瓦片、炉灶和壁橱等。古董店也开始买卖建筑制品，但通常是保护建筑里的老旧产品。建筑产品也逐渐开始在互联网上进行买卖（图1-310）。

2）二手建筑材料

为了高效地利用二手建筑材料，知道哪些材料是可以重复使用的、哪些材料需求较大是十分重要的。查询数据库是联系买家与卖家的一种非常高效的方式，在建筑拆除之前信息就可以被录入数据库中。

3）再生建筑

建筑材料循环使用的好处在于能够节约资源，避免浪费。建筑部门对待循环使用材料的态度十分积极。但是，人们对使用再生材料大规模建造住宅的经济可行性持怀疑态度。再生材料的来源被视为难题，并且缺乏质量标准，使得安全保障更加困难。为了更多地使用再生材料进行建设并且有利可图，必须建立下列体系：选择性拆除体系的建立、可重复使用建材的质量分类标准、可再生建筑材料的库存清单以及采购制度。时间是一个重要因素，整理出可利用的再生材料信息需要耗费时间，这就拖长了规划编制工作。

客户最急需的建筑材料是砖和木框架门窗。人们认为旧的砖块更具有生气，新砖往往颜色统一而让人感觉无趣。同样，许多人认为过去用于房屋结构和门窗的实木心材，无论从质量的角度还是美观的角度均优于新的木材。

TURESEN大街上的这幢建筑即将被拆除但是材料会被回收利用。

被拆下来的窗户等待翻新处理。

在选择性拆除期间将进行材料的人工拆除。

完整的砖块被清洗之后可以用来建造新的建筑。

被拆卸下来的木地板和别的木材堆放在一起。

在金属探测仪的帮助下木头上的钉子全都被拔下来。

坐落在中间的建筑刚刚被修整过。它所使用的全部木材和门窗都来自于哥本哈根被拆除的建筑物。

图 1-309　丹麦建筑材料的再利用
在丹麦建筑材料的再利用走过了漫长的道路。他们使用选择性拆除的方法并为分类拆除的材料建立了专门的仓库。资料源于改编自《房子回来……》，乔安娜·佩尔松（Johanna Persson），1993

图 1-310　Filborna 回收机构
该回收机构位于瑞典赫尔辛堡
（Helsingborg），是建筑材料和建
筑构件再利用的一个很好的范例。
在那里许多材料被重复使用，其中
包括从一个建筑展览会转移过来的
大型玻璃展馆。资料源于 SWECO
FFNS 公司建筑师 Per Lewis-Jonsson 和
Jonas P Berglund，Nordvästra Skånes
Renhållnings 资源再生公司，玻璃幕墙
设计：Kjellander＋Sjöberg 建筑事务所

资源节约

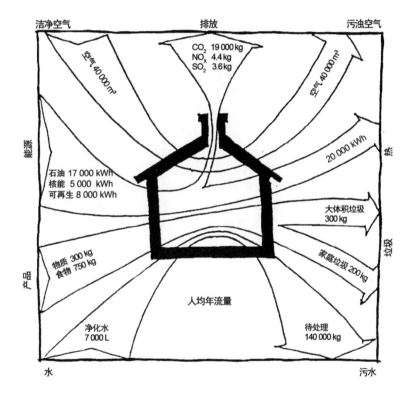

洁净空气   排放   污浊空气

空气 40 000 m³

CO_2 19 000 kg
NO_x 4.4 kg
SO_2 3.6 kg

空气 40 000 m³

能源

石油 17 000 kWh
核能 5 000 kWh
可再生 8 000 kWh

20 000 kWh

热

大体积垃圾
300 kg

产品

物质 300 kg
食物 750 kg

家庭垃圾 200 kg

垃圾

人均年流量

净化水
7 000 L

待处理
140 000 kg

水   污水

插图　建筑系统资源流动示意图
建筑要消耗各种各样的资源，建筑可以看成是一个资源流的系统。研究建筑内外的资源流动，找到减少流量的方法，我们可以建造资源节约的建筑。资料源于《建筑环境》，毛里茨·格劳曼（Mauritz Glaumann），瑞典皇家工学院耶夫勒校区（KTH Gävle）

2.0 引子

1）节约资源

节约建筑运行所消耗的资源，就要减少资源的消耗性流动，例如高位能源转化为热能、清洁的水变为污水、物品成为垃圾。

（1）**节能**。建筑设计影响房屋对能源的需求。房屋的形状、类型、分区、蓄热性能以及被动式供暖和制冷都会对此产生影响。总的来说，最重要的因素是建筑的外壳，包括保温层、窗户类型和气密性。另一个需要考虑的因素是热回收。

（2）**节电**。应该避免使用电热取暖器，多使用节能型的家用电器和照明系统，照明应根据需要进行控制和规划。应优先考虑不耗电的方式，比如日光照明、地窖储藏、自然通风以及附加式干燥箱等。

（3）**节水**。节水的方法有很多，包括使用节水型水龙头、淋浴器和马桶，完善热水管道和水箱的保温。节水的另一方面关系到当地水源，比如井水、雨水以及它们的净化和使用。

（4）**垃圾**。可以通过产品和包装的选择减少垃圾的产生。建筑应设置专门的空间用来分类存放垃圾。有机垃圾可用来堆肥，无机垃圾可再利用，有害垃圾应被销毁。

2）能源如何使用，使用多少？

托马斯·约翰松（Thomas B. Johansson）和彼得·斯汀（Peter Steen）于1980年以瑞典文发表了一篇关于能源的研究报告《能源如何使用，使用多少》，得出以下结论：我们已经表明，尽管世纪之交后人们对物质和服务的需求将提高50%，我们仍有

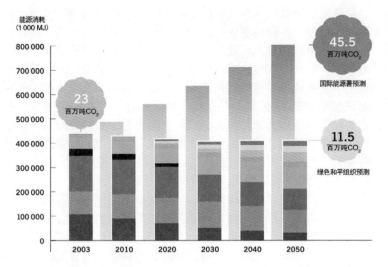

图 2-1　2050 年全球能源消耗的
预测
国际能源署（IEA）预计到 2050 年
全球能源需求将会翻倍。这意味着消
耗更多的化石能源，如煤炭（■）、
石油（■）、天然气（■），二氧化
碳的排放量会急速增长。无论如何，
2050 年之前二氧化碳的排放量必须减
少 50% 以避免急剧的气候变化。绿色
和平组织的报告显示，如果使用节能
手段和节能设备并且利用可再生能源，
这一目标是有可能在不损害全球经济
的情况下达到的。根据绿色和平组织
的预测，到 2030 年核电站将被淘汰，
到 2050 年全球一半的基础能源需求将
由可再生能源供给，如生物质能（■）、
水电（■）、太阳能（■）、风能（■）
和地热（■）。资料源于《能源革命》，
绿色和平组织，2005

可能把能源消耗从当前的 400 TWh/a 减少到 200—250 TWh/a。降低能耗可以通过更有效地利用能源来达到，而不是像现在这样运用廉价的工艺技术。评论家认为尽管存在明显的消费需求增长，减少 50% 的能耗仍然是有可能的，但是需要超过 20—25 年时间，并在很大程度上取决于将来有关能源以及社会经济发展的总体政策（图 2-1）。

（1）4 倍数。在恩斯特·冯·威茨塞克（Ernst von Weizsäcker）、阿莫瑞·B. 洛文斯（Amory B. Lovins）和 L. 亨特·洛文斯（L. Hunter Lovins）于 1997 年所著的《4 倍数——双倍财富，一半消耗》一书中，作者作出以下假设：4 倍数意味着生产力可以并应该增长 4 倍，特别是对每个资源单位的使用效率应增长 4 倍。换句话说，我们可以将现有生活质量提升一倍，而只需消耗一半的资源。这本书分章节说明了如何达到这一目标。目前已出现了只需要现行标准四分之一能源的住宅，已制造出行驶 100 km 只消耗 2.5 L 汽油的汽车，而普通汽车行驶 100 km 一般需消耗 10 L 汽油。作者分别考察了各工业部门并得出结论"4 倍数"同样适用于工业。因此，这不再是技术是否可行的问题，而是我们是否愿意把我们的社会改造成为可持续发展社会的问题。

（2）建筑业的资源消费。建筑业是资源消耗最大的部门之一，它有时被称为 40% 部门，因为在瑞典和其他许多国家，它消耗了全社会能源和物质总量的 40%。从全球来看，建筑业消耗了木材总量的 1/4 以及水资源的 1/6。因为建筑有很长的生命周期，建造节能建筑变得尤其重要，同时，还要改造现有建筑，使它们更为节能。

（3）能源效率。有关能源消耗量的讨论不应脱离能源质量。举例来说，电能具有 3 倍于热能的效能，那么当一个电力驱动的热泵被用于为房屋供暖时，从能源转换的效率看，它应该有不低于 3 的能效比时才值得安装。热因子是热泵产生的低温供暖量和运行热泵所需要的高质量能源之间的比值。最好的家庭热泵的"热因子"已差不多能达到 3 了。熵（Entropy）被用来描述能源转化率。不论熵如何损失，能源不会消失。在转换的各阶段都存在能源损耗，特别是在转化率很低的情况下。这意味着使用能源的过程中要尽可能减少能源转换次数。例如，用柴油发电机产生的电能来加热水就有较大的熵损失。㶲（Exergy）[1]是把能源的量和它的转换率联系起来的概念。例如，电相对于相同能源量的热来说具有更高的㶲。这意味着，原则上讲，高品位的能源不应该被转化为低品位的能源使用，比如用电为房屋供暖是很不经济的。

（4）能源梯级利用。能源梯级利用的意思是同一能源的多次使用，换言之，就是提高㶲。例如发电站燃烧燃料得到蒸汽，蒸汽推动涡轮以产生电能，当蒸汽冷却为热水后，通过区域系统给建筑供暖。造纸业提供了另一个例子，燃料燃烧产生高温作业所需的热量，作业完成后还有足够高温的剩余热量可用以区域供暖（表 2-1）。

（5）分户计量。不同家庭的能耗量差别很大，它很大程度上取决于住户节约能源的意识。电能消耗取决于许多生活琐事，比如，离开房间时关上电灯了吗？厨房排气扇开多久？有没有使用大小合适的壶？水壶盖上盖了吗？想过关上炉火利用余热煮熟食物吗？冰箱除霜了吗？冷藏箱和冷冻箱的温度是否太低？这些因素都会影响到能耗。一个提高能源消费意识的好方法就是分户计量。仪表应该方便看到，租用协议也应该包括精确的消费支付方式。分户计量被认为能大幅度减少家庭电能消费。对于热能和水也同样如此（图 2-2）。

（6）能源声明。欧盟决定从 2006 年开始，针对每一幢建筑，由执业的能源专家编写一本能源使用说明，内容包括建筑基本信息、通风系统、热水系统、传热系统、产热系统、控制及调节系统、

表 2-1　能量级联的原理示意表

	温度	过程	载体	产品
能量	1 000℃	电解	蒸汽	铝
	800℃	熔炼	蒸汽	铝
	500℃	背压	蒸汽	电
	180℃	沸腾	蒸汽	纸浆
	100℃	干燥	热水	纸
	50℃	乙醇蒸馏	热水	乙醇
	30℃	地区供暖	温水	热
	10℃	垃圾供暖	—	—

注：相对于用 1 000℃的热来直接供暖，这种方式可节能 90%。

[1] 㶲是热力学中用以评价能量品位的参数，又称可用能、有效能。

家庭用电、操作用电等，应说明该幢建筑运行所需的热能和电能（图2-3）。说明的目的是促进节能，因此，这里面还应包括如何节能的建议。

图2-2　分户计量表
这是瑞典住宅公司（Svenska Bostäder）在哈默比湖城（Hammarby Sjöstad）一幢建筑里的分户计量表。住户可以实时看到自己能源和水的消费

3）使用者的习惯

如果一幢建筑的年平均能耗是 18 000 kWh/a，住户的习惯会产生大约 10 000 kWh/a 的能耗差别，最低 15 000 kWh/a，最高 25 000 kWh/a。可以通过包括供热、热水、冷水和供电的分户计量和分户支付的房屋租用体系，来改变人们的生活习惯（图2-4）。

（1）热。① 适宜的室内温度是 20℃，卧室 18℃ 就够了（E）；② 在夜晚拉上窗帘，观赏百叶窗和软百叶窗帘，通过暖气片来维持轻缓的空气流通（A）；③ 不要把家具和窗帘挡在暖气片前（J）；④ 冬天减少通风但是不要彻底关闭它（I）；⑤ 尽量利用自然风对流使房间快速通风（K）。

（2）电。① 不要让洗衣机半负荷运转。② 不要一直开着厨房排气扇（G）。③ 冷藏柜温度不宜低于 +6℃，冷冻柜里不应低于 -18℃（H）。④ 定期给冰箱除霜。购买新家电时检查其能耗。⑤ 烧水时给壶盖上盖。用电水壶烧水。⑥ 选择大小合适的炉子，其面积不大于炊具的底面积。⑦ 定期清洁冰箱或冰柜的后背。⑧ 把冷冻食品放在冷藏柜内解冻，这样冰箱就可以利用解冻释放的冷量。⑨ 不使用电视机、音响、电脑或其他电器时，直接关掉电源开关（L）。⑩ 关掉无人房间的电灯（M）。⑪ 使用 LED 灯。⑫ 不使用电池充电器时，请断开电源。

图2-3　能源声明标识
如果一幢建筑和能源声明得以执行，一个带有符号和数据的标示将被置于建筑的醒目位置

（3）水。① 对漏水的洁具要及时修理或保修（B）。② 不要开着龙头洗盘子（F）。③ 装满洗碗机后再洗。④ 洗衣服时把洗衣机装满（C）。⑤ 不用预洗功能。⑥ 尽量多淋浴少泡澡（D）。⑦ 不用时关掉水龙头。⑧ 只在必要时冲水，不要把垃圾冲到厕所下水道。

（4）垃圾。① 只购买需要的东西。② 选择可重复使用的包装。③ 不使用不可降解的产品。④ 减少不必要的包装袋。⑤ 给垃圾分类。⑥ 尽量多次使用物品。⑦ 尽量使用再生物品。⑧ 使用无毒性产品。⑨ 把对环境有害的垃圾放到规定的地方。

图2-4　影响资源使用的生活习惯
资源节约和使用者的习惯有很大关系，我们需要了解不同的生活习惯会对生活成本造成多大影响

图 2-5　一幢被动式建筑

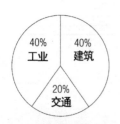

图 2-6　瑞典的能源消耗比例示意
大约 40% 的能源消耗用于建筑，主要用来供暖。40% 用于工业，交通占 20%

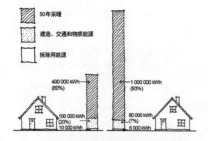

图 2-7　低能耗房屋和使用 50 年以上的传统房屋中的能耗对比
左边的房屋是 150 m² 的低能耗房屋，右边是同样面积的传统房屋。资料源于《更多家庭考虑经济——关于生态友好型生活方式的理念》，尼尔斯·斯卡瑞（Nils Skaarer），丹麦，2001

2.1　采暖和制冷

　　好的建筑可以通过被动式的节能构筑来适应各种气候条件。为降低能源消耗、实现可持续发展的社会，未来的建筑应该是节能的，既有建筑也应实施节能改造（图 2-5）。

2.1.1　高效供暖

　　在寒冷地区，大约 40% 的能源消耗用于给建筑供暖和供电，其中的大部分用于空间供暖和提供热水（图 2-6）。在欧盟国家和中国，新建建筑的能耗标准都更为严格了。最迟于 2018 年 12 月 31 日，欧盟成员国必须确保所有新建建筑为零能耗建筑，即它的产热与消耗的热量相当—— 例如使用太阳能集热器和生物质，或热泵和光伏发电。

1）建筑的能源需求

　　要使建筑节能首先要了解建筑是怎样使用能源的。检验一栋使用 50 年以上的房屋的能耗情况，可以发现大约 9% 的能耗发生在建造阶段（5% 用于建材，4% 用于运输），剩下 90% 以上的能耗用于建筑供暖和日常运行上。因此降低建筑供暖和电能需求尤为重要（图 2-7）。这意味着如果多采用保温材料（投入更多的能源用于生产保温材料），可以降低供暖能耗（图 2-8、图 2-9）。许多节能建筑的总能耗有大幅度的减少，并且，能源使用的情况也发生了改变，20% 用于建造，80% 用于日常运行。

2）环境影响

　　比较不同建筑对环境影响的方法是衡量供暖的能耗量和每

年相关的二氧化碳排放量，以及从建造阶段开始的环境指标，比如，材料的消耗量（kg）与制造过程排放的COx（碳氧化合物）、NOx（氮氧化合物）和SOx（硫氧化合物）产生的环境影响。数据显示的是材料在其预期寿命中年均数据。建筑材料的预期寿命是100年，立面和覆面材料是50年，一些敏感的材料则是20年。

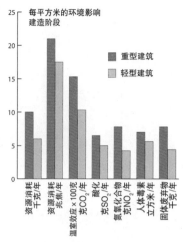

图2-8 两栋保温良好的南向双层联排住宅的环境指标比较
一栋是砖砌筑，而另一栋是木制。可以看出相比轻质材料来，重质材料在建造阶段需要更多的能源并导致更大的环境影响

3）家中的能量流

能量通过屋顶、墙体、楼板、窗户、门以及废水废气从房屋中流失，加热冷水和新鲜空气也需要能量。建筑可以通过不同渠道采暖：人体热量，窗户摄入的太阳能，以及利用电器和热水的余热。其余的供暖需要由建筑的供暖系统提供（图2-10）。

（1）能量流失。 ① 通风。通风是低能耗建筑中最大的热量损失因素。新鲜空气需要被加热，排放的废气带走大量的热量。热量损失的多少取决于建筑的气密性、建筑的换气量以及是否有热回收。② 窗。窗是建筑围护结构中热绝缘性最弱的部件，也是第二大能耗损失源。热损失量取决于窗户 U 值和面积的大小以及是否使用保温百叶或窗帘。③ 外门。外门特别是阳台门窗通常保温性能较差，但一般外门数量较少，因此热损失也不会不大。④ 屋面。在独立住宅中屋面是围护结构中最大的保温面。当供暖增加时，内部天花温度相对较高。在寒冷的冬夜里，从屋顶流失的热量相对较多。因此屋面应该是建筑中保温最严密的部分。⑤ 墙体。在独立住宅中墙体通常占第二大表面积，仅次于屋面。因此墙体也应该做好保温措施。对墙体保温的花费较大，因为当墙体厚度增加时，建筑的整个表面积，包括屋顶以及基础面积都会增加。⑥ 基础。从基础流失的热量取决于它的结构。对于架空地板柱基础而言，相当于附加的外墙。板式基础不直接暴露于室外，而是与大地接触，而土壤的温度相对来说是恒定的。⑦ 冷水。冷水一般和大地的温度相同（大约 8 ℃），因此当它进入建筑时将带走热量。⑧ 废水。通过使用一个简单的热交换器，热量可以从废水中被回收利用。一个管壳式换热器可以有接近 50% 的热回收率，它可以吸收废水中的部分热量，这些热量可以用来预热接入的冷水。

（2）能量输入。 ① 人体散热。人体散热是新陈代谢的结果，因此热量的释放波动很大。除了可感知的热量外人们还散发出许多细微的热量（通过体表蒸发），可以通过废气热泵收集利用。② 太阳辐射热。从南向窗户摄入的太阳辐射热就是被动式太阳能采暖。③ 家用电器。家用电器也可以用来供暖。在供暖季节，几乎所有电器的散热都对供暖有帮助，而在夏天，这些热量就不需要了。设备用电是用于建筑供暖和通风系统所需的电力。由于机械通风系统越来越复杂，用电量的需求也越来越大，特别是带热回收的进、排风系统。④ 热水。热水也有助于供暖。在普通瑞典家庭，每年大约需要 4 000 kWh 的电力来加热水，而其中有将近 500 kWh 实际用在了房屋的热环境中。如果建筑装有太阳能装置，

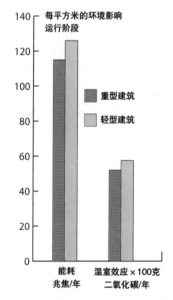

图2-9 两栋建筑的能耗和二氧化碳排放量比较
重质建筑需要供暖能耗较少，因供暖造成的二氧化碳排放量也更少。
资料源于《建筑与环境——建筑材料形式和对环境的影响》，罗伯·马什（Rob Marsh），迈克·劳宁（Michael Lauring），埃贝·郝莱瑞斯·彼得森（Ebbe Holleris Petersen），丹麦，2000

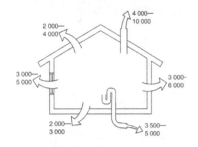

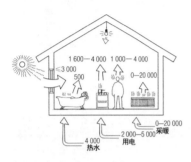

图2-10 建筑的能量流失和能量获得（单位：kWh/a）

能量通过屋顶、外墙、窗户、门以及伴随着废水和废气从房屋流失，加热冷水和新鲜空气也需要能量。建筑可以通过不同渠道采暖：人体热量，由窗户摄入的太阳辐射热，以及利用电器和热水的余热。其余的热需要依靠建筑的供暖系统提供

太阳能光热大约可以提供全年热水的一半。⑤供暖系统。其余的热需求由供暖系统提供。

4）能量平衡

从能量角度理解建筑很重要。我们需要研究建筑的能量平衡，也就是建筑中能量的摄取和流失。同时，能量流动的多少也很重要（图2-11）。

（1）独立住宅的能量平衡。一幢按照早年规范建造的老式独立住宅每年每平方米的能耗大约是200 kWh。根据目前规范新建的单户住宅，每年每平方米的能耗大约是100 kWh。新建的房屋有厚的保温层，安装三层玻璃窗（北欧地区）和热回收装置。在节能型房屋中，能源消耗量可以进一步减半到每年50 kWh平方米。这种房屋的保温性能更好，窗户的 U 值更低，使用节能设施和节能照明以及储水技术，从人体散热和太阳辐射得到的能源更多。建筑越节能，需要利用热能以及利用的时间也就越少。每年每平方米能耗少于50 kWh的建筑不再是天方夜谭，这样的房屋目前已经造出来了（图2-12）。

（2）能量平衡计算。计算建筑能量平衡的电脑程序很多。综合多种因素的数值模拟分析，可以辅助改进房屋的节能性能。有些操作简单的计算软件不考虑建筑的蓄热性能和被动式太阳能利用，而另一些软件要计算这些因素用起来则需要花费较多时间。

图2-11 能量平衡显示建筑如何摄取和流失能量

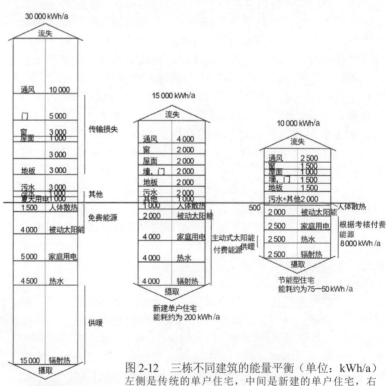

图2-12 三栋不同建筑的能量平衡（单位：kWh/a）

左侧是传统的单户住宅，中间是新建的单户住宅，右侧是节能型住宅

小贴士 2-1 瑞典的低能耗建筑实例

瑞典目前已经能建造更高水平的节能建筑了。新型被动式住宅已经可以不需要主动式的采暖供热。这种节能建筑应该推广而非仅仅是示范。

1）瑞典卡尔斯塔德（Karlstad）的布兰德马斯塔（Brandmästar）节能公寓

1998 年，卡尔斯塔德市政当局举办了一次节能公寓楼的设计建造竞赛。优胜建筑保温性能极佳，使用了健康建材和实木基础，采用太阳能和区域供暖作为能源，并使用废水热交换器，电线也经过屏蔽处理，通风系统采用可控式排气。这座建筑每年能耗大约为 60 kWh/m²。建筑还配有花园、地窖和堆肥设施，在院子里设有抽水机、储藏室和车库，采用绿色屋面；该区域为每栋建筑设有自行车棚，入口处设计有专门的空间放置邮寄商品。设计对声环境质量有特别考虑，衣橱外有专门的空间用于晾干衣物。该区域共有 5 栋建筑，25 套公寓，建筑样式与周围环境相协调（图2-13）。

图 2-13　节能公寓楼设计建造竞赛的优胜建筑
该建筑位于瑞典卡尔斯塔德（Karlstad）的布兰德马斯塔（Brandmästar）地区。资料源于建筑师：乔纳斯·谢尔安德（Jonas Kjellander）、索伦·斯登（Sören Sten）、FFNS Örebro；生态建筑师：瓦里斯·博卡德斯（Varis Bokalders）；施工：约翰尼·凯尔纳（Johnny Kellner）、斯登·埃里克松（Sten Eriksson），JM Bygg 公司

2）卡尔松生态概念住宅（KarlsonHus），瑞典

这是在瑞典首次出现的预制化节能型独立住宅，使用健康材料建造，用可再生能源供暖（图 2-14）。外墙采用轻质木骨板墙，以 300 mm 厚的纤维素纤维作为外墙保温 $[U = 0.13 \text{W}/(\text{m}^2 \cdot \text{K})]$；屋顶则用 450 mm 的纤维素纤维保温 $[U = 0.09 \text{W}/(\text{m}^2 \cdot \text{K})]$；基础用 600 mm 厚的泡沫玻璃松散填充保温 $[U = 0.13 \text{W}/(\text{m}^2 \cdot \text{K})]$；窗户是填充了氩气的三层玻璃 $[U = 1.2 \text{W}/(\text{m}^2 \cdot \text{K})]$。采取了专门措施避免产生冷桥。建筑装有一个效率达到 90% 的空气热交换器。这栋住宅所有能源消耗达到了被动式住宅的要求。供暖系统由起居室内的水套木颗粒锅炉和屋顶上的太阳能集热装置和地下室的储

热箱组成。水套木颗粒锅炉是一个帕拉泽地式壁炉（Palazzetti），输出功率为12KW，其产生热量的80%储存于地下室的储热箱中（500L），炉子装配有20kg重的芯块，在冬天每周需要填满两次（图2-15）。平板型太阳能集热器。

图2-14　卡尔松生态概念住宅（KarlsonHus）
这是瑞典市场第一个预制化节能型独户住宅，使用健康材料建造，采用可再生能源供暖

图2-15　卡尔松生态概念住宅起居室中的水套燃木颗粒锅炉
锅炉功率是12 kW，超过80%的热量被储存在储热箱中

3）林多斯（Lindås）无采暖的住宅——瑞典第一个被动式住宅

在哥德堡以南20 km的林多斯（Lindås）"无采暖住宅"项目（2002年建成）中，设有安装主动式采暖系统。房屋由项目经理汉斯·艾克（Hans Eek）带领EFEM建筑事务所的建筑师设计。采用的技术包含热交换器、特别加厚的保温层、被动式太阳能以及可满足一半热水需求的屋顶太阳能集热器。外窗使用了三层玻璃，并且在玻璃之间充入两层金属和惰性气体氪 [$U = 0.85$ W/（m²·K）]。通过辐射、通风和排水造成的能量流失被减到了最少。使用的电器设备都是节能型的。建筑总能耗计为5 400 kWh /a，主要是家庭照明和烹调用电，而一个普通单户住宅的用电、供暖能耗需求大约是20 000 kWh /a。这20幢联排住宅是哥德堡查尔姆斯大学、瑞典建筑研究理事会（现在的瑞典环境、农业科学及空间规划研究理事会）、隆德大学、隆德技术学院以及瑞典国家检测研究所合作研究的成果（图2-16至图2-18）。

图2-16　林多斯（Lindås）联排住宅
每套面积120m²，大体上按照预期的状态运行，能耗比预计的略有偏高。实测的能耗大约为6 500 kWh/a，也就是55 kWh/（m²·a）。用电量偏高的原因是用户使用了更多的电器

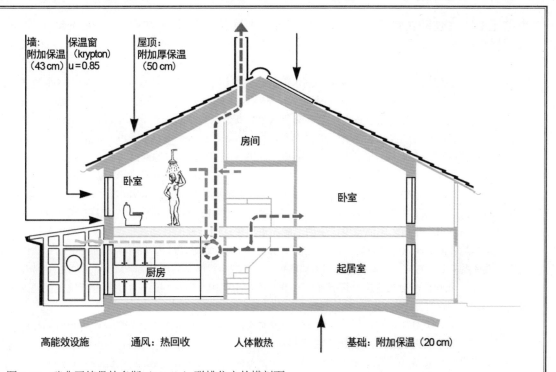

图 2-17　瑞典哥德堡林多斯（Lindås）联排住宅的横剖面

从这些房屋中流失的热量很少，因此房屋内部的人体散热、被动式太阳能得热以及家庭用电和热水散热已足够给建筑供暖。这些建筑不配置任何传统的供暖系统。当然，当天气极为寒冷或冬天人们旅行回来时，新风空气可以用电暖器加热

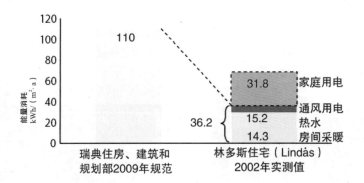

图 2-18　林多斯联排住宅的能耗

用于热水、采暖、通风的用电能耗是 36.2 kWh/（m². a）。以下结论有参考意义：许多被动式住宅的能源完全依赖电能，很不经济。如果建筑能耗很少，家用电器也应该尽量节能。另外，应该尽量避免用电能使用空调和提供热水

小贴士 2-2　被动式住宅标准：Passivhus[由建筑师汉斯·艾克（Hans Eek）注册的瑞典商标]

瑞典规定新建建筑用于采暖、通风和热水的能耗应不超过 110—130 kWh/（m²·a），这个数字不包含家用电器能耗，而被动式住宅的能耗只有 45—55 kWh/（m²·a），这是包括家用电器耗能的（规范对此部分没有规定），其中低值适用于瑞典南部地区，高值则是针对瑞典北部地区。如果使用节能型的热水设备和家用电器，被动式住宅的总能耗约为 50—70 kWh/（m²·a）。一户 120 m² 的单户被动式住宅年平均能耗量为 3 000 kWh 用于热水，3000 kWh 用于家用电器，1 000 kWh 用于采暖。欧洲许多国家都在建造节能住宅。各国对节能住宅的定义有所不同。在德国不包括热水和家用电器能耗，分为三级：低能耗住宅的能耗指标为 50—70 kWh/（m²·a），能耗指标不超过 30 kWh/（m²·a）的"三升住宅"（10 kWh 相当于 1L 汽油），"被动式建筑"能耗指标为 10—15 kWh/（m²·a）。能耗自给型住宅（或零能耗住宅）是指全年由太阳能光电产生的电能高于房屋运行能耗的被动式住宅。碳中和住宅使用的所有能源都是可再生能源。"被动式住宅"指由德国被动式住宅研究机构（PHI）颁布的一套专业性的建造标准体系（图 2-19）。奥地利也使用类似的标准。在瑞士标准是由米娜吉（Minergie）组织制定的。全世界约有 15 000 栋被动式建筑，其中有约 10 000 栋位于德国。奥地利约一半的新建建筑是被动式建筑（图 2-20）。政府资助是德国和奥地利有这么多被动式建筑的主要原因。

Passivhus 被动式住宅是将热损失减到最小的被动式住宅，其内部得热足以提供全年舒适的温度。

（1）2007 年瑞典定义被动式住宅的主要指标。当室外温度达到最低，而室内温度保持在 20 ℃时的能耗：① 多户住宅 10 W/m²；② 联排住宅 11 W/m²；③ 独栋住宅 12 W/m²；④ 北部气候区 14 W/m²。

（2）能源需求。建筑能耗总量中（供暖、热水、用以取暖和通风的电能、家用电器）中"付费能源"不得多于：① 南部气候区小于每年 45 W/m²；② 北部气候区小于每年 55 W/m²。

（3）建筑标准。① 气候边界空气渗漏不大于 0.3 L/m²（在 +/- 50 Pa 压强下）；② 外窗、外门传热系数不大于 0.90 W/（m²·K）；③ 底板、外墙、屋面传热系数不大于 0.10 W/（m²·K）；④ 噪音不低于 B 级声音标准。

（4）建议。减少家用电器用电量，电视、音箱等不用时拔下插头，使用 A+ 级玻璃及节能灯泡，建议在夏天使用太阳能热水器。

为了这样的节能性能，房屋应具有很好的保温性能，使用超级保温窗和空气热交换器（目前最好的产品热回收率达到90%）。重视房屋的气密性确保没有冷桥。为保证接缝的气密性在接缝处将材料相互叠置并压紧，使用质量高，耐久性好的胶带。

图 2-19　柏林波茨坦重木结构被动式建筑
该建筑结合了健康建材和节能措施。资料源于乔希姆·伊柏建筑事务所（Joachim Eble Architektur）

图 2-20　奥地利第一座被动式多户住宅
该住宅位于多博纳地区奥斯邦德（Dornbirn, Ölsbund）。资料源于赫尔曼·考夫曼（Hermann Kaufman）。建筑摄影：布里特·玛丽·扬松（Britt-Marie Jansson）

小贴士 2-3　被动式住宅实例（图 2-21 至图 2-28）

图 2-21　艾瑞克·海登斯泰德（Erik Hedenstedts）
被动式住宅
该建筑位于特罗沙（Trosa），全部采用健康材料
建设，基础中有泡沫玻璃隔热层，外墙之间有亚麻
保温层。所有墙体内侧都是黏土粉刷以使其更人性
化。太阳能和水套木加热炉。安装在建筑上的太阳
能光板提供电力。在通风系统和排污水系统中安装
热交换器。建筑保温性极好，整栋建筑的门窗都用
实心、浸油的橡木制成，传热系数为 0.8 W/(m²·K)。
资料源于建筑师安纳·韦伯乔（Anna Webjörn）

图 2-22　艾瑞克·海登斯泰德（Erik
Hedenstedts）和他的水套木加热锅炉

图 2-23　重型木结构被动式住宅
该住宅带有地道通风系统，装有太阳能热水器，内部采用黏土粉刷，
天然涂料，以及经济而富有创意的织物外表皮饰面。资料源于建筑
师沃尔特·安特瑞奈（Walter Unterrainer），奥地利福拉尔贝格州
（Vorarlberg）。摄影：沃尔特·安特瑞奈（Walter Unterrainer）

图 2-24　从卧室看玻璃阳台

图 2-25　建筑外立面织物表皮材料近景

图 2-27　奥地利第一座被动式市政中心建筑
该建筑位于福拉尔贝格州（Voralberg）卢德施（Ludesch）。资料源于建筑师赫尔曼·考夫曼（Hermann Kaufman），摄影：布里特·马丽·杨松（Britt-Marie Jansson）

图 2-26　传热系数为 0.7 W/（m²·K）的可开启落地窗门
资料源于建筑师沃尔特·安特瑞奈（Walter Unterrainer），奥地利福拉尔贝格州（Vorarlberg）。摄影：沃尔特·安特瑞奈（Walter Unterrainer）

图 2-28　城市树林（Stadsskogen）幼儿园
该幼儿园位于阿灵索斯（Alingsås），是瑞典第一座按被动式建筑标准修建的幼儿园。资料源于格兰茨建筑工作室（Glantz Arkitektstudio AB），阿灵索斯

小贴士 2-4　被动式建筑实例

1）苏黎世郊外的马歇（Marché）办公楼

　　位于苏黎世郊外的马歇办公楼由建筑师贝亚特·康卜芬（Beat Kämpfen）设计。它被标识为 "Minergie-P-Eco"，表明根据被动式建筑标准，它是由环境友好型材料建成的低能耗建筑。屋顶表面覆盖以非晶硅太阳能电池，以年平均值来看，可产生比房屋所需更多的电能。这是一幢三层实木结构建筑，室内采用 35 mm 厚的木板，由内部伸出到外表面的垂直向骨架与水平向的木梁承担了主要荷载，气密层和立面板就依附在最外层的结构骨架上，并设有 350 mm 厚的保温层。建筑安装有地道通风系统，通过土壤预热新风，地源热泵系统提供房屋供暖和热水。外立面采用芒硝（Glauber's salt）作为半透明蓄热材料（德国 GlassX 公司的产品），这种材料可通过材料相态的变化蓄存热量，在白天阳光照射时吸收热量融化，在夜晚硬结，同时释放热量，给建筑供暖。该建筑设计了一个模数化的管柱系统容纳所有的设备管线（风管、电缆、电话和信息数据管线）。每层楼还有垂直绿化用于加湿室内空气以免过于干燥（图 2-29）。

2）苏黎世阳光木屋

　　这是一栋有六户复式公寓的四层公寓楼，上层公寓享有屋顶花园，底层公寓带有院子。这是被动采暖的木结构建筑，屋顶上装有一体化太阳能光电板，富有表现力地与建筑造型结合（图 2-30、图 2-31）。

3）德国弗赖堡市史莱贝格（Schlierberg）社区的能量自给住宅（图 2-32）

图 2-29　马歇（Marché）公司总部办公楼的竞赛优胜设计
这是瑞士的第一个零能耗商业建筑，其造价仍维持普通建筑水平。它安装有整体光电发电屋顶、盐水储热半透明立面、实木结构以及标准的被动式构造。资料源于建筑师贝亚特·康卜芬（Beat Kaempfen），苏黎世。摄影：克里斯·巴特斯（Chris Butters），GAIA 公司

图 2-30　阳光木屋
资料源于建筑师贝亚特·康卜芬（Beat Kaempfen），苏黎世

图 2-31　真空太阳能热水器
该太阳能热水器装饰性地附设在阳光木屋的阳台立面上。资料源于建筑师：贝亚特·康卜芬（Beat Kaempfen），苏黎世

图 2-32　德国弗赖堡市史莱贝格（Schlierberg）社区的能量自给住宅
光电屋面全年产生的电能大于建筑运行所需耗能。资料源于建筑师罗尔夫·迪施（Rolf Disch）

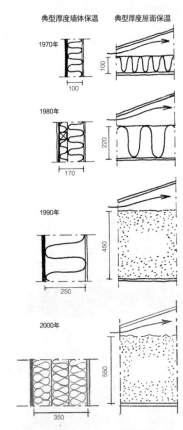

典型厚度墙体保温　典型厚度屋面保温

图 2-33　瑞典建筑保温层的发展
（单位：mm）
建筑标准和建造方法随着石油价格
的上涨和环境意识的觉醒而进化

2.1.2　保温

节能建筑的一个重要指标就是保温性能。不同保温材料的保温性能有所不同，并可分为对潮湿敏感和不敏感两种。保温性能不仅取决于所使用保温材料的类型和厚度，还决定于建筑的热惰性、防潮性能和气密性。材料或建筑的保温性能用 U 值衡量 [传热系数，中国称为 K 值，单位是 W/（$m^2\cdot K$）]。

1）保温层厚度

回顾过去，可以看出建筑保温层的厚度随着石油价格的上升而增加。20 世纪 70 年代在瑞典，建筑的外墙和屋顶用 10 cm 厚保温层还很常见。70 年代石油危机之后，保温层厚度翻倍了。超级保温建筑中的保温层厚度外墙达到 30—40 cm，屋顶达到 50—60 cm，基础大约是 20—30 cm（图 2-33）。有人尝试从建筑全生命周期角度计算最适宜的墙体厚度，结果当然取决于未来能源的价格。成本曲线非常平缓，意味着性能优越的保温墙体不会多花费多少，尤其是屋顶保温造成的成本增量更为有限，因为建筑基础和屋面的尺寸并不增加（图 2-34）。这种情况下的问题是，现行的建筑规范规定的建设容积率是按照建筑外墙计算面积，而墙体越厚，保温性能越好，但使用面积也越小。因此有必要制定新的以实际使用面积作为规划控制指标的建筑规范①。

（1）U 值。U 值（传热系数，中国为 K 值）是衡量建筑保温性能的物理参数，是用 λ 值 [导热系数，单位是 W/（$m\cdot K$）] 除以墙体厚度得出的，单位为 W/（$m^2\cdot K$）。最好的保温材料 λ 值在 0.035 到 0.055 W/（$m\cdot K$）之间（表 2-2）。最近已有 U 值特别低（意味着性能特别好）的保温材料出现。这种材料建立在热力学基础上，可以建造更薄并且更保温的墙体。如由德国伯克森（Porextherm）公司生产的 Vacupor 牌保温板，在金属箔之间的真空里填充气相二氧化硅，λ 值仅 0.005 W/（$m\cdot K$）。不过它们价格昂贵。

（2）热桥及对流。保温层越厚，保温层中产生对流的可能性就越大，越需注意避免结构中热桥的出现。热从热桥流失。热桥处会出现冷凝问题，常常表现为墙壁和屋顶内部的脏损。结构穿透保温层、建筑外墙有开洞时（比如窗户、门以及烟囱）、设计没有提供完备的保温构造或保温层太薄弱时都会出现热桥（图2-35）。可以通过设置多层保温或选择材质致密的保温材料来避免对流。在材料中矿棉就比纤维素纤维更容易出现对流。

2）密闭性

要使一栋建筑节能，不仅需要好的保温，还要有好的密闭性，避免热量在不知不觉中流失。漏缝易存在于建筑构件的交接处或两种结构基础的接缝处。如果没有良好的密封层，漏缝还可能出

① 中国首个绿色建筑地方性法规《江苏省绿色建筑发展条例》于 2015 年 7 月 1 日施行，其中有关于外墙保温层的建筑面积不计入建筑容积率的规定。

表 2-2　两栋联排住宅中的保温层厚度和 U 值比较

保温层厚度和 U 值					
保温层厚度（mm）			U 值 [W/（m²·k）]		
	普通联排住宅	林铎斯被动式住宅		普通联排住宅	林铎斯被动式住宅
外墙	240	430	外墙	0.17	0.10
屋面	320	480	屋面	0.12	0.08
地面	150	250	地面	0.20	0.09

注：一栋为普通联排住宅，另一栋是 2002 年建成的位于瑞典林铎斯（Lindås）的联排住宅——它是没有传统供暖系统的被动式住宅。

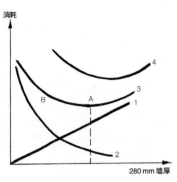

图 2-34　通过叠加不同曲线计算得出的墙体最佳保温厚度
曲线 1 是建造不同厚度墙体的成本，曲线 2 是给建筑供暖的能源成本。20 世纪 90 年代前半段，最佳保温厚度是大约 28 cm（曲线 3，点 A），但如果能源价格上升最佳厚度也会增加（曲线 4）。资料源于比约·卡尔松（Björn Karlsson）教授

现于结构本身。

（1）**漏缝**。建筑由众多构件组成，这些构件的接缝处容易形成漏缝。漏缝形成的原因可能是建造中的疏忽或是墙体、楼板结构的活动，比如由木头建造的房屋一直处于动态变化之中。木头是一种体积随湿度改变的材料，木头干燥时会收缩，因而会出现漏缝。因此要注意密封材料的连续性，所有接缝都要叠合并压紧。以下是需要特别注意的关键部位：① 外墙和地板交接处；② 窗框和墙体交接处；③ 窗扇和窗框交接处；④ 屋顶的结构支撑处；⑤ 内墙和外墙交接处；⑥ 管道穿越结构处；⑦ 外墙上的设备箱盒（图 2-36 至图 2-39）。

（2）**接缝与密封层**。接缝处需精心设计密室填充。密封层在交接处应该设计相互交叠并紧密压实，比如使用压条。聚氨酯泡沫仍广泛用于填充接缝，而生态建筑中更偏向使用亚麻和纤维条。在一般施工中经常使用不透气的塑料片作为密封材料。而在生态建筑中，则使用抗渗纸板、实木纤维板或透气的塑料，目的是为了避免结构中围积潮气（图 2-40）。

（3）**潮气与室内正压**。建筑应具备良好的气密性以避免潮气损害。如果天花板不是防渗的，室内温暖潮湿的空气就会上升到顶部接触寒冷的屋顶，从而造成冷凝和发霉。另一个提高建筑气密性的原因是通风系统形成的室内正压。

（4）**密封条**。密封条用以密封门窗，通常由纺织物或三元乙丙橡胶制成。能源危机后人们普遍接受用密封条密封窗户和门（图 2-41）。提高建筑密封性当然很好，但是在很多老建筑中门窗的缝隙是通风系统的组成部分。改造这样的建筑时，可保留部分缝隙，让新鲜空气进入室内。

（5）**气密性检测**。由于建筑气密性的标准不断提高，有必要对检测建筑气密性的方法有所了解，以便检查承包者是否达到了合同要求。建筑气密性用压力法检测（图 2-42）。借助风扇的作用，在建筑内部产生正压和负压区域。通过确立正、负压区域

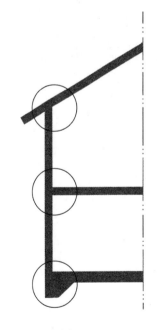

图 2-35　热桥
如果建筑设计考虑不周或施工质量不好，很容易出现热桥

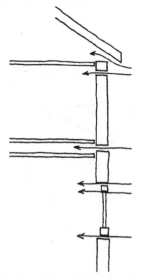

图 2-36　建筑中需重点考虑的薄弱环节示意图
建筑应尽量密闭以避免热渗透节省能源。密闭性取决于建筑构件连接处细部设计

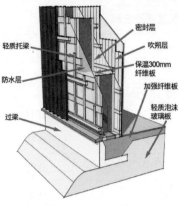

图 2-37　卡尔松·胡斯·依科曼（Karlson Hus Ekomer）项目的墙体和基础保温
墙体内的密封材料是类似 GoreTex 的透气材料，可使水蒸气渗透。室内面层的抗渗性较强，避免出现潮湿，水蒸气温度较高的建筑内部向温度较低的外部流动。构造和施工需确保墙体干燥而不会聚集潮气。资料源于卡尔松建筑工业公司（Karlson Husindustrier AB）

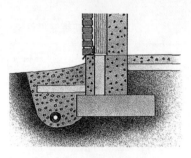

图 2-38　外墙和基础的交界处
此交界处是一处需要重点关注的部位。此图显示了避免热桥的一个可行办法。资料源于森门塔（Cementa）

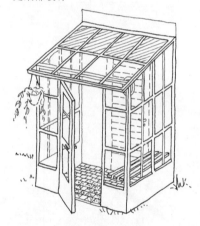

图 2-39　节能建筑
该方式为设置封闭的门斗和保温良好的外门以避免不必要的热量损失

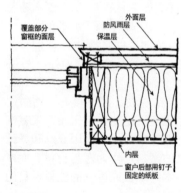

图 2-40　窗户接缝示意图
节能建筑应该具有良好的密封性。如果使用纸板或实木纤维板作为密封材料，外窗的接缝处需要精心施工

图 2-41　窗户密封条施工示意图
在窗户和门四周设置密封条，在预制构件之间填充密封材料（如纤维素纤维、亚麻或椰壳纤维）

图 2-42　气密性检测设备示意图
提高建筑气密性对于降低建筑能耗十分重要。密封层的施工工艺和细部设计应该力求精确。气密性可以通过压力法检测

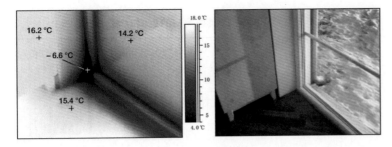

图 2-43　热成像摄影
不同深浅的颜色表示不同的表面温度。热成像摄影揭示了结构中导致热泄露的部位

间的平均气流值，可以得到一个标准值，同时确定建筑的容积。建筑的气密性一般用单位时间内空气的交换量衡量。用热成像摄影技术可以发现结构中导致热泄露的部位（图 2-43）。

2.1.3　窗

从能耗角度看，外窗是建筑中最薄弱的环节，也就是建筑外围护结构中 U 值最高的部位。一套三居室的公寓每年大约有 2500 kWh 热量从窗流失，从外窗流失的热是从同等面积的墙体中流失的 10 倍。因此对于节能建筑而言选择低 U 值的保温窗就非常重要了，新型的保温窗可以避免下沉冷气流。

1）窗的 U 值

怎样降低窗的 U 值？

可以用以下方法减少辐射热散失：① 多层玻璃，比如 3 层玻璃（2+1），4 层玻璃或 2+2 层玻璃（两个窗框里各有 2 层玻璃）（表 2-3）。② 低辐射层（氧化锡或银镀膜），允许室外短波太阳光辐射进入，阻挡室内长波热辐射流出。③ 两层玻璃之间的中空层会影响 U 值，从节能角度看 2.5 cm 的空气间层最为合适。④ 在夜间关闭百页，拉上窗帘，关闭通风口。

可以用以下方法减少传导热散失：① 选用隔热窗框，或实木加厚窗框。② 在玻璃之间填充惰性气体（比如氩或氪）可以提高玻璃保温性能，减少对流热散失。

节能窗的总成本并不一定比普通窗高，适度的成本增量是值得的，因为供暖能耗明显下降了。在一些项目中，通过使用节能窗就不再需要暖器片了。更高质量的窗户，比如三层玻璃窗，可使外层玻璃的温度提高。因此冷辐射会减少，达到同样室内舒适度所需的能耗就会相应减少（图 2-44、图 2-45）。

（1）**美观的窗**。窗的主要功能是为室内外提供联系。在工作和居住空间都应有日光、空气和景观。各个房间都应该有开窗的可能性（包括浴室），而且窗户应该易于够到以便清洁。住宅应有和室外空气的对流通风。窗户细节的设计十分重要，

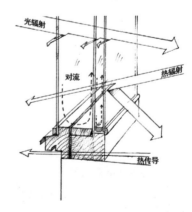

图 2-44　热从窗户流失的三种不同方式
防止热损耗的节能窗对节能建筑十分重要。热从窗户流失的三种不同方式：通过窗玻璃的热辐射、通过围护结构和窗框的热传导以及通过玻璃之间的空气对流

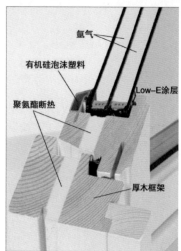

图 2-45　斯堪的纳维亚最节能的窗户示意图

此窗户由挪威的挪丹（NorDan）公司制造，U 值 $0.7W/(m^2 \cdot K)$。其采用三层玻璃，带 Low-E 涂层，在玻璃之间填充了氩气，窗框也是保温的。其他生产节能窗的公司还有德国的哈斯勒（Häussler）、瓦瑞泰克（Variotec）和肯耐（Kneer-Süedfenster），波兰的高乐斯（Galux）和瑞典的维尔法克（Velfac）等

图 2-45 标注：氩气、有机硅泡沫塑料、Low-E涂层、聚氨酯断热、厚木框架

表 2-3　不同类型窗户的近似 U 值

玻璃层数	设计	U 值 [W/(m²·K)]
单层玻璃	—	5
	Low-E 玻璃（低辐射层）	3.5
双层玻璃	—	3
	填充气体	1.9
	Low-E 玻璃	1.6
	填充气体 +Low-E 玻璃	1.4
	填充气体 +Low-E 玻璃 + 保温窗框	1.2
	真空 +Low-E 玻璃	0.5
三层玻璃	—	2
	填充气体	1.3
	Low-E 玻璃	1.5
	填充气体 +Low-E 玻璃	1
	2 层玻璃 + 塑料片中间层	1.1
	3 层 Low-E 玻璃	0.85
	3 层玻璃 + 气体 +2 层 Low-E 膜 + 保温窗框	0.7
四层玻璃	—	1.2
	填充气体 +2 层 Low-E 玻璃	0.7

图 2-46　诺华制药公司办公楼的窗户

该办公楼位于斯德哥尔摩卫星城泰比市（Täby）。对于办公建筑来说，使用彩色遮光玻璃以降低太阳辐射是个不错的办法

特别是使用 3 到 4 层玻璃时，更需要注意美学形象，窗框上的凹槽线脚尤其重要（图 2-46）。

（2）隔声窗。有些窗特别设计为可以减弱外界噪音。可以采用 2+1 型窗，外窗和内窗之间留较大的间距，常常会使用特殊的隔音窗框（图 2-47）。在两层窗玻璃之间可以填充降噪材料，现在更常见的方法是采用两片玻璃粘在一片塑料膜上的安全玻璃。

（3）2+2 型窗。建筑师本特·海德马克（Bengt Hidemark）已经找到一种设计美观且 U 值低的窗户的方法，他在每个窗洞都使用 2 扇双层窗。一扇双层窗放在窗洞的外侧，另一扇放在内侧，这样就在它们之间形成了一个"小温室"或说"展示橱"。在寒冷的冬夜，两扇窗都关闭；当阳光照射进来时，内窗可以打开。在夏天，只使用外窗。因此，窗户中打开的玻璃数量可以根据需要和季节不同而调节。这种窗的另一个优点是春天可以透过外层的双层玻璃听到鸟鸣。本特还设计了好几种不同的样式，使得内

侧的双层窗打开时可以嵌入墙体或窗板。他已在自己的设计中采用这些窗很多年了（图 2-48 至图 2-50）。

图 2-47　2+1 型节能木窗
一些门窗制造商生产美观、平整的 2+1 型节能木窗，带有锯齿状窗框和窗格以及气窗。丹麦人（Danes）牌窗是这领域的著名代表，但是这种窗其实来自瑞典莱克桑德（Leksand）的 Allmogesnickerier 公司

图 2-48　2+2 型窗示意图（一）
夏天，内侧窗滑入墙体或是墙后，仅使用外窗

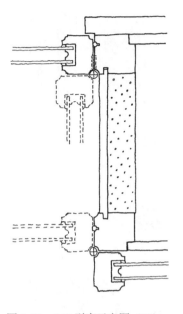

图 2-49　2+2 型窗示意图（二）
2+2 型窗由建筑师本特·海德马克（Bengt Hidemark）开发。窗户被分为两个独立的窗框，一个在窗户洞口外侧，一个在内侧。这形成了轻巧的设计，在夏天只使用外侧的双层窗，内侧窗可以折叠或滑入墙体收起

图 2-50　2+2 型窗
这是建筑师卡琳（Karin）和耶特·温高（Gert Wingård）位于瑞典西约塔兰省（Bohuslän）托夫塔（Tofta）家中的 2+2 型窗

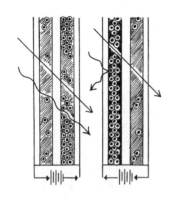

图 2-51　电致变色玻璃窗示意图
它可以通过调节镀膜层的电压使玻璃变暗，从而遮挡阳光，因此不会太热

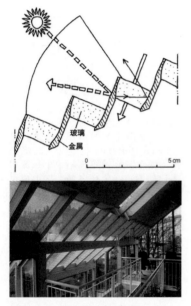

图 2-52　带遮阳片的玻璃

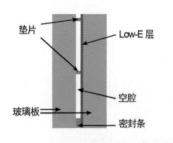

图 2-53　真空保温玻璃窗示意图
这种类型的窗户用肉眼几乎看不见垫片。资料源于《建筑细部（Detail）》，英文版 2009 年第 1 期

2）新型玻璃和窗

　　节能窗的发展迅速，对于玻璃、玻璃涂层以及填充在玻璃之间替代空气的气体都进行了大量研究。新概念的窗扩展了建筑的可能性。节能玻璃的性能毫无疑问正变得更好，遮光玻璃可以阻挡多余的热量进入房间，防火玻璃可用于有防火要求的窗。

　　（1）中空玻璃。节能窗采用 3—4 层玻璃，造成结构沉重，而且有很多层玻璃需要清洗。因此中空玻璃的使用越来越常见，它是由 2—3 层玻璃和垫片组成，在玻璃之间有空气间层，依靠密封条的帮助空气间层可以不受外界环境的影响。放在玻璃之间的吸湿材料可以吸收少量渗入的湿气。间层中的空气也可以由其他气体替代，较大分子的气体和较慢的对流可以进一步降低 U 值。中空玻璃窗的一个问题是它们的使用寿命，目前还不确定玻璃之间的密封条能使用多长时间。

　　（2）电致变色玻璃。电致变色玻璃窗的颜色和透明度可以通过调节电压而改变（图 2-51）。窗内有一个电致变色镀膜，连着低压电源，改变电压值，电镀层会变暗并改变颜色和深浅以调节窗户的透明度，由于电压不同透明度可以在 7%—75% 之间调节。这种技术的目的是夏季减少空调的使用，比如在办公建筑中仍要保持向外看景观的可能性。

　　（3）热致变色玻璃。这种技术已经应用在一些太阳镜和车窗上。这些窗玻璃的颜色不会由于人的干涉改变。这种窗户由两层玻璃以及它们之间的一层热敏材料组成。在较低温度时，材料是透明的，而在高温时则会变得不透明。

　　（4）带遮阳片的玻璃。冬季太阳高度角较小时，人们希望更多的阳光进入；而夏季太阳高度角较大时，人们又希望阻挡阳光。这种要求可以通过设在窗户内的遮阳片达到（图 2-52）。遮阳片由玻璃和金属组成，就像保温窗两层玻璃之间的第三块板。

　　（5）超薄真空玻璃。为了保证双层或三层玻璃的保温性能需要留出较大的中空厚度，而真空玻璃可以避免由于空腔内气体导热和对流而造成的热量流失，因此可以减小玻璃窗的厚度（图 2-53）。在德国维尔茨堡（Würtzburg）的巴伐利亚应用能源研究中心（Bavarian Centre for Applied Energy Research，ZAE），采用这种构造的双层玻璃不到 10mm 厚就可以达到 0.5W/（$m^2 \cdot K$）的 U 值。从 2011 年起，真空玻璃的价格就跟普通三层玻璃的价格不相上下了。

　　（6）棱镜玻璃。这种玻璃只准许某个角度的直射阳光进入，而其他角度的光线会被反射走，而漫射光则可以穿过。这种玻璃还可以作为外部软百叶使用，根据需要及想屏蔽的光照角度进行调节（图 2-54、图 2-55）。

　　（7）透光保温层。一种有趣的保温材料已经被生产出来，可以用来改进被动式太阳能采暖。这种材料是透光的，可以让阳光穿过，而同时保温并阻止热量从建筑中流失。举例来说，透光保温材料可以用于太阳能吸热墙，这样它们可以用于为建筑提供间接太阳能；或是用于南墙保温，让热和光直接进入建筑。在夏天需要屏蔽透光保温层以避免过高温度（图2-56、图2-57）。

（8）**二氧化硅气凝胶**。二氧化硅气凝胶（Silica Aerogel）是放置在两层玻璃之间的材料。这种材料非常脆弱并且不透光，它吸收90%的光。使用硅胶的窗户不能作为普通窗户使用，因为不能通过它清楚地看到外界。它们可以作为新的建筑元素，用于一种保温不透光的玻璃表面且仍可以保持内部热量。Nanogel® 是卡波特（Cabot）公司的二氧化硅气凝胶产品的注册商标。如果天窗玻璃的夹层空间里充满二氧化硅气凝胶，可获得柔和的漫射光并可比普通玻璃具有更好的 U 值。其他公司也有类似的产品，例如 Kalwall+Nanogel，两层玻璃间充满了透明保温纳米凝胶，U 值为 0.28 W/（$m^2 \cdot K$）。

（9）**GlassX 水晶**。这是在一个功能单元中整合了四个系统：透明保温、防过热、节能和热储存。三层保温玻璃构造提供 U 值低于 0.5 W/（$m^2 \cdot K$）的保温性能。在玻璃之间安装有菱形花纹玻璃，可反射入射角高于40℃的太阳光（夏季阳光高照时的角度）。另一方面，冬季阳光可以全部通过。GlassX 水晶的内芯是蓄热模块，可接受和储存太阳能，过一段时间后，再把热量以舒适的辐射方式释放出去。以氢氧化盐形式存在的PCM（相变材料）被用作蓄热材料。通过熔化PCM热量被储存，当PCM冷却时储存的热量再次被释放出来。氢氧化盐密封在涂成灰色的聚碳酸酯容器里，以提高吸收效率。在内表面，模块被6 mm厚的钢化玻璃密封，可以印上任意的陶瓷丝网印刷花纹（图2-58）。

（10）**电热玻璃**。电热玻璃并不节能，但是可以提高某区域的舒适水平，特别是当人们要在大面积玻璃面附近逗留很久时。这种玻璃内有电热丝，电热丝肉眼看不见，正负极放在框里也不可见。恒温器可以保证玻璃温度和房间温度相一致。

（11）**自洁玻璃**。当玻璃外表面涂上了二氧化钛时会出现这种现象：氧气和空气中的水蒸气与二氧化钛发生反应，在太阳光中紫外线的帮助下形成自由基，自由基的活性很强，可以和空气中的污物结合，比如有机微尘和一氧化氮，形成相对无害的物质，不会影响玻璃，并很容易被雨水冲走（图2-59）。

3）窗的特性

窗需要满足多种功能要求。在需要时让太阳光和热进入，即使在寒冷的冬季也可以提供景观而保证热量不流失。有时太阳辐射过强导致温度过高，需要遮挡光照。有时又需要更多的光线和热，这时，可以用反射器强化阳光的收集。当非常寒冷时，关上保温窗可以将窗户变为一面墙。总之，有许多不同的方法使用各种装置来加强窗的性能而不是窗本身。

（1）**遮阳**。在夏季通过遮阳可以避免建筑内部过热，特别是利用被动式太阳能时。遮阳板可以被设计成建筑的永久构件，如屋顶天棚或门廊顶棚，在一年的特定时候可以完全遮蔽窗户。

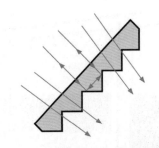

图2-54　棱镜玻璃示意图
资料源于 Siteco

图2-55　德国 Sparkasse 银行的棱镜玻璃
资料源于 Siteco

图 2-56　透光保温材料
因为透光保温材料并不透明，它需要和玻璃交替使用

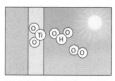
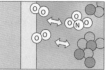
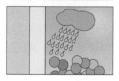

图 2-59　自洁玻璃的工作原理
涂上了二氧化钛的玻璃在阳光下将氧气和水蒸气变为自由基。像 O^{2-} 或 OH^- 这样的自由基活性很强，容易和空气中的污染物比如一氧化氮或有机微尘结合，形成相对无毒的物质并可以被雨水冲走。资料源于 CSTB，根据《新技术》杂志绘制

图 2-57　马歇（Marché）公司总部办公楼
该办公楼位于瑞士坎普哈尔（Kemptthal），使用了 90m² 的 GlassX 水晶模块，获得了 2007 年瑞士太阳能奖

图 2-58　生态乌托邦（Ecotopia）教育中心
该教育中心位于瑞典斯莫兰省（Småland）阿讷比市（Aneby）。其使用了透光保温材料，同时还使用了砖和多种阔叶树木材

图 2-60　荷兰阿默斯福特（Amerstoort）纽兰（Nieuwland）的居住建筑
该建筑使用整合了太阳能电池的可调式遮阳板

固定遮阳板也造成了进入建筑日光量的减少，因此使用活动遮阳同样重要，比如遮阳棚、滚轴百叶和通风百叶。为了提高遮阳效率，活动遮阳应放在窗户外侧（图 2-60）。它们要便于操作和维护，还需要定期清洁，遮阳棚尤其易受风压影响。两层玻璃之间或室内的窗帘或软百叶对于遮挡阳光也很有帮助，它们阻挡了直射阳光，但仍允许热量进入。另一种遮阳方法是种植落叶植物，冬天树木落叶时可以让阳光进入，夏天有树叶时可以遮蔽建筑。

（2）**阳光反射器**。当需要更多日光时可以采用室外的光线反射器，比如用反射材料在墙或地板上做的反光面，可以根据一年中的时间和太阳热量需求量调节。反射器同样可以用来提供特定角度的景观。反射软百叶可以阻挡光线或反射直射到屋顶的日光，因此可以在提供光照的同时防止眩光。挡光板是一个安置在窗户上方的反射体，它在遮蔽工作间窗户的同时可以将日光反射到天花板（图2-61）。

（3）**保温**。因为窗的 U 值不如墙体的 U 值，可以利用活动式保温改进窗的 U 值，比如，在寒冷的冬夜。可选择保温百叶、保温窗帘或保温卷帘。保温百叶应该放在窗外侧以避免结霜和玻璃冷凝。保温窗帘应该放在玻璃之间或窗内侧以避免对流。保温卷帘应放在窗外侧同时作为防盗措施。

（4）**调节日光**。当阳光太强烈时，有时需要降低进入的日光量但又不完全遮住视线，这可以靠软百叶、可收放的卷帘或遮阳幕帘系统实现（图2-62）。在巴黎的阿拉伯研究中心，建筑师让·努维尔设计了精妙的装置，它的开口可以根据日光亮度调节。通过不同方法满足遮阳、保温、反光和调节等多种功能。

2.1.4 热回收

建筑会通过外围护结构、通风和废水流失热量。除了建造一个 U 值很低的表皮，还有许多办法可以回收热。热交换器和热泵可从通风和废水中回收热量。通风系统中的空气——空气热交换器是最原始也最普遍的热回收技术。这种技术现在已经被废气热泵取代。用于废水的热回收器最早在公共泳池和洗衣店使用，但自从技术不再昂贵并操作简单后，也开始在公寓楼中使用。动态保温是一种使许多建筑师和工程师着迷的方法，但调控存在困难。这种技术在室内公共泳池的屋顶上的使用发展得最成熟。

1）空气—空气热交换器

空气——空气热交换器回收废气中的热量用来加热新风（图2-63、图2-64）。这需要昂贵而复杂的机械排风、新风系统。如果建筑不是完全气密的或系统调整不恰当，建筑内部会形成过高气压，造成潮气损害。要恰当地使用这一系统要求建筑气密性非常好，一般来说1980年后建的建筑才能满足。有许多种用于通风系统的热交换器。

（1）**历史操作经验**。使用废热回收交换器的历史记录是比较糟糕的。高水平热回收器还没有达到能批量生产的水平。空气——空气热交换器一直是一项非盈利投资。问题包括冬天的冰冻、噪音、漏缝以及保温性差的管道和热交换器。系统不易维护与清洁，操作和维护工具也不足。操作的困难导致对维护和清洁的忽视，造成系统内部污垢及热回收能力减弱。管道系统藏污和过滤器的堵塞会造成系统不平衡以及气流不足等严重问题。安装不够仔细，

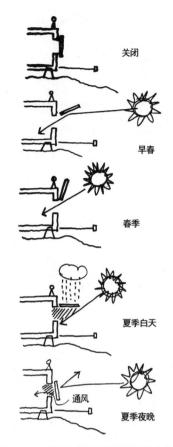

图2-61 使用反射和保温窗百叶的不同方法
资料源于建筑师拉尔夫·厄斯金（Ralph Erskine）Egelius, Mats. 1988

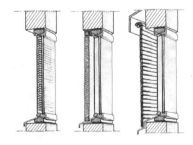

图2-62 窗百叶、软百叶、窗帘和幕帘
窗百叶、软百叶、窗帘和幕帘可以调节通过窗户进入的太阳辐射和热量损失。保温百叶和幕帘应放在窗外侧以避免冷凝水

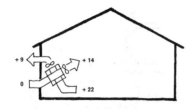

图 2-63　空气—空气热交换器原理
示意图
废气里的热量可以用空气—空气热交
换器回收，废气中的热量在热交换
器中用来加热新风

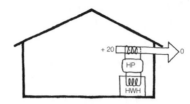

图 2-65　热泵（HP）回收废气中的
热量示意图
热泵带走废气中的热量使其冷却，
同时提供能量给热水器（HWH）加
热水，热泵也可以利用空气湿气中
的冷凝热

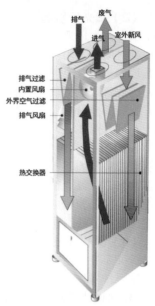

图 2-67　Temo Vex250 废气热回收
交换器
该交换器由 Temo Vex Svenska 公司
生产，是瑞典能源署举办的竞赛获奖
作品之一，通过串联两个逆流式热交
换器达到高效节能。另一个获胜作
品是 HERU 50，由 C.A. Östberg 公
司制造，装有不需要除霜的旋转式
热交换器。资料源于 www.stem.se，
"Värmeåtervinning av ventilationsluft-
Förbättra inomhusklimatet och minska
energikostnaderna"

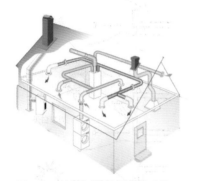

图 2-64　空气—空气热交换系统
将废气从厨房、浴室和生活区吸
出，用来加热新风。加热的新风被
吹入卧室和起居室。资料源于 REC
Indovent 公司

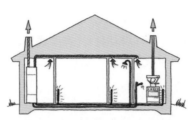

图 2-66　单户住宅中的废气热泵
废气热泵需要维护，含有氟利昂，并
且昂贵。但是，进步是值得肯定的。
它们变得更可靠、更便宜，并且已经
有不含氟利昂的替代选择

图 2-68　独栋住宅中的热交换器
该住宅位于瑞典哥德堡林多斯
（Lindås），其没有供暖系统，热交
换器被放置于厨房的橱柜里

调节系统也不完善，这是导致必须进行通风系统检测的原因之一。

（2）新型热交换器。近几年已开发出较好的空气—空气热
交换器。在通风系统热回收设备的竞赛中，获胜的系统达到了很
高的效率（85%），易于清洁和更换过滤器，具有良好气密性且
静音，容易维护，并附有简单明了的说明书。有指示器显示气流
以及该何时更换过滤器与除霜器。风扇可以调节，因此如果建筑
没有使用时气流可以调弱。同样，热回收器在夏天可以断开。耗
电功率大约是 95 W。

2）废气热泵

废气热泵在废气排出建筑的过程中回收它的热量。热量用来
供暖水有时也用于空间供暖。这个选择的优点是不需要新风和排
风系统，可以安装在只有普通排气系统的地方。废气热泵的一个
缺点是可能发生故障。同时需要指出的是废气热泵也很昂贵，因
此不值得在单户节能住宅中安装。废气热泵常用于公寓楼和其他
大型建筑（图 2-65 至图 2-70）。

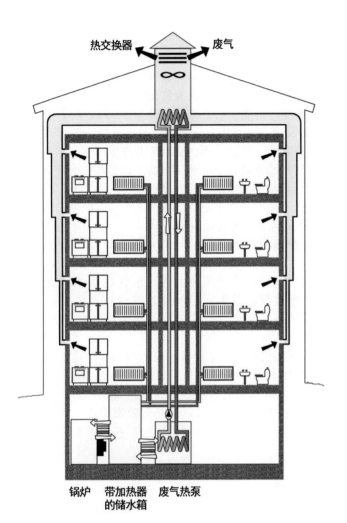

热交换器　　　废气

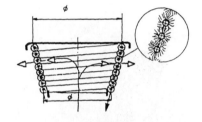

锅炉　带加热器　废气热泵
　　　的储水箱

图 2-69　多层建筑中的废气热泵
建筑安装有风扇加强的自然通风系统，废气热交换器可以从通风烟囱中回收热量。回收的热量在热水器（储水箱）中用来加热水。资料源于列夫·欣德格伦（Leif Kindgren）绘制

图 2-70　只有很低气压损失的热交换器
该热交换器由 SPAR-VEN 公司研发，可用于自然通风。这种热交换器有小的金属细丝可以吸收废气中的热量，它可以放在通风口与废气热泵共同使用。产生的热量常用于为建筑加热热水

（1）热泵如何工作。首先传热介质经由废气加热，废气在供暖的房间中至少有 20 ℃。然后传热介质在受到热泵压缩时会温度上升释放出热量，可以用来加热供暖用水。以前大部分热泵包含氟利昂。现在只有"软化氟利昂"在使用，目的是使用不会影响到臭氧或气候的传热介质，比如在小型热泵中使用丁烷或戊烷，在大型热泵中使用氨。

（2）使用经验。近年来，许多废气热泵出现故障，所有的情况都是因为压缩机出现了问题，其中有些型号出现不计其数的故障。根据制造商的说法，问题出现于向更加环保的制冷剂转型的时期。一些热泵需要大量维护并发出很大的噪音。保险公司的网站有时为热泵和其他装置提供损失清单。废气热泵比热回收器需要投入更多，但反过来也能提供更多热量。难以确定这些投资相对于减少的供暖费用来说是否有盈利，因此使用废气热泵一直被质疑。它们相对较贵，并且在保温性能极佳供暖需求较小的建筑里它们几乎不能盈利。

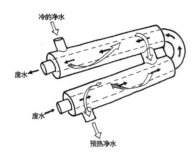

图2-71 采用双层套管的废水热交换器

它一般用于有大量废水的建筑，污水在内管加热外管的净水。资料源于奥克什贝里亚（Åkersberga）能源供给公司

图2-72 艾瑞克·海登斯泰德（Erik Hedenstedts）住宅中的废水热交换器

该住宅位于特鲁萨（Trosa），其废水热交换器采用垂直安装方式。资料源于www.ekologiskabyggvaruhuset.se

图2-73 采用动态保温的室内游泳池

该游泳池位于苏格兰卡兰德（Callander）麦克莱恩（McLaren）社区休闲中心。资料源于建筑师霍华德·利特尔（Howard Little）

3）废水热交换器

热水在使用时会释放热量到房间，但是热水中的大部分热量都随着废水一起流失掉了。热交换器可以利用废水中的热量预热进入建筑的冷水。这种装置在大量使用热水的地方采用，比如公共泳池，在单户节能住宅中也有尝试（图2-71、图2-72）。

（1）设计。废水热交换器可以被设计成不同形式。设计最重要的因素是便于清洁，因为废水中有许多污垢。举例来说，可以根据套管的原则设计一个热交换器，让污水在内管道流动，加热在外管道流动的洁净水，因为净水处于压力之下，而污水道则没有，因此不用担心净水是否会被污水污染，即使出现裂缝，也是净水流入污水，而不会反过来。

（2）分离箱。分离箱是一个完整的单元。它是一个结合了能源和污水的系统，可以提供建筑所需的全部能量，包括通风系统、热回收系统和净水与污水管理系统。热量从污水和垃圾干燥过程、卫生间污水及建筑通风系统中回收。营养物质以固体形式分离用于堆肥。这个系统可被单户或多户家庭房屋使用。

（3）大型设备。大型设备可以由预制构件迅速建成。它可以回收废水中大约50%的热量用来加热净水。如果不仅是热水，而是所有水都通过热交换器会达到最佳效果。为了有真正冷的饮用水，厨房的冷水管道可以从热交换器冷流一侧通过。在大部分热交换器中，卫生间污水被排除在热交换系统之外以减少堵塞问题。

4）动态保温

动态保温是一种新风通过保温材料吸入的构造方式。供暖建筑都会有热量流失，特别是从屋顶和墙体的保温层。如果使用这个装置就可以通过保温层吸入新鲜空气，吸入的空气被从保温层中的空气预热。

（1）动态屋面。允许空气被吸入和被挤压通过的"开敞"墙体存在很大的防风问题，因为不同的风向会对墙体产生不同的风压影响。因此，动态保温通常用在阁楼层，风压不会起决定性作用。许多建筑带有动态保温，但很难说在普通单户住宅中是否能起到节能作用。不过，对于公共室内泳池而言这是值得鼓励的选择，因为那有大量通风需求，空气也很潮湿（图2-73）。动态保温最早用于牛棚，新鲜空气从干草堆进入，这个办法被进一步发展为使用矿棉作为保温材料。比如，许多运动中心在天花板上运用了动态保温。最近几年，有建筑使用刨花水泥或纤维素板。挪威的GAIA集团已经尝试实践了许多项目中采用动态保温（图2-74）。

（2）保温材料。环保主义者对动态保温有强烈的兴趣，但是有些人担心保温材料的污染，因为它是作为过滤器使用的（虽然是很大的过滤器）。矿棉由尿素树脂制成的纤维组成，含有会不断挥发的甲醛。如果保温材料变得潮湿（这在天花板中是常见的），大量甲醛会挥发。纤维素纤维保温层因此被认为是更好的选择。不论何种类型的保温层，都会在整个建筑生命周期里作为空气的过滤器，但它不能被清洁或更换，这一点是对这种技术怀疑的根源。

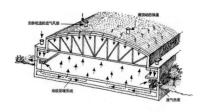

图 2-74　带屋顶动态保温的室内游泳池和健身房
该室内游泳池和健身房由 GAIA 事务所的建筑师霍华德·利特尔（Howard Little）和达哥·洛克万姆（Dag Roalkvam）设计。新鲜空气从屋顶进入，泳池潮湿的废气排放前经热泵除湿。从除湿中得到的冷凝热通过地暖系统给设备供暖

2.1.5　建筑学

建筑师的设计会显著地影响能耗。这不仅与保温和技术有关，还和对被动式技术的理解有关。每个建筑师都应该尽力发挥他们的能力为建筑节能作出贡献。

1）房屋设计

较小的、设计精巧的房屋节省能源。影响能源效率的建筑设计包括建筑外形、种类、温度分区，如何与地相接，以及使用被动式太阳能的可能性。

（1）**建筑外形**。能源及材料高效的建造目的是用最小的外轮廓围合出最大可能的容积。理论上说，最佳形状是球形，但是球形的内部空间很难被有效利用（图 2-75）。因此，对单户住宅来说，适宜的形状可以是两层立方体，一个一层半、带有四坡屋顶以及精巧的阁楼的正立方体，或者是一个八边形、带有坡屋顶和斜天花顶棚的两层房屋，目的是最小化建筑的总体量。

（2）**建筑类型**。建筑类型有非常重大的意义。增加楼层数并把不同部分结合在一起可以减少外墙及屋面的表面积。在双拼住宅中，少了一堵外墙因此热损失也减少了；在联排住宅中，少了两堵以上的外墙；而在公寓楼中少了 3—4 堵外墙并减少了屋顶面积（表 2-4）。

表 2-4　八个居住单元的不同排列形式

八个单元排列形式	八栋独立住宅	两栋联排住宅	一栋二层公寓
建筑面积	100%	70%	34%
外表面积	100%	74%	35%
采暖需求	100%	89%	68%
造价	100%	87%	58%

注：八个居住单元排列成不同形式，形成不同的建筑面积、外表面积、采暖需求与造价。通过将单元连在一起建成联排建筑或多层建筑，外墙面积会减少，也就是能源损失会减少。资料源于 H.R. Preisig et al., Ökologische Baukompetenz, Zürich 1999。

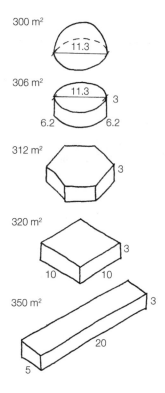

图 2-75　5 种不同形状的外轮廓（墙、屋顶和地面）
5 种不同形状的外轮廓的建筑面积都是 100m²。建筑的外墙面积部分取决于建筑外形。最节能的形状是半球

（3）**温度分区**。一个减少能源损失的方法是减少供暖区域的体积。可以将建筑分为不同温度区（图2-76）。比如，把不需采暖的食库、木工房以及储藏室放在建筑北侧，用玻璃围合的阳台和门廊放在建筑南侧。生活空间也可以考虑不同温度分区，但这在一个紧凑而良好保温的住宅中很难做到。

（4）**嵌入大地的建筑**。不同基础形式流失的热量也不相同。在柱脚基础中，地面大体就相当于另一面外墙；地面上的板式基础不直接暴露于外界空气中而是与土壤接触，土壤温度全年相对稳定在当地的年平均气温；在山坡房屋和半地下房屋中，一些墙是与土壤结合在一起的；在覆土建筑中，只有窗户和部分墙体与外界空气接触。建筑与土壤结合得越多，流失的热量越少。

（5）**重质建筑**。经验表明重质建筑比轻质建筑的能耗更低。这是因为重质材料有更强的蓄热能力，这与炉子里的重质材料作用相似。根据旧的建筑规范，可以通过增加重质墙体因素调节 U 值。在保温性能极佳的建筑中，要降低能源需求可以通过巧妙地增加薄的蓄热材料层来实现。

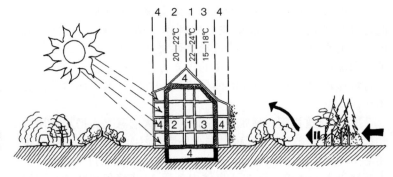

图2-76　建筑不同温度区分布示意图
此温度分区是按建筑功能分类的。建筑师约阿希姆·埃布勒（Joachim Eble）将他在德国蒂宾根市（Tübingen）的住宅分为四个温度区

小贴士 2-5　建筑实例

1）图斯库（Tuskö）住宅

　　这个双层住宅建筑面积 144 m²，位于瑞典东哈马尔（Östhammar）的图斯库（Tuskö），采用健康材料建造并具有极好的保温性能（图2-77）。在第二层，天花板的高度低于外墙高度以减少外墙面积。采用木龙骨镶板结构，保温材料采用纤维素纤维。建筑内有温度分区，在南面有一个带保温不用暖气的玻璃阳台，可以利用被动太阳能。在北面，一个食品间、木工房和储藏间作为额外的保温。楼梯间是开敞的，以便把阳台和厨房多余的热量引导到其他房间。一层厨房里的皂石炉是最主要的热源。住宅有良好的保温性和高质量窗户，因此只需要很少量的采暖。当被动式太阳能和皂石炉燃烧木材的热量不足以提供足够热量时，小型电暖气可以作为备用。住宅中有两个可分离尿液的干性卫生间。建筑有可以从外面进入检修的悬浮式基础，上面装有小型粪便收集器，尿液则被收集到建筑一侧的地下容器。

2）托兰格（Torrång）的八边形住宅

这栋三层住宅是用来说明建筑技巧可以减少外墙面积的好例子（图 2-78）。房屋同样根据温度分区进行了巧妙设计——壁炉、炉灶和热水箱位于中心，冬季花园和干燥间位于外圈的非供暖区。冬季花园面南以利用被动式太阳能，通向花园的门可以打开以使被太阳加热的空气进入建筑其他部分。开敞的平面设计使得热量可以流动。建筑中的重质材料可以储藏被动热。

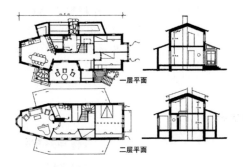

图 2-77　图斯库（Tuskö）住宅
该住宅位于瑞典东哈马尔（Östhammar）外郊的图斯库。其食品间、木工房和储藏间位于北面非供暖区；阳台和入口位于南面太阳能供暖区。建筑下悬浮的基础是无霜区，是所有设备的安装空间。建筑设计师为洛洛·默尔·冯·普拉滕（Lollo Riemer von Platen），生态建筑师为瓦里斯·博卡德斯（Varis Bokalders）

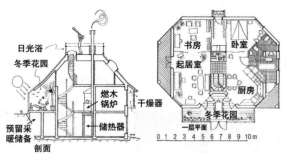

图 2-78　八边形住宅
该住宅由建筑师奥拉·托兰格（Ola Torrång）设计，其边缘带有斜坡屋顶和天花，玻璃围合的大阳台朝南，带有烟囱、炉灶以及取暖设备的干燥间和保暖区位于中间

2）被动式供暖

建筑从人体、家庭用电及太阳辐射获得热量。为了利用这些热量给建筑供暖，当有多余热量时供暖系统必须关闭，平面设计应能允许热量在室内空间扩散，用在屋面、墙体和楼板的材料应有强蓄热能力。

（1）供暖系统。自动调温器应安装在能检测到多余热量的地方。一个不适合于安装自动调温器的地方是窗户下。当房间过热时人们会打开窗户，外界冷空气会进入经过自动调温器，导致调温器作出升高温度的反应而不是关闭。供暖系统要易于调节，并有较低的蓄热性。混凝土的地暖系统有很大储热能力，也就是说当整个地面都暖了的时候即使地暖系统已经关闭，地板还会继续变热。

（2）建筑平面。开敞的平面设计可以让热量在建筑内扩散，比如一个内部楼梯井贯穿两个或更多楼层的空间。现在厨房和起居室连为一体很普遍，但是一些人偏爱更加明确划分的空间。也有可能主动分配建筑里的热量，也就是使用风扇和管道，管道可以建造在内部或是以开敞的形式连接楼板和天花。热空气会上升并在天花边缘积聚，如果可以用风扇将这些热空气引导到空间底

图 2-79　重质材料储藏热量示意图
建筑结构中的重质材料可以从早到晚储藏太阳能。只有最外几厘米的材料用于 24 h 热储藏。因此，使更多的重质材料表面与房间接触比单纯采用沉重厚实的结构更重要

部，采暖效果会更好。要注意的是要保证这种风扇的静音效果。

（3）**蓄热材料**。为了延长散热时间，可以利用重质材料的蓄热能力，也就是物质吸收、储藏和释放热量的能力。重要的是材料可以储藏多少热量（蓄热性能），以及热量进入材料多深（导热性能）。对固体材料 24 h 蓄热能力的积累显示，热量能够进入最大 10 cm 的深度。在热量过剩和热量不足之间较短的时段，热量进入材料的深度只有很少的几厘米。水有较好的蓄热性能是因为在水箱中有对流产生（储水箱）。另一个在材料中储存热量的方法是利用熔点温度比室温稍高的物质，比如芒硝。在转变形态的过程中可以储藏较大量热量（比如固态和液态的转换）（图 2-79 至图 2-83）。

图 2-80　起居室砖墙
该起居室砖墙的目的设计是得到一个相对而言薄但是重质的墙断面，以在白天储藏热量

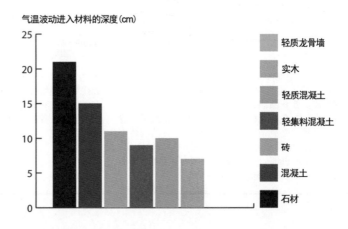

图 2-81　建筑 24 h 气温波动进入不同材料的深度比较
进入的深度显示在 24 h 周期内墙体厚度会对建筑储热性产生多大影响。资料源于 Cementa，2001

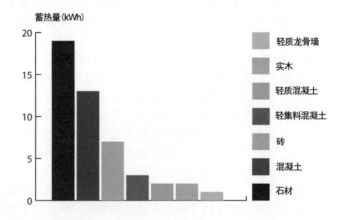

图 2-82　不同材料的蓄热潜力
一堵 100 m² 的墙最多能储藏的热量可以保证室内温度 24 h 内波动在正负 1℃内。轻质龙骨墙是一种复合结构，有双层石膏板、矿棉和轻质龙骨

3）被动式太阳能

通过利用来自太阳的免费太阳能可以节约热量。所有带南向窗户的建筑都已经做到了这点。不过还有其他建筑方法可以采用以最大化利用被动式太阳能，比如：在南立面使用玻璃，通过屋顶开口、落叶树、遮阳棚或软百叶调节太阳辐射，安装一个重质热调节体，设计得让热量能方便扩散（比如开敞的平面设计），并运用可调节式供暖系统（图2-84、图2-85）。

以下是适应北欧气候的做法：① 南向窗是最好的，也就是说，总的窗户面积不增加但是更多更大的窗户应朝南而不是朝北。② 双层玻璃围合的空间也是适宜的。比如玻璃围合的阳台或附加的温室。太阳辐射热通过打开的通风口或门窗进入建筑。③ 太阳能墙（Tromb墙）（涂黑的30—35 cm厚砖或混凝土墙覆盖玻璃）因为不能适应多云和寒冷天气时的低温环境而很快被淘汰了。④ 单层玻璃围合的阳台不适合于使用被动式太阳能，因为它们可以利用的时间很短，还有冷凝的问题。不过它们很宜人并广受欢迎。⑤ 对瑞典的单户住宅而言，被动式太阳能每年最多可以贡献1 500—2 000 kWh。因此，必须使该系统简单而便宜。

4）遮阳

当建筑的南立面被玻璃围合时，在一年的某些时候建筑会过热。一个减少多余热量的方法是遮蔽玻璃表面，这可以通过许多途径实现。因为夏天太阳高度角比冬天大，夏天的太阳可以被永久性构筑物遮挡，比如悬挑体、阳台和门廊屋顶（图2-86）。更灵活的选择还有遮阳棚、卷帘、活动百叶窗，此外还可以在建筑立面外种植落叶乔木，当冬季落叶后不会遮挡阳光，而夏季浓密的树叶可以遮阴。

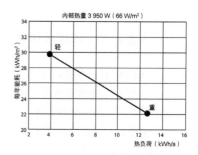

图2-83　一间热负荷为66 W/m² 的教室模拟
热量来自人体散热、照明和电脑，以便研究结构重量如何影响年能源需求。内部热负荷相当于26个学生，8台电脑和普通照明。资料源于 Cementa 2001；改编自 Andersson and Isfält，2000

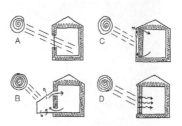

图2-84　被动式太阳能的四种利用方式
A. 通过南向窗户直接获取。B. 通过附加的温室或阳台间接获取。C. 太阳墙体（大体上就是太阳能空气收集器）。D. 重质墙体结构外侧带玻璃（Tromb墙），后者在北欧气候条件下工作状态很差

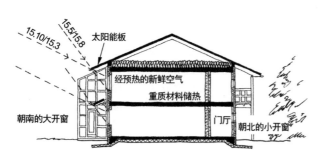

图2-85　斯堪的纳维亚气候区的被动式太阳能采暖示意图
被动式太阳能采暖包括设计一个可以利用大部分太阳能的房屋，这可以降低房屋的供暖需求。被动式太阳能在北欧气候条件下贡献的热量要比南方地区少得多。资料源于汉斯·艾克（Hans Ek），BfrD3:1987

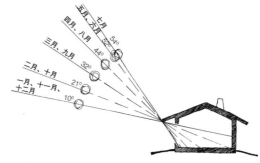

图2-86　瑞典哥德堡一年中太阳高度角的变化情况
为了利用被动式太阳能，必须要调节太阳能获取量以使夏天不致太热。一个方法是在设计屋顶悬挑物和窗户时考虑太阳一年中角度的变化以及建筑的供暖需求

1）玻璃围合的庭院

　　1970 年的能源危机之后，为了节能建造了很多玻璃围合的庭院。可惜研究显示在大多数案例中，玻璃围合的庭院并不节能；不过如果建造得当的话还是可能节能的。为了节能又省钱，庭院立面应设计成相对大的玻璃面。被玻璃围合的部分成为内外之间的缓冲区（额外的保温）。这样，不供暖时就可以减少热量流失，达到节能的目的。在 20 世纪 90 年代，大型生态建筑的庭院也因为其他原因罩上玻璃。较高的天花板使它们能成为自然通风系统中的一部分。它们经常用以屏蔽交通噪音，同时也作为带有走廊、电梯和楼梯井的交流空间。不过，它们更多地被设计成带有植物、流动活水、餐厅、休息区以及其他娱乐设施的玻璃花园（图 2-87）。

图 2-87　玻璃围合的庭院
该庭院位于德国纽伦堡，普里斯马（Prismahuset），其屋顶的所有玻璃面都可以开启以避免过热。资料源于约阿希姆·埃布勒（Joachim Eble）建筑事务所

2）双层玻璃表皮立面

　　玻璃建筑已经成为流行的建筑形式，因为它实现了透明建筑的梦想。透明建筑的主要特点之一就是允许日光深入建筑而实现透明的外观。建筑内部的透明效果，随着一天中时间及天气的不同而改变，是玻璃建筑的另一特点。但是玻璃建筑存在热量散失和温度过高的问题。双层玻璃表皮立面也不够生态。这种昂贵的立面形式并不能解决在建造大型高层玻璃建筑时存在的技术困难（图 2-88）。双层玻璃表皮可以被定义为由两层相隔间距大于 50 cm 的玻璃幕墙构成的全玻璃幕墙立面。不过也可以是在外层采用单层玻璃，内层采用双层玻璃，或是相反。由双层玻璃表皮组成的缓冲区可以减少玻璃围合的建筑中的热量散失，因为它可以略微改善建筑保温性。如果玻璃立面作为新风通道，则有可能利用一些太阳能。如果两层玻璃之间的空隙利用烟囱效应排气，可以降低温室效应造成的高温，自然通风废气排出时会带走一些热量（图 2-89）。玻璃建筑需要采取遮阳措施，遮阳可以安装在双层玻璃之间。双层玻璃立面可以隔绝外界噪音，但同时也造成更多需要清洁的窗户。双层玻璃立面使得高层有开窗的可能性而不必担心不舒适的强气流，虽然它仍有眩光的问题。双层玻璃表皮中大面积的玻璃遮阳设计尤其重要，因为它会比普通建筑更频繁地被放下。

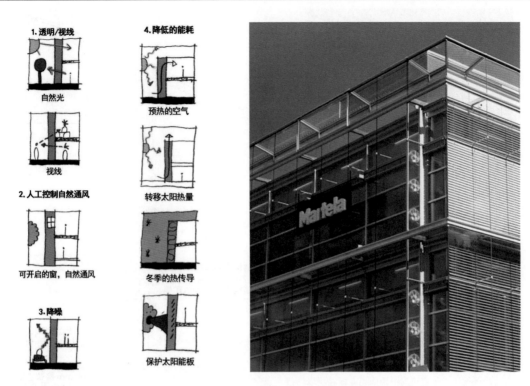

图 2-88　双层表皮玻璃幕墙的四个特点
该图给我们以启发：双层表皮玻璃幕墙可以通向可持续发展社会之路吗？资料源于"Dubbla glasfasader-Image eller ett steg på vägen mot ett uthålligt samhälle?"，安德斯·斯文松（Anders Svensson），蓬托斯·安奎斯特（Pontus Åqvist），2001

图 2-89　赫尔辛基马特拉（Martela）公司总部
采用双层玻璃表皮的朝南房间往往过热，朝北房间则过冷。通过安装在角部的风扇可以调节空气温度。资料源于托姆米拉（Tommila）建筑事务所设计

小贴士 2-7　被动式太阳房案例

　　瑞典的第一座生态村（1984 年完工）位于卡尔斯塔德（Karlstad）近郊的塔吉立特（Tuggelite），在这里有保温性能良好的被动式太阳房案例（图 2-90）。这些两层联排住宅具有最小的外墙面积和非同寻常的良好保温性。建筑基础下面和周围都设有保温层，可以防止热量从基础流失，也可防止冷空气进入建筑底部（图 2-91）。窗户有三层玻璃并设计为大窗朝南，朝北只有小窗。有一个北向的门廊和南向的玻璃房，新鲜空气在这预热。结构框架是重质材料建成，有储热性良好的混凝土基础。这些建筑的节能性很好，能耗大约是每户（120 m²）6 000 kWh/a。作为参考比较，瑞典 1980 年的建筑规范规定，同样大小的住宅能耗大约 15 000 kWh/a。塔吉立特建筑共享中央锅炉供暖。锅炉设备顶上覆盖太阳能收集装置可以在夏天提供热水。可以通过提高外墙周围地面的高度或建造半地下住宅减少能量流失。一些人将他们的住宅挖入地下，将窗户面向中庭庭院或是放在伸出地面的面上，但是经验表明这常常会花费更多代价，建造能抵抗土地压力和潮气的墙体是很昂贵的（图 2-92）。

图 2-90　塔吉立特生态村住宅
屋顶的出挑程度是计算过的，这样冬季太阳高度角较低的阳光可以进入室内，而夏季角度较高的阳光则被遮挡

图 2-91　塔吉立特生态村中建筑的超级保温外墙剖面
墙体保温层 36 cm 厚，屋顶保温层 55 cm 厚。有防冷桥设计，在建筑周围地面也有保温层以防止冷气进入建筑底部。资料源于 EFEM 建筑事务所，哥德堡

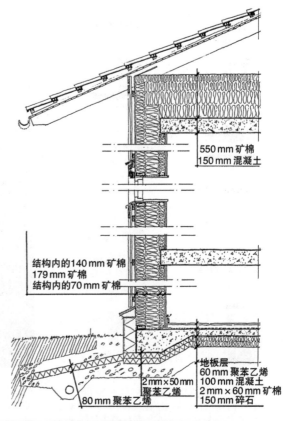

550 mm 矿棉
150 mm 混凝土

结构内的140 mm 矿棉
179 mm 矿棉
结构内的70 mm 矿棉

地板层
60 mm 聚苯乙烯
100 mm 混凝土
2 mm×60 mm 矿棉
150 mm 碎石

2 mm×50 mm
聚苯乙烯

80 mm 聚苯乙烯

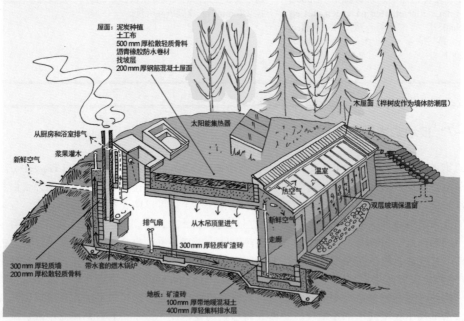

屋面：泥炭种植
土工布
500 mm 厚松散轻质骨料
沥青橡胶防水卷材
找坡层
200 mm 厚钢筋混凝土屋面

太阳能集热器

从厨房和浴室排气

新鲜空气

浆果灌木

排气扇

从木吊顶里进气

300 mm 厚轻质矿渣砖

300 mm 厚轻质墙
200 mm 厚松散轻质骨料

带水套的燃木锅炉

木屋面（桦树皮作为墙体防潮层）

温室

热空气

双层玻璃保温窗

新鲜空气

走廊

地板：矿渣砖
100 mm 厚带地暖混凝土
400 mm 厚轻集料排水层

图 2-92　建筑师安德斯·尼奎斯特（Anders Nyquist）的住宅
该住宅建于 1991—1993 年，位于瑞典松兹瓦尔（Sundsvall）郊外的 Rumpan，非常节能。它不仅具有良好保温而且还半埋入地下。唯一露出的朝南立面由玻璃围合为一个温室使用

5）被动式制冷

在炎热气候条件下设计尽量低温的建筑，并利用被动式制冷是非常重要的（图2-93）。为了尽可能降低温度，在建筑设计中要考虑许多因素。建筑本身可以避免阳光直射，这样室内热负荷会降低。最重要的是，所有外窗应该采取遮阳措施，以阻挡直射阳光而依赖间接采光照亮房间。

（1）**形状和颜色**。不考虑其他因素，建筑会在多大程度上被太阳加热取决于它的形状和颜色。大的表面积会被太阳烤得很热，而球型屋顶只有很小的表面面对太阳光（图2-94）。浅色表面不像深色表面那样吸热。保温墙体不像非保温墙那样允许那么多热量进入。

（2）**重质墙体**。有些地方白天热夜晚冷，日夜温差很大。如果建筑用重质材料建造，材料贮藏热量或冷气的能力可以提供更舒适的室内气候（图2-95）。

（3）**给建筑遮阳**。有很多方法给建筑遮阳以使它不会被太阳烤热。建筑可以靠近布置，让它们彼此遮挡，双层屋顶和其他构造做法也可以用来为建筑外围护结构提供遮阳（图2-96）。

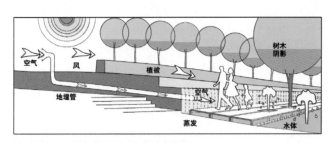

图2-93 1992年塞维利亚国际展览会被动式制冷示意图
为了在炎热气候条件下降温，利用树和植物遮阳、通过地下管道冷却的通风管以及水体等来调节环境温度

图2-94 球形屋顶
该类型屋顶减少了吸热面积

图2-95 沙漠地区住宅
沙漠地区采用厚重夯土材料建造的住房可以调节昼夜温差

图2-96 街道遮阳帘
街道上的遮阳帘可以为建筑外墙提供遮阳

图 2-97　窗户外遮阳
这种类型的窗遮阳是利用深深的窗洞形成的

图 2-98　分区

图 2-99　开罗一栋传统埃及住宅中带有遮阳帘（Mashrabiya）的窗户
在炎热气候条件下经常在窗户上使用幕帘遮阳。它们让光线进入房间的同时阻挡大部分直射光和热，此外，幕帘会阻挡向建筑内的视线，但建筑内向外仍然可见，因此提供了一定的私密性。资料源于哈桑·法赛（Hassan Fathy），《自然能与地方建筑（Natural Energy and Vernacular Architecture）》，1986

6）窗遮阳

为了减少室内热负荷，对窗户进行遮阳十分重要。有许多方法可以实现窗户外遮阳，这对建筑形式表现也很有帮助（图 2-97）。

（1）**分区**。在极端气候条件下，可以建造居民根据季节变换住处的建筑（图 2-98）。北欧国家的人曾搬到厨房过冬。而在天热的时候，人们可以搬到院子里获得阴凉，到屋顶上享受清风，或是在极度炎热的日子里到地下室中靠土壤纳凉。

（2）**间接光照**。尽管直射光不舒适，让日光进入建筑却很重要。这可以通过采用不直对阳光的窗、挑出屋顶遮蔽窗户或通过遮阳帘过滤进入的日光等方法实现（图 2-99）。

（3）**通风**。在有些气候条件下，自然通风是唯一可以提供少量制冷的方法，因此建筑被设计为易于通风（图 2-100）。平面设计成有利于对流。建筑内有高的天花顶棚，楼梯井和内部庭院充当通风烟囱，这些都有利于通风。

（4）**高级通风**。为了改善通风，可以利用一些建筑要素，比如可以增加自然通风的通风烟囱和太阳能烟囱以及捕风器将风引入建筑（图 2-101）。墙体和屋顶也可以通风以降低建筑温度。

（5）**蒸发**。蒸发会带走热量。有多种方法可以利用这一原理给建筑降温。可以利用室内喷泉或大量植物；在炎热屋顶上洒水，或是在新风进口喷水或设置蒸发器（加湿器）（图 2-102）。

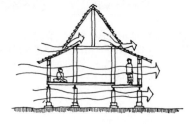

图 2-100　马来西亚住宅里的对流

图 2-101　通过捕风器（Malkaf）形成天然通风的埃及住宅

图 2-102　"赛萨比"（Salsabil）
在埃及传统住宅里普遍采用"赛萨比"（Salsabil）。赛萨比是放在房前的石头，上面刻有迷人的浅浮雕图案。水从石头上缓缓流过，进入房间的空气从它底下经过。以这样简单而美观的方式形成一个冷却系统

（6）**埋入大地的建筑**。通过将建筑埋入大地，可以利用土壤的冷却作用（图2-103）。只需浅浅地挖入地下，气温就比较恒定了。另一个利用凉爽大地温度的方法是利用地下进风管道引入新风，空气在进入过程中被土壤冷却。

（7）**除湿**。在又热又湿的气候条件下，除湿可以使人感到凉爽，这是因为舒适度不仅与温度有关，还和空气流动以及湿度有关。除湿可以利用盐分吸收湿气，然后再利用被动式能源干燥，如太阳能（图2-104）。

（8）**墙体和屋顶绿化**。湿热气候地区的经验显示墙体和屋顶的绿色植物可以降低墙体温度大约3—4℃（图2-105）。在新加坡已经生产出采用成套垂直绿化组件的绿色墙体，系统整合了花盆和灌溉功能。垂直绿墙用于室内既美观又能为办公室增加空气湿度。

（9）**辐射**。在晴朗的夜晚，大量热量会向寒冷的夜空辐射。在撒哈拉沙漠，浅池塘夜晚甚至会结冰与地面形成隔离。有许多建筑方法利用夜晚的热辐射冷却建筑，比如，利用屋顶浅水池，水池白天被关闭保护以免受日晒。有一种特殊的金属镀膜有很强的反射和散发热量的能力，这种镀膜可以帮助冷却建筑。

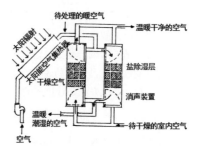

图2-103　下埋式覆土住宅
该类型住宅由美国建筑师马尔科姆·威尔斯（Malcolm Wells）设计。他认为自然和植物如此美丽和珍贵，因此不应占用地面进行建设，失去的自然景观在屋顶上获得新的自然补偿。此外，这种住宅是有利于保护气候的，他们有很好的保温性并有充足光照。资料源于马尔科姆·威尔斯，《地下设计（Underground designs）》，1977

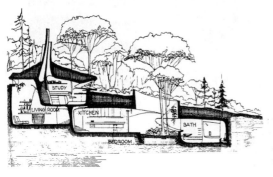

图2-104　除湿工作原理示意图
通过除湿实现制冷

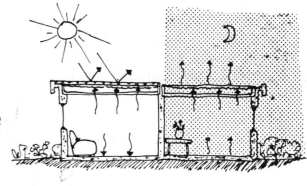

图2-105　带屋顶水池的房屋

小贴士2-8　被动制冷的现代实例

即使是在寒冷气候地区的建筑也可能存在室内温度过高的问题。这个问题主要在有很多人或很多照明和电器热辐射的建筑中发生，比如办公建筑和学校。问题主要发生在夏季。因此这种建筑既需要供暖又需要空调。

1）原则

如果建筑适应当地气候，使用暴露于室内的重质材料，重质材料的储热性可以很好地平衡采暖和空调需求。建筑还可以依靠地下管道和夜晚冷却被动式制冷。在这种情况下，建筑在夜晚冷却，冷气被储藏在重质材料中，白天有助于给建筑降温。夏天在玻璃围合的庭院中可能会有过热问题，遮挡玻璃是一种可行的解决方法。另一个方法是保证玻璃围合的庭院有合适的通风，比如，留有把玻璃天花顶棚整个打开的可能性。还可以借助通风将进入玻璃围合区的空气被动冷却，一个方法是让进入的空气通过一个小的水幕。

图 2-106　克维克松德市的泰戈维克斯（Tegelviks）学校
建筑师为 Bengt Strandberg

2）泰戈维克斯（Tegelviks）学校，瑞典克维克松德市（Kvicksund）

位于克维克松德市的泰戈维斯克斯学校由重质蓄热材料砖砌成，靠建筑下地下管道通风（图 2-106）。每个教室还有通风烟囱和可开启的窗以强制通风。

3）诺华制药公司办公楼，瑞典泰比市（Täby）

诺华制药公司位于斯德哥尔摩北面的卫星城泰比市的办公大楼，每年建筑供暖和制冷的能耗仅为 30 kWh/m²。低能耗是由于采取了以下措施：重质蓄热材料的结构；遮光玻璃和遮阳板；通过地下进风管道实现强制自然通风，以及在带有楼梯、电梯和休息区的大型共享室内庭院中利用天光（图 2-107）。

图 2-107　泰比市的诺华制药公司办公大楼
资料源于 Arkotek 建筑事务所

4）"棱镜"办公楼，德国纽伦堡市

德国建筑师约阿希姆·埃布勒（Joachim Eble）在纽伦堡设计了一栋带内置瀑布墙体的办公楼（图 2-108）。引入的空气通过瀑布进入巨大的玻璃围合庭院。在夏季，引入的空气经过墙内的蒸发水而得到冷却。办公楼靠玻璃围合庭院提供新鲜空气。

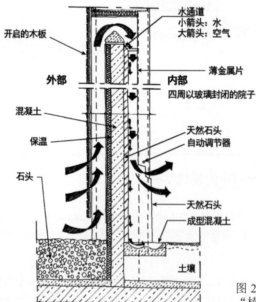

图 2-108　纽伦堡市的"棱镜"办公楼

图 2-109　可手动调节开关的天窗

2.2　高效用电

要降低建筑物的电力消耗，一方面可选择市场上的高效电器，另一方面可通过建筑设计为室内提供充足的天然采光，从而使照明电力的需求最小化（图 2-109）。当然，避免不必要的用电也很重要。

2.2.1　电的使用

当今的高电力消耗致使我们过分依赖核能和煤炭。节约用电和增加可再生能源的电力生产是可持续用电的基础。因此，在可持续发展的社会中，电力应当只用在确有必要时（有明确的电力需求）。这意味着建筑物不应直接使用电加热取暖，并且始终选择高效的电器（图 2-110）。

1）瑞典的用电情况

瑞典的电力消耗量很大。2008 年，共用电 144 TWh（10 亿 kWh）。主要用于建筑、工业和运输业（图 2-111）。此外，约 10% 的电能损失在供电线路的损耗上。剩下的实际耗电中超过一半（69 TWh）被用于建筑——住宅、办公楼以及为它们提供服务的设备用房。这意味着在建筑行业工作的人们，如建筑师、工程师和施工方，在决定今后的电力需求中扮演重要角色。在节能技术的帮助下，可能做到既减少电力消耗又满足舒适度的要求。

（1）国际比较。在国际范围内进行的比较中，瑞典家庭使用了大量的电力。在挪威，电力很便宜，家庭电力消耗量居世界之首。而在丹麦，只有相当于挪威一半的电力消耗。结论是，电费越低，比如挪威，电力消耗越高，但如果电费昂贵，比如丹麦，

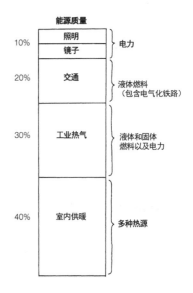

图 2-110　根据所需能源品质对能源使用的分类
根据图中分类可以发现，只有 10% 的终端能源消费（照明和运行发动机）需要电力。其余的终端消费都可用低品质的能源满足，例如燃料或者取暖

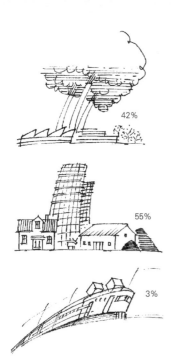

图 2-111 瑞典的电力消耗分布
情况
主要集中在建筑和服务业等部门，占
了总耗电量的 55%。工业消耗了 42%
的电力。运输部门，包括火车、有轨
电车和地铁，消耗了 3% 的电力

电力消耗就会减少，而且几乎从不用于供暖。在丹麦，建筑物和
水的加热依靠燃料（矿物或生物能源）而非电力。挪威的电价一
直在上涨中（图 2-112）。

（2）**电力专用**。电力是一种高品质和昂贵的能源，因此应
该只用于燃料不能取代的情况，例如运行电机和照明。一个可持
续发展的社会应设法限制电力使用，原则上只能在有特别电力需
求的情况下使用。其重要性主要取决于电力的生产方式。目前，
电力生产仍然主要通过核电站和燃烧化石燃料的发电站进行。

（3）**家庭用电**。家庭用电主要用于家电、照明、电气设备
和水泵及风机（建筑运行系统）方面。家电用于储存食物（例如
冰箱和冰柜）、烹饪（如微波炉和烤箱）、衣物护理（如洗衣机
和烘干机）和清洗餐具（洗碗机）。耗电最大的家电是冰箱和冰柜，
因为它们是全年整天都在运行的（图 2-113）。

2）提高能源效率

目前，可以通过技术手段在保证生活水平不变的前提下减
少用电量（表 2-5）。例如，坚持使用节能电器和照明设备。同
时，应该确定终端消耗是否可以不使用电力。是否可以通过提
供更多更优质的自然光来减少人工照明？是否可以在储藏室和
地窖的辅助下使用更小的冰箱冰柜？是否可以用矿物燃料来取
代电力？是否有可能，例如，利用天然气烹饪或使用天然气动
力的冰箱？是否能使用木材加热烤箱或木材加热桑拿？我们是
否需要所有的电器，或者如果我们减少某些小电器的使用反而
能提高生活质量？

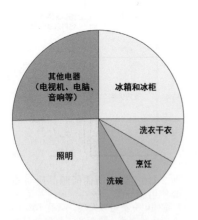

图 2-113 典型瑞典家庭每年
6000 kWh 电力消费的分布情况

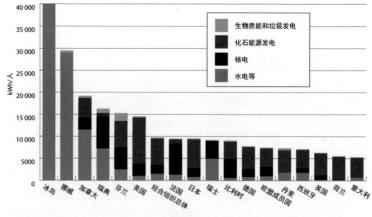

图 2-112 2006 年根据发电方式分类的人均用电量
冰岛利用水力发电的方式生产了大量的电，这些电用于电力密集型工业，主要是
冶炼铝。资料源于能源年鉴（Energiläget），瑞典能源部，2008

表 2-5　一个四口之家四种等级的用电量分析

家庭用电	平均值	现有最佳技术	更高效率	太阳能光伏发电
食物储存 （冰箱和 冰柜）	1 400 kWh/a	415 kWh/a	300 kWh/a （冰箱和冰 柜）	200 kWh/a （食品柜和冰 箱/冰柜）*
烹饪 （炉子和 烤箱）	1 000 kWh/a	650 kWh/a （+ 水壶）	200 kWh/a （+ 煤气灶）	0 （只用天然气）
衣物护理 （洗衣机 和烘干机）	1 000 kWh/a	365 kWh/a （冷凝干燥机）	250 kWh/a （接到热水）	50 kWh/a （冷水洗涤和 自然晾干）
清洗餐具 （洗碗机）	500 kWh/a	220 kWh/a	50 kWh/a （连接到热水）	0 （手洗）
照明	900 kWh/a	550 kWh/a （50% 灯泡）	300 kWh/a （少量灯泡）	250 kWh/a （节能模式）
电气设备	1 000 kWh/a （较多设备）	700 kWh/a （正常用量）	350 kWh/a （少量电气设备）	225 kWh/a （节能模式）
总计	5 800 kWh/a	2 900 kWh/a	1 450 kWh/a	725 kWh/a

注：* 使用太阳能电池时，为进一步减少电力需求，可使用液化天然气动力的冰箱/冰柜。第一列显示了目前的平均耗电量。第二列显示如果使用市场上的最佳技术，电力消耗可以降低一半。第三列显示如果使用更好的电器和更高效的技术，电力消耗可以降低至目前的四分之一。第四列显示了只在某些必需的终端消耗中使用电力时的耗电量，例如在一幢住宅中利用太阳能光伏电池系统发电。

3）电流限制器

电力消耗的成本不仅取决于所用的能源数量，还取决于电流峰值的高低。电流峰值越高，对电力系统和保险丝的要求就越高。同时，电费费率的高低还跟保险丝强度或者所需电流大小相关。显然，如果同时使用所有家庭电器，就需要一个超大的系统。电流限制器限制了高峰负荷，从而保证资源使用有了优先级（图 2-114）。例如，一个电流限制器可能要求关闭热水

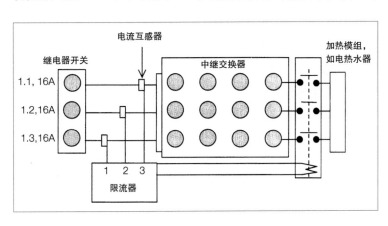

图 2-114　单级限流器连接原理图
当保险丝 L1、L2 或者 L3 其中一个电流超载时，该限流器可以关闭加热模组。资料源于瓦腾福·乌特维金（Vattenfall Utveckling）公司

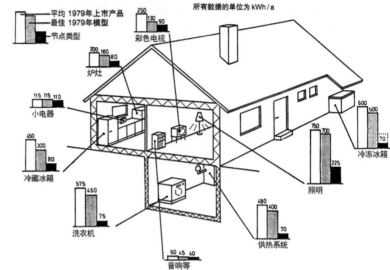

图 2-115 不同耗能产品的家庭终端消费比较

技术发展使得有可能消耗更少的电力来满足相同的家庭终端消费。柱形图从左至右显示：（1）平均水平；（2）市面上能买到的最佳产品；（3）在技术上和经济上可行的低耗电版本。资料源于约根·诺格兰（Jørgen Nørgård）博士，丹麦技术大学，灵比（Lyngby）

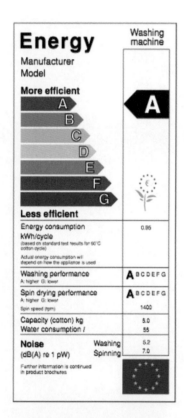

图 2-116 欧盟能效标识

能效标识提供了有关能源消耗的信息以及其他重要特性，方便人们选择高效的家电。该认证在欧盟范围内是统一要求和必须执行的

器来保证电炉的使用。另一种使电力成本下降的方式是降低夜间的电费价格。这需要一个自动控制系统。

2.2.2 家用电器

家用电器，特别是冰箱和冰柜，在家庭中消耗了大量电力——约家庭总用电的 25%。在购买新电器时，应当选择耗电量最小的设备。选择环境友好型的电器同样重要，例如使用环保制冷剂的冰箱以及噪音较小的设备。

1）高效家电

如果坚持选用市场上最高效的产品，耗电量可以降低 50%，如果终端消费使用其他可行的替代能源，耗电量可以降低到平均水平的四分之一。技术正在不断进步，一些尚处于原型阶段的产品比市场上的产品更高效（图 2-115）。值得注意的是不应抛弃正在使用的设备，因为制造它们已经消耗了大量的能源和原材料。考虑引进新设备或者旧设备需要更新时，则需要考虑高效的产品。然而在某些情况下，由于能够大幅度提高能源效率，可以在旧设备未完全报废前进行更新，例如，在一个服务于整片街区公寓楼的洗衣房中，更换洗衣机和烘干机还是值得考虑的。

（1）能效标识。如果在瑞典的每个人都使用高效设备，可以节省大量电力。能效标识将产品分成从 A 到 G 七类，其中 A 类最高效，G 类则消耗了最多的能源。从可持续发展的角度来看，只应该选择 A 类产品（图 2-116）。最新的设备比分类中列出的更加高效。目前在市场上已经有 A+、A++ 和 A+++ 的产品。甚至某些高效的设备已经超出了这个 20 世纪 90 年代中期引进的认证系统的范围。

（2）**冰箱/冰柜**。冰箱和冰柜是耗电量最大的家用设备之一。2007年在瑞典，家用冰箱的平均耗电量约1200 kWh/a。单独的冷藏和冷冻冰箱（冰柜）比组合模式更高效。但是，如果家里有食品储藏柜，一个冷藏冷冻组合冰箱可能就足够了，比两个独立的设备更节能。卧式冰箱比立式冰箱节能，因为冷空气比热空气重，每次打开立式冰箱时都会"跑气"。冰箱的耗电量也受室温影响。因此，厨房不应该太热，可以将立式冰箱放到阴凉处。可以将冷凝器放置到户外，但这样一来它产生的热量就不能用于辅助建筑供暖。在一些气候寒冷的地区，如瑞典，冬季不需要冰箱，用食品储藏柜就足够了，当夏季需要制冷时可以使用一个附加的小型冷凝机组，电费很便宜（图2-117）。最高效的小冷藏冰箱，容积150 L，用电量135 kWh/a。最高效的大冷藏冰箱，容积为307 L，也使用同样多的电（图2-118）。最节能的组合冰箱，如189 L的冷藏室和96 L的冷冻室，耗电量约192 kWh/a。最节能的立式冷冻冰箱，容积大于220 L，耗电量约280 kWh/a。节能卧式冰柜，容积大于220 L，耗电量约190 kWh /a。

（3）**洗衣机**。洗衣机的耗电量取决于洗涤用水的温度和用水量。近年来，已经研发出新型的洗衣机，用水量更少，更加高效（图2-119）。洗衣机应该尽量满负荷运行。除非洗非常脏的衣物，否则，应该使用低温洗涤且不用预洗。90 ℃洗涤的耗电量约为60 ℃洗涤的两倍或40 ℃柔洗的四倍。在瑞典，每人每年大约洗150—200 kg的物品。90℃的漂白清洗已减少到总量的约1/10。其余的基本一半用60 ℃洗涤，一半用40℃洗涤。老式洗衣机的耗水量约为67 L/kg。2001年，最好的洗衣机洗5 kg的物品消耗大约40 L的水，耗电量约180 kWh/a。新式洗衣机往往有喷淋系统，用水更加高效。泵不断将水喷洒在衣物上，洗涤过程只有少量的水在桶的下方。一种替代喷淋系统的方式是使用有孔的内桶，通过机械使水涌出漫过衣物。还有一些洗衣机带有内置的秤，可以计算衣物的重量从而使用适量的水和电能。洗衣机和洗碗机的水通常由机器内部供电系统加热。集中供热系统可以省电，但是要求机器能够同时连接冷、热水源。这种机器在瑞典不常见，但在德国有售。

（4）**洗衣房**。在20世纪90年代早期的洗衣房，干洗耗电量一般为8 kWh/kg。到了2003年，同样数量的干洗可以降低到0.8 kWh/kg。这意味着，该技术改进了10倍（图2-120）。能效有了这么大的提高，甚至能够支付更换洗衣房设备的花费。尽管增加了新的费用，但电力和水消耗量的减少使得总花费减少了（图2-121）。

（5）**干燥箱**。冷凝式干燥箱比使用加热组件的干燥箱少消耗80%的电力。最耗能的干燥箱是那些连接了排气管，把湿气排到室外的设备（图2-122）。市场上这种冷凝干燥箱的规格是60 cm×60 cm大小。洗完的衣服离心脱水得越好，干燥箱晾干得就越快，因此旋转的离心机应保持最低每分钟1 000转的速率。

图2-117　带有附加小型冷凝机组的食品储藏柜

这种食品储藏柜在挪威很常见。在冬季，储藏柜足够冷，不需要开启冷凝机组。在夏季，当储藏柜温度升高并且在谷电价格时，冷凝机组就会开启。资料源于北方制冷（Norcool）公司

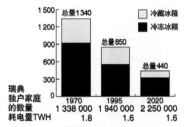

图2-118　冷藏冰箱和冷冻冰箱的耗电量比较

新的高能效冰箱和冰柜意味着储存食物消耗的用电可以大大减少。家电通常分为三大类：目前正在使用的产品、市场上的最佳技术以及目前处于原型阶段的未来技术。资料源于Gullfibers瑞典一家保温材料制造公司的报告《保温》，1996

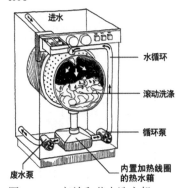

图2-119　高效和节能洗衣机

伊莱克斯已开发出在洗涤过程中循环利用洗涤用水来喷淋的洗衣机。还有的洗衣机内置有重量感应设备，根据负载的重量来调节用水量

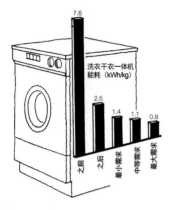

图 2-120 技术改进前后的洗衣房干洗能耗比较
瑞典经济和区域发展局（Nutek）要求洗衣行业帮助公寓楼的旧式洗衣房变得更节能。获奖的洗涤和烘干技术几乎是原有技术能效的 10 倍

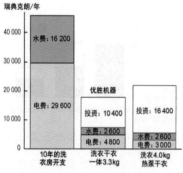

图 2-121 不同洗衣设备洗衣房的年花费比较
优胜机器消耗如此少的电力和水，使得购买新机器从经济上来说也是有利的。尽管产生新的费用，但新设备每年的总花费比以前小得多（比较条件：洗衣房机器容量 10 kg，年洗衣 6 000 kg，投资折旧期按 15 年计算，贷款利率 12%，电价 0.65 瑞典克朗 /a，水价 15 瑞典克朗 /a）

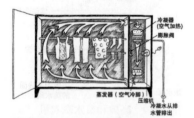

图 2-122 冷凝式干燥箱
空气通过冷却除湿，然后加热送回到柜内，这比其他干燥机更加节能。冷凝水排到排水管中

（6）烘干机。烘干机的能效比干燥箱高，但是却对衣服的损伤较大。在压缩式烘干机中，冷凝水被收集和抽到排水管中。一个达到 A 级能效的烘干机用电量约 190 kWh /a。

（7）洗碗机。洗碗机使用能源烧水、运行电动马达和烘干碗碟。洗碗机通常只连接冷水管，这种情况下，热水只用于洗涤和最后的漂洗。因此，一台连接冷水管的洗碗机比连接到热水管的洗碗机节省 30% 的能源，但需要较长时间才能完成一个周期，因为水必须在机器内部加热。如果一台机器能同时连接热水和冷水管是最好的，特别是当建筑内的热水是用木材或者太阳能加热时。电力使用构成了运行洗碗机所需总能耗的 15%，其余的 85% 是用来烧水。许多洗碗机设有节能循环，工作温度是 55 ℃而非 65℃。这对洗常见的脏碗碟就足够了，能够节约 25% 的能源。大多数洗碗机有烘干组件，但打开柜门使碗碟自然晾干的速度跟烘干基本一样，而前者可以节省约 20% 的能源。因此，最好选择可以取消烘干程序的洗碗机。新机型往往配有定时器，如果夜间电费便宜的话可以夜间启动。大多数洗碗机有一个内置的水软化器。水软化器的工作依赖于定期添加盐。有水软化器的洗碗机比没有水软化器的洗碗机每次多使用 3 L 的水。目前环保洗涤剂需要水的软度比以前要低（图 2-123）。

2）烹饪

老式的铸铁炉正在逐步淘汰。电炉很难变得更高效。有一个针对生产者的办法，即在电炉中设置恒温器以确保燃烧炉维持恒定温度。陶瓷表面的燃烧炉耗能较低。新型的电磁炉是最节能的，但是需要特殊的炊具，并且可能产生强烈的电磁场。炊具自 2003 年以来已纳入能源评价系统。煤气灶的能效比电炉高。烤箱的能耗取决于它的隔热程度以及烤箱规模与烹调食物数量的匹配程度（图 2-124）。

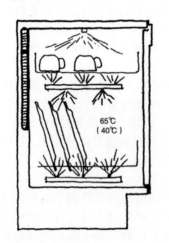

图 2-123 洗碗机
有的洗碗机在水箱中设有热交换器，可以预热下一阶段的用水

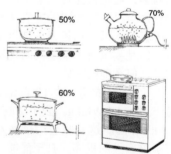

图 2-124 不同烹饪设备的耗能比较
不同的烹饪设备耗能也不一样。电炉的能效小于 50%，高压锅的能效约为 70%，浸没式加热电水壶的能效达 90%。煤气炉的能效约为 70%，一个现代木材燃烧炉的能效约为 50%。烤箱因为要能容纳一只大个的火鸡而通常规格过大，因此会消耗更多的能源。所以，一些新式烤箱都有一大一小两个箱。应该按照需要选择大小合适的烤箱。

小贴士 2-9　电器新技术

家用电器技术未来肯定会变得更加节能。关于冰箱，新的发展重点是在真空技术（热水瓶原理）的帮助下提高保温层性能，在冷藏冷冻组合式冰箱中使用两个压缩机而非一个，以及使用热能而非电力驱动冰箱。结合热泵的斯特林发动机[①]用带有沸石和磁铁的吸收器代替压缩机，可能是未来的技术发展方向（图 2-125）。为减少洗衣机的用电量，多种新技术正在试验中，包括冷水洗衣机、使用超声波和电解去除污渍，以及在室温条件下使用高压液态二氧化碳来代替洗衣粉和热水来洗涤。

（1）**利用沸石进行冰箱制冷**。利用沸石进行冰箱制冷是一种新型的制冷技术。沸石是一组多孔铝硅酸盐矿物，它吸收和释放水的能力很强。冷却过程通过两个相互连接的容器实现。冰箱上方的一个容器装满沸石，冰箱内的一个容器装满了水。两个容器通过一个带阀门的管道连接。整个系统是真空封闭的，从而使水在室温下蒸发为冰箱制冷。几天后吸收水蒸气的沸石达到饱和，制冷停止。如果沸石加热一小会儿，水将再次释放回冰箱内的容器，重新开始制冷过程（图 2-126）。

（2）**磁冰箱**。磁冰箱将比现在的冰箱耗能更少，更环保，噪音也更少。冰箱底部有一个简单的转轮（跟标准 CD 大小相同），其中含元素钆（这是一种强大的永磁体）以及少量水。钆具有独特的性能：它在磁场中可以发热，离开磁场就冷却（磁制热性）。转轮中冷的部分通过冰箱内的液体热交换器加热，然后，旋转转轮，使有钆的部分处在强永磁体的磁场中。磁热效应进一步增加转轮温度，然后另外一个热交换器把热量带到冰箱外的散热器。用冷水冲洗和冷却转轮。轮转再次旋转磁场消失，合金进一步降温，降低到低于正常的冰箱温度。然后冰冷的合金吸收冰箱内食物的热量，从而冷却食物。过程中唯一需要消耗能源的是转动转盘和将液体泵入冷却盘管（图 2-127）。

（3）**蒸汽洗衣机**。LG 直流电机蒸汽洗衣机是世界上第一种蒸汽洗衣机。它非常节能，被归类为 A++，这意味着它比 A 级洗衣机提高了 20% 的效率。它比普通洗衣机可承载的负荷更多，由 5 kg 增加到了 8 kg。

（4）**二氧化碳干洗机**。瑞典 AGA 公司研制了一种二氧化碳干洗机，使用二氧化碳代替四氟乙烯，四氟乙烯是一种对人体很危险的物质，而且会污染水源。新设备消耗的电力只有普通干洗系统的 1/10，是原来干洗速度的两倍，因为二氧化碳会自行蒸发所以不需要烘干。使用的二氧化碳来自工业生产过程原本会排放到空气中的废气。

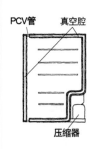

图 2-125　利用热水瓶原理的冰箱
利用热水瓶原理通过真空的外壁提高冰箱的隔热性可以使冰箱更节能

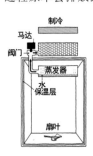

图 2-126　利用沸石制冷的冰箱

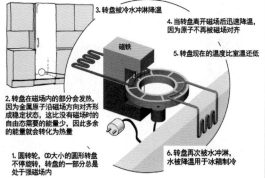

图 2-127　磁冰箱

① 斯特林发动机是一种外燃式的热循环发动机，或称为外燃机，采用了将热室气体送往冷室的循环方法，这种方法的理论效能几乎接近热机的最大理论效能——卡诺循环（Carnot）效能，因此效率很高，但也存在需外部热源、启动时间长、无法迅速改变能量等级等问题，因此只适用于需要长期匀速运转的情况，随着内燃机的出现，这种机器渐渐被取代。而近来由于环保意识的抬头，斯特林发动机低污染、高效率的特点使它再度被关注。

小贴士 2-10　可持续生活方式的厨房

在可持续性住宅中，厨房得到了明显的复兴。再也没有鸡尾酒功能式厨房（功能极其简化的小厨房），而是要为"生态功能"创造空间。在生态厨房中，食物通过更高效的方式进行烹饪，如使用高隔热性的锅和烤箱、煤气炉，使用喷雾水龙头洗碗碟更节水，垃圾分类成可堆肥垃圾和其他部分。食品储藏柜回归，而且加了温室或者植物橱窗来种植草本植物和蔬菜。厨房成为一个可供人们聚会的自然场所（图 2-128 至图 2-132）。

图 2-128　现代炉灶
该炉灶由煤气炉和电磁炉结合而成

图 2-129　瓦斯泰纳居民区中的厨房
该厨房于 2002 年建成，除了一台冰箱，还有一个通过地下管道排风的储藏柜。这是一个很好的例子，说明昔日的知识和新技术能够以一种美妙而又功能合理的方式结合起来

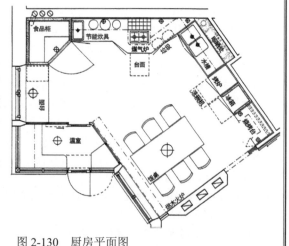

图 2-130　厨房平面图
这是室内建筑师塞西莉亚·冯·泽维贝格·维克（Cecilia von Zweigbergk Wike）在 1993 年斯德哥尔摩举行的全国大学生艺术、手工艺和设计节的最终作品。她的设计融合了许多生态方面的知识

图 2-131　保温锅
为节省电力，未来大量烹饪将使用内置加热线圈和恒温线圈的保温锅。这种锅的原型是由丹麦 02 设计集团设计的，设计者是尼尔斯·彼得·弗林特（Niels Peter Flint）。这是为 1990 年在瑞典马尔默（及其他城市）的北欧风格 90（Nordform 90）展览中他们的未来厨房主题展而进行的设计

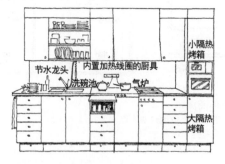

图 2-132　未来的厨房设施
烹饪使用内置加热线圈的保温锅、燃气炉灶以及不同大小的隔热烤箱

2.2.3 照明

实现节能照明需要保证电子控制设备、光源及灯具的整个系统都运行良好。然而，我们不仅要考虑能源效率，还需要重点考虑的是光照需求和质量。在工作场所控制亮度对于节能很有帮助。最近几年，节能型电子控制装置和光源都有所发展。此外，全新的照明技术正在被测试中。

1）照明规划

照明规划需要考虑在整个电力系统中，从房间需要多少瓦的照明到某一点的照度和质量。照明系统的组成包括电子控制装置、光源、灯具、房间和照明目标周围的环境（图2-133）。

（1）**灯具**。灯具的作用是将光照导向所需的位置。通常由四个部分组成：带控制系统的框架、反射器、电灯以及灯罩。

（2）**光源**。照明的质量，即光的分布和颜色，很难描述（图2-134，表2-6）。日光是最完美的，应该成为调节人工照明的标准。

（3）**白炽灯**。长期以来，白炽灯因其良好的显色性深受欢迎。然而它有两个问题：耗能大（只有 8 lm / W）以及含铅。因此，2008 年 10 月，欧盟能源部门作了最后核准，到 2012 年前淘汰所有白炽灯。

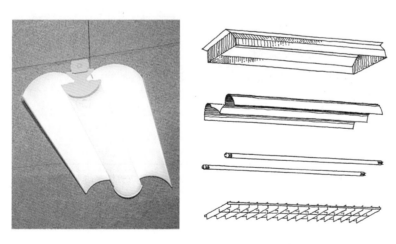

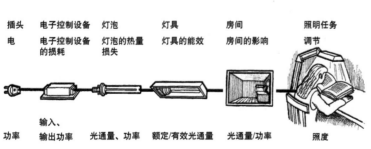

插头	电子控制设备	灯泡	灯具	房间	照明任务
电	电子控制设备的损耗	灯泡的热量损失	灯具的能效	房间的影响	调节

| 功率 | 输入、输出功率 | 光通量、功率 | 额定/有效光通量 | 光通量/功率 | 照度 |

图 2-133 照明系统的组成

生态建筑试图减少用于照明的电力。与过去一样，将日光引入建筑再次成为考虑的重点。与此同时，需要仔细选择节能灯及反射良好的灯具。良好的照明应符合以下四个标准：数量、方向、分布和光谱

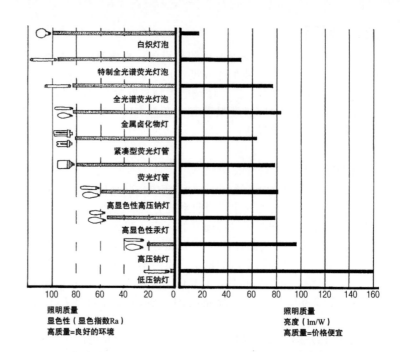

图 2-134　不同光源的显色性和亮度比较

一些光源的发光量和质量是相反的。显色指数（Ra index）是对光源的显色性进行分类的一种指标。然而，有些光源的亮度很高而显色指数很低。因此，选择节能照明，例如高速公路照明中，可能会出现奇怪的色彩还原。人们长时间待的地方需要良好显色性的照明，因此应该选择显色指数超过 80 的光源。资料源于《室内外照明：瓦特和伏特》，马尔默能源公司

表 2-6　不同光源的发光效率

光源	发光效率（lm / W）
白炽灯	8—15
卤素灯	9—25
紧凑型荧光灯	50—88
直管型荧光灯	75—104
金属卤化物灯	80—120
冷白光 LED 灯	47—70*
暖白光 LED 灯	25—50*

　　注：2008 年的概算值。这些数值根据实际灯具和放置情况的不同会偏高或偏低。通常每年都会公布几次新数值。需要注意的是，LED 灯的光通量控制在 160°到 180°的扇形区域内，因此对某个表面或者物体的照明比其他光源更高效。资料源于 Det nya LED-ljuset – Ett kompendium från Annell Ljus + Form 公司，2009。

　　（4）卤素灯。将卤素加到普通灯泡里就制成了卤素灯。它们的能效更高（比白炽灯提高了一倍），同时光线更明亮。每个光源由白炽灯换为卤素灯可以降低 30% 的能耗，因为玻璃上有红外线涂层可以反射热量。红外线反射涂层技术（IRC）控制热量辐射使其在灯泡内部重复利用，从而降低了能量消耗。它们的使用寿命更长。欧盟将在 2016 年形成详细的规范。

（5）**节能灯泡**。节能灯泡是紧凑型荧光灯泡和其他微型荧光灯泡。灯座决定了应该选择的灯泡类型。节能灯泡含有汞，因此从环境的角度来说不是最好的选择。每个灯泡含有 1—5 mg 的汞，不能回收利用，最后要放到专用的垃圾存放设施处。从普通灯座的功能角度看，节能灯泡仍然是最好的替代品。新技术使调光紧凑型荧光灯泡可以拥有普通灯座适用的紧凑型设计，而且光线跟白炽灯很相似（图 2-135）。紧凑型荧光灯泡能够开关数次，使用寿命很长。它们比早期的型号节能 10%，可以亮 16 000 h。欧盟在 2013 年制定了详细的规范。

（6）**荧光灯管**。奥拉（Aura）照明公司开发了一种名为"Eco-Saver"的新型灯管原型，声称是世界上使用寿命最长最节能的荧光灯管。它能够节约 12% 的能源，寿命是普通荧光灯管的 3 倍。通用电气公司生产的荧光灯"T5 WattMiser"比普通荧光灯管节能 5%。

图 2-135　带内置镇流器的可调光型紧凑型荧光灯
资料源于 Govena 照明公司

2）发光二极管（LED）

LED 是一种与其他光源发光方式不同的小光源。发光二极管利用不到 1/4 mm² 大小的半导体晶片实现电致发光。半导体材料的结构决定了光的颜色。LED 产生了 160°—180° 散射角的聚焦光束。二极管光的特性跟人们以往使用的光完全不同。它是一种光谱范围狭窄的单色光。使用 LED 照明相对来说是比较新的方式。直到 1997 年，关于高效白光 LED 的研发才开始活跃。考虑到颜色的稳定性和发光效率，暖白光二极管尽管不及冷色光二极管，显色指数（以 100 为最高指标）也已经超过了 80—85。冷色光二极管的显色指数已经达到了 90。普通的高效二极管大小只有几毫米，跟针头差不多大（图 2-136）。为实现照明目的，二极管需要反射器或者高性能的塑料光学透镜辅助（图 2-137）。需要注意的是，无遮挡的高效二极管一般极其明亮，看上去很不舒服，因此需要仔细考虑灯具的设计和放置（图 2-138）。白炽灯或荧光灯朝各个方向发出光，而发光二极管发出聚焦光束，所以需要反射器或透镜来分散光线，适合 LED 技术的新型灯具正在研究中（图 2-139）。二极管灯光在其使用寿命内的衰减不是线性的而是加速的。因此在 LED 完全损坏（会持续很长时间）之前就必须进行更换。当灯具发出的光少于最初使用时的 70%—80% 时，就需要进行更换。通常使用寿命超过 50 000 h，但跟具体环境有关。在 25 ℃时，发光二极管的使用寿命在 20 000—40 000 h 之间。

发光二极管是冷光源，发光不产生热辐射，但是跟所有电器一样，能量的输入会产生多余的热量，如果灯具散热不足，二极管的发光量将会减半且使用寿命也会大大缩短。LED 使用直流电需要镇流器。可以将镇流器安装在灯具内，便于直接连接到 220 V 的交流电（AC）上。有些 LED 灯配有内置的转换器，可以直接代替白炽灯。还有些发光二极管可以代替荧光灯管。镇流

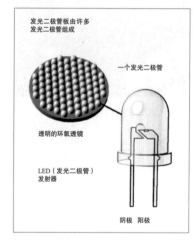

图 2-136　发光二极管
资料源于列夫·欣德格伦（Leif Kindgren）

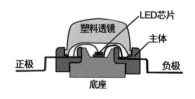

图 2-137　发光二极管的横截面
资料源于 Det nya LED-ljuset-Ett kompendium från Annell Ljus+Form 公司，2009

图 2-138 不同类型的 LED 灯
各种装配的 LED 灯，可以替换白炽灯和节能灯（分别含有铅和汞）。资料源于 Kloka Hem 2008 &www.varuhuset. etc.se

图 2-139 LED 灯支架
该种支架用于斯德哥尔摩城市博物馆内。使用该房间的员工对光的质量很满意，而且相比以前头疼的状况也减少了。资料源于拉尔斯·比隆德（Lars Bylund）——挪威卑尔根建筑学校教授

器可以外置，用于一个或者多个灯具。LED 灯也可以安装调光开关。高频发光二极管可用于照明。最高功率的发光二极管可以达到 3.6 W，相当于 35 W 的卤素灯。LED 灯发出的光比白炽灯更集中，所以可以测量从灯具中发出的发光总量而不用测量单个二极管的光通量。目前，即使设计得最好的灯具，实际发出的光也会比理论值少 10%—20%。

（1）LED 灯的优点。① 效率高，耗能低，最好的 LED 灯目前已经跟最节能的荧光灯的能效相当，不久以后会更加节能。而且技术还在迅速提高。② LED 灯是最小的光源，使小型和方便放置的灯具成为可能。③ 可以立刻达到最大亮度，适于安装调光设置。④ 对重复开关、碰撞和震动敏感。⑤ 比白炽灯和荧光灯使用寿命更长。

（2）LED 灯的缺点。① 价格相对较高。② 对热很敏感，要求灯具有良好的散热性。③ 发光会随着时间而衰减，在完全损坏前就应该换掉。④ 可能会造成眩光，由于不能直视而影响视线。⑤ 暖白光的 LED 灯泡不如白炽灯的颜色稳定，且光效低 30%。

白炽灯泡的一大优点是光质量高。LED 灯提供了多种颜色的光。正在加强对 LED 灯的研究使其发出跟白炽灯一样高质量的光。有同时含有绿色、红色和蓝色二极管的 LED 灯，根据需要可以调出满意的光色（图 2-140、图 2-141）。

（3）控制系统。计算机总线系统可以在设备之间传递信息。每个灯具中有一个小型通信单元可以跟计算机"对话"。这种系统可以控制每一个灯泡的工作情况以及消耗了多少电，还可以控制灯泡的开关及亮度。这种系统在电子化控制所有功能方面是独一无二的。可以通过计算机的键盘控制光线。经验显示，所谓的按需照明能够将街道照明的耗电减半。控制系统也用于节能建筑。软件显示根据当前的活动水平对房间内的照明进行自动调整，系统可以控制在不需要照明的时候进入待机模式。

图 2-140 不同光源的发射光谱和生物视觉感受器的吸收光谱
所谓的 V 曲线显示了眼睛的视觉敏感性，跟植物的反射光谱曲线很吻合。生物吸收曲线跟漫射日光（全阴天天空光）光谱很吻合。资料源于《人与建筑都需要阳光》，汉斯·阿维德松（Hans Arvidsson）与拉尔斯·比隆德（Lars Bylund），ÅF- 基础设施公司，斯德哥尔摩

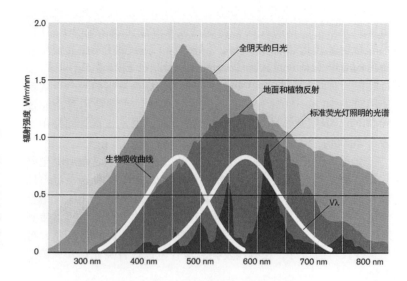

3）节能照明

（1）**办公照明**。由高亮度长寿命光源和反光良好的灯具组成的节能照明，加上日光和更有效的控制系统，可以在提供良好照明的同时节省电力和减少环境影响。照明从可持续发展的角度来说最重要的是减少电力消耗。节能照明往往有 30%—80% 的节能潜力。照明系统是一个连续系统，由变压器、电子控制设备、电灯、灯具、房间和目标物体组成，从电源插座到最终照亮，每个环节的损失都应当最小化（图 2-142 至图 2-144）。

（2）**楼梯照明**。厄勒布鲁市（Örebro）住房局正在研发用于楼梯照明的 LED 灯具，因为市场上的灯具不符合要求。他们想要更稳定可靠的灯具，采用耗能少的二极管，可以使用几十年，提供三个级别的光：全亮、休眠和关闭。还有价格要低。

（3）**街道照明**。与当前技术相比，使用 LED 灯可以节约大量能源。它比高压钠灯的效率高 60%—70%。新安装的系统所需的电缆规格更小，因为用电少，所以整个电力系统的安装更加便宜。显色指数高达 80 的高质量光源提供了更好的视觉感受和色彩。LED 灯的寿命长达 50 000 h，可以减少维护从而节约资金。低热辐射性意味着光源不需要通风，甚至能够完全封闭。它们对于太阳能电池或者风力发电机的运行来说是理想的选择。灯具需要良好的散热，这样可以延长使用寿命（图 2-145）。

（4）**调节**。控制设备可以大幅降低照明的耗电量，而且这

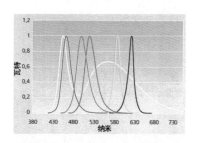

图 2-141　白色和彩色 LED 灯的光谱

白色 LED 灯的光谱令人联想到日光光谱和植物的反射光谱。这可能是考虑将白色 LED 灯作为高质量光源的原因。资料源于 LED–Ljus ur lysdioden 17, Belysningsbranschen 与 Ljuskultur 联合出版，2008

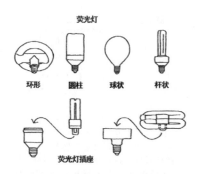

图 2-142　荧光灯与荧光灯插座
市场上的多种节能灯。如细荧光管灯、内置镇流器的荧光灯和带独立适配器的紧凑型荧光灯

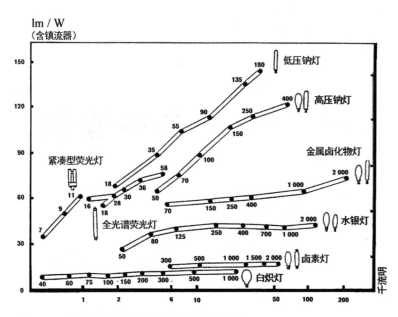

图 2-143　不同光源亮度增加与灯效率的关系
图中的数字代表光源的瓦数。资料源于《室内外照明：瓦特和伏特》，马尔默能源公司

些控制设备已经变得越来越便宜、越来越精密。运动探测器可以在人们离开房间一段时间后自动控制关灯，或者当人们进入楼梯间时开灯（图2-146）。这可以避免不必要的开灯。运动探测器很容易安装在现有的电力系统上。该探测器可以控制自动开灯，也可连接到控制通风、采暖和空调系统上。日光传感器根据日光的亮度调整电力照明，这可以在日间照明中节约大量电力（图2-147至图2-149）。

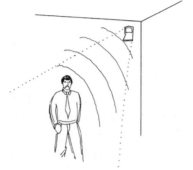

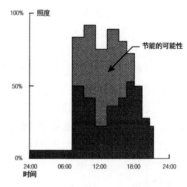

图2-144 不同照明强度的办公室
节能照明技术发展迅速。现在已经有节能光源、电子控制装置以及更好的灯具和照明设计。过去办公室的常用照明强度为45 W/m²。现在15 W/m²就可达到相同的光照条件，而当前处于原型研究阶段的新技术只需7.5 W/m²就可满足要求。资料源于2000年瀑布项目，列夫·欣德格伦（Leif Kindgren）绘制

图2-146 运动探测器
运动探测器可以用来关闭无人房间的灯、探测到房间里的人的热量和运动。最新的探测器还可以对声音/次声作出反应，据此控制灯的开闭。用于楼梯和车库照明等可以节省75%—95%的电力

图2-147 采用阳光传感器的控制调光所节省的能源示意图
资料源于《先进的灯光指南：1993年》，美国能源部，加州能源委员会；电力科学研究院

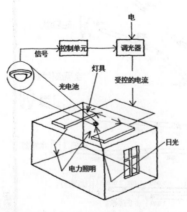

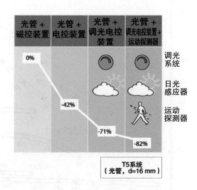

图2-145 采用LED技术的街道照明灯具
这一类型灯具不容易积灰和积水。资料源于意大利AEC照明设备公司，瑞典经销商Tivalux公司

图2-148 阳光传感器工作原理示意图
阳光传感器根据日光的亮度调节电力照明，可以在日间照明时段节约大量电力

图2-149 不同的探测、感应和控制系统节省电力的比较
资料源于彼得·珀特拉（Perter Pertola），WSP

（5）镇流器。气体放电灯，如荧光灯管，必须连接一个镇流器。镇流器有两个功能：提供必要的启动电压和将电流限制在适当的水平上。常规（磁性）和现代（电子）镇流器有明确区分，磁性镇流器有沉重的铁芯，价格便宜，但耗电量大。电子高频镇流器耗电更少，更轻便，能耗更低。应使用高频镇流器以便获得高效长寿和无闪烁的光。高频镇流器也允许亮度控制、日光控制、运动检测以及连接到不同类型的控制系统。这意味着高频镇流器可以根据需要调节光源，这是一种极好的节约用电的方式（图2-150、图2-151）。

图 2-151 可调光 LED 灯的镇流器
资料源于飞利浦公司

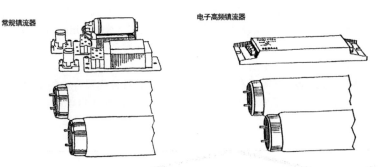

图 2-150 常规镇流器和电子高频镇流器
用电子高频镇流器代替常规镇流器能够使光效提高 20%，同时提供没有噪音的无频闪光线。另外，荧光灯管启动更快速，寿命更长，而且有缺陷的荧光灯管会自动切断连接

小贴士 2-11 新光源

照明改善的方向包括发展高能效的可提供优质光源的无汞气体放电灯，可替代高压汞灯的有等离子灯、电子束灯和微纤（纳米）灯。目前正在研制提供多种照明功能的灯具。天花板上的一条灯管可以照亮整条走廊；利用一束光纤，光源可以制造出星空般的效果；借助定向集中反射装置，提供普通照明的灯具也可以用于工作照明。

1）光管

光管是一种不透明的灯具。强烈高效的光源被导入不透明管。管道中，每个反射器使 2% 的光线通过，最终为房间内提供连绵不断的光照（图 2-152）。

2）无汞紧凑型荧光灯泡

无汞紧凑型荧光灯泡有光明的发展前景。在瑞典，每年所有出售的荧光灯管和紧凑型荧光灯泡中共含有 75 kg 的汞，2/3 的汞污染来源于这些灯。现在有一种无汞荧光灯管在原型阶段，跟电视显像管中的电子管原理一样。荧光灯管提供了新型的更像日光的白光。中间的荧光管设置了金属丝，金属丝由铁铝钴耐热电阻合金制成，覆盖了一层极小的纳米碳纤维。电流导入金属丝和真空玻璃管内部薄薄的锡氧化物（发光材料）导电层。电压激发出纳米纤维层的电子，刺激玻璃管内部的发光材料发光（图 2-153）。

3）有机发光二极管（OLED）

有机发光二极管（OLED）是一种新型的 LED 灯（图 2-154）。不久将会有可能用于公寓照明。目前已知的有机材料可以产生可见光光谱内的所有颜色，甚至白色。白色可以通过混合各种颜色的光在有机层中产生。利用这种混合个色光的方式，白色和彩色有机 LED 灯可以在关掉后完全变成透明的。

4）LED 灯的发展潜力

许多机构正在研究使 LED 灯更便宜的技术，例如隆德大学的 Qunano 项目、美国的 Nanosys 项目，都是研究将硅酮纳米细丝应用于 LED 的技术。美国普度大学的研究者正在研究一种新技术，使明亮的白光 LED 灯生产更便宜，来取代昂贵的硅胶蓝宝石衬底。在尼雪平（Nyköping），TD 照明瑞典公司正在生产一种二极管灯管。该产品看上去像是一个灯管，但其实是在玻璃里面有一排白色 LED 灯。使用寿命大约 10—15 年，耗电量不到普通灯管的一半，光线接近自然光，而且灯管不含有汞，然而，它的价格更高。Aluwave 公司正在研制一种用陶瓷材料替代聚合物的电路板材料。这些发光二极管能够更好地冷却，所以使用寿命更长，可以在更长时间内保持高质量的光。

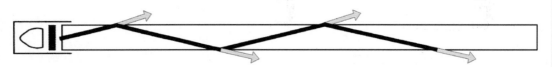

图 2-152　光管

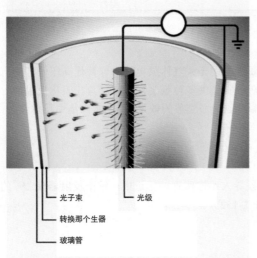

图 2-153　无汞紧凑型荧光灯管
资料源于列夫·欣德格伦（Leif Kindgren）

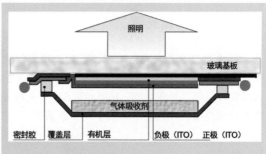

图 2-154　有机发光二极管的剖面
资料源于 LED-Ljus ur lysdioden 17, Utgiven av LED-gruppen i Belysningsbranschen i samarbete med Ljuskultur

2.2.4　电气设备

我们周围有越来越多的电器产品。许多电器即使在未使用的情况下仍然耗电，例如：电视、音响、视频设备、复印机、水床和打印机。这些都是在现实中不必要的和无用的能源消耗。电脑要好一些，能源之星或者 TCO 认证的电脑停止使用一段时间后会自动进入休眠模式。

1）电气设备

照明和家用电器已经变得更加节能，所以电气设备、泵和风机也在朝节能的方向发展。

（1）办公设备。办公室会使用复印机、电脑、打印机和传真机，其中复印机耗能最大。应该选择节能设备，夜间和节假日应关闭设备。"能源之星"是美国能源部和环保署推出的能效认证。TCO（瑞典专业雇员协会）使用的环境标志被称为TCO 认证，其中包括能耗指标。TCO 认证促进了提高显示器品质，降低能耗，并最大限度地减少电磁辐射，减少重金属和危险阻燃剂的使用。应选择合适大小的、能自动控制电源开关（不使用时进入待机模式）但没有加热压光辊的复印机。选择能够双面复印的机器。选择有待机模式的电脑。不要购买过大的显示器，并确保它有节电模式。考虑是否可以使用笔记本电脑，它们通常比台式电脑的能耗低。购买有待机模式且能够双面打印的打印机。考虑是否可以用喷墨打印机，因为它比激光打印机更节能。传真机应该有低能耗待机模式。可以通过电脑利用电子邮件接收传真。现在有多功能的复印、传真、打印和扫描设备。这种多功能的机器对小型办公室和家庭来说就足够使用了。

（2）家用电器。从能源的角度来看，许多使用时间短的电器如真空吸尘器、吹风机、电动剃须刀和电动搅拌机等，没有太大差别。应当避免使用长时间开启或者耗电多的电器。

2）待机能耗

尽管家用电器变得越来越节能，但是家庭用电量却越来越多。原因可能是人们购买的家电越来越多，即使不用的时候也耗电（图2-155）。家用耗电量的 10% 用于待机能耗。据《个人电脑》杂志的报道，破坏环境最严重的三种电器分别是：索尼的电视游戏系统 Playstation 3、等离子电视以及台式电脑。多功能计算机设备（打印机 / 扫描仪 / 复印机）、扬声器、数字电视机盒也是在待机模式下消耗大量电力的设备。2008 年，一台一直开着的带旧式监控打印机的计算机一年花费 200 欧元（图 2-156）。现在有一种新产品可以插到普通的电插座上，通过遥控装置关掉待机的电器。①电桑拿。电桑拿由于高功率而使用了大量的电力。从环保的角度来看，燃烧木柴的桑拿才是首选。②水床。水床的能耗巨大，而且其必要性也值得怀疑。③水族箱。水族箱全年使用水

图 2-155　不同电器待机模式的耗电量比较

为了省电，家用电器在使用中应尽量避免进入待机模式，有必要关闭任何没有使用的设备。许多设备，如电视机、卫星天线、音响、录像机等，都配有待机模式，以便能够使用遥控器打开。这意味着他们连续不断的用电，占了家庭总用电量的 5%—10%。现实生活中，这些设备在不使用时间比使用时间耗电更多。同时，待机功能还存在火灾隐患

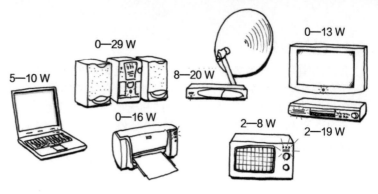

图 2-156　采用节能措施与不采用节能措施的电脑待机模式与激活状态下的能耗比较

关于电脑，有大量节能措施，例如在夜间关闭计算机。采用节能设备使电脑几分钟不使用就自动关闭显示器等，以及使用具有节能组件的电脑。资料源于 NUTEK 公司

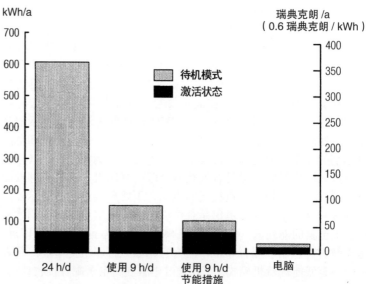

泵和照明，这意味着它们要消耗大量的电力。④ 汽车发动机预热器。汽车发动机预热器普遍没有安装定时器。汽车应该停放在冷车库中，应该用定时器控制预热器，整夜开启的预热器会消耗大量电力。定时器可以提前 30 分钟打开预热器从而节省能源。使用电加热座椅就可以不用汽车取暖器。

3）运行用电

泵和风机的新技术开发也朝着高能效的方向发展，例如减小管道和管道系统的流动阻力，多利用自然条件（如自然通风和自然循环）等。同时，泵和风扇电机的频率控制越来越普遍，可以使用阻尼器来调整速度，而不是一直全速运行。

4）电力分配使用

不同建筑物的耗电设备各有不用，包括洗衣设施、照明、风扇、水泵以及任何引擎预加热器和电梯。所有这些设备除电梯外都已经讨论过。电梯的耗电量已经随着新技术的进步有所改善。减慢电梯速度有利于节能。人们经常使用楼梯也降低了电梯的能耗。机械系统安装在电梯下部的液压电梯的能效也有所提高（图 2-157，表 2-7）。

表 2-7　四种不同情况下独户住宅的用电量比较

运行用电（独户住宅）	普通技术（kWh/a）	现有最佳技术（kWh/a）	节能技术（kWh/a）	不用电（kWh/a）
泵	420	230	100（小泵）	0（自然循环）
风扇	1 070	750	500（压力控制）	0（自然通风）
共计	1 490	980	600	0

注：第一列显示了正常的用电量。第二列显示了使用市场上最节能的泵和风扇时的用电量。第三列显示了经过周密计划的节能家庭需要多少电力。第四列表明家庭中可使用自然通风和自然循环加热。

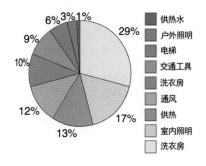

图 2-157　公寓楼公共用电统计分析
资料源于 2000 年年鉴，Huge Bostäder，Huddinge

2.2.5　减少对电的依赖

以前没有电的时候，照明、储藏食物和干燥衣服的方法跟现在不同。其中某些方法现在还是可行的，可以结合节能技术创造出高技术和低技术结合的综合方法（图 2-158）。

1）避免用电

由于电是一种高品质和昂贵的能源，所以要尽可能地使用替代方式，使用燃料（如天然气）、热能（如太阳能集热器）或传统的储藏方法（如地窖）。

2）天然采光

充分利用天然采光可以降低电力照明的需要，而且，充分接触日光和感知昼夜节律有益于人体健康。带有斜槽的窗格条和白色斜角窗洞口的窗有利于采集日光。高窗和天窗比低窗可以采集更多的阳光。在建筑中，日光最好从至少两个方向照射进房间，这样可以创造更容易调节的照明。使日光照进房间深处的一种方法是使用反光板（图 2-159 至图 2-161）。

（1）**高级天然采光**。近几十年来，人们正在研究使日光照射到房间深处的更先进的方法。反射镜、棱镜和扩散镜是常用的几种方法。对光导纤维和导光管的研究也正在进行中。光导纤维采光是一种新发明。帕朗斯日光（**Parans Daylight**）是瑞典帕朗斯日光公司 2002 年参加的环境创新竞赛中进入决赛的产品之一。瑞典哥德堡的这家公司已经开发出了新技术，利用光导纤维将日光传递到室内。帕朗斯阳光板是放置在建筑屋顶或外表面上的 1 m² 的单元，在阳光板内部有 64 个菲涅尔透镜绕轴转动，聚焦太阳光。帕朗斯阳光板 2 代利用主动追踪的导向性菲涅尔透镜，可以一直朝向太阳的方向。这种跟踪运动需要 3 个电机驱动，平均功率低于 2 W。帕朗斯 L3:s 是聚光灯，给了使用者很大的自由

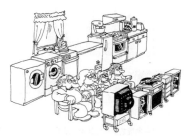

图 2-158　各种节约时间和消磨时间的电器设备
此类电器设备减少了家庭中的集体活动。资料源于克劳斯·德鲁让（Claus Deleuran）

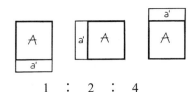

图 2-159　不同照明角度的光线效率比较
从照明的角度来看，高位置比低位置进入的光线更有效。对于一个正常的窗户，从最上边进入的光线比从最下边进入的光线的效率高 4 倍。资料源于《太阳能形式》，海德马克·阿达姆松（Hidemark Adamson），BFR T2：1986

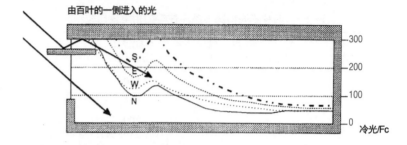

由百叶的一侧进入的光

图 2-160　使用反光板与不使用时的光照比对
为使日光照入房间更深处，可以在窗户内安装反光板。反光板把光线反射到天花板，再使光线进一步反射进房间深处。与此同时，反光板还可以为窗户附近的区域提供遮阳

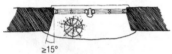

带角度的窗子可以减少强光

天窗旁边的倾角有助于调节光线

图 2-161　日照的不同影响因素
良好的日照条件减少了电力消耗。日光的进入受窗户和天窗的位置、窗洞口侧壁的设计、洞口侧壁的颜色和材料、窗框和窗格的凹入以及房间设计的影响

图 2-162　瑞典乌默奥（Umeå）的"绿色区域"项目
该项目使用了先进的日光系统。这是一个生态建筑，建筑师是安德斯·尼奎斯特（Anders Nyquist）。建筑内包括一个汽车经销部、加油站和汉堡包餐厅。屋顶的天窗上装有圆锥体形反射材料。光线在圆锥体的引导下通过布满反光材料的通道进入一个不透明的装置，然后漫射出来。光线从室内看起来像普通照明，但其实是来自太阳光。同时，还配备了荧光灯管来辅助天然采光系统

图 2-163　通过光导纤维传递的天然采光
这是瑞典帕朗斯日光公司注册的专利

图 2-164　帕朗斯阳光板单元
尺寸为 980 mm×980 mm×180 mm，重量为 30 kg，菲涅尔透镜的数量为 64 个，光缆数量为 4 条，电源为 AC 220—250 V，平均功率为 2 W，外壳材料为铝合金，玻璃表面为钢化玻璃。资料源于帕朗斯日光公司

来设计光的体验。帕朗斯 L3:s 的焦点有一个可调范围，而且光线方向很容易调到不同的角度。每个阳光板连接四条光缆，直径 6 mm，可以传导 20 m，最大的弯曲半径可以达到 50 mm，以方便光线改变方向。光线的传导率是每米 95.6%。使用特殊的纤维，有可能将光的传输距离增加到 70 m（图 2-162 至图 2-166）。

（2）日光与建筑学。利用天然采光，建筑物可以拥有良好的室内光环境，节省电力，而且为创造出令人兴奋的建筑设计提供了机会。有许多不同的方式可以引入天光：例如通过窗户、天窗、百叶以及玻璃围合的空间。日光可以沿着墙壁、通过管道和中庭进入建筑内部（图 2-167 至图 2-172）。

图 2-165　椭圆体光发散器
日光通过光纤导入后由椭圆体光发散器
照亮室内

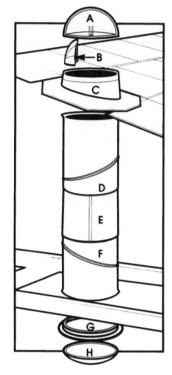

A. 耐紫外线丙烯酸树脂球形罩
B. 反射器
C. 屋面套管
D. 导光管
E. 可调节长度的镜筒
F. 可调节角度0°—45°
G. 顶圈
H. 漫射器（光漫射器）

图 2-166　天然采光装置
日光通过"导光管"可以照亮建筑内部
的房间

图 2-167　斯德哥尔摩提瑞斯塔
（Tyresta）国家公园建筑
日光透过天窗的百叶进入斯德哥尔
摩提瑞斯塔（Tyresta）国家公园的建
筑内。资料源于佩尔·列德纳（Per
Liedner），Formverkstan 建筑事务所

图 2-168　斯德哥尔摩郊外的伦宁
厄（Rönninge）学校
该学校有良好的自然光设计，日光可透
过屋顶天窗的百叶进入室内。资料源于
Tallius-Myhrman 建筑事务所

图 2-169　斯托克松德（Stocksund）
的临水住宅
建筑师拉尔夫·厄斯金（Ralph
Erskine）利用潜望镜将外部的日光和景
色引入室内。进入黑暗的大厅时，通过
潜望镜的镜头可以看到整个群岛

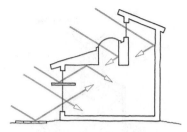

图 2-170　全息日光反射装置
该装置被斯德哥尔摩哈默比湖城
（Hammarby Sjöstad）一个多户家庭建
筑所采用，其可以将日光传导到楼梯
间，改善照明状况。资料源于 Deltalux
公司

图 2-171　充分利用日光的不同方式
资料源于"绿色维特鲁威——可持
续建筑设计原则与实践，"欧洲建
筑师理事会（ACE）、都柏林大学
能源研究小组（ERG），SAFA 和
SOFTECH，2001

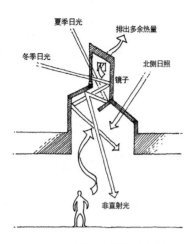

图2-172　百叶工作原理示意图
百叶在引入日光的同时，也可以作为自然通风系统中排出废气的通道

3）风干箱

衣服等可以不使用电动干燥箱或烘干机烘干。过去通常都是把衣服挂在室外晾干。现在，盗窃和空气污染的原因使情况有所改变。风干箱是一种安装在窗户外面的百叶箱。衣服等可挂在里面进行干燥，风能够自由通过，同时又可以防水、防尘和防盗（图2-173）。

4）燃气

燃气设备可用于烹调（炉和烤箱）、食物储存（冷藏和冷冻冰箱）、热水和照明。使用煤气能从根本上减少对电力的依赖。最常见的是使用煤气烹饪，因为炉子需要瞬时的高热量输出。但人们经常在有燃气炉的情况下选择使用电炉，因为燃气炉使用比较麻烦。如果一所房子利用太阳能电池用于照明，那么它也会使用瓶装液化气烧炉子和运行冰箱。瓶装液化气是矿物燃料，但也许是对环境有害性最低的一种（图2-174）。此外还可以使用环保的沼气。

5）食品储藏柜

过去，食物通常储存在食品储藏柜中。食品柜在冬季使用良好，但在夏季有时温度会偏高。储藏柜最好布置在房屋北侧靠近外墙的地方，可以通过气孔来调节温度。储藏柜正在生态房屋中得到复兴。现代化的储藏柜有良好的隔热性能，并且配有可以紧闭的隔热门。如果安装地下通风管和排气管，它们将能够利用地冷资源，在夏天达到更好的储藏效果（图2-175）。这样的储藏柜可以放在房子的任何地方而不再依赖外墙。通风系统中可以设置风机来促进管道中空气的流动。

6）食物储藏

现在，人们通常通过冷藏或者冷冻来储存食物防止变质。事实上，食物可以通过干燥或发酵来保存，然后可以储存在室温或

图2-173　风干箱
该风干箱位于瑞典卡尔斯塔德市（Karlstad），其在当地非常流行

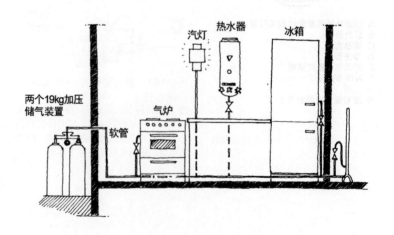

图2-174　天然气动力厨房示意图
煤气炉可以在断电时正常使用，许多人认为它们更适合烹饪。为安全起见，液化气瓶应放在室外

阴凉的地方。保存在金属罐里的食物可以保留 10% 的维生素。但是，干燥过的食物可以保存 80% 的维生素。而发酵过程甚至能释放某些维生素，而在正常情况下这些维生素无法由我们的身体所合成（图 2-176 至图 2-178）。

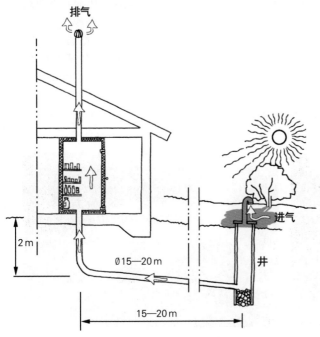

图 2-175　带通风管的食品储藏柜
储藏柜在夏季常常变得温度过高，地下管通风可以避免这个问题，同时也便于自由布置储藏柜（并不一定要放在建筑北侧靠近外墙处）

图 2-176　陶瓷壶
该陶瓷壶用于发酵，顶层用水作为密封

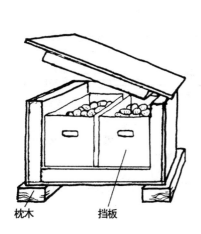

图 2-177　隔热箱
一个简单的隔热箱放在阳台上储存土豆、苹果和块根类蔬菜。顶端不是必须隔热的。如果需要的话最好能够在箱顶的内部增加一层厚的隔热材料。资料源于《地窖和食品储藏柜》，谢斯廷·霍尔姆贝里（Kerstin Holmberg）

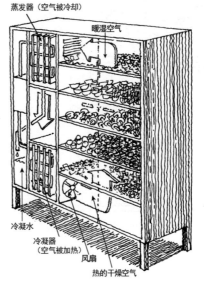

图 2-178　冷凝干燥器
冷凝干燥器干燥食物迅速且能很好地保持食物的味道

小贴士 2-12　地窖

　　地窖目前可以预制混凝土或塑料模块的形式购买，然后按照相关的说明建造。传统地窖的入口朝北，防止阳光照入，并有一个小门厅来保持冷气不外逸。地窖不应过于潮湿，因此必须注意排水和防雨措施，需要在顶部设置小屋顶或者黏土防水层。但也不能太干燥，例如在沙漠地区，这样冷气可以进入。地窖必须与大地保持良好的热接触以免温度过高，同时对外界有良好的保温性，以免太冷。因此，它们一般有泥土地板和石材或混凝土墙壁。地窖通常埋在地下，有一个厚厚的土顶，但是如果有足够的土覆盖，地窖也可以建在地上。地窖必须保持通风，通过调节通风可以使地窖维持适当的相对湿度。进气口可以设置在门口，而排气口可设在屋顶。有些食品不能被储藏在同一个空间。水果和块根类蔬菜应当分开储藏，例如苹果会释放某种气体加速其他水果和蔬菜的腐败过程（图 2-179 至图 2-182）。

图 2-179　厄兰岛（Öland）的地窖
瑞典由于地表有坚硬的岩层而通常将储藏室建在地上

图 2-181　地窖
地窖是一种传统的储藏方式，例如储藏块根类蔬菜和水果。近年来，公寓楼和其他城市住区附近也建造了地窖

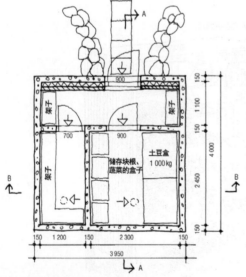

图 2-180　地窖剖面图
地窖最好能入口朝北且带有一个小过厅。储藏区应分为两部分，一个放块根类蔬菜；另一个放水果、果酱和果汁等。资料源于《地窖建造》。乌米波·奴米斯托（Urpo Nurmisto）

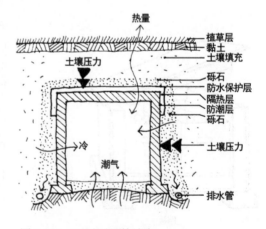

图 2-182　可以呼吸的地窖
建造时应防止水直接从地面进入地窖，但是需要使足够的潮气进入，从而使地窖维持适宜的湿度。多余的水汽被通风带走。根据室外温度的季节变化，地窖应保持夏季隔热、冬季保温。资料源于《建造地窖》，乌尔波·奴米斯托（Urpo Nurmisto）

图 2-183　瑞典塞勒姆市（Salem）的桑科特·珀特韦德（Sankt Botvid）泉水
资料源于玛丽亚·布洛克（Maria Block）拍摄

2.3　洁净水

水对所有生命都是必不可少的，因此我们必须小心维护，保持水的清洁（图 2-183）。在瑞典，根据不同地区由市政当局或私人水井提供清洁水源。水资源的保护和节水技术的应用是理所当然的事。

2.3.1　水的使用

世界水资源分布极不均衡（图 2-184），且首先大部分被用于农业，然后是工业，家庭用水量只占全部用量的10%。以下是一个农业水资源消耗的说明：生产 1 L 牛奶需要 800 L 水，生产 1 kg 牛肉需要 6 000 L 水。在美国，有一半的水资源用于灌溉。在以色列，75% 的水资源用于灌溉。在瑞典，用于灌溉上的水相对较少，工业占据了主要的用水量（图 2-185）。

1）水的需求

人每天需要至少 3.5 L 水才能生存。我们每天至少需要 25 L 水来保持卫生避免疾病。联合国规定每人每天 50 L 水是合理用水标准。家庭用水量根据国家的不同而不同。在瑞典，家庭每人每天用水量是 215 L，在丹麦是 110 L，在美国是 450 L。

（1）水和疾病的关系。 关于家庭用水，主要的问题不是缺水而是缺少洁净水。在许多发展中国家，70% 的疾病是和被细菌病毒和寄生虫污染的水有关的。在工业国家中有着不同的模式。世界卫生组织认为，在工业国家，人们 70% 的疾病与水相关，由长期暴露在小剂量污染物下潜伏发展的疾病所致。因此最大的挑

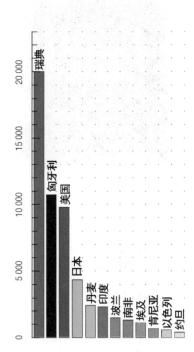

图 2-184　一些国家的人均水资源量
接近每年 1 700 m^3 的人均水资源量被认为是水资源短缺，每年人均少于 1 000 m^3 的水资源量被认为是水资源极端短缺。资料源于 VVS 公司技术手册，2009

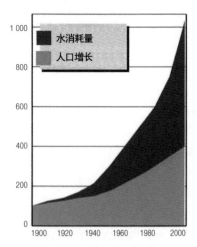

图 2-185　20 世纪 90 年代人口增长与水量消耗的比较
20 世纪 90 年代，世界人口增长了 4 倍，而用水量增长了约 10 倍。资料源于 Omvärlden nr 4，1998

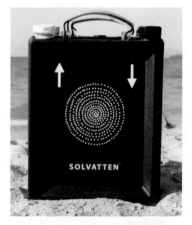

图 2-186　Solvatten 净水箱
用 Solvatten 净水箱可以在 5 h 内净化 10 L 脏水

战是给世界人口提供不含有超过健康危害标准的细菌、病毒、寄生虫、金属以及化学物质的洁净水。

（2）简易水净化。由佩特拉·瓦兹特姆（Petra Wadström）注册发明的专利"太阳能水"（Solvatten）是一种仅利用太阳能净化水的简易方法（图 2-186）。产品是一个黑色可携带的塑料容器，有一个污水注入口和净水排出口，净水已被太阳能加热并杀菌。净化过程由热和紫外线完成。容器可被折叠，因此看上去是一个可以杀死有害微生物的透明物体。供应管里的细网格可减少悬浮物质并除去不想要的有机物，比如阿米巴变形虫。机械温度指示剂显示当水温达到 55℃时水就是干净的了。

（3）虚拟水。在产品的生产地为生产某种产品所需的洁净水总量称为虚拟水（图 2-187）。某个人消耗的用于生产满足其需要的产品的用水资源总量称为水足迹。瑞典平均每人的水足迹是每年 2 150 m³。根据世界野生物基金，如果包括所有消耗在诸如衣服和食物等产品内的实际用水，农村平均每人每天用水为 6 000 L。至于食物，素食者每天消耗的水（2 500 L）只有食肉者（5 000 L）的一半。

2）瑞典的用水

（1）瑞典的水资源供给。瑞典相比其他国家是个水资源丰富的国家。西南部的斯科讷省（Skåne）是年人均供水量最低的地区，诺尔兰（Norrland）地区是最高的。全国一年的用水量大约 36 亿 m³。700 多万城市居民 90% 的生活用水来自市政自来水厂供给。农村家庭和度假别墅（约 130 万人）通常用私人水井的地下水。

（2）瑞典的水资源利用。瑞典水资源的利用在世界大战后大幅增长，但从 1960 年开始下降。减少的主要原因是来自对工业日益严格的环保要求。随着环保要求日益严格，工业界努力去减少用水和水污染物的排放。家庭用水在战后也有增长，但在 20 世纪 70 年代增长停止；现在，由于节水技术的引入，用水量得到一定程度的下降（图 2-188、图 2-189，表 2-8）。

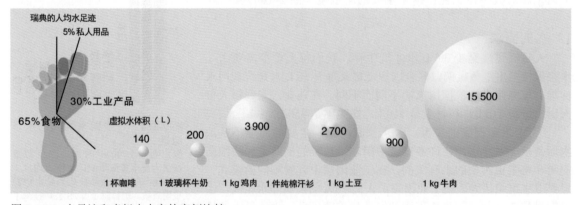

图 2-187　水足迹和虚拟水内容的案例比较
资料源于水足迹，http://www.waterfootprint.org

表 2-8　瑞典用水量分布

工业	25.4 亿 m³	70%
家庭	5.75 亿 m³	16%
其他	2.20 亿 m³	9%
农业	1.71 亿 m³	5%

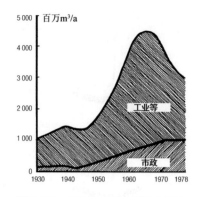

图 2-188　1930—1978 年瑞典用水量分析

瑞典的用水量在 20 世纪 60 年代后大幅度下降。一个重要的原因是工业集中精力减少用水量和处理污染

2.3.2　节水技术

一个瑞典普通家庭日人均用水 215 L，随着节水技术——淋浴、水龙头、厕所、衣服和碗碟清洗机器等在市场上的出现，可以在不降低生活和卫生水平的情况下轻松节水 50%。

1）水龙头

五金洁具特别是水龙头已经有了革命性的变化。过去，有一个冷水的龙头和一个热水的龙头，两个龙头一起流出就是混合的水。现在有了单杆混合水龙头，这个单杆混合水龙头在增加方便的同时可以节水 30%。陶瓷垫圈的应用减少了渗漏，延长寿命并便于保养。

（1）**单杆混合水龙头**。单杆混合水龙头用一个单杆控制水流和温度。这种龙头能节水是因为它能简单和快速地调整到合适的温度。单杆混合水龙头的进一步发展包括可以在不同场所的龙头设定最大流量和最大温度。同时还有节水混合器可以在水阀门打开时把流量降低至正常水平。同时，有的混合器可以在打开时确保冷水出水在热水前面。这些装置可节约全部热水用量的 50%。在公共场所，光电池控制的水龙头可以节省更多水资源。经过几年的发展龙头的质量也有很大提高。注意轻轻地关闭单杆龙头，对避免水锤现象很重要。更换单杆水龙头的费用可以在 5—10 年内通过节省能源和水资源费用偿清。在公共场所，光电池控制的龙头节省了大量水资源（图 2-190 至图 2-192）。古斯塔夫斯贝利（Gustavsberg）公司提出了对水龙头的一整套环保要求。其 e-TAP 环境认证覆盖了产品说明、循环利用、向水中的污染排放以及节能等各方面。以环境友好的方式生产连接管，采用抗腐蚀和可回收的材料（图 2-193）。水手（Nautic）牌水龙头已被"水研究中心"认可，意味着所有组件都是满足"食品标准"的。水龙头还有柔性材料密封防止水渗漏并延长使用寿命。产品达到北欧质量标准，也就意味着工业高标准和业务标准达到了 INSTA-CERT[①]的规范。生产过程中淘汰的产品很少，对材料的消耗保持在一个较低的水平，也不使用对环境有害的物质。

（2）**充气水龙头**。充气水龙头，或起泡器，安装在水嘴的末端（图 2-194）。即使水流量很小，空气混合着水，喷淋效果

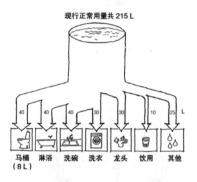

现行正常用量共 215 L

马桶（8L）40　淋浴 40　洗碗 40　洗衣 30　龙头 30　饮用 10　其他 25　L

图 2-189　当今瑞典日人均生活用水的构成

图 2-190　单杆混合水龙头

单杆混合水龙头可以节省水是因为它可以迅速调节水温到合适的温度。许多型号的产品可以根据需要设定流量，例如浴缸的龙头是每分钟 18 L，厨房水槽是每分钟 12 L，厕所台盆是每分钟 6 L

① INSTA-CERT 是一个北欧认证组织的集团，经过 INSTA-CERT 认证的产品可以在所有北欧国家通行驶用。

图 2-191　两种单杆混合水龙头
上面的龙头是均匀混热，把手在最右侧 5°范围内只出冷水，随着把手向左旋转逐渐增加热水量。下面的龙头在中间右侧范围内都是只出冷水，只有过了中点才开始出热水，这样有利于节约热水

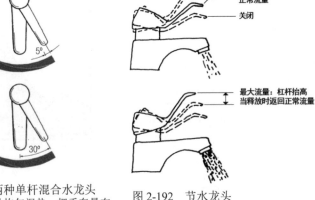

图 2-192　节水龙头
这是一种单杆龙头，这种龙头在正常位置有较低的水流。可以通过向上推杠杆来控制水流，但是一旦它被松开就会自动回到正常水流位置

图 2-193　不锈钢龙头
该龙头由格罗厄（Grohe）公司出售。传统的龙头是由铜制的，含铅和锡，许多龙头表面镀铬和镍，这会导致健康问题，应逐步淘汰。铬和锡对水生生物是有毒金属，镍是过敏源

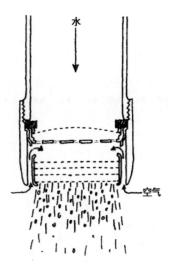

图 2-194　起泡器
它把水流散布开，即使较小的水流也会有很好的起泡效果，可以安装在大多数旧龙头上

仍然很好，水压也很充足。起泡器的种类很多：不设额外装置的、有一个球和底座结合的（球和底座可以分别购买），以及可以在直出和雾化出水间切换的。

（3）**流量限制器**。旧龙头上的最简单的水流阻碍器就是种流量限制器，例如，带有限制水流缝隙的塑料垫圈。

（4）**渗漏**。龙头拧不紧和厕所漏水浪费了大量的水。传统水龙头里的衬垫和 O 型垫圈在使用一定次数后会磨损。陶瓷垫圈的寿命则长很多，至少 5 年或是 10 万次关闭龙头，目前在单杆混合龙头中使用很普遍（图 2-195）。漏水的厕所当然也同样糟糕。

2）淋浴喷头

淋浴喷头的节水性能已经有了很大进步。一些旧的淋浴喷头每分钟水流 20—25 L，大部分水没有打在淋浴者身上。通过设计一个淋浴喷头可以更好分配水流，同时把水和空气混合可以减少用水量。今天有些节水的淋浴每分钟流量 6 L（图 2-196）。淋浴更节水是有可能的，但是调查表明如果水流低于每分钟 6 L，许多人会抱怨水量不够。

（1）**恒温混合器**。恒温混合器的好处是，水能迅速达到要求的温度并保持温度，可以省水又省电。恒温混合器通常提供的最高温度是 45 ℃，但是设定可以自行改变以增加节能效果（图 2-197）。

（2）**淋浴暂停按钮**。淋浴时暂时停止水流，例如在用肥皂和香波时，暂停按钮是很实用的。它可以关掉水同时保持冷热水的设定。淋浴暂停按钮被安装在混合器和淋浴管之间（图 2-198）。

3）厕所

抽水马桶有时被用来作为资源浪费型社会的象征。"废物"

缓慢滴水的水龙头，
每天造成20 L的浪费，
每年则是7.3 m³。

快速滴水的水龙头，
每天造成100 L的浪费，
每年则是37 m³

连续小水流（1.5 mm），
每天造成380 L的浪费，
每年则是140 m³

图2-195　不同渗漏状况下龙头水浪费的比较

应确保没有水龙头滴水或渗漏，这些都会迅速造成大量的水浪费。如果滴的是热水，能量也会随着损失

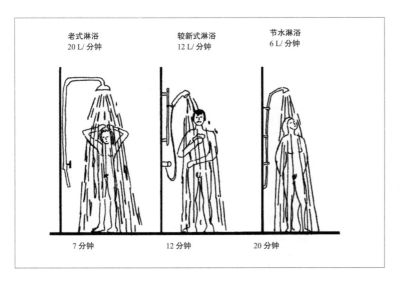

老式淋浴　　　　较新式淋浴　　　　节水淋浴
20 L/分钟　　　　12 L/分钟　　　　6 L/分钟

7分钟　　　　　　12分钟　　　　　　20分钟

图2-196　不同类型的淋浴洁具用水量比较

同样使用时间，新淋浴洁具不到旧的淋浴用水量的1/3

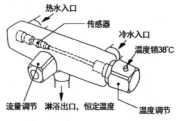

图2-197　恒温混合器

恒温混合器可节省水因为可以预先设定温度

被冲走，没人关心然后会发生什么。在可持续社会，旱厕或尽可能节水的厕所已投入使用。厕所的种类有很多，冲水的消耗可相差100倍，这表明在节水方面有很大潜力。同时，抽水马桶成为高档的象征，许多人不喜欢用旱厕的想法。

（1）节水厕所。第一代的抽水马桶在靠近天花板处有一个水箱，每次冲水用12 L。还有一些马桶每次冲水要用25 L。当水箱下移至座位后面，水量减少到9 L。在瑞典20世纪60至70年代，建造了大量的公寓楼，在这些公寓里安装的是6 L的马桶水箱。到2000年，大部分马桶采用4 L水箱。两个按钮的马桶很普遍，一个按钮用于小流量的2 L水，另一个按钮是用于大流量的4 L水（图2-199）。在市场上还有可以方便地安装在水箱里来减少用水量的设备，大约每次可减少2 L冲水。一些分离式马桶，例如，尿液和粪便分离的冲水马桶，冲粪便用5 L水，冲尿液用0.2 L水（图2-200）。统计显示，平均每人每天去厕所5次（其中4次是小便）。每人每天用水量维持5.8 L，而采用普通的节水马桶每人每天用水5×4＝20 L。另一个分离的方法是用一个双系统，一个是厕所废物的污水系统，和一个其他废水的中水系统（洗碗水、淋浴水、台盆水、洗衣用水）（图2-201）。通常在这个系统中用真空马桶。真空马桶每次冲水用1.2 L。这种马桶在船只和

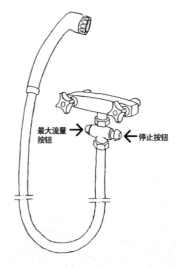

图2-198　淋浴暂停按钮

淋浴暂停按钮可以方便在使用肥皂时关掉出水，然后迅速恢复同样压力和温度

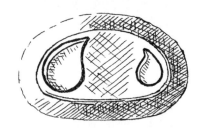

图 2-199 带有大小水量的抽水马桶

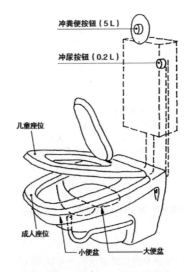

图 2-200 Dubblett 牌尿液粪便分离的抽水马桶

图 2-201 双系统分离式马桶
在日本有种厕所，洗手用过的水注满马桶水箱，这样，水可以用两次

火车上很普遍，但也开始被安装在公寓里。这个系统的一个缺点是每次冲水的噪音大。低噪音的真空马桶正在研发中（表 2-9）。在一些飞机上有节水的厕所。马桶内壁覆盖有聚四氟乙烯，所以表面不会附着东西。当冲水时，0.1 L 的水或油会被释放并产生低压真空，并发出嗞嗞声，所含之物被冲到一个收集箱里。但是这种方法需要一根长度很短而坡度又很大的污水管。

表 2-9 不同类型的冲水马桶用水量比较

厕所的类型	L / 次
美国 （旧标准）	25
天花板下的水箱	12
座位后的水箱	9
20 世纪 70 年代	6
20 世纪 80 年代	4
20 世纪 90 年代 （双按钮系统）	4 / 2
尿分类厕所	4 / 0.2
船只厕所	1
真空厕所	0.5
飞机厕所 （低真空）	0.1

注：不同类型的冲水马桶用水量相差很多。经过多年的技术改进已向节水方向发展。

（2）水流增加器。当厕所的冲水量减少，下水道有可能会被污物和厕所纸张堵塞。可以在马桶下的垂直下水道安装流量增加器来解决这个问题。它包含一个可以收集 3—4 次冲水的集水箱。最终的冲水量是一次冲水的 4 倍，因此水流也被增加到足以在较为水平的污水管中传送废物（图 2-202）。同时集水箱会由于虹吸现象而清空。当容器满了水会超过一个槛，把所有的水冲出流量增加器。

4）节水装置

有一些装置，例如洗衣机和洗碗机，用电也用水。事实证明节能装置同时也是节水装置，因为在这些装置中耗电主要用于抽水和加热水（参见第 2.2.2 节"家用电器"）。LG 公司出售一种同时使用蒸汽（可以很容易渗入织物）和水的洗衣机，可以减少水消耗。内置秤根据衣物的重量计算出准确的用水量。蒸汽洗衣机有专门的节能模式，用蒸汽烫平褶皱，去除异味。瑞典消费者协会称，如果用洗碗机代替手洗，两个成年人与两个孩子的家庭一年可节省 25 000 L 水。有天鹅认证标志的洗衣机，节能、节水、无噪音，可以简单地循环使用，无含有对环境有害的物质，比如致癌物或塑料成分，塑料中的阻燃物不利于循环利用。洗碗机也应达到洗涤烘干的节能要求。一些有天鹅标志的洗碗机比市场上大多数产品能节约30%的水，同时噪音也较小。西门子的杰净（speedMatic）系列洗碗机每次只用10 L水。20世纪90年代早期，洗碗机每次要耗费30—40 L水。惠而浦公司生产一种节能蒸汽洗碗机，利用蒸汽洗碗。

2.3.3 热水

瑞典人均每天大约用水200 L，其中约70 L是热水。不同家庭用热水量不同。一个有节能意识的家庭大概每年用3 500 kWh加热热水，而一个浪费的家庭每年用约6 500 kWh加热热水。为节省从龙头流出的热水，需要长度短而且保温性好的水管和性能好的热水循环系统。为了节约热水，衡量热水用量要比衡量冷水用量更重要。

1）节能和热水

在一个节能家庭，热水占总能耗的大部分。有很多种不同的方法可以尽量高效地获得热水。

（1）**温度**。热水的供应温度应该不低于50℃（由于军团病的危险）或高于65℃（由于被烫伤的危险）。为使供应点水温达到50℃，从热水器出来时水温必须更高。在热水器内部，水很稳定，水温应该不低于60℃。如果热水器的热源温度比较低（例如用热泵或太阳能加热），应可以借用电热器辅助加热使水温高于60℃。

（2）**军团病**。军团病（一种肺炎）是通过空气中的小水滴（水雾）传染的，水雾通过洗澡或龙头上的充气装置或漩涡浴等方式进入肺部。这种病不是由于喝进细菌引起的。大部分军团病都和大型设备水管里长期滞留的水有关（医院、游泳池、学校）。没有确切的统计数据，但是据估计瑞典每年有500人感染军团病，死亡率大概10%，多数感染者是免疫力低下的老年人。越是大而复杂的供水系统，军团病病毒滋生的可能性越大。这种病毒最适于在40℃的静止水中生存，而在60℃的水中只能存活10分钟，在70℃水中存活不到1分钟。为了避免军团病，水系统应该保持干净，特别是热水器。另外，冷水应该足够冷。

（3）**水管保温**。热水管应该达到相当于30 mm厚的矿棉保温效果（图2-203）。常见的保温材料有软木、泡沫玻璃、三元乙丙橡胶等，亚麻纤维和羊毛从环保角度是很好的保温材料。提高新建筑内热水管的保温性能只能节约很少的热量，但对于旧建筑物来说这样做是比较划算的。这样做的收益取决于现存建筑的保温性和设备有效运行的可能性。公寓热水管保温的节能效果很有限。重要的是公寓热水管的直径不应比需要的大。由于冷却和龙头打开时长时间的等待，大口径的管子导致大量浪费。在公寓

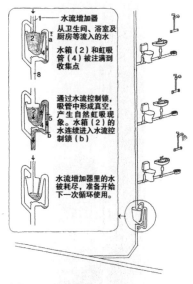

图2-202　水流增加器

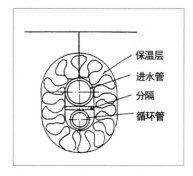

图2-203　一种用于热水管的保温方案
热水管在进水管和循环管中用了普通的保温方法

里最好安装蓄热性能较低的热水管，比如交连聚乙烯。

（4）**热水循环**。大型建筑通常需要有个热水循环系统来避免长时间等待。在每分钟 12 L 的正常流量下，多层建筑的等待时间不应超过 20 s，独栋住宅不超过 40 s。循环系统由一个保温性好的水管和循环泵组成，水管的直径比它旁边的热水管小（图2-204、图 2-205）。在办公和其他工作场所，当晚上或周末没有活动时，热水循环可以关闭以节省能源（图 2-206）。采用电加热的热水器可以安装在少量使用热水的地方，比如管理员的房间。

2）热水器

有三种热水加热器，即热式、储水式和平板换热式热水器（图2-207）。热水器的尺寸应该由热水的用量决定。一个供四口之家使用的热水器应该有大约 200 L 容量。

（1）**热水器的问题**。许多老的热水器主要有两个问题。由于很差的保温性和耐久性（使用一段时间后开始渗漏）导致大量热量损失。一些更旧的型号，每年损耗达 1 200 kWh，其中有一半是完全损耗而无法用于室内的采暖。新的热水器应该有至少6 cm 厚的保温层。住户最贵的修理费之一就是修一个坏的热水器。复式锅炉里的搪瓷涂层热水器占了所有故障的 95%。搪瓷热水器有一个重要的牺牲阳极，应该经常检查并每三年更换一次，因为它代替热水箱被腐蚀。购买一个新的热水器时有很多事情要考虑和坚持。热水器应该能够提供足够的热水。它应该有良好的保温性和低能耗。它应有简单方便的控制器和连接，可以简单地操作和保养。应该可以连接可再生能源，如太阳能、烧柴的锅炉和热泵。搪瓷涂层的金属热水器关闭时，应该能轻松地打开并更换阳电极。

（2）**热水器的保温性**。旧热水器通常保温性差。如果一个旧热水器被一个新的代替，它必定会更节能，即使有一些保温材料的缺点。热水器可以用纤维素纤维或亚麻纤维保温，目前通常是用矿棉或聚氨酯泡沫保温。用聚氨酯泡沫保温的热水器热量损耗最小。从生态角度来看，热水器应该有比现行的做法如纤维素纤维更好的保温性。热水管线应短而且有良好的保温性。加热1 m³ 热水需要耗电 45 kWh。在热水器和管线系统内损失的热量大约为 20 kWh/m³。因此，通常需要 65 kWh/m³。减少单户住房的储水热水器的热量散失是一个重要的任务，例如给它们安装一个护套，热水可以在里面被预热。

（3）**选择一个新的热水器**。在购买新热水器之前，检查水质是很重要的。这对于私人水井尤其重要，在买热水器前要先分析水。热水器仍然在几个方面存在腐蚀的缺陷。热水器的弱点是在它的焊接处。根据水质购买热水器的三种选择：① 如果水是酸性且带有腐蚀性的，应当选择不锈钢的热水器。铜的热水器不适合，因为铜是可分解的。② 如果水中含有大量氯化物，应选择陶瓷的热水器。如果水是含钙的并有大量的氯化物，不锈钢的热水器易发生反应。③ 带有浸没加热器的电热水器不适合硬水。它们

图 2-204　套管循环水系统
在热水管外安装采用聚丁烯材料的套管循环水系统。有如下优点：用料省，工时短，安装方便，减少 20%—30%的热量损失，热水泵的功率要求更低，维护简单。资料源于维嘉牌智能环（Viega Smartloop）技术说明册

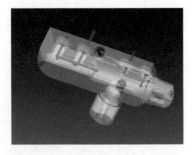

图 2-205　Zeonda Germedic 牌淋浴混合器
Zeonda ™ 循环方式的核心是一个适用于所有水循环的混合器。Zeonda Germedic 牌淋浴混合器是带有冷热水循环及自动排空功能，由古斯塔夫斯贝利（Gustavsberg）公司设计制造。资料源于 Zeonda-Cirkulationsmetod som marknadsförs i Sverige avis，古斯塔夫斯贝利公司

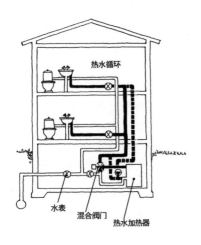

图 2-206　带热水循环管道的家庭采暖系统
为消除热水等待时间，可以增加一套循环热水管道，它应当有良好的保温性以减少热损失

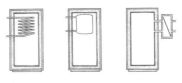

图 2-207　三种热水加热器
从左到右分别为即热式热水器、储水式热水器和平板换热式热水器。资料源于《加热手册——20℃到最低花费》，安德斯·阿克塞尔松（Anders Axelsson）和拉尔斯·安德尔（Lars Andrén），2000

图 2-208　即热式电热水器
远距离用水点的热水可以由一个装在冷水管上的分离式即热式电热水器提供。这种方法无需长距离的热水和冷水管道，同时避免了长距离热水管损失的大量热量

容易被沉淀在浸没加热器上的水垢损坏。为解决这个问题，电加热器不要和水直接接触。

（4）即热式热水器。即热式热水器由一个或两个加热线圈组成，通常是精炼的铜管，放在一个储水器或锅炉里。这种类型的热水器的水箱里产生温度分层。但是它们不适合硬水。也有即热式热水器是在使用端直接用电加热，这对个别的、可移动的供水点是很好的选择（图 2-208）。因为热水器直接和冷水管连接，只有一个水管需要连接到这个出口。同样，热水来得很快。缺点是功率高，单户家庭通常要 3—9 kW。

（5）储水式热水器。储水式热水器在一个蓄水池或锅炉的水箱里加热水（图 2-209）。水量很大，但是很重要的一点是要保证适当的温度来避免军团病。这种类型的热水器可用于硬水。

（6）平板换热式热水器。平板换热式热水器是一种相对较新的加热自来水的方法。它有好的储水能力，可以根据水质进行调整。在储水器内加热自来水的板式换热器为温度分层提供了最好的条件。

（7）太阳能热水器。因为太阳能加热产生高温，在太阳能热水的系统中应该避免采用搪瓷水箱。此外，如果水中含有很高的钙质元素，换热器可能堵塞，应选择无散热片的水管。

2.3.4　供水

我们的饮用水大约有一半来自地表水，1/4 来自天然地下水，1/4 来自人工渗透。地表水来自湖泊和河流。地下水在地球表面下被发现，通过水井获得。人工渗透的意思是在砾石滩表面，向水库注入地表水使地下水量增加，再使水通过地面缓慢地流下（渗透）。饮用水的原材料叫原水。地表水和地下水都是饮用水较好

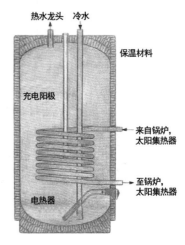

图 2-209　储水式热水器剖面
热水器里的线圈在储水池内加热自来水。而在一个即热式热水器中，自来水是在线圈内被加热

的来源，但是地下水更好，因为它含有更少的有机物质，更易被提纯。保持砾石沙滩对未来的饮用水供应很重要。

1）市政自来水

来自地下水收集区的市政自来水通常有很好的质量。在大城市，地表水作为洁净水的来源，在分配到用户之前，水需要在自来水厂净化。高标准的洁净水同时适用于大城市供水系统和小城镇供水系统。物理、化学和生物因素都会影响水的质量。水不应受到细菌污染；它同时也要有一个令人满意的外观，如透明的颜色和低混浊度；没有气味和味道。铁锰等含量必须低，以免污染衣物。硬度值，如钙和镁的数量应当低，以避免堵塞管道。氯的含量不应太高，它会使得水有咸味。同时氮的含量因为卫生的原因也要低。pH值太低或二氧化碳的值太高会使水有腐蚀性腐蚀水管。饮用水的最大问题是有害微生物的含量过高。人们通过喝水得病通常是由于污水渗漏到自来水管道里。这是由于防压力过大系统失效导致的暂时性水压过高引起，旧水管用水处在一个不恰当的位置也是原因之一。也有其他因素造成的问题，比如污水处理厂无法除去的医药残留物质。这类物质在饮用水中含量很少，但很难预计长期危害性。

（1）**自来水厂**。原水的质量越差，就需要越多的处理。例如，好的地下水只需要加氧和通过砾石沙子的过滤，但要用于饮用的地表水必须经过大量不同程序的处理（图2-210、图2-211）。

（2）**水井**。在地面冰碛间、土层或岩石层之间，或黏土层下可以发现含水的沙砾层。通常来说，地下水不会在黏土层中。在砾石层或沙层中可以找到最好的水源，特别是在圆砾层，那里水通常很充足。

（3）**管井**。最普通获得私人供水的方法是穿过岩石钻一个深井（图2-212）。随着当前科技水平的高速发展，几天就能钻到很深的深度。但是，仍有一些问题。如果钻头钻到易碎的岩石，钻头可能被卡住，有些地方的岩石很难钻，有些地方水量不足。

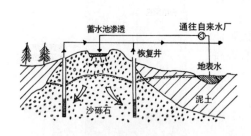

图2-210　利用人工渗透的自来水厂
地表水被注入一个沙砾堆顶部的储水池里，经过沙砾向下渗透。沙砾净化水会补充地下水，这个时间大概需要两三个月

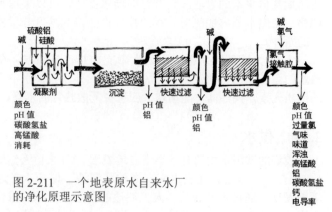

图2-211　一个地表原水自来水厂的净化原理示意图

多孔的沙层和石灰岩层是最适合钻井的，它们有足够裂缝孔隙储存水。需要钻多深随地点不同而不同，但是因为用水量的增加和地下水水位下降，需要比以前钻得更深。以前钻 50 m 就足够的地方现在需要钻 70—100 m。如果在深度达 100 m 处仍没有找到足够的水，就不值得在同一个地方继续钻井。当到达了一个确定的深度，就应停止钻井，水会在巨大的压力下从洞里喷出。这会加宽裂缝，水开始流到井里。也有放置炸药钻穿不产生水的硬岩石的方法。关于要钻多少井，各要钻多深，都要订立书面协议。一些钻井公司提供价格保证书，如保证他们能找到水。

（4）机井。现在，当人们谈论"挖井"时，他们通常指的是机井，就是把一个筛管打入土中的含水层（图 2-213）。一个机井包括一个特殊井管滤网和一个结实的套管。这种水井经常用在含水层在黏土层下面。过滤井是机井的进一步发展，井管滤网更适应含水层的特点。从水的质量和数量来看，机井比普通水井相比对消费者而言更便宜。如果地表土层足够深（8—10 m），土层内的地下水就值得利用。一种确定土层深度的方法是探测法，用探测棒深入地下，确定土壤的类型和深度。机井比管井相对来说更便宜。

（5）挖井。原始凿井的方式是挖或炸，然后再移除石头和土壤（图 2-214）。如果没有像预期那样快地找到水源，这种方法将变得昂贵。挖井要求水深不超过 5—6 m。如果一个老的挖井不能提供足够的水源，还可以用钻井将它加深，这取决于井的深度和其下土壤的类型。可以检测水井底部是否有诸如砾石、沙或冰碛等含水物质并探测深度。如果找到这样的地质结构层，则值得钻井。

2）水井的威胁

水井的位置和结构对水井的质量至关重要。因此，有必要了解一些有关地下水在地下如何流动以及如何保护地下水和水井免受污染的知识。

（1）污染来源。污染物的来源包括污水排水渠、污水管道、粪便、木材和树皮桩、耕地、道路沟渠、农用机械泄露的油污、道盐[①]等（图 2-215）。花园和农业使用的化学品也会带来风险。一条避免污染的规则是水源离污染源至少要有 50 m 远。地下水埋藏越深，水质的保护越好。总体来看，深机井的水比浅机井好，而穿越坚硬岩石的钻探深井的水比管井好。如果在水井附近露出岩石，就存在污染物未经净化从裂缝渗透入水井的风险。污染物如何到达水井与地下水流方向相关。一条经验法则是，地下水的方向和地面斜坡是一致的。

（2）渗透性。为了避免水井被污染，不渗透很重要（图 2-216）。检查所有污染可能进入的地方是必不可少的工作。

（3）热泵。带有垂直钻孔的地源热泵正越来越普遍。钻孔的深度使地下水中的盐渗透和扩散到饮用水井的风险增加了。

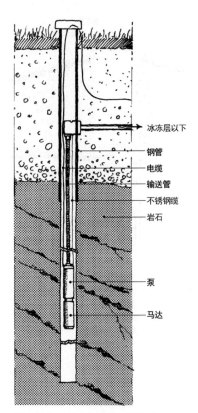

图 2-212　带有潜水泵的管井
钻深大于 60 m 是相当普通的

冰冻层以下
钢管
电缆
输送管
不锈钢缆
岩石
泵
马达

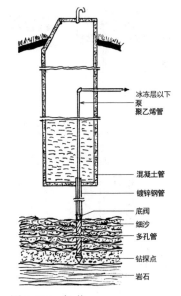

图 2-213　机井
机井就是将一根多孔筛管深入地下，利用泵将地下水抽取出来，这种方法也可以被用来加深干枯的老井

冰冻层以下
泵
聚乙烯管
混凝土管
镀锌钢管
底阀
细沙
多孔管
钻探点
岩石

① 冬季为道路融雪撒的工业盐。

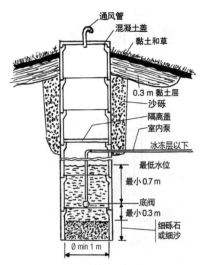

图 2-214　挖井
由混凝土井圈围护，比较适宜的是直径 90—100 cm，深 60 cm。混凝土井圈和从水井斜下的地面之间有个密封环，可以阻止地表水流入水井

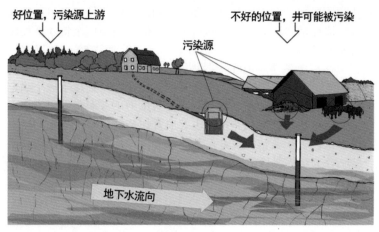

图 2-215　造成水井污染的重要因素
地下水流的流向是造成水井污染的重要因素。即使污染源很远，下游位置仍然会有大的风险。资料源于《你的主要食物》，瑞典地质调查局（SGU）与粮食局。插图为列夫·欣德格伦（Leif Kindgren）

如果水井中的饮用水由一处裂缝流入，淡水耗尽时盐水穿透作用可能导致氯化物水平增加。如果井中的淡水由多个裂缝流入，盐水穿透作用就会减弱。含盐的地下水主要分布在沿海地区和曾经被海水覆盖的地区。用密封剂如膨润土填补热泵洞可以消除这种风险。

（4）道路。道盐沿着道路向下渗透入地下水库，增加了地下水中的氯化物含量。饮用水氯化物含量高会腐蚀水管、洗衣机和洗碗机。即使停止使用道盐，氯化物含量下降也十分缓慢。道盐污染饮用水井是发生更严重污染情况的重要提示。建立沿着道路越过地下蓄水层的排水系统，将盐水通过防渗沟渠排放至其他的较不敏感地区可以减轻道盐污染。

3）私有水源

如果水是从私有水源获得的，那么需要的就不仅仅是一个水井。一个完整的系统是必要的，这个系统包括泵、压力罐和净化系统。当井比较深时泵可以放在井中（压力泵），当井深较浅时也可以放在泵房（真空泵）。

（1）泵。电动泵现在是最常见的，如果有电可用，电动泵是廉价和实际的。许多度假用水井和畜牧用水井没有电力供应系统。在这种情况下，人们可以用太阳能、风力和水力发电。如果井很深，泵必须放置在井下（压力泵）。如果井浅，可以使用真空泵（可以从 7—15 m 深处将水抽上来）。也有将泵放置在泵房的系统，这种系统通常适用于中等深度的水井，空气被泵入水中，而水由于喷射效应流出。

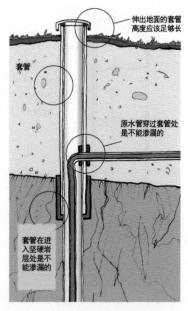

图 2-216　管井的防渗
检查管井的高度从而保证原水能够顺利通过，并且套管安装是防渗的。资料源于《你的主要食物》，瑞典地质调查局（SGU）与粮食局

（2）压力罐。当自来水管已安装在建筑物内，为得到自来水，必须要保持一定的压力。通过在顶楼安装水塔或罐体，可以用重

力来提供自来水。最近，压力罐（采水器）被普遍使用，从水井中抽水的泵同时也用来产生压力。水流得越慢，所需要的水箱越大。水流过慢可以通过安装一个大型采水器或两个平行连接的采水器来解决。采水器必须放置在无霜冻的地方，如地窖、悬浮基础或泵房。有两个因素需要考虑：泵会产生噪音，采水器由于冷水产生的冷气会导致潮湿问题。因此，要主动消除潮湿造成的风险。

小贴士 2-13　直接驱动泵

1）风力驱动泵

　　利用风力驱动水泵是一种重新受到关注的老技术。与现代技术相结合，现在的水泵已经更加简单、便宜并且更加耐用（图 2-217）。更重要的是需要更少的维护。现在有 3 种类型的风力驱动泵。类型的选取取决于水位距离地表的高度：有的水泵抽水深度不到 7 m，有的泵抽水深度约 25 m，有的深井泵可以抽水 60—100 m 深（图 2-218）。在丹麦有许多厂家生产两种较小类型的风力驱动泵。好的风力驱动深井泵在美国、澳大利亚、南非和肯尼亚有生产。风力驱动泵需要的风速远远低于风力发电机。2.5—3.5 m/s 的速度就足够了。风力驱动泵的一个限制因素是必须直接放在井上方，这就需要相当开阔的地形。因此，如果井在山谷里，风力驱动泵就不能在山坡上。风力驱动泵主要用于生产人畜饮用水，以及净化设施中的循环水。

2）手摇泵

　　手摇泵在过去很普遍，现在也仍然可以使用。手摇泵可以放在井边或室内厨房的水槽边（图 2-219）。有好几种型号可供选择。非常耐用的手摇泵已经为第三世界应用（由世界银行和联合国

图 2-217　肯尼亚的 Kijito 牌现代风力驱动泵
该风力驱动泵装在塔架上，直接驱动，不需要变速箱和自润滑轴承

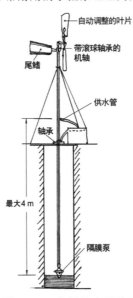

图 2-218　小型风力驱动泵
该风力驱动泵用于短距离升降。风力驱动泵通常分为不同的类型，取决于水需要被打到多远

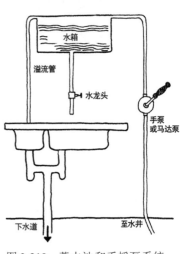

图 2-219　蓄水池和手摇泵系统
小蓄水池和一个手摇泵是简单的获得自来水的方式。这种类型的系统在断电情况下使用，或是在由太阳能产生电力的建筑内以及只在绝对必要时使用电力的建筑物内使用

发展计划署、联合国开发计划署提供资助），这也适用于工业化国家（图 2-220）。

3）太阳能泵

电动泵可以采用太阳能电池驱动，这种系统不需要电池（图 2-221）。当阳光照射并且蓄水池或水塔储存有水时，水泵运行。太阳能电池供电的泵在夏季别墅和游艇上尤其普遍。在这些案例中，只需要解决在无法使用电力的情况下得到少量用水的问题。

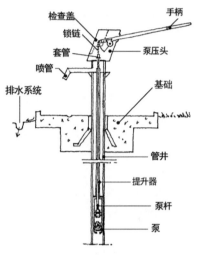

图 2-220　印度 Mark II 手摇泵
手摇泵在世界许多地方制造，印度 Mark II 泵是种非常耐用的手摇泵，由联合国开发计划署和世界银行资助在发展中国家推广使用。它可以由未经培训的人使用和保养。这种泵也适用于工业化国家

图 2-221　太阳能泵
太阳能电池可用于驱动水泵。这种技术的优点是不需要电池。有阳光照射并且有水存储在蓄水池时就可以抽水

4）拖拽泵

拖拽泵是通过流动水驱动的机械水泵（图 2-222）。这种泵锚定在一个水管上。水道中水的速度必须至少为 0.5 m/s。锥形泵体的一端有一个螺旋桨，从而使整个泵在水中旋转（图 2-223）。聚乙烯胶管以螺旋状缠绕在内表面泵体。软管下游端是开放的，上游连接在一个旋转连接器上。泵的每个循环，水被吸入然后通过旋转运动被推进给料软管。该泵的压力可以抽水 25 m，已被证明是经久耐用的。

5）水锤泵

水锤泵抽水的动力就是流水本身（图 2-224）。这是一种古老的技术，不需要电力，也不需要燃料。一个水锤泵结构包括一个大的气室、一个弹簧阀和两个止回阀。如果在山谷中有流水，而水需要被运输到较高位置的建筑物，水锤泵要放置在流水处，管道安装在水锤泵和建筑物间。水锤泵放置在流水中不停滴答作响，日复一日，随着每一次滴答，一点水就被抽入管中（图 2-225）。水锤泵非常耐用，唯一的缺点是弹簧的张力会逐渐减弱，需要几年更换一次。

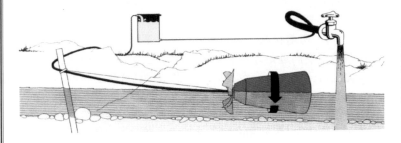

图 2-222 拖曳泵
拖拽泵是通过电缆固定在水道底部的桩上，流动的水使泵旋转，水通过旋转连接器穿过泵被推入进水软管，然后被推进中间储水罐或直接的用水点。资料源于 JTM 投资公司，Jukkasjärvi

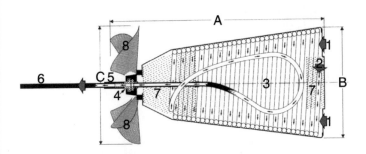

图 2-223 拖拽泵放大剖面示意图
1. 带有筛孔的底盖。2. 尾部软管 / 带有过滤器的取水口。3. 螺旋状泵内软管。4. 旋转节口。5. 进水软管接口和锚索的附件。6. 进水软管。7. 漂浮设备。8. 螺旋桨叶。资料源于 JTM 投资公司，Jukkasjärvi

图 2-224 水锤泵
水锤泵是一种利用流水本身驱动的泵

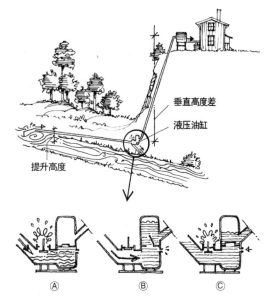

图 2-225 水锤泵工作原理示意图
水锤泵是一种水动力泵，利用流水的能量将水从小溪和河流提升上来。水锤泵包括一个气室和两个闸门，其中之一是弹簧控制。Ⓐ水流入水锤泵，当水压力大于弹簧压力时弹簧阀关闭。Ⓑ止回阀开放，水流入。气室中空气压缩产生反冲效应。Ⓒ反冲力使水位上升超过水位线。气室中的压力下降，气室中的止回阀关闭，弹簧阀再次打开，并重新开始一个新的循环。水锤泵年复一年滴答作响着抽水，直到弹簧磨损需要更换

4) 水质

私人水井的水质会周期性地变差，这种现象在春季的避暑别墅中尤其普遍。

（1）**环境状况**。现在湖泊和水道受到污染的情况非常普遍。存在的主要问题是酸化和鱼类汞含量过高，以及在地表水体富营养化，富营养化会导致藻类大量繁殖、氧气缺乏和植物增加。另外还有有机环境污染物，如滴滴涕、多氯联苯、二噁英等，这些污染物在自然界不能分解。许多污染物是脂溶性的，因此容易富集在生物体内。煤矿和金属工业造成的重金属浸出是另一个问题。早期的树林有纤维堤防，这些堤坝往往含有汞。但有些地区受到酸化和农业硝酸盐氮泄漏等影响。

（2）**酸化**。在 20 世纪 90 年代的一半的时间里硫和氮沉降的现象，导致某些地区地下水完全酸化。浅水酸化得最严重，主要会影响私人水井，不过为城市供水的更大的地下蓄水层也已经受到了影响。pH 值降低使供水管道腐蚀和释放铝，而铝会影响人体健康。

（3）**氮泄漏**。20 世纪 50 年代以来，无机氮肥在农业中的使用大大增加，硝酸盐肥料泄漏到地下水。这是一个较长的过程，因此目前硝酸盐造成的后果在现代农业中还没有完全体现出来。

（4）**咸水**。对于沿海地区城市来说，咸水渗透到岩石中的钻井是一个主要问题。造成这里井水中盐分过大的原因可能是水的不当提取，例如抽取了过多的淡水或者水井太深。

（5）**氟化物**。地下水中一些天然存在的物质可能含量过高，从而不能成为饮用水。氟化物就是这样的一种物质。如果地下水中其水平过高，这种水就不能被用来作为饮用水。

（6）**放射性**。所有放射性物质都被包括在总电离剂量（TID）中。最开始是铀和镭增加了 TID，铀可导致肾损伤。镭是铀衰变的产物，当镭衰变时会产生氡，氡衰变成为氡子体。氡水平大于 100 贝克勒尔 / L 还不会产生危险，大于 1 000 贝克勒尔 / L 就不合适了。

（7）**砷**。在瑞典的一些地区，来自露天井的水含有高水平的致癌物质砷。地质学家已发现谢莱夫特奥（Skellefteå）地区、西诺尔兰省（Västernorrland）和南泰利耶（Södertälje）的一些城市饮用水中砷含量超过标准。在其他地区也可能发现砷。

（8）**硼**。在许多远离哥特兰岛的小岛上的水井，硼超过WHO 建议的可接受的 500 微克 / L 的标准。

2.3.5 水的净化

很少有水适合直接饮用。大多数水需要一定方式的处理。水污染物可分为两大类：一类是影响健康的；另一类是通过其他方式影响到水质，如气味、味道、外观或硬度（pH 值）。不同来源的水质差别很大，净化方法必须适应当地的条件。因此，在确定合适的净化方法前，水必须经过分析。

1）净化方法

主要有四种方法来净化水质：过滤、反渗透、蒸馏和紫外线（UV）光。过滤是最常用的方法。有许多品种的过滤器可供选择（图 2-226、图 2-227）。越来越精细的过滤器可以消除越来越多的不良物质。在净化过程中不同的过滤器通常合并使用（图 2-228）。原则上除了病毒外一切物质都可以被过滤掉。反渗透可以除去矿物和化学品，但无法去除气味和微生物。反渗透主要是用来净化盐水。蒸馏可以去除除了挥发性化学物质以外的一切物质。蒸馏的能耗最高，并能提供无盐无味的水。紫外线可以杀死微生物。紫外线过滤器通常被视为水质纯化的最后阶段，用来杀死残余微生物。酸性水可以通过装有石灰的储水箱被中和。给水充气可以去除硫黄气味和氡气。

（1）**有害物质**。危害健康的污染物可分为五类：① 微生物（细菌、病毒和寄生虫）；② 有毒金属和矿物（如重金属、硝酸盐和石棉纤维）；③ 有机污染物（有机稳定的、具有生物累积性的化学物质，如杀虫剂和除草剂）；④ 放射性粒子或气体（如氡）；⑤ 水净化过程中使用的添加剂（如氯、氟和化学沉淀物）。黄水可能由于含有有机物质（灰尘微粒）或铁导致。异味可能是由硫化合物造成的，如臭鸡蛋味可能是由于硫化氢造成的。味道会受到地表水或金属的影响，如地下水铁含量过高。pH 值是非常重要的。酸性水腐蚀供水管道、供水和污水处理系统，而且较低的 pH 值可导致土壤、坚岩和管道中的金属析出。高 pH 值不会影响健康。

（2）**过滤**。过滤的第一个步骤是用泥沙过滤器（筛子）去除水中的微小颗粒。过滤器越好，能够去除的颗粒越小。下一步是活性炭过滤器，去除化学物质、添加剂、味道和气味物质以及氡。薄膜或陶瓷过滤器去除微生物，它们有时被称为细菌过滤器。氧化过滤器（还原 — 氧化作用）移除金属和矿物。大多数过滤器最终会变脏，必须及时清理或更换（图 2-229）。纳米过滤器可以滤除微生物，代替氯消毒饮用水。经过常规净化阶段后，通过孔直径为 1 纳米的滤膜过滤。这个过程可以去除细菌和病毒以及其他有机物质。因此，在水的消毒过程中添加氯气是可以避免的。水经过高压进入系统，通过了一系列过滤器，使它完全干净。但是这种方法也有个缺点，就是需要消耗大量能源使水通过滤膜。

（3）**紫外线**。如果暴露在足够强的紫外线下，所有微生物，包括细菌和真菌都会死亡，因此有可能实现全面消毒（图 2-230）。然而，首先必须滤除水中的全部颗粒物质，因为它们会阻止紫外线。饮用水净化中，氯气是紫外线辐射的有力竞争对手。紫外线的优点是没有化学添加剂。相对于氯气，它的缺点是没有延迟效应，因此紫外线净化系统必须在靠近用水点的附近。

（4）**氡**。每个国家都应该设置饮用水允许的最高氡浓度，不仅是为了成人，更主要的是为了保护儿童。规定应该同时适用于市政自来水和私人井水。氡含量高的水常见于硬岩钻井、冷泉

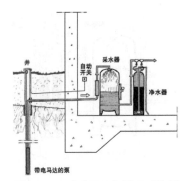

图 2-226　过滤器工作原理示意图
穿过坚硬的岩石钻的水井得到的水质通常是良好的，然而，水中可能含有氡或其他不良化学成分。当需要安装氡气过滤器时，通常也需要安装其他的过滤器。去除氡的氧气可以改变水中的化学组成。过滤器应置于室内以便于检查和维护。资料源于根据 Hus&Hem 1998 插图绘制

图 2-227　用于净化淡水的水过滤器和采水器

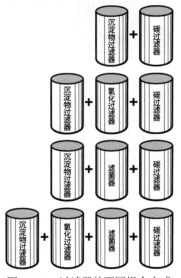

图 2-228　过滤器的不同组合方式
根据净化要求的不同，过滤器可以以各种方式组合起来。资料源于《饮用水手册》，科林·英格拉姆（Colin Ingram），1991

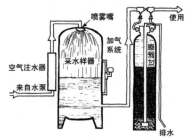

图 2-229　带过滤器的私人供水净化装置

过滤器的类型当然取决于水中污染物的性质。该图显示一个通过循环和加气去除铁、锰并改善气味、味道及颜色的系统

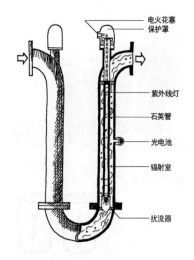

图 2-230　紫外线过滤器

扰流器用于将水搅拌入紫外灯放射箱。光电池会感应是否水量过小或紫外灯太脏无法消毒。资料源于新科技（Ny Teknik），1987 年第 40 期

图 2-231　加气装置

加气可以去除饮用水中的氡，如果加气设备无法使用，可以将水烧开或用力搅拌至少 3 分钟

水和从硬岩裂缝渗出水的挖井。硬岩钻井的水中氡含量过高的问题特别典型。加气可以将氡从水中去除（图 2-231）。

（5）臭氧。有些系统可利用相对较低的电压直接从空气中产生臭氧。这种系统结构简单，使用少量的能源，仅要求很少的维护。提取的臭氧分子是由三个氧原子连接氟组成，是最强的氧化剂。它氧化有机和无机的有毒化合物，破坏病毒、细菌、真菌和微生物寄生虫。在此过程中，臭氧本身被还原成自然氧气。目前正在发展结合了紫外光和臭氧的净化方法。大多数有毒物质似乎都可被臭氧和紫外线分解。地表臭氧对人体和动植物有损害作用，因此采用臭氧净化水要注意臭氧泄漏问题。

（6）膜过滤。膜过滤包括将溶液分成不同组成部分的半透膜分离法。液体经过膜，被分为两个部分：一部分是通过膜；另一部分是含有污染物的浓缩体。哪些物质以及多少物质通过取决于膜的特性，如材料的类型和密度。同时，化学势差对膜也是很重要的，可通过不同的方式实现，比如浓度差、压力和温度的差异，或电场。反渗透和纳米过滤需要施加额外的压力。膜蒸馏则利用温差。① 反渗透膜。反渗透法主要用于淡化海水。反渗透膜使用只允许水分子通过的膜。要净化的水被施加压力，非常小的水分子被推动穿过膜。钠和氯离子被膜去除，实际上就是过滤的过程。该方法还可消除金属离子、有机物质、细菌和灰尘微粒。唯一不能达到删除率 97％的物质是氡。反渗透是一种昂贵的方法，也难以净化所有的水（图 2-232）。不过，每天需要饮用和做饭所需的 20—30 L 水还是可以很容易净化的。反渗透净化器需要每日清洗和清洁。反渗透净化器效力强大，会消除水中对人有益的自然

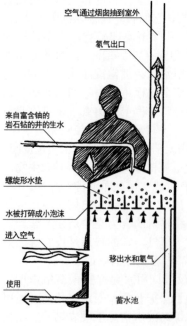

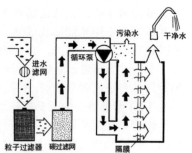

图 2-232　小型盐水净化装置

净化盐水被认为是高耗能且昂贵的。小型盐水净化装置（RO400）由伊莱克斯研制，它采用渗透技术。有三层预过滤器，以保护渗透膜和使水高速循环穿过膜表面的循环泵。污染物可被自动冲洗掉

金属。这意味着，如果纯净的反渗透水用于饮用，需要营养均衡的饮食或补充营养品。② 膜蒸馏。膜蒸馏是一种需要两个通道和一个膜的方法。95℃的热水流在一个通道，冷水在另一个通道里。它们之间是一种 Gore-Tex[①]聚四氟乙烯膜。热水释放的水蒸气可以通过膜，但水分子不能通过膜。无论生水多脏都没有关系。

（7）就地处理。维尔梅托德（Vyrmetoder）公司开发了一种有趣的水处理方法。Vyredox 法可消除水中的铁和锰，而水仍然留在地下（图 2-233）。这种净化系统包括泵井周围的一系列小水井。除气的富氧水被注入小水井，在含水层中"自然地"创建出氧化带。铁、锰被氧化后因过重而留下，只有不含这些金属的纯净水可到达泵井。氮化过程进一步发展，还可消除硝酸盐和亚硝酸盐。在氮化过程中，含有某种形式碳营养的水注入一个小水井外环。内环小井除去氮气以及氧化铁和锰。纯净的水则从中间的泵井被抽出。

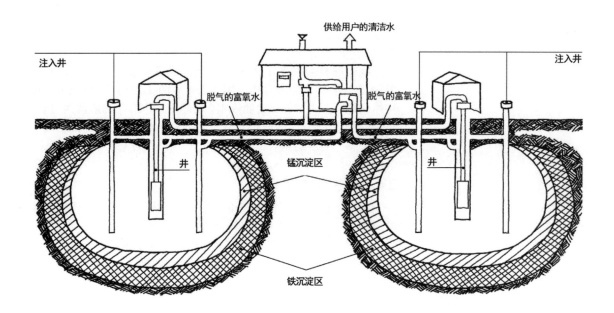

图 2-233　Vyredox 水处理方法
Vyredox 是一种使铁、锰在水井周围沉淀而水仍然停留在地面的方法。这种方法向井周围地下打入富氧水，在沉淀区产生氧化的金属离子

① 美国戈尔公司（W.L.Gore & Associates, Inc.）发明并生产的一种薄膜材料，具有防水透气功能。

图 2-234 位 于 瑞 典 博 伦 厄
（Borlänge）的生态循环住宅
资料源于建筑师贝蒂尔·斯曼努斯
（Bertil Thermaenius）与尼尔斯·提
贝里（Nils Tiberg）教授合作

2.4 垃圾

我们的社会产生了太多的垃圾，这意味着我们的生产和消费模式中存在不合理问题（图 2-234 至图 2-236）。垃圾可造成环境问题，占用空间，增加成本。实际上，并不存在所谓的垃圾，垃圾是材料在错误的时间放在了错误的地方。建筑材料垃圾见第 1.4 节"项目实施"。

2.4.1 生活垃圾

垃圾可以分为有机、无机、液态及气态（即不能被肉眼看见的分子垃圾）等类型。垃圾被冲入下水道后并没有消失，它们迟早会出现在湖泊或海洋中。垃圾如果焚烧处理也不会消失，会成为气态垃圾落在地面或水中（或留在灰烬中）。

1）当今的垃圾管理

近年来，许多国家禁止填埋处理可燃垃圾。家庭垃圾可以焚烧来提供能源或者回收利用（图 2-237）。回收垃圾中可能包含有机垃圾，可以用来堆肥和生产沼气，所以只有少部分的垃圾需要弃置在垃圾堆中。危险废弃物必须单独处理。

（1）垃圾焚烧。我们现在面临的巨大挑战是必须可持续性地使用材料和处理垃圾。当我们对垃圾进行分类、堆肥和循环利用时，可燃部分仍将被焚烧，但这需要适当的设施（图 2-238）。因此，垃圾应分为可燃和不可燃两类。垃圾焚烧会造成空气污染，将酸化物质、重金属和二噁英排放到空气中（表 2-10）。为减少污染物的数量，重要的是要有良好的焚化设施和废气净化设施。在新型焚化设施中，使用流化床变得越来越常见。这项技术将垃

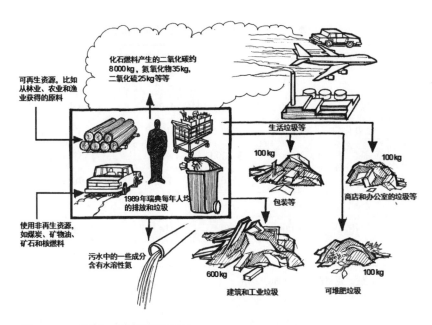

图 2-235　瑞典年人均消耗的资源
这是 1989 年的数据，但仍有意义。资料源于尼尔斯·提贝里（Nils Tiberg）教授——吕勒奥理工大学

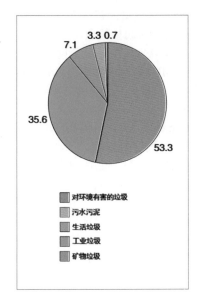

图 2-236　瑞典的垃圾来源占比
（单位：%）
资料源于瑞典环境保护署

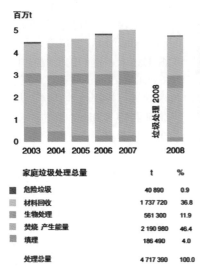

家庭垃圾处理总量	t	%
危险垃圾	40 890	0.9
材料回收	1 737 720	36.8
生物处理	561 300	11.9
焚烧 产生能量	2 190 980	46.4
填理	186 490	4.0
处理总量	4 717 390	100.0

图 2-237　瑞典家庭垃圾处理总量
回收数量在持续增加，48.7％的生活垃圾被回收利用，其中包括有机材料的处理。瑞典的环境目标之一是 2010 年回收利用 50％的生活垃圾，包括有机材料的处理。资料源于瑞典垃圾管理 2008（www.avfallsverige.se）

图 2-238　维也纳垃圾焚化厂
艺术家弗里德里希·亨德华沙（Friedrich Hundertwasser）是设计负责人之一。安装在烟囱上的废气过滤器被涂成金色以表示这是垃圾处理中最重要的过程

表 2-10 瑞典垃圾焚烧的年度废气排放量

排放物	1985 年	1991 年	1996 年	1985—1996 年的变化
废气	420 t	45 t	33 t	- 92%
氯化氢	8 400 t	410 t	412 t	- 95%
硫氧化物	3 400 t	700 t	1 121 t	- 67%
氧化氮	3 400 t	3 200 t	1 463 t	- 57%
汞	3 300 t	170 t	77 t	- 98%
镉	400 t	35 t	8 t	- 98%
铅	25 000 t	720 t	214 t	- 99%
二噁英	90 g	8 g	2 g	- 98%

注：资料源于 SVEBIO 7/98。

垃架空焚烧，从而使燃烧更彻底，产生的残渣也更少（图 2-239）。混合垃圾很难彻底燃烧，有时会产生二噁英。最好将焚化设施设计为地区热电站，来提供电力和供暖。二噁英是最危险的环境毒素。它们可以破坏基因，使动物致癌，并可能使人类致癌。近年来，二噁英的排放量减少到了 1980 年排放量的百分之一。造纸工业、交通、垃圾焚烧供热厂和金属工业都可能排放出二噁英。Götaverken Miljö 公司专门研究从废气中分离出环境危险物以及能源的技术。他们的专利技术名为 ADIOX，利用塑料塔填料（直径 6 cm、高 3 cm）吸收二噁英。塔填料里累积了足够的二噁英后，再对其进行控制性地焚烧，从而破坏二噁英，阻止其进入生态循环。斯利特（Slite）镇的西蒙塔（Cementa）公司对提高环境效率作出了显著贡献，是欧洲净化燃烧废气最好的公司。高效的净化厂用高温来处理难焚烧的轮胎、干淤渣、溶剂、油漆、肉和骨粉。

（2）垃圾填埋。垃圾填埋场正逐渐被淘汰。它们占用空间，排放有害物质，发出臭味，吸引大量的鸟类和老鼠。解决又大又臭的垃圾填埋场的问题有两种策略：一种是试图封锁垃圾场，防止泄漏、净化渗滤液、覆盖等（图 2-240）。另一种策略是尽量减少堆填区的垃圾数量。垃圾填埋占用的面积越来越大，对许多城市来说很难寻找新的填埋场地点。然而，最大的环境问题是液体渗出。当雨水落在垃圾填埋场时，有害物质被溶解，通过渗出的液体扩散到自然环境中。几乎所有的垃圾填埋场都会慢慢渗出污染物，主要是重金属。现代垃圾填埋场试图收集渗出的液体，净化后将剩下的污泥倒回在填埋区（图 2-241）。有害物质迟早会扩散到生态系统中。不应该只是把混合垃圾放在填埋场，要将危险垃圾从中分离，必须减少有害材料的使用，并对其进行分类、再利用、封存或销毁。许多垃圾填埋场的分解过程中会释放填埋气体（沼气），可以在填埋区设置管道来收集这些气体作为能源。

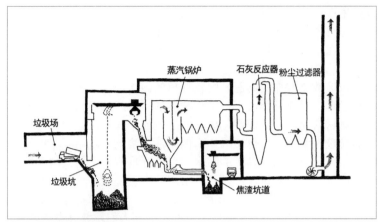

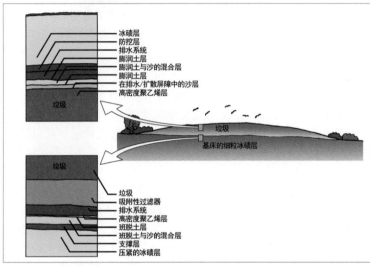

图 2-239　垃圾焚化设施简图
问题是，尽管经过净化，垃圾焚烧还是排放出了烟气。随着人们对垃圾分类方法的进一步改进，应当只焚烧可燃部分，产生的烟气将更加洁净

图 2-240　瑞典垃圾填埋场阻止渗漏的不同措施
资料源于 SAKAB 公司

（3）**生产者的责任**。为了减少填埋垃圾的数量，可以实行生产者对垃圾的责任制。这意味着某些产品的生产者有责任确保其产品最终不会在填埋场处理，而是重复利用。这些费用应该添加到有问题的产品中。到目前为止需要生产者负责的产品包括包装材料、轮胎、可循环的纸张、汽车、电器及电子制品。产品责任制一直处于发展的过程中。塑料和铝的循环利用需要加强。产品责任制的长期目标是对环境更友好的产品进行开发。

2）未来的垃圾管理

解决垃圾管理问题的途径包括节约资源、生产责任制、消费中的环保意识，从源头进行垃圾分类、堆肥、再利用、循环利用和能源回收。为了鼓励这种发展，需要有知识的消费者和有责任的生产者，再结合政策的主动性、法律和环境资金。未来垃圾的发展策略为：① 从生产阶段开始，就要优先考虑高品质生态材料制成的易于维护、修理和翻新的产品。当然，应该以环境友好的

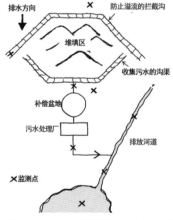

图 2-241　垃圾填埋场的基本管理要点
垃圾填埋场的一个问题是渗漏液，它包含大量的污染物，必须加以净化。净化后的污泥重新运回填埋。更好的垃圾分类方式可以减少对环境有害的垃圾进入填埋场

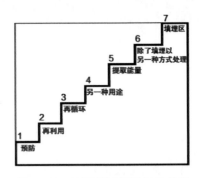

图 2-242　德国环境部垃圾处理策略优先级别

最重要的措施是防止产生垃圾，尽量接近阶梯的底部是很重要的

方式生产产品，同时要考虑产品的包装，尽可能缩短运输距离。② 理性消费需要选择正确的产品，但最重要的是，不买不必要的东西。在这方面，环境认证和综合内容申报发挥了重要作用。一个好方法是"不要购买你需要的，只买你不能没有的"。③ 为了解决垃圾数量增加的问题，比较理想的做法是综合考虑相关材料及其管理。材料分类如下：可再利用的（对产品而言），再循环的（对材料而言），焚烧、填埋或销毁的干燥产品，例如危害环境的垃圾；湿产品，包括液体，例如油、溶剂、可循环利用的动物油脂以及可送到处理厂的污水；可进行堆肥生产沼气的有机物质；可堆肥的污水污泥；以及可填埋垃圾焚烧后的炉渣和灰烬。④ 为了提高垃圾的分类和再利用的比例，一些城市提出对未分类的垃圾收取更多费用。这样做的目的是提高人们垃圾分类的意识。不同垃圾管理公司的收费不同。许多建设项目在现场对产生的垃圾进行分类，从而大大减少处理垃圾的费用（图 2-242）。

2.4.2　垃圾分类

垃圾分类需要仔细考虑家庭和工作场所的系统以及垃圾房和回收中心（图 2-243）。该系统必须配合市政垃圾管理系统。重要的是要有足够的空间，以便以实际的方式管理垃圾，所以建筑和规划都会受到影响。垃圾管理的细节根据地区不同而有所区别。

1）生活垃圾

2007 年，欧盟人均产生了 522 kg 的生活垃圾。从捷克的294 kg/ 人到丹麦的 800 kg/ 人。瑞典为 515 kg/ 人，刚刚低于平均水平。瑞典的垃圾管理自从 20 世纪 90 年代开始有了很大改变。从 1998—2007 年，生活垃圾的数量在 470 万 t 的基础上增加了24％。再循环的比例，包括生物处理，从 35％增加到 49％。垃圾焚烧生产能源的比例从 38％增加到 46％。1998 年，100 万 t 生活垃圾被弃置在垃圾堆中，2007 年该数据下降到了 20 万 t。填埋的数量一直在下降，2008 年降到了 4％。垃圾是一种资源。瑞典一半的生活垃圾被焚烧，转化成能源。焚烧同时产生了热量和废物。一个四口之家分离出来的食物垃圾生产的沼气可以供一辆车每周跑 7.2 km（图 2-244）。目前，已经有对于生活垃圾组成的详细研究，这些研究为组织垃圾分类提供了基础。在大城市，由于每天厚厚的报纸和大量的广告，纸张占的比例很高。① 可堆肥垃圾。可堆肥垃圾占生活垃圾的一半。堆肥应尽可能在当地实施，以避免不必要的运输。尿布占堆肥垃圾的 5％，不幸的是，它们含有不易分解的塑料成分，所以是个麻烦问题，这需要产品的升级。一种堆肥的替代处理方法是利用沼气设施进行腐败发酵，降低了氮的排放量。② 可回收垃圾。可回收垃圾占我们丢弃垃圾的约 1/3。纸（22％）、玻璃（3％）、金属（2％）、纺织品（3％）和塑料（10％）可以分类循环利用。塑料是一个问题，他们应该分类以及回收利用，但垃圾中含有如此多种特性不同的塑料，以

干/湿类型

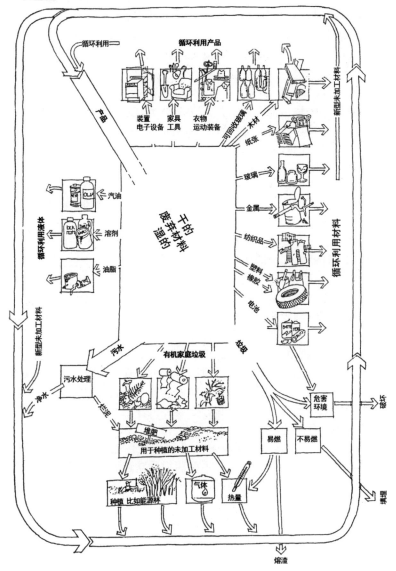

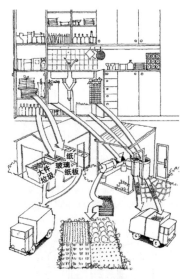

图 2-244　垃圾分类系统基于包含诸多环节和功能的链
公寓中有空间来分类和储存可回收的纸张和玻璃；建筑物中有储存间来储存可堆肥垃圾和其他垃圾；当地也配备了合适容器的垃圾分类站；堆肥的空间和使用堆肥的土地；为垃圾的管理和再利用设立的机构

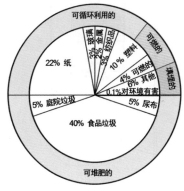

图 2-245　可回收垃圾分类示意图
外环显示了垃圾应分为：可堆肥垃圾，可回收垃圾，可燃垃圾，可填埋或销毁的垃圾。内环显示了生活垃圾的统计资料（重量百分比）

至于实际的回收利用工作并不好（图 2-245）。塑料有硬塑料、软塑料、对生态环境有害的塑料和对环境影响很小的塑料。纸箱往往很难回收，因为它可能有塑料或铝涂层，或者因为纸箱可能没有完全清空。铝的回收特别重要，因为生产铝需要消耗大量能源。玻璃、钢铁和瓦楞纸板的回收做得比较好。玻璃分为有色的和无色的。最近主要讨论的问题是建立美观或至少不太丑的废品收集点。③ 可燃垃圾。可燃垃圾可用于能源回收。4％的可燃垃圾是木材。如果回收塑料和纸箱的工作不得力，这些部分也可能被焚烧。考虑到垃圾焚烧设施的大量增加，可燃部分格外重要，因为可燃垃圾分类有利于产生更洁净的烟气。④ 填埋场。填埋场是那些没有其他处理办法的垃圾的最终去处。约 6％的垃圾仍然

图 2-246　厨房水槽下的垃圾分类装置

分类往往从厨房里的水槽下开始,这是适合放置容器的地方。在左边门旁有一个放置可堆肥垃圾的容器。它有一个穿孔的盖子,必要时可放置在水槽中收集水果和蔬菜的皮。右边有两个装其他垃圾的容器,一个用于装可燃垃圾,另一个用于装不可燃垃圾。资料源于贡(Gun)和扬·荷贝利斯·斯库(Jan Hallbergs Skulmodul)绘制

图 2-247　家庭中的垃圾分类储藏柜

厨房的水槽下没有足够的空间来容纳所有回收材料。因此,家里应该有一个地方用于收集纸张、金属、玻璃、塑料和可回收的包装材料。资料源于列夫·欣德格伦(Leif Kindgren)

被送往填埋场,人们正在做许多工作来减少这部分的数量。⑤ 有环境危险的垃圾。有环境危险的垃圾必须小心处理。生活垃圾中的环境危险垃圾比例已经下降到 0.1%。无论如何,因为危险,所以处理、回收或销毁工作都很重要。

2)分类的等级

重要的是尽可能在源头进行垃圾分类。通过建立不同层次的物流渠道,垃圾分类会变成日常生活的一部分。

(1)**在住家**。在市场上有为厨房垃圾分类而设计的放在水槽下面的装置(图 2-246)。该装置主要有两部分:可堆肥垃圾及其他。也有的装置分三部分:可堆肥垃圾、可燃垃圾及其他。有些装置的上面有一个开口作为扔垃圾的口,还有的可插入厨房水槽,作为筛子收集从块根蔬菜、水果等剥下的皮。市场上对可回收材料进行分类的特制橱柜,有壁式橱柜、水槽下橱柜以及其他特别设计的家具(图 2-247)。

(2)**在居住区**。许多垃圾分类站已经经历过了丑陋和脏乱。一种替代方式是在公寓楼中设置垃圾分类空间,或者在小型建筑物中放置储存回收物的装置作为回收站。这样,丑陋的收集装置就从公共场所转移到了半公共场所(图 2-248 至图 2-250)。

(3)**回收中心**。每个城市都应该有一些回收中心,例如危险垃圾和大型垃圾可以放置在那里(图 2-251)。回收中心应设备齐全并有足够的营业时间,这样才能够收集到如庭院垃圾、混凝土、玻璃、木材、电子材料、金属、大件垃圾、纸板、瓦楞纸板和对环境有害的垃圾。

(4)**二手市场**。二手交易中心可设在住宅区,一切都免费交易,或在二手商店出售。二手商店很受欢迎而且越来越常见。交易中心往往交易特定的商品,例如,滑雪设备或儿童物品。还可以在住宅区中安排交换室,人们可以将自己不需要的小工具和衣服放在那,别人如果有需要就可以拿去用。

图 2-248　垃圾自动收集系统

该垃圾自动收集系统由斯德哥尔摩哈默比湖城(Hammarby Sjöstad)采用 Envac 公司开发的产品建成。这是一种完全密封的真空系统,这意味着街头不再有那些恶臭、肮脏的垃圾收集房和垃圾箱,人们不必接触到垃圾袋或垃圾箱。从源头上进行分类处理,每种垃圾都有单独的入口,有机垃圾、纸张和其他。资料源于 Envac 公司

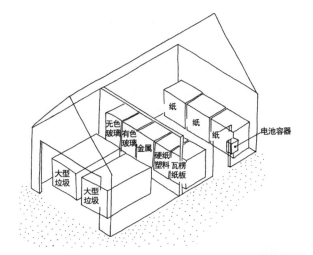

图 2-249　具有分类垃圾箱的垃圾房

为了提高垃圾回收的可操作性，应在居住区设置装备了分类垃圾箱的垃圾房。一个房间用来放置纸张、玻璃、纸板等；另一个房间放置大型垃圾。所有垃圾箱都应有轮子，建造垃圾房时要注意能方便地把垃圾箱转移到收集卡车上

图 2-250　垃圾分类收集房

该垃圾分类收集房是 1997 年为斯塔凡斯托普（Staffanstorp）住宅展建的。这个房屋有一个放置了 11 个大垃圾箱的房间和一个用于堆肥的温室。建筑面积 48m²，可供 60 户人家使用（46 套公寓单元和 14 个独户住宅）。该建筑是隆德大学建筑系的学生竞赛作品，由玛丽亚·达戈斯（Maria Dagås）设计，并由怀特建筑事务所及马尔默的瑞典景观公司进行了深化设计

图 2-251　废品回收中心

资料源于列夫·欣德格伦（Leif Kindgren）根据 SRV och Huddinge kommun 的小册子改绘

（5）乡村地区。在那些远离回收中心的乡村，垃圾分类直接在家中进行。为此已经设计了分类的生活垃圾箱（图 2-252），以及能同时收集各种垃圾的垃圾收集车。垃圾收集车有两个舱，一个用来收集报纸和其他垃圾；另一个则可以收集可燃垃圾和玻璃。

图 2-252 人口稀少地区的垃圾分类装置
在人口稀少的地区，利用房子附近的垃圾箱来分类垃圾。居民将可堆肥垃圾在当地进行堆肥

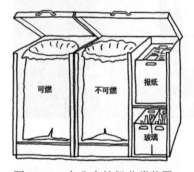

图 2-253 办公室垃圾分类装置
办公室的分类垃圾箱对几类不同的物品分类放置。办公室里量最大的可能是白色办公用纸、报纸和小册子、软塑料、瓦楞纸板和其他可燃垃圾

图 2-254 利用有机垃圾的一种方式：喂猪

（6）**办公室**。办公室垃圾应比生活垃圾分类更细（图2-253）。相比普通家庭，办公室会使用更多的日光灯管和光源，废弃后应该以环保的方式进行回收。回收汞的公司用过的碳粉盒由供应商回收，然后循环利用。破旧的电子设备可能含有对环境有害的物质，如多氯联苯、溴化阻燃剂、汞和镉。对环境有毒的物质需要交给专业的废品回收机构处理。用塑料容器收集某些废品是一个好主意，例如所有锋利的物体。

2.4.3 堆肥

堆肥可以采用院子堆肥、冷堆肥、高温堆肥、暖堆肥、生物堆肥、大型容器（桶）或地道堆肥，或垃圾堆积风干处理。同时，可以建造生态循环建筑，里面有鸡、生物堆肥和温室（图2-254）。堆肥成熟期和使用堆肥成品需要靠近种植区，如花坛、私人花园或附近的农业地。

1）高温堆肥

在市场上有很多不同的堆肥容器，例如，固定的、旋转的、结合土壤的和大型桶堆肥（图2-255、图2-256）。堆肥容器的设计应该避免吸引海鸥、乌鸦、老鼠等有害生物。家鼠可挤进大于6 mm的洞。经过大约两个月的堆肥后，堆肥的垃圾就不再吸引老鼠等有害生物了（图2-257）。

（1）**维护**。堆肥需要维护。需要进行检查并根据需要补充锯末或泥炭，以保持适当的碳氮平衡（图2-258）。堆肥需要搅拌，土块需要用堆肥耙粉碎。重要的是要对渗出液加以整理和清理。如果需要的话应该回收渗出液。容器盛满后就密封起来，以便有时间进行分解。堆肥完成后，将容器清空，把堆肥放到合适的地方熟化（图2-259）。

（2）**大型堆肥**。大型堆肥设施包括滚筒堆肥、隧道堆肥或堆肥处理机。滚筒堆肥可以粉碎垃圾并将其与秸秆混合，然后

图 2-255 来自于 SanSac 的运行良好的高温堆肥箱 "Biokuben"

图 2-256 垃圾箱边的堆肥罐
堆肥的地点没有特殊要求。最重要的是容器可以密封且能够轻轻移动。资料源于 "Lottas Komposträd"，洛塔·兰内（Lotta Lanne）

分到几个较小的堆肥容器中（图2-260）。一个堆肥桶可以处理
50—80户生活垃圾。隧道堆肥是在一个长长的隧道里，垃圾被放
入小容器，堆肥过程中容器会沿着隧道移动。隧道堆肥能够处理

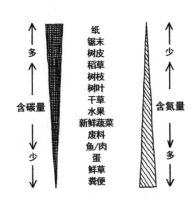

图2-257 高温堆肥反应过程
Ⓐ水蒸气在冰冷的金属内表面凝结并
穿过保温层。Ⓑ分解过程中产生氮和
氨气，随着水蒸气受热上升。Ⓒ氮气
和水回到堆肥中。Ⓓ由于高温，预堆
肥从表层开始。Ⓔ70℃的堆肥温度使
分解时间缩短到2—4周。Ⓕ迅速分解
之后，堆肥的温度下降，后堆肥阶段开
始。Ⓖ容器中可以留一小部分腐殖质，
内含微生物，可促进新的堆肥过程

图2-258 堆肥中碳氮含量之间的
关系
堆肥中碳氮含量之间的关系很重要。
1单位的氮需要25—30单位的碳。家
庭堆肥通常需要添加富含碳的物质。
为了达到适当的平衡，可以将各种含
氮丰富的生活垃圾与纸张、锯末、树叶、
泥炭等碳含量高的材料添加使用

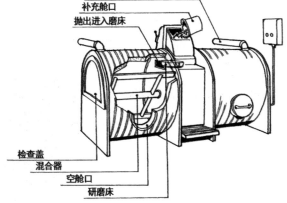

图2-259 堆肥的维护
为了闭合进行生活垃圾堆肥的生态循环系统，在熟化阶段
和培养阶段需要密闭的空间。资料源于EFEM建筑设计事
务所，哥德堡

图2-260 滚筒堆肥
垃圾从桶的一端放进去，最终作为堆肥垃圾从另一端
出来。桶慢慢地倾斜和旋转，或在内部配有搅拌器推
进材料

300 户生活垃圾。堆肥处理机可处理 50—200 户产生的有机垃圾。

（3）**生态循环建筑**。生态循环建筑包括一个温室、一个鸡舍和一个干草棚（图 2-261）。人们会把有机垃圾喂给鸡，鸡会吃掉能吃的部分。然后将残余部分和鸡粪进行生物堆肥，最后进入后堆肥阶段。鸡可以进入温室或在建筑之外圈起来的一个范围里。在生态循环建筑中，处理有机垃圾的同时还可以生产鸡蛋和西红柿。

2）集中堆肥

很多的高温堆肥点已经建成，可堆肥垃圾必须运送到那里。堆肥点有真空的中央控制系统，配有垃圾研磨器或者研磨管将垃圾输送到处理点，既可以是厌氧环境（沼气），也可以是有氧环境（湿反应堆）。这些堆肥系统通常将有机生活垃圾与其他有机垃圾混合处理。

（1）**垃圾研磨**。还有一种方法可用来处理厨房的有机垃圾，那就是用垃圾研磨器将垃圾磨碎，然后排入污水处理系统（图 2-262）。目前已经有黑水（厕所和厨房垃圾）和灰水（洗澡水、洗菜水和洗衣水）分离的污水处理系统。处理黑水的目标是保留尽量多的干物质，然后将其抽到沼气池进行分解。

（2）**沼气**。堆肥垃圾经过厌氧分解产生沼气，这可能为现在的许多垃圾管理问题提供一个好的解决办法（图 2-263）。垃圾管理和污水分解相结合是一种明智的选择。也可以掺入其他物质，如粪便、污水污泥和有机工业垃圾，比如屠宰厂残余垃圾。对混合物进行加湿，直到可以抽取（含 8%—10% 干物质），然后运送到分解设施，第一阶段未除去的纤维与小颗粒会被分离出来尽量除去重金属。然后将污泥放到密闭分解房间中，进行厌氧分解。

（3）**黑水系统**。黑水系统将污水分成两部分：可本地处理的清洗后废水，以及来自厕所和厨房垃圾研磨器的有机垃圾。这

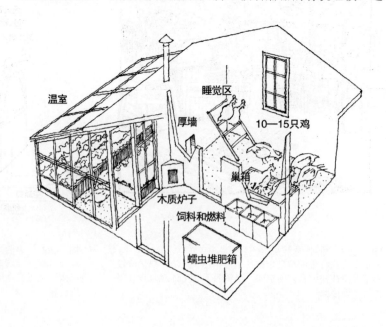

图 2-261　1992 年在瑞典厄勒布鲁（Örebro）住宅展中设计的生态建筑

该建筑的实际位置是在公寓楼前的院子里。该设计由建筑师贝蒂尔·斯曼努斯（Bertil Thermaenius）和尼尔斯·提贝里（Nils Tiberg）教授合作完成

温室　　睡觉区　　10—15 只鸡　　厚墙　　巢箱　　木质炉子　　饲料和燃料　　蠕虫堆肥箱

种系统将变得越来越普及。黑水被抽取到厌氧沼气设施或者需氧堆肥。瑞典克维克松德（Kvicksund）的泰戈维克斯（Tegelviks）学校、挪威奥斯陆南部的奥斯农业大学（Ås videregående skole）以及德国吕贝克（Lübeck）的弗林顿-布瑞特（Flinten-Breite）住宅区中利用了黑水系统（参见第3.3节"污水"）。

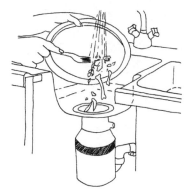

图 2-262　厨房水槽中的垃圾研磨器

2.4.4　循环利用

废弃的产品和包装必须经过远距离运输才能进行回收利用，因为专业的回收工厂数量稀少，相互距离较远（图2-264、图2-265，表2-11）。

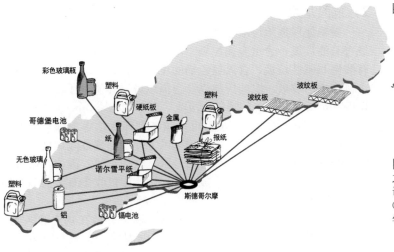

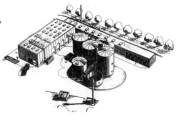

图 2-263　欧洲最大的沼气设施之一
该设施位于丹麦的赫尔辛格（Helsingør），其被用来分解家庭、餐馆、学校等产生的未分类的有机垃圾

图 2-264　废弃的产品
什么材料是最环保的？这取决于材料的成分和离回收点的距离。1997年，瑞典在这些地点回收处理废品：在诺尔兰（Norrlan）回收纸板，在哈尔斯塔维克（Hallstavik）的造纸厂回收报纸，在阿尔维卡（Arvika）、哈马尔（Hammar）和诺尔雪平（Norrköping）回收玻璃，在东约特兰省的芬斯蓬（Finspång）回收金属，在斯科讷省的洛马（Lomma）回收塑料

表 2-11　2007 年瑞典家庭回收的材料

	回收数量（%）	政府目标（%）
报纸	85	75
办公用纸	61.5	—
纸板	72.6	65
材料包装	67	70
塑料包装	30.1*	70**
玻璃保证	95	70
电子垃圾	80	—
制冷剂等	95	—
生活垃圾中的金属	95	—

注：* 回收能量34.5%，总回收率64.6%。** 其中回收能量30%。资料源于瑞典2008统计年鉴。

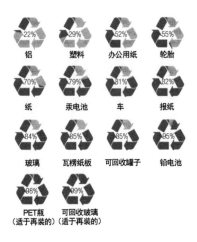

图 2-265　2002 年瑞典回收的各类物品
资料来源于《瑞典自然》，2002 年第 5 期

1）包装

包装纸和包装箱构成了一大部分垃圾。因此，我们谨慎地选择包装是很重要的（图2-266至图2-270）。据业内计算，包装占食品消费总价的10%左右。在瑞典，公司可以加入REPA——瑞典工商协会负责收集和回收包装的部门，它们为对包装负责的公司颁发认证。通过第三方承包商，公司从包装材料中收集、回收和提取能源，客户只要提供给承包商公司需要包装材料的规格。收集和回收包装需要增加额外的成本，因此成员公司要共同提供资金，当然最后的成本需要由消费者在产品价格中承担。

2）危险垃圾

妥善处理危险垃圾尤其重要。每年生产的最大数量的危险垃圾有石油垃圾、含重金属垃圾、溶剂垃圾以及油漆垃圾。此外还有酸性和碱性垃圾、含聚氯乙烯的垃圾、含汞垃圾、石灰废料、含氰化物的垃圾、农药废料以及含镉垃圾。其他对环境有危险的垃圾有实验室和医院的特殊垃圾等（图2-271）。

（1）**环保站**。危险垃圾可以收集到环保站中。每个城市应该有足够数量的环保站，使人们可以方便地处理危险垃圾。加油站已经在处理危险垃圾，如废油、汽车清洁剂等，因此，可以相对容易地将这些加油站拓展成为环保站，用以收集有害的和对环境有危险的垃圾。

环保站可以收集以下类别的垃圾并将其存放在规定的区域：① 对环境有害的液体；② 对环境有害的固体；③ 汽车蓄电池；④ 废油；⑤ 家用电器。

应该放到环保站的常见产品有：丙酮、杀虫剂、摄影药水、油漆稀释剂、剩余的油漆、石油溶剂油、氯、乙烯基上光蜡、修正液和油渣等。

（2）**接受回收的商店**。许多商店提供回收服务，接受由他们销售出的那些已破旧不堪并可能对环境构成危险或破坏的产品。例如相机店回收电池和摄影用药水、药店回收药品和水银温度计等。

（3）**销毁设施**。每个国家都应该有专门的设施对环境危险垃圾进行处理或销毁。一个破坏环境的处理垃圾的例子是燃烧时具有危险性的材料。

3）危险垃圾的循环利用

在当今社会，很难要求某些产品不含有那么多有害物质，但如果要被完全使用，则需要专门的回收系统来解决这些问题。电子产品、电池、照明光源、轮胎等就是此类产品。

（1）**照明光源**。紧凑型荧光灯泡和荧光灯管都含有汞。每年约50 kg汞以废灯泡的形式排放到环境中，因此，一些公司开始处理含汞的荧光灯管（图2-272）。一个荧光灯管含有5—30 mg汞，紧凑型荧光灯泡和灯管含有5—10 mg汞，金属卤化物灯含

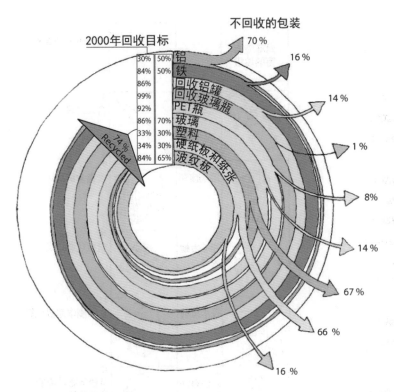

2000年回收目标

不回收的包装

30%	50%	铝	70%
84%	50%	铁	16%
86%		回收铝罐	14%
99%		回收玻璃瓶	1%
92%		PET瓶	
86%	70%	玻璃	8%
33%	30%	塑料	14%
34%	30%	硬纸板和纸张	67%
84%	65%	波纹板	66%

74% Recycled

16%

图 2-266 2000 年回收的不同材料的包装垃圾种类、各类的回收数量以及政府制定的目标数量
资料源于《新科技》（Ny Teknik），2001 年第 35 期

图 2-267 包装材料
包装行业正努力寻找环保的替代品。一种替代选择是以马铃薯粉为原料的淀粉即可堆肥包装材料

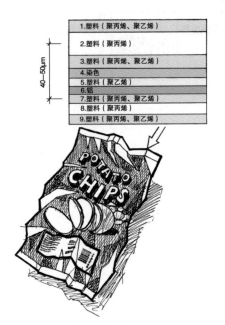

40—50μm

1.塑料（聚丙烯、聚乙烯）
2.塑料（聚丙烯）
3.塑料（聚丙烯、聚乙烯）
4.染色
5.塑料（聚乙烯）
6.铝
7.塑料（聚丙烯、聚乙烯）
8.塑料（聚乙烯）
9.塑料（聚丙烯、聚乙烯）

图 2-268 薯片包装袋
有些包装不可能回收利用。如图所示的薯片包装袋有 9 层材料：7 层塑料、1 层铝和 1 层颜料

图 2-269 瓶子包装材料的变更
一个巧妙的办法是用托盘代替箱子，使单位体积内能够容纳更多的瓶子，这样可以减少包装垃圾

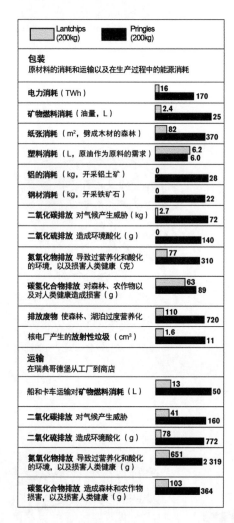

图 2-270 两种薯片包装袋对环境的影响比较
资料源于每日新闻报，1996-03-27

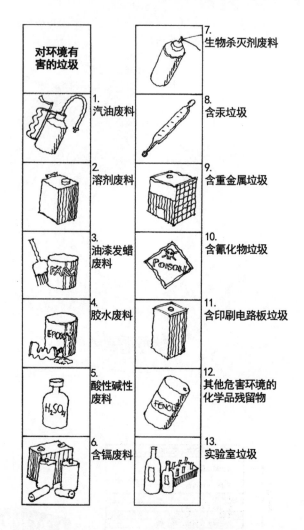

图 2-271 被认为危险的垃圾种类
危险垃圾必须被特别小心地处理。资料源于环保部名单，SNV 690

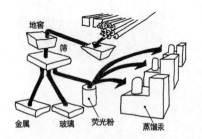

图 2-272 从荧光灯管中提取汞的一种系统
如果使用危险物质，应当以可控的方式进行认真收集，使它们可重复利用

有 45 mg 汞，高压汞灯含有 20—50 mg 汞，高压钠灯含有 20 mg 汞，霓虹灯管含有 0.5 mg—2 g 汞。白炽灯泡不含有汞，但它们的基座含有铅。每年有 40 t 的铅因为白炽灯泡作为生活垃圾而未得到合理处理，这是已知的铅的最大来源。有公司研制了回收白炽灯泡中所含物质的技术设施。技术的发展正在减少光源中的重金属含量。现在正在研制含有较少汞的日光灯管、不含铅的白炽灯以及不含任何重金属的新型光源。

（2）电子产品。有拆卸旧电脑的公司，使一些部件重复使用。一台计算机的部件约 97% 可以循环利用（图 2-273）。计算机的平均寿命为 7 年。铁、铝和铜是计算机中最常用的金属，另外也会使用铅、银和金等金属。许多塑料用阻燃剂进行过处理，必须在高温（1 300—1 400℃）下燃烧。传统的电脑显示器包含三种类型的玻璃，每一种都含有不同比例的铅：屏幕前端含5%，后面部分含25%。如果计算机通过TCO认证，那它就不应该含有铅或镉。显示器还含有许多不寻常的物质，如铍、钯、锶等。很难从电脑显示器回收玻璃，但人们正在开发新技术来做到这一点。绿色和平组织的"绿色电器指导"根据环境友好程度对电器公司进行了排名。

（3）**轮胎**。轮胎存在的一个问题是，用于橡胶混合物中的柔软剂是高芳烃油（HA油），具有很强的致癌性。每年有成千上万吨的有毒物质从使用的轮胎中释放到道路上。一些轮胎生产商选择用其他矿物油替代HA油。一个破旧汽车轮胎仍含有总橡胶含量的85%。轮胎可以翻新，有一些公司回收磨损的橡胶轮胎来生产橡胶颗粒和粉末，以此为新原料生产各种橡胶制品。例如，回收的橡胶可以作为新型沥青表面的成分，因为它可以降低噪音。大部分回收橡胶以颗粒的形式用在跑道上。有些是与新橡胶混合。目前，相关人员正在研究可以用回收橡胶生产的新产品，如弹性地板。

（4）**氟利昂**。已经有新技术，可以从旧冰箱和冰柜的冷却线圈和绝缘层中除去氟利昂（图2-274）。

图 2-273　电脑回收材料的多种用途

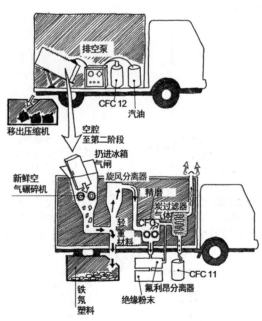

图 2-274　改善后的氟利昂回收系统
从制冷设备中回收氟利昂的系统得到了改善。在步骤一中，冷却管路被清空，回收95%的氟利昂。在步骤二中，外套和绝缘层被研磨，可以回收绝缘层中80%—90%的氟利昂。资料源于瑞典氟利昂回收公司

图 2-275　瑞典环境部门一份危险
产品基础报告的封面
资料源于 Ds 1992:82

2.4.5　生态设计

生态设计需要从产品生产的一开始就加入全生命周期的观点。怎样延长产品的寿命？怎样才能修复产品？产品可以被翻新（最大可能地使其再次具有功能）吗？产品发生什么事情就不能再使用了？

1）危险的产品

目前最大的浪费问题不是来自产品的生产和包装，而是产品本身迟早会成为垃圾（图 2-275）。

（1）不再需要的物质。我们四周围绕着许多含有有害物质的商品。我们通常没有考虑到这一点。应该考虑一下产品是否因为含有这些有害物质而变得更好，或者是否有使它们不含有有害物质的生产方式（图 2-276）。最常见的两种重金属是铬和镉，存在于许多日常物品中，未来将成为一个环境问题。我的沙发必须含有氢氰酸吗？为了防止电话着火就必须含有溴化阻燃剂吗？一个著名的汽车制造商的销售宣传是，购买他们的汽车可以得到市场上最多的镀铬层。但同时，我们知道，铬是一种重金属，不应被广泛使用。很多垃圾肉眼是看不见的，但以分子的形式存在于我们周围。例如，大多数皮鞋都含有铬，皮鞋踏出的每一步都在我们身边释放铬分子。

（2）生命周期。全生命周期的分析可以通过比较各种产品对环境的影响来实现。分析研究产品在全寿命周期中会发生什么情况。消耗了多少原材料和能源？多少环境负荷量被排放到土地、空气和水中？解答完这些问题后，将各种数据除以产品的寿命。因此生命周期具有十分重要的意义。我们应该摆脱轻易丢弃物品的习惯，取而代之的是生产使用寿命更长的产品（图 2-277）。

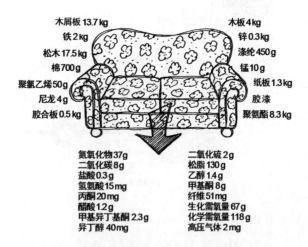

图 2-276　一个普通沙发的组成材料和物质
某些材料散发的气体可能影响人体健康。资料源于生态和自然资源局，1992

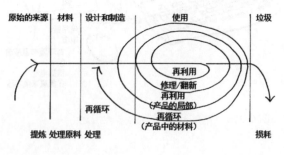

图 2-277　可持续发展社会中的材料使用过程
产品应该被一次次地重复利用，应该可以进行修理、翻新，材料应该可回收或适合从中提取能源

2）修理

产品无法使用的原因经常是某个部件磨损和破坏。如果可以简便地更换该部件，就应该进行修理而不是更换一个全新的产品。

（1）**翻新**。有些产品比其他产品损坏得更均匀，例如轮胎、木地板和鞋底。通过翻新轮胎、打磨木地板和换鞋底，可以恢复这些产品的功能。因此，这类产品在设计时就要考虑能够被翻新。

（2）**再利用**。如果产品的质量够好，对美学和材料都很讲究的话，它就可以用很长一段时间。许多衣服因为流行趋势的改变而遭到废弃，但往往再过几十年又会成为时尚，并在二手商店销售。随着生活的变化，某件物品对于某个人来说可能会失去了价值，却可能是另一个人想要的。尤其好东西会成为古董，其价值会随着时间的变化而增加。在这里就出现了一个根本的差异。一套由质量差的木屑板做成的质量低劣的家具只会有很短的寿命，10年后必须被扔掉。18世纪制作的高品质家具现在却具有极高的价值。对于更复杂的产品，可能某些部分损坏了而其他部分还能使用更长时间。这些产品应该容易拆卸，并可以获得所需的零件。这种系统已经在汽车工业部门中开发出来，在建筑业也有类似的系统在开发。汽车回收商有共享的数据库，可再利用的建筑产品也有类似的数据库。

（3）**材料回收**。在一个可持续发展的社会，应该能够从所有产品中回收材料。这对产品有两个要求，能够分解成各种部件且可以分类。汽车部门已经走在这一领域的前沿。萨博是第一个标记每个部件的制造商。一个有意思的产品是一种英国烤面包机，配有一个红色的回收按钮，按下红色按钮后烤面包机就会分解成金属、塑料和其他部件。目前关于回收塑料制品的一大问题是，很难知道其所使用的塑料类型以及如何处理。

（4）**材料选择**。在生态设计中，应避免造成环境或健康危害的物质和材料，应尽可能选择环境负荷小的材料。全寿命周期分析可以说明某个产品消耗了多少能源和原材料以及对土地、空气和水的污染程度。可以用许多不同的方式进行全寿命周期分析，根据分析方式的不同，结果也有所不同。为了比较不同的材料，就需要等效分析。为此可以使用环保产品声明（EPDs），根据特定的模式界定产品，并经过有资质的第三方的检查和认证。

（5）**多功能**。在消费型社会中，越来越多的特定用途的产品正在开发，这导致了我们被大量物品所围绕的物质社会。减弱这种发展趋势的一个方法是设计可满足多个不同需求的产品。一个例子是提倡购买一台综合了传真机、电脑打印机、扫描仪和复印机的多功能设备而不购买四个独立设备。选用既可以盛甜点又可以盛茶的碗，以及平底而有深度的盘子，既可以盛汤又可以盛其他菜品，以此来代替由甜品盘、汤碗、茶杯和餐盘组成的一套餐具。新一代的手机综合了电话、照相机、音乐系统以及可以连接到互联网的手提电脑等功能。

（6）**租赁协议**。许多产品可以保持几十年基本不变，如厨房、洗衣设备和计算机。某些部件可能损坏了，而其他的则可能是过时了。现在已经出现个人是否需要拥有自己的计算机或冰箱的讨论，或者他们只需要签一个租赁协议，生产商承诺提供一种功能而不是产品。这可能导致另一种不同的设计，冰箱需要维持美观和高功能高质量两方面的要求，生产者承担部件磨损时进行更换的责任。最多需要 15 年就能够研制出寿命更长的冰箱，某些部件可以随着时间的推移进行替换。

生态循环

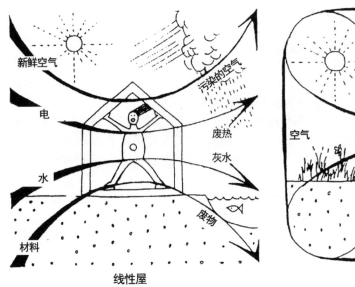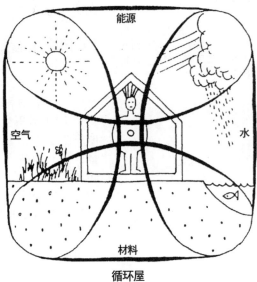

新鲜空气

电

水

材料

污染的空气

废热

灰水

废物

线性屋

能源

空气

水

材料

循环屋

插图　线性屋和循环屋
在一个线性屋内大量资源流失，产生引发诸多问题的垃圾和废物。在一个循环屋内，资源的消耗量减少，并且得以循环使用。
资料源于建筑师比约·贝格（Björn Berge），De siste syke hus，1990

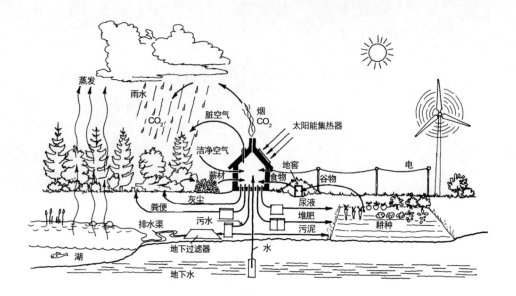

图 3-1　乡村生态循环房屋与周围
环境的结合
这个独户住宅案例可以清楚地说明生
态循环。生态循环技术可以应用到各
个层面：适用于建筑物、村庄、密集
居住区和城市

3.0　引子

1）闭合生态循环

可持续性建筑使用的资源在一个生态圈中循环，能量产生于可再生能源，排水系统可回收其中的营养物质，有机物返回土壤，为植物和耕种提供肥料（图 3-1）。

（1）**可再生热能**：利用可再生能源采暖和制冷。可再生热能产生于生物燃料与太阳能。这类系统采用了蓄热箱来储存热量。另一种技术是利用热泵，利用自然界中的低温热来进行采暖和制冷。

（2）**可再生电能**：利用可再生能源发电。通过发展小型水电站，水利发电量还可以增加，生物燃料和风能也可产生电能。从长远来看，太阳能电池会更加便宜，他们能与建筑的屋顶和外立面结合。

（3）**污水**：污水分类是把污染降到最低的有效方法。污水可以分为雨水、交通污水、灰水、尿液和黑水。自然净化方式可以作为物理和化学净化方式的补充。最终净化的污水可以返回农田。

（4）**植物和农耕**：有机物的再循环。植物和农耕具备多种功能：生产食物和能量，并且将有机废物和污水淤泥返回生态循环之中。他们同时也贡献着物种多样性、美丽的景观和健康的环境。自然保护区、公共和私人的花园、建筑物周围与内外的植物都是非常重要的自然元素。

2）循环建筑与可持续发展社会

在一栋循环建筑中，选择的物质和能量流取决于它们如何来，到哪儿去，以及是否与自然和谐，保护和节约资源也同样重要（图 3-2）。但是有待进一步研究的是：建筑内部的循环与生态循环的结合。

3）当今的能源供应

世界 80% 的能源需求是通过化石燃料满足的，80% 的温室气体也正是由于燃烧化石燃料产生的。建立可持续能源的未来有两个策略：更高效的使用能源和开发可再生能源，包括太阳能、生物质能、水能、风能和地热能。太阳能是所有中间潜力最大的，可以满足人类的全部能源需求。光伏电板可以提供电力，太阳能集热器可以产热。热泵可以帮助我们利用空气、水和土壤中的热量。风能可以发电和抽水。从大海中我们可以获得波能、潮汐能、海流能和海洋热能转换（Ocean-thermal Energy Conversion，简称 OTEC）。生物颗粒和有机垃圾可以用来作为燃料。地热能可以供热和发电。水能作为传统的技术可以进一步推广。可再生能源的利用有很多可能性。

4）瑞典的能源供应

目前瑞典对于化石燃料的依赖仍然相当严重。现在每年消耗的产生于化石燃料的能源高于 200 TWh（图 3-3）。研究表明，在保证经济增长的情况下，减少能源消耗是有可能的（图 3-4）。瑞典的能耗大约是 450 TWh /a，其中 150 TWh 是电能。1998 年瑞典环境保护署气候委员会提出的方案是通过使用节能和高效措施，将能耗降低为 300 TWh /a，其中电能 100 TWh。在瑞典

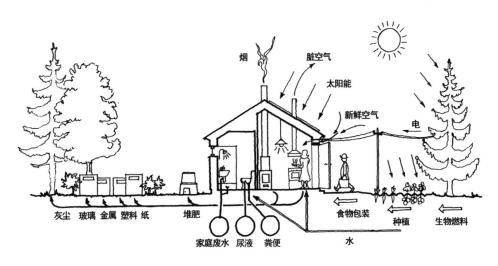

图 3-2　采用了最新技术的独户生态循环住宅示意图

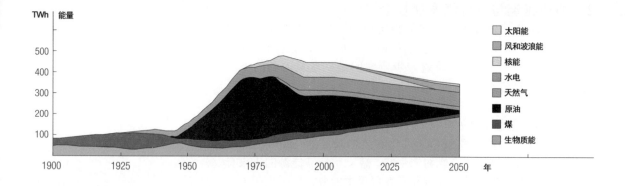

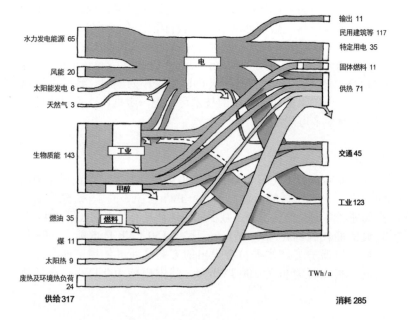

图 3-3　瑞典的能源消耗

直到第二次世界大战结束能源消耗一直处于低位，战后能源消耗迅速增长，尤其是石油，到 1970 年代，能耗增长开始停滞，这时候核电开始出现在图中。现在的挑战是核电要被淘汰，同时化石能源也要被太阳能、风能、生物质能和水电所代替

图 3-4　2050 年后唯物主义能源预测场景中的瑞典能源流

2050 年后二氧化碳排放量减少到 4 Mt/a，与 21 世纪初相比减少 75%。资料源于《2050 年的能源情况》，瑞典环保局，1998

利用可再生能源的潜力巨大。现在由生物质能产生的能源达到 100 TWh，在现有的资源的条件下可以增加到 200 TWh。在不久的将来，瑞典所有的电力可以通过水能、生物质能和风能提供。现在瑞典大约一半的电力由水力发电提供（65 TWh）。提高现有小水电发电效率的潜力巨大，而且没有太多的负面环境影响。预计风能发电的潜力约为 30 TWh /a。通过新技术以及更多的调峰电厂，区域供热系统可以提供每年 33 TWh 的电力。根据 2009 年的建设计划，通过使用生物质能和热能，以及将风力发电量提高至 25 TWh，瑞典有望实现欧盟的建议目标，即到 2020 年，可再生能源供应达到能源需求总量的 49%。

5）全球能源供应

使用可再生资源满足地广人稀国家的能源需求并不困难，对于有丰富生物质能资源、水力资源和风能资源的国家同样不困难。我们面临的巨大挑战在于如何通过使用可再生资源满足全球的能源需求。关于上述可能性的调查表明生物质能、水能和风能的供应有限，地热能只能在特定地区使用，最大的潜力在于使用太阳能（图3-5、图3-6）。

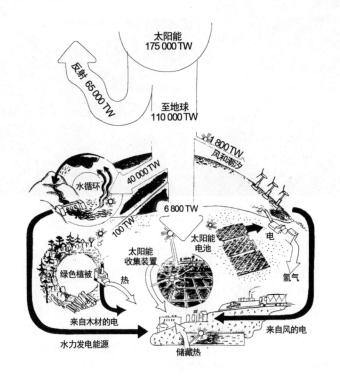

图 3-5　太阳能资源能量示意图
即使我们只学会利用太阳能量流中的一部分，能源问题也会得到解决。太阳能驱动了风和水的循环，促使绿色植物生长。即便如此，大部分到达地球的太阳能量仍然是直射阳光。插图为于艾瑞克·桑迪加德（Erik Sandegård）绘制

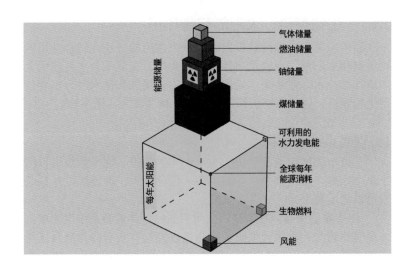

图 3-6　年平均太阳能与风能、水能、生物质能以及不可再生能源总储量之间的关系示意图
资料源于《可再生能源》，挪威水资源和能源局，挪威研究院，2001

图 3-7　图盖利特（Tuggelite）生态村的区域采暖装置
该生态村位于卡尔斯塔德（Karlstad），其装置所使用的能源来自于生物燃料（木颗粒）和太阳能

3.1　可再生热能

为了营造一个舒适的室内微气候，建筑自身需要进行气温调节，也就是采暖和空调。在北欧的气候环境中，大部分建筑在冬天需要采暖。一些建筑，尤其是办公建筑，在夏季需要空调。在可持续性社会中，人们尽量使用可再生能源来采暖和制冷。可以用多种能源来加热建筑以及生产热水，例如：生物燃料制热、太阳能集热、使用来自环境的低温热源热泵以及废热（图3-7）。

3.1.1　生物燃料、太阳能和储热箱

利用可再生能源为建筑采暖的一个常用的方法是结合使用生物燃料和太阳能，同时采用储热箱来储热。在夏季，主要使用太阳能加热冷水，在冬季，当同时需要室内采暖和热水时，主要使用生物燃料。这个系统被称为"三位一体能源"（图3-8）。

1）供暖系统的规模

三位一体能源系统能适应大小不同的规模。这个系统可以用于单个家庭，地区供热厂能够供应一组建筑群，而城区供热系统则可以满足整个城区的供热需求。

（1）**家庭采暖**。在家庭中采用的三位一体能源系统很简单。一个储热箱与一个屋顶太阳能集热器以及装有水套的燃烧系统相连接（图3-9）。燃木火炉、瓷砖炉灶、燃木厨房炉灶，或者生物燃料锅炉，都可以用作燃烧系统（图3-10）。不加水套的燃烧系统也是可行的。这样热水就需要另外加热（图3-11）。

（2）**社区供暖**。① 小规模颗粒燃烧设备。该设备可以通过社区系统为建筑供暖。社区供暖系统可以用于：小型居住区、生

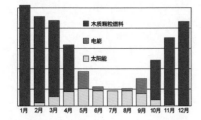

图 3-8　不同月份太阳能与生物燃料使用情况的比较
使用太阳能与生物燃料互为补充有许多优点。在高纬度地区，冬季缺少阳光意味着太阳能需要其他燃料来补充。相反，在夏季，充裕的太阳能足以用来加热水，可以关闭生物燃料锅炉。在低负荷状态下的燃烧是低效率的，只会加剧对环境的影响。因此，在夏季使用电能作为太阳能的补充。资料源于扬·奥洛夫·达兰拜克（Jan Olof Dalenbäck），查尔姆斯理工大学，哥德堡

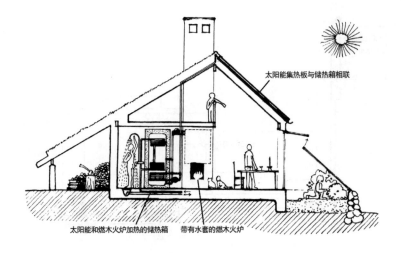

图 3-9　生态屋中的能源系统
这个住宅保温性能良好，同时包含了被动式太阳能利用。建筑朝南的屋顶上装有一个太阳能集热器并配套一个水套瓷砖火炉。热能储藏在为建筑提供采暖和热水的储热箱中。资料源于约翰·卡尔松（John Karlsson）绘制

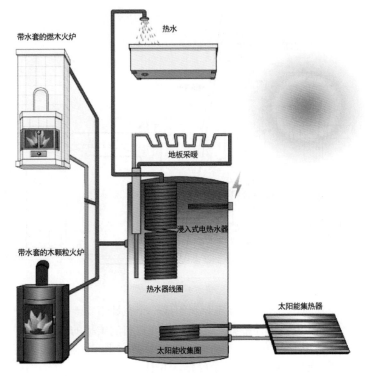

图 3-10　高效节能住宅中使用的可再生能源供暖系统
带水套的锅炉和太阳能集热器为储热箱供热，热水和建筑采暖使用的热均来自于储热箱。资料源于《北欧采暖系统》

态村、大型农场、公寓组团、学校和医院。燃烧木质颗粒的供热系统能够实现自动化，不给用户增添额外工作。可以用双管和四管系统来输配热。双管系统从一个中央热力站为房屋供热，热水由每个用户单元自行供应。通过两个平行系统可组成一个四管系统，从中央热力站同时提供热水和建筑采暖。②太阳能集热装置。该装置可以位于中央热力站，也可以位于每栋建筑的屋顶部分。主储热箱置于中央热力站中，每个单元中的小型储热箱可以作为其补充（图3-12）。③输配热系统。社区供暖的输配热系统是简

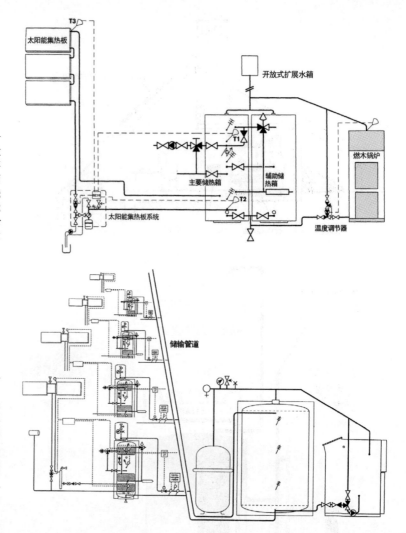

图 3-11 使用"三位一体能源"的家庭供热系统

这个系统由一组太阳能集热板、一个燃木锅炉和连接两个储热箱的电热盘管组成。其中一个储热箱用来储存夏季太阳能集热板产生的热量，两个蓄热箱都用来储存供热期间燃烧木材得到的热量，电能作为后备能源。资料源于贡纳·李讷默（Gunnar Lennermo），能源分析公司，阿灵索斯（Alingsås），瑞典

图 3-12 恩德斯坦斯约登（Understenshöjden）生态村中的供热系统

尽管有一个区域中央供热锅炉，这里每个居住单元都有一个储热箱。输配热过程中的能量损失因此降低，每栋建筑拥有自己的储备系统——一个位于蓄热箱中的电热盘管。为了获得高效运行，中央锅炉仍然需要配备储热箱。资料源于贡纳·李讷默（Gunnar Lennermo），能源分析公司，阿灵索斯（Alingsås），瑞典

单便宜的。输送管和保温材料组成一个在地下"运作"的单元（一个回路）。在管路的外层是内填绝缘材料的柔韧的波纹形保护壳。在管路中心是中空的塑料管。管路长数十米，规格固定，便于拼接在一起。这些管路易于操作，并且在窄于常规尺寸的沟槽安装（图 3-13）。一旦回路安装完毕，供水管也就拉通了，在地下设有接合。

（3）区域供热。区域供热一般用于密集建设的地区。热能可以由燃烧生物燃料的供暖设备或者工厂废热提供（图 3-14、图 3-15）。区域供热设备使用先进的废气清洁系统。通过为数很少的烟囱排放，大大降低了燃烧过程产生的空气污染。区域热力站的选址根据建筑密度确定。建筑密度越高，分配热损失越小，供热系统的效率越高。如果使用范围扩大到建筑密度低的区域，城区供热设备的经济性就会降低（图 3-16）。被动式太阳能公寓需要消耗的热能很少，将用过的热水返还热力站后还可以作为热源

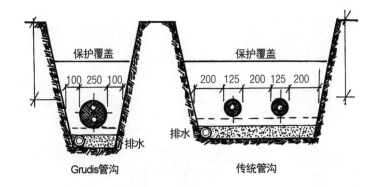

图 3-13　格鲁底斯管沟与传统管沟的比较（mm）
格鲁底斯（Grudis）管沟占用的空间小于常规管沟

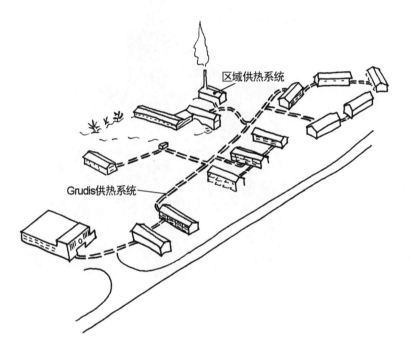

图 3-14　区域供热系统之格鲁底斯供热系统
瑞典的格鲁底斯（Grudis）是一个拥有多种优势的区域供热系统，其预制的管路单元是自保温的，便于装配，占用空间小，并且相对便宜

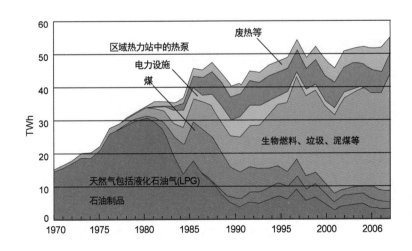

图 3-15　1970—2006 年瑞典区域供热的能耗情况
资料源于瑞典统计局和瑞典能源署

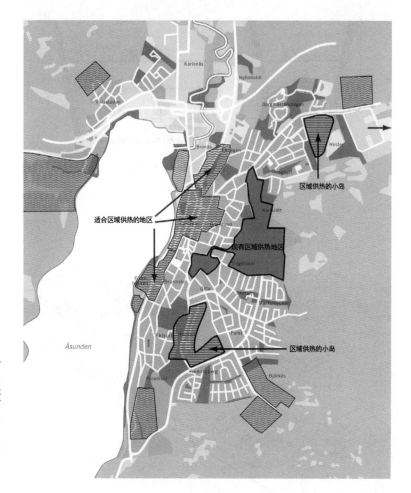

图 3-16 瑞典乌尔里瑟港 (Ulrice
hamn) 地区的供热系统平面
将供热网络从"已有的区域供热地区"
扩展到"可能的区域供热地区"十分
简单。在标记有"区域供热岛"的地区,
将有可能建立小型区域热力站。这张
地图同时标示出,未来发展过程中可
以通过多种方式满足供热需求的地区。
资料源于《建设一个可持续的社会》,
比吉塔·约翰松 (Birgitta Johansson)
和拉尔斯·奥斯库格 (Lars Orrskog),
2002

图 3-17 私人住宅中的集中采暖
系统连接箱

(通过热泵)(图 3-17)。这种方法已经在卡尔斯塔德 (Karlstad)
的瓦特瑞特·西格莱特 (Kvarteret Seglet) 公寓得以应用。热泵的
负面影响通过减少的总耗电量获得补偿(建筑与家用电器用电)。
当前正在着力提高区域供热管线的保温能力和输热技术效率。首
先,最高输热温度可以从 120 ℃减少到 100 ℃,有时甚至更低。
其次,铺设区域供热管线的新技术已经得到发展。最后,调整和
更换区域接收站的设施,以降低回水温度。使用生物燃料最有效
的方式是将其在发电站燃烧,同时产生电能和热能(参见第 3.2
节"可再生电能"中的区域供热段落)。

2)利用废热

(1)废热。工业废热可以用于区域供热。在钢铁工业中,
钢铁冷却时释放出大量能量可以作为热的来源(图 3-18)。如果
废热的温度过低,可以使用热泵,瑞典南部的阿勒夫 (Arlövs)
炼糖厂正在使用该技术。一些工厂的废热温度过高,无法用于建
筑采暖。这些废热可以为工业生产提供二次供热,在这个过程中
再次产生的废热可以用于区域供热(这个过程称为级联)。瑞典

皇家理工学院（KTH）化工系的一个研究小组建议：将乌克瑟勒松德（Oxelösund）钢铁厂的剩余热量通过化学方法储存在容器内，然后通过火车、轮船或卡车运送到位于斯卡夫司塔（Skavsta）的机场。这个方法采用了吸附技术将热量储存在带有沸石的容器内（图3-19）。

（2）**废气净化**。当今，生物燃料的燃烧效率已经达到了很高的程度——高效燃烧和清洁排放已经十分常见。为了减少空气污染，需要采用多种方法进一步净化废气，尤其是在大型设施中。这一点在焚烧可能含有污染物的垃圾时尤为重要。在大型工厂，常将几种净化废气的不同方法组合使用。小型工厂则多采用催化式废气净化（图3-20）。

（3）**废气冷却器**。废气冷却器是热交换器的一种，安装在大型工厂中用于提取废气中的能量。但是，需要保证废气在上升和离开烟囱时具有足够的热度，不至于凝结和损坏烟囱。

3.1.2 生物能

利用生物燃料的一个好处是它们在燃烧时不影响气候变化，因为在燃烧过程中排放的二氧化碳被树木吸收。目前，燃料技术已经提高，大大减少了空气污染。燃料灰返田对完成生态循环、防止土壤退化具有重要的作用。

1）生物质能

木质燃料来源于森林中的天然木材。农业燃料来自农田。泥炭燃料是由泥炭制造，泥炭常见于沼泽地里，是一种没有被完全分解的生物材料。废液和妥尔油是纸浆工业的副产品。可燃垃圾也可作为燃料（图3-21）。如果将燃料灰烬返还林地，将有更多的生物燃料可供使用。一些能源学家预计，生物燃料的使用量还可以加倍，并不会威胁到林业的长期可持续发展（图3-22）。

图 3-18　太阳能集热板
太阳能集热板可以作为回收炼钢厂废热的一种工具。这个方法已经在瑞典的霍弗斯（Hofors）炼钢厂进行了测试，发现是传统太阳能热效率的 100 倍。从理论上来说，通过使用回收废热，整个瑞典的炼钢厂可以为总数 6 000 个家庭供热。插图为列夫·欣德格伦（Leif Kindgren）绘制

图 3-19　乌克瑟勒松德（Oxelösund）地区炼钢厂的化学储热方法
乌克瑟勒松德地区炼钢厂的废热能够为斯卡夫司塔（Skavsta）机场供能。其三种不同的化学储热方法，即相变材料、沸石的吸附作用以及氢氧化镁的化学反应，随后这些热量将通过火车运到斯卡夫司塔。资料源于《新技术》，2007 年第 21 期

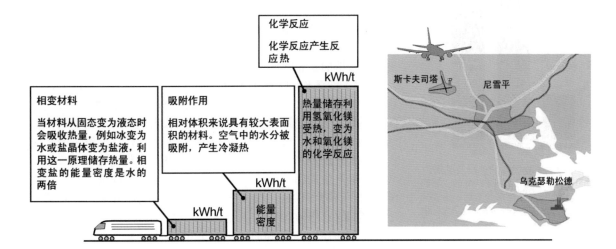

相变材料
当材料从固态变为液态时会吸收热量，例如冰变为水或盐晶体变为盐液，利用这一原理储存热量。相变盐的能量密度是水的两倍

吸附作用
相对体积来说具有较大表面积的材料。空气中的水分被吸附，产生冷凝热

化学反应
化学反应产生反应热

热量储存利用氢氧化镁受热，变为水和氧化镁的化学反应

kWh/t

能量密度

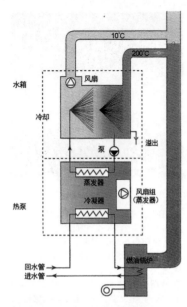

图 3-20　废弃冷却器工作原理示意图

废气冷却器通过喷水来冷却和清洁废气。水作为废气冷凝物，被加热和泵送作为能源。资料源于回收能源，瑞典废气回收能源公司，特拉诺斯（Tranås），瑞典

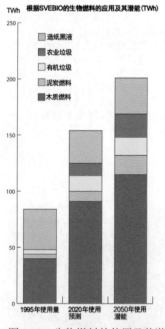

TWh　根据SVEBIO的生物燃料的应用及其潜能(TWh)

图 3-22　生物燃料的使用及其潜力

2005 年瑞典使用了 112 TWh 的生物燃料。根据瑞典环保部的数据，到 2050 年这一数据将增长到 200 TWh。实际潜力可能会更大。资料源于瑞典生物能协会 SVEBIO（TWh）

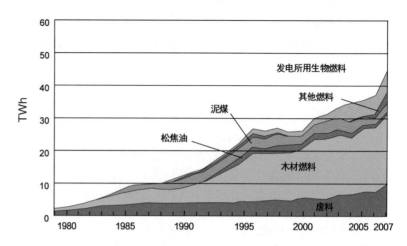

图 3-21　1980—2001 年生物燃料、泥炭等在城区供暖中的使用情况比对

资料源于瑞典统计局和瑞典能源部

（1）**木质燃料**。木质燃料包括树冠、树枝、树墩、无工业用途的落叶树以及移除森林中的树木。许多种类的生物燃料都来自于木质燃料，其中包括木柴、木颗粒、木砖、圆木、木片、树皮以及刨花（图 3-23）。木材适合于有限的热需求，尤其在森林资源充裕时。木颗粒具有均质和能够自动燃烧的优势。木砖体积大于木颗粒，需要通过自动传输系统输送，在家庭中很少使用。木片、树皮和刨花由于较之其他原料便宜，常用于大型的供暖设备，但是需要不间断的监管。

（2）**泥炭**。泥炭这种燃料的再生相当缓慢，人们认为燃烧泥炭会增加大气中的二氧化碳含量。常见的商用泥炭燃料一般有球状和粉状两种类型。目前还不清楚获取与燃烧这些泥炭会对气候产生什么样的影响。泥炭燃烧释放出的甲烷是一种不可忽视的温室气体。根据近期的研究，泥炭在自然状态下和燃烧状态下的温室气体排放量，少于煤炭燃烧的排放量，但是多于天然气燃烧后的净排放。随着采掘、运输和使用技术的发展，泥炭工业将会有更好的发展。此外，泥炭工业对农村地区的就业起到重要作用。

（3）**能源林**。诸如柳树这样的速生林木可以作为能源作物，它具有很大潜力并且能够大量提供燃料。在斯堪的纳维亚北部，更适合种植的是北欧草芦（Phalaris arundinacea）。

（4）**能源作物**。麦秆作为农业废料可以用于生产能源，可称为"能源草"，北欧草芦是瑞典最适合的能源草物种。今天，能源作物的使用量还很有限，但是其增长潜能可观（图 3-24）。油料作物可以加工成替代柴油的燃料；谷物也可以通过发酵制成乙醇作为车用燃料或者混合汽油，作为柴油的替代品。牧草以及粪便发酵产生的沼气能够用来供热、发电以及制成液态燃料。发酵后的废弃物可以返还农田作为肥料。紫花苜蓿和草芦正是适合于发酵的牧业作物。

（5）**树皮、碱液和油料**。黑液和浮油是造纸工业的副产品，

木片	森林垃圾	树皮与木屑

从落叶熟劈成木片 含水率45%材料的净热值为 9 MJ/kg 含水率30%—50% 含灰量约1% 尺寸：1% >100 mm, 10% < 5 mm 对比燃油：10—12 m³ 相当于 1 m³ 燃料 质量1级燃油	破碎的伐木垃圾，干净的木块树桩等 含水率45%材料的净热值为 8.4 MJ/kg 含水率45%—50% 含灰量约2%—5% 尺寸：1%—2% >150 mm, 10%—20% < 5 mm 对比燃油：12—14 m³ 相当于 1 m³ 燃料质	锯木厂在木材加工时产生的垃圾 含水率45%材料的净热值为 7.3 MJ/kg 含水率45%—60% 含灰量约1%—3% 尺寸：树皮 0—100 mm, 20%<5 mm 对比燃油：18—20 m³ 相当于 1 m³ 燃料质
木饼	木颗料	泥炭砖

工业化生产的固体燃料， 将木材垃圾粉碎后压缩成块 净热值为 17.0 MJ/kg 含水率8%—12% 含灰量约1% 尺寸：取决于加工机器 对比燃油：约3.5 m³ 相当于 1 m³ 燃料 质量1级燃油	工业化生产的固体燃料， 将木材垃圾粉碎后压缩成小颗料 净热值为 15.9 MJ/kg 含水率 10%—15% 含灰量约1%—2% 尺寸：取决于加工机器 对比燃油：约3.5 m³ 相当于 1 m³ 燃料质	含水率35%材料的净热值为 13.4 MJ/kg 含水率35%—50% 含灰量约1%—10% 尺寸：横断面为 50 mm × 100 mm, 取决 于加工机器对比燃油：6—7 m³ 相当于 1 m³ 燃料质

黑液常常被用作一种能源原料。从造纸工业中获取更多的能源是大有潜力的。大部分的黑液和浮油在造纸的过程中作为二级加热燃料使用。另外，它们也可以用来发电。黑液是在生产一种名为硫酸盐纸浆的过程中产生的。这种黑液从沸腾的硫酸盐纸浆中分离出来，燃烧后能用于运转蒸汽轮机。如果使用经汽化的黑液，发电量将翻番。黑液气体是被提纯过的，能在燃气涡轮中燃烧。燃烧过程中产生的蒸汽能够带动蒸汽轮机。浮油来源于松树木心，芯材越多，能提取的浮油越多。浮油作为燃料多用于城区的供暖系统中。

（6）**可燃垃圾**。生活和工业垃圾可用于燃烧发电和发热，主要是提供区域供暖。垃圾分类产生了两种有趣的资源，一是可降解的有机垃圾，它能发酵生成沼气；另外一个便是可燃垃圾，目前它们多被掩埋处理。沼气可以用来发电、供暖以及作燃料。可燃垃圾也可用于能源供给。

（7）**生物燃料**。生物燃料经加工后，成为均质的小颗粒或球块形状，以便使用起来更加有效，更利于自动化。这种均质性提高了其燃烧性能。① 木材。被选作燃料的木材应该在晚秋或

图 3-23 不同种类的生物燃料
木屑用于专业的大型设备中燃烧，小燃料颗粒和球块能够在小规模、自动化系统中燃烧

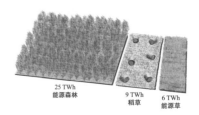
25 TWh 能源森林　9 TWh 稻草　6 TWh 能源草

图 3-24 2020 年瑞典农业能源作物所产生的能量示意图
2020 年，瑞典的农业能源作物将产生出 40 TWh 的能源。农业中蕴藏的能源，加上到森林中获得的 20—50 TWh 能源，其总量不亚于从核能中获取的能量

| 10月 | 11月 | 12月 | 1月 | 2月 | 3月 | 4月 | 5月 | 6月 | 7月 | 8月 | 9月 |

图 3-25　燃木加工的时间与含水率
插图为列夫·欣德格伦（Leif Kindgren）绘制

早冬时节砍伐，在春天劈锯，然后阴干（最好有两年时间）（图3-25）。在木材燃烧之前二至三周把它们放置在有供暖的地方是一个好的处理方法。木材需要先干燥以获取较好的燃烧性能和较低的排放量。含水率20%的木材燃烧释放出的热能相当于新砍伐木材的二到三倍。加工木材时，使用锯木架和砧板当然是可以的，但是像圆锯、水力劈木机还有同时兼具锯和劈功能的机器是更实用的。电动设备和与牵引液压系统相连的设备也都可使用。② 木片。使用木片作为燃料需要有一个储藏空间、一套干燥系统和给锅炉输送的管道，在有些情况下还需要一个汽化和点燃燃料的预烘箱。森林里的伐木人需要有能够与拖拉机或卡车相连的砍伐工具以便运输木片。适用于小规模加工的电动木片切割机也很实用。木片在储藏和燃烧时的干燥处理很重要，潮湿的木片很容易成为真菌滋生的温床，这将对使用者的健康造成危害。储藏的燃料在干燥之前需要保持完整，树木应该在落叶后砍伐，因为树叶带走了部分水分。砍伐后的树木要在阳光下晾晒几个月直到其中的含水率降到30%—35%。伐木后剩下的树枝和树冠可以制成很好的木片，而砍伐的主材最好在夏季被切片或者保持干燥直到能够锯切加工。③ 木块。木块几乎可以用于所有燃烧系统。然而它们最适合的还是专门为使用木块而设计的区域供暖系统。这种供暖设备有专门的木块储藏仓和运输木块的管道。用于燃料的木块含水率约10%。④ 木颗粒。木颗粒作为环保、经济的燃料受到越来越多的关注，它在使用过程中产生的排放物很少，也能利用自动化技术进行自动燃烧和加料（图3-26）。他们适合于各种规模的燃烧系统，从家用小水壶到区域供暖系统。大规模的区域供暖系统需要储存、输送木颗粒的仓库和运输管道（图3-27）。木颗粒在室内外都能储存。其干燥程度要求含水率约为10%。⑤ 木粉。木粉是一种由森林废弃物制成的干燥均质的生物燃料。这种燃料主要用于大规模的供暖系统，但是也有用作动力燃料的尝试。

2）木灰

森林中的木材被采伐后，大量的植物养分也随之消失。因此分撒燃烧后变成木灰，将养分返还林地是很重要的。木灰中包含了原料中除氮成分外的几乎所有矿物质和养分，同时这些木灰中

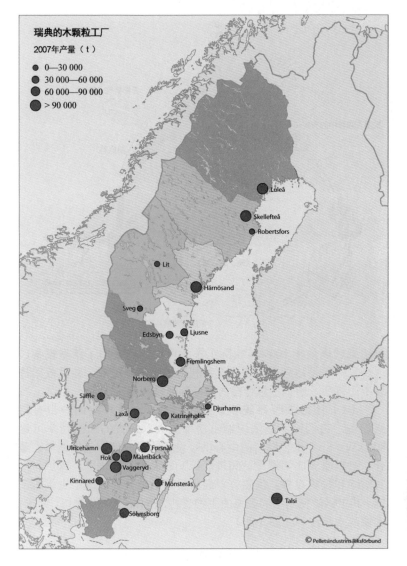

瑞典的木颗粒工厂

2007年产量（t）

● 0—30 000
● 30 000—60 000
● 60 000—90 000
● > 90 000

Luleå
Skellefteå
Robertsfors
Lit
Härnösand
Sveg
Edsbyn
Ljusne
Fremlingshem
Norberg
Säffle
Laxå
Katrineholm
Djurhamn
Ulricehamn
Hok
Malmbäck
Forsnäs
Vaggeryd
Kinnared
Mönsterås
Talsi
Sölvesborg

© Pelletsindustrins Riksförbund

图 3-26 瑞典的木颗粒产地及其 2007 年的产能
木质小颗粒燃料的使用量正在增加。
资料源于瑞典木颗粒协会

图 3-27 泰戈维克斯（Tegelviks）学校带筒仓和烟囱的木颗粒锅炉
该学校位于瑞典克维克松德市（Kvicksund）

还包含了树木中的大部分重金属元素，如镉和铅，但是木灰没有在土壤中加入任何新的金属成分。灰粉的特性随着原料的不同而变化。木灰是对抗土壤酸性最基本的成分。如果土壤酸性较高，将木灰和石灰结合起来使用，会起到更有效的中和作用（图3-28）。由于本身的碱性，干燥的、未经处理的木灰会有一定的腐蚀性。为了便于处理，以可行的方式返还自然环境，木灰分撒之前需要做一定的处理。一般经过硬化处理，木灰被制成小球或颗粒状，然后分解并逐渐溶解到土壤中。

3）燃烧设备

旧的燃烧设备和经过环保认证的新设备有很大差别。新燃烧设备燃烧率更高，并可以有效降低有机碳化合物（OGC）和一氧化碳（CO）的排放量。在大型的燃烧设备中，比如区域供暖系统，

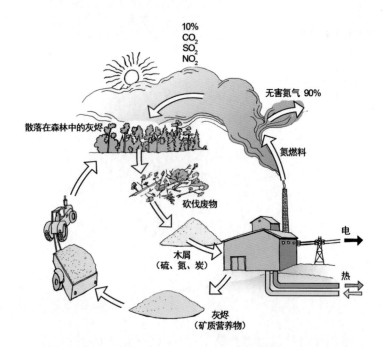

图 3-28 木灰返还示意图

除了氮成分之外，生物燃料燃烧过程中释放的相当数量的物质成分返回到自然中，最后在新一轮的生物燃料燃烧中重新化为灰粉。这些生物燃料中大部分的氮成为氮气，它是空气中最普遍的成分，对环境没有影响。生物燃料的燃烧能够减少土壤和水中氮元素过多的积累。插图为列夫·欣德格伦（Leif Kindgren）绘制

图 3-29　希尔市（Kils）托立塔（Tolita）学校的生物燃料锅炉房平面

该锅炉房包括火炉、燃料筒仓、废气净化设备、灰粉处理设备以及一个备用燃油锅炉。资料源于喀戎（Chiron）能源和房地产公司，哥德堡

要达到燃烧效率 100%，实际上不大可能。但采用了新型设备，这个目标还是达到了。这些设备利用了废气冷凝液，并且效率计算中还包括了通常不包含在内的外部能量利用。

（1）社区供暖系统锅炉（500 kW）。有一些锅炉带有附属设备，它们比家庭锅炉输出功率更大，最大的输出功率可达800 kW。一个生物燃料的中心供暖设备的组成部分包括燃料贮藏仓、进料器（比如螺旋钻和进煤机）、前炉、燃烧器、锅炉、木灰清除和收集设备。供热公司通常根据当地条件订制中央供暖系统。其中锅炉使用不同类型的生物燃料，例如：麦秆、木屑、锯末、木块或木颗粒等（图 3-29）。

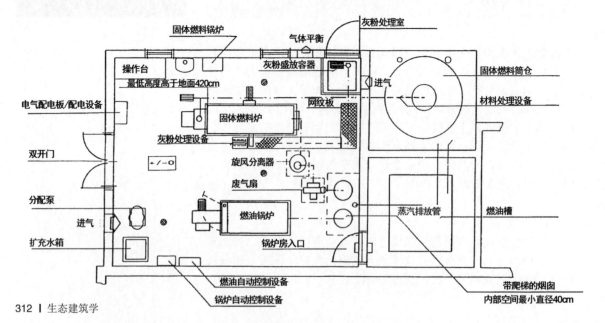

（2）**区域供暖系统锅炉**（3 MW）。很多区域供暖系统的锅炉能采用多种类型的生物燃料：如木质燃料、泥炭和可燃废弃物。两种新型燃烧技术可以提高区域供暖锅炉的燃烧效率和排放废气的清洁度，即流化床和汽化。① 流化床。流化床的燃烧需要一种由燃料、沙子、有时包含石灰在内的混合悬浮液。流化床技术扩大了燃料的使用范围，并为限制氮氧化物的排放提供了条件。② 汽化。汽化和燃烧之间的主要差别是汽化需要添加较少的空气。在汽化过程中，燃料被转化成可燃气体。为了提高效率，废气中的能量也会被利用。这样一方面可以预热可燃气体，另一方面也可用于加热水。在大型设备中，可以运用先进的废气净化器，比如带有静电过滤器和织物过滤器的净化设备。

（3）**家用燃烧设备**。家用生物燃料燃烧设备包括瓷砖烤箱、热气炉、燃木火炉以及木颗粒炉（表3-1，图3-30）。燃木火炉通常在厨房中。家用燃烧设备为房间供暖的同时，也可以通过安装水套连接热水系统和热水箱。在防风雨和节能建筑中，通过专门的进风通道进新风非常重要，尤其是采用自然通风的时候，这可以避免不良的空气逆流。① 燃木锅炉。在水热系统中燃木锅炉通过加热水来为建筑供暖。现代燃木锅炉的燃烧效率高达80%—90%，相比较旧式锅炉，一个普通家庭每年可节约7—8 m³木材。OGC、CO以及粉尘的排放量会被降低。锅炉与一个储热器相连，它使锅炉以最佳速度燃烧，从而提高整个系统的效率（图3-31）。② 木颗粒燃炉。木颗粒燃炉可以安装在锅炉里面（燃木、燃油或者混合锅炉）。通过螺旋钻或者真空系统，向锅炉输送木颗粒（图3-32、图3-33）。由于木颗粒需要一定的存放空间，带有传统锅炉房的建筑是很适用的。也可以利用原来的库房进行改造。除了脱粉除烟外，该设备通常是完全自动化的。当有问题发生时，会发出指示信号，带有一个由恒温器调节的自动点燃系统（电线圈或者热气流）。③ 木颗粒锅炉。木颗粒锅炉的功率不够时，可以从仓库补充燃料，从20 kW往上不等。冬天，锅炉内的燃料储存仓可以满足几天的需求（图3-34）。与锅炉连接的储热器，内部备有一个电加热器。简化脱尘工艺是十分重要的。通常冬天需要每周脱尘一次。④ 厨房锅炉。厨房锅炉是一种由水套包裹的燃木锅炉。它们通常装有炉灶，有时也配有烤箱。厨房锅炉的一

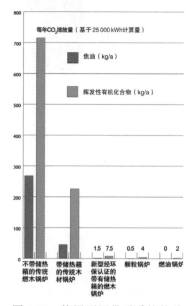

图3-30　使用不同供暖系统的单个家庭（基于25 000 kWh）碳氢化合物的排放总量（单位：kg/a）
生物燃料在经过环保认证的、带有储热箱的锅炉内燃烧。也可以使用经过环保鉴定的瓷砖烤箱、密封加热炉、或者燃木火炉。资料源于瑞典能源部

表 3-1　燃料的燃烧效率

热源	效率（%）	热源	效率（%）
旧式燃木锅炉	40—70	现代瓷砖烤箱	70—90
新式燃木锅炉	80—90	热气炉	50—80
开放式壁炉	5—15	木颗粒燃炉	80
嵌入式壁炉	50—70	木颗粒窑炉	70—90
瓷砖烤箱	50—70	锅炉	锅炉

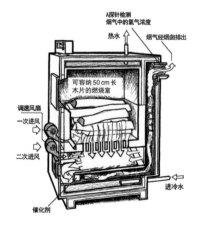

图3-31　环保的燃木锅炉
这类锅炉设有设计合理的燃烧腔，利用氧传感器，调速风扇和催化剂控制燃烧，在陶制的燃烧腔中，利用一次和二次风进行回转燃烧

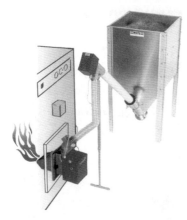

图 3-32 向锅炉输送木颗粒的木颗粒燃炉
资料源于 Bioenergi-Novator

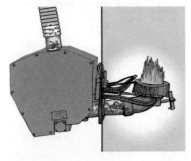

图 3-33 木颗粒燃炉
若系统规模不大，常常用木颗粒燃炉代替燃油炉。需要木颗粒筒仓，与燃炉保持 5—10 m 的距离

个最大特点是同时可用于供暖和烹饪。它们可以设计成以烹饪为主要功能的燃木锅炉，或以供暖为主要功能的小锅炉。近几年，厨房锅炉已经越来越流行，尤其对高能效的房子，也因此可以省下一笔设置锅炉房的费用。目前已有通过环保认证的锅炉面市（图 3-35）。⑤ 燃木火炉。传统的燃木火炉是用生铁制造的，现代则通常使用铁皮（图 3-36）。燃木火炉可用于烹饪，也可以成为整个房间的热源。用皂石和砖制成的燃木火炉能够蓄热，一天只需点燃几次就够为整个房间供暖。使用经过环保认证的火炉并使用干柴，是一种很环保的烹饪方式。夏天燃木火炉通常会有一个燃气或电火炉作为补充。砖制的燃木火炉通常可以自制，图纸和铁件可以从芬兰订购。燃木火炉是很轻的一种火炉，以至于放置它的楼板结构不需要加固。燃木火炉通常是与其他热源结合使用。燃木火炉可以由金属或者矿物材料如皂石来制作，也可以由合金或者一个由矿物材料（金属＋矿物质）做的蓄热层来制作。火炉可以有一个气套或者风扇将热量吹出（称为热气炉）（图 3-37）。燃木火炉大多由生铁或者金属片制成。金属火炉能够迅速升温和冷却，而且需要定时添加燃料。有几个不同的方式可以使火炉内燃烧充分。燃烧室的设计以及燃烧需要的空气如何引入都是影响燃烧效能的重要因素（图 3-38）。在皂石火炉中，一些热量储存在皂石中，熄火后这些热量再逐渐释放出来。因此，热量释放的持续时间更长，而且可以避免高能效的房屋内因温度峰值过高。也有可以与收集箱相连的水套燃木火炉。⑥ 烤箱。烤箱经常与燃木火炉和厨房锅炉结合。在芬兰，现代烤箱的发展已经将瓷砖烤箱与二次燃烧设备结合起来（图 3-39）。这些烤箱通常用皂石或砖制造。有时它们与位于房子中央的较大燃木火炉结合，作为主要热源，为所有房间提供热量。⑦ 瓷砖火炉。瓷砖火炉有两个主要特点：通常由密度大的蓄热材料制造，并且烟道很长。这意味着当它工作时，长长烟道中的热量将被蓄存起来，持续释放到房间内。瓷砖烤箱通常用瓷砖贴面，但是也有不含贴面的，18 世纪时人们称之为管式火炉或者"穷人的烤箱"（图 3-40）。旧时房屋的保温性能不好，需要在每个房间设置一个瓷砖烤箱。现在，在高能效建筑中，一个瓷砖烤箱足够整栋建筑采暖。新瓷砖烤箱的工作原理与旧时相同，因此可以利用旧炉子改造组装再利用，一些乡间的博物馆正在十分小心地将旧炉子重新利用起来。传统的瓷砖烤箱使用砖和黏土制成。新的瓷砖烤箱可以用

图 3-34 木颗粒燃炉输送木颗粒的方式示意图
还可以利用真空系统将木颗粒在仓库之间输送。如果锅炉与大仓库相距较远，或者大仓库所处的环境不利于输送，那么这不失为一种好方法。这样，建造一个供一年之需的仓库就有可能了。资料源于 Eurovac

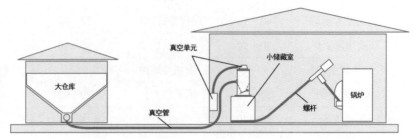

图 3-35 带木颗粒燃炉模块的厨房灶台

该灶台既可以烧木材，也可以烧木颗粒。输出功率可以设定在 2.5kW 到 7kW 之间。炉子可以设定程序自动运行。在利德雪平（Lidköping）郊外的凯比（Källby）有该系统的样品展示，供人们参观体验使用，积累口碑。资料源于约翰·沃尔特（Johan Walther）

图 3-36 燃木火炉

图 3-39 瑞典阿尔博加（Arboga）郊外阿尔玛（Alma）农场厨房

该厨房内有一个根据瓷砖烤箱工作原理制成的芬兰式烤箱

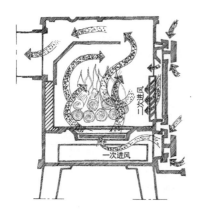

图 3-37 Morsö 加热器

通过环保认证的火炉使用倒灌风而且设计成能吸入主要进风和次要进风。生铁和陶制燃烧室甚至能够自己燃烧。燃烧需要的空气在两层生铁表皮里面经过了预热

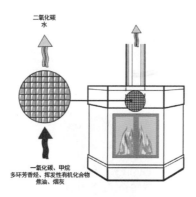

图 3-38 带有催化式废气净化的燃木火炉

图 3-40 瑞典的 AGA 火炉

这种火炉是古斯塔夫·达赫勒（Gustaf Dahlén）的著名发明，它燃烧木柴并装有水套

砖、皂石、橄榄石或者防火铸件混合物制造（图 3-41、图 3-42）。后者与砖相比有更大的蓄热能力，因此能在更长时间内放热（图 3-43）。从燃烧的角度来说，现代瓷砖烤箱的燃烧炉设计得更好，有一些瓷砖烤箱（尤其是芬兰式的），带有二次进风装置和一个位于燃烧炉上方的燃后处理室（图 3-44）。提高燃烧效率的另外一个办法是安装一个进气管，将新鲜空气送入燃烧炉内，从而避免使用已经加热过的空气，瓷砖烤箱很重，需要一个基础，或加固楼层结构。⑧ 气套瓷砖火炉。气套瓷砖火炉的供暖速度更快。这些火炉都装有两个气管，它们从靠近地板处抽取冷空气，在

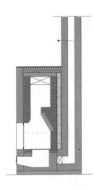

瓷砖火炉内加热，然后从火炉上部的开口输送出去。随后常常会关闭开口，火炉本身得到加热。⑨ 水套瓷砖火炉。水套瓷砖火炉配备有一个热交换器，在火炉中，热交换器将大约30%的热量传递到水套。这些热量将被储存到一个收集箱里，被用于加热水或者散热片。水陶瓷砖火炉可以作为小型建筑的主要热源。水套瓷砖火炉通常需要一个泵将热水送至收集箱内，目前人们也尝试利用自然循环系统做到这一点（图3-45）。⑩ 热气炉。在原理上，热气炉是一个带有气套的密封火炉（图3-46）。热气炉同时产生辐射热和暖气。因此炉子有两层炉壁。冷空气从地板高度被引入，然后在气套内加热，在火炉上部开口处由一个风扇送出。也有热气炉，为了避免将热气再加热而从室外引入空气。一些表面贴有瓷砖的热气炉被称为瓷砖烤炉。⑪ 木颗粒炉。木颗粒炉可以在高效能建筑中使用（图3-47）。它的一个好处是不需要专门的锅炉房。人们可以把它放在起居室内。如果没有水流加热系统，人们也可以安装一个气套木颗粒炉（图3-48）。如果楼面是开敞的，火炉将能够满足70%供热需求，这对于那些用电供热的家庭是一种很好的投资。木颗粒炉由一个带有内置加料斗的燃烧室组成，在冬天最冷的一段时间内，加料斗能够24 h不断提供燃料。有一个空气对流成分（气套）能将热量迅速释放到室内空气中。如果炉子置于房间中央，那么效率是最高的。现

图3-41 改进型瓷砖火炉
这种火炉由芬兰建筑师海基·哈天宁（Heikki Hyytiäinen）开发。该烤箱有三层：最里面的一层是燃烧炉和由防火砖以及石膏防火复合材料制成的燃后处理室；中间一层是由防火砖砌成的废气管道；最外一层可以形式各异。在燃烧室内，二次风分两次供给。烟囱直达燃烧室底部，降低了温差，延长了烟囱寿命。这种火炉被称为砌体加热装置。资料源于约翰内斯·瑞斯特（Johannes Riesterer）指导绘制，瑞典生土住房协会

图3-42 砌体加热装置
该装置由薇拉·比林（Vera Billing）设计，由约翰内斯·瑞斯特（Johannes Riesterer）和瑞典生土住房协会建造

图3-43 沙制烤箱
该烤箱产自斯德哥尔摩，铝或铜壳里面填充有750 kg的沙子，这使得燃烧室和管道系统很重。如果由一个外行来安装的话会需要2 h

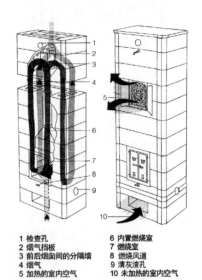

1 检查孔	6 内置燃烧室
2 烟气挡板	7 燃烧室
3 前后烟囱间的分隔墙	8 燃烧风道
4 烟气	9 清灰盖孔
5 加热的室内空气	10 未加热的室内空气

图3-44 瓦萨（Vasa）炉
瓦萨炉是由橄榄石制成的一种现代瓷砖火炉。它由瑞典皇家理工学院（KTH）研制，燃烧需要的空气来自外界。其内部的各种管道能够迅速加热房间内空气

代的木颗粒炉备有调速风扇和自动供料装置，而且可以在无人管理的情况下工作几天。它们也可以与室内恒温器连接。如果有水流加热系统，水套木颗粒炉可以连到上面。这样做的一个好处是不再需要专门的锅炉房。炉子可以直接通过辐射热和热对流供暖，也可以间接地通过加热水，然后将热水储存起来的方式对房间供暖（图3-49）。⑫ 火炉嵌入体。火炉嵌入体是被嵌入开敞的壁炉中的（图3-50）。因为开敞壁炉通常效率很低，而且如果节气阀调节不太合适，一些开敞壁炉的冷却速度甚至会比加热速度更快。因此火炉嵌入体嵌入开敞的壁炉中是很适用的，这样炉壁可以用一扇门关上。火炉嵌入体通常用金属制成，而且为了更有效地加热房间空气还会有一个气套或是水套加热热水，有些同时有气套和水套。为了能看到炉内的火，门通常是玻璃的（图3-51）。如果没有现成的壁炉，人们可以建一个带火炉嵌入体的壁炉。这被称为砖瓦工程壁炉/火炉，这种壁炉使用方便。

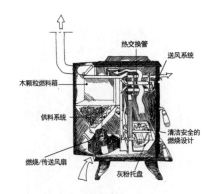

图 3-48　气套木颗粒炉
市面上有带有自动供料的木颗粒炉，它能通过风扇的一、二次送风提高燃烧效率

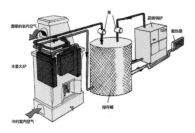

图 3-45　水套瓷砖火炉
水套瓷砖火炉和一个储存罐协同工作，并配有一个厨房锅炉和散热器

图 3-47　水套木颗粒炉外观
这种木颗粒炉具有 95% 的效率。资料源于 Wodtke

图 3-49　水套木颗粒炉内部构造炉
在节能住宅里面，一个水套木颗粒炉足以用来供暖和烧水。木颗粒仓也足以维持一周之用。资料源于 Palazzetti

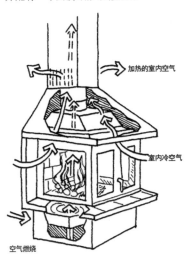

图 3-46　热气炉
热气炉在原理上是气套加热器。有时为了更快地给房子供暖，人们可以用风扇促进空气不断循环

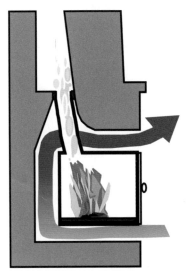

图 3-50　火炉嵌入体

图 3-51　KMP 公司的 Neptuni 牌火炉
它可以和普通烟囱或者 KMP Drag（由风扇控制的排烟设备）结合使用。资料源于 Ariterm

4）烟囱

传统的烟囱多用耐火砖砌筑，现代也有金属或者矿物材料预制的。金属烟囱通常有双层壁，能隔热，尺寸多样。矿物材料制造的烟囱通常包括一个带有衬垫的内层和外壳，内外层之间有一个空气绝缘层。外壳通常采用膨胀黏土或者浮石，内层则多用陶瓷或浮石。这些组件凸凹相扣，用砂浆黏结。由于资源的原因，应该优先采用矿物材质的烟囱。然而，有时由于空间限制，必须采用金属烟囱。也有带两个烟道的烟囱，一个用来给火炉进气，一个排烟，在这种情况下助燃空气会被烟气预热。老建筑中，烟囱会因为太大而出现裂缝。修复的方法是在老烟囱里放一个内置式管子，也可以用陶质填料将烟囱从内部进行修补。烟囱帽是用来保护烟囱免受雨水侵袭的。人们发明了能够根据风向自我调节以改善气流的烟囱帽（图 3-52）。因为烟囱也起着通风管道的作用，所以里面可以安装一个气阀。当气阀打开时，烟囱会使锅炉、锅炉房或整个建筑冷却下来，当锅炉熄火后气阀会将烟囱关闭。烟囱可以由砖石建造，有专门的烟囱组件，也可以由带中空绝缘层的双层管壁金属管制成。当需要很多个烟囱管子时，人们往往会选择较重的砖石烟囱。

3.1.3　太阳热能

太阳能可以用于加热自来水，为房屋供暖或提供热水。太阳能集热器的尺寸大小不一。最常用的是独户太阳能系统，5—10 m² 大的太阳能组件往往被置于屋顶（图 3-53、图 3-54）。也可使用屋顶一体化太阳能面板。大的太阳能集热系统往往与一个区域供热网络或季节性储热设备连接，通常包括一个太阳能集热场（图 3-55）。利用太阳能的另一种途径是给游泳池加热。因为游泳池不需要太高的温度，所以这些太阳能收集器集热器往往较为简单。也有为空气加热的太阳能集热器。

1）太阳能供热系统

（1）太阳能供热系统的特点。太阳能集热设备的广告往往会提到它的能效，但是仅集热器有能效是不够的。整个系统都必须是高效的。因此出现了一个专有名词"太阳能保证率"，指供

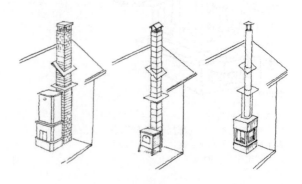

图 3-52　烟囱帽上的消除火花装置
从烟囱排出的废气里带有火花，会导致火灾。烟囱内的这种装置使火花旋转，撞击壁面直至熄火

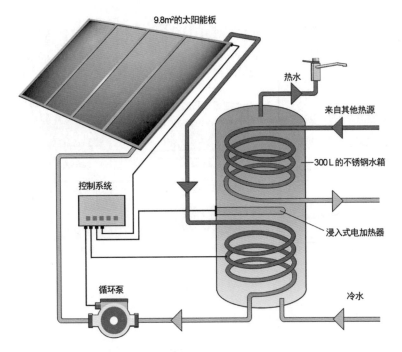

9.8m²的太阳能板

热水

来自其他热源

300L的不锈钢水箱

控制系统

浸入式电加热器

循环泵

冷水

图 3-53　太阳能集热系统
该系统包括太阳能集热器，储热箱和一个含有气泵、止回阀、过滤器、蒸发器、填充装置、安全阀、温度计、压力计以及调节设备的系统。这些部分用绝热管子连接起来。插图为列夫·欣德格伦（Leif Kindgren）绘制

图 3-54　斯迈登（Smeden）生态村双拼住宅的太阳能集热屋顶
该住宅位于瑞典延雪平（Jönköping）地区。建筑师：扬·莫斯科林（Jan Moeschlin）和佩奥·奥斯卡松（Peo Oskarsson）。摄影：拉尔斯·安德烈（Lars Andrén）

图 3-55　瑞典孔艾尔夫（Kungälv）太阳能集热场
该集热场是欧洲最大的集热场之一，在 35 000 m² 的场地上，太阳能集热器的面积达到 10 000 m²，比 5 个足球场还要大。这些集热器用新技术制成，包括抗反射玻璃，这使得该太阳能集热器具有更高的效率。该系统每年输出 4 GWh 的能量，提供所在区域热能年产量的 4%

暖和热水系统中由太阳能提供的热量占全部热负荷的比率。系统的热损耗包含在内。世界上最大的能量存储单元之一是位于斯德哥尔摩阿兰达机场的地下含水层（图 3-56、图 3-57）。含水层的低温水被用于夏天建筑制冷，同时在冬天用于融化机场停车场的积雪。

（2）朝向和角度。理想的太阳能集热器应该朝向正南方，然而有 ±30° 的偏角对能量的损失极少（最多只有 10%）。如果偏角太大的话，就只能靠增加集热面积来弥补了。不能有物体遮挡太阳能板，比如树木（图 3-58，表 3-2）。

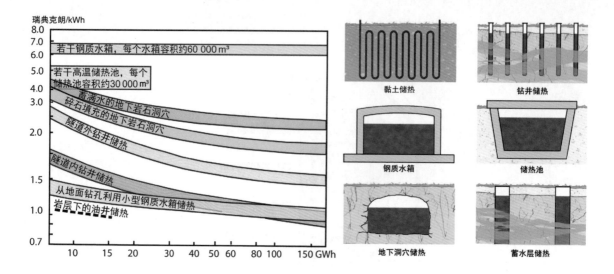

图 3-56　不同的季节性储热方式

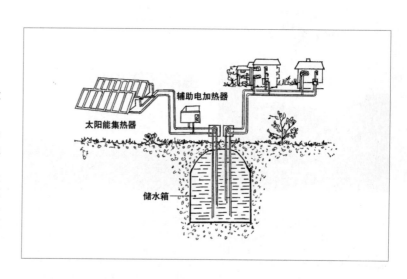

图 3-57　瑞典带有季节性储热设施的太阳能集热系统

该系统的规模越大，经济性越好，目标是太阳能占 75%，其他能源占 25%。图示为 1983 年建于乌普萨拉（Uppsala）的吕克勃（Lyckebo）公寓楼，包含 550 套公寓。总共 4 300 m² 的太阳能集热器提供 100 000 L 的热水，这些热水被储存在地下 30 m 深的一个水窖内。太阳能热量只提供了吕克勃公寓楼总热能消耗中很小的部分。太阳能集热器、临时电炉、热水窖

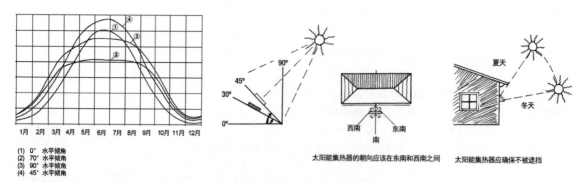

(1) 0°　水平倾角
(2) 70°　水平倾角
(3) 90°　水平倾角
(4) 45°　水平倾角

图 3-58　南向不同倾角 24 h 的平均集热量比较

如果全年的大部分时段都要利用太阳能，在瑞典 60°—70° 是较好的角度，虽然夏季集热较少，但是全年的总集热量最多。在斯德哥尔摩最佳角度是 30°—60°，如果只是夏季集热角度越低越好，但是如果也用于冬季那角度就要高一些了。资料源于贡纳·李讷默（Gunnar Lennermo），能源分析公司，阿灵索斯（Alingsås），瑞典

表 3-2　朝向和角度对太阳能集热器能效的影响

与水平面之间的倾角 与太阳入射的偏角	15°	30°	45°	60°	90°
0°　（＝南）	0.93	1.00	1.04	1.04	0.90
30°	0.90	0.98	1.01	1.01	0.86
45°（西南／东南）	0.90	0.95	0.97	0.96	0.82
60°	0.88	0.91	0.92	0.90	0.76

注：建议将太阳能集热器放置在 15°—65° 倾角的位置。

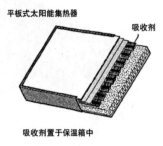

平板式太阳能集热器

吸收剂

吸收剂置于保温箱中

2）太阳能集热器的类型

人们很容易把太阳能集热器和太阳能电池混淆起来。太阳能集热器用于供热而太阳能电池则用于发电。有时候这两种情况都可使用"太阳能板"这个词。共有三种类型的太阳能集热器：平板太阳能集热器、真空太阳能集热器以及聚光式太阳能集热器（图3-59）。在 21 世纪初，开始出现了聚光式太阳能集热器，使得瑞典这样的高纬度国家也能有效使用太阳能，现在在瑞典北部那样阳光少的地方也能够使用。

真空式太阳能集热器

吸收剂

吸收剂置于真空管中

（1）平板太阳能集热器。用于提供热水的平板太阳能集热器是最常用的。这些平板是带有吸热设备的绝热箱体，吸热设备覆盖着玻璃片或塑料片。也有与屋顶构造结合为一体的太阳能热水板。最便宜的得到太阳能集热器的方式是自己来造，为此有专门 DIY 工具。瑞典太阳能公司还为参与者开设了课程。平板太阳能集热器内含一个加热水或油的吸热器。该吸热器由玻璃板或塑料板覆盖，且背面绝缘（图3-60）。在吸热器与玻璃之间有一个传热阀，在绝缘体与吸热器之间也有防止绝缘体排放的保护层，以避免污染玻璃（图3-61）。独户的家用太阳能热水器通常只需 5 m² 大小，能够满足每年一半的热水需求。如果太阳热能同时用于采暖和热水，一般有 10—15 m² 大小就能满足需求量的三分之一。人们通常购买成品设备。成品预制的太阳能集热器能够安装在屋顶、墙面或者地面上。与屋顶构造结合的一体式太阳能集热器通常比成品安装更美观，也更便宜（图3-62）。如果太阳能集热器完全覆盖了屋顶，那么它们如何与屋脊、屋檐以及山墙相连接就显得非常重要了（图3-63）。管子的进出也会影响美观。夏季小房子用的太阳能集热器很简单，也不贵，通常也不配备有防冻剂和热泵。在这种太阳能集热器中，水的填充是利用常规水系统压力来完成的，它在太阳能集热器中加热并通过一个自然循环将水送到热水箱。经验显示，集热板前面配备反射器能将效率提高大约 50%。

聚光式太阳能集热器

吸收剂

通过反光镜将太阳光聚于吸收剂

图 3-59　平板式、真空式与聚光式太阳能集热器

图 3-60　TeknoTerm 牌平板式太阳能集热器的构造
A）低氧化铁含量钢化玻璃。B）具有良好透明性的特氟纶层。C）拥有世界专利技术的吸热器。D）带有纤维玻璃面层的高温绝缘体。E）铝制框架。F）EPDM 橡胶密封条。G）波纹状铝质合金背板

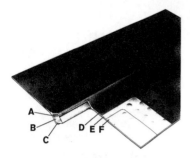

图 3-61 "Sunstrip" 吸热器
该吸热器的发展已经使得瑞典太阳能集热器具有了良好的耐久性和品质。铝和铜在很高的温度下挤压到一起，金属之间采用焊接节点，这样就不会再有锈蚀现象了。A.铜管。B.少量的水。C.焊接节点。D.选择性表皮。E.固定表皮。F.铝制的边框

图 3-62 与屋顶结合的太阳能集热器
这是一个降低太阳能造价的方法。太阳能集热器构成屋顶的外层，其保温层同时也成为建筑屋顶的保温层。建筑师：扬·莫斯科林（Jan Moeschlin）和佩奥·奥斯卡松（Peo Oskarsson）。摄影：拉尔斯·安德烈（Lars Andrén）

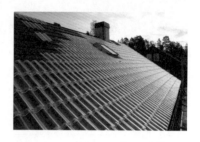

图 3-63 SolTech 能源公司制造的玻璃瓦
其既作为屋面防水层，又作为太阳能空气集热装置来加热蓄热箱中的水

（2）**真空式太阳能集热器**。真空太阳能集热器是将吸热装置密闭在玻璃真空管中，这样可以减少热损耗。玻璃管相互连接组成一个单元（图3-64）。真空太阳能集热器与平板太阳能集热器是一样的。尽管每平方米造价比平板式集热器要高，但是它提供的能量也更高，所以总的经济性并不一定差。真空太阳能集热器通常用在空间受限的地方。当然，它们也能塑造一个与众不同的建筑形象。有几种不同类型的真空太阳能集热器。集热管可以用金属或者黑漆玻璃制作。有些集热器中的水是在吸热装置中流动加热的，而在另外一些集热器中，热量是利用一个加热管从吸热装置引入热循环中。

（3）**游泳池专用太阳能集热器**。利用太阳能最经济的方式是为游泳池加热（图3-65）。游泳池用太阳能集热器通常很容易

图 3-64 真空太阳能集热器

图 3-65 为游泳池提供热量的太阳能加热系统
表面略大于半个游泳池面积的太阳能集热器可以为整个游泳池提供热量，同时，无论是春天还是秋天，游泳的时节也可以延长几周。游泳池现有的大部分加热设备仍可以使用。游泳池水就相当于载热体和蓄热体。资料源于"Värmeboken-20° till lägsta kostnad"，拉尔斯·安德烈（Lars Andrén）和安德斯·阿克塞尔松（Anders Axelsson），2000

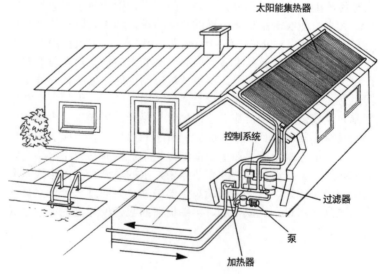

建造。它们不需要防冻剂，而且也不需要达到太高的温度。它们是由塑料或者橡胶材料制造的，使用时也不需要绝缘体或者玻璃覆盖面。户外游泳池在夏天利用充足的太阳能加热，因为游泳池是直接用太阳能加热的，所以也不需要集热箱。为防止辐射热损失，一个有效的办法是为游泳池加盖子。防止游泳池在夜晚变冷。

（4）太阳能收集器的实践。2006 年，瑞典新安装了28 500 m²的太阳能集热器，比上年增长了 24%。同时期在德国，这一数据为 1 500 000 m²，比 2005 年增长 58%。奥地利为 300 000 m²（增长 25%），西班牙为 175 000 m²（增长了81%），意大利为 186 000 m²（增长了 46%）。但是全世界太阳能集热器数量增长最多的还是中国，共 14 500 000 m²（2005 年）。世界上超过一半的太阳能集热器在中国生产并被安装。在瑞典，已经有越来越多的人开始使用真空式太阳能集热器而非平板式。2006 年，真空式太阳能集热器在瑞典已经占据了 30% 的市场。

（5）太阳能空气集热器。在太阳能空气集热器中，热媒是空气而不是水。太阳能空气集热器可以与屋顶或者墙面结合为一体，也可以购买成品（图 3-66）。① 封闭的太阳能热系统。该系统是在内置于南向屋顶或墙面的空气太阳能集热器中将空气加热。通过一个缺口，风扇将热空气向下通过一个缺口吹向外墙或者楼地面结构，使其加热（图 3-67）。夏天，利用热交换器，热空气还可以用来加热水。② 开放的太阳能热系统。在开放的太阳能热系统中，吸入的空气经过位于南面的空气太阳能集热器，预热后才被送到建筑中，这降低了热需求量（图 3-68）。夏季空气温度过高，有时候不得不停止这种预热。③ 用于潮湿环境中的太阳能热系统。夏季没有供暖的房子可能会比较潮湿。太阳能集热器一般装在南向的外墙上，热空气通过一个太阳能电池驱动的风扇，直接从集热器吹向房屋，帮助加热并干燥小房子。太阳能干燥机通常在农业生产中用来干燥谷物和草料。它们包括一面设计成空气太阳能集热器的屋顶或墙面以及用来吹送热空气的风扇。④ 用于干燥环境中的太阳能热系统。空气太阳能集热器通常也使用在农用太阳能干燥器中，用来干燥谷物和草料。

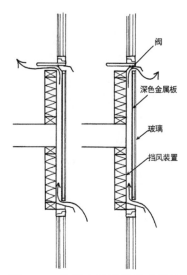

图 3-67　具有太阳能集热功能的窗间墙
空气在这样的墙中被加热后送进室内。新鲜空气通过一个由墙体保温层和外部光滑的黑漆金属片构成的气腔。夏季，应该尽量减小腔体的长度以避免空气温度过高

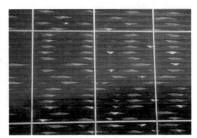

图 3-66　位于"绿色地带"的汽车经销店
该经销店位于瑞典北部的于默奥（Umeå）地区。风是通过一个空气太阳能集热器加热后送进商店的。在瑞典北部，即使温度是零下，空气也能在太阳作用下被加热。建筑师：安德斯·尼奎斯特（Anders Nyquist）

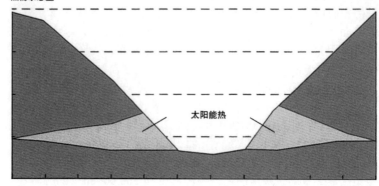

热需求总量

太阳能热

一月　　　　　　　　　　　　　　　　　　　十二月

图 3-68　不同月份的太阳能集热器热需求总量

太阳能集热器可用来预热新鲜空气，用于满足一个 10m² 的公寓 10%—20% 的热需求

3.1.4　热泵

家用小型热泵发展非常迅速。建筑的能效越高，其所需要的热能也就越少，使用热泵系统的效益反而不高。能耗超过 15 000 kWh /a（包括室内供暖和热水供暖）的房子使用热泵是很好的选择。相反，能耗很小的房子，使用热泵则不经济。大型热泵常用于公寓楼、小区或者城区供暖网中。

1）热泵的原理

热泵采用的技术是能利用低温热，且使用较少优质能量（如电能）把这些热提高到足以为房间供暖的中高温度（如 60 ℃）。它所基于的原理是，一种气体 / 液体（制冷剂）在不同压力下具有不同的温度和状态（图 3-69）。大部分热泵是电动的，也有液态燃料驱动的热泵。该技术适用于不同规模的采暖或空调需求。

（1）规模。没有必要以一栋建筑的热需求峰值来确定热泵参数。最大热需求值一年仅有几天。通常热泵用于满足房屋热需求的基本值，而峰值则需要另外的能源，比如锅炉或电暖气。热泵是根据能耗和动力需求来定型号的。一个经验是热泵热能输出量相当于建筑热需求峰值的 50%，热泵提供房屋每年供热和烧水热需求的 80%—90%。因此，当天气非常冷时，热泵需要借助其他设备的辅助以使供热达到峰值。

（2）关于热泵的争议。几个方面的原因使得热泵的使用受到非议。从环保角度来看，热泵含有氟利昂，对大气臭氧层影响不利；另一个方面它还消耗电能；第三个方面是对其可靠性及造价的质疑。为了保护臭氧层阻止气候变化，人们研究了能够取代氟利昂的环保型制冷剂。这种热泵已经投入应用，并且在城区供暖系统中也已经有所尝试。使用环保型制冷剂的家用热泵正在研发中（表 3-3）。当前，"温和的氟利昂"已经有所使用，它不影响臭氧层，但对全球气候仍会产生影响。谈到对

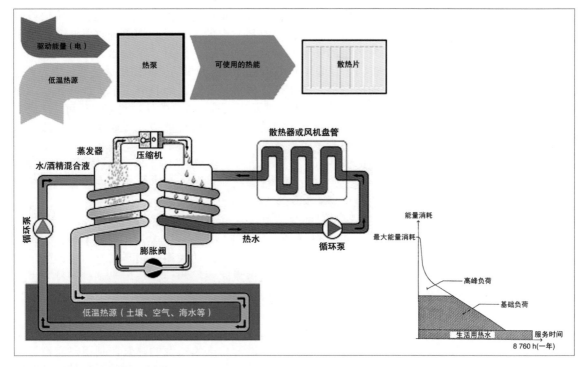

图 3-69　热泵基本原理示意图

通过压力的改变，可以改变制冷剂（气态或液态）的温度和沸点，利用低温热源就可以使液态的制冷剂在蒸发器中变为气态，气态的制冷剂经过压缩机压缩温度上升，高温气体加热热水后冷凝变回液态，经过膨胀阀调节后制冷液压力降回正常，然后又开始一轮新的循环。加热系统的设计应基于长期需求的曲线，需要的能耗应考虑一年的基本负荷和高峰负荷，综合考虑各种因素后确定

表 3-3　常用的制冷剂

制冷剂	ODP = 臭氧消耗潜值	GWP = 全球变暖潜值	备注
R_{12}	1	7 100	1998 年禁止 *
R_{22}	0.05	1 600	2002 年禁止 *
R_{502}	0.23	4 300	1998 年禁止 *
HFC			
R_{134a}	0	1 200	不能用于冰柜
R_{404a}	0	3 520	—
R_{407c}	0	1 600	—
自然制冷剂			
R_{290} 丙烷	0	0	易燃
R_{600a} 异丁烷	0	0	易燃
R_{717} 氨	0	0	有毒

注：指禁止再填充使用。

电的依赖性，人们的理由是电能是液态或固态燃料的价值效能的三倍。因为使用燃料发电的效率只为30%。这意味着，为了使热泵的使用具有合理性，它应该有一个三倍大的加热因子。该因子反映了获得的能量（家庭供暖）和高质量的能量供应（驱动压缩机）的比值，通常是3：1。当具有三倍大加热因子的热泵出现时，从能源的角度来看，热泵的使用将获得认可。然而，如果驱动热泵需要的电能是通过核能或者煤炭生产的，那么这种能源是不可持续的。为了避免对电能产生依赖性，一个更好的选择是使用燃料驱动热泵，尤其是用生物燃料。热泵一度很贵，并且经常出故障。保险公司的统计数字显示，向环保型制冷剂的转型会引起一些润滑油的问题，导致故障发生，较多出现在某几个型号的热泵中。

（3）**热泵的型号和类型**。热泵的常用型号有两种：大型热泵和家用型热泵。位于热泵站的大型热泵是由电力驱动的，这些热泵站与地方或城区供暖系统相连。家用热泵有三种类型：废气源热泵、空气源热泵、地源热泵。地源热泵的热源可以来自土壤和水体（图3-70）。

（4）**家用热泵**。利用自然低温热的小型家用热泵是很常见的。这些利用岩石、湖泊与土壤热源的热泵，利用热交换管收集热量（图3-71）。获得低温热的方式有两种，常见的是间接法，一种水/酒精的混合液在不断循环中，将土壤中的热与热泵里的制冷剂进行热交换。获得热量的另一种方式被称为直接汽化法，它是将制冷剂本身泵入循环管。还有废气源热泵，它从通风设备的废气中回收热能，而空气源热泵则是从室外空气中获得热能。① 地热、海水以及地源热泵。该类型热泵所使用

室外空气–10℃至＋30℃

海/湖水1℃至＋20℃

浅表地热–2℃至＋8℃

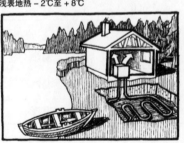

深层地热–4℃至＋10℃

图3-70　热泵的热源
热泵采用的低温热能可以从室外空气、土壤、海水或者深入地下的洞里提取出来。采取的低温热能的温度越高，热泵系统就越经济

的热量来源顾名思义。地热能热泵的热量来自于地下 60—170 m 深的地下岩洞。地源热泵通过一个约 200—400 m 长深入地下约 1 m 深的管子获得土层浅表热量。管子的间距约 1 m。对于水体，热交换管被置于湖底或河床。选择岩石、土壤或者水体中的哪一种获得热量主要取决于区位及条件。② 废气源热泵。该热泵使用的热量来自于为房间供暖或热水的通风设备中的排出的废气。废气源热泵多是与机械通风系统相连，但是也有人尝试利用自然通风在家里安装（图 3-72）。废气源热泵的尺寸大致相当于一个普通的站立式橱柜。也有结合热水系统的废气源热泵。它们更便宜，但是能效较低。③ 空气源热泵。该热泵从室外空气获取低温热能。获取的热利用空气热力泵和风扇送入室内，或是通过一个空气/水热泵送入水加热系统。空气/水热泵可以提供热水，也可以为室内供暖。对于那些依靠电力供暖的房子，气源热泵通常每年能节约 30%—40% 的电能。气源热泵的不足之处是，天气越冷，它的耗能越大。当室外气温降到 -10 ℃ 时，气源热泵将不能为房屋供暖。因此在气温最低时，由于气源热泵不能工作，导致输电系统处于最大负荷。④ 与太阳能收集器结合使用的地源热泵。从 20 世纪 90 年代后期开始，人们已经开始使用与太阳能收集器结合的地源热泵。夏季利用太阳能，而冬季热量则由地源热泵提供。当太阳能有所盈余时，土壤被加热，而当太阳能不足以为建筑供暖时候，地源热泵通过土层深处的热补充提高热泵效率。

家用热泵的运行表现不是很好。许多产品在其寿命初期（仅仅 0—5 年）就发生了故障，有些型号存在明显的制造缺陷。昂贵的产品需要有更好的运行表现，尤其是当其预计使用寿命超过 20 年时。不论如何热泵仍然是我们的可选技术之一。

（5）**大型热泵。**大型热泵的低温热能来自于河流、湖泊、污水处理产生的热，大型通风系统中的废气，矿山或者工业废热（图 3-73）。大型热泵适用于那些既需要降温又需要供暖的地方（图 3-74），比如，大型超市既需要供暖，又需要一个大型冷藏区；溜冰场冰面需要制冷，而其他的空间却需要供暖。

（6）**热泵、热源以及钻井。**办公建筑通常既需要供暖，又需要制冷。一个减少使用外部能源的方法是利用办公室的热源来平衡供暖和制冷的需求。埋设在结构板中的辐射供暖/制冷系统能加强这一效果。热在房屋的结构中传输。最新的技术发展是通过热泵将房屋的蓄热体与房屋之下蓄热的打底连接起来（图 3-75）。斯蒂文·霍尔在北京的当代 MOMA 项目中，用 660 个深入地下的埋管为 160 000 m² 的街区提供总量达 5 000 kW 的采暖和空调。

2）地热能

地球上蕴藏着很多免费能源。在不同的地质构造中人们可以找到不同温度的水。在某些火山地形区，蒸汽不断从地

图 3-71　家用地源热泵
除了基本部分外，家用地源热泵还包括压缩机、气泵、热交换器以及控制阀

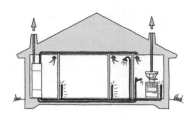

图 3-72　单户住宅中使用的废气源热泵

图 3-73　大型热泵
该热泵位于瑞典松兹瓦尔（Sundsvall）
地区，主要用于从城市污水系统中提
取热能

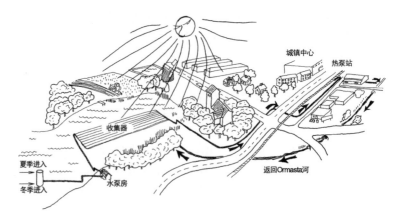

图 3-74　瓦伦蒂纳（Vallentuna）地区的湖水源系统
在瑞典，大约 90% 的热泵是在独栋民宅中使用的，不过也有不少直接与城区供暖
系统连接的大型热泵系统（大约 7 TWh）。然而，许多大型热泵系统使用的制冷
剂对环境有害，泄露事件也时有发生

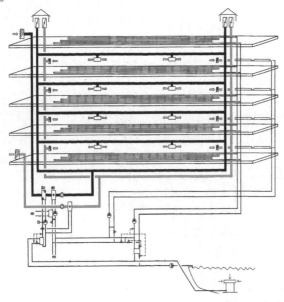

图 3-75　斯德哥尔摩怀特建筑师事务所新办公楼的楼板采暖 / 制冷原
理图
这座建筑采用附近湖水进行无偿制冷

图 3-76　地热能的获取过程示意图
地热能需从埋设很深的地下井内获
取。重要的是，产生热的管井与将使
用后的水返回底层的管井应保持合适
的距离。插图为列夫·欣德格伦（Leif
Kindgren）绘制

表冒出。这些蒸汽可用于生产电力，冰岛、意大利、日本和
美国等国家已经有所实践了。也可以利用其他的地层水中的
地热能来为电厂供热。通过热泵系统，地热也能用于区域供
暖（图 3-76）。

小贴士 3-1 未来的热泵

　　传统热泵的一个缺点是对电力的依赖性。有燃气动力热泵理论上可由普通汽车马达驱动。在日本与丹麦已经有利用斯特林发动机驱动热泵的尝试。斯特林发动机和热泵互惠互利（图 3-77）。他们各自都有冷热端，但是温度值不同。斯特林发动机在热的一端用燃料加热，其冷的一端以散热圈降温。而热泵较热的一端则是利用散热器回水中的热，其冷的一端由埋设在土壤中的管道降温。压缩机驱动的热泵所需要的地下管线，其长度仅是普通地源热泵的一半。试验结果表明，燃料（气体、液体或固体）驱动热泵的价格略高于电力驱动。斯特林发动机驱动的热泵，其能效与电动压缩机热泵几乎相当，但却不用电。同时，斯特林发动机驱动热泵很安静，并且与常规的燃气内燃机相比，其废气更干净，并且可以节省 40% 天然气。

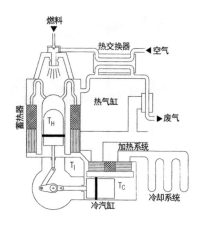

图 3-77　燃气斯特林发动机所驱动的土壤冷却热泵

资料源于《小型燃气动力热泵》，亨里克·卡尔森（Henrik Carlsen），H. C. 阿格（H. C. Aagaard），Prøvestationen for varmepumpeanlæg，丹麦，1998

3.1.5　建筑制冷

　　在气候炎热的国家，建筑空调是很常见的，许多国家空调设备消耗了大量的电能。在瑞典，制冷不是一个大问题，但一些建筑物需要在夏季制冷，如办公楼。通过被动的方法，空调的需求可以降低，如夜间降温（夜间通风）、使用带有蓄冷功能的重型建筑材料。剩余的冷量可使用主动方式解决。

1）制冷方式

　　满足制冷需求最常见的方式就是安装空调，但是近些年，区域制冷方式已经开始在瑞典的许多城镇使用。同样的，近年来制冷技术的发展已经使得制冷不再需要耗费大量电力，比如采用蒸发制冷和太阳能制冷。

　　（1）无偿制冷。无偿制冷意味着从湖底的冷水、地下管道中的冷气，或者附近地洞获得冷量。还可以通过储存冬季冰雪到夏季融化，从中获得免费的冷量。在冬季使用传统方法取冰，储存并用绝热材料覆盖。现在我们仍然可以发现老式的冰窖。在松兹瓦尔（Sundsvall）的医院，这种老式的方法再次吸引了大量的关注（图 3-78）。在那里，冬季将雪储存在一根管子内。管子利用木屑绝热，在夏天则利用融化的冰雪为医院制冷。世界上最大的能源存储单体之一是位于斯德哥尔摩阿兰达机场的地下蓄水库。冷水从地下 15—25 m 的地方抽取，热水通过 11 个地下井送入地下。通过一个大型的热交换器，地下水可以在夏季制冷，冬季采暖。

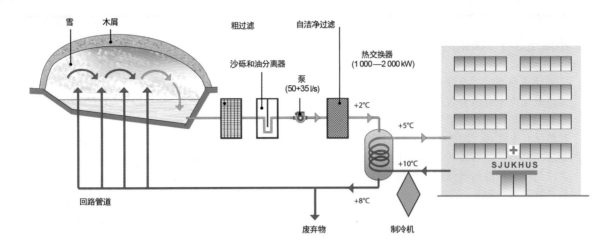

图 3-78　松兹瓦尔（Sundsvall）地区医院的储雪系统图解
满足夏季 77%—79% 的制冷需求，相当于 655—1 345 MWh。输出功率设计为 2.5 MW。节省的电力大约等于早期制冷机的 90%。储雪面积等于 1.5 个足球场，大约 9 000 m²。在冬季，储藏区大约填充 40 000 m³ 的雪。雪通过 20 cm 厚的木屑保温。插图为列夫·欣德格伦（Leif Kindgren）绘制

图 3-79　结合区域供暖建设的区域制冷系统
许多城镇已经建立起区域供暖系统，热量在区域供暖站通过生物燃料或热泵产生。越来越多的城镇开始给区域供暖系统补充区域制冷功能。如果原来的供暖站是采用热泵制热，那供热和制冷可以结合在一起而更有效率。插图为列夫·欣德格伦（Leif Kindgren）绘制

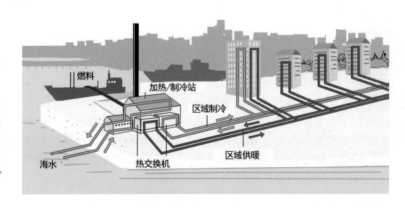

（2）**区域制冷**。许多社区正致力于投资区域制冷（图 3-79）。商业公司一般都享用区域制冷，也有许多公寓楼使用区域制冷。欧洲最大的区域制冷系统位于斯德哥尔摩，提供了 80% 的冷源。海底的水温大约为 1—5℃。这些能量被带入区域采暖 / 制冷系统。斯德哥尔摩的区域制冷是在一个特殊的管道系统内以 +6℃ 的温度传送的。

（3）**空调**。最常见的空调机是基于热泵技术。有很多不同类型：最简单的是装在墙上或窗上的窗式空调，散热部分放在户外，制冷部分朝室内。这种空调的问题是热量会通过空调机传导进来，抵消了制冷效果。分体式空调解决了这一问题，因为它们分为两个部分，室外机和室内机通过软管连接。也有空调机和新风系统结合，通过风管将冷气输送到不同房间。制冷可以通过冷气或冷却盘管来实现。热泵的热端通过冷水或室外空气冷却。相比风冷系统，水冷单元效率更高，为了提高效率还可以和新风系统相结合（表 3-4）。

表 3-4　提高空调效率的技术可能性

技术改良	效率增加值（%）
增加散热片的面积大约 45%	11
增加两个带有散热片的管道	16
散热片之间减少 20% 的空间	16
更好的翼缘设计	11
更高的传热效率管（道内制冷剂）	8
中央处理器速度提高 15%	8
可调速的压缩机	10—40
电子膨胀阀	5

注：资料源于欧洲关于电器效率的 SAVE 研究。

（4）**蒸发制冷**。早在几千年前波斯人就开始使用蒸发制冷。带喷泉的公园围绕着宫殿，起着制冷机的作用。在 1992 年塞维利亚世博会，建筑之间的室外都设有户外喷泉和洒水装置，以调节夏季场地的微气候。现在有的新建筑就是通过屋面洒水系统来给建筑降温。蒸发制冷也能用于室内。由于潮湿空气并不适合进入建筑，是通过一个热交换器对新风进行制冷。整合了蒸发制冷和热交换器的空调系统效率更高，这种技术比热泵制冷更便宜（图 3-80）。

（5）**太阳能制冷**。太阳能制冷听起来有些荒谬，但事实是，太阳能确实可以用于冷却。一种方法是使用太阳能电池产生的电能驱动压缩机运行。另一种方法是使用吸收热泵。正如已经提到，热泵有一个低温端和一个高温端。阳光在高温端加热制冷剂，该制冷剂在低温端提供制冷。太阳能吸收式热泵的开发正在进行之中。该领域的最新研究是结合了干燥制冷和蒸发制冷。蒙特斯（Munters）工程公司利用瑞典发明家卡尔·蒙特斯（Carl Munters）的概念，开发出了这一制冷系统，不采用热泵和氟利昂，而是利用干燥、加热和加湿效应，同时在进气和排气管道之间设置热交换器（图 3-81）。

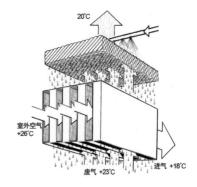

图 3-80　高效能空调的蒸发制冷原理

2）蓄热电池

一些商业公司已经推出蓄热电池，吸收太阳能并将其储存起来用于采暖或制冷之用。在气候炎热的国家，这是一个绝好的制冷方式。热量存储于金属盐溶液里。当金属盐吸收水分时，可以产生热量，而当其失水时，可以制冷。该设备由两个并行的系统构成：一个吸收并储存能量，另外一个放热或者制冷。每个这样的系统都是由两部分组成的：冷凝器／蒸发器和反应器。

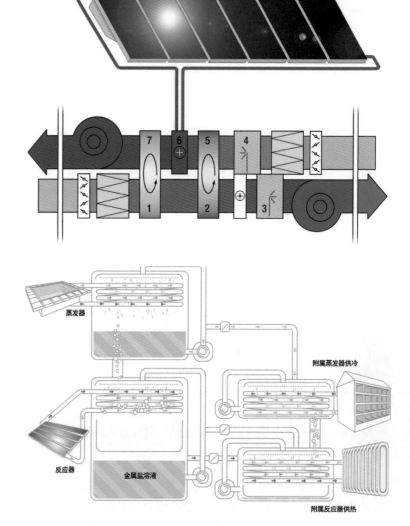

图 3-81　太阳能制冷系统
该制冷系统的工作机制如下：1. 干燥
吸入的新风（利用一个排气的热交换
器，废气增加了吸入的空气的温度）。
2. 间接的冷却新风（利用另外一个热
交换器，使用浓缩的冷却的废气）。
3. 引入空气进一步冷却和润湿（利用
蒸发冷却）。此时新风已达到一个舒
适的温度。4. 废气通过蒸发冷却进行
制冷。5. 冷却后的废气为热交换器供
冷，该热交换器用于冷却新风。6. 废
气加热，比如，使用太阳热能加热。
7. 用很热的废气为热交换器供热，该
热交换器用于干燥新风。资料源于蒙
特斯（Munters）工程公司

图 3-82　蓄热电池工作原理图
资料源于托马斯·汉密尔顿（Tomas
Hamilton）绘制

四个单元由管子连接起来，泵和阀门需有少量的电来带动。反
应器从太阳能收集器中获得热量，冷凝器／蒸发器从诸如水池
或者室外空气中获得冷量。副反应器释放热量而副冷凝器则释
放冷量（图 3-82）。

图 3-83 厄勒海峡（Öresund）的风力发电机

3.2 可再生电能

3.2.1 可持续发电

我们应该避免采用核能和化石燃料发电的方式。同时，利用可再生能源发电的方式要推广，比如生物燃料分区供热发电站、风力发电（图 3-83）和水力发电。关于水力发电，最大的问题是提高现有水电站的效率，同时发展小规模的水电站。要使这种发展得到实施，必须强制要求核能和矿物能源电站对环境造成的破坏进行赔偿。只有这样，可再生能源电力生产不但在技术上可行，在成本上也具有竞争力。

1）电力生产

我们不可能只用单一一种可再生能源来代替化石燃料和核能发电，解决方案是建立综合了多种可再生能源发电的系统（图 3-84）。现有的水力发电可以用新技术改造得更有效率，还可以和风力发电波浪发电相结合。水电站可以用来作为风电的调峰电站。如果城镇有采暖需求，采用集中供暖，就可以采用热电联产电厂发电。热电厂的能源可以是生物燃料，或者来自于家庭、农业和工业的有机垃圾。热电厂的生物燃料可能是木材工业的废料或速生能源林。如果这些还不够，还可以用太阳能作为补充（图 3-85）。

（1）**发电新途径**。许多国家在开发波浪发电。在有火山地质构造的国家，如冰岛、意大利和美国，可以利用地热能来发电。潮汐能是一项正被重新投入使用的旧技术，比如在法国。有计划在大洋的河床上设置风力发电机以利用潮汐能。渗透能是一项利

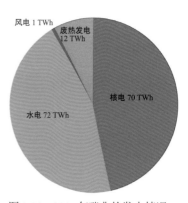

图 3-84 2007 年瑞典的发电情况
2007 年瑞典的发电总额约 1 450 亿 kWh，其一半以上的电力由可再生能源转化而来，热电的生产主要由生物燃料提供。资料源于瑞典能源部

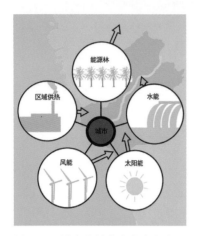

图 3-85　城市中的电力产生方式
提到利用可再生能源的使用，人们首先要想到法尔肯贝里市（Falkenberg）。在艾特兰（Ätran）有两座水电站。还有一个以碎木为燃料的区域供热站，大部分的碎木来自当地的能源林。在主要过境公路的附近，有世界上最大的太阳能收集设备，为区域热力供应网提供能量。同时，沿海岸设置了多台风力发电机

用淡水和盐水的差异来发电的技术。在河口设置电站，利用海水和河流淡水之间的压力差能够产生电力。海水温差发电（OTEC）技术利用海面和海底的温差来发电，氨—水混合物在表面热水的作用下汽化，推动涡轮机运转发电。

（2）**私有电力生产。**利用私有供电系统也是可能的，比如不与公共电网连接的夏季别墅，或者作为停电时的安全保障系统（图 3-86）。但是，私有电力系统只有在不接入公共电网时才可行。如果效仿一些欧盟国家，保证向公共电网输送电力可以得到经济补偿，那么私有电力系统不便接入公共电网的情况将在未来许多年内得到改变。最容易获得的自用电力方式是利用太阳能电池、风力或者二者结合，并与一个电池组相连接（图 3-87，表 3-5）。因为成本高，这种电力供应系统只能用在最需要的地方。直接用电热取暖是不可取的，厨灶应该利用燃气或者木头。另外，值得注意的是，太阳能电池在光线不充足的冬季能提供的电力是非常有限的。可以利用非常小型的水力发电机为电池充电，它需要接近河道。装有斯特林发动机的迷你型生物燃料发电器也开始在市场上出现。与发电机相连的电动机组成的备用电力供应系统也是可以考虑的，该系统可由菜籽油或沼气等可再生燃料来驱动。停电时，一些重要设备由电池充电器和蓄电池维持运行，以保证设备安全（图 3-88）。比如炉灶、热力系统循环泵、一些照明灯、收音机、电视，还有水泵。这套系统要求住房有一个 12 V 的用电系统，或者一个可将电池提供的直流电转换成 220 V 交流电的转换器。如何储存是私有发电的一个主要问题。虽然电池技术正不断发展，但是它们始终价格不菲并且使用寿命短，因此将家用电力和公用电网相连是更好的选择。这样，当家用电力供不应求时，可以从公用电力购买电力，而在家用电发电供过于求时又可以将多余电力卖给公用电网。可以用电表来测量对公用电网的使用量和输入量（图 3-89）。

图 3-86　瑞典群岛上装有风力和太阳能发电的夏日别墅

表 3-5　瑞典中心区每平方米太阳能电池和每平方米风力发电场的平均发电量（kWh）

月份	太阳	风	总值
一月	0.05	0.84	0.9
二月	0.14	0.79	0.9
三月	0.27	0.45	0.7
四月	0.36	0.40	0.8
五月	0.47	0.26	0.7
六月	0.53	0.40	0.9
七月	0.47	0.32	0.8
八月	0.40	0.38	0.8
九月	0.29	0.46	0.8
十月	0.17	0.71	0.9
十一月	0.07	0.73	0.8
十二月	0.04	0.84	0.9

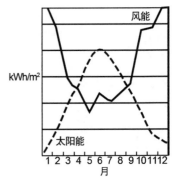

图 3-87　瑞典本地不同月份的电力生产比较

2）电力储存

　　为了开发性能更好的电池，人们进行了大量研究，但是进展甚缓。以抽水蓄能电站、飞轮、氢气的方式储存电力都是可行的。在抽水蓄能电站，电力生产过剩时将水抽高到水库中，储存的势能在需要的时候可以加以利用。当有过剩的电力时，平衡良好、摩擦小的飞轮运行起来，飞轮旋转产生的能量能够驱动发电机。因为氢气的能量密度高，以氢气为燃料的发电方式亦不会产生危害环境的物质，越来越多的人看好氢燃料电池的前景。

　　（1）电池。电池是家用电力生产系统中最脆弱的环节。它们价格贵，自重大，寿命短，容量小，需要定期维护，充、放电的方式很容易影响其性能，此外，需要存放于通风良好、凉爽但又不能太冷的环境中。过去最常见的电池类型是铅蓄电池和镍镉电池，这些电池中含有会引起环境问题的重金属（表 3-6）。如今，镍氢电池和锂电池更常见，它们的能量密度比铅蓄电池和镍镉电池高，但是它们含有有毒的钴和锰元素，尽管含量很少。金属氢化物电池没有记忆效应，充电能力不会随着使用时间的增加而变弱。但是，金属氢化物电池的价格更贵，使用寿命相对比较短，并且对低温敏感。锂电池价格更贵，并且很容易因为过量充电而损坏。锌空气电池是目前所有电池中能量密度最高的，含有 1 kWh 电能的锌空气电池仅重 4.5 kg，约为普通铅酸蓄电池的1/8。电池的研究开发工作正大力进行。在混合动力汽车中，通常以镍氢电池为主导，而对于插电式混合动力汽车而言，主要选用锂电池（有多种不同类型）。其他的选择，例如钠镍氯化物和双

图 3-88　紧急电力系统

图 3-89　可自行安装的小型风力发电机和太阳能电池板系统
他们可以通过一个逆变器直接与电网相连接，而不用将直流电转化为交流电。为达到最佳工作状态，小型风力发电机周围最好留有半径 75 m 的空地。这是一个球形风力发电机，不需要建筑许可证就能建造，因为它的直径不足 2 m。通常情况下建筑许可的核查是必需的

表 3-6 不同类型电池的参数

电池类型	能量密度		充电次数	相对能量价格
	Wh/K	Wh/L		
未密封铅电池	20—45	40—100	200—2 000	1
铅封电池	10—30	80	500—1 000	1—2
镍—镉	15—45	40—90	＞5 000	3—5
镍—氢	40—60	60—90	3 000—6 000	5—10
改进的镍—铁	22—60	60—150	1 000—2 000	1—1.5
镍—锌	60—90	120	250—350	2
钠—硫黄	100—200	150	900—2 000	0.5—1
锂—硫酸	200—600	—	—	—
锌—硼	55—75	60—70	600—1 800	0.5—1
铁—铬电池（铁/铬氧化还原作用）	—	—	20 000	1
锌—锰（ZN/MnO_2）	70	160	200	1—2
氢气燃料电池	—	—	—	40

注：资料源于"可再生能源的新探究"，挪威研究理事会，挪威能源和水资源理事会，2001。

图 3-90　由瑞典的 Morphic 公司提出的能源系统
在这种能量系统中，将风能转化为便于保存的氢能，当没有风的时候通过燃料电池将氢能再次转化为电能

极铅酸蓄电池也正在研发中。

（2）**氢气**。我们试图利用可再生能源（风能或太阳能）发电，由此通过电解水来制备氢气（图 3-90、图 3-91）。氢气还可以通过生物质汽化或者通过对天然气、甲醇、沼气的处理来获得。关于通过光化学和热化学制氢的研究正在进行。在燃料电池中，氢气与大气中的氧气混合产生电力，唯一的副产品是温水。氢气也可作为发动机的燃料，用于汽车或燃炉。氢气燃烧的主要生成物是水蒸气。氢气还可用作燃烧催化剂，它的优势在于不会产生任何氮氧化合物。还可以考虑在阳光充足的沙漠地区利用太阳能电池制氢气。将电用于有水的地方，通过电解将水分解成氢气和氧气。然后通过管线或者轮船将氢气输送到居民区（燃料电池的内容参见第 4.2 节"社会组织"中第 4.2.2 节"交通"）。

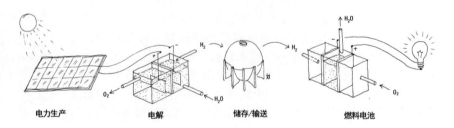

图 3-91　环境友好型的氢气系统
资料源于《能源与未来》，Vattenfall，1990

电力生产　　　　电解　　　　储存/输送　　　　燃料电池

3.2.2 生物燃料热电联产

通过燃料同时为市政设施发电和产生热量，这项技术被称作热电联产。在工业生产中，该技术被称作背压式发电。这项技术高效率地使用燃料。能源分两步消耗，综合效率可高达85%。许多城镇使用区域供热的方式，这为热电联产提供了基础。在瑞典和芬兰，许多城镇已经成功投入使用了燃烧生物燃料的热电联产厂（图3-92）。

1）热电联产技术

当燃料仅用于发电时，只能达到略大于30%的使用效率。当热能和电能同时生产时，综合效率可以提高至75%。采用合理的布局和保温可以降低传输损失，从而达到85%的综合效率。利用最新的汽化技术，可达到90%利用效率，而且发电率会更高（图3-93）。热电联产在相对大型的设施中进行，更利于充分燃烧和废气净化，这对环境是有利的。利用蒸汽循环机（Rankine cycle，朗肯循环）发电的技术很早就应用得很好了，该循环由蒸汽锅炉、蒸汽轮机、冷凝器和给水泵四个装置组成。燃料使水在锅炉中成为蒸汽，蒸汽推动汽轮机，涡轮机再推动发电机。蒸汽与区域供应暖水在冷凝器中相遇，蒸汽遇冷液化，同时供暖水得到加温（图3-94）。最后水泵将水抽回锅炉。这项技术适用于发电功率7—25 MW。另外，还可以利用燃气涡轮机发电（Brayton cycle，布雷顿循环）。当峰值功率负载，常规发电站供电不足时，这项技术就开始发挥作用，燃气涡轮机发电站的发电容量约在14—25 MW。该技术用于热能联产发电站时有如下几个主要组

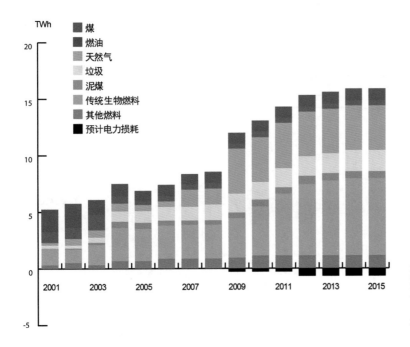

图 3-92　瑞典规划的热电联产发电规模
2007 年，5.6 TWh 电力产自工业热电联产，8.3 TWh 产自区域供热热电联产。资料源于瑞典生物能协会（SVEBIO），2008

成部分：压缩机、燃烧室、燃气轮机和余热锅炉。燃气涡轮产生的废气在余热锅炉中被区域供热用水冷却。

2）利用汽化的热电联产

燃料通过高温分解而汽化的过程可提取出可燃气体，例如在无氧环境下的燃烧。气体首先用来推动燃气涡轮，燃气轮机产生的蒸汽再推动蒸汽涡轮。这样，有两个环节是能产电的，先是燃气轮机，然后是蒸汽轮机。同时，蒸汽涡轮产生的多余蒸汽在回到蒸汽锅炉内被重新加热之前可以先将余热提供给区域供暖网络。通过燃气、蒸汽涡轮机联合工作，生物燃料汽化的发电效率可达53%。这是通过可再生能源发电和产热的新技术之一（图3-95、图3-96）。

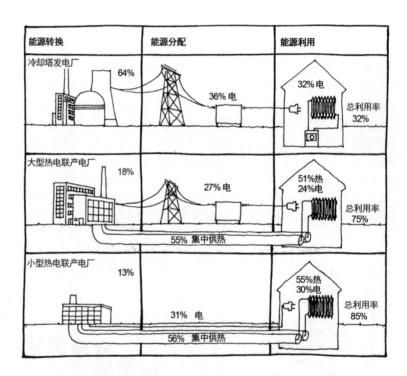

图 3-93　热电联产发电站与冷却式发电站的比较
热电联产发电站比冷却式发电站有更高的效率。因为产生的热量同时用于区域供热，而不是被冷却。本地供热（一种小规模的地区供热网络）的能量输送损失更小，并且在热电联产的情况下生产效率还可以进一步提高

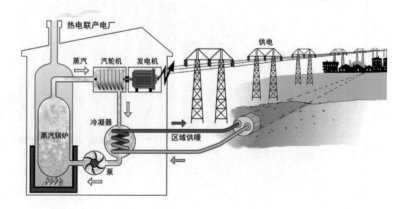

图 3-94　热电联产电厂工作原理示意图
在热电联产发电站中，水冷却过程中散发的热量被用于区域供暖。插图为列夫·欣德格伦（Leif Kindgren）绘制

图 3-95 韦纳穆（Värnamo）与热电联产结合的生物燃料汽化电站
能量在三个阶段产生：在气体涡轮和蒸汽涡轮中分别产电，随后通过区域供热系统为城镇供热

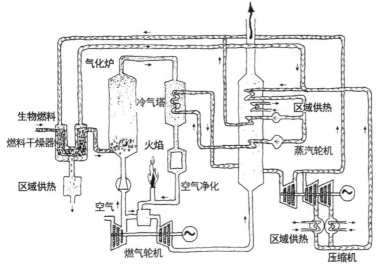

图 3-96 生物燃料汽化电站的工作原理示意图
通过燃气轮机和蒸汽轮机汽化生物燃料发电，并提取能量用于区域供热。资料源于《哥德堡邮报》，1995 年 4 月 23 日

3）黑液的汽化

黑液是造纸工业的副产品。目前通常将黑液在回收炉燃烧，产生的蒸汽推动背压式汽轮机从而发电。如果用汽化取代燃烧，造纸工业的硫酸盐产量收益比产电收益的两倍还多。通过汽化，可以回收反应过程中的化学物质（图 3-97）。

4）小型热电联产

"图腾"（Totem）单元是一种小型可用于热电联产的设施，包含一个菲亚特汽车发动机，可以使用各种燃料，包括沼气。它可以用于污水处理厂，在那里淤泥在沼气室中固化，产生的能量被用来运行污水处理设备。生物燃料驱动的热电联产可以运用于农业领域，例如用菜籽油来驱动马达。图腾单元在德国的公寓和生态社区中应用很普遍，但通常使用天然气驱动（图 3-98）。能够通过沼气驱动的发动机来发电和产热是许多人生

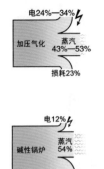

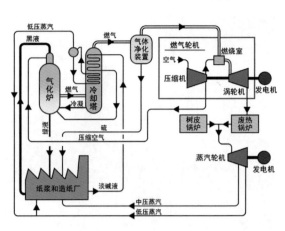

图 3-97　黑液汽化发电工作原理示意图

在黑液汽化的过程中，气体涡轮和蒸汽涡轮都参与工作，因此增加了发电率。资料源于《新科技》，1996 年第25 期

图 3-98　由天然气驱动的小型热电联产机组

它为德国柏林的一个住区提供电和热

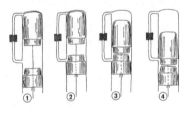

图 3-99　斯特林发动机的工作原理示意图

最重要的组成部分包括汽缸、活塞、配气活塞、蓄热器、加热管和冷却管。图中表示了一个循环中的四个不同阶段：① 活塞处于底部和配气活塞处于顶部，所有气体都在汽缸的冷却端。② 活塞将冷却气体压缩，配气活塞仍然处于顶部。③ 活塞位于顶部，配气活塞将气体通过交流换热器和加热管挤压到汽缸的热端。④ 气体受热膨胀。配气活塞将气体通过交流换热器和冷却管挤压到汽缸的冷端，然后进行下一个循环

① 电流通过时产生吸热、放热现象的电子元件。

态建造的梦想。现有的可能是蒸汽机、煤气发生炉和热力发动机。煤气发生炉对检修和维护要求较高。蒸汽机的效率很低且需要操作员，目前看来，斯特林（Sterling）发动机是热力发动机中前景最好的。市场上已经开始出现可驱动热—电联产设备的小型斯特林发动机。

5）斯特林发动机

斯特林发动机通过一个封闭式系统运行，充有被交替加热和冷却的工作气体。气体加热时体积膨胀，然后机械功推动与活塞系统相连的机轴。燃料分别独立燃烧，产生的热通过热交换器转移到发动机的封闭汽缸内（图 3-99）。通过发动机的冷却水系统和废气可以重新回温，和传统内燃机采用的方法相似。斯特林发动机是一种热机，具有许多优点，适合小规模运行。它比内燃机噪音小，产生的废气污染低。斯特林发动机和生物质颗粒燃烧机与储能室相结合可以为一座独户住宅供热。燃烧机在储能库的一边，斯特林发动机在另一边，燃烧室在储能室内。这个系统可以同时为住宅供电、供热（图 3-100）。将斯特林发动机和热泵相连的研究正在进行，从能源角度来看这是一个很有创意的组合。

6）热电式发电器

热电偶（帕尔帖元件①）是一种可以将电能直接转换成热能或者将热能直接转换成电能的技术（图 3-101）。两种不同金属或者半导体作为接头，相连后构成回路，形成热电偶。当一个接头被加热而另一个接头被冷却时，回路中就产生了电流。热电式发电器利用帕尔帖效应将热能转化为电能。但是，由于其效率很低，只能达到约 2%，所以这项技术仅仅用在热量过剩且电量需求甚微的情况下。例如利用柴炉的热量来运行电视机或者用煤油灯来运行收音机。反过来，热电偶也可以将电能转化成热能，当对回路通以电流时，它可以制冷，例如可以用于游艇上的小冰箱。

图 3-100　由小型斯特林发动机驱动的热电联产机组
该热电联产机组由德国 SOLO 发动机有限公司（SOLO Kleinmotor Gmbh）开发，其变化之一是用木颗粒作为燃料

图 3-101　酒精发电壶
这种发电壶由瑞典防卫研究组织（Foi）开发，在加热食物的同时能产生电。在双层底的壶内装有帕尔帖元件，用于产生电压。利用适当的半导体材料的搭配，这里用的是碲化铋，它产生的电力足以供笔记本电脑运行

3.2.3　水力发电

尽管由于环境原因未来发展大型水电站的阻力很大，现有的大型水电站还是可以进行现代化改造，变得更现代化和高效，同时新建一些小型水电站仍然是可行的。

1）水力发电的发展

大型水电站和小水电站相结合，已经实现了大量发电，为供电系统提供了良好的基础，如果和风力发电配合效果会更好。

2）水电技术

（1）**大型水电站**。许多大规模的水电站都很陈旧，需要更新（图 3-102）。技术的发展使如今重建老式水电站以增大发电量成为可能。可以让机轴和涵道表面更光滑（提高水流速度），安装新的更高效的发电机，并改善管理。基于高压直流电的新型发电和传输技术已经被开发出来。这些技术的应用可以进一步提高效率。2005 年，瑞典共有 2 082 个水电站，其中有 511 个发电量大于 1.5 MW，总输出功率为 16 200 MW。其中，主要发电量由吕勒河（Lule）和翁厄曼河（Ångerman）产生，分别为 159 亿 kWh 和 136 亿 kWh。

（2）**小型水电站**。建设一个水电站时，对三个方面的调查很重要，即水流落差、流量和环境影响。水流落差和流量的乘积决定了产电量，同时，落差越大，发电成本越小。在落差小于 1—1.5 m 的地方建造水电站通常是不现实的。理论上讲，每 1 m³/s 流量的水下落 1 m 可以产生 9.8 kW 的电能。因为涡轮的效率低于 100%（如 60%—90%），因此实际功率也会低于9.8 kW。21 世纪初，瑞典有 1 571 座小型风力发电站运作，每年发电 17 亿 kWh。但是以前有更多的风力发电站，在 20 世纪50 年代中期曾经有 4 000 多座风力发电站。在瑞典，发电功率在 300—1 500 kW 间的水电站被认为是小水电站，而在其他欧

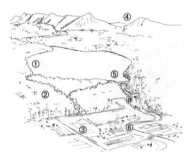

图 3-102　大型水电站所引发的环境问题草图
大型水电站通常会引发一系列严重的环境问题：① 富饶的森林和农田被淹没在水下。② 在未被开发的原生态地区修建道路。③ 每年富含淤泥的洪水被拦截，土地得不到肥化。④ 被水淹没的植物腐烂产生温室气体。⑤ 当水位持续不变时水生疾病增加。⑥ 如果河道干涸，洄游鱼将遭受灾难

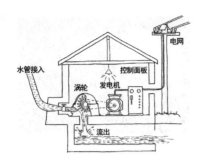

图 3-103　接入电网的小型水电站
的做法

图 3-104　斯德哥尔摩哈默比湖的
希克拉（Sickla）水闸
鱼梯使鱼可以通过小型水电站和水闸

图 3-105　小型水电站的水管
水从右方流入，然后通过涡轮，发电
机置于涡轮上。小型水电站可以用来
生产更多可再生电力，但是它们需要
精心设计以不影响环境

盟国家，低于 10 000 kW 的均被看作小水电站（图 3-103）。建造水电站时考虑环境因素理所当然是重要的。鱼类需要生活在能保证设立鱼梯的河道中（图 3-104）。筑坝拦水量、陆地是否会被淹没、是否会有洪涝灾害都是很重要的考虑因素。小型水电站比大型水电站更加容易解决这些问题。筑坝、改变河道和建造水电站都是由法律管制的。这意味着水权由某些部门决定，而在一项水利工程开始之前必须得到水利行政管理部门的许可。虽然技术上具有将现有水电站产量进一步提高的潜力，但出于环境因素，不会将所有潜在发电量开发尽（图 3-105、图 3-106）。迷你型水电站是指小于 300 kW 的水电站。在瑞典，诸如旧工厂等建筑附近有许多已经设水坝的水道。这些地方可以用来发电。近年，由于电子稳压器的发展和更简单便宜涡轮的应用，建造迷你型水电站的成本显著降低。

（3）稳压器。小规模水电站的建造一直以来被认为是不经济的。通过机械液压系统，水电站通过闸门改变水流大小（图 3-107）。闸门的开、关也由昂贵复杂的液压技术控制。水电站的规模越小，液压节流器所占的成本份额就越大。通过电子节流器，水流得以恒定地通过水电站，推动涡轮（图 3-108）。电力通过小型且廉价的电子稳压器来调节。它可检测出公共电网的需电量，向公共电网传输所需电量，并且消耗掉多余的电量，例如为热水器或水道输水供电。将电站和电网连接的好处是可以两者协同运作，所以无需在电站直接储存和控制电力。它们通过异步发电机运作，异步发电机通过电网电力磁化，因此输送给电网的电力与电网电力的频率和相位是相同的。

（4）涡轮机。水流垂直落差的大小是决定使用哪种涡轮机的首要因素（表 3-7）。先进的螺旋桨式和轴流式涡轮机是三维曲面的设备，因此制造价格不菲（图 3-109 至图 3-112）。而另一方面，双击式水轮机（Michell-Banki turbines）是二维曲面的组件，价格便宜，而且在普通的工厂里就能制造出来。这类涡轮机的工作效率不如其他类型的涡轮机，但是简单便宜，当不需要从水道中挖掘最多电能时，这种效率上的劣势不会带来什么显著的不同（图 3-113）。

（5）微型水电机。仅有几百瓦特发电能力的机组被看作微型水电机。在 20 世纪 80 年代，特别是在美国，极小型水电机采用与小型风电机和太阳能电池板一样的方式，被设计来为电池充电。这种微型水电机利用水流和垂直落差，可以提供 50—500 W 的电能。它们通常包括一个水斗式水轮机或斜击式水轮机，水轮机与小型发电机的机轴直接相连，可以为一栋度假别墅提供充足的电力以供收音机、电视机和一些电灯工作（图 3-114、图 3-115）。

图 3-106　小型水电站草图
小型水电站可以通过尽可能引发最少环境问题的方式建造。插图由彼得·邦德（Peter Bonde）绘制

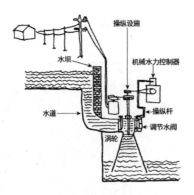

图 3-107　小型水电站工作原理示意图 1
当一个小水电站独立为一个小型电网供电时，节流器对电力的调节管理很重要。例如，当输入电网的电压过大时，灯管会烧毁

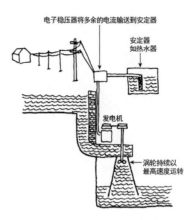

图 3-108　小型水电站工作原理示意图 2
随着小型、廉价的电子稳压器的发展，小型水电站也变得越来越便宜

表 3-7　不同类型水电机组的效率

涡轮类型	功效
下冲式水轮	0.25—0.40
上射水轮	0.50—0.70
中射式水轮	0.50—0.60
下射曲叶水轮	0.40—0.60
水平水轮	0.20—0.35
冲击式涡轮机	0.70—0.87
横流式涡轮	0.60—0.80
反动力涡轮	0.65—0.90

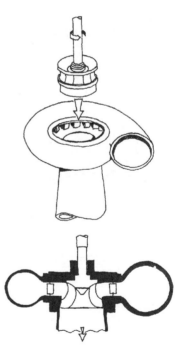

图 3-111　轴向混流式水轮机（Francis turbine）
水流通过一个环绕涡轮的螺旋形的管子进入轴向混流式水轮机中。在螺旋管的内部有一个装着可调节导向叶片的柱状物，它可以调节水流量。水通过导向叶片流入螺旋管，通过柱形调节器，直接进入涡轮。通过导向叶片，能量被转移到涡轮机叶轮，随后水通过水管向下流

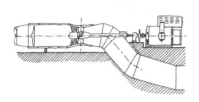

图 3-109　螺旋桨式水轮机
螺旋桨式水轮机由一个在管内的螺旋桨构成。当水流经过管子时，螺旋桨就开始工作。能量通过机轴转移到位于曲管外的发电机中。还有一种使用直管的螺旋桨式水轮机，它的发电机装于管内

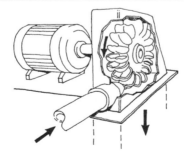

图 3-110　培尔顿式水轮机（Pelton turbine）
通过喷嘴，水朝两个杯状物接触而形成的边缘注入，喷出的水被等分为两部分，能量从水转移到叶轮中

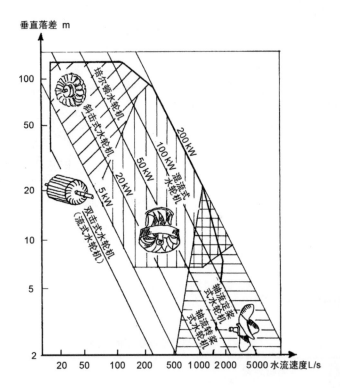

图 3-112　涡轮选择因素——水流
落差和流量

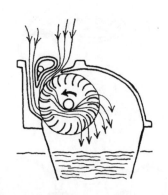

图 3-113　横流涡轮
给横流涡轮安装导流叶片和进水管能
提高其效率。因为构造简单价格便宜，
这种涡轮有再次流行的趋势

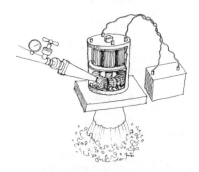

图 3-114　微型水电机
它是为电池充电的极小型水电机。软
管从小溪连接至微型水电机。"只需
要加水"是这款美国型号水电机的广
告词

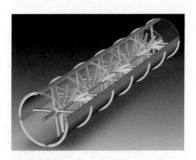

图 3-115　哈曼（Hamann）
德国—挪威合资的哈曼是一款很有前
途的涡轮机。它包含一根长 6 m、直
径 1 m 的导管和一个螺旋形涡轮。
它的最大功率是 50 kW，额定功率是
30 kW

3.2.4　风力和波浪能发电

　　在风力资源丰富的国家发展风力发电具有巨大潜力。最适
合发展风电的地方是多风的海岸线、岛屿的海滨地区、大型内
陆湖泊以及山区。公共电网需要发展完善，以应对风力发电量

的不稳定。目前建造和维护风力发电机的技术已经成熟，许多建设都在海上进行。

1）风力发电的发展

　　许多风力发电技术的发展都在丹麦。在20世纪70年代能源危机发生后，风力发电于80年代开始发展。风力发电开发的困难在于风的不稳定和难测性，它在反复试错的过程中发展起来。起初使用的是55 kW的小型风力发电站，后来规模逐渐增大。20世纪90年代建成了200—500 kW的风力发电机。如今，风电机组最常见的规模是1 MW及以上（图3-116）。丹麦仍然是世界上最大的风力发电国之一。风电工业还在试图不断改善风力发电设计，例如对叶片、发电机以及运行时叶片位置的调整（图3-117、图3-118）。风电工业在不断追求发展，针对风刃、传动装置、

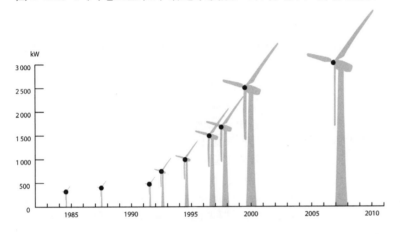

图3-116　1985—2000年风力发电机的规格比较
随着时间的推移，风力发电机规格不断提高

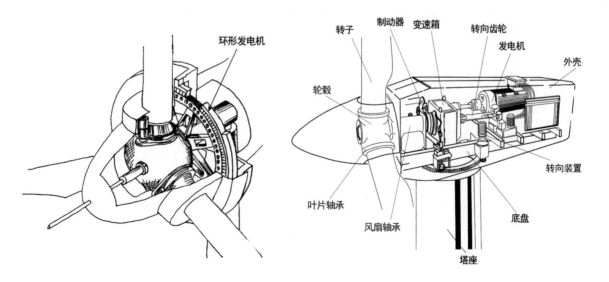

图3-117　带有直接驱动环形发电机的风力发电机
这是一种提高风力发电机效率的新尝试

图3-118　维斯塔斯（Vestas）风力发电机
这种发电机的涡轮直径为27 m，发电功率达225 kW

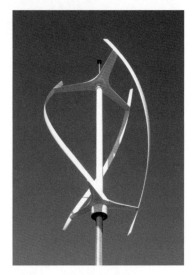

图 3-119　螺旋形风力发电机
垂直风力发电机发展迅速。图示的这种螺旋形风力发电机高 5 m，直径 3 m，适合安装于建筑物的屋顶。资料源于 Quiet Revolution 公司

图 3-120　垂直风力发电机
该发电机由 Vertical Wind 公司生产

发电机、运行时叶片调节的研究在持续进行。一旦风力发电机被建立，保养费用是昂贵的，尤其当它们在海上。很多针对开发垂直式风电机的努力正在进行，它受风向的影响小，且噪音影响低（图 3-119、图 3-120）。将发电机布置在地上能方便安装和维修，但对叶片的设计必须非常精准以保证效果。

（1）瑞典的风力发电。由于电力成本低廉和不易得到风电许可证，瑞典风电的发展一直缓慢，但是这种情况已经得到改善（图 3-121）。从 20 世纪 90 年代初开始，风电站的设置数量有所增加（图 3-122）。大约一半的风电站由能源公司（大约 35%）和个人（15%）建造。新的创新型的所有制形式，例如股份公司、合作组织和社区协会等负责剩余的风电站。2007 年，大约由 1 000 个风电机组共发出 14.3 亿 kWh 电量，按照瑞典政府的规划在 2015 年可达到 100 亿 kWh 的风力发电量，这项计划不在于规定要具体设立多少风电站，更重要的是表达了为风电的未来发展创造条件的雄心。就风电问题，瑞典能源部设定的目标是 2020 年提高到 300 亿 kWh。瑞典风力发电协会则以 25 亿 kW 为目标。

（2）规划风电场。风电场一经出现，大地的景观也就受到影响，因为这些风车实在太显眼了。越来越多的风电场出现在海上。通过远离重要的候鸟迁徙路线、重要的候鸟休息场所、著名的鱼类产卵和鱼苗所在地和海豹经常上岸休息的地方，大量关于风电场选址的矛盾就能够避免。风电机的发电能力随风速增大而迅速提高（和风速的立方成正比），当风速加倍时，产出的电力可增加 8 倍，因此确保风电场设置在多风的地方就尤为重要（图 3-123）。需要考虑的因素包括噪音问题和安全距离问题等。新的叶片建造减少了空气震动的声音。风力发电机如果距离居住区域 250—400 m 时可以满足法律对声级的规定。对风电场的位置还有军事上的考虑，风力发电机可能会干扰军事侦察系统和卫星通信。

（3）接入电网。风电不需要储存而是直接输送给电网。在多风的时候将水力电站的水节省下来，在无风的时候则多使用水电站输送的电力，通过这种方式，风力发电的电量波动可以稳定下来。

（4）小型充电式风力发电机。有许多小型的风电机组（50—500 W）设计用作持久的和可靠的蓄电池（图 3-124）。它们被用在轮船、度假别墅等等，提供了一种极好的太阳能电池的备选和补充（图 3-125）。

（5）国际对比。在 21 世纪早期，风力发电主要在欧洲国家。2006 年德国有当时世界上最大的风力发电量，大约 19 000 个风电机组能产生约 2 050 万 kW 的电能，年发电量超过 300 亿 kWh，可满足德国 5.65% 的能源需求。丹麦风电产量占其全部发电量的 17%，拥有 5 275 个涡轮机，可达到 313.7 万 kW 的发电能力，2006 年发电量超过 60 亿 kWh。在 20 世纪 90 年代末期，

图 3-121　瑞典最大的风力发电机之一

这座风力发电机建在于默奥市（Umeå）的霍尔姆松德（Holmsund），功率达到 3 MW（维斯塔斯公司生产），每年可以发电 600 万—700 万 kWh。
资料源于拉尔斯·贝科斯托姆（Lars Bäckström）摄影

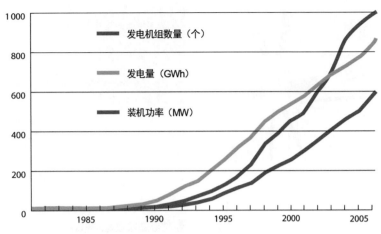

图 3-122　1982—2005 年瑞典风力发电的发展
资料源于瑞典能源部

图例：
— 发电机组数量（个）
— 发电量（GWh）
— 装机功率（MW）

西班牙安装的风力发电机数量就已经和 2007 年瑞典的风力发电机数目一样多了，现在他们拥有的发电机数量，瑞典要到 2020 年才能达到。但北美、中国和印度都大力发展风力发电，2010 年，中国已成为世界装机容量最大的风力发电国家，2014 年美国和中国的装机容量已经接近全球总发电量的一半，印度的装机容量也已经接近西班牙（图 3-126、图 3-127）。

（6）自己安装的风力发电机。根据《新技术》周报（2008 年 39 期）在瑞典安装风力发电机时应该遵守以下几点：① 与瑞典能源部一起核定本地风力情况。② 根据风力发电量的输出电量和全年的风速来推测每年的风力发电量。③ 进行经济评估来看它能否盈利。④ 申请市政建筑许可证，市政当局有很多规章制度。⑤ 申请公共事业公司的授权。⑥ 一旦得到许可证并且得到公共事业公司授权，就订购发电机。⑦ 安装风力发电机并且通知公共事业公司准备接入电网。⑧ 让专业技术员接入电网，开始电力生产。

2）波浪发电

能源价格和技术发展提高了人们对波浪发电的兴趣。地球表面的 70% 由水覆盖，全球潜在的波浪发电量是每年 100—150 000 亿 kWh，波浪发电有着和水力发电一样的经济潜力，欧洲最适合波浪发电的区域是英国、挪威、葡萄牙的外围海域，波罗的海每年的潜在发电量在 240 亿 kWh。不同类型的波浪发电站正

图 3-123　瑞典风力最多的地区
当然，风力发电机应该布置在图中这些地方

图 3-124 小型风力发电机
英国马利卡（Marlec）公司在生产小型风力发电机领域处于全球领先地位，这种小型风力发电机在 1979 年就已经上市

图 3-125 气球发电
加拿大梅根能源公司（Magenn Power）研发的一种系统，在这种系统中，氢气球在空气中旋转，通过锚定它的电缆来产生电力

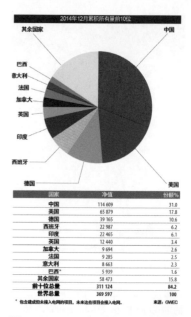

国家	净值	份额/%
中国	114 609	31.0
美国	65 879	17.8
德国	39 165	10.6
西班牙	22 987	6.2
印度	22 465	6.1
英国	12 440	3.4
加拿大	9 694	2.6
法国	9 285	2.5
意大利	8 663	2.3
巴西*	5 939	1.6
其余国家	58 473	15.8
前十位总量	311 124	84.2
世界总量	369 597	100

*包含建成但未接入电网的项目，未来这些项目会接入电网。 来源：GWEC

图 3-126 2014 年世界上风力发电前 10 位的国家
资料源于全球风能委员会（GWEC）

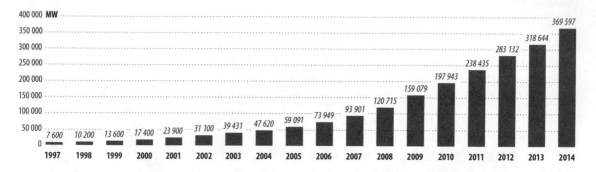

图 3-127 1997—2014 年全球建成风力发电装机容量的发展
最大的风力发电机制造商有丹麦维斯塔斯（Vestas），美国通用电气（General Electric），德国埃纳康（Enercon）、西门子（Siemens）、恩德（Nordex）和瑞能（Repower），西班牙歌美飒（Gamesa），印度苏司兰（Suzlon）等。资料源于全球风力能源委员会，（GWEC）

在欧洲各地测试中。苏格兰的海洋动力输出公司（Ocean Power Delivery）正在葡萄牙外海域测试三个 130 m 长的"沙蚕"。丹麦的波浪巨龙公司（Wave Dragon）拥有一项类似浮动水电站的技术，这项技术正在威尔士外的海域进行测试。在挪威，弗雷德·奥尔森能源公司（Fred Olsen Energy）在布置了漂浮浮筒的海上测试平台上测试波浪发电。2008 年，世界上第一个商业化的波浪发电园区在葡萄牙北部城市阿古萨多拉（Aguçadoura）建成，三座英国海蛇波浪动力公司（Pelamis Wave Power）制造的波浪发电机组大约 150 m 长，具有 1.25 MW 的输出功率。下一阶段将再建造 25 个波浪发电站。在瑞典西海岸，海洋基地公司（Seabased）、ABB 公司和瀑布公司（Vattenfall）正在测试马茨·雷昂（Mats Leijon）教授的波浪发电概念，由一组浮标在海床上连成线性的发电机组。瑞典的第一个波浪发电园区包括 1 000 个波浪发电单元，覆盖了 600 m² 海面，总输出功率 10—12 MW，年发电量 50 000 kWh（图 3-128）。

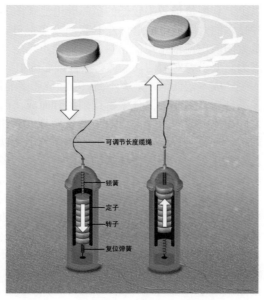

可调节长度缆绳

锁簧

定子

转子

复位弹簧

图 3-128　瑞典波浪发电机
该发电机由随着海浪上下浮动的浮筒组成。浮筒的运动通过导线传输到位于海底的线型的发电机。导线使一个强磁体在产生电力的固定片上上下移动，大约 20% 的能量可以转换为电能。一个直径 3 m 的浮筒可以产生 10 kW 的电力。这种利用波浪发电的概念由乌普萨拉大学的马茨·雷昂（Mats Leijon）教授提出，并由海洋基地公司（Seabased AB）将其商业化。插图为列夫·欣德格伦（Leif Kindgren）绘制

3.2.5　太阳能光伏发电

在直射太阳光下，太阳能光伏电池提供电能，太阳能集热器仅提供热水或者热气而不提供电能，两者不应被混淆。太阳能电池可为电池充电，主要被用在未连接电网的地方，比如灯塔、登山站、度假别墅，或是轮船、篷车、割草机等车载设备上。太阳能电池也可用于室外照明，例如公交站可以因此避免安装电线。当太阳能电池价格降低时，将会有更多的与电网并网的应用，例如朝南屋顶和立面的太阳能电池。

1）太阳能电池的工作原理

太阳能电池可以分为三代，运用最普遍的是硅太阳能电池。一般情况下，它们的效率为 13%。第二代是薄膜太阳能电池，从技术上讲，他们与硅电池一样，但是造价是硅电池的 1/5。第三代纳米晶太阳能电池目前仍在研究阶段。太阳能电池将太阳辐射直接转换成电能。单晶太阳能电池由两层极薄的硅片组成，在两硅片之间有一个强电场，电场将电子分开并使该电场发生作用。上层覆磷的硅片是负极，下层覆硼的是正极，两硅片层被阻隔层分开。阳光照射到太阳能电池上，当能量积蓄超过某临界值时，硅原子的电子脱离束缚，产生自由电子和允许电子穿越阻隔层的空穴。空穴和电子朝不同方向移动，于是产生了电压和可利用的电能（图 3-129）。太阳能电池的寿命为 40 年。他们产生直流电，所以需要电池或者通过逆变器接入电网供长久使用。

（1）**不同类型的太阳能电池。**市场上有两类太阳能电池：价格昂贵、效率高的单晶硅电池（占已生产的太阳能电池的 90%

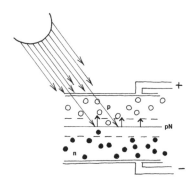

图 3-129　太阳能电池原理图
太阳光中的光子使硅原子上的电子脱离束缚，产生自由电子和空穴。电子沿电线流动

图 3-130　太阳能电池的不同类型
太阳能电池依据颜色、效率等级和其他特性可以分为不同的种类。多晶电池的颜色有很多种，而铜铟镓硒（CIGS）电池则是天然纯黑色

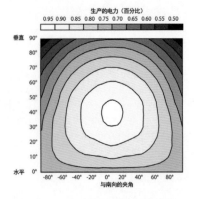

图 3-131　太阳能电池不同安置角度的电力生产情况
在瑞典最佳的安置方位是朝南 45° 仰角，该图显示了偏离这个角度时发电量的减少情况。资料源于笔者改编 自 "Solel i bostadshus-vägen till ett ekologiskt hållbart boende?"，玛丽亚·布罗根（Maria Brogren）安娜·格林（Anna Green），2001

以上）和廉价但效率较低的多晶硅电池（图 3-130，表 3-8）。两种技术的太阳能电池总价差不多。① 单晶硅。单晶硅一直以来都是太阳能电池最常用的材料。它的缺点是生产成本较高且耗能，因为它要求绝对清洁，晶体必须被细心维护。② 多晶硅。多晶硅的生产成本较低但是效率不高。单晶硅和多晶硅的不同之处在于，多晶硅由许多小的晶体紧密排列组合而成，而单晶硅是由一个独立硅晶体组成的。③ 非晶硅。尽管组成元素相同，非晶硅和晶硅的特征却完全不同，因为非晶硅的原子不是以晶体结构组织，而是随机排列的。他们像薄膜细胞，不需要太多材料，使成本得以降低。这种物质不稳定，所以寿命较短，因此大多用于消费品。④ 砷化镓。由半导体材料砷化镓制造的太阳能电池具有很高的效率。它们通常被用在太空领域。该材料生产和制造的价格昂贵，且砷是一种有毒物质。

（2）太阳能电池的安放。太阳能电池安置的倾角、朝向和遮挡都是至关重要的（图 3-131）。有一种太阳能电池板可以随太阳轨迹变化而移动（图 3-132）。关于太阳能电池光学聚光的研究正在进行中。太阳能电池的效率随太阳能板的温度升高而降低，反之亦然。立面上的通风缝可以将太阳能板的温度降低至 20℃。在北半球，每年阳光能提供给朝南倾斜的太阳能板表面的能量大约是 1 000 kWh/m²，在平均 10% 的效率下，每平方米太阳能电池每年可发电 100 kWh。

（3）价格。供度假别墅使用的常规太阳能电池通常由一个重约 5 kg 的晶体硅模组（0.5 m×1 m）组成（图 3-133）。太阳能

表 3-8　太阳能电池的效率

	单片电池（%）	模组（%）
硅电池		
单晶硅	24.7	22.7
多晶硅	19.8	15.3
薄膜电池		
纳米／非晶硅	10.1	8.2
碲化镉	16.5	10.7
铜铟镓硒（CIGS）	19.2	16.6
航天用极限电池		
铟镓磷化物／砷化镓／锗（GaInP/GaAs/Ge）	40.8	—
新型电池		
格拉兹尔电池（Grätzel Cells）／染料敏化电池（DSC）	8.2	4.7

电池的成本包括太阳能电池、太阳能电池的支架、蓄电池、调节器、安设电线和电器组成。在瑞典，一个耗电 80 W 的假日别墅需要花费约 1 350 欧元（2009）。安置在建筑屋顶和立面上的和太阳能并网发电系统每供电 1 kW 大约花费 5 500 欧元，这样的装置可得到高达总造价 60% 的补贴（图 3-134）。随着太阳能电池产量的增加，电池本身的成本逐步下降。目前其价格已然稳定在每 MW 2.5 欧元左右（峰值瓦，指的是在一天正午日照最强时太阳能电池所产出的瓦数）。为了使太阳能电池的使用产生质的突破，其价格必须有大幅下降，就要求太阳能电池技术更新和大规模生产。

（4）发达国家。在一些国家已有旨在推动太阳能电池发展的运动（图 3-135）。其中第一次是 1994 年在日本，计划在 10 000 个屋顶上安装光电设备，其中 1/3 的成本由政府资助。1999 年，在德国也开展了类似的运动，其目标是在 100 000 个屋顶上安装屋顶 PV 系统。德国有一套极具吸引力的补贴政策：每千瓦时的太阳能电池发电可在 20 年期限内得到 50 美分补贴。德国已经以 53% 的年增长率成为世界上最大的光电设备市场，当今德国仅次于日本成为 PV 设备的第二大生产国。在欧洲，最大的光电设备产量来源于德国、希腊和奥地利。美国则排名世界第三。2007 年，加州政府决定在 10 年内投入 34 亿美元用于为 100 万个屋顶安装光电设备。在斯德哥尔摩可投入使用的太阳能几乎与巴黎相当，其最大的区别是：在瑞典，11 月、12 月和 1 月可获得的太阳能辐射量极低，而南部国家太阳能电池全年都可投入使用。尽管气候条件受限，光电设备也已在瑞典应用。在瑞典，2007 年太阳能光伏发电的安装容量约达 4 MW，其中大部分都是小型光伏电板，譬如在小木屋、船或灯塔上，宜家在阿姆胡特（Älmhult）的总部大楼是瑞典最大的应用太阳能发电的建筑之一，峰值输出功率可达 60 kW。有赖于政府的补助政策，更大规模的太阳能发电站正在投入建设。在哥德堡的乌利维体育场（Ullevi）

图 3-132　可追踪太阳轨迹的移动式太阳能电池组
该太阳能电池组被安装在哥本哈根的一个戏剧工作室上

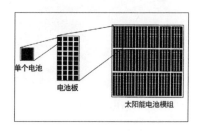

图 3-133　太阳能电池模组的形成过程
太阳能电池排列形成太阳能电池板，太阳能电池板再组成太阳能电池模组

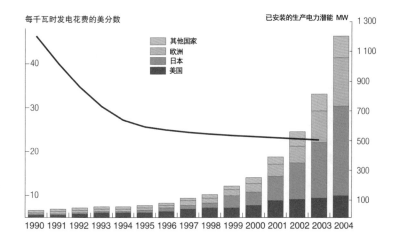

图 3-134　1990—2004 年太阳能电池每千瓦时发电量的价格状况
太阳能电池的生产量逐年递增，价格（以美分计算）也开始渐渐降低。资料源于《瑞典日报》，2007-02-02

图 3-135 1992—2006 年国际能源署（IEA）国家已装太阳能电池的输出量柱状图

上部显示了并网的太阳能电池功率，下部显示了离网的太阳能电池功率。资料源于国际能源署的报告 IEA-PVPS T1-16:2007

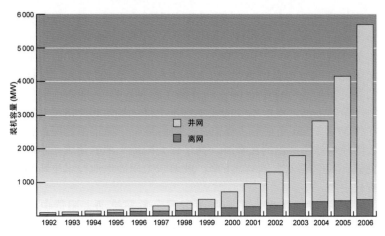

图 3-136 NAPS 魔力灯

在没有电网供电的地区，一盏灯在夜晚能显著提升生活质量

图 3-137 位于法国比利牛斯山区丰罗默－奥代洛维阿（Font-Romeu）的奥德洛（Odeillo）

照片右边是清洁能源公司的太阳能发电站，它利用反光镜汇聚太阳能热量，并把能量转至发动机，将热能转换为电能。照片左边的建筑建于 1970 年，利用立面汇聚太阳光线。资料源于 www.cleanergyindustries.com

已经安装了 600 m^2 的 PV 设备，博斯塔德（Båstad）的一个网球场也安装了太阳能电池。将太阳能电池和建筑本身相结合也成为一种趋势，并在一些地方得以实现。例如在斯德哥尔摩哈默比湖城（Hammarby Sjöstad）的住宅、马尔默技术大学和哥德堡能源办公大楼。斯堪的纳维亚半岛规模最大的太阳能电池发电站位于马尔默的赛格（Sege）园区，于 2008 年建成，电厂拥有 1250 m^2 的太阳能电池，最高峰值输出功率为 166 kW。

（5）**发展中国家**。在许多发展中国家，太阳能电池系统的造价低于电网扩展的造价。这些地方，尤其是农村学校，对照明用电的需求巨大（图 3-136）。例如卫生站冷藏疫苗和照明的用电。通过太阳能发电使没有电网的地方却可以维持通信畅通。一种新颖的方案是在太阳光充足时抽水并将水储存在储存箱中或水库中，这样的好处是不需要电池。

（6）**大规模利用太阳能**。太阳能可以给我们需要的所有能源。如果我们将撒哈拉沙漠 7% 的表面覆以太阳能电池板，就可以为全世界提供所需的能源。现在的问题是如何降低太阳能电池的造价。太阳能电池可以安装在建筑上，这样大量的太阳能发电就可以就地生产。如果我们在沙漠生产太阳能电，所生产的电力可以用来通过电解水产出氢气。世界上最大的太阳能电站（1GW）之一在中国内蒙古自治区的柴达木。奥莫尔（Åmål）的清洁能源公司研发了应用抛物线形太阳能集热器的发电机组，聚焦的太阳热量集中到斯特林引擎，然后再带动发电力发电（图 3-137）。该太阳能发电站广泛应用于日照充足的国家，如迪拜、科威特、埃及、西班牙、意大利和希腊。由马尔默的柯肯公司（Kockums）研发的斯特林引擎是加利福尼亚两个大型太阳能电厂的核心（图 3-138）。其中一个在莫哈韦沙漠，拥有 20 000 面太阳能反射镜，装机容量可达 500 MW。另一个则是在帝王谷，拥有 12 000 个太阳能发电单元，装机容量可达 300 MW。

2）不同的系统

最简单的系统不外乎包括太阳能电池、蓄电池和保护蓄电池的稳压器，稳压器可以延长电池的寿命。用电设备通常适用于 12V，但是在系统中安装一个转换器，可将电压转换成电器可以应用的 220 V 电压。在并网的系统内，太阳能发电被转换成 220 V。在有太阳光照时用自发电，多余的电力卖给电网。当在夜间或者阴天的时候，用户可以从电网购买电力。这样的系统不需要蓄电池，这是一个明显的优势，因为在系统所有组件中蓄电池的寿命是最短的。还有其他系统，它们不仅有蓄电池，还同电网相连，可以同时以交流电和直流电的形式工作（图3-139）。这样结合的系统在经常用电短缺的地方很适用。在奥莫尔（Åmål），清洁能源公司建设了太阳能发电站，依靠带有太阳能收集器的综合的小的斯特林引擎（在地中海纬度范围使用）。

3）新型太阳能电池技术的发展

（1）**铜铟镓硒（CIGS）电池**。CIGS 电池是一种相对新型的太阳能电池（图 3-140）。瑞典是开发这种薄膜状太阳能电池的佼佼者。研究正在乌普萨拉的埃格斯特朗（Ångström）实验室进行，其他一些地方也在进行。这种电池的缺点是在制造时容易出现问题。

（2）**塑料太阳能电池**。塑料太阳能电池比其他类型的太阳能电池更便宜，耗能更低，但是光电转换效率也较低（最高仅能达到 6.5%）（图 3-141）。这种电池可以在各种类型的表面大面积覆盖，许多研究团队都在该领域工作。

（3）**产生氢气的太阳能电池**。一种利用太阳光照将水分

图 3-138　太阳能发电站 3—7 号
该发电站是太阳能发电系统公司在美国加利福尼亚克雷默叉口（Kramer Junction）的太阳能发电站。太阳能发电也可以采用利用汇聚光线驱动蒸汽轮机的方法。反光镜将阳光聚焦到充满了合成油的中心管，将其加热到 400 ℃。聚焦的光线强度可以达到正常光线的 71 到 80 倍，合成油将热量转移到水，产生的蒸汽驱动蒸汽轮机，再带动发电机发电。合成油取代水来传递热量可以保证足够的压力。资料源于维基百科

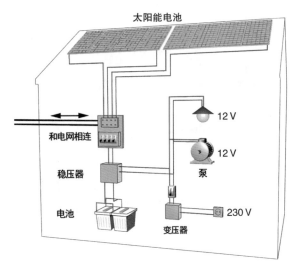

图 3-139　带蓄电池的并网太阳能电池系统
插图为列夫·欣德格伦（Leif Kindgren）绘制

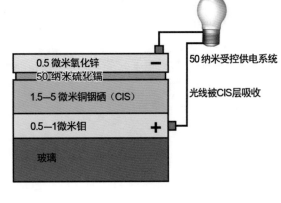

图 3-140　铜铟镓硒（CIGS）电池构造

图 3-141　塑料电池的工作原理
一个光子会打破高分子链对电子的
束缚，留下一个空穴，太阳能电池
将电子引走，它随即通过电路返回，
与空穴复合。廉价、快速生产的产
品：① 用金属焊点的旋转压力将薄
的塑料薄膜压在太阳能电池上。② 两
种不同颜色的太阳能塑料，更好地利
用光的能量。③ 导电层和保护层放在
塑料层的上面。④ 细胞折叠起来，这
样的话光可以在细胞之间反弹。V 型
的太阳能电池能捕捉几倍的光：① 带
有不同颜色光子的光落到太阳能电池
上。② 绿色的板吸收能量弱的红色
的光。③ 红色的板吸收能量强的绿
色的光。④ 其余的光反射到其他板
上。越多的光反射，越多的光转化为
电能。资料源于林雪平（Lindköping）
大学《应用物理学报》

解成氧气和氢气的太阳能电池正在研发中。其目的是将太阳能
以氢气的方式储存起来，然后在燃料电池中将氢气转换成电能
（图 3-142）。这样的研究正在一些地方进行，比如日本产业
技术综合研究所、美国科罗拉多州古登的国家可再生能源实验
室、瑞典隆德大学、斯德哥尔摩大学和乌普萨拉大学联合研究
机构等。一些研究涉及让太阳光线照射到复杂的分子上，这些
分子可以释放电子然后用于产生氧气。在日本，利用金属氧化
物微粒的试验即将完成。在瑞典，则利用钌化合物和锰化合物
进行研究。

（4）**格拉兹尔（Grätzel）电池。**格拉兹尔（Grätzel）电
池是模仿绿色植物光合作用机理的染色敏化太阳能电池（图
3-143）。这种电池使用半导体材料和钛的氧化物。它们区别
于普通电池的地方在于半导体表面覆以传导电流（电解液）的
涂料和液体，这些覆体和液体代替金属来充当电子的运送器。
光线被覆体吸收，其电子朝有孔的钛氧化物移动。这种电池
造价低廉并可以回收利用，但是对于长期使用，其稳定性较
差。对于格拉兹尔电池的研究正在位于乌普萨拉的埃格斯特朗
（Ångström）实验室中进行。

（5）**人造光合作用。**在斯德哥尔摩大学阿雷纽斯（Arrenius）
实验室的研究试图模仿光合作用，钌用来代替叶绿素。金属的
作用机制恰如叶绿素，它吸收太阳光线，释放能量。太阳能将
水分解成氧气、电子和质子。锰络合物和酪氨酸与钌相作用。
酪氨酸是一种氨基酸，它和锰络合物一起将太阳光线转化成化
学能，最后产生氧气。氧气可以在燃料电池中产生电。

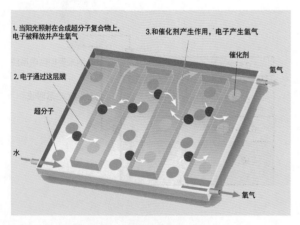

图 3-142　产生氢气的太阳能电池

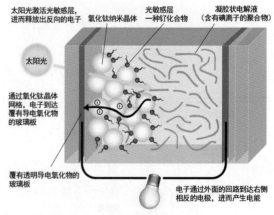

图 3-143　格拉兹尔（Grätzel）电池

小贴士 3-2　太阳能电池利用实例——光伏和建筑一体化设计

当太阳能电池越来越普及的时候，它将成为建筑的自然的一部分（图 3-144）。立面模块、太阳能屋顶和屋顶太阳能瓦在外立面由太阳能电池组成的情况下得到发展（图 3-145）。有一种半透明的太阳能电池板，将其和建筑分开一定距离，自然光线就可以透过太阳能板进入建筑（图 3-146）。还有可以遮蔽阳光的产品，将其安装在窗前，这种产品也是太阳能发电机，它们可以是移动的，也可以是固定的，可以对太阳光和降雨进行遮挡（图 3-147）。纽兰德（Nieuwland）位于荷兰阿默斯福特市（Amersfoort），城区内所有建筑都安装了太阳能电池（图 3-148）。

图 3-144　作为屋顶覆盖的太阳能电池

图 3-145　作为立面构件的太阳能电池

图 3-146　安装在环境培训中心上的透明太阳能电池组
该电池组在荷兰博克斯特尔附近

图 3-147　作为遮阳板的太阳能电池

图 3-148　荷兰高速公路边上作为雕塑的太阳能电池组

图 3-149　沃尔沃公司度假村的精细沉淀池
精细沉淀池是在污水净化过程的最后阶段使用的

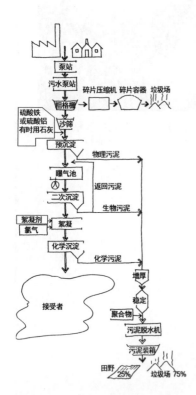

图 3-150　传统污水处理厂的处理流程
增加了沉淀、凝结化学物质以及用氯处理的过程，生成了物理的、生物的和化学的污泥。25% 左右的污泥散布在田野上，其他的都进了垃圾填埋场

3.3　污水

　　常见的污水处理致力于改善卫生和环境，这就是说，去除有害的致病物质并且确保这些处理过的水不能污染河流与湖泊。除了有这些方面的作用，生态污水处理系统还设计用来将污水中的营养物质尤其是含氮、磷、钾元素的物质返还自然（图 3-149）。

3.3.1　生态循环中的污水

　　普通污水处理系统有如下 5 个目标：① 卫生：去除致病物质，如细菌，病毒和寄生虫。② 环境：防止河流水生植物过度生长及河水发臭，确保鱼类能继续生存。③ 能源：高效能利用。④ 可靠性：设备必须得结实，能够经受考验。⑤ 经济性：合理的设备运营和管理费用。在生态污水处理系统中，除这 5 点外还有第 6 点作为补充，即营养物质返田：将没有被污染的氮、磷、钾（NPK）等物质返还农业用地。

1）当今的污水处理系统

　　当今污水处理系统使用机械、生物和化学方法进行净化。它们杀灭了细菌和病毒，也擅长于去除含磷物质（通过化学凝结），但却无法去除含氮物质（图 3-150）。为了防止河流与湖泊中植物过度生长，瑞典法律要求在沿海城市的污水处理设备都要有一道额外的净化程序来降低污水中氮含量（图 3-151）。在这道程序中，硝化过程后紧随的脱氮过程去除了污水中的 50%—70% 的氮（大部分以氮气的形式排到大气中），剩下的氮仍然排放到海里（图 3-152）。目前，居住、工业及地表污水以及雨水径流在

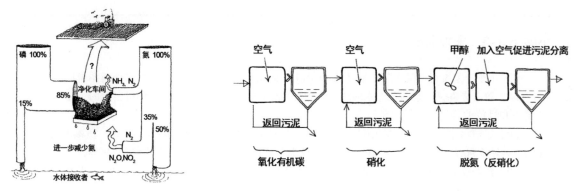

图 3-151　传统净化工厂的净化流程示意

传统的净化工厂善于从污水里去除磷，而不能够去除氮。
进一步的去除氮只能去除总量的 50%—70%，剩下的进入
水体中。利用从混合污水而来的污泥作为肥料受到质疑。
资料源于彼得·瑞德斯托普（Peter Ridderstolpe），WRS
乌普萨拉公司。插图为彼得·邦德（Peter Bonde）绘制

图 3-152　生物降氮的三个步骤

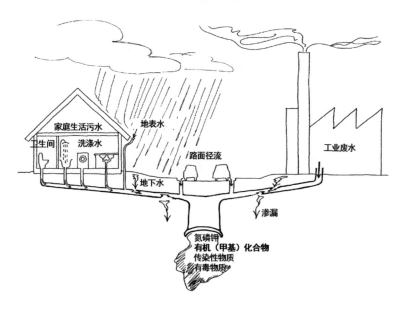

图 3-153　污水系统的构成
目前，居住、工业及地表污水都混为
一体，导致了具有污染性的淤泥

污水系统中混为一体（图 3-153）。这导致了含有重金属和化学
物质淤泥的产生。同时，瑞典的大部分污水处理系统都在一定程
度上存在着未净化的污水泄漏问题。

2）关于污泥的争执

　　有人试图通过把传统污水处理产生的污泥返还农业来利用污
水中的养分。其中一个问题是，这种污泥里含有重金属和有机毒
素。农民们是不愿把污泥散布在农田中，而且周期性的，在行政
机关（想扔掉污泥的）和农民及保护农业用地的环保组织（反对
扔掉淤泥）之间有着激烈的争执。另一个问题是化学污染。假如
铁和铝被用作化学沉淀以及对污泥进行脱水处理，磷就会被固定
在污泥里不可回收利用。要想循环利用污泥或者湿的污泥中的磷，

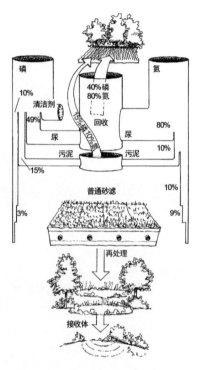

图 3-154　从源头控制污水的方法
假如从污水中分离出尿液，就会除了 80% 的氮和 40% 的磷，使用无磷清洁剂可以减少污水中 35% 的磷。污泥分离器进一步去除了 10% 的氮和 15% 的磷。这个方法在净化污水和养分再利用的可能性上要优于传统的处理方法。剩下的污水较为清洁，因此可以就地处理。资料源于彼得·瑞德斯托普（Peter Ridderstolpe），WRS 乌普萨拉公司。插图为彼得·邦德（Peter Bonde）绘制

可以利用钙来参与化学沉淀，这些方法更加复杂。但是，在一个可持续性的社会中，磷作为不可再生资源必须被回收利用。另一个可能避免污泥中磷的方法是禁止使用含磷洗涤剂。

3）化学物质的使用

　　生活污水中化学物质的含量取决于人们对日常化工产品的选择以及他们排入污水系统中的物质。人们应学会将剩余化工产品送进有害废弃物收集点而不是扔进下水管道。将日用化工产品使用降到最低的一个方法是采用干洗或者蒸汽清洗。因为这些物质和洗涤剂最终排入污水系统中，所以进一步要注意的是对于洗涤物表面材料的选择和它们需要的处理方式。

3.3.2　从源头分离污水

　　当前污水问题的处理方法包括：防止重金属和有毒化学物质进入污水，将污水分成不同的组分排放。从分流的污水中的不同部分可以单独净化和处理，这样简化和提高了净化能力（图 3-154，表 3-9）。路面的雨水径流、地表水和下水道污水各自分流，生活污水和工业污水同样也进行分流。系统也被设计为能够分离尿液和黑水以及灰水（比如洗澡水、洗碗水和洗衣水）。在为可持续发展创造条件的新区，地表雨水就地处理，路面雨水通过专门的雨水管排到处理厂处理，建筑污水通过双系统处理，一个系统用于处理污水和尿液，一个系统用于处理灰水或者无尿液污水。

1）污水的成分

　　污水包含隐藏的资源和污染物。污染物的种类包含致病物质（致病的细菌、病毒和寄生虫）、重金属和有机环境污染物。污水中的资源目前有营养盐、有机物、热能和水。资源同时也成为负担，比如当大量的有机物积存在某个容器而不是环境中时。

表 3-9　不同污水处理方案的比较

特性	市政水与污水	黑水微型处理工厂	黑水排入市政	干尿液分离系统	湿尿液分离系统
防止传染病	非常好	好 当洗涤水渗入时就不确定	好 压缩过滤器很好的净化洗涤水	好 解决了粪便处理	好 膨胀黏土聚集体净化了灰水很好
保护储水体	磷处理好,氮处理能接受	大概还行 (未测试)	非常好 (尤其对于氮处理)	非常好 (尤其对于氮处理)	非常好 (尤其对于氮处理)
再循环	可接受的 磷的再循环可以发生	可接受的 磷的再循环可能发生	对养分的再循环有巨大的潜力	对养分的再循环有巨大的潜力	对养分的再循环有很大的潜力
经济性	每套设备投资为154 000 瑞典克朗,管理费4 100 瑞典克朗/a,年金成本大概为15 300 瑞典克朗/a	每套设备投资为127 000 瑞典克朗,管理费5 000 瑞典克朗/a,年金成本大概为14 200 瑞典克朗/a	每套设备投资为124 000 瑞典克朗,管理费1 700 瑞典克朗/a,年金成本大概为10 700 瑞典克朗/a	每套设备投资为93 500 瑞典克朗,管理费2 400 瑞典克朗/a,年金成本大概为9 200 瑞典克朗/a	每套设备投资为135 000 瑞典克朗,管理费800 瑞典克朗/a,年金成本大概为10 700 瑞典克朗/a
资源消耗	相对较高 需要化学品和能源来运转	相对较高 需要化学品,能源和交通来运转	相对较低 需要能源和交通来运转	相对较低 运输尿液	相对较低 运输尿液
可靠性/强度	非常好	不清楚 (未测试)	好 有管道阻塞的风险	被证明是相对好的技术坚固的	被证明是相对好的技术坚固的
对基地的灵活性和适应性	差的灵活性 山地需要LPS系统	对未来相当高的灵活性	对未来相当高的灵活性	对未来相当高的灵活性	对未来相当高的灵活性
用户方面	非常好 不需要处理废弃产品	好 不需要处理废弃产品	好 不需要处理废弃产品	相对较好 某些工作需要使用者完成	好 不需要处理废弃产品
机构组织与责任	市政管理	业主联合或企业	业主联合,市政或企业	业主联合 由市政收集尿液和粪便	由市政收集尿液和粪便

注:资料源于 Älgörapport, Nacka kommun, 2003, VERNA。

（1）污水资源。养分可以作为肥料使用,从污泥分离物中提取的生物物质也一样可以作为肥料。对于农业最有价值的矿物养分在尿液中含量最高,大约80%的氮、50%的磷和60%的钾。因此,尿液分离是利用污泥中大部分养分的一个好办法,尤其是尿液中大部分无菌且重金属含量低。尿液只占污水总量的1%,如果它被分离出来用作肥料,那么污水中的一大部分营养盐就被利用起来了。如果粪便也能分离出来,那么污水中就只剩下很小一部分矿物养分。粪便含有总养分中15%的氮、

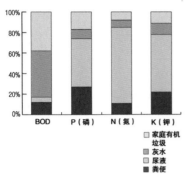

图 3-155 生化需氧量（BOD）的分布及不同生活垃圾所产生的氮、磷、钾的情况
资料源于农业技术学院，1999

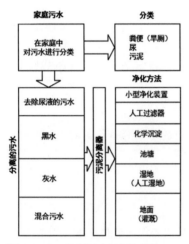

图 3-156 不同的污水净化系统
经过分离的污水可以通过不同的方法净化，也可以用一套方法整体处理

30% 的磷和 25% 的钾。因此，尿液分离或黑液分离（尿液 + 粪便 + 部分冲厕水）是两种在生态污水处理系统中可行的方法。污水中有机物含量通常通过生化需氧量（BOD）来测量，这是一种通过微生物分解时的耗氧量来测量的方法。废水中大量的有机物以及随之而来的高 BOD 增加了生物受体缺氧的风险（图 3-155）。耗氧量的确定一般通过数天的测试（BOD7，指 7 天的耗氧量）。水样中溶氧量在培养前后进行测量。单位为 mg/l。

（2）污水分类。最好能够在家中就把污水分类，接下来对不同的部分提供适当的处理就变得更简单了（图 3-156）。污水通常在厕所（旱厕、尿液分离旱厕、尿液分离抽水马桶、真空马桶）中分离。同样的，还有洗澡水、洗碗水和洗衣水（灰水）要分类。

2）污水净化系统

一般来说，污水系统可以分为以下几个部分：分离、预处理、净化（使用技术或自然方式）、消毒和养分回收（表 3-10）。净化方法可以分为许多不同的方法，不同的方法间常常是重叠的。选择哪种方式取决于人口数量、位置（城市还是乡村）、当地土壤情况、与农业用地的距离，以及是否需要保护临近的湖泊与河流。对于工业污水，净化方式必须根据污水成分制定。

表 3-10　生态污水净化的六个阶段

家用方法	厕所污水分类	节约用水	选择合适的化学品
预处理	污泥分类	干湿分离	沉沙池　沙滤池
技术净化	密集过滤器	微型净化厂	化学沉淀
自然净化	有植物的池塘	人工湿地	大水漫灌
后续消毒处理	储存肥料	有水湿反应	厌氧沼气
养分回归	灌溉	施肥	再吸收

注：有多种方法将不同的净化方式结合起来。

小贴士 3-4　大规模污水分离

哈默比湖城（Hammarby Sjöstad）是瑞典第一个污水分类的城市居住区（图 3-157）。选择使用环境友好型外墙和屋顶能保证干净的径流水，该外墙和屋顶由当地政府管理。道路径流通过使用特殊的过滤器来收集和净化。生活污水不和其他污水混合，单独在专门的净化厂处理以制造更干净的淤泥。这些淤泥与有机（可降解）垃圾混合，在一个沼气设施中发酵以生产家用厨房炉灶中所用的高能量气体。净化厂里的污泥是一种可以为能源作物提供对堆肥和高质量肥料的有机泥土。净化后的污水进入哈默比区域供热厂，在那里一个巨大的热泵从污水里提取能量通过供热厂为哈默比湖城供热。这个区域的湖水是循环的并且通过水梯加氧，这使湖水更加干净和健康，同时建筑间的水流也能美化环境。

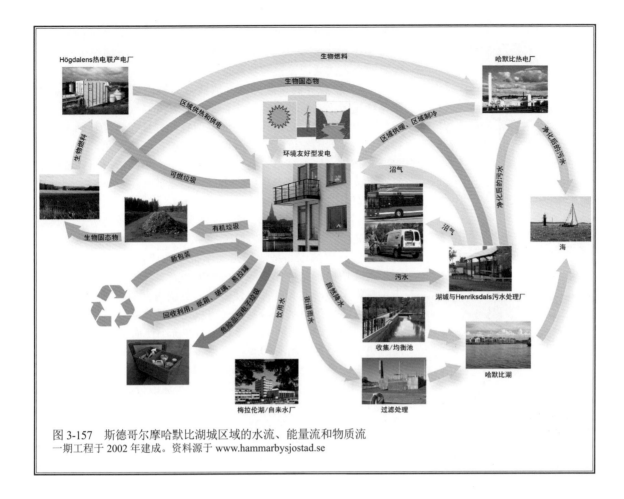

图 3-157　斯德哥尔摩哈默比湖城区域的水流、能量流和物质流
一期工程于 2002 年建成。资料源于 www.hammarbysjostad.se

（1）旱厕。旱厕在某些情况下是实用的。现代旱厕中有一个通风管道来抑制和排出堆肥舱的臭气，并且设计得便于清洁（图 3-158）。池底的密封防漏很重要。旱厕中的粪便必须在独立的隔舱熟化一年以形成肥料。有些旱厕有两个隔舱，当其中的一个使用时，另一个封闭用以在一年时间的粪便熟化。

（2）尿液分离旱厕。尿液分离旱厕原则上就是在普通的旱厕里装设尿液分离设备（图 3-159）。对尿液的分离导致碳／氮含量均衡，更适合分解粪便部分。这些分离成分会更干燥，占用更少的空间，臭味减弱并且更容易处理。在地上埋一个容器来收集尿液是有利的。这样能保持尿液冷却，同时可以避免氮损失和气味问题。

（3）大型堆肥马桶。大型堆肥马桶把粪便、尿和厨房有机废物一起处理。良好的分解需要良好的碳／氮平衡。因此，富含氮尿液的旱厕需要增加碳，例如，以厨房废物或锯末的形式加入碳。这种堆肥室必须位于温暖的地方（室内），最好直接位于厕位下面，能够通风。它们很昂贵而且占用空间大。假如处理不小心，

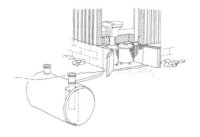

图 3-158　尿液分离旱厕
该旱厕是由沃斯特曼（Wost-Man）公司的马茨·沃尔加斯特（Mats Wolgast）研发的

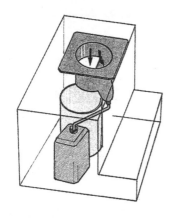

图 3-159　"Dass-Isak" 牌旱厕
有尿液分离的附件成品可以安装到现
有旱厕中

图 3-160　Dubbletten 牌尿液分离抽
水马桶
它有两个下水口和两个冲水按钮，一
个大便用，一个小便用。它还附有
一个可降低的坐垫，儿童也可以使
用。发明人为毕比·松德贝格（Bibbi
Söderberg）

图 3-161　三种尿液分离厕所
最左边产自北京，中间的壁挂式尿液
分离厕所产自瑞典，最右边的是墨西
哥的产品。资料源于《2003 年世界厕
所峰会会议论文集》，中国台湾地区

诸如气味、苍蝇及粪便溢出的问题就会出现。因此，这种方法现在几乎不用。克里夫斯（Clivus Multrum）环保马桶在分解室下面有一个为渗滤液设置的容器来处理多余的液体。

（4）尿液分离堆肥马桶。尿液分离堆肥马桶具有大多数堆肥马桶厕所不具有的优点。它们运转更好并且没有气味、苍蝇及粪便溢出的问题。它们体积小而且便宜，并且在悬浮基础下有足够的容纳容器的空间。它们有两个堆肥舱，一个使用，另一个用来熟化肥料。尿液容器设置在室外的地下，多数情况下需要风扇来通风。在更小型的厕所中，可以把容器放在厕位下，尤其适用于夏季别墅。

（5）尿液分离抽水马桶。尿液分离抽水马桶厕所是瑞典生态污水处理系统最普遍的装备（图 3-160）。很多人不喜欢旱厕，所以尿液分离抽水马桶厕所是一个很好的选择（图 3-161）。厕所不需要通风，这样便消除了风扇的噪音。尿液流入容器。保持小水量很重要，尤其是冲小便时，以免使用大型的尿罐。同时，设计需要防止管道被尿液结晶（可以用肥皂水融化）堵塞。这种冲水厕所冲洗大便需要 3.5—5 L 水，冲洗小便需要 0.2—0.7 L 水。还有更节约用水的厕所（0.6—2 L 水冲大便，0.2—0.4 L 水冲小便），但它们更需要一个倾斜长度不超过 10 m 的污水管连接收集容器。

（6）小便器。使用小便器是一个减少尿液分离用水的方法（图 3-162）。有许多小便器不用水。它们使用气味屏障，有漂浮层或带有特殊的封阻液体的水闸（封阻液体比尿液密度小）。

（7）真空马桶。真空马桶使用在厕所黑水（尿液 + 粪便 + 一些冲厕水）得到分离的污水处理系统中（图 3-163）。这种厕所每次冲厕大概需要 1—1.2 L 的水。也有更节省用水的真空厕所（大概每次 0.5 L 水），但是这种厕所和真空发生器之间的距离最大不超过 6m（图 3-164）。和普通冲水厕所相比，真空系统可以用更小尺寸的管道。

（8）尿液分离的真空马桶。尿液分离的真空马桶是减少污水中含水量的另一个方法（图 3-165）。早期的真空厕所有种令人不悦的冲水声，现在已有安静的真空系统。有多种尿液分离真空厕所，一些同时带有大小便冲洗功能（大便冲洗需要 0.5—1.9 L 水，小便冲洗大概需要 0.4 L 水），另外一些小便处理完全不需用水（大便冲洗需要 6 L 水）（图 3-166）。

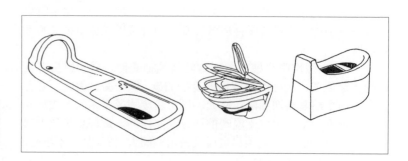

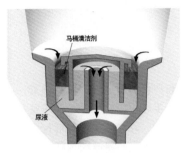

图 3-162　无水小便器剖面图
资料源于免水公司。插图为列夫·欣德格伦（Leif Kindgren）绘制

图 3-163　真空马桶

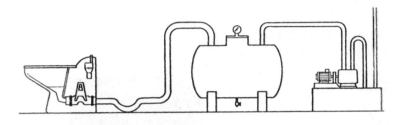

图 3-164　真空厕所
其必须装有一个或更多的真空发生器。
资料源于 BFR, R27: 1979

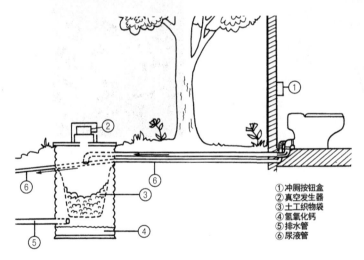

① 冲厕按钮盒
② 真空发生器
③ 土工织物袋
④ 氢氧化钙
⑤ 排水管
⑥ 尿液管

图 3-165　静音真空马桶
有尿液分离和没有尿液分离的静音真空马桶是污水分离系统的最新发展。它们可以用来处理黑水系统或是用在带有粪便分离功能的尿液分离系统上。
资料源于沃斯特曼（Wost-Man）生态公司

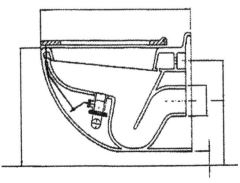

图 3-166　NoMix 牌尿液分离真空厕所
该厕所由德国罗迪格（Roediger）公司生产。这种厕所有两个排水口，尿液从前面的排水口排走，粪便从后面的排水口排出。一旦厕所冲水后，尿液出口上的盖板便关闭了

小贴士 3-5　四种小型本地污水净化系统

1）基于尿液分离旱厕的干式系统

现代尿液分离厕所第一个发展就是旱厕。很多人仍然认为从卫生和环保的角度看，尿液分离旱厕是最好的。虽然它们主要用在夏季度假别墅，但其实同样适用于全年居住的住宅。在许多发展中国家这也许是一种好的厕所类型（图 3-167）。尿液收集到一个容器中，这个容器最好能位于地下。这能保持较低的温度以将氨气的挥发降到最低（氮随氨气挥发而损失）。尿液经稀释后可用在花园里或是收集起来用于农田。在污泥分离后，灰水在浓缩过滤器中单独净化后排放到湿地中。

2）尿液分离抽水马桶和迷你净化设备

在瑞典，很多人倾向于使用抽水马桶，尿液分离式抽水马桶也应用在大量的生态建筑和生态社区里。在独户住宅中，从污水中分离出的去除尿液的污泥使用压缩过滤器来净化通常就足够了（图 3-168、图 3-169）。在生态社区，好几栋住宅连在同一个处理系统中，它们通常使用迷你净化设备。为了减少迷你净化设施中的磷泄露，这些设施可以通过化学沉降和厕所后面安装的水化合设备来辅助，在早期阶段就能把无尿污水中的粪便分离出来。

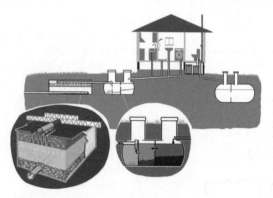

图 3-167　基于尿液分离旱厕的干式系统
粪便掉落在厕所下一个小的有通风的堆肥室。尿液收集在一个容器中，在排放到自然界前，灰水先进入一个污泥分离器然后进入一个封闭的压缩过滤器中净化。插图为英厄拉·扬戴尔（Ingela Jondell）绘制

图 3-168　瑞典延雪平（Jönköping）斯美登（Smeden）生态社区地上的迷你净化装置

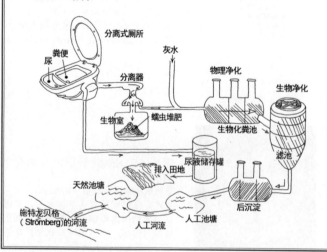

图 3-169　瑞典延雪平（Jönköping）斯美登（Smeden）生态社区的污水处理系统
在这里有尿液分离抽水马桶厕所，尿液被收集到埋在地下的容器中。然后由延雪平地区的农民来使用。无尿黑水进入分离器中，在那里粪便和厕纸被分离进入一个小的堆肥室。接着，冲厕水和灰水混合通过污泥分离器进入迷你净化设施。在那里净化后，污水进入又一个污泥分离器进行后期沉淀。最后，污水流经一个人工湿地后进入大自然

3）厕所水处理系统

在人口密集的中心区，粪便处理是困难的。在这些地方，使用两套污水处理系统，一个是用于处理厕所污水，另一个处理灰水。真空厕所用来减少黑水中的水含量。有机垃圾可以通过垃圾粉碎处理添加到污水处理系统中（图3-170、图3-171）。黑水在湿反应器中有氧反应或者在厌氧沼气设施（硝化作用）里的厌氧生物来处理和消毒。灰水通常是在当地通过砂滤器和人工湿地来净化（图3-172）。带真空处理功能的厕所水处理系统有好几种。不管厕所水是收集进容器还是直接处理，这个系统都能被分为几个步骤，比如污水可以通过真空处理的辅助从厕所抽到污水池中。可以利用研磨泵从污水池中通过压力管道线将污水抽到储存容器或处理器中。黑水是富含养分的资源，消毒后可以作为农业用水。

4）未分离污水的化学沉淀

许多偏远地区的私人污水处理系统使用污泥分离器和地下渗透池（图3-173）。假如需要一个更有效的净化，可以通过使用在化学沉降过程中定量给料机来作为辅助。这能增加污泥量，同时减少磷的泄露。下一步是改进渗透系统，比如通过使用压缩过滤单元来改进。另外的可能性是建一个迷你净化设施和/或安装尿液分离设备。

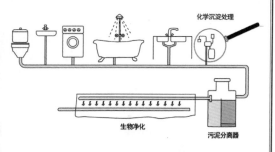

图 3-173　私人污水处理系统
对未分离污泥的化学沉淀，接下来就是污泥分离和压缩过滤。资料源于生态处理公司

图 3-170　住宅中的垃圾粉碎处理器　　图 3-171　大型厨房中的垃圾粉碎器

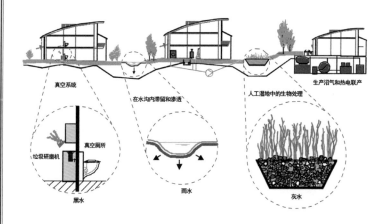

图 3-172　厕所污水处理系统
该系统位于德国吕贝克（Lübeck）弗林顿 - 布瑞特（Flinten-Breite）居住区，建于 2003 年，设计处理规模为 350 人。污水处理系统分为三个部分：一部分用于处理厕所污水和厨房有机垃圾，一部分用于处理洗涤污水，最后一部分是处理地面径流水。厕所污水和有机废物通过一个真空系统送入沼气设施中处理。灰水在人工湿地中净化，地面径流水就地处理

3.3.3 人工净化技术

污水可以在净化工厂里通过使用物理、生物和化学技术来净化。大多数净化设备采用机械与生物技术相结合，辅以化学净化，化学净化采用在化学沉降过程中定期补料的形式。以下章节主要描述小规模净化。

1）小规模净化

当今，小规模净化使用的方法主要是渗透法和沙滤沟。这些方法的问题在于难以检测净化效率和进行对营养物质的再利用。许多新的净化方式已经发展起来，包括迷你净化设备和人工过滤器。同时，作为对化学沉淀的小规模净化处理厂进行补充的新产品也在发展中。

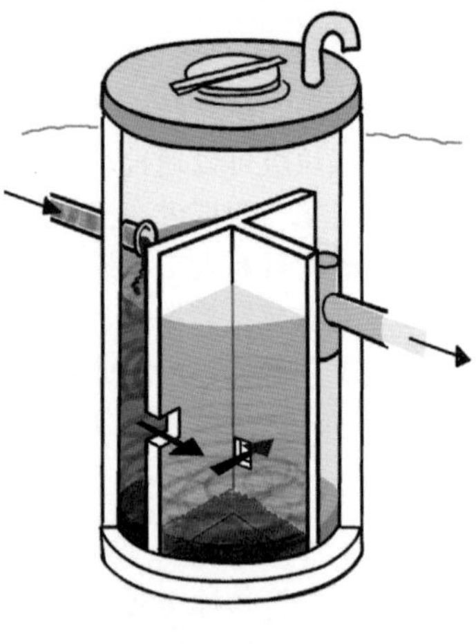

图 3-174　污泥分离器
污泥分离可以在三室的混凝土化粪池中有效进行。大多数现代污泥分离器是塑料做的。插图为英厄拉・扬戴尔（Ingela Jondell）绘制

2）净化处理

（1）预处理。几乎所有的处理方法都开始于分离固体颗粒，通常带有污泥分离器。沉砂池一般用在大型净化厂中去除大颗粒。用于过滤固体颗粒的过滤器每隔一段时间就必须更换。也有能被清空的过滤器。① 污泥分离器。污泥分离器、三室化粪池存在于大多数的污水处理系统用来从污水中去除颗粒和其他小物体（图 3-174）。这一般通过沉降来完成，也就是将颗粒沉淀到底部。污泥分离器必须定期清空。还要进行本地的后期处理和市政净化处理。有几种不同类型的带有不同数量小室的预制塑料污泥分离器，它们和传统的三室混凝土化粪池一样有效。② 阿夸特龙（Aquatron）牌分离器。阿夸特龙牌分离器能从零碎的液体中分离固体（图 3-175）。在一个分离器中，污水进入一个朝向底部变宽的蜗牛型管道中的漩涡里。液体通过表面张力（也就是液体附着在容器壁上）分离，同时粪便和厕纸直接沉入分解室（生物室）。生物室可以加上盖子并添加堆肥细菌以加速分解过程。分离出来的尿液和冲厕水受到粪便中细菌和病毒的污染不像尿液分离厕所中的尿液那样容易达到卫生标准来进行再利用。分离器需要污泥分离器辅助以去除污水中的污泥颗粒。

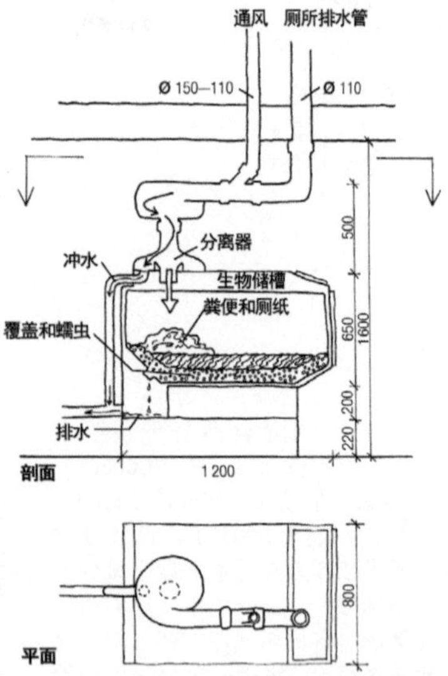
通风
厕所排水管
Ø 150—110
Ø 110
分离器
冲水
生物储槽
粪便和厕纸
覆盖和蠕虫
排水
500
650
1600
200
220
剖面
1 200
800
平面

图 3-175　阿夸特龙（Aquatron）牌分离器（单位：mm）
该品牌分离器能从液体中分离固体。粪便与厕纸沉入一个小的堆肥室（生物室）来分解。尿液与冲厕水被收集并进一步地净化。

（2）迷你净化设备。迷你净化设备的处理方式和市政净化设备处理基于同样的过程，也就是机械、生物和化学处理。沉淀是一个用来分离固体物质的机械净化方法，比如应用污泥分离器。生物处理利用微生物来处理有机物和氮，首选以活性污泥或载体上的生物膜（包装材料）为形式的细菌。化学处理用来分离磷和悬浮物（悬浮于污水中的固体碎屑）。大多数迷你净化设备三种方法都有使用，虽然有些只使用机械 / 生物或机械 / 化学方法，但仍有许多不同型号的迷你净化设备在出售。迷你净化设备有齐备的反应容器和控制设备，使用方便，通常用于一个普通家庭（5 人）。但许多制造商仍生产供几个家庭一起使用的较大的型号。迷你净化设备一般放置于地下，但也有一些倾向于放在室内如地

下室。后者便于维修和保养。污水可以用序批式活性污泥法（SBR）分批处理（就是说每次处理一定量的污水），或者是采用连续流过水下的生物基床来处理。① 带有分批处理功能的迷你净化设备。带有分批处理功能的迷你净化设备在处理时，污水先被收集进一个容器（图 3-176）。接着一定量的污水被抽进反应容器中。反应器是能通风的，由微生物分解有机物质。接着气流关闭，污泥沉入底部而净化过的水停留在反应容器的上部。净化过的水被抽出反应容器。等剩下的污泥被抽出容器后，新的净化过程又会重新开始。这个技术的优势是对水流和载入量不是太敏感，而且所有的污水都得到同样的处理（图 3-177）。② 使用持续水流的迷你净化设备。使用持续水流的迷你净化设备在污水进入反应容器前有一个污泥分离过程。生物处理过程发生在反应容器中的人造载体材料上，比如穿孔的塑料片。载体材料被设计成为微生物的生长创造尽可能大的表面空间。反应容器是通风的，污水就在载体材料表面不断循环。微生物分解有机质，一些硝化反应同时发生。为了给脱氮创造条件，污水频繁地在不通风的舱体（氮释放到空气中的地方）循环。污泥在污泥分离器和沉淀池中产生。因此，要在反应容器后增加一个污泥分离器（图 3-178）。

（3）**在滤床中的净化**。许多渗透处理和沙过滤沟渠工作表现很差而且养分也不能再循环。对这些设施有一些改进方法。污水可以用更好的方式输送，比如通过喷洒或是通过透水层。沟渠可以封闭以免雨水进入，这样可以保持一个稳定的处理过程。使用不同种类的过滤材料也是可能的。当上述三种方法合并起来就组成了我们所知的压缩过滤器。① 增强的渗透层。增强的渗透层可以通过使用人工透水层来实现，这使得减小处理工厂规模成为可能。这个方法适用于灰水或已除去尿液的污水的处理上（图3-179）。② 过滤基床。使用包含磷黏结材料而不是沙的过滤基床是改进沙过滤沟渠的方法之一。粉碎的膨胀黏土或沙质泥灰岩尤其适于吸附磷。这种过滤材料可以用作磷肥。这种方法也可以和有磷黏结功能的强化浸润方法结合（图 3-180）。③ 压缩过滤器。

图 3-176　带有分批处理反应器的迷你净化设备
这种净化设备在 Biovac 使用，安装在地窖很容易进入。摄影：玛利亚·布洛克（Maria Block）

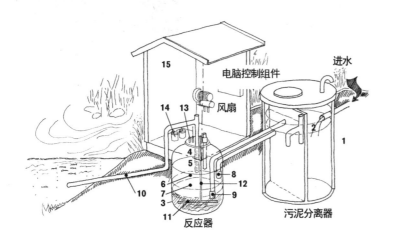

图 3-177　使用分批处理反应器的迷你净化设备
1. 两室的污泥分离器；2. 缓冲器；3. 反应容器；4. 风量；5. 净水区；6. 安全区；7. 活性污泥区；8. 从污泥分离器的引入口；9. 剩余污泥再循环；10. 净化水抽取管；11. 为生物分解提供底部通风；12. 底部通风气管；13. 在其他东西之间的为抽取干净水的进风；14. 水样收集容器；15. 风扇，剂量计和自动控制设备的结构

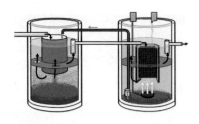

分配管　　　液位控制

污泥分离器　　　可吸附磷的凝胶材料滤床　　　采样井

图 3-180　包含磷黏结材料的过滤基床
在有磷吸附材料的滤床上种植物是有可能的。资料源于 "Småskalig avloppsrening-en exempelsamling"，red Birgitta Johansson，Formas，2001

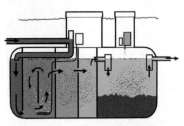

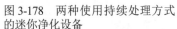

图 3-178　两种使用持续处理方式的迷你净化设备
上面一种是两单元的，其中左边那个是污泥分离器。在另外的容器之间的是可通风的生物反应器，在那里添加化学沉降过程。剩余的污泥被抽回到污泥分离器。下面的这种设备污泥分离器在前面，但是反应器里仍然会产生污泥，必须要定期清理。插图为英厄拉·扬戴尔（Ingela Jondell）绘制

压缩过滤器（人工过滤器）是对沙过滤沟渠的改进，这种方法工作更好，同时能够减小净化设备规模（图 3-181）。这种过滤床封闭在盒子或是土工布里来防止不需要的水进入。在过滤器上面有扩散层，下面有过滤基床，底部有排水层。扩散层由人工材料制成，这种材料被设计来将水扩散到整个表面，同时提供巨大的供微生物生长的表面空间（生物皮肤）。过滤基床由不同的沙组成。压缩过滤器首要的作用是降低了耗氧物质和致病物质。污水在使用这种过滤器处理前必须经过污泥分离器。

（4）化学沉降。 化学沉降使用在迷你净化设备，也能用作污泥分离的补充。化学沉降需要对污水使用沉淀剂，这导致磷的沉淀和絮状胶结物的产生（图 3-182）。磷沉淀物混在胶结物中，沉淀于底部成为化学污泥。沉淀剂也有助于沉淀悬浮物和溶解的物质。沉淀剂可以通过时间控制、厕所冲洗或是加压容器来定量给料。当污泥量增加，就需要一个大的污泥分离器或是更频繁地清理掉污泥。化学沉降必须有其他的处理方式来辅助。

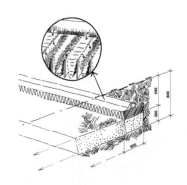

图 3-179　扩散层
这个扩散层是为了加强渗透

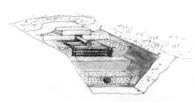

图 3-181　Infiltra 牌压缩过滤器
压缩过滤器有不同的生产方式，但它们共有的特征是，可以在同一地点检查它们是怎样运转和排放的。资料源于 Swedenviro，彼得·瑞德斯托普（Peter Ridderstolpe），WRS 乌普萨拉公司

图 3-182　小型污水处理设施
磷泄漏是本地污水净化的问题之一。为了减少泄漏，小型污水处理设施可用作化学沉降的补充。这个方法可以改进老式的渗透设施、新的过滤基床和迷你净化设备。资料源于生态处理公司

3.3.4 自然净化方法

大自然拥有土壤、植被和微生物，具有良好的污水净化能力。例如，如果污水量不是很大，一条小溪就是一个净化系统。在自然界中，生物净化是通过大量多样的微生物分解污染物来实现的。地面作为过滤器时，机械净化也开始发生了。植物也在自然净化过程中起到重要作用。植物吸收水和养分，增加蒸发，同时给土壤上层的微生物提供氧气。

1）人造生态系统中的净化

污水净化设施因建造自然处理系统而得到发展，例如在净化的最后过程（废水深度处理）。模仿自然的净化系统可以分为以下几类：池塘、湿地、人工湿地和土地（可灌溉的）。

（1）**池塘净化**。池塘可用来净化污水（图 3-183）。净化通过先沉积污泥到池底，然后池塘中的微生物分解污染物来运行。池塘水通过通风增加了含氧量，接着氮化合作用就可以进行。在池塘含氧量较低的区域，通过脱氮作用的进行，氮以氮气的形式释放到空气中。水生植物通过吸收营养物质并刺激微生物的活力来参加净化过程。以氨形式存在的氮通过植物转换为硝酸盐。数个池塘可以相互连通，每个池塘的水会相继得到净化。净化过程所需的植物和微生物会在几个池塘中自然地建立起来。植物生长通过使用沉积在池底的淤泥，将养分延续到生态圈中。

（2）**湿地**。湿地就像养分陷阱。氮转化为氮气或是储存在沉积物中。磷附着在水中的微粒中，沉积在底部固定起来。农业的高效伴随着对湿地的排放，河道校正及填充沟渠，导致自然净化能力的降低和养分流失到海洋中。通过重建湿地及湖泊、河流岸边湿地沼泽，就可以减少养分流失到海洋中。当今，人工湿地应用在数个不同的方面：作为市政净化设施的最后阶段，净化机动车道路径流；缓冲强降雨量和作为小型居住区的净化系统。

（3）**人工湿地**。人工湿地是集中建造起来的没有开放性水流的湿地。它们包括沙床上的水生植物。这里的生物化学过程和沙过滤沟渠及湿地是一样的。水生植物把氧气吸收到它们的根部，

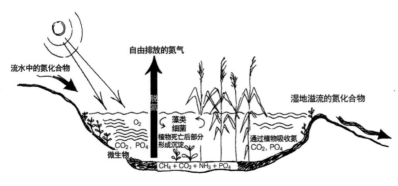

图 3-183　池塘净化污水示意图

那里给污水净化微生物生存创造了一个优良的环境。水平面由一个溢出井控制，这个井最好置于地表以下以防止不好的气味。污水可以由一个人工湿地引入再由另一个人工湿地引出（水平人工湿地）（图 3-184），或是将污水引入一个湿地的表面然后从底部引出（垂直人工湿地）（图 3-185）。固定在植物和人工湿地底部的养分，可以通过清除底部材料（可以用新材料替换）并施在农田里和收获人工湿地的植物得到回归（图 3-186、图 3-187）。

（4）漫灌，吸收。有的净化设施使用漫灌沼泽来带走污水。直到收获这个系统中的植物，养分才能重新利用（图 3-188）。

（5）温室水产。温室水产业是用来在封闭的系统中净化污水和生产热量、生物量、鱼和甲壳类生物。这项技术由美国的新炼金术（New Alchemy）协会发明（图 3-189）。丹麦有些地方如科灵（Kolding）已有这项设施，在瑞典特鲁萨市（Trosa）的斯坦松德语言学校（Stensundsfolkhögskola）和索尔纳市（Solna）的叶维耶娃农场（Överjärva Gård）也已经试用。在斯堪的纳维亚，这些设施造价很高，运转也很困难，而且净化也有些问题。

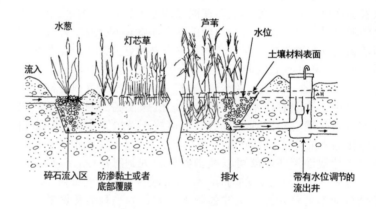

图 3-184　水平水流的人工湿地

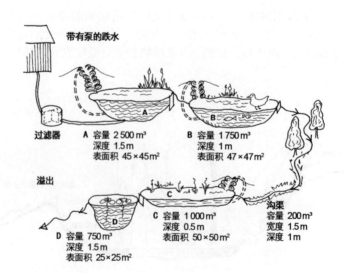

图 3-185　在人造自然系统中具备尿液分离厕所和净化功能的污水系统

尿液被收集在一个容器中，接着被当地农民利用。污水先在化粪池里预处理，然后抽进人工建立的通过喷雾方式送水的土壤过滤器中，磷接着又在使用钙作为媒介的水平过滤器中被吸收。总体的处理能力是：去除 97% 的 BOD（生化需氧量），90% 的磷，65% 的氮。99.9% 的细菌被去除。尿液分离去除了其中 40% 的磷和氮。操作简单费用也保持在低水平。资料源于彼得·瑞德斯托普（Peter Ridderstolpe），WRS 乌普萨拉公司

图 3-186　瑞典乌克瑟勒松德人工湿地

这同时也是乌克瑟勒松德污水净化厂的最后处理阶段。氮的量减少的同时一个大量鸟类栖息的美丽湿地公园也被创造出来。插图为弗里茨·瑞德斯托普（Fritz Ridderstolpe）绘制

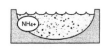 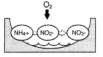

污水中含有铵态氮，当湿地被填充，氮便留在了土壤颗粒和植物中。

当湿地中没有水，从空气中加入氧气，将氮转化为硝酸盐（硝化）。

湿地注满了水，会发生氧气短缺。纤维分解菌呼吸时使用硝酸盐而不是氧气因此，植物养分转化为氮气（脱氮）。

图 3-187　处理污水的土工布

在水渗入大地前，用土工布过滤处理洗澡水、洗碗水和洗衣水（灰水）。插图为彼得·瑞德斯托普（Peter Ridderstolpe），WRS 乌普萨拉公司

图 3-188　西约特兰（Västergötland）孔斯列那（Kungslena）所使用的大水漫灌的污水净化系统

图 3-189　建筑附属温室净化污水的构造组成

灰水经污泥分离后，能在一个建筑附属的温室中被净化。既然温室植物生长期由于温室及建筑和污水的废热得到延长，那么净化在一年的大多数时期都可以进行

2）灌溉

　　用污水灌溉给植物提供了水和养分，同时也净化了污水（图3-190）。在北方有一个问题是植物生长期是有限的，而污水却每时每刻都在产生。一个解决的办法是冬天用池塘储存污水而夏天用污水灌溉植物。另一个问题对致病物质的担忧，那就可以用污水来灌溉一定范围内的能源林。举例来说，在哥特兰岛（Gotland），用污水灌溉作物是相对普遍的，人们有很多关于什么作物能灌溉、什么时候灌溉以免传染疾病的知识。分离的污泥和过滤后的洗涤水可以用来灌溉私人温室，在土壤下面可以避免气味。既然厕所污水不包含在灰水中，疾病传染就不用考虑了。

3.3.5　养分循环利用

　　为了在农作物的耕作中利用废水或其组分，废水必须被处理到某种程度才会被认为是卫生可使用的（图3-191）。在散布到

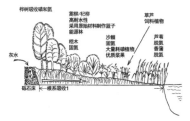

图 3-190　人工湿地系统（或植物覆盖的沙渠）的细部

该系统可以把灰水净化为高质量表层水。选择不同的植物来满足建造生态系统的不同目的。资料源于福尔克·冈瑟（Folke Günther）

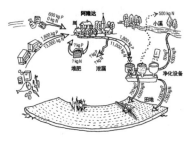

图 3-191 阿隆达（Alunda）的污水管理

瑞典乌普兰的阿隆达是个拥有 2 000人口的小镇，养分按污水管理的意图流动。通过在污水处理厂旁边的农田里使用污泥和污水，减少了 50%的氮，达到了与生态圈紧密结合。资料源于彼得·瑞德斯托普（Peter Ridderstolpe），WRS 乌普萨拉公司

公园和农田之前，通常污水存储（被认为是处理的一种类型）多长时间是个问题。如果污水存储的温度在 8 ℃，则推荐一个储藏期为 6 到 12 个月。在 40 ℃，一个月的储藏期是合适的，在 65 ℃的情况则一周时间就足够了。有一个很大的争议在于如何输送污水而不污染农用地和食物。

1）与农民合作

建立生态污水处理系统需要与农民的合作以及他们在发展过程中的参与（图 3-192）。首先，污水污泥必须充分地清洁，以使它不会破坏农用地，降低氮损失和臭味的分散方法必须被发明出来，并且施肥方法（作用于何种作物，何时及如何作用）需要将氮泄漏和传染病传播减到最少。污水的应用领域应该适用在作物生命周期的开始时期，这个时期大多数的营养素会被吸收。污水通过灌溉和吸收（在地表下经由管道）或留在地面上，例如经由与槽车连接的软管或通过耕作。污水可用于饲料用粮而不是牧场。农民认为人类种植的食物不应该使用来自于人类的污水，而这两者之间应该有一个或更多的循环。根据欧盟规定，在生态种植中不准使用尿或厕所污水。

（1）污泥处理。 来自私人家庭的污泥通常较干净于来自处理大型的净化设备的污泥。出自三舱化粪池的污泥所包含的污染少于出自一个净化设备的污泥，并且是一种常见的运用于农业产业的产品。使用前需要环境卫生，而常规农业技术可用于分散。灰水污泥是一种营养素相对贫乏的产品。脱水之后，它的干物质含量高且较容易处理。经化学沉淀法处理的污泥有高磷的含量。自从磷被以化学方法限定，其对植物的可用性就不确定了，也是由于氮和钾含量低造成的营养成分含量不平衡。在讨论污泥的课

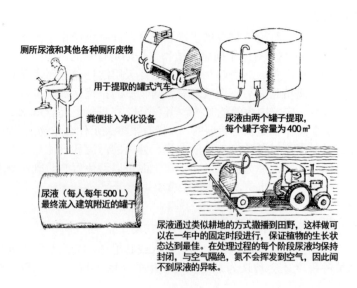

图 3-192 厕所污水的循环利用

从厕所到一条面包，在瑞典特鲁萨（Trosa）农场。资料源于《每日新闻报》（瑞典），1995 年 5 月 11 日

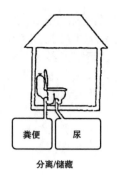
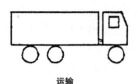
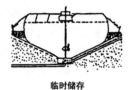
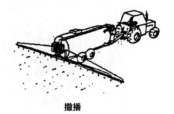

分离/储藏　　　　　　运输　　　　　　临时储存　　　　　　撒播

程中，化学污泥已经获得了较差的声誉。移除污泥通常是用污泥分离器，然后是污泥被运送到市政处理设施进行处理（图3-193）。然而也有方法可以就地处理污泥。污泥由污泥分离器被抽到一个容器中。在容器中有一个过滤器就像大号的咖啡过滤器（图3-194）。在那里，污泥被脱水并停留来熟化。小型净化系统里脱水的污泥被收集起来并且很容易移动和堆肥（图3-195）。污泥也能通过散播在人工湿地设施表面来脱水、矿化（堆肥）和处理。人工湿地的沥出液要回收净化。

（2）**用污泥施肥。**将污泥回归到生态圈一点都不简单。在农业大学里正进行着许多关于哪些作物能施肥和在培养周期的什么时候施肥的研究。这些研究同时也关注对能源作物和林地的施肥。一个降低传递有害物质风险的办法是对绿肥作物施肥，如荨麻或是能用来堆肥的豆科植物。绿肥作物可以耕犁到地下，也可以堆肥来增加土壤的植物养分。

（3）**燃烧污泥。**在某些地区，污泥带有很大的污染性成为环境问题，如在法卢（Falu）地区，矿山和尾矿堆中的泄漏物向水中释放重金属。在这些地区，污泥只能在像岩洞等地方安全地存放。有一些燃烧污泥的方法，能提取出养分并掩埋有毒尘埃。也有技术革新者在工作中使用不同的净化过程，如使用氢氧化钙来去除重金属。这种方法很昂贵，但也许从环保的立场上看是必要的。

（4）**粪便的处理。**旱厕中的粪便必须在特殊的粪便堆肥器中熟化，这种堆肥器装备有防雨的顶盖及两个侧壁能通风的隔间（图3-196）。底部由防水混凝土或塑料组成，以防止污染性的沥出液渗进地下水中。这种堆肥室可用于私人夜间粪便的管理。一个隔间用来装填，另一个就用来熟化。这个过程需要6个月。

（5）**尿液的处理。**尿液富含养分，而且养分物质均衡，很适合做植物的肥料。因为尿液含有极少的污染物质，卫生安全风险也很小，所以能很安全地返回到农田中。尿液管理需要一个新的系统来处理和使用，但现有的农业设备能用在尿液撒播上（图3-197）。尿液能用埋入地下的容器储存和消毒，这也能通过土地让它保持凉爽。容器不能通风，因为尿液是杀菌剂，消毒在储存

图3-193　处理分离污水的步骤
其步骤包括运输、储存、消毒和散播，每一步都需要合适的方法。资料源于"Det Källseparerande Avloppssystemet-ett steg mot bättre resurshushållning"，examensarbete 1995 Sthm´s Universitet，Mats Johansson & Jan Wijkmark

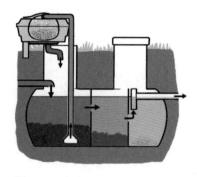

图3-194　污泥泵
污泥泵把污泥吸到放置于井上部的过滤器上。污泥通过重力作用脱水，再放入堆肥室中。这样，污泥不会在中央净化设施中与其他的废物混合。插图由英厄拉·扬戴尔（Ingela Jondell）绘制

图 3-195　贝奥维克（Biovac）迷你净化器
其最后一步是把干燥的污泥装桶，在桶里污泥的湿气被蒸发掉。不需要清除湿污泥。摄影：玛丽亚·布洛克（Maria Block）

的过程中就发生了。养分被保留而且几乎没有氮损失。容器必须足够大，这样一年只需清空少许几次。收集尿液／冲厕水的容器的容量取决于家庭的规模、每次冲水的水量以及清空容器的频繁度。尿液通常需要储存在临时储存设施里，因为农民在施肥前需要方便地提前获得足够的量（图 3-198）。对于私人设施，这些营养液可以用在私人花园或用来给森林施肥。这个溶液必须大大稀释。尿液不能撒播在马上就要被消费的农产品上，因为氮对那个阶段没有用，而且一些细菌和病毒仍然存在。

2）黑水（厕所污水）

黑水富含养分而且养分物质均衡，很适合做植物的肥料。黑水可以和有机生活垃圾及农业肥料一起处理（图 3-199）。黑水使用前首先需要消毒，同时需要传统农业技术来撒播。直接在黑水处理后进行养分回收能够增加超过 90% 的养分恢复（图 3-200）。

（1）**湿反应器**。处理厕所污水的一个方法是使用湿反应器，在湿反应器中进行堆肥，即厕所污水被分解和消毒（图 3-201）。污水保留 4—6 天消毒。对比沼气设施这个系统并不贵。沼气设施和湿反应器的区别是，沼气产生过程是厌氧反应（不需要或只要极少的氧气参与），而在湿反应器中进行则是快速的有氧反应（图 3-202）。

图 3-196　由塑料制成的可通风的粪便堆肥器

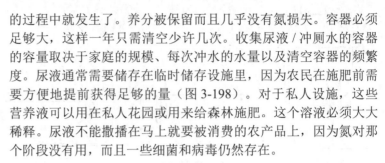

图 3-198　瑞典比约湖（Björnsjön）的人尿液储存容器实验设备
该设备自 1996 年起一直由斯德哥尔摩水务局管理。这个容器由罐装车通过重力来装填。3 个容器的容量各有 150 m³。这些容器靠近田地，尿液通过管道为春季作物施肥。摄影：玛丽亚·布洛克（Maria Block）

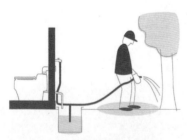

图 3-197　尿液管理的新系统
将喷淋罐接上尿液收集器可以方便地在给庄稼灌溉时施肥。资料源于斯帕雷特（Separett）公司

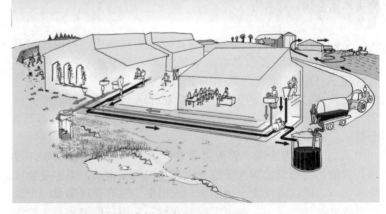

图 3-199　泰戈维克斯（Tegelviks）学校的厕所污水处理系统
该学校位于瑞典埃斯基尔斯蒂纳（Eskilstuna）郊外克维克松德市（Kvicksund）。插图为列夫·欣德格伦（Leif Kindgren）绘制

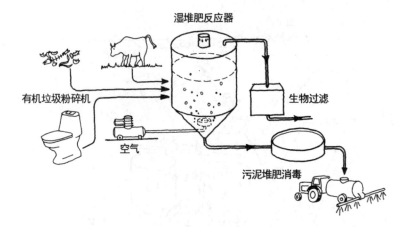

图 3-200 挪威奥斯陆外奥斯（Ås）农业大学学生宿舍区的污水分离系统

静音低真空厕所产生浓缩的厕所污水被运进一个湿堆肥反应器里，接着湿的混合肥料用于农业

图 3-201 克维克松德市（Kvick sund）泰戈维克斯（Tegelviks）学校旁边的农场

黑色的容器是一个湿堆肥反应器

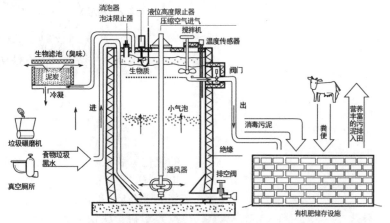

图 3-202 湿反应器运转示意图

插图为列夫·欣德格伦（Leif Kindgren）绘制

（2）沼气设施。当有机材料在厌氧环境下被微生物分解时就产生了沼气（图 3-203）。这个过程有三方面的作用：它制造出优质肥料，同时生产出高能燃气，还能使被分解材料无害化。沼气设施还能用来处理有机废物，如从污水设施而来的厕所污水、农业中的粪肥、可堆肥的生活垃圾和食品工业中的废弃产品，以及污水净化厂中的污泥。有机生活垃圾可以通过使用研磨器增加废物处理系统中干燥材料的含量。在农业沼气设施中，可以为了这个目的添加能量作物。在这个过程中的无害化处理是非常有效的。总之，这个处理杀灭了所有的致病微生物（图 3-204）。分解作用发生在封闭的容器里，温度在 35—40℃（中温处理）或是 50—60℃（耐热处理）。在沼气室里，温度应该保持稳定，PH 值保持中性，而且应该有一个合适的 C/N（碳 / 氮）平衡。最开始的混合物应至少含水 65%。在蒸炼器中停留的时间一般在 15—30 天。沼气设施规模大，投资大，一般需要有经验的人员来操作（图 3-205）。① 沼气。从体积上看沼气一般含有 55%—65% 的甲烷，30%—40% 的二氧化碳，也有一些水和少量

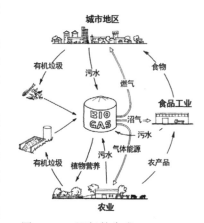

图 3-203 沼气的生成

所有种类的有机材料都可以添加到沼气池中。输出的是高能沼气（甲烷）和富含养分的肥料

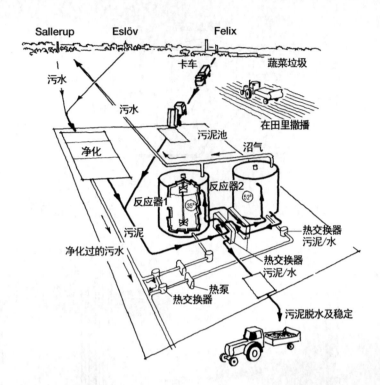

图 3-204 瑞典斯科讷省（Skåne）的沼气设施
它处理菲力克斯（Felix）食品公司的有机垃圾和伊斯洛夫·萨拉若普（EslövSallerup）污水中的污泥

图 3-205 哥德堡瑞亚维肯（Ryaverken）Gryaab 公司
它是富有艺术感的沼气工厂。资料源于瑞典沼气技术中心

的硫化氢和氨。因为甲烷的热值是 50 MJ/kg 或 18—22 MJ/m³，所以沼气的能量很高。另一个表达方法是 1 m³ 的有上述成分的沼气相当于 0.5 L 的汽油。沼气可以用来生产热、热电联供以及作为汽车燃料。要使用在汽车上，沼气必须要提纯和压缩。② 消化污泥。分解后的消化污泥是脱水到 35% 含水量的干物质。因为保留了所有的营养盐和微量物质，通过这种剩余产品中回收的腐殖物和其他生物材料的加强，这种污泥是非常好的肥料（= 非常好的土壤改良材料）。而且没有臭味。为了使用这种污泥来改良土壤，在原材料中不能添加重金属和其他有毒物质是非常重要的。③ 废水。废水用来浸泡原材料。没有用的水进入净化工厂。废水也能用作液体肥料，同时分解过的污泥可以和其他有机材料一起堆肥。

小贴士 3-6 沼气的使用

　　沼气的潜力是巨大的。当今瑞典每年生产 1.3 TWh 能量（图 3-206）。然而，瑞典通过利用来自污水、居民生活、工业和农业的可用垃圾能够产生 17 TWh 沼气的潜能（表 3-11）。从农业而来的可用的垃圾比其他资源丰富得多。假如利用特殊的能量作物，潜能值会大大扩展。500 000 公顷沼气作物相当于产生能量 10—30 TWh/a。沼气技术的使用减少了有机废物生物降解过程中二氧化碳的泄漏。

1）稳定污泥

沼气最普遍的用处就是在市政净化设施中用于稳定污泥。大约 150 个沼气设施正在运作。沼气用在小型发动机上进行热电联产。1/3 的能量以电能的方式传递，剩下的以热能的方式传递。因此，一个净化工厂在燃料上是完全可以自给自足的。

2）工业废水

可以从工业废水中生产沼气，如制糖厂、酿酒厂和造纸厂的废水。虽然提取能量也很重要，但首要目标是获得高度净化的浓缩的废水。

3）有机垃圾

从居民生活、餐饮和工业而来的分离的有机垃圾可以在沼气设施中处理。这些垃圾可以和污水污泥一起在现有的腐化室里处理以提高沼气产量。生活、餐饮和工业垃圾可以一起腐化来为农业制造液体肥料。分离的生活垃圾可以腐化制造有广泛用途的土壤改良材料。

4）垃圾堆填区产生的可燃气体

自发产生的气体因为环境原因被收集起来，在提高安全性的同时也可当作能源来使用。沼气也可以从专门开挖的沼气池里抽取，在沼气池里厌氧腐化作用可以通过调节温湿度来控制。

5）农业

农业中使用沼气设施在近几年已朝着可共享式设施发展，比如，15—20 个农民把动物粪肥运送到一个大的共享的沼气设施。这种设施通过电网和区域的供热网为周边人口生产和输送电能和热能。用能源作物生产沼气是更加困难的，但是这种技术正在发展中，尤其是燃料生产技术。

6）污水处理

用沼气设施来处理来自厕所的可堆肥的废物和污水是将城市中的生物垃圾回归到生态圈的好办法。现在这样的设施已经有一些在运转。大规模沼气设施更经济，考虑建造一个只能为少于几百人服务的设施是不划算的。

7）组合设施

生物处理设施被期望能提供部分的市政供暖，同时为公交车和发电生产燃料。农民们被鼓励来种植生产沼气的作物，这也能保护开放的农业景观。在污水管网中被分离的生活垃圾和污泥也被沼气设施所利用。

表 3-11　瑞典 2005 年沼气设施和可燃气年产量

工厂类型	数量	TWh/a
污水净化厂	139	0.56
垃圾堆 / 生物电池	70	0.46
工业污水	4	0.09
组合垃圾处理	13	0.16
农业	7	0.01
合计	233	1.28

注：资料源于瑞典沼气协会。

图 3-206　欧洲最大的沼气设施之一
该设施位于丹麦的赫尔辛格（Helsingör）。它每年处理来自 70 000 个家庭的 20 000 t 垃圾。每年生产 300 万 m^3 的可燃气，可供 700—800 个家庭取暖

图 3-207　肯尼迪（Kennedy）家的露台
这个露台是他们在德国李伯斯加顿（Lebensgarten）生态社区的独户住房的加建部分

3.4　植被与种植

由于美学的原因，人们喜欢身边的鲜花、树木和绿色植物；同时绿色植物也是地球上所有生命的基础，它们实际上是自然界唯一能把阳光、二氧化碳和养分制造成有机物的生物（图3-207）。而其他的生物都直接或者间接依靠绿色植物生活。废物和排泄物都含有有机物的成分，这些成分应该回归到可耕种的田地中去完成整个生态循环。

3.4.1　朴门永续设计

一般来说，朴门永续设计（Permaculture）包括有意识的设计环境、自然和建筑物，使其在某种程度上成为能长期运作的类似自然生态系统。澳大利亚人比尔·莫里森（Bill Mollison）提出了朴门永续设计这个概念，为此他获得了1981年的正确生活奖（Right Livelihood Award）。这个词字面上的意思是"永久的农业"。建立一个永续系统，在建设阶段需要付出密集的劳动，但作为回报，等这个系统建立起来之后，只需要花很少的时间去维护运转。朴门永续设计的核心是设计。设计能处理好各个不同部分之间的关系，包括将合适的事物置于合适的地方。例如蓄水池置于建筑物和花园上方，水通过重力可以流下来（图3-208）。作为防风林的植物被安置在能够阻挡风但同时又不遮挡建筑采光的地方。花园被设置在住所和鸡舍之间，以便于花园的废物可以被带到鸡舍，而在回来的时候又可以把鸡粪捎到花园（图3-209）。第一，每一个要素应该有多种功能。鸡就是一个例子：鸡提供鸡蛋和肉作为人类的食物；花园需要肥料同时能提供绿色饲料，鸡食用绿色饲料并产生肥料；温室需要二氧化碳并提供热量，鸡能排出二

图 3-208　倾斜地形
蜿蜒流过倾斜地形的水，可以用来灌溉沿途的土地。资料源于《野玫瑰——花园中的生态》，玛丽安娜·雷森纳（Marianne Leisner），1996

氧化碳同时周期性地需要热量；果树林需要除草并除掉有害昆虫和蜗牛，而鸡能够将这些作为它们的食物，这样一来，鸡能在果树林中得到庇护和食物，而果树也可免遭害虫的破坏。因而，在一块准备用作耕地的土地上，鸡可以四处走动，也可以啄虫，松土，同时其粪便还可以养肥土地（图 3-210）。第二，多种元素应该可统一于一种功能。任何一种重要的基本需求，例如水、食物或者能量应该能够通过多种方式被满足（图 3-211）。一个好的设计应该包括多年生以及一年生的植物和农作物，那样如果一种作物没有收获，也不会造成食物或饲料的短缺。如果使用太阳能加热系统，那么在太阳不能提供足够热量的时候也应该能够使用生物燃料来加热。电泵可能会发生故障，于是最好准备一个手摇泵和一个水池以备不时之需。① 使总产量提高而不是试图最大化某一个元素的功效，例如：一个森林，在那里不仅有树，还有蘑菇、浆果和动物（图 3-212）。② 场地排水要作为所有考虑的出发点，各元素要围绕这一点来组织，这样水就能够尽可能有效地利用。③ 最大限度地种植多年生植物和自身传种植物。④ 利用植物王国的自然演替特性，例如，一些植物和药草在新开垦的土地上能迅速成长起来，最后被其他品种的植物所代替。⑤ 乔木、灌木、动物、不同种类的栽培物、池塘和牧场增加了物种的多样性。⑥ 实现混合栽培来取代单一物种栽培，并且农作物、树木、灌木和小动物在同一地方生活。⑦ 增加边缘区域，例如森林边缘和海滨，因为在这些区域大自然的生产力和多样性是最好的（图 3-213）。⑧ 在不同标高上工作，例如在地面层、抬高的花坛上、墙上种植植物以及灌木和乔木（图 3-214）。⑨ 集约利用土地。用每一片可能的土地来耕作或饲养动物。因此，一块小的土地也能够产出许多作物。⑩ 选择小规模而不是大规模的耕作，小规模的耕作可以

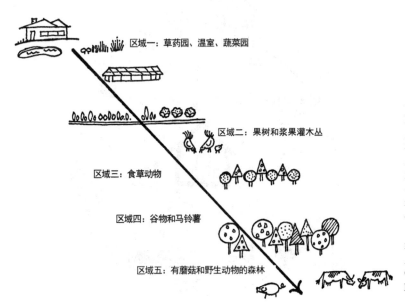

图 3-209　能量高效计划的分区
分区制是能量高效计划的基础。在最靠近房子的区域一布置需要每天照看几次的生物，例如植物园和蔬菜园。在区域二布置一天中的某个时候需要照看的生物，例如鸡、果树和浆果灌木丛。区域三中的生物需要每隔几天去照看一次，例如绵羊和菜牛。在区域四的生物一年中只需要打理几次，例如谷物和马铃薯。区域五则可能是由可以打猎、采摘蘑菇和浆果的野地组成。资料源于"朴门永续设计一：人类永久的农业"，比尔·莫里森（Bill Mollison）和大卫·洪葛兰（David Holmgren），1981

图 3-210　挪威利斯塔（Lista）的滨海农场

① 住所；② 仓库；③ 作坊；④ 车库；⑤ 花房；⑥ 鸡舍；⑦ 工作室；⑧ 车道；⑨ 草坪；⑩ 玫瑰树篱；⑪ 营造出一个私密区域的柳树篱；⑫ 净化污水用的人造湿地；⑬ 住宅干湿分离厕所排放污水的堆肥处和排放口；⑭ 铺整的内部庭院；⑮ 养鸡场；⑯ 果园；⑰ 带遮阳棚的观景点；⑱ 浆果灌木丛以及当地多种野生、耐寒植物组成的防风林；⑲ 菜园；⑳ 草本植物区域；㉑ 剧场；㉒ 烧烤区域；㉓ 沙箱；㉔ 井；㉕ 草地小径；㉖ "荒地"——未耕种区域。资料源于《野玫瑰——花园中的生态》，玛丽安娜·雷森纳（Marianne Leisner），1996

图 3-211　花园中不同元素间可能建立起的联系

当双方有一些东西要给对方时，一个有效的对话就发生了。资料源于《野玫瑰——花园中的生态》，玛丽安娜·雷森纳（Marianne Leisner），1996

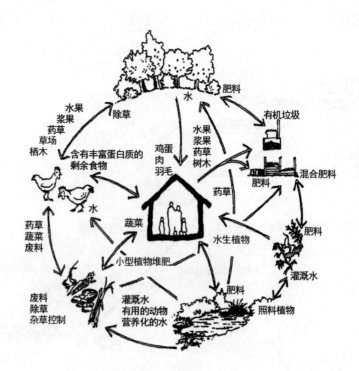

图 3-212　新的栽培系统
该系统由朴门永续设计和农林业会尝试创建。在这个系统中树木和作物及动物混合在一起，因此整个系统的产出比各个独立部分产出总和要多

图 3-215　朴门永续设计中的太阳能口袋
朴门永续设计师充分利用微环境来抵挡寒风，并朝阳光方向敞开。这是一个太阳能口袋，或者叫阳光陷阱，同时服务于耕作和住宅

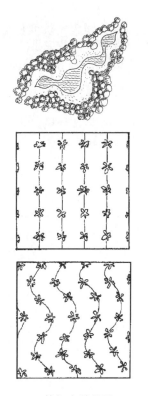

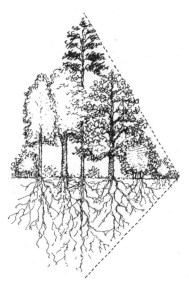

图 3-216　朴门永续种植
该种植方式见于玛丽安娜·雷森纳（Marianne Leisner）和罗尔夫·雅各布森（Rolf Jacobsen）在挪威彻默岛（Tjøme）的家中

图 3-214　朴门永续设计中在三维尺度上进行的种植设计
各种高度的植物和根部能够达到不同深度的植物被种植在一起，这样在某种程度上就可以充分利用地表面积。怎样把植物种植在一起，使之和平相处，共同利用阳光和土地，而不造成彼此间的恶性竞争是需要仔细考虑的问题

图 3-213　朴门永续设计
边缘区域尤其高产。为了使它们的长度最大化，朴门永续设计使用波浪似的"自然"形状

使土地得到有效的利用，并且能够进行手工劳作而避免使用大量的化石能源和机器。⑪ 尽可能多地使用畜力，例如，鸡和猪在土地里生长，同时它们的粪便也得到利用。⑫ 系统应该是着眼于长期并可靠耐用的。⑬ 系统应该适应不同的气候和不同类型的地形以及城市、农村和郊区等位置（图 3-215、图 3-216）。

图 3-217　美因茨的生态通道
德国城市美因茨已经建成了像桥梁一样的生态通道，它把被道路隔开的自然和公园连接起来。在奥地利和德国都可以看到生态通道。类似的桥可以建在高速路上方，这样野生动物可以自由地走动。也有可能为了像青蛙这样的动物建设地下隧道。插图为伊娃·库珀（Eva Külper）绘制

图 3-218　1995 年芬兰赫尔辛基的维基（Viikki）生态住区设计竞赛中的获奖方案
该方案由芬兰建筑师佩特里·拉克索宁（Petri Laaksonen）设计。他研究了三个层面的楔形绿地：大型楔形绿地将农业景观引入城市，中型楔形物定义街区边界，小型楔形绿地将植物引入建筑之间。园地位于邻里院子朝绿化结构开放的地方

图 3-219　斯德哥尔摩的楔形绿地和楔形水面
它们将自然引到城市中央，是好的城市环境的先决条件并且应该避免被开发

3.4.2　植被结构

植被是生态建筑的一个自然部分。在设计的所有层面都必须考虑到，这些层面包括城郊结合部，绿化带贯穿的住宅小区，带有花园的私人住宅、室外休息区、阳台、攀援植物和绿化屋面。

1）绿色城市

城市中的生物多样性也是有趣的，因此在城市环境中的不同群落生境应该受到保护。将顺应自然作为规划的起点，在一个新的地区保护并整合宝贵的自然环境是有可能的，同时通过在不同自然区之间为动植物提供通道的方法来维护自然的多样性（图3-217）。新的群落生境，如池塘和湿地，可以丰富室外环境。一些绿地需要很多维护，比如足球场草坪以及带有造型的灌木和乔木的园林绿化区。花坛也需要定期的管理、护理和浇水。而另一些类型的植物则需要较少的管理，例如自然区域，一些特定的浆果树林和野生的花草地。

将植物引入城市的一个策略是使用楔形绿化带，即被保护而未开发的狭长绿化带（图3-218）。它们开始时作为楔形自然荒地向城市和郊区延伸，然后再和向城市里延伸的小区域相连（图3-219）。这个想法是将建设区和绿化区交接处的边缘区域最大化。

（1）不同尺度的绿化。树木和其他植物可以被引进到这个"混凝土世界"中。沿街的树木可以种植到人行道上，并且如果有足够的空间，在街道和人行道之间可以建立起连续的绿色空间，从而形成林荫大道（图3-220）。人行道和建筑之间的前院可以变成绿化带。公园可以通过突显生态循环系统而达到生态化的目的。例如，沟渠、小溪和池塘可以处理雨水，并且可以有花园肥料、果树和浆果灌木，用砾石铺路代替沥青路。再进一步，那里还可能有园地或城市农场（图3-221）。

（2）居住区的绿化。在生态城镇规划中，居住区的绿化需要植物与建筑相结合（图3-222）。一个在建筑和自然地面之间规划的绿化区需要满足多种功能，要有娱乐和休闲、园艺和消遣

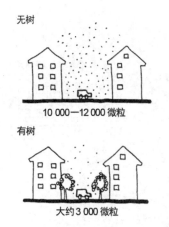

图 3-220　有无树木空间中空气微粒数量的比对
沿街道和道路的乔木和灌木可以将空气中的微尘数量减少 50%，甚至更多

图 3-221　绿化景观示意
怎样在各个层面进行绿化是一个需要思考的问题。不仅要作为被引入城市中心和人口稠密地区的自然片断，而且要成为大部分街道和花园中必不可少的绿色元素。资料源于《实践中的城镇规划》，雷蒙德·昂温（Raymond Unwin），1909

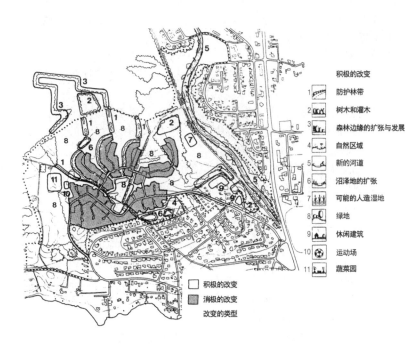

积极的改变
1　防护林带
2　树木和灌木
3　森林边缘的扩张与发展
4　自然区域
5　新的河道
6　沼泽地的扩张
7　可能的人造湿地
8　绿地
9　休闲建筑
10　运动场
11　蔬菜园

□ 积极的改变
■ 消极的改变
改变的类型

图 3-222　居住区平面图
规划一个环境适宜的居住区，其指导原则是生态区域的平衡，例如，一个动植物物种丰富多样并且拥有珍稀群落生境的地区。资料源于《居住区的种植与绿化》，弗雷德里克·米勒（Frederica Miller），NBBL，1993

的空间（图 3-223）。建筑师可以利用小气候和保护性的植物，以及开放景观的视野和其他有价值的环境来满足这些需求。生态绿地和其他绿地之间最大的区别就是致力于提高各种不同类型群落生境的生物多样性，并且试图使这片区域有用，比如，生产粮食。人们甚至谈论"可食用"地景，包括种植果树和浆果灌木丛而不是带有毒果或者刺的灌木。

（3）生态绿地。景观建筑师本特·佩尔松（Bengt Persson）提出的关于生态绿地的几点指导方针：① 设计建筑基座以及其他

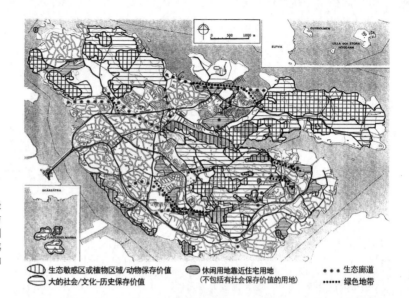

图 3-223　瑞典利丁厄（Lidingö）自治区的土地利用限制图

瑞典利丁厄（Lidingö）自治区将绿化结构引入总体规划是一个值得效仿的方法。总体规划用生态学的方法划分有很大社会或历史文化价值的敏感区域，以及接近居住区的休闲用地和绿地

〇 生态敏感区或植物区域/动物保存价值　　　〇 休闲用地靠近住宅用地（不包括有社会保存价值的用地）　　　••• 生态廊道
〇 大的社会/文化-历史保存价值　　　　　　　　　　　　　　　　　　　　　　　　　　　　　•••• 绿色地带

接触地面的部分。② 设计形成从建筑空间到私有空间再到共享空间的逐步过渡空间关系。③ 使整个场地都可以种植。④ 将自然的材料用于地面、墙体、边界和设备。⑤ 采用果树或浆果灌木种植，不仅提高了绿化量，还可以提供生活乐趣。⑥ 利用地表水资源。⑦ 在绿化中可以根据地形情况采用台地造型，增加特色。⑧ 关注大空间的结构，以使居民能够从室外环境中获得良好体验，并能按他们的意愿布置室内。⑨ 花园应突出绿化特色，同时应在更大规模的自然层面融入大范围的生物群落和植物群落。⑩ 植物的使用和物种的选择应在整个环境中提供旺盛的自然生命力的意向。⑪ 从用地边界到建筑之间的空间要用来防风，特别北面的要重点关注。⑫ 使用朝向北面的格架去创造节约空间的风防护带，并且利用西面、南面和东面受保护的土地。⑬ 在全部环境中整合休憩、起居等功能，在整个环境中尽量不进行功能性的分隔。⑭ 在设计中利用现有的植被、岩石、文化元素等等（并且在建造阶段尽力保护它们）。⑮ 丰富树种。⑯ 利用绿化来满足场地的功能要求。⑰ 绿化应丰富而又有形式感。⑱ 设计植物的高生产率和类似花园的空间布局。⑲ 物种的广谱性，在微观尺度对不同种群的变化和适应。⑳ 从密集到稀疏、干燥到潮湿形成有梯度变化的群落生境，有湿地生境。㉑ 有堆肥的空间。

（4）**自然景观**。自然景观有许多不同的类型，例如，林缘、基岩、湿地和牧场。自然景观提供了一个丰富的环境，但是维护起来却是最省事的。然而也不能不去管理，它需要疏伐、清理以及更新（图 3-224）。一些地表环境是非常敏感的，它们会因为持续增长的使用而遭到破坏。在这种情况下合适的做法是在建造之前先把植物培植强壮。这种处理方式，可能不仅适用于大的区域，如树林、林缘，还适用于一些个体比如观赏树种。在居住区疏伐的土地可以为被保护的树木提供更好的生长条件。只有基岩和湿地以及入口和人行道附近的地表，是需要在建设前关注的土

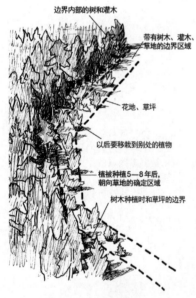

边界内部的树和灌木

带有树木、灌木、草地的边界区域

花地、草坪

以后要移栽到别处的植物

植被种植5—8年后，朝向草地的确定区域

树木种植时和草坪的边界

图 3-224　怎样布置森林边缘的示例

从生态学的角度看，不同群落生境间的过渡地带是重要的。资料源于笔者根据《像大自然一样的绿化》改编，本特·佩尔松（Bengt Persson），BFR T22：1981

地。空闲的土地应耐心等到表层植被出现。对于可能被踩踏到的湿地应该先把水排干。在个别树种中，山毛榉是最不耐踩踏而受到伤害的。在自然区域的建筑使土地承受了巨大的压力。滥伐防风林，导致剩下的树暴露在更猛烈的风中。云杉特别的敏感，尤其长在湿地中的云杉。用水泥覆盖植物的根系会对植物造成很大威胁，主要是因为根系得不到足够的空气就会窒息。如果地下水被切断或者水流改道，植物会被毁坏，例如因为要修建道路或要挖埋藏管线的沟渠。将要被保留下来的自然景观在建设阶段需要得到充分的保护，最常用的做法是使用篱笆把地圈起来。要保留下来的树木数量有限，但如果它们被损害，则会进行严重处罚。

（5）**为城市选择树木**。能够长得很大的树，例如杨树、柳树、白蜡树和榆树应该被栽到最大最宽的街道上。小一些的树，例如白花楸、花楸和果树可以被栽到小街道和小地方。菩提树和枫树是典型的公园树种，它们可以被修剪成想要的形状（图3-225）。柳树长得很快因此可以用作能够防风的棚屋、花架和树篱（编织在一起）（图3-226）。一个经验法则告诉我们一棵自由生长的树的根系尺寸和树冠尺寸相当。某些类型的树，例如杨树和山杨，有着深远的根系，因此不能种植在建筑墙体附近。在停车场附近，应该选择柳树、白蜡树、鹅耳枥、悬铃木等树种。选择其他种类的树会产生问题，例如，有些树会掉下带有黏性的种子或液体到车辆上。

（6）**草场**。一片草场需要十年的时间建立，但是一旦建立起来，基本就不再需要维护。只需在春天进行少量的清理，把死去的草和嫩枝耙在一起，然后待到夏末用镰刀修剪草地即可。草场需要贫瘠的土壤。普通草坪中的氮和磷含量对于草场植物的生长所需来说太高了。一个草场不需要施肥。草场种子可以在合适的地方手工采集然后播种，也可以买到预拌好的草场种子。还可以种植"种子植物"来培育出例如风信子、雏菊或者德国捕虫草。

2）过敏症

遗憾的是，对于有过敏症的人来说，其接触室外环境的机会可能受到植物和动物的限制。当某些类型的树传播花粉时就会出现这种情况。甚至会散发浓烈气味的灌木也会导致这个问题。在这样的情况下，就应当避免种植风媒传粉植物和落叶树。而对于同样是风媒传粉的针叶树就不必担心，因为它们的花粉里不包含过敏原。① 适合过敏人群的植物：云杉、覆盆子、栗树、铁线莲、风铃草、厨房植物（小茴香、细香葱、胡萝卜、莴苣等等）、樱桃、犬蔷薇、鹅耳枥、梨树、大部分毛茛植物、玫瑰、花楸、假山植物、松树、红醋栗树和苹果树。应该选择晚花型的草。② 过敏人群应该避免的植物：赤杨、榆树、山杨、桦树、金雀花、黄花九轮草、榛树、稠李、风信子、茉莉，混合植物例如菊花、缤菊、雏菊和万寿菊、铃兰、菩提树（有强烈的气味）、山梅花、绣线菊类、大的草坪（特别是艾草、蒲公英和梯牧草）、丁香和柳树。

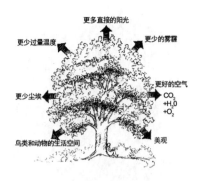

图3-225　树木的优秀品质
它们提供树荫，它们的根能防止水土流失并且能够从土壤中吸取养料合成有机物。树木可提供木材、木柴燃料、饲料和果实。树木能影响气候，净化空气并制造氧气。还能为鸟类、昆虫和其他动物提供生活场所。树木是美好的，它们可以开花，散发迷人的气味并且提供嬉戏的场所。它们同样提供了对生活的希望

图3-226　法国吉维尼（Giverny）莫奈花园中的垂柳

图 3-227 生态建筑
在一座生态建筑中到处都有植物，这在缺乏绿化的城市环境中是特别重要的。资料源于笔者根据"建筑与生态——概念、策略与案例"改编，BUR，哥本哈根，1988

图 3-228 建筑外表面上的攀援植物
利用知识和一些想象，攀援植物就可以种植在建筑外表面上

图 3-229 巴黎非西方艺术博物馆（凯布朗利博物馆，Musée du Quai Branly）的垂直花园
该垂直花园由帕特里克·勃朗（Patrick Blanc）为让·努维尔主持设计。摄影：阿德里安·波萨达（Adrien Posada）

3.4.3 建筑立体绿化

一座建筑并不是结束于外墙处。它的边界区域一直延伸到室外环境。阳台、门廊和入口平台空间延伸了建筑。植物窗口、冬景花园和温室这些附加的元素将植物引入建筑。凉亭、罩棚和室外座位区这些元素引发了生动的室外活动。覆土屋面、立面绿化和树篱为建筑增加了生态元素（图 3-227）。

1）墙和屋顶上的植物

通过在城镇地区绿化，如在街道和院子里种树、在墙面和屋顶上种植植物，城市气候显著地改善，特别是在一年中树木茂盛的时期。植物净化空气，制造氧气并且帮助减少高温和干燥等问题。据推测，一个城市中有 5% 的植物覆盖面就足以在春夏秋三季营造一个健康的城市气候。

（1）**攀缘植物**。一些适合攀缘的植物有中国紫藤、俄罗斯葡萄藤、火荆棘、啤酒花、金银花、铁线莲、攀援八仙花、藤本月季、常春藤、荷兰茎秆、波士顿常春藤和五叶地锦。攀援植物通常在肥沃的花园土壤里较为茂盛。大部分攀缘植物需要依附其他的东西才能向上攀爬。只有波士顿常春藤、五叶地锦、常春藤和攀援八仙花可以依靠自身攀爬。为攀援植物设置的绳索和格架应该被置于外表面 10 cm 之外。一些攀援植物也可以作为在半阴影地区快速生长的地被植物，例如金银花、攀援八仙花和常春藤（图 3-228）。

（2）**垂直花园**。一个有趣的发展是垂直花园或空中花园，法国植物学家帕特里克·勃朗（Patrick Blanc）发明了这样一个系统。垂直花园的做法是把植物种植到 3 mm 厚丙烯酸纤维毛毡的口袋中，将这些口袋固定在覆盖于建筑外表面上的板子上。墙体每天被机械灌溉几次，有时在灌溉的水里还添加营养物。他选择不需要很多土壤的植物来建造垂直花园，并且避免种植攀援植物，因为攀援植物会遮挡其他的植物。1 m² 的垂直花园重 15 kg，成品非常壮观，就像潘兴豪尔酒店（Pershing Hall Hotel）和巴黎的非西方艺术博物馆（凯布朗利博物馆，Musée du Quai Branly）的垂直花园那样（图 3-229）。在新加坡垂直花园被当作降温设备使用。经验显示，在温带覆盖有植物的外表面比没有植物的外表面温度低 4℃。在炎热潮湿地带这个温度差距更大，最高可达到 14℃。在瑞典，绿色财富公司受到帕特里克·勃朗的启发，在室内也成功运用了垂直种植墙（图 3-230）。绿化改善了空气质量，吸附了灰尘，提高了空气湿度，减少了静电，人们的呼吸更顺畅了。植物释放氧气，同时吸附空气中的有害物质，因此需要定期清洁，抹去灰尘。

（3）**凉亭与格架**。建筑可以利用凉亭和格架在建筑密集的区域创造绿色空间，以及实现室内外之间的和缓过渡（图 3-231）。这些构筑物使采摘水果变得容易。因为棚架树会较早开始结果，一般在种后的第二年或第三年就会结果。如果是为了给建筑提供遮阳而在建筑南侧背风处栽种的树木，就可以选择那些独立种植难以成活的棚架树种。苹果树和梨树是最容易形成格架的。

2）绿化屋面

绿化的屋面（种植屋面）在斯堪的纳维亚地区有很长一段使用历史（图3-232）。一个绿化屋面有明显的调节水的作用。每年多达60%的降水可以被2 mm的景天属植物屋面处理。蒸腾作用和蒸发作用增加了空气的湿度，这有益于改善干燥的城市空气。对于绿化屋面来说，大约全年总降水量的80%在屋顶上蒸发掉。而对于其他类型的屋面，只有20%的降水在屋顶上蒸发而其余的80%都流失了。绿化屋面的冬夏温差为30 ℃。其他材质的屋顶表面如金属屋面，季节性温度差异达到100℃，这给屋面材料带来了较大的压力。屋顶的植物表面担当过滤器的作用。一个由绿化覆盖的屋面可抑制来自周围环境的噪声，并且植物下的土壤层对建筑具有隔声作用（例如抑制来自飞机的噪声）。绿化屋面的一个重要功能是为动物和植物的传播担当"跳板"的作用（参见第1.1.4节"材料的评价"）。

（1）**构造**。通常绿化屋面由四层组成：最上面是植物层及它们生长依赖的种植土，在它下面的是排水层，再往下是防止根部穿透的防护层，最后是防水层。对于草屋面有两种不同的构造方式。最普遍的是防水层直接置于土壤层之下，并且在防水层和保温层之间有空气间层（图3-233）。同样也可以建造"倒置式屋面"，它没有空气间层并将防水层置于保温层之下，在这种情况下使用阻隔湿气的材料是很重要的（图3-234）。倒置式屋面主要用在台地式屋面上。过去，很多层桦树皮叠在一起被当作防水层使用。现在，在使用由塑料片、聚烯烃片和橡胶垫组合而成的空气间层。

（2）**屋顶坡度**。为了避免植物被损坏，所有绿化屋面必须要有至少几度的坡度。对于超过3°的坡度，就要求一个更厚的底土层去抵抗土地流失。超过20°的坡度，一般来说，需要锚固型底土层。超过30°的坡度，这个问题会更明显，需要增加一些压条和网来固定土壤。种植屋面的坡度最好不要超过45°。

（3）**重量和厚度**。传统草皮屋面的重量是300—400 kg/m²，并且假设屋面结构能承受此重量。减少重量并同时增加保温能力的一个方法是使用一半土壤一半松散的膨胀黏土的混合物。建造薄的轻的绿化屋面是有可能的。屋顶重量与其厚度有关，并且不同植物需要不同厚度的种植土层。① 藓类、景天属植物屋面（2—6 cm）：25—75 kg/m²。② 景天属、藓类植物屋面（6—10 cm）：75—100 kg/m²。③ 景天属、草皮植物屋面（6—15 cm）：75—150 kg/m²。④ 草坪植物屋面（＞15 cm）：＞150 kg/m²。现有屋面的临界荷载通常是50 kg/m²。当建设一个重量大于100 kg/m²的绿化屋面时，必须考虑阁楼的承载能力。这样的建筑可使用固定在衬底上的成品植物垫。

图3-230 瑞典乌普萨拉会议中心室内休息厅的垂直墙面绿化

图3-231 绿化空间
绿化形成自己的空间，甚至在狭窄的内部庭院里也不例外

图3-232 斯德哥尔摩 Tyresta 国家公园建筑的草皮屋面
建筑师：佩尔·列德纳（Per Liedner），Formverkstan Arkitekter AB

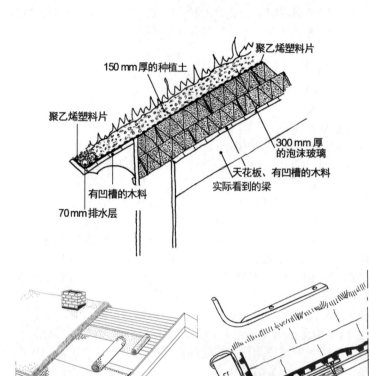

图 3-233　建筑草屋面的构造方式
建筑草屋面的一种常见做法是在开榫和开槽的板子上使用屋顶油毡，有空气间层的建筑，要在其上搭接塑料膜。播种好草籽的厚约 15 cm 的种植土置于这些材料的顶部。种植土不应该过于富含营养，以防止其他植物在这里繁殖。膨胀黏土球可以混合进土壤中以减轻屋顶重量，并且增加排水能力。固定土壤的板子应该系紧，避免螺丝钉和钉子穿破防水层。资料源于 Platon 公司的小册子

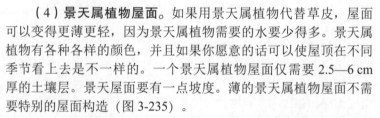

图 3-234　屋面保温层
为了充分利用土壤层的保温能力，修建屋面的时候可以不在保温层和土壤层间设空气间层。在这种情况下，保温层必须是防水的并且要能够承受土壤的重量而不影响其保温性能

图 3-235　2001 年马尔默住宅博览会（Bo-01）的景天属植物屋面

（4）景天属植物屋面。如果用景天属植物代替草皮，屋面可以变得更薄更轻，因为景天属植物需要的水要少得多。景天属植物有各种各样的颜色，并且如果你愿意的话可以使屋顶在不同季节看上去是不一样的。一个景天属植物屋面仅需要 2.5—6 cm 厚的土壤层。景天屋面要有一点坡度。薄的景天属植物屋面不需要特别的屋面构造（图 3-235）。

（5）屋顶花园。为了在屋顶上植树，大约需要 60 cm 厚的土壤层。对于灌木，一般 40 cm 厚就足够了。如果仅做草皮，20 cm 的厚度就非常充裕了（图 3-236）。要有一个屋顶花园，屋顶必须能够支持重负载。一个 45—55 cm 厚的屋顶花园的重量在每平方米 800—1 000 kg 之间。当然这其中也包括雪和设备所产生的荷载。

3）温室

关于温室，要考虑的最重要问题是如何装配好它们，如何方便地进出温室。温室的朝向不是很重要，它们不一定必须朝南。温室不需要全天的日照来促使植物生长，几个小时的阳光就足够了。而持续的供水是必要的。尽管对植物而言，在温室中不会有

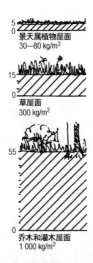

图 3-236 屋面种植不同物种所需的土壤厚度

一个普通的植草屋面需要至少 15 cm 厚的种植土层。如果要在屋顶上植树，则需要 60 cm 厚的土壤层（灌木需要 40 cm），而景天属植物屋面仅需要几厘米厚度。资料源于《景天属植物》，派尔·松德布鲁姆（Pär Söderblom），1992

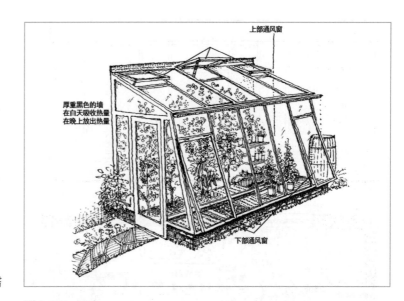

图 3-237 温室

温室是生态建筑的一个常见特征。这是一个利用被动太阳能供热来生产食物的好方法。插图为彼得·邦德（Peter Bonde）

过多的光线，但是那里有充分的温度。有几种方法来调节温室中的温度。用白色的窗帘进行适当的遮阴是可行的，而最重要的降温的方法是通风。适当的通风由开启在屋顶最高点的窗户和开在低处的换气窗组成，其中顶窗的可开启面积相当于温室地面面积的 25%。不用自动通风系统的温室是不存在的。当冬天温室中没有植物生长时，它所要呈现出来的美感也是需要考虑的。潮湿、肮脏的温室和干燥、干净、种有盆栽植物的玻璃封起来的阳台给人的感觉是不同的（图 3-237、图 3-238）。① 不供暖的温室。不供暖的温室在北方气候地区对于一些需要达到一定尺寸才可以在室外种植的植物生长是非常有用的（例如樱桃、玉米和卷心菜）。夏季在温室里种植番茄、茄子、甜瓜和甜椒是理想的。莴苣则可以全年生长。② 供暖的温室。供暖的温室在冬季夜晚将保持 4 ℃，这样就创造了更大的机会。如果一个温室足够大，就有可能种植桃树、梨树、油桃、葡萄或者各种从国外引进的水果，这取决于小气候。加热温室最好的方法是采用水温加热。如果把温室中的内墙面涂成黑色，它将在白天吸收热量并在晚上释放出来。

4）室内绿化

除了美观，建筑内部的绿色植物提供了一个更好的室内气候。很多人都认为有植物在周围是一件很好的事。植物通过保持

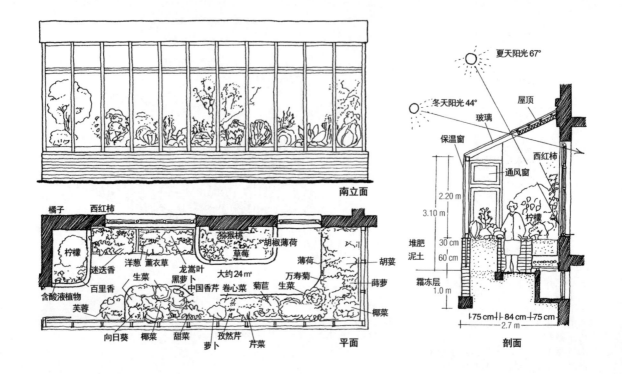

南立面

橘子 西红柿 猕猴桃 胡椒薄荷 草莓 薄荷 胡荽
柠檬 洋葱 薰衣草 龙蒿叶 蒔萝
迷迭香 大约24 m² 万寿菊 生菜
含酸液植物 百里香 生菜 黑萝卜 卷心菜 菊苣 椰菜
芙蓉 中国香芹
向日葵 椰菜 甜菜 孜然芹 芹菜
萝卜

平面

夏天阳光 67°
冬天阳光 44° 玻璃 屋顶
保温窗 西红柿
通风窗
柠檬
2.20 m
3.10 m
堆肥 30 cm
泥土 60 cm
霜冻层 1.0 m
⊢75 cm⊣⊢ 84 cm ⊣⊢75 cm⊣
⊢2.7 m⊣

剖面

图 3-238　温室耕作系统
该系统位于美国新罕布什尔州，由索尼亚·沃曼（Sonia Wallman）博士开发，是专为附加到住宅上的温室所设计的。温室有 20 m² 大，并且每天只需 15 分钟的打理，就能够提供一个四口之家所需蔬菜的 70%，以及水果的 30%。同时，温室还能为住宅提供热量

较高的空气湿度和净化空气来实现对室内气候的调整。污染物被叶片的气孔吸收，最终被植物根的微纤维分解。植物对室内的气味和空气中的微生物也有积极的影响。美国国家航空和宇宙航行局对植物改善宇宙飞船内部气候的能力进行了研究，并公布了一些清洁空气能力最强的植物。不同的植物具有不同的净化特性。降低甲醛含量最有效的植物是波士顿蕨（Nephrolepis exaltata）、菊花（Dendranthema × grandiflorum）、非洲菊（Gerbera × cantabrigiensis）、江边刺葵（Phoenix roebelenii）、龙血树（Dracaena deremensis 'Warneckii'）、竹子（Chamaedorea erumpens）和蕨类（Nephrolepis obliterata）。降低二甲苯和甲苯含量最好的植物是金藤棕榈（Chrysalidocarpus lutescens）、江边刺葵和蝴蝶兰属植物。降低氨的含量，最好使用棕竹（Rhapis excelsa）、春雪芋（Homalomena Wallisii）、山麦冬（Liriope spicata）和红掌（Anthurium andraeanum）。百合花（Spathiphyllum wallisii）可以净化空气中的几种有害物质。其他对室内空气净化效果比较好的植物还有吊兰（Chlorophytum comosum）、袖珍椰子（Chamaedorea elegans）、金钱榕（Ficus elastica）、麒麟叶（Epipremnum pinnatum）、三色铁（Dracaena marginata）、常春藤（Hedera helix）、辐叶鹅掌柴（Schefflera actinophylla）、虎皮兰（Sansevieria trifasciata）等。

3.4.4　园林

家庭花园是世界上最高产的地方之一。在一个日常的花园中，自然自身做了最重要的工作。所有茂盛的有机物在自然生态循环中起了很大作用。在园林里工作会干扰其脆弱的平衡，并且这样会影响总体环境。园林应该是娱乐和消遣的源泉（图3-239、图3-240）。

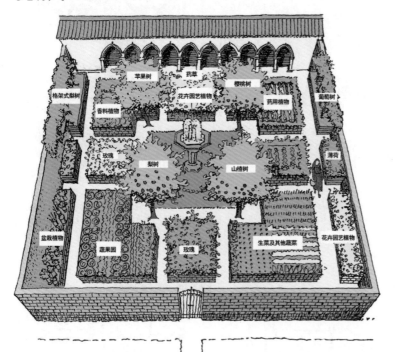

图 3-239　修道院园林
大部分关于园艺的知识来源于修道院。墙在一个修道院园林中，营造出了良好的微气候并且阻挡了野兔和鹿进入。在修道院园林中同时种植满足基本需要的植物和观赏用植物。种植花、草本植物、药用植物、果树、浆果和蔬菜。一个带有潺潺流水声、芬芳、五颜六色的休闲而美丽的地方就这样建造了出来。插图由彼得·邦德（Peter Bonde）绘制

图 3-240　18 世纪初瑞典蒙道尔（Mölndal）古奈博（Gunnebo）城堡的菜园
该菜园在一个受保护的位置并具有良好的微气候。资料源于 Tema 建筑事务所。摄影：玛利亚·布洛克（Maria Block）

1）密集的园艺

甚至在一个很小的区域都有可能同时满足美观和高产量这两个要求（图3-241）。利用可用空间是很重要的，如果可能的话在不同高度，去种植一个容易维护的园林（图3-242、图3-243）。使用抬高的花坛是一种办法，这种花坛也可以被坐在轮椅上或者其他残疾的人照料。另一种方法是在园林周围立墙以改善小气候，原则上是一个耕作区（图3-244、图3-245）。钥匙孔园艺最小化了对路径的需要。生长中的草本植物是易得并且便宜的，它们也可以加入到食物中。大部分草本植物偏爱排水好的土壤和充足的阳光，并且如果它们的枝叶被定期收割，大部分能更好地生长。

图 3-241 赫尔辛基郊外的埃斯波
（Esbo）生态花园
该花园利用生物自身维持和分配资
源。资料源于建筑师布鲁诺·埃拉特
（Bruno Erat）

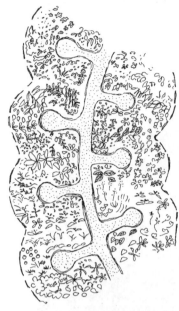

图 3-242 钥匙孔图案的园林平面
这在高台地上也同样适用

图 3-243 螺旋形盘升种植的草本
植物
这种植物可以成为美观的园林元素，
并且能够节省空间和水。它们的直
径 2 m，高 1 m。在其中可以种植最
重要的调味用草本植物。耕作苗圃在
9 m 长的地方结束。资料源于笔者改
编自《朴门永续设计入门》，比尔·莫
里森（Bill Mollison），1991

图 3-244 建筑师谢伊尔·弗谢
德（Kjell Forshed）的生态住宅
该住宅位于瑞典利丁厄（Lidingö），
是私人的开放领域。在篱笆后面，居
住者可以随意在花园中闲逛。在这里
不只是建筑，大部分东西都用建筑学
的方法进行规划设计。在一片小的区
域中，有菜园、果树、堆制肥料、自
行车、汽车和室外休闲座椅的空间。
室内外空间互相融合

非采暖区域，可用于食品储藏室、洗碗间，台面也可用来洗衣

共享街道空间

公共环境

厕所

卧室   起居室   厨房

垃圾堆放处

门廊

聚集地

果树园

入口庭院

车库

私人开放空间

在栅栏后面，居民可以完全自由地在花园闲逛

图 3-245 带有雨水回收桶的联排别墅
插图为海因里希·滕森诺（Heinrich Tesssenow）绘制，1908

2）生态园艺

（1）植物保护。尽可能选择能够抵御不同类型灾害的植物，而不是使用生物杀灭剂。实施轮作，配对的植物能互相保护抵抗灾害，种植气味强烈的草本植物能使昆虫远离，并且使用 54 ℃的水。

（2）公寓楼的花园。 公寓楼的花园应该具备以下特征：一定的私密性，与住宅的关系，一些草木，一定形式的划分。不同研究表明至少 20% 的多户家庭住所的居民希望能够接近土地来培育自己的花园。一个从已实施的项目中得出的经验是：一旦花园建立起来，园艺的兴趣就会增加，即使刚开始只有少数居民表现出兴趣。与公寓楼联系的地面上的园地减少了应该由物业维护的表面面积（图3-246）。为公寓楼花园建立良好的种植条件需要初始的投资，在土壤、水、种植树篱和树木，以及园丁和所有权管理者之间建立清晰的责任分工（图3-247）。可以使用好的储存蔬菜的设施，例如，储藏根用蔬菜的地窖或者储藏粮食的地窖，增加为家庭使用园艺的机会。大部分居住区未开发用地被用作道路、停车场、储藏场所等等（图3-248）。一项粗略的估计是在

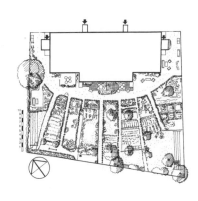

图 3-246　斯德哥尔摩安斯基得（Enskede）公寓楼的花园用地
该花园用地被放置在一块场地上。建筑中有8套公寓因而有8个花园。资料源于笔者根据"Lägenhetsträdgårdar"改编插图，夏洛特·霍恩比（Charlotte Horgby）和莉娜·亚洛夫（Lena Jarlöv），BFR T1:1991

图3-247　德国埃姆舍（Emscher）公园赛塞科·奥厄（Seseke Aue）公寓楼的花园
资料源于约阿希姆·埃布勒建筑事务所（Joachim Eble Architektur）

图 3-248　花园里堆制肥料的空间
在那里有堆制肥料用的容器。插图为彼得·邦德（Peter Bonde）绘制

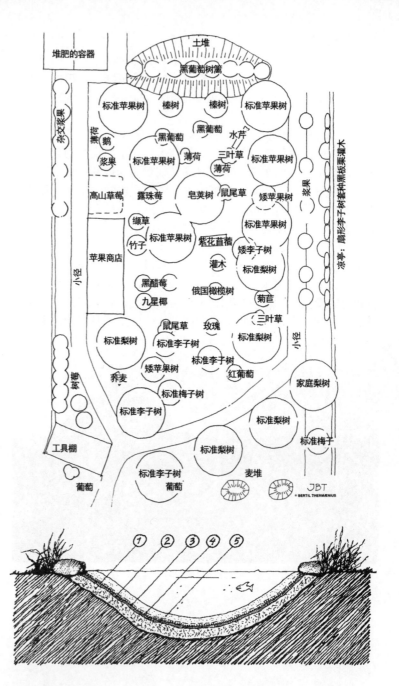

图 3-249　英国什罗浦郡（Shropshire）文洛克山（Wenlock Edge）罗伯特·哈特（Robert Hart）森林花园
最上层是高的果树，坚果树和嫁接果树构成低一些的层次，浆果灌木和蔬菜在灌木层，树莓和草本植物在地面层。最底层的土壤种植了块根类蔬菜。攀援植物在花园形成垂直层。这个系统是自我维持、自我传播、自我施肥和自我灌溉的。资料源于《森林花园》，罗伯特·哈特（Robert Hart），1988。插图为建筑师贝蒂尔·瑟曼努斯（Bertil Thermænius）绘制

图 3-250　池塘底部
挖掘池塘比所需的至少再深 30 cm。把底部压实并清除石头和树根。像这张插图这样建池底层。在沙土层上再次将其压实，注水。① 大约 30 cm 松散的草地。② 一个薄的牲畜粪便层（例如牛粪）。③ 撒上 2 mm 的火山灰黏土。④ 一层薄的纸袋子和报纸。⑤ 20 cm 的沙子或土。资料源于《野玫瑰——花园中的生态》，玛丽安娜·雷森纳（Marianne Leisner），1996

底层面积中 1 m² 中有 0.6 m² 土地用作这些用途。为了有更多的空间种植，我们需要更高的土地使用率（图 3-249）。

（3）池塘。池塘作为水体储藏是很重要的，并且是灌溉的必要条件（图 3-250）。另外，池塘有其自身的魅力。池塘可以用来养鱼虾，例如，鲤鱼、梭鲈、丁鲷、鲫鱼和小龙虾。也为禽类（例如鸭、鹅）提供栖息地。池塘可以收获绿藻类、海白菜、绿藻门、水蕴草和浮萍，这些水生植物可用作草料或肥料。有时候需要能排空水的池塘，例如，饲养鲤鱼或梭鲈。一个池塘的底

部需要进水口和出水口，因为如果池塘的水保留一个冬天，水里会导致严重的缺氧。

（4）**小动物**。在生态规划中，有一种尝试：把食物生产和居住区安置整合起来。这种尝试的一部分就是将临近公寓楼的花园和饲养小动物相结合（图3-251、图3-252）。现代的、高效的林业和农业使很多小动物寻找栖息地变得困难。为了帮助小动物的出现，可以为它们准备合适的住所（图3-253、图3-254）。

图 3-251　养蜂
养蜂有很多好处，包括高效的授粉有益于物种多样性以及生产蜂蜜和蜂蜡产品

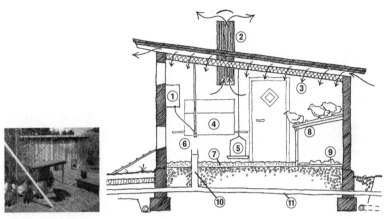

图 3-252　鸡舍
根据鸡的自然需求和行为生活搭建的小号禽舍。① 水；② 排气；③ 进气；④ 成组的巢；⑤ 自动饲喂器；⑥ 水管头；⑦ 地面废弃物；⑧ 鸡栖息处；⑨ 粪便储藏；⑩ 地面排水；⑪排水管（直径150 mm）。资料源于 "Naturligare hönsskötsel"，德特勒夫·弗斯彻（Detlef Fölsch），克里斯蒂娜·奥登（Kristina Odén），LT: s förlag 1989

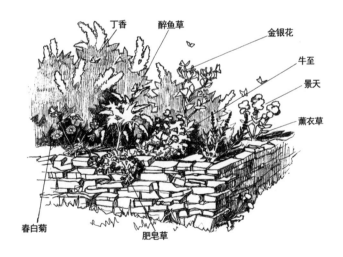

图 3-253　"蝴蝶饭店"
其可以用来吸引蝴蝶。开紫红色花的醉鱼草是蝴蝶最喜欢的。其他吸引蝴蝶的植物有黑莓、矢车菊、满天星、勿忘草、琉璃苣、黄花九轮草、山楂、金银花、牛至、景天属植物、薰衣草、马郁兰、春白菊、丁香、百里香、蓟、紫罗兰、山萝卜

图 3-254　蝙蝠屋
蝙蝠现在在人口稠密区已经很罕见了。除了搭建蝙蝠屋，另一种办法是在屋顶设置一些允许蝙蝠进入的瓦。资料源于《野生邻居》，佩尔·本特森（Per Bengtson）和玛丽亚·勒旺达（Maria Lewander），SNF，1995

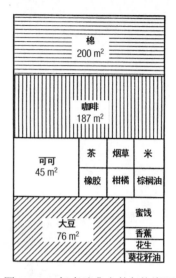

图 3-255　每个瑞典人的年均资源消耗量所需要其他国家的土地和生态足迹指标

3.4.5　生态农业和林业

大规模的产业化农业生产在自然、资源消耗、经济和社会各方面导致很多问题。生态农业避免人造肥料、化学杀虫和杂草控制。尽管收获时产量减少了 20%，在质量上却有所提高。许多研究表明生态种植的食物比传统种植的食物多了 10%—30% 的维生素和矿物质。

1）农业

现代产业化的农业生产不符合生态原则。如果饲料在一个地方种植，牛又在另一个地方饲养，牛粪的回田循环就几乎不可能实现了。这意味着牛粪和为种植饲料施用的化肥两个地方发生了氮泄露。在可持续农业中，养牛所需的大部分饲料都要来自于自己或临近的农田。

（1）**产业化农业**。存在三个层面上的问题：本地的、区域的、全球的。① 本地层面。在本地层面，单一种植和化学控制害虫的采用破坏了生物多样性。对于私人农场来说很难达到收入增长，经营者依靠来自欧盟的补助。农村地区人口正在减少，这样导致了服务退化和农民孤独、艰难和单调的生活。② 区域层面。在区域层面，主要来自家畜的营养物质氮和磷的泄露，导致了河道和地表水体的富营养化，并且地下水也被泄露出的硝酸盐污染了。大约 40% 泄露的氮来自于农业。同时由于在区域层面上已经实现了生产专业化，所以运输的距离长，价格昂贵并且能耗大。在社会关系上，消费者和生产食物的农场之间的联系已经消失了。③ 全球层面。在全球层面，农业影响了气候变化。20% 的能源消耗用于食物的生产。化肥的生产是能源密集的并且如果化肥像现在这样浪费，磷会供不应求。全球的产业化农业极端依赖于便宜的能源。每生产带有一个单位能量的食物，需要消耗 10—15 单位的能源。喷洒的化肥中大约有 50% 会流失到空气和海洋中。化肥中含有氮氧化合物，是二氧化碳对气候影响的 300 倍。在最近的 50 年，化肥的使用从 10 t／hm² 增加到了 80 t／hm²，而粮食的营养成分却只有 30 年前的一半。化肥主要给作物补充氮、磷、钾，而维生素矿物质以及基本的氨基酸却很少得到补充。牛和羊由于其消化系统的特点，会排出大量的沼气。每生产 1 kg 牛肉会产生 13 kg 的温室气体，每生产 1 kg 羊肉会产生 17 kg 的温室气体。生产猪肉和鸡肉的排放量则只有一半。自然放牧可以降低排放量，因为牧草吸收了大量的碳排放。食品专利正在变得越来越普遍，这同时威胁了食品安全和物种多样性。

生态足迹指养活某个群体需要的土地面积（图 3-255）。不同民族的生活习惯导致了不同尺度的生态足迹（图 3-256）。在这个概念的帮助下，就可以发现哪些变化对于可持续发展是必须具备的。在过去的 50 年，随着化肥使用量的大量增长，农业的门槛日渐提高。在经济上，欧美的农业政策是个灾难。大量的农业补助被用来生产过剩的产品并投放到世界市场上。结果是发展

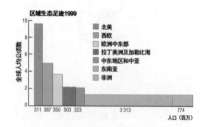

图 3-256　1999 年不同区域和收入群组的生态足迹
资料源于《好学校——生态学校》，丹麦建筑生态中心，2002

中国家的农民无力竞争，只能保持贫穷。

（2）BERAS。波罗的海生态循环农业及社会（BERAS）是一个研究项目，这个项目主要是调查波罗的海濒临死亡的原因和拯救它的办法。富营养化的问题导致有毒水藻的旺盛生长，这会引起海底缺氧，从而使其了无生机（图3-257）。这个问题主要是由传统农业引起的，但同样也是不适当的污物净化过程和含磷洗涤剂的使用所引起。由农业产生的排向波罗的海的氮和磷的增长的一个主要原因是作物和畜牧业分离的农业专门化（图3-258）。大型畜牧场从动物粪便中泄露出营养物质，而农田从人造化肥中泄露出营养物质（图3-259）。BERAS的建议是转向生态农业，保持当地动物和作物之间的生态平衡（图3-260）。带有三叶草和草坪的牧场应该在所有的农场中出现。基于生态再循环的农业会使排出的营养物质减少一半（图3-261）。本地生态再循环农业的食物生产、加工和分配可以减少每人40%的基本能源消耗和20%的温室气体排放。同样，生产食物所需能源可以减少一半并且如果素食食物的消耗增长，至多每周只吃一次由食草动物而来的肉类，温室气体的排放也相应减少。一条生态的和本地导向的食物链带来的是从化学农药中的解放、更大的物种多样性和更加基于自然放牧的畜牧业。

（3）**生态农业**。在生态农业中不使用化肥和农药。据估计生态农业比传统农业少消耗60%的能源。然而，仅仅不使用化肥农药还不足以转变为生态农业。要减少专门化分工并且需要混合农业（饲养作物和动物），这样才能以经济的、可行的方式使生态循环完整（图3-262）。食物加工需要分散。这样可以减少运

图 3-258　波罗的海生态循环农业及社会（BERAS）研究项目
该项目显示，导致水藻茂盛的主要原因是现代单一农业系统。畜牧场并没有把粪便再循环给农作物，而是把营养物质从粪便中流失掉了，同时农田也从化肥中流失了营养物质。资料源于蓝藻大爆发，MODIS AQUA 2005-07-06，数据来自美国国家航空和宇宙航行局，SMHI 制作

图 3-257　波罗的海富营养化
从农业中流失的营养物质导致的富营养化是波罗的海的一个主要问题。资料源于波罗的海生态循环农业及社会（BERAS）项目

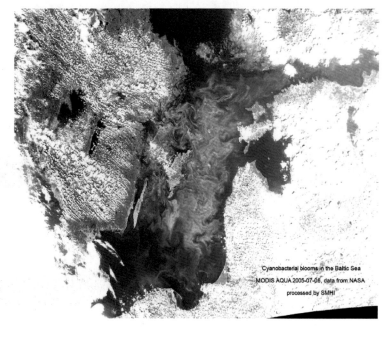

Cyanobacterial blooms in the Baltic Sea
MODIS AQUA 2005-07-06, data from NASA
processed by SMHI

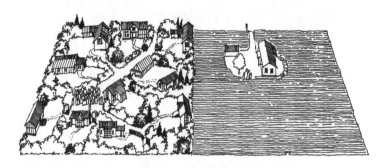

图 3-260　自给自足的小型农场与工业化农场的比较
带有小农田的 12 000 m² 的用地可以供养 9 户家庭（36 人）。同样大的土地用作工业化农业只能供养一户家庭

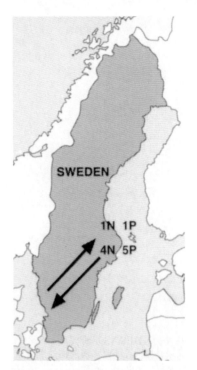

图 3-259　瑞典梅拉伦（Mälar）山谷专门种植的饲料
大部分饲料用于饲养猪。然而，瑞典绝大部分猪是在拉霍尔姆（Laholm）地区生产的。这意味从梅拉伦山谷运输到区域的氮和磷分别是返程的 4 倍和 5 倍。猪肥会送到某些地方，但是将猪肥运回梅拉伦山谷是不现实的。结果是这些猪肥被倒进海洋，导致拉霍尔姆湾成为瑞典污染最严重的海洋区域。资料源于 Steineck et al，1997

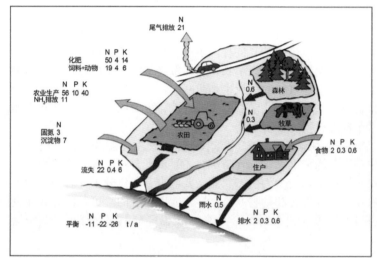

图 3-261　农业物质流动的复杂性
今天农田泄露的氮是建筑的 10 倍。资料源于《水的使用和管理》，拉尔斯·克里斯特·伦丁（Lars-Christer Lundin）编，乌普萨拉大学

图 3-262　单一作物到生态种植的转化

输需要，并且可以为从食品工业而来的废物返回生态循环创造条件。食品生产应该主要导向满足当地需求（图 3-263）。产量会减少一点但是质量会提高。产品过剩会消失，土地会保持开放并且生物多样性的条件会提高。KRAV 是生态生产的认证组织。协会通过发展生态生产的标准致力于可持续发展，以证明他们是有效的并且推动 KRAV 的称号使用。为了履行 KRAV 的准则，生产不能使用化学杀虫剂和化肥，家畜要很好地照料并且能在室外自由活动，任何已知的转基因生物（GMO）不允许被应用于生产中。KRAV 认证组织不接受转基因生物，因为健康风险还不清楚。而且，当转基因生物散播到自然中不知道会发生什么。这对生物多样性产生的潜在风险是明显的，包括物种内部和物种数量。目前在农业中实施的转基因食品的使用只有益于片面的、依赖化学使用的系统和一些跨国公司，他们同时拥有并出售种子和生物性农药。KRAV 认证还会考虑二氧化碳排放问题。

（4）**生物动力学农业**。简单地说，在生态农业中人们讨论不应该做什么，而在生物动力学农业中人们讨论应该做什么。实践生物动力学农业的人们并不是只把农业视作机械系统，重要的关注点是营养物质要返回生态循环，土壤不会被耗尽，可以通过轮作来减少对生态的侵害和毁坏。另外，他们认为农业同样受到宇宙力量的影响。因此，生物动力学的农学家遵循着播种和收获的历法，因为他们相信天体会影响收成，而且他们利用生物动力学方面的准备来强化宇宙因素的影响力。最重要的是，农业被视为"生命有机体系"，四种不同的元素即动物、轮作的植物、混合肥料和土壤，并必须相互平衡。

（5）**本地的食物生产**。本地的食物生产是保证生态循环和饭桌上新鲜的高质量食物的重要部分（图 3-264）。在居民居住中心周围的农业应该同时包括饲养动物和培养作物、草料和绿肥（图 3-265）。在这片区域也应该种植蔬菜和水果。加工应该在

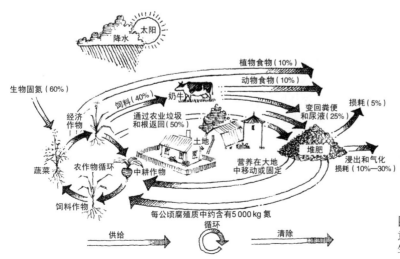

图 3-263　生态农业的生态循环示意图
生态农业尝试保持生态循环的完整

图 3-264　临近周边农场的居住区
能源和植物营养问题可以通过减少农
场和居住区间的距离来解决。根据生
态学者福尔克·冈瑟（Folke Günther）
的系统，城市需要重建以便分散人口。
居住区应该有自身的水源和污水系统
并且 80% 能够达到食物自足。资料源
于福尔克·冈瑟（Folke Günther）

功能性规模
每个单位有200人

湿地公园，
用来净化污水

明沟

果树林，
私人栽培

合适的规模
50 hm² 200人（0.5 hm²/人）

图 3-265　私人菜园
一个私人的生物动力学菜园可以为一
个家庭提供大部分的蔬菜需求。资料
源于位于瑞典斯曼兰（Småland）孔斯
霍尔（Kungshall）的沃恩（Wärn）家
庭菜园

当地进行，因此需要当地的牛奶场、屠宰场、磨坊、面包房。产
品可以由农民通过网络或当地商店直接卖出。生态系统可以通过
使用来自食品工业和农业的废物以及食堂、餐厅和家用的餐桌废
物实现循环，比如用作沼气设备。沼气设备可以生产出固体肥料
混合并投放到田地中，生产出液体肥料以动物尿液的方式用到谷
地和牧场，还可以生产出沼气用来运行拖拉机和车辆。人粪尿不
能用作生产食物的肥料，但是可以作为能源林的肥料。

2）生态林业

世界野生动物基金会（WWF）和瑞典自然保护协会制定了
有关环境方面认证的林业准则。他们在目标上与森林工业一致。
以下是大概内容。一些关键的生物群落（例如山林、古老的森林
和湿地森林）应该从林业中排除。如果瑞典所有的森林拥有者都
经过环境认证，瑞典森林用地的 10%—15% 会全部或部分地从使
用中排除。落叶树储备量应该至少占总储备量的 5%。伐木的方
式必须适合森林的条件。在一个经过环境认证的森林，所有的枯
木要留下来为各种昆虫和动物提供栖息地（图 3-266）。这项标
准不允许将森林用地耗尽或者使用化学杀虫剂。在斯堪的纳维亚，
需要给予驯鹿业特别的关注，并且禁止在山林和主要生物群落铺
设林业道路。① 森林管理委员会（FSC）。该委员会成立于 1993 年，
由来自全世界的 300 余个成员组织组成。委员会由来自环境和人
道组织以及有经济利益公司的人组成。FSC 为好的林业实践建立
了准则。准则涉及提升环境可持续性和社会进步的森林管理，同
时维护经济利益。现今 FSC 的主要任务是开发准则并认证那些可
以轮流认证森林管理的公司。② 森林认证认可计划（PEFC）组织。
该组织在 1999 年建立并由遍及欧洲的家族森林管理者维持，同

时包括许多欧洲森林工业和贸易组织。PEFC 的目的是开发可持续的森林管理，在生产、环境和社会利益间维持良好的平衡。35个国家是其成员。带有 PEFC 标记表示产品至少有 70% 的材料来自于认证木材。

在森林景观中受到危害的物种

真菌类195种   低等动物435种   苔藓110种   维管植物25种
           高等动物20种

图 3-266　森林景观中受到危害的物种
瑞典面积的 60% 覆盖有森林，大约有 30 000 种物种生长其中。许多植物和动物的生存受到威胁。大规模的林业减少了物种多样性。间隔 10—15 年的轮替砍伐森林被认为更好，而不是大面积皆伐。轮替砍伐的森林可以比皆伐多吸收 30% 的二氧化碳。资料源于《环境的十字路口》，瑞典环保局，1995

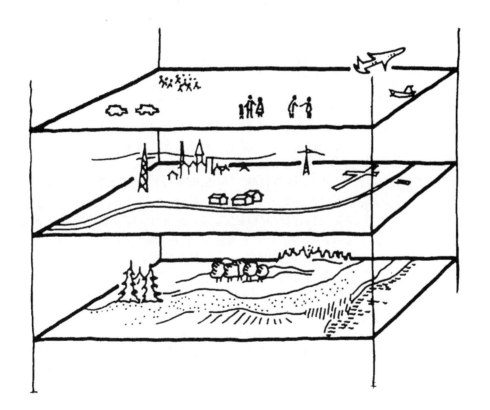

插图 物质环境规划叠加图
在进行物质环境规划的过程中，建成的环境和基础设施一方面与人类活动和经济活动有关，另一方面与自然特征、土地及其植被有关。资料源于拉尔斯·奥斯孔（Lars Orrskog），瑞典皇家理工学院

4.0 引子

1）适应场地

为了使建筑与其所在的场地相适应，必须进行研究以获得对当地情况的理解。需要考虑的因素主要有自然环境、气候、社会结构和人类活动。

（1）**适应自然 —— 如何适应自然环境及气候**。需要研究当地的地理、地质、水文、动植物群落以及微气候。以这些研究的结果作为建筑和规划的基础。适应当地气候的建筑可以节约能源。适应自然环境对于生物多样性和陆地产业起着积极的作用。

（2）**社会结构 —— 可持续性社会的发展**。应该对基础设施和建筑进行规划，使得交通运输需求量降到最低。为了达到这一目标，需要建立一个由良好发展的公共交通体系连接的多功能社区。步行和自行车交通应该作为规划的出发点。市区、社区和郊区结构必须统一到整个网状结构中。

（3）**既有建筑 —— 既有建筑的改造与再利用**。在整个建筑群体中，新建建筑只是其中的一小部分。为了达到可持续发展，既有建筑也必须变得更加健康及节约资源，更好地适应生态循环、当地情况和整个社区的其他部分。这一类型的转变需要巨大的努力。

（4）**人 —— 建筑以人作为出发点**。我们的目标是建立一个为人人提供空间的人性化社会。安全、舒适和美好使得我们感觉良好。有时候我们需要独处，有时候我们需要和他人相处。我们需要能参与社区发展的各个层面的机会。如何避免种族隔离和恐怖主义活动？如何把城镇和社区建设得繁荣？

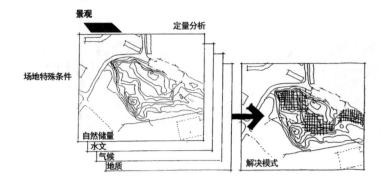

图 4-1　地图叠加
地图叠加是一种为发展获得良好基础的适用方法

2）资料整理

　　适应基地需要从研究被讨论地区的各个不同方面开始。需要了解这个地区以便为规划提供关于当地情况的信息。在这一地区有什么资源？这些资源最适合什么用途？在开发方面它们有什么局限性？

　　（1）**地图**。例如关于植被、水文、地质或气候的特殊地图，可以用来作为分析的基础（图 4-1）。需要收集任何缺失的信息。

　　（2）**GIS（地理信息系统）**。GIS 是基于电脑的信息系统，具有输入、处理、存储、分析和显示地理方面数据的功能。根据不同主题，如道路、水道、土地使用、财产边界、居住点等等，信息被分层组织安排（图 4-2）。

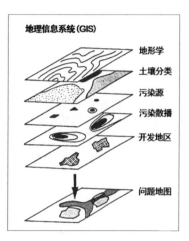

图 4-2　地理信息系统（GIS）分析图
很多市政当局运用 GIS 来使得工作更有效率，特别是在进行物质空间规划和环境保护的过程中

3）分析

　　当基础数据以地图的形式组合时，可以将一张地图叠加在其他地图上面。这种组合之后的数据为分析提供了基础。

　　（1）**景观分析**。分析从需要规划的地区开始。大部分景观分析显示的是植被、土壤和地形学方面的特征。另外，还可以通过研究地理、水文、气候和文化历史来进行补充。这些信息共同提供了关于景观特征组合的总体情况，再结合基础设施、活动、所有者的信息就可以获得关于地域性特征的总体认识（图 4-3、图 4-4）。

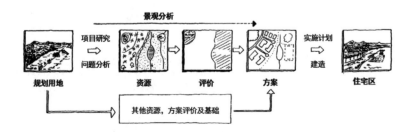

图 4-3　景观分析的各个阶段
资料源于《提前考虑——居住区的景观分析》，本特·艾思林（Bengt Isling），托马斯·萨克盖德（Tomas Saxgård），BFR, T22:1982

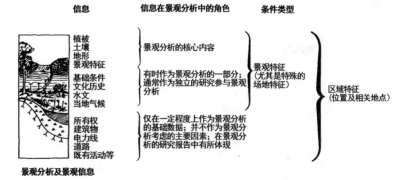

图 4-4 关于地理区域的景观分析
这个景观分析已经完成并补充了其他研究。资料收集的结果评估之后为规划提供基础。资料源于《提前考虑——居住区的景观分析》，本特·艾思林（Bengt Isling），托马斯·萨克盖德（Tomas Saxgård），BFR，T22:1982

（2）基础设施分析。调查城镇或社区的人、物、能量和信息等的流入和流出（图 4-5 至图 4-7）。

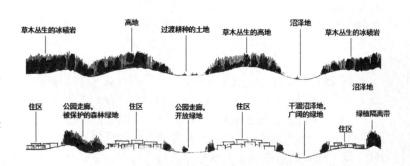

图 4-5 艾斯伯达（Ersboda），于默奥（Umeå）地区的景观剖面
通过分析，能够以谨慎的方式在地形中安排建筑的位置，同时还能保留一些自然特征，例如自然景观走廊、开放的绿色区域和植物屏障

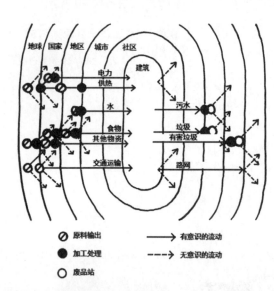

图 4-6 基础设施的流动分析图
每个家庭都会对附近和远处的自然系统产生影响。在可持续发展中，因为实用性、经济性的和环境方面的原因，应尽量靠近来源来处理这些流动。资料源于《可持续发展的规划》，拉尔斯·奥斯孔（Lars Orrskog），1993

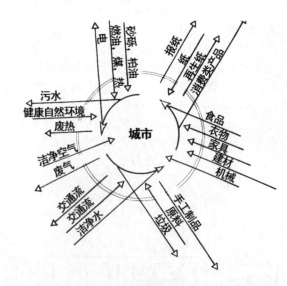

图 4-7 城镇及其周边地区之间的物质和能量交换
城镇和其周边地区之间的物质和能量交换是持续不断的。原料和基本必需品流入城市居民。流出的有制成品和副产品，以及废水和热量

图 4-8　流水别墅

流水别墅是个著名的例子，它体现了建筑如何适应自然环境，并且在某种意义上强调了基地与众不同的特征。资料源于美国建筑师弗兰克·劳埃德·赖特

4.1　自然环境

　　所谓生态建筑，并不仅仅是指建筑结构和基础设施能适应周边环境，其意义还包括根据建筑所处的自然环境的特征来决定在哪里建造和怎样建造建筑，而不是反过来做（图 4-8）。

4.1.1　当地环境

　　每个地方都有其显著特征 —— 人们称其为场所的精神或灵魂。在罗马帝国，Genius Loci 一词指的是存在于每一处场所的神灵，人们必须予以尊重。在讨论建筑与环境的相互适应时，人们首先需要研究和理解所在的场所，并以这种理解作为规划设计的出发点。

1）自然条件

　　研究场地的地形和地质条件，选择合适的位置进行基础施工，以减少对环境的影响。调查研究当地的水文资料，将水流纳入规划，对地下水位进行径流管理。植物群落和动物群落都要登记在目。美丽的自然景观和动植物生存的重要区域需要加以保护。研究当地局部气候，将建筑物选址在阳光充足并可遮风挡雨的位置，避免阴影、多风和寒冷空气。

　　（1）**环境影响评估（EIS）**。①环境影响评估。当工程建设对周边地区会产生"重大影响"时，应开展环境影响评估（Environmental Impact Statement，EIS），以评估其环境影响的方式和程度。这不仅是针对详细规划的，一些大尺度的总体规划也要求在法律上进行环境影响评估。时下，即使开发计划并未达到产生"重大影响"的程度，许多城市也都要求进行环境影响评估。因为环境影响评估是个很好地将环境问题纳入发展规划的方式。环境影响评估应开始于规划的最初阶段，应对开发项目的三个方面予以说明：选址、设计和规模。同时，一个以避免、减少和处理破坏性影响为目的的实施方案，以及备选的地点也应包括在内。通过确定和描述对人、动物、植物、气候和自然景观可能产生的影响，来进行全面评估，为作出更有利于环境和健康的决策提供基础。新的环境法案中还要求扩大公众参与，让公众在项目决策之前针对环境影响充分表达自己的意见。环境影响评估需要回答以下基本问题：此项目是否节能并使用可再生能源？此项目是否有利于丰富生物多样性和创造更多的自然资源？此项目是否有利于完善生态循环？此项目对环境的影响是否超出了自然与人的容忍限度？此项目对环境的影响是否利大于弊？此项目是否考虑了环境损害的预防性措施？② 战略环境评估。环境影响评估过于保守，只用于对项目进行评价，而不是项目规划的一部分。因此提出了更加全面和积极的战略环境评估（Strategic Environmental Assessment, SEA）。战略环境评估用于配合前期规划，以此为基础作出行政决策。战略环境评估在以下几个方面与环境影响评估不同：其研究的背景更为宏观广泛，在更为前期的阶段介入项目进程，需要更多的时间来收集和分析资料。研究项目的内容并非一成不变，而是会根据研究的结果作出调整。

（2）**土地恢复**。土壤污染是一个日益严重的问题。在很多地方，工业设施对土地产生污染，例如加油站和处理木材的工厂。近年来，曾经用作工业用途的棕色土地（弃用工业地）被重新开发，发现了越来越多的土地污染，甚至在湖泊底部也发现了污染物质。对于这种情况，可以转移净化湖泊底部的沉积物，但在挖掘过程中可能会使毒素蔓延。另一种方法是用阻止污染物扩散的物质覆盖湖底。土地恢复是一个复杂而昂贵的过程。将受污染的土壤运送到垃圾填埋场（把问题转移到另一个地方）、挖掘并进行无害化处理，或就地进行净化处理都是解决的方式。下面来介绍四种恢复受污染土地的方法：生物处理、物理处理、化学处理和热处理。① 生物处理。当土地被有机物（例如石油）污染时，可以采用生物净化的方式。细菌和真菌可以分解这些有机污染物。可以种植能从土壤中吸收污染物的植物，消除污染后再移除它们。② 物理处理。物理净化包括清洗土壤，去除土壤中的金属和有机污染物。其原理与普通洗衣机相似。清洗过程采用水或蒸汽。③ 化学处理。化学方法包括使用清洁剂清洗或滤去有机和无机污染物。另一种方法是通过电解土壤或直接把化学添加剂加入到土壤中来氧化或减少污染物（图4-9）。④ 热处理。热处理方法适用于有机污染物和汞污染。这种方法需要进一步将废气净化，并将污染物质中的有机成分进行加热或燃烧。

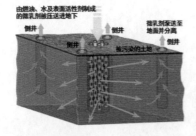

图4-9 使用化学方法进行的土地恢复示意图
该方法用微乳剂透过沙子和土壤孔隙，带走有毒的有机污染物

小贴士 4-1　环境影响评估

在瑞典，根据法律，所有产生重要环境影响的项目都需要进行环境影响评估。环境法的第六章对此作出了基本规定，而法规1998:905则对环境影响评估作出了补充规定。

环境影响评估的内容包括：① 项目基本特征介绍。② 在当地环境条件下完成项目的可能性。③ 减少负面环境影响的可能性。④ 不可避免的负面环境影响。⑤ 可供选择的应对方案（包括取消项目），以及各备选方案对环境的影响。⑥ 分析项目产生的对当地环境的长期影响与中长期环境改进目标的关系。⑦无法改变的影响产生的后果。

小贴士 4-2　适应自然的实例

北雪平马尔比区（Norrköping, Marby）的发展。马尔比区位于布拉维肯（Bråviken）南部，邻近北雪平市。HSB（瑞典国家租赁、储蓄与建筑协会）购买该地区建造住房。基本设想之一是调研选择合适的场地建设适应环境的建筑。在项目执行之前，进行了基于生态原则的详细的资料收集与整理（图4-10至图4-13）。

图 4-10　土地特征详图

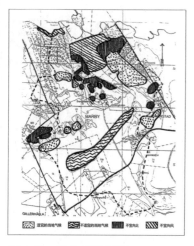

图 4-11　当地气候详图

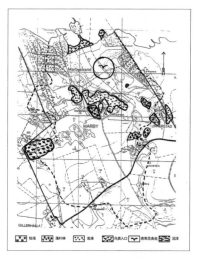

图 4-12　重要自然区域详图

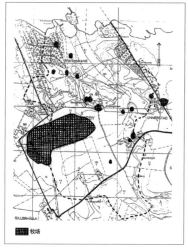

图 4-13　重要历史遗迹详图
资料源于马尔比区的自然资源扩张和变迁，1991

4.1.2　地质与地形

　　在规划设计之前了解场地的地质条件十分重要。地质图揭示了场地的地质构成，地质勘探可以提供更为全面和详细的地质资料（黏土、沙土、冰碛和岩石）。地质条件还会影响污水处理的方式。工程建设项目对于基地的影响主要来自于道路建设、排水系统、污水处理、电力设施和地基建造。规范设计应该把影响减到最小，尽量避免爆破，考虑土方的平衡。

1）地质调查

　　地质调查是所有地形环境规划的前提。它提供关于场地地质、地理构造与水文条件的信息，帮助规划设计者根据土壤承载力、沉降条件等选择合适的场地进行建设。地质调查通常分为三部分内容，收集现有的地质图和勘测文件，进行必要的现场勘测，然后进行资料汇总。地勘资料能帮助我们避免山崩、高浓度氡、高地下水位、洪水、沉降、厚泥炭层和陡峭地形等容易引发地质灾害的不利地形。同时地质调查还能帮助我们分析不同用地的开发适宜性。如建筑、道路、电力设施、污水处理设施、径流渗透、耕种等等。

2）调查要点

　　（1）土地类型和基础。土地主要可以分为四种地质类型：岩石、冰碛、沙地和黏土（图4-14）。在不同地基上建造房屋会有很大的差异（图4-15）。① 岩石。在岩石上建造房屋基础造价较低，但在岩层中铺设电力管线、污水管道和道路则耗资巨大。所以应结合地形等高线进行规划，避免动辄就要爆破存在了几百万年的岩石。② 冰碛。在冰碛地上建造房屋造价也是较低廉的。但是如果冰碛地中有大而密实的岩石其用于建造的适宜性就会下降。在这样的场地安装电力与污水处理设施、建设道路耗资巨大。

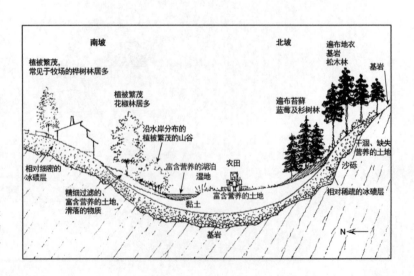

图 4-14　山谷详图
这是位于瑞典中部的一个典型的山谷详图，它说明了岩石的分布和不同种类的土地，土地的类型决定了在这类型山谷中的植物群落

石块稀少的冰碛土地被认为是最适宜开发的土地类型。沙砾层和冰碛层能最大限度地让径流水和废水渗透，但需要检测是否存在氡的释放。③ 沙地。砂石层和细砂层在地面以下很深处都是密实的。如果下面还有冰碛岩床，那么其用于建造4—5层建筑的基础造价是适中的。而用于建设道路和基础设施的造价则会比较低。这种类型的土地被认为和石块稀少的冰碛土地具有同等的开发适宜度。④ 黏土。在黏土地基上的基础施工比在其他类型的土质上要困难得多，因此在黏土上建造房屋的造价较高。可选用的两种技术施工是桩基和筏型基础。如果黏土层的上方有足够厚的干硬性黏土或其他坚硬土层，那么建造2—3层房屋的基础造价还是适中的。然而，足够的承载力并不是在黏土上建造房屋的唯一先决条件，还要求不能有太多的沉积物。那些干燥黏土层较薄、只能建设单层小屋的土地，是不适宜开发的。在这种情况下，设置地基的常用方法是置换法，也就是说把与建筑同等质量的黏土置换掉。如果坚实的表层不足2 m厚的话，开挖会比较困难。在这种情况下房子不宜建地下室。在这种类型的土地上建造较大荷载的房屋，需要采用柱基础。深度超过5 m的情况下可以采用打桩，其余情况则使用柱基。这种情况往往需要额外的辅助措施，建筑的造价会大幅增长。黏土的渗透很难，需要运用特殊的方法使其具有渗透性。

（2）**土方平衡与爆破**。土方开挖越少越好。尤其应尽量避免爆破，因为其风险大、代价高，往往不是必需的，却会对自然环境造成不可修复的破坏。土方平衡计算可以使土方在基地内平衡，避免大量土方的挖填和运输（图4-16、图4-17）。

（3）**基础铺设**。建造房屋基础的方法有四种，分别是建造地下室、架空地面、厚板基础和桩基。建筑下的地基条件尽可能均匀。在山地和坡地中，直接坐落于大地上的建筑与建于桩基或架空基础之上的建筑相比，热量散失较少。提高基础保温性能的同时，防潮的技术措施也不断提高（图4-18）。架空基础可以通过加设保温设计成为隔热基础。只需从地面上抬升数厘米，在基础板的下部加设保温，有些在基础板内装有加热管道。

（4）**道路**。道路的坡度不应太陡，否则会对场地环境产生影响。道路也会影响自然排水，所以设计道路时至关重要的一点就是，当暴雨或者洪水来临时，道路以及其周围的土壤和植被将会怎样？当地下水条件改变时，植被会受到损坏吗？道路是否会被冲蚀？道路施工是否会造成侵蚀（图4-19）？

（5）**污水管线**。为了减少对土地的影响，在路面下集中铺设管线是比较合适的。在地面下浅层铺设污水管道对环境造成的影响比较小，同时也能降低铺设造价，这点在道路条件比较差时体现得尤为明显。管线的下埋深度还可以通过在其上部增加保温层来变小，保温层的作用是减少冻结深度。如果管道本身配备了电热电缆或者置于保温管沟内，那么管道的埋深还可以变浅甚至位于地面之上。如果供热管道也被同时置于管沟内，那么就不需

图4-15　覆土建筑
覆土建筑是一种适应基地的建造方式。《指环王》中的霍比特住宅，以及德国汉诺威郊外的幼儿日托中心都是很好的例子。资料源于建筑师吉诺特·明克（Gernot Minke）

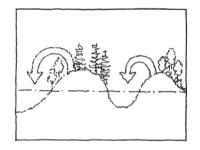

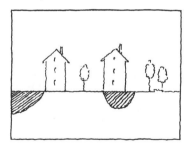

图4-16　房屋建造的土方平衡示意图
在瑞典百万工程计划时期（1965—1975），房屋建造很少考虑对自然环境的影响，主要是应对急速增长的需要，在那个时期，与自然力的对抗司空见惯。资料源于《生态学方法和战略规划——一次系统回顾》，比尔格达（Birgitta）、科尼·杰克布莱恩特（Conny Jerkbrant）、比约·马尔伯特（Björn Malbert），BFR，R98:1979

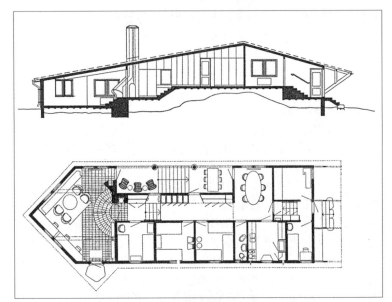

图 4-17　夏日别墅
该别墅由建筑师汉斯·阿斯普隆德（Hans Asplund）于 1956 年设计，位于斯德哥尔摩群岛的利斯岛上，设计的指导思想是避免爆破岩石，建筑坐落在露出地面的岩石之上，临近水边。资料源于《客厅——在海边，在云杉林，在荒地》，索伦·曲瑞尔（Sören Thurell）、皮娅·乌琳（Pia Ulin），2000

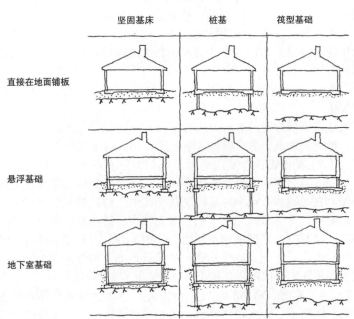

图 4-18　房屋基础的不同建造方法
对于每种基础类型，根据地质条件，存在不同的建造的方法。在地质条件不好的情况下可以采用桩基，或是使用筏型基础。资料源于《自己的房屋》，佩·汉姆格林（Per Hemgren），1995

要电力加热了。某些情况下重力管线需要埋入地下较深处，采用集水坑泵和压力管线可以减少埋深（图 4-20、图 4-21）。

（6）**地震**。在地震区域建造房子，需要有必要的抗震措施。可以采用有一定弹性的构造来吸收部分地震力，减轻损害。加强的梁柱系统可以抵挡地壳运动带来的冲击力。

（7）**防侵蚀**。房屋的地基会被雨水冲坏。因此，需要采取有效的排水措施保护建筑不被侵蚀。而最常用的方法是种植植物。

图 4-19　道路排水示意图
道路的建设改变了地质和水文的条件，需采用排水管道确保雨水排放顺畅

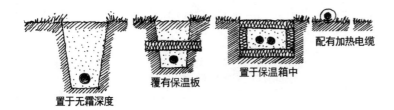

置于无霜深度　覆有保温板　置于保温箱中　配有加热电缆

图 4-20　铺设给水管道的做法比较

图 4-21　管道分布示意图
可以利用等高线的变化设置压力管。为了防止阻塞，需放坡铺设重力下水管道

人行道和马路应该采用硬质表面，由沙砾、小鹅卵石或者碎石组成的过滤层能很好地阻止侵蚀。他们分不同层级，粒径小的在下面，顶层的粒径最大。这样的过滤层能很好地抵御大雨。

1990 年代，在斯德哥尔摩的安德斯坦雪登建设生态社区时，提出以下原则，以保护当地的森林和丘陵环境。① 在项目前期进行地形资料整理分析，测量树木，以指导场地中建筑和道路布置。② 减少爆破和挖掘。③ 减少垃圾产生。④ 尽量不要在自然环境中铺设管线。⑤ 建设期间发布优先保护植被的公告，对于破坏行为进行必要的惩罚，重点保护一些特定的树木（尽管如此，还有 5—6 棵树木因为爆破而被毁坏）。⑥ 对施工中被损坏的树木进行善后保养（图 4-22 至图 4-25）。

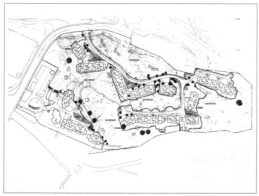

图 4-22　需挖掘和爆破的区域

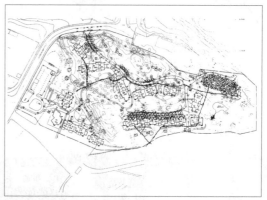

图 4-23　需铺设硬地的区域

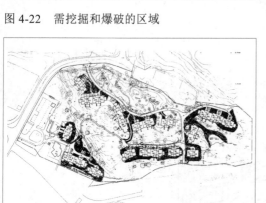

图 4-24　需铺设服务管线的区域
谨慎铺设服务管线的区域，以使对自然的伤害降到最低

图 4-25　限制建设区域
在施工过程中，被栅栏隔开的自然保护区。相应的经济惩罚措施保护被标注出的树不受到破坏

4.1.3　水文

　　水是建设的起点。没人会把房子建在无法获取水源或是易被洪水冲毁的地方。在生态规划中，基地的水文条件是考虑的首要因素，会更加受到重视。水文条件中包括不同种类的水：作为清洁水的地表水、地下水和雨水（径流），以及作为污染水的交通（路面）污水、灰水和黑水。规划时需要考虑所有类型的水。

1）流域盆地

水和空气是环境污染的主要媒介。因此在生态规划中很自然地从研究流域盆地开始,探究在流域范围内发生着什么（图4-26）。

2）调查要点

（1）**地下水**。地下水的深度影响着地基方式和污水处理系统的选择。不同级别的厚板和柱基常常用于地下水位比较高的区域。很难在这样的场地中设置渗透系统和沙过滤层,应该避免在地下或地表水流动频繁的场地建房子,尤其是有松质泥土层（细沙或泥沙）或陡峭斜坡的场地。地下水的水位、土壤条件、化解外来负荷的能力（例如湖、河道和湿地）决定了废水如何以及在哪里渗透、净化最后返回生态循环（图4-27）。

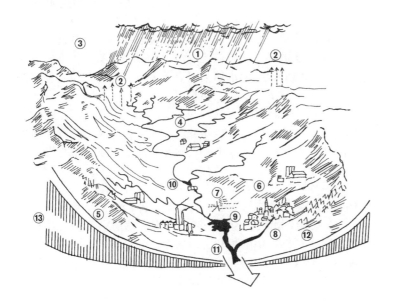

图4-26 流域盆地
流域盆地是用于研究陆地和水体交互作用的自然单元。① 沉淀；② 蒸发；③ 空气盐分；④ 生物效应；⑤ 风化；⑥ 化学肥料的使用；⑦ 灌溉；⑧ 污染地区和工业的辐射；⑨ 供水；⑩ 能源生产；⑪ 地表水；⑫ 污染水；⑬ 地下水。资料源于《研究与进步》,1974:5

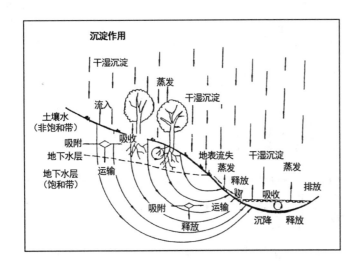

图4-27 由地下水运动形成的流入和流出区域示意图
资料源于《水陆·19世纪九十年代的市政自然资源规划——长期研究的需要》,卡斯特逊（Castensson）、法尔肯马克（Falkenmark）、古斯塔夫森（Gustafsson）,BFR,G23:1989

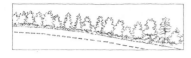

图 4-28　不同方式的径流比较
随意改变坡地上的径流会影响地下水的流动，导致地下水位的降低，从而对建筑和植被造成损害。通过收集建设区域的径流水，使其顺坡渗流到山下的丛林，可以减少对水文平衡的破坏。资料源于《建筑·地蠕虫的窘境》，CTH，1991

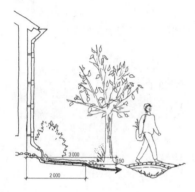

图 4-29　排水坡度
靠近建筑的区域必须确保排水坡度≥5%

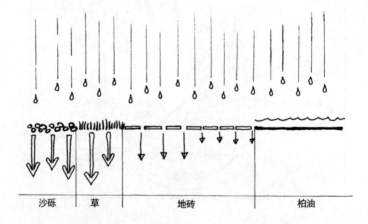

图 4-30　不同地面铺装的雨水回渗比较
地被植物或者块材之间空隙较大、渗透性较好的地面铺装，可以使雨水回渗

（2）**地表水**。地表水包括河流、小溪和湖泊。它们当然是易受环境影响的，例如：酸化会导致鱼类的死亡和金属析出。久而久之，地下水也会因为酸化不再适合饮用。就目前来说，可以通过碱化湖泊来解决酸化问题。但是从长期来看，必须控制空气中导致酸化的污染。水渠中有机物质过多的主要原因，是农业施肥和污水处理造成的氮析出。可以通过采用更好的施肥方式、尿液分离污水或者氮处理方法来解决。氮处理可以通过湿地或者土地表面的水流来实现。过度施肥的问题因排水和自然湿地改造被再次强调。

（3）**径流**。改变径流有几个弊端，会降低地下水位，导致植被破坏，建筑物受损（图 4-28）。如果通过排水管道组织径流，在大雨情况下，处理设备可能满溢，未处理的污水可能会侵染水体——而事实上这种情况很常见。在大多数情况下就地处理径流会带来很多好处。① 就地处理径流水。就地处理径流水对环境有利。实施雨污分流，将废水通过下水管道输排，径流水就地处理回流大地或溪流，而不是把径流水与废水混合，一并送至污水处理厂。在有些情况下，可以通过修建水库来收集径流水，避免洪水泛滥。就地处理径流水的关键点在于将水排离建筑物及其基础。可以用排水管道将水引入排水渠。靠近建筑的区域必须确保排水坡度（大于等于 5%）（图 4-29）。雨水可以用来灌溉农作物，在某些缺水区域可以用来洗涤和冲厕。所以为了保证有绿色区域来吸收雨水，尽量避免铺设不必要的硬质地面，以争取更多的绿地来吸收雨水。必须有硬质铺地时，尽量在石块或地砖间留出孔隙，或在草地中铺设有孔地砖（图 4-30）。停车场地面可以铺设模块化铺地和渗水沥青（图 4-31）。沥青路面上的水里每升含有 30—70 mg 油类。如果使用的是渗水表面，油质就会被模块化铺地的上部吸收。然后由细菌和真菌集中生物降解。可以通过在模块化铺装中加入土工织物而加速降解。这种做法可以使排放物中油类含量减少 97%。沟渠、池塘和湿地可以充当雨水调蓄作用（图 4-32 至图 4-34）。植草屋面可以有效地减少雨水处理的总量。可以将径流水就地处理用于高密度的城市区域。在有黏土和细沙的场地，或用地狭小的建设基地，可以将粗糙的碎石混合进土层的最上层，作为可渗透的覆层（图 4-35）。在缺乏淡水的地区，就

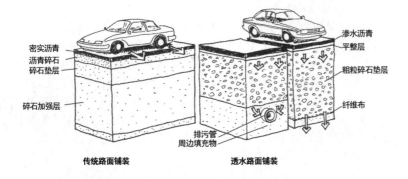

图 4-31　传统路面铺装与透水路面铺装的雨水回渗比较
尽管可以使用渗水沥青，沥青路面还是会阻止径流水的回渗。左图说明的是传统的沙砾—沥青道路，右边的则是透水路面铺装（带孔隙的块材铺装）

左图标注（从上到下）：密实沥青、沥青碎石、碎石垫层、碎石加强层
中间标注：传统路面铺装
右图标注（从上到下）：渗水沥青、平整层、粗粒碎石垫层、纤维布、排污管、周边填充物、透水路面铺装

图 4-32　斯德哥尔摩哈默比湖城的台阶式溢流水道
人工水面的水需要流动和氧化，才不至于变味。图中所示的台阶式溢流水道是为了确保水的流动和氧化

图 4-33　德国斯查布赫（Schafbrühl）居住区内用于净化水的阶梯状水道
资料源于约阿希姆·伊布（Joachim Eble）建筑事务所，图宾根

图 4-35　覆土沟渠示意图
暴雨来临时，覆土的沟渠对于大量的水可以起到过滤和调蓄的双重作用

图中标注：
≥0.5 m　1.0—1.5 m　1.0—1.5 m
顶层土壤0.15 m
沙 0.20 m
粗沙砾0.15 m（6—20 mm）
碎石或粗沙砾(16—32 mm，或近似值)

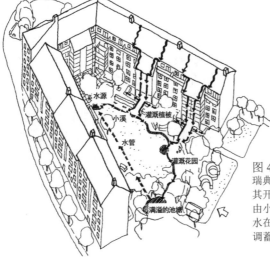

图中标注：水源、小溪、灌溉植被、水管、灌溉花园、满溢的池塘

图 4-34　图森斯克南居住区配的就地处理径流水系统
瑞典韦斯特罗斯地区的图森斯克南居住区内就地使用径流水的系统，其开发者是 HSB（瑞典国家居住租赁、存贷与建造协会）。径流水由小溪收集然后流入池塘，再被抽吸到位于高处小溪的起始处。溪水在潺潺流动中缓缓渗入土地，池塘在营造优美景观的同时，起着调蓄水量的作用。资料源于 HSB，韦斯特罗斯

图 4-36　径流水检修孔
其设有过滤油脂和重金属的滤网。资料源于《概念》，城市伙伴公司，林雪平（Linköping）

图 4-37　开放水系和湿地的水体流动示意图
在开放水系和湿地里，水的缓慢流动更有利于净化，并且造价也更低。资料源于《湿地对海洋的作用，有机雨水管理措施建议》，哈尔姆斯塔德市（Halmstad），1991

图 4-38　挪威的弗纳布（Fornebu，原奥斯陆机场附近）的水流规划平面
完整的生态规划应包含有本地化的处理方案

地利用径流水和雨水是一种选择。这在德国和丹麦很普遍。②交通污水。交通污水往往受到严重的污染，并且会导致很多问题。车轮释放的粒子中包含对环境有害的油类。刹车会释放金属物质，例如铜。车辆排放的尾气包含有很多危害环境的物质。交通污水无需送去污水处理厂，但是它太脏了，又不能作为径流水来处理。现在可以用专门的过滤器来净化交通污水（图 4-36）。这种过滤器可以安装在集水沟或是特殊处理设备中，用来处理高架桥和高速路面的交通污水。此外，靠近高速公路的人造湿地可以有效地吸收和净化交通污水。

（4）湿地。湿地对水生生物来说是很重要的生存环境。湿地起着蓄水池的作用来调节水流，降低干旱和洪水的危险。湿地有助于维持区域内水文平衡和地下水位稳定，它还可以用来过滤营养物质，减少土地开发对于湖泊和河道的影响。潮湿的土地就很难用于开发，湿地则更难。建在湿地上的房子，如果处理不好潮湿的问题，就会影响居住者的健康。由于人工排水、修建笔直和封闭的沟渠堤坝，湿地逐渐消失，现存湿地的净化能力也逐渐下降。这种人工干涉的结果使地表水太过迅速地流入水体之中。为了减少营养物质的流失，人们正在重造湿地，同时增加沟渠中的曲折。新建的人造湿地有不同的用途：小池塘用于增加生物物种的多样性；污水处理厂附近的湿地用于吸收净化处理后的污水中所含的氮；耕地和森林区域的湿地可以减少营养物质的流失；湿地还可以保持雨水、延缓径流水的流动、净化街道和停车场的雨水（交通废水）（图 4-37、图 4-38）。

（5）洪水。间歇性的洪水带来严重的经济损失，而一些损失是可以通过制订严密的市政计划避免的。我们知道河流和湖泊会受到洪水的强烈影响，需对极端天气情况作出预案。易受洪水威胁的地区应限制建房，并要保证水的排溢，流入湖泊、湿地或水库中。如果气候持续变化，极端的天气状况会更为频繁。因为没有适于建设的土地，很多发展中国家的贫困人民只能在洪水泛滥的地方建造房屋。如果树木被砍伐，河岸植被枯竭，湿地干涸，那么洪水造成的灾害会更加严重。基于水文知识进行规划可以减轻洪灾的威胁。

（6）雪。为了防止漫天大雪阻塞入口和道路，我们规划好就地处理雪的方案。入口通道应该设在上风区，在下风向收集雪。如果规划得好，就能使清扫雪的工作量大大减少。处理积雪的目标是使操作范围尽量缩小，即尽量减少雪的搬运，就地处理。为了减少大型机械和交通运输，应该在阳光充足和排水良好的区域合理规划堆雪场地（图 4-39、图 4-40）。对于低矮且屋顶平缓的建筑，下风面的积雪会较少。在建筑主风向，离建筑一定距离的地方设置防雪墙，可以辅助防雪。入口和车库门应该置于上风向，这样不会有太多积雪。防风墙入口间的距离应是其高度的十倍。下风向的院子需要得到屋顶、墙体和防风屏障的防护。合理的路面设计可以基本免去清理积雪的工作。挡雪设施与道路的距离是屏障本身高度的 10—15 倍。对于有空格的挡雪设施，距离则需要是屏障本身高度的 15—20 倍。

4.1.4 动植物群落

维护物种多样性是非常重要的生态学概念，它要求尽可能地去营造一个生物多样性的环境。人们尝试设立一些保护区，即所谓的生态核心区，然后通过绿化区域、绿色条带和楔形绿地，尽可能地延伸到开发区域中去。此外，人们也利用生态扩展廊道，将不同的绿色区域连接起来，从而推动其中植物和动物的互动。树木和灌木在很大程度上改善了空气质量和风的状况。除了生态学上的作用，绿色区域还有着极为重要的社会功能。

1）群落生境

让我们认识不同的群落生境。有森林生境，如基岩松林、橡树林、落叶混交林、原始森林和针叶混交林（图 4-41）。有水域和湿地生境，如沼泽森林、开敞沼泽、内陆湖泊或海湾，开阔的空间如农田和饲料地、草原和牧场，还有小尺度的块状绿地。此处，还有城市的群落生境，如公园、混合林，或是已开发区域内的荒地。敏感脆弱的群落生境包括基岩松林、过度生长的牧场，以及湿地（图 4-42）。在调研阶段，要绘制植物和动物分析图。分析群落生境、可能的保护区和环境负荷，为规划提供依据。有些区域值得特别注意。从生物学上讲，存在一些生态上特别敏感脆弱的区域，或是需要保护的植物和动物资源。历史遗迹和好的户外休闲场所是需要关注的社会文化资源。我们要对污染和噪声防护区、地表水回渗的土壤、径流区域以及防风带给予特别的关注。

最后，有了绿化带和生态走廊，特定的区域成为一个功能上完整的整体。生态走廊构成了动植物的传播通道，同时为到达湖岸、沙滩、森林等户外场所提供一个好的通径（图 4-43 至图 4-45）。

图 4-39　滑雪
在合适的地方堆雪，可以在冬日创造一个很好的游玩场所。如堆雪不合理，就会造成问题和交通危险

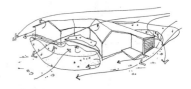

图 4-40　适应气候的房屋周围的风场和堆雪
在挪威的丘陵地区，精心设计的房屋形态和位置能够避免入口和院子处的积雪，减少不必要的扫雪工作。资料源于《寒冷气候地区的房屋和家庭群体：房屋造型和人群行为》，安妮·比瑞特·布弗（Anne Brit Børve）

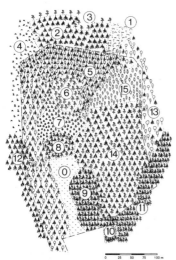

图 4-41　瑞典韦特兰达市北克劳克高登（Kråkegården）地区的植被分布图
⓪ 开放陆地；① 灌木（长期有益）；② 云杉（西面的边界）；③ 松树（西面的边界）；④ 空旷地，松树种子（绿色区域）；⑤ 云杉，密集的 + 每年落叶的（隔离的边界）；⑥ 在岩床土壤环境下的松树林（绿色区域）；⑦ 松树，幼苗（很难维持，路面的大量景观工作）；⑧ 云杉，松树，密集的（绿色区域）；⑨ 云杉，松树，密集的（绿色区域）；⑩ 云杉，松树，密集的（绿色区域）；⑪ 云杉，松树，密集的（绿色区域）；⑫ 云杉（保留）；⑬ 桤木，云杉，桦树（后期转化为公园）；⑭ 云杉，松树（绿色区域）；⑮ 桦树，幼苗（绿色区域中生长繁茂）。括号内为树木用途。该图根据航空摄影和现场测量得来。绘制人员即规划设计人员。对这一区域的最佳利用将根据自然资源来确定

图 4-42　不同的植物种类
海滩和湿地扮演的是生物过滤器的角色，它们给许多物种提供重要的生存环境。湿地有重要的水文功能；有大量阔叶树和针叶树的区域能给许多动植物物种提供生存环境。这些都是有益于环保的资源。资料源于《城市的发展——1996 年斯德哥尔摩就该草案总体规划的咨询——2000 年斯德哥尔摩及其城市规划》，1995:7

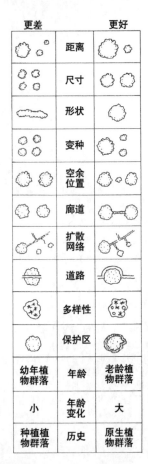

图 4-43　生态范围原则
根据物种的丰富性和扩散的可能性来设计和框定区域的大小

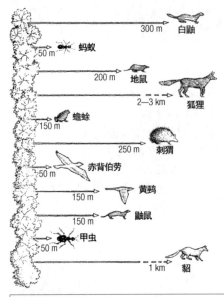

图 4-44　不同动物与人类栖居地的距离
不同动物距离栖居地的远近对生境造成的影响有很大差异，在有些情况下，建造跨越或下穿公路的生态通道可以帮助动物穿越交通道路

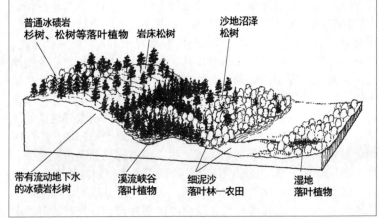

图 4-45　植物群落
植物在其生长条件发生变化时，很容易产生变异。应保护自然界中不同植物生长区域的差异性

　　（1）人工景观的自然部分。人工景观中包括很多有趣的群落生境，它们是由人工干预创造的，需要悉心保护，否则就有可能会消失，例如林荫道、落叶树林、森林的边缘、刺柏丘陵、池塘、泉水、草地、天然牧场和夏季丘陵牧场。因为过度开发以及单一的农林运作方式，某些群落生境目前就已经消失了。

　　（2）自然保护。在瑞典，人们通过设立国家公园等方式来保护自然资源。这些国家公园的作用在于保存某个特定的连续的地景类型。所有国家公园的土地都是国有的。设立自然保护区的目的在于保存生物多样性，保护和保留有价值的自然环境或者满足区域内人们户外活动的需要。自然保护区可以设立在国家、市政当局或者私人拥有的土地上。在保护区内为濒临灭绝的物种和筑巢的鸟类设立生境保护计划，在一年中的几个月里禁止人进入一些区域（野生动物避难所）。政府对那些居住在受保护的传统乡村区域的农民给予经济补偿。尽管这样，某些类型的自然景观因为现代农耕方式的普遍使用几乎消失了。

2）多样性

被用作耕地和森林及居民点的土地的特点通常是单一耕作，缺乏多样的植物和动物种类。为了实现多样性，必须维护和发展多种生境。这对于乡村或是城市而言是同等重要的。从国际角度来看，在生态系统层面的生物多样性问题上，每个国家都有濒临危境的资源需要保护。法律上的保护意味着被保护的动植物不能被采摘、捕捉、杀戮，禁止以任何形式收集和损坏物种中的个体。在很多法规中，拿取或毁坏物种的种子、蛋、鱼卵或者巢也是被禁止的。根据立法的机构不同，物种保护可能在整个国家，或是在国家的某些区域生效。《2005 年瑞典濒危物种红色名录》报告了在瑞典不再能够维持物种长期繁盛的动植物和真菌类名称（表4-1）。这项评估是基于 IUCN（国际自然保护联盟）设立的标准。这个濒危物种名录是瑞典物种信息中心长达两年研究的结果，15名专家组成的委员会为此分析了 20 000 个物种。这个清单包括了3 653 个种类，其中 1 664 个被列为受威胁的物种。所有被列在"全球红色名录"和国际会议或是欧盟规章里的被保护物种都被列在专门的表格里。这一清单每 5 年修订一次。

表 4-1　2005 年被列入瑞典红色名录的物种数量

物种种类	未知的	灭绝的	濒临灭绝的	即将灭绝的	比较危险的	受到威胁的	合计数量
微管植物	3	23	41	124	96	95	382
绿色海藻	3	3	5	5	10	8	34
苔藓	38	17	11	24	57	69	216
真菌	100	5	23	98	180	226	632
青苔	36	18	34	39	63	64	254
哺乳动物	1	2	3	3	5	3	17
鸟类	0	8	5	7	31	37	88
爬行动物和两栖动物	0	0	1	1	4	2	8
鱼类	6	1	5	6	7	6	31
总体数量	—	—	—	—	—	—	3 653[①]

注：资料源于数据库（ArtDatabanken），2005。

① 瑞典红色名录是按 ZUCN 标准设定的目录，为全球红色名录有重合的部分。

4.1.5 适应气候

适应气候是指在设计建筑和周边环境的时候试图寻找或创造良好的微气候环境（图4-46）。需要研究的因素有：光与影、遮蔽与风、冷与暖、潮湿与干燥。

1）气候适应性

一直以来建筑都是适应环境的，但是现代建筑和国际式风格导致了全世界范围的建筑越来越相像。在北方国家玻璃幕墙建筑需要很多能源来采暖，而在赤道附近这样的建筑则需要大量能源用于制冷。在斯堪的纳维亚地区，平屋顶建筑在多雨和寒冷的季节常常发生渗漏。建筑应该根据所在地区气候条件的不同显现出独特性。

2）向传统学习

世界各地的传统建筑总是适应气候的（图4-47）。一项关于传统建筑的研究表明，人们在建造他们的房屋时对气候有充分的了解。在沙漠区域，人们建造厚实的房子来帮助平衡白天的酷热和夜晚的寒冷（图4-48），有些房子甚至是在泥土里挖出来的。在湿热的条件下，人们架空建筑的底部，以充分利用风的冷却作用，同时利用挑檐形成阴影以及较高的房屋层高来增强空气流通。在格陵兰岛极端寒冷的气候中，因纽特人建造圆顶建筑，以较小的表面积以及在入口处设置气匣来保证良好的保温。

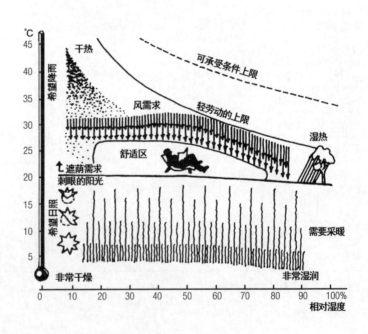

图4-46 生物气候图
维克托·奥吉尔的生物气候图常被用于气候分析，提供关于气候适应性建筑的信息。图中表明某个地区的气候情况，以及保证人体舒适的前提下对通风、遮阳、采暖和制冷的需求。资料源于笔者根据奥吉尔（Olgyay）的相应资料改编，1963

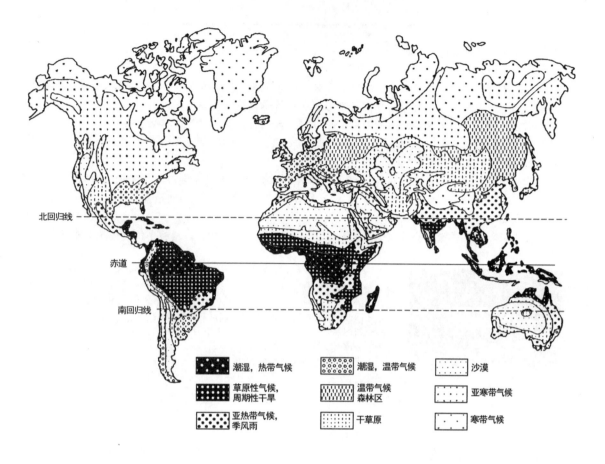

图 4-47　全球气候区域分布
资料源于瑞典皇家工程学院（KTH）编，《城市建设简编·通识课程》，斯德哥尔摩，1968

图例：
- 潮湿，热带气候
- 潮湿，温带气候
- 沙漠
- 草原性气候，周期性干旱
- 温带气候森林区
- 亚寒带气候
- 亚热带气候，季风雨
- 干草原
- 寒带气候

图 4-48　梅萨维德国家公园的普韦布洛村
该村庄位于美国科罗拉多州南部，其选址可以在夏季获得遮阳，冬季获得日照。厚重的建筑材料能够蓄藏太阳热能

小贴士 4-4 瑞典的气候适应性

　　瑞典四季分明，建筑自然应该反映对不同季节的适应性（图4-49至图4-51）。建筑必须能够抵挡最坏的天气情况，运用合理简单的技术方法在春秋季节被动式地利用太阳的热能。当太阳高度较高时，玻璃阳台成为室内迷人的空间。在夏季，玻璃会使室内过热，有必要采取遮阳措施，并且利用通风带走过多的热量。冬季，房屋必须具有很好的保温性能，而壁炉提供了温暖和舒适（同时参见第2.1节"采暖和制冷"）。

　　瑞典建筑的气候适应性包括选择阳光下温暖的南向坡地，避免阴冷的北坡。尤其要注意挡风，将户外的休憩区设在静风区域。设置新风口时，应考虑风向和污染源。应该方便扫雪与堆雪，避免将建筑落置在冷风口。

　　在瑞典，不恰当的选址会给建筑增加至少25%的能耗（图4-52）。目标不仅仅是减少能耗，更为重要的是创造宜人的环境和充满阳光的家。

图4-49　艺术家埃肯格伦（Ekengren）住宅
该住宅位于瑞典约弗索（Järvsö），是建筑适应当地气候的一个好例子。房子建造于20世纪50年代。在建筑的北面，密实的树林遮挡了北风，而南向的草地使得冬季低平的阳光照射进三层玻璃围护的室内。房屋保温性能优越，有大面的南向坡屋顶。厚实的地板可以蓄存太阳和炉火的热量。资料源于斯图尔·伊肯戈恩（Sture Ekengren）摄影

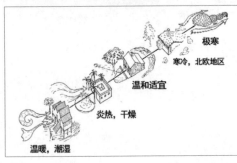

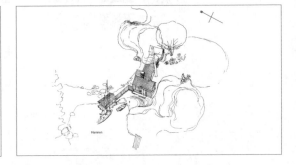

图4-50　从南到北的气候适应性建筑
从左至右，依次为湿热、干热、温和、寒冷以及极地气候。寒冷（斯堪的纳维亚）地区的建筑需要有很好的保温性能，选择南向和静风的场地。但是与温和气候区域（如：美国或奥地利）的建筑相比，南向玻璃房则显得不是那么重要

图4-51　夏季别墅
该别墅由建筑师鲁尔夫·耶夫塔·昂格斯特鲁默（Rolf Jefta Engströmer）自建于20世纪50年代早期，位于斯德哥尔摩的南岛。卧室位于东面，为的是朝向日出，便于晨泳，在南面有一个静风的室外区域和一片位于岩石和建筑之间的草地。客厅在西侧可以欣赏海港的日落，也便于客人到访。厨房与库房在北边，通向码头，带有一个养鱼池。资料源于《建造者》，1957，A12

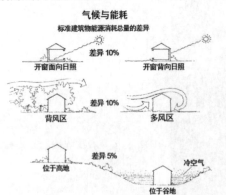

图4-52　不同选址的建筑能耗比较
位于阳光充足、干燥、背风区域的建筑，与位于阴冷、潮湿、多风区域的建筑相比较，两者在能耗数值上约有25%的差别。资料源于毛里茨·格鲁曼（Mauritz Glaumann）

3）光与影

瑞典建筑选址的一个重要考量是使其在漫长的采暖季中位于阳光的沐浴下。阳台、室外休憩区域、游戏区域要设置在阳光充沛、静风的区域，可以通过在北、东、西三面种植树木来营造一个充满阳光的空间。

（1）**对阳光的需求**。除了考虑不同角度光照的特点之外，还需要考虑不同房间在早晨、下午或傍晚对光线的不同需求。厨房和客厅在秋分日和春分日应该至少有 4 h 的日照。如果厨房和客厅面向不同的朝向，那么加起来应该有不少于 5 h 的日照。在秋分日和春分日，户外休憩区域和阳台应该能在上午九点以后获得不少于 5 h 的日照，或者在中午 12 点以后获得 4 h 的日照。在入口附近 50 m 范围内的户外活动场所，在秋分日和春分日，应该确保从早上 9 点到下午 5 点之间有至少 5 h 的太阳光。建设量对光照有很大的影响，容积率 1.2 和 1.6 就会有很大的不同。

（2）**建筑的阴影**。建筑之间需要保持一定的间距，这样才能摄入阳光。建筑的间距取决于纬度，在 12 月的斯德哥尔摩（北纬 60°），为了使阳光射入公寓底层，建筑需保持 8.4 倍高度的间距。而在 6 月，间距只需要是建筑高度的 0.7 倍（图 4-53、图 4-54）。

（3）**对日照的研究**。电脑数值模拟分析是研究日照最有效的方法，有不同分析软件，多数与建筑 CAD 兼容。也可以在模型中使用日晷。一个有效的方法是在秋分和春分日进行 24 h 逐时验算，同时选择冬季的特定时间进行检验。

（4）**风与避风**。普通的风向图对于一个特定地区的局域风条件几乎提供不了什么信息。绘制风玫瑰图是一个有效的方式，也可以应用数值模拟分析研究特定建筑周边的风环境参数。生态型的建筑策略包括在规定和设计中充分考虑当地的风环境，评估其特征与防护的需要。一般的风屏障设置应该与建筑保持一定距离，同时应结合场地、建筑形态与组合方式的特征。在建筑的细部设计中，同样要考虑防风的要求，以期在建筑周边与室内创造舒适宜人的风环境。几乎所有的高层建筑都会引发风环境问题，它们把风吸向地面。在院子、阳台和室外就餐区域，风速不宜高于 1.5 m/s；人行道、自行车道、运动场等区域，风速不宜高于 3 m/s。

（5）**防风**。防风的方式多种多样：在旷野中可在下风面种植防护林（图 4-55）；没有防风措施的建筑更耗能，对于住区，可以通过建造低层高密度的建筑、合理的形体组织、精心设置的围篱和植被来防风。① 种植防护林。地表的凹凸不平会改变风的方向和强度。在山谷中，主导风向通常会顺着谷地的走向。在开阔区域，风速会明显增加。而在森林里面或成排的树木背后风力会减弱。在下风面上种植林木是远距离防风的一种很好的方式。防风林带应该设置在与盛行风向垂直的位置，间距宜为 100—150 m 之间。风力越大，间距越小。多条窄的防风带效果比一条宽的好。防风林带的设计非常重要，可将高大的乔木和低矮

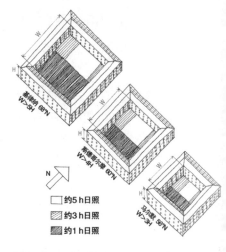

图 4-53　不同纬度下的建筑内院尺度比较

在瑞典，建筑内院的尺度需要根据所处场地的不同纬度来确定，以保证在秋分日和春分日得到不少于 5 h 的日照。资料源于毛里茨·格鲁曼（Mauritz Glaumann）

约 5 h 日照

约 3 h 日照

约 1 h 日照

图 4-54　戈登霍夫·斯德隆格（Gartenhof Siedlung）地区市政规划图

戈登霍夫·斯德隆格（Gartenhof Siedlung）地区位于德国曼海姆的北部。为了尽可能获取多的采光面，该地区的市政规划采用了菱形的格网。资料源于德国约阿希姆·伊布建筑事务所（Joachim Eble Architektur）

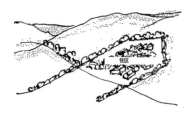

图 4-55　防风方式 1

在下风面种植林木能给这个区域提供基本的风防护

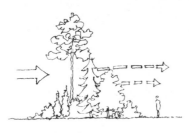

图4-56 防风方式2

提供良好防风效果的防风林应该包括高低错落的不同树种。防风林带还应该具有足够的密度

图4-57 瑞典布胡斯（Bohuslän）的莫勒松德（Mollösund）

沿海多风的小渔村中，建筑的排列方式是为了降低风速并相互保护

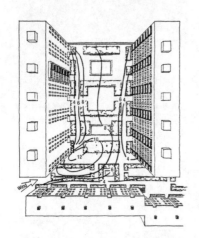

图4-58 马尔默的克鲁克贝克（Krokbäck）地区刮西南风时的相对风速

一些开发类型，例如在高层建筑之间留有狭窄的空隙，会在该处形成令人很不舒适的强风。资料源于《气候研究作为开发规划的基础》，毛里茨·格鲁曼（Mauritz Glaumann），1993

的灌木分层种植，组合成防风带（图4-56）。例如，可将高大的白杨和较低的山楂树组合起来。在建筑的下风区域，林带可以薄些，以便抽出冷空气。在瑞典的海岸区域，云杉和松树是较好的抗风树种。有防风林带保护的农田作物，产量可以提高5%—10%。防风林带可由以下部分组成：生长快速的保育树种，可以保护其他生长相对缓慢的乔木和灌木，保育树种如白杨、桤木、柳树、桦树，生长期为5—10年，在林带内的比例宜为5%—10%；生长较慢、需要有其他树种保护的乔木，包括枫树、榆树、桦树、橡树、菩提树、山毛榉、野黑樱桃树、角树、稠李；乔木下面可种植数层低矮的灌木，每隔3—5年修剪一次。① 建造低层高密度的建筑、合理的形体组织、精心设置的围篱和植被。一个考虑到风环境的规划需要精心设计建筑的位置、组合方式和高度（图4-57）。一个理想的城镇规划方案中，建筑的布局应该能降低风速，形成宜人的静风区域。实际的情况可能不尽完美，但至少应该最大限度地降低恶劣风向的影响。通常，一个具有不规则形态的城镇，其风环境要优于那些简单行列式布局的城镇。建筑设计非常重要。孤立的高层建筑暴露在风中，并把风拉向地面；条形建筑或成行排列的建筑会形成屏障效应，当风成角度吹向建筑时，会被导向下风区域。一组平行而相互错动的建筑会增强平行于建筑物方向的风力。形成回廊状、漏斗状或者窄的风口的建筑会极大地增加风速（图4-58）。带架空骑楼的建筑或者有门廊的建筑有着同样的效果。因此，建筑组团之间的排列最好是不规则的。建筑及其周边的设计细节对于降低风速非常重要。延长的分隔墙和入口处的屋顶可以形成保护区域。应该使用不规则轮廓的屋顶以及檐口、栏杆和围墙。藤架、植草屋顶以及墙体绿化也是可供选择的设计。通过紧邻的防护措施，在障碍物高度的3—5倍距离内，风速可以降低70%—80%。错误的做法包括：转角阳台、架空的屋角和建筑上贯通的开口。在这些建筑的上部，雨雪会被从下往上吹向建筑立面和屋檐。院子可以使用防风屏障来防风（图4-59、图4-60）。密集的风障形成较浅的背风区域，多孔的风障（30%—50%的孔率）形成较深的具有较少湍流的背风区域。在边角处可以用格架、穿孔板或者植物来降低风速。因为风向总是在不断变化，有角度的风障比直板的风障更有效（水手深知这一点）。

4）潮湿与干燥

　　湿气蒸发吸热。因此，当地面潮湿的时候会更凉快一些。冷空气比暖空气重，因此倾向于在低处聚集形成冷压槽。冷空气下沉通常发生在湿润且地势低的区域和有水道的区域，这里容易形成雾、霜和露。出于能源和舒适的考虑并避免建筑地基的潮湿问题，应当避免在这些区域修建建筑。除潮非常难。在北方，最好在干燥的地方修建建筑。在炎热的气候下则相反，因为大家都知道蒸发可以吸热，有降温的效果。树木可以防风并提供阴凉，喷泉使空气湿润，湿气的蒸发可以给花园及建筑降温（图4-61）。

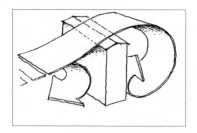

图 4-59　屏障效应示意图
屏障效应将上层的强风引向地面

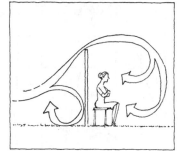

图 4-60　多孔风障与实心风障防风效果的比较
多孔的风障比实心的能提供更好的防风效果。多孔的屏障可以缓和风速，将其化解并减少湍流，在其后形成背风区域。实心的屏风会加大屏障效应，在背风一侧，风被引向地面

图 4-61　沙漠气候中带喷泉和池塘的花园
在沙漠气候中，有喷泉和池塘的花园是适应气候措施的一部分。人们相信，花园最初建于沙漠气候的宫殿周围，被用作一种空气调节的措施

5）冷与暖

　　地图显示了平均气温的变化。室外温度受到地形、与海岸的距离以及建筑密度的影响。一种对本地气候分类的方法是给出每年的每日平均温度。在一个平均年份的每一天，计算室内温度（例如 +20℃）和室外温度的差值。然后对这些值进行求和得到每日评价温度数据。即使是在一个很小的区域，不同地方的微气候也会有所不同。因此从能源的角度，在温暖的区域放置建筑很有意义。例如，应当注意何处的雪在春天最先融化。海拔高度也是个重要因素：在海平面以上，随着海拔的高度每升高 100 m，温度平均降低 0.5℃。因此，在冬天山谷中和山顶上的温度通常比山坡上更低。甚至曾经有观察到高度相差 1 m 温度相差了 0.1—0.3℃的情况。海洋和湖泊通过缓和这种差异影响温度。在接近水体的地方，每天和每年的最高和最低温度不像在内陆那么极端。通常，在温度上会有几摄氏度的缓和。

　　（1）表面温度。颜色、湿度、导热性以及质量的不同都会影响物体表面接受太阳光照时的受热情况。周围表面的温度影响

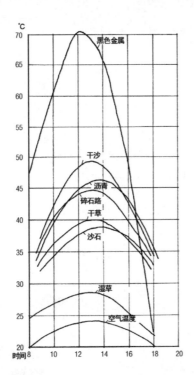

℃

图 4-62　晴天不同材料特性所造成的地表温度差异比较
因为不同的吸收、反射和蒸发特性，地表以不同的速率受热。资料源于根据高伊扎古（Gajzagó）改编

图 4-63　不同建筑选址的比较
避免在冷空气下沉区域建造建筑。在谷底，条件通常最差，在两侧略高的地方条件最好。资料源于《正确对待风和气候》，P.-G. 安德贝特（Andbert），1979

图 4-64　热岛效应示意图
在有很多供热建筑的地方形成热岛效应。建筑相互之间辐射热量，因此热岛效应区域比其他地方的温度要高

人对温暖的体验。地表的属性影响温度。树木首先对地表接受太阳热量的情况产生影响。干沙、沥青和沙石路面很快变热，潮湿的草地最凉。暗色的金属变得最热，例如屋顶（图 4-62）。

（2）冷压槽。由于冷空气相对较重，在晴朗无风的夜晚，山坡上形成的冷空气就会下降到洼地和山谷中。在一个丘陵地区冷空气下降造成温度显著降低是个问题。在较大的山谷中，温度下降可以达到 100℃以上。由于冷空气的下沉，在山坡上部留下一个相对温暖的区域，称为高温带。冷空气沿着斜坡缓慢下沉，因此很容易被障碍物阻挡。它可以包围大的障碍物，例如树木和小型建筑。因为低温，下降过程中比其他地方更早发生冷凝。因此，出现雾、霜和露的频率会更高。然而，3—4m/s 的风速就足以形成湍流，因此温差大部分都会消失。应当避免在有冷空气下沉风险的地方建造建筑（图 4-63）。然而通过移除植被或是挖掘形成的洼地能削弱冷风槽效应。尽管冷空气很容易被建筑和树丛阻挡，但是可以通过有策略地放置障碍物使其绕过房屋和建筑。

（3）热岛效应。大城市的平均气温通常比周边乡村高出几摄氏度。在晴朗无风的冬天，温度差可以达到 5—10℃。这种被称为热岛效应（图 4-64、图 4-65）的现象由很多因素造成，如城市中的厚实材料对太阳能的储存，由于排水而造成的地表蒸发作用的减少，建筑、工厂和交通排放的热量。引发的一种现象是，温度升高使得城市空气上升，城市中的气温升高，阴天、暴雨以及落尘增加，同时风、辐射增益和散热减少。另一种现象是倒置现象，冷空气在城市上空凝结，就像一个盖子。空气缓慢地下降，垂直方向上的空气交换受阻，造成了空气污染的积聚。适当的绿地空间可以改善城市空气质量和空气流通。植被覆盖的区域形成一个蒸发面，可以降低城市温度。同时，植被改变了空气运动的模式，至少部分打破了这种倒置现象。

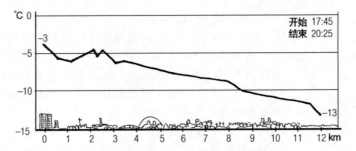

图 4-65　热岛效应的测量旅程
由于有很多建筑以及伴随的热量泄露，城市中产生热岛效应。曲线中的温度通过一个"测量旅程"测得，在 12 月的一个清朗无风的晚上，从斯卡耐克（Skärpnäck）开始，通过斯德哥尔摩南部的郊区到达城市中心。资料源于毛里茨·格鲁曼（Mauritz Glaumann）和麦基塔·诺德（Margitta Nord）通过一个车载温度测量设备获得的测量结果

图 4-66　自行车——环保交通工具

4.2　社会组织

　　我们的目标是建设生态的、社会的和经济的可持续性城市。社会结构过分依赖于交通、化石燃料，并由私家车所支配，是不可能建设可持续性城市的。解决办法是使城市具有混合功能，这样在任何地方都可以步行和骑自行车（图 4-66）。城市中必不可少的交通应该使用有益于环境的交通工具和公共交通系统（图4-67）。一个城市是不能够独立实现其可持续性的。城市及其周边乡村的生态循环必须作为一个整体来规划。文化价值以及地域特征也需要慎重考虑，这样各地就不会千篇一律了。

4.2.1　可持续城市

　　当试图想象一个可持续城市时，我们总是陷入持续的矛盾中。城市应该集中还是分散呢？应该以本地的还是全球的眼光进行规划呢？我们应该相信专家还是应该发扬民主？这也许不是一个关于冲突的问题，而是复杂世界中的变化视点。也许对于可持续发展需要同时用多种方式看待问题。

1）什么是可持续发展？

　　当经济学家谈到可持续发展时，他们通常只是从经济增长的角度思考问题。另外一种解释可能是迎合了生态学家关于可持续性必须满足生产力以及人们自身发展需要的要求。当社会学家谈到社会的可持续发展，他们关心的是减少种族隔离和社会失调。另一方面是减小社会各阶层的差距和增加社会发展的参与。生态学家大多强调生物的多样性以及怎样我们才能保护物种和群落生境的多样。人类也是自然的一部分，我们应该发展更多的人工生

图 4-67　德国弗赖堡沃邦（Vauban）街区的有轨电车

有轨电车正经过太阳能船建筑——一座混合型功能建筑的下方。底层为商铺，上层为办公室，最上边两层由屋顶装有太阳能电池板的连排房屋组成

图 4-68 可持续城市玫瑰图
这张玫瑰图是对生态、社会和经济可持续性的整体看法

态来解决这个问题。专家们使用各自专业的术语，以致他们之间的交流产生许多问题。我们必须努力消除不同专业之间的障碍。技术专家们必须用社会科学和反思的能力来补充他们的知识，使他们能够觉察到社会不可持续性趋势和存在于我们周围的种种威胁（图 4-68）。我们必须质疑习以为常的环境，它决定了我们与自然的关系，而且在这个体系下我们要被迫去修复环境问题。我们必须检讨我们的生活方式、生产方式和消费方式等等。

2）全球的还是地方的视野？

许多关于可持续发展的讨论是关于地方团体和各种货物自给自足。政治通常解决地方或是民族争端。与此同时，经济正逐渐全球化。越来越多本地发生的事是由其他地方发生的事所影响的。地方居民与决策者间的隔阂自然影响到可持续社会的整个理念。如今许多经济活动比如原材料生产较少依赖于地方性。生产的全球化使得公司在城市和区域之间互相竞争以开发特定地域的优势环境。多数城市因此变得全球化，并在投资和工作领域互相竞争。新的由信息驱动的全球经济是同时受空间、社会和政治因素影响的后果。其中一个后果就是精英阶层和大众阶层的分离。精英们可以接触到这个经济网络，但是大众却被限制并且没有权利。我们必须在这两个虚构的空间之间建立桥梁，继续建立新的结构，为讨论、深思、创新建立平台。

3）可持续城市的要素

（1）生态可持续性。达到生态可持续性意味着使建筑物适应当地环境，整合新的循环体系与当地的生态循环系统，要利用当地环境需要认真分析场所条件及其限制因素。目标是：① 自然侵害最小化，争取物种多样性。② 保护有价值的自然、文化以及丰富的森林资源及耕地。③ 使建筑物之间的建筑及生活空间适应场地微气候。④ 保护能源及可再生能源。⑤ 保护当地水资源，利用生态污水处理系统。⑥ 组织好垃圾的最少化、归类、再利用及回收系统。

（2）社会可持续性。达到社会可持续性意味着为每个人创造好的福利，合理规划城市使其能提供良好的生活条件。混合功能，创建邻里社区，拓展人行道、自行车道以及公共交通系统，这些都是激励减少都市生活以私家车为主导的条件。目标是创建：① 健康、无垃圾、无毒的环境，室内室外都是新鲜空气。② 安全、令人愉悦、美丽及有自己个性的城市。③ 能够影响当地环境及发展的社会。④ 拥有能刺激都市生活的功能多样及各种公共空间的城市。⑤ 城镇风光拥有绿地、水、公园、耕地以及湿地的城市。⑥ 给步行者及骑自行车的人提供良好公共换乘的城市。

（3）经济可持续性。经济可持续性意味着创建商务友好型以及利于小规模企业创建的城市。同时基础设施与公共设施发展良好并高效率运作。进一步说，应该对吸引个人及企业的消费活动、文化以及娱乐生活予以提倡。目标是：① 创建一种良好的商业氛围以利于就业及当地经济。② 在当地经济发展中实施规范以使得各种企业便捷创立。③ 在城市结构中整合服务设施以避免不必要的运输流程。④ 务必做到有效的基础设施是建立在可持续性的整体观点上。⑤ 公共部分（学校、社会服务及医疗设施）满足个人需求并生态运转。⑥ 提供便捷路径到达运动及消费场所、文化及会议中心。

（4）紧凑城市或绿色城市。在对可持续城市（图 4-69）的探讨中，有两个看起来不相容的趋势其实是相似的。其中之一是关于拥有大量人口密度和高度集中的紧凑城市，另一个是关于城市和乡村相结合的绿色城市。① 紧凑城市。支持紧凑城市的观点基于它会提供有效的供暖和下水系统：处理污水、废气的净化技术；居住区、工作地点和服务中心之间短距离而减少交通所花费的时间；还可以拉近人与人之间的距离，种类繁多的服务行业为激动人心的城市生活提供了条件。在紧凑城市中，城市中心就像一个模式。由于增加开发密度和加强港口区域、旧工业区的开发，城市发展是"向内"的。紧凑城市的一个问题是地价提升和对投资利润需求的增加。这样导致了贫富差距，迫使居民迁出城市到地价相对便宜的郊区。最后，紧凑城市违背了它最初的目的。② 绿色城市。绿色城市使日常生活更接近大自然：新鲜空气吹过城市上空，绿色区域的面积足以使动植物繁殖，当地条件符合基本需求，并且为土壤提供养料，有条件参加环境保护

图 4-69 可持续城市的演化历程根据拉尔斯·奥斯库格（Lars Orrskog）的观点，一个可持续的城市看上去会像一簇"交缠的海藻"。资料源于《持久的规划》，瑞典皇家理工学院（KTH），1993

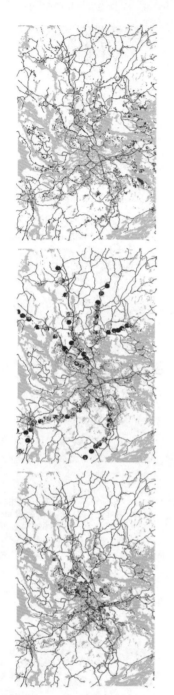

图 4-70　扩散型方案、轨道方案、紧密型方案的比较
斯德哥尔摩地区发展的三种设想：紧凑城市、沿着基础设施发展、扩散式发展。红点标识未来人口密度及交通路线。资料源于 LEA 项目（生态景观分析及评价）贝丽特·巴冯（Berit Balfors）和乌拉·莫特博格（Ulla Mörtberg），瑞典皇家工程学院（KTH）

和种植，当地可再生能源的生产条件，生物燃料的优先使用，还有平均每两个住户需求的降低。系统生态学者讨论了符合生态循环的城市。乡村和城市结为一体，并且边界地带最大化。可以通过建立条状公共交通路线穿插在绿色区域中，使绿色地带、农场和森林以未开发的状态形成城市中的生态走廊。直接与城市相接的地带将退还耕地来满足城市居民的基本需要。一套新的基础设施将连接城市和乡村。

（5）集中和分散。是否需要在紧凑城市和绿色城市之间作出选择，还是两者可以结合成一种集中的分散城市——由交通网络连接城市与乡村、城市中心和郊区（图 4-70）。网状城市包括沿着交通路线的集中城市，交叉点形成城镇中心（图 4-71）。如果开发出一个高速交通网络来连接人口集中地，就业和居住机会就增多了。除了劳动力市场和高等教育中心转移之外，网络中的区域方圆 40km 内的就业机会将得到提升。依靠新的高速交通系统，居住在接近自然的郊区居民也可以参加区域中心的文化活动。比如，人们住在花园城市中——一种小尺度的城市，拥有传统街区和多种多样的建筑（集中公寓、联排住宅还有小型独立式住宅），或者住在城市中，更接近城市生活、文化和服务。

（6）规划过程。规划正在经历危机。一方面，城市规划太过于详细。人们总是尝试同时解决太多问题。另一方面，规划太过于狭隘。有些人相信所有问题都能用集中化来解决。规划师在幕后与政治家、各方面利益代表还有公众共事。在谈到可持续的社区时，产业、国家、研究所和官僚机构通常不将其视作问题。这些问题范围广大且根深蒂固，所以需要用新的方式解决这些问题。很多市政当局只肯在可以得到稳定回报的地方投资，但是行政部门内部的众多管理部门也存在着分歧，从而造成混乱。看起来当整个行政部门按照部门想法来组织的话，对稳定发展的规划需要一个综合处理的方法。各部门领导讨论综合处理方法的平台消失了。如今，最常见的是每个人都在维护其各自部门的利益，而很少有人为了持续发展的整体利益作出牺牲。对于建立"友好对话"论坛的可能性的讨论正在进行中，通过论坛将更好地平衡各部门之间的利益，是他们能为了可持续发展更好地协作。这些对话的成果也将对实际的规划产生影响。为了形成可持续发展的基本框架，还有更多工作要做。这样一来，重要的是整体导向，而不是不同当局和公司之间的利益。这个综合规划的实施必须打破地方的、省市的甚至是国家的界限。规划的范围必须由问题决定，而不是由行政区划决定。自然对于我们来说不仅是经济资源，而且是无处不在的生命维持系统。这样，所有企业才能意识到他们对于自然环境的长期责任。也许达成共识或制造冲突并不是最重要的事，但是不同方面的努力应该同时进行并且在实践中得到检验。这里没有简单的解决办法。为了建立可持续社区，城镇规划的目的应该是确保所有的现代城市区域（内城、郊区、边缘区域）能为居民提供吸引人的好的居住环境。对城市环境最大的威胁是

低质量、没有活力的城市区域的出现。

4.2.2 交通

社区发展正向越来越大的城市转移。交通系统不能应付这样沉重的负荷。这造成了严重的交通堵塞、长时间的延误、环境问题、空气质量低甚至交通彻底瘫痪。与此同时，乡下的居民数量减少，提供基本的服务变得越来越困难。

1）交通问题

有这样一种社区发展类型，以城市—乡村、郊区—中心区、购物与娱乐中心的形式将社区分开。许多生产、流通、储藏开始变得规模巨大而且集中化，导致了运输业需求的大量增长（图4-72）。即使环境的冲击在其他地区得到了缓解，交通所带来的冲击仍旧在增长（图4-73至图4-75）。有一种美国式的能源密集型趋势，这将消除文化和地域性的特色。大量的机动车不但带来公路的大量扩张，而且大量的场地将用作停车场。街道和广场被汽车所占据，从而损害了人们的利益。美国城市消耗的资源最多，而香港和莫斯科是人口密度最大的城市。有趣的是，像阿姆斯特丹和哥本哈根这样的欧洲城市在他们的城市规划中有很多有趣的方法，而且在结合减少燃油消耗和增加居住空间的尝试中取得了成功（图4-76）。

2）交通的劣势

交通运输业是最主要的碳氧化物排放源之一。在瑞典，交通运输业消耗能源总量的30%而造成45%的二氧化碳排放（包括国际航班和海运），私家车的二氧化碳排放量最大，其次是航空业，铁路运输位于第三位（图4-77、图4-78）。交通运输是整个社会中二氧化碳排放增长最快的部门。为了在2050年将二氧化碳排放减少到现在的85%（欧盟定下的目标，为了使全球温度增长不超过2℃），交通运输业必须作出根本的改变。这些改变包括更有效率的技术，从化石燃料到可再生能源的转变，还有生活方式的改变。交通不但造成能源问题，还制造噪音、难闻的气味和空气污染。交通业当然存在危险问题，但是机动车也对自然和文化遗产造成损害。显然，高密度的区域需要以这种方式加以规划从而使这些损害最小化。

3）交通问题的解决方法

尽量整合多样的社区活动的规划可以解决交通问题。其中一个模式就是在规划中将步行交通和自行车交通放在首位，然后确保廉价而便捷的公共交通彻底建立（图4-79）。使乘坐公共交通系统比驾驶私家车更加方便。这些导致对于政府指导的新的形式的需要。这将需要一些激励措施使交通运输业向更加环保的模式

图4-71 网状城市
相比绿化地图上用红色斑点表示城市，网络图能让我们看得更现实。此图提供了规划的另一个视角，即相比于城市规划，我们更需要规划的全局观。资料源于《瑞典2009，图景提案——建筑及规划报告》，1994:14

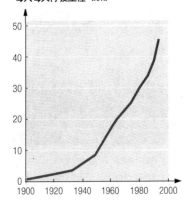

每人每天行驶里程（km）

图4-72 1900—2000年每人每天的行驶里程
出行的平均长度在20世纪中显著增长。今天，我们人均每年出行的距离是1950年的四倍。其中汽车部分的增长最显著。资料源于《建立一个可持续的社会》。比吉塔·约翰松（BirgittaJohansson）、拉尔斯·奥斯孔（Lars Orrskog），2002

图 4-73　德国卡尔斯鲁厄
（Karlsruhe）的公共交通系统
其是欧洲最为发达的公共交通系统，
它以轨道交通为基础，既解决城外进
城的通勤交通，也解决市内交通。
KVV（Karlsruher Verkehrsverbund
GmbH）有一系列服务于乘客的政策：
* 越是客流量大的地方线路越密集，
有显示屏播报列车到站时间。* 公共
交通提供学生优惠。* 高峰时段交通
可以携带自行车。* 持有月票的个人
可以在周末携带全家乘坐公交。* 公
交车采用大窗户以提供良好的视线。
* 公交车内不设广告，尽管这已经被
证明可以减少涂鸦和破坏行为。总长
650 km 的轨道交通线连接起卡尔斯鲁
厄所有的中心，乘坐公交比私家车更
迅捷，尤其是在高峰时段

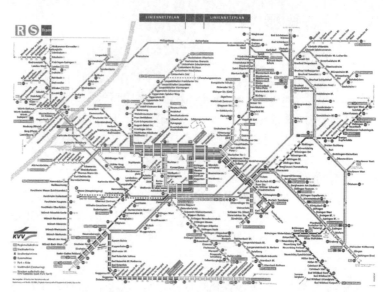

图 4-74　市郊往返有轨电车
这种电车在专有轨道上行驶得很快

图 4-75　市内有轨电车
在城市中，穿梭于行人和车辆间的有
轨电车行驶缓慢

图 4-76　城市密度（每公顷人
数）与人均年石油消耗量（单位：
MJ，1980 年统计）的关系
资料源于《建筑与城市规划中的太阳
能》，托马斯·赫尔佐格（Thomas
Herzog），1996

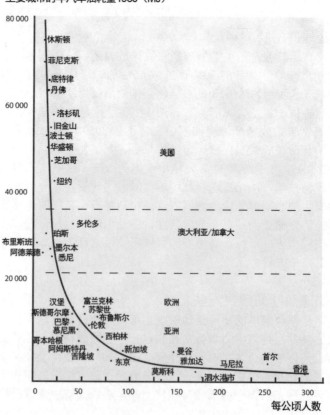

主要城市的年汽车油耗量1980（MJ）

转变，将交通定位为国家级、区域级和地方级，逐步改善各种模式交通运输的硬件条件，加快环保动力技术和代用燃料的研发（图4-80）。世界上许多案例表明建立新的公路并不能解决交通问题。公路条件越好，就有越多的机动车在上面行驶。相反，控制机动车数量的方法则可以起到作用，例如增加各种税费。新加坡是第一个征收电子税的国家。2003年，伦敦开始收取堵车费。实践证明收费是有效的。现在斯德哥尔摩正准备启用收费系统。

（1）步行带。步行带的建设应该在整个城市范围内形成连续的结构——包括市中心的步行街、繁忙街道两侧的步行路、外围的步行路。步行交通的一个重要方面就是诸如服务娱乐及文化等休闲设施必须设置在合理的范围之内。步行区域必须是令人愉悦的：婴儿车、轮滑或是轮椅都能够在其上轻松行驶；需设置长椅以供人休息；通道、游廊和公共候车站需要有顶覆盖；购物中心内部需要有步行街。哥本哈根有世界上最好的步行街系统。早在1962年斯特勒格特（Ströget）就被改造成步行街。从那以后，步行街网络从1962年的16 000 m²增加到2000年的100 000 m²。与其他城市相比，这里的地下人行通道及过街天桥没有恼人的台阶。步行系统包括城镇广场、公共空间、座椅空间还有露天咖啡厅。近年来，步行街系统又增加了步行优先的街道，这是一种步行与自行车道结合的街道，机动车在符合步行条例的情况下也可以使用（图4-81）。

（2）自行车道。自行车自其发明以来一直是独一无二的节省能源的运输工具。为了骑车人使用方便，应该建设美丽而安全的自行车道。在加州的戴维斯，自行车道被设计成骑车人能够行驶在下风面，能够遮挡强烈的阳光，并且每隔一段距离有饮用水提供。为什么不在规划中将自行车道放在首位，这样一来机动车就得绕路而行而位居其次呢？为什么不多生产一些自行车和自行车架或者人力车来搭载旅行者呢？自行车可以装备电动的辅助引

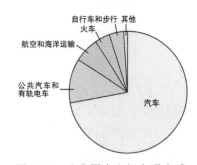

图4-77 瑞典国内出行交通方式统计（以千米数表示）
资料源于《未来的出行》，彼得·斯蒂恩（Peter Steen）、乔纳斯·阿克曼（Jonas Åkerman）及其他。环境策略研究所中心，KFB-报告，1997:7

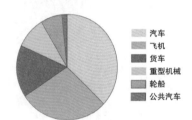

图4-78 2005年瑞典交通运输所产生的温室气体比较
瑞典2005年交通运输所产生的温室气体（包括瑞典国际交通占排放总量45%，大约35 Mt的氧化碳）。资料源于《眼前目标》，乔纳斯·阿克曼（Jonas Åkerman），2007

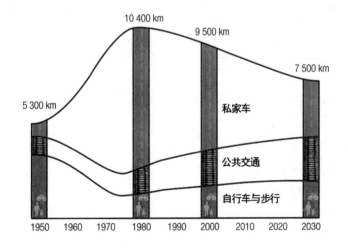

图4-79 1950—2030年哥本哈根年人均运输的距离和交通方式
为了减少私家车，必须增加自行车、步行系统和公共交通系统上的投资。每人每年运输的距离和交通方式。资料源于《能源管理、保护、经济》，约尔根·斯蒂格·诺加德（Jörgen Stig Nörgård）、利斯本特·克里斯滕森（Bente Lis Christensen），1982

图 4-80　可持续交通发展关系图
交通部门是驾驭可持续发展最困难的部门。但仍有许多方面值得我们去做。总的来说，他们可以做积极的努力。资料源于《建立一个可持续的社会》，比吉塔·约翰松（BirgittaJohansson）、拉尔斯·奥斯孔（Lars Orrskog），2002

图 4-81　挪威滕斯贝格（Tönsberg）城的街道空间（单位：m）
其街道有一些空间提供给步行者、骑自行车的人以及开车的人。在挪威，优先考虑的是更加有利于城市环境的发展。他们的目标是使得骑自行车就能容易地到达整个城市的任何地方，而不至于增加交通的危险性。资料源于《自行车城市滕斯贝格 - 内特岛（Tönsberg-Netteröy）》，项目报告，1991—1994

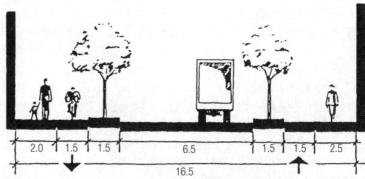

擎。还有装在台阶和坡道上的自行车升降梯。自行车规划中重要的是要有自行车停靠点、防盗系统和自行车库（图 4-82）。① 丹麦哥本哈根。丹麦的自行车交通系统世界领先（图 4-83 至图 4-85）。哥本哈根的自行车交通着力于建设大街两侧的自行车道系统，从而使自行车网络可以到达城市所有区域。自行车网络从 1930 年开始建设，截至 2000 年，已经从当初的 80 km 增加到现在的 300 km。交叉口问题是自行车交通中最大的问题，解决方法和人行交通的解决方法一样。道路交叉口的自行车道采用蓝色沥青以示区分。1995 年引进了一个城市自行车系统，这个系统中城市里的自行车可以像大商店里的购物车一样借出，也就是说，投入硬币可以取车，而还车时则能够收回硬币。哥本哈根城内有 125 个这样的免费自行车服务点。② 荷兰豪滕。荷兰的豪滕（Houten）城拥有 30 000 人口，是一个最初以人行和自行车交通规划的小镇。镇中心是火车站和购物中心。步行路和自行车道从镇中心扩展开来。机动车道是最后规划的。城市有环行道路环绕，这些道路有

许多不同的小路组成并通向城市的不同区域。自行车道没有巨大的高差，在等待时间超过一分钟的区域设有遮阳棚。豪滕城中心到外围的距离不超过 1.5 km。

（3）公共交通。在欧洲公共交通只占道路交通的 20%。公共交通在建筑密度高的区域有望增长，但是在人口稀疏的地方还需要调整。有很多方法可以调整公共交通系统，如今的信息技术可以提供有效的支持。目前，对于普通大众、学生、老年人和残疾人以及邮政和其他运输工作的公共交通是分开的。调整这些服务类型也许能够带来好的影响。轻轨是一种既能在已有的轨道上运行又能在新型街道轨道上运行的轨道交通。在公共交通必须增加的情况下，轨道设施必须提升。根据研究，高速列车的能量消耗将提升 45%，与此同时速度将从 200 km/h 提升到 250 km/h（图 4-86）。轻轨和轨道电车系统结合了列车和电车的优点，因此在欧洲许多地方都有建设（图 4-87）。在德国的卡尔斯鲁厄建设了一个 800 km 长的轨道电车系统，以网状的轨道连接整个区域。舒适的公共交通是公共交通超越私家车的首要条件，这样才能满足乘车人的需要（图 4-88、图 4-89）。公共交通必须全面周到，不管在时间上还是空间上。不应该让人们必须依靠车才能出行，无论是工作日还是周末抑或假期。乘坐公共交通工具出行，人们可以在车上工作、学习，或是做其他任何事，而不打扰到想休息的人。这样就能适应每个人的不同需求。建立公交专用线路可以提升公共交通的速度、舒适度和吸引力。多数人能够接受每天 1 h 乘车的时间而不感到疲劳。车站之间的距离必须适当。行程中应该有较高的平均速度和较少的停站。等待或换乘的时间少于 4 分钟是合适的。换乘必须方便，最好不要有高差，例如只需要通过一个平台。等车需要在一个舒适的环境中进行。电子指示牌能够显示下一班车到达前的剩余时间。最好能方便携带自行车、轮椅、滑板等物品，并且在旅程中能照看到它们。① 丹麦哥本哈根。丹麦哥本哈根的公共交通系统运作良好。它由适用于长途旅行的高速列车系统、市中心的公交系统和郊区公交系统连接火车站有效地组成。不仅如此，还有一条地下线路来补充这个系统。哥本哈根是城市中心的私家车数量在多年中没有增长的为数不多的几个城市之一。这归结于对于城中心的明智的规划使驾驶车辆在城中心穿行和停车都极不方便（步行街在城中心比比皆是）。② 巴西库里蒂巴。巴西的库里蒂巴（Curitiba）是一个人口超过 100 万人的城镇，在功能高效的公共交通系统方面是很好的例子。快速的穿梭巴士和运行在公交专用车道的低速公交车使公共交通占到客运交通的 70%。穿梭巴士拥有各自的车道，而且不受红绿灯的限制。这意味着穿梭巴士可以避免塞车并准点运行。这个城市中也有一流的自行车道（图 4-90）。

（4）汽车交通。一般来说在城市中完全消除汽车是不可能的，除非有特殊情况。然而，减少汽车的工作可以持续进行，并且确保城市中的汽车尽可能环保。解决方案是使用由额外的电动

图 4-82　弗赖堡（Freiburg）中心的自行车车库
在这里，你能安全地停放你的自行车。你可以修车和租车。这里的建筑顶部还有咖啡厅，屋顶上有光电板

图 4-83　哥本哈根汽车自由街道和城市广场的网络图
资料源于《城市空间，城市生活》，扬·盖尔（Jan Gehl），拉尔斯·格姆祖（Lars Gemzøe），1996

图 4-84　哥本哈根内部庭院里的自行车停放点

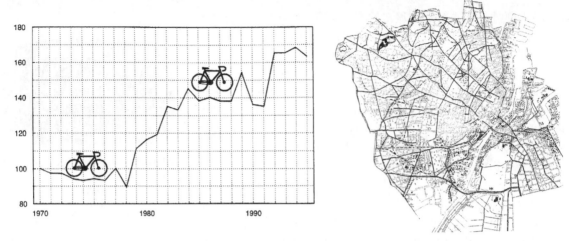

图 4-85　交通流量变化与城市自行车通道网络图
该图说明了在过去的几十年里哥本哈根的交通流量怎样增长了 65%，并显示了哥本哈根和腓特烈斯贝（Fredriksberg）的城市自行车通道网络。资料源于《城市空间，城市生活》，扬·盖尔（Jan Gehl），拉尔斯·格姆祖（Lars Gemzøe），1996

图 4-86　2040 年平均每人客运交通能量消费额预测
相比较 1995 年的情况，推测 2040 年平均每人的交通能量消费额。假定每人的占有率（每人每车）和速度是不变的。资料源于《未来的出行》，彼得·斯蒂恩（Peter Steen）、乔纳斯·阿克曼（Jonas Åkerman）及其他。环境策略研究所中心，KFB 报告（KFB-Report），1997:7

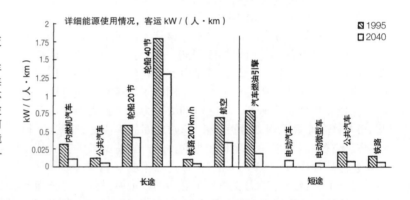

图 4-87　斯德哥尔摩新的有轨电车系统
斯德哥尔摩成功建设了一种新的有轨电车系统。它像章鱼的爪子一样从城市的中心伸出，连接各个地铁出口

马达（混合动力）驱动的使用电力和生物燃料的汽车（图 4-91、图 4-92）。在瑞典，最好的生物燃料是沼气和生物柴油，其中生物柴油由造纸行业中产生的黑液汽化生成。汽车共享俱乐部通常是有很多成员参加的一种组织。俱乐部共同拥有许多汽车，汽车可以登记预定。俱乐部成员用车的花费只是买车的一半。成员们共同对汽车进行保养，必要时对汽车进行修理和检查。俱乐部保证会员在主要节假日和暑假都能拿到车，因为当俱乐部没有足够汽车时协会会从普通汽车租赁公司租车来补充。有时汽车共享协会和市政公司合作以确保汽车能够全部租出去。市政公司通常需要在工作日的白天使用汽车，而俱乐部成员通常在工作日晚上、周末和假日使用汽车（图 4-93）。

（5）节能的汽车。节能汽车就是消耗较少燃料的汽车，是能解决部分交通问题的一种办法（图 4-94）。根据瑞典学者的研究 [乔纳斯·阿克曼（Jonas Åkerman），皇家理工学院，斯德哥尔摩，2007 年，"眼下的目标（Tvågradersmålet i sikte）"]，这种特殊能源汽车能减少 60%—85% 的能量。燃油消耗量变化很大。

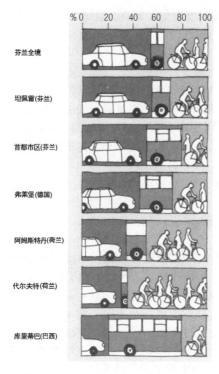

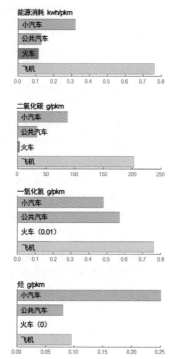

图 4-88　不同国家公共交通工具所占比例的比较
通过不同旅行交通方式的比对，可以很清楚地看出采用公共交通工具旅行是多么有趣，还有自行车改变了旅行的模式

图 4-89　不同交通工具的排放物和能源消耗的比较
在 250 km 的旅行中每人每公里的耗费（200 和 300 km，各自的，航空旅行）。
资料源于咨询与结果（Råd och Rön）5/98

图 4-90　库里蒂巴的公共汽车站
库里蒂巴的公共汽车站本身也像一种巴士。乘客在一端付款进入可以得到一个舒适的座位。它的好处是当公车到站时，人们已经付好钱并且准备上车，这样可以缩短公车停留的时间。这些公车也方便残疾人上去。资料源于"库里提巴—生态革命（Curitiba-A Revolucão Ecológica）"，库里提巴市（Prefeitura Municipal de Curitiba），1992

图 4-91　快速客运
一辆无人驾驶的全自动车辆的行驶轨迹。只需输入你的目的地，然后享受你的旅途

图 4-92　阿姆斯特丹某住区地下车库的外观
这是 MVRDV 事务所设计的地下车库。在这个车库，驾驶者把车开到入口，然后机器会自动把车送到地下车库

图 4-93　位于斯德哥尔摩生态村安德斯坦雪登（Understenshöjden）的共享汽车的专用车位

图 4-94　法国小型节能汽车空气舱（Airpod）
这种车行驶起来特别节能。它利用增压空气运行，车长 2 m，足以容纳三人。最高时速 70 km，当在充满增压空气的槽内行驶时时速可达 100 km。将槽充满需要花费几分钟时间。资料源于 IMD 出版社

汽车的重量是油耗的重要指标。使用更多塑料、碳纤维增强塑料、铝镁合金可以减轻汽车自重。省油的汽车可配备较小的油箱。以空气动力学设计的汽车有较小的前部和光滑的表面，这是另一个决定因素。采用窄胎能够减小摩擦力和风阻。汽车变速箱方面，无级变速器和手自一体变速器比较节能。通过减少摩擦力的方法也可使汽车变得更节能，如减少运动部件的重量、使用直排发动机、涡轮增压器和使用更多不同周期时间的气门使汽缸能够被关掉。负阻管是一种结合了启动电机、辅助电机和发电机的装置，可以节省 15% 的燃油。装有负阻管装置的汽车在停止时不会消耗燃油。瑞典的汽车调配场是欧盟中消耗燃油最多的地方。一辆四轮驱动的 SUV 每行驶 10 km 消耗燃油 1.5 L，而通常一辆同样大小的汽车（Volvo V70）每行驶 10 km 消耗燃油 0.9 L。然而，节能汽车已经存在了。如今最好的节能汽车每行驶 100 km 消耗燃油 4—5 L。这还可以降低到每行驶 100 km 消耗燃油 2—3 L。早在 2002 年大众汽车已经推出了每行驶 100 km 消耗 1 L 燃油的小车，但是这个概念车因为造价太贵而不能量产。① 电动汽车。电动汽车十分安静并且不会排放任何废气（图 4-95、图 4-96）。电动车辆和使用汽油的车辆出现的时间是一样的，但它有三个问题：只能行驶较短的行程，需要大容量的电池组，电池充电需要大量的时间。② 电动车。电动车的效率是普通车的两倍。近年来电动车发展迅速。许多公司都在研发新型电池。锂电池是最有前途的电池之一。许多公司都蓄势待发要推出新款电动车。挪威电动车"城市思考"（Think City）可以以 100 km/h 的速度运行并且充一次电可以行驶 180 km（图 4-97）。美国电动车"特斯拉跑车"（Tesla Roadster）的最高时速可达 210 km/h，并且一次充电可行驶 320 km。加州产的电动车"翼"（Aptera）可以以 150 km/h 的速度行驶，并且一次充电可行驶 200 km，"翼"同样有混合动力的版本。城市中心行驶的小型电动车是一个不错的主意。在意大利的立夫诺，供出租的电动车有明显优势。它们可以到达机动

图 4-95　Vectrix 的电动机车
这种车可以以 100 km/h 的速度高速运行，还完全可以达到 110 km/h 的速度。随车携带的充电器需要在标准的 110 / 220 V（3 孔）的插座上充电 2 h

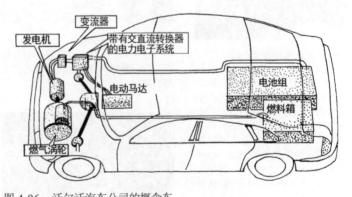

图 4-96　沃尔沃汽车公司的概念车
这种车一直靠电力运行，而且只有一个小的电池箱。但它仍备有一个小的燃料动力的燃气涡轮机，以备在电池不足时产生电能高速行驶

车无法到达的区域，包括巴士路线和汽车停车场。租用电动车的费用很低。城市中设有许多电动车的充电点，用一种专门的信用卡来支付。这种信用卡内装有汽车电脑提供的信息从而决定需要充多少电。快速充电器可以在 20 分钟内完成充电，但是比普通的需要 4—6 h 的充电器贵。电动车的前景取决于电池的发展，而这方面发展迅速。铅电池（Pb/A）的储电能力是 30—40 Wh/kg，镍镉电池（NiCd）为 50—60 Wh/kg，镍氢电池（NiMH）为 50—80 Wh/kg，钠镍氯电池（Zebra）是 95—115 Wh/kg，锂离子电池（Li-ion）为 80—150 Wh/kg，金属锂电池（LMP）为 120—140 Wh/kg。③ 混合动力车。混合动力车（HEV）是一种可以避免电动车缺点的解决方案。混合动力车是电动车和节能车的混合体。车内有两个引擎，一个燃油引擎和一个电动引擎，还有电池系统。混合动力车使用燃油引擎，在引擎停止运转时给电池充电，并且在低速时使用电动引擎提供动力。当加速时两个引擎一起工作。两个引擎在汽车停止时都停止工作，并且制动产生的能量也可以为电池充电。混合动力技术可以节省 20%—30% 的能量。④ 插电混合动力车。插电混合动力车（PHEV）比混合电动车拥有更好的电池，并且在不使用时可以充电。这意味着驾驶这种车进行短途旅行可以完全依靠电力。当电池用完后燃油引擎会继续工作。使用这种车行驶 50 km，75% 的旅程可以依靠电力。一个非常有趣的解决方案是装有生物燃油引擎的插电混合动力车。⑤ 氢能源汽车。许多厂商已经研发出氢能源汽车。氢能源汽车使用传统引擎通过排管放水和氮氧化物。这种车结合了清洁排放和氢气高容量存储两项优点。氢燃料的缺点是容易爆炸，不过将氢气以金属氢的形式储存的技术已经研发出用来代替压力罐储藏方式。氢燃料汽车的最主要问题是能量转化效率低。⑥ 燃料电池车。装备有电动马达的燃料电池车也许是最环保的汽车，但是从输电网

图 4-97　挪威公司的"城市思考"电车

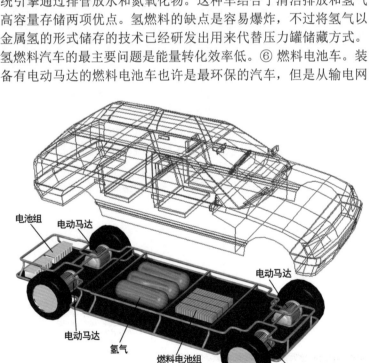

电池组　电动马达

电动马达

电动马达　氢气　燃料电池组

电动马达

图 4-98　燃料电池动力汽车
制造动力火车的方法是将压力槽、燃料电池、电池组以及引擎都放到一个底盘里。电能驱动每个轮子上的小发动机，还可以储存能量到电池组里。不同种类的自动体都被连接到底盘上。插图为雷夫·金德戈恩（Leif Kindgren）绘制

获得电力的插电混合电动车的效率更高（图4-98）。燃料电池车排放物仅仅含有水蒸气。氢气和空气被引进燃料电池中用来产生电力，对环境的冲击力取决于氢气如何生成。例如，一种合理方法是使用太阳能电池进行电解。燃料电池车也许是未来的一个解决方案。

（6）**汽车引擎**。柴油引擎比汽油引擎效能高，但是关于柴油废气的问题在持续探讨中。柴油引擎的二氧化碳排放量比汽油引擎低20%，但是柴油废气中含有更多的氮氧化物和相当多的固体颗粒。从健康角度来讲这些微小颗粒可以造成癌症、心脏病或者引起哮喘。使用柴油引擎需要更好的废气处理装置来减少固体颗粒和二氧化碳排放。对燃料的驱动效率来说汽车柴油机不足22%，而汽油引擎甚至只有18%。混合动力车的效率大约为37%，燃料电池汽车的效率为55%。燃料电池车以氢为燃料，所以混合动力车与燃料电池车的效率大约都是32%。对于混合动力车和电动车来说，使用电能驱动时效率是73%。电动车从风力发电和水力发电提供的电能来驱动的效率是67%。向电力驱动的转变意味着更加节能。

（7）**代用燃料**。乙醇、沼气和RME（油菜籽甲基酯）是瑞典的第一代代用燃料。其中乙醇是使用最为广泛的。乙醇使用甘蔗、玉米或小麦制造。这种燃料因为燃料生产和食物生产之间产生冲突而广受批评，而且从整个生产过程来讲也不节能。RME用来取代柴油，但也由于其废气污染而受到批评。而且RME还不如柴油效率高。沼气也是一种代用燃料，利用有机物废料和腐烂的植物淤泥制成。第二代代用燃料包括用林业废料制成的乙醇和甲醇、DME（二乙醚）（使用林业和有机物废料制成）（图4-99、图4-100）。① 沼气。沼气发展有不错的前景，但它不能代替所有燃料的需要。如果所有的原始废弃物都用来生产沼气，那么20%的车可靠沼气来供给燃料。在目前沼气的流水生产线中，清洗过程中甲烷会泄露，发动机会泄露氮氧化物。一种新的沼气生产技术运用了另一种模式（冷冻技术），可以避免甲烷泄露。使用这种新的汽化技术可以生产更多的沼气。更好的发动机催化剂系统将解决氮氧化物的泄露问题。② 乙醇。在瑞典恩舍尔兹维克市，一家与之同名的公司发展了依靠一种酶和一种改良的酵母从

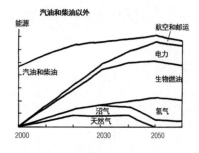

图4-99　瑞典社会自然保护组织预测的车用燃料的发展
资料源于《新技术》，1996:46

图4-100　替代燃料能效方法的比较
一种评价替代燃料能效的方法是比较一辆车利用1 hm² 农田庄稼产出的燃料能跑多远。以这种方法比较出来的结果表明，最有前途的技术是生产汽化的生物燃料。最高能效的生物汽化燃料是二甲醚、甲醇、合成生物柴油和氢气。然而，考虑到可操作性和经济因素，二甲醚和甲醇看来是最有前途的燃料。资料源于《沃尔沃卡车与环境》，2007-08

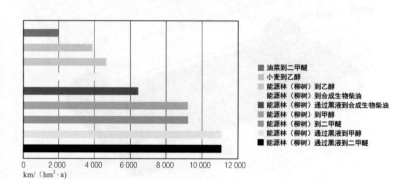

纤维素中提炼乙醇的生产工艺。以这种方法生产能源的效率不是很高（25%），但如果结合一种合适的设备（辅以电流和热量）生产效率将会大大提高（65%）。这种从废弃物中提炼乙醇的方法也可用来生产沼气。在瑞典，其商业化生产在 2015 年得到实现。③ 甲醇。在瑞典韦姆兰（Värmland），甲醇 AB 公司发展了另一种工艺从纤维素中提取甲醇。这种加工过程是在汽化中完成，而且它的能源效率比乙醇高（达到 60%）。④ 二乙醚。DME（二乙醚）是从造纸黑液中提炼出来的。瑞典盛产纸张。生产纸张所产生的废弃物就是造纸黑液。在高温高压的条件下，生物燃料能从中汽化提炼出来。在这个汽化过程中，一种合成气体产生并转化成甲醇或者是合成柴油的综合气体将会产生。DME 的合成需要一种特别的发动机，而甲醇的合成可以依靠改良的柴油发动机，合成柴油则需要柴油发动机。这种方法被检验证明是最有效的一种生产生物燃料的方法。在瑞典皮特奥市，一家专门生产 DME 的工厂于 2013 年完工。⑤ 合成柴油。在瑞典的松兹瓦尔市依靠汽化的方法从纤维素中提取合成柴油（生物柴油）正在计划中。这种合成柴油是由费托法合成，并且一种催化剂用来把一种气体转化成合成柴油。这种合成柴油的优势也可用在一般的柴油机里。芬兰石油公司已经建造了生产这种合成柴油的工厂。

（8）**燃料电池**。燃料电池是一种当氢气在阳极、氧气在阴极就能产生电能的电池。与此同时，在技术条件具备的情况下，将会产生 80—1 000℃ 的高温，依赖于这种技术的使用。燃料电池不仅轻小，没有零件，而且效率很高（大约有 47% 的能量转化为电能），并且能量损失很小。如果拿天然的气体燃料电池与矿物燃料电池相比较，二氧化碳的排放量明显比较低，氮氧化物的排放量几乎为零。当然，这种燃料电池的费用也比较昂贵。一个燃料电池的三个基本组成部分是正极、负极和电解液。有许多不同种类的燃料电池。燃料电池可以用多种不同种类的电解液。它们有磷酸燃料电池（PAFC）、可溶性碳酸盐燃料电池（MCFC）、固体氧化物燃料电池（SOFC）、碱性燃料电池（AFC）和聚合体燃料电池（PEFC）。由于水是主要分解产物，燃料电池的环境污染通常可以忽略不计。然而，分解也会释放少量的氮氧化物。许多人相信燃料电池将是未来主要的能源科技之一（图 4-101）。燃料电池在混合电动车中作为动力来源（图 4-102）。使用燃料电池对驱动马达的电池充电，这样可以达到可观的性能而造成很小的污染。有了电池组，刹车时产生的能量和燃料电池产生的多余能量可以被利用。对于飞机来讲，使用氢气作为动力有两个主要优点：首先，能够减轻重量（单位体积液态氢中储存的能量是喷气式飞机储能的 3 倍）；其次，排放物主要是水蒸气，不会影响到气候变化。氢气的缺点是需要大容量的燃料箱。为了使用氢气作为燃料，必须在 -253℃ 使它液化。这项技术已经发明，并且已经被用在航天领域。氢气可以用来为建筑物提供电力和供暖。氢气动力引擎带动发电机。引擎的冷却水及废气产生的热量用来

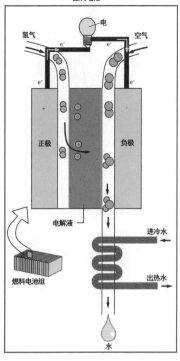

图 4-101　燃料电池工作原理示意图

图 4-102　使用混合电源车技术的卡车和公共汽车
资料源于沃尔沃公司

供暖和生产热水。这样一来，就成为一个完全自主并且环保的系统。科学家正在研发供手机和便携式电脑使用的微型燃料电池。使用这样的燃料电池的手机能够连续使用一个月。氢气之城（氢气城市）是一个关于车辆给建筑供能的有趣概念。燃料电池有一种高效能的设备，它能够在一年中 96% 的时间里实时地保存及输送电力给电网，或给每个住户。这样，这种汽车就不是用作交通工具了。氢气和电能是两种重要的相互关联的能源。而且具有可结合在一个电网中的潜在能力。在可转化的燃料电池中，能量的转化是双向的。电能（从可再生资源中产生的）在燃料电池中将水转化为氢气和氧气。在燃料电池中电能由空气和水产生。汽车是依靠燃料电池中由氢气产生的电能运行的。备有以氢气供能的燃料电池的汽车，当停在房子旁边时，可与房子连接，并为房子提供电力和热能。氢气借贷信用在网上处理。因为有了可转化的燃料电池，氢气能源能在自我生成的同时还能为汽车供能。它为城市的供电和供热设备作出了卓越的贡献。

（9）货物运输及长途运输。 增加本地生产能够减少货运。必要的货运可以通过火车、轮船或者是传送带等相比较长短途卡车消耗较少能量的工具运输（图 4-103）。为了避免在两地之间传送时出现不必要的路途和时间的浪费，后勤工作是十分重要的。可以开发日用品的交付系统，但在经济可行的情况下必须满足一定区域内所有的家庭生活所需。① 公路运输。增加公路上的卡车数量将影响环境和长短途运输的到达与安全的目标。更多的大型运输工具意味着增加公路上来往的交通压力。对于卡车来说，其潜在的经济效益小于私家车，因为卡车的自重大于小汽车。现在的卡车已经使用柴油机引擎，变得更有效率。但因为废气的排放，柴油机引擎的数量被限制。更好的动力机制、更轻的自重、更优的材质、更有效的发动机以及综合的解决方法将使卡车运输变得更有效率。曾经有一个研究表明它们可以将长途运输的效率提高 30%，将短途运输的效率提高 40%。瑞典的卡车制造商提出了一个关于超级电容器的综合概念，它可以代替制动闸系统。随后，这种超级电容器被用于汽车驱动。1997—2010 年度，瑞典国家公路管理局的预测显示，未来卡车运输量将增加近 40%。这需要政治干预运费使卡车运输转向铁路运输和海上运输。瑞典国家议会规定所有的运输系统必须能够承受自身的花费，但公路运输

图 4-103　2040 年平均每人的货运交通能量消费额预测

相比较 1995 年的情况，推测 2040 年平均每人的交通能量消费额。假定每人的占有率（每人每车）和速度是不变的。资料源于《未来的出行》彼得·斯蒂恩（Peter Steen）、乔纳斯·阿克曼（Jonas Åkerman）及其他。环境策略研究中心，KFB 报告（KFB-Report），1997:7

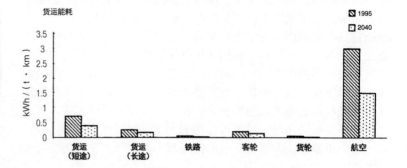

货运能耗

█ 1995
░ 2040

kWh / (t·km)

货运（短途）　货运（长途）　铁路　客轮　货轮　航空

的税收是最高的。高额的公路运输税使得铁路运输和海上运输得益。1 000 m的公路运输税是其他工具跑遍全国的运输税。苏格兰已经引进了1 000 m的公路运输税，还有超过28 t的公路运输是被禁止的。欧盟的几个国家也补充了类似的政策。这些国家将把税收用于公路、铁路以及河道的维护。② 铁路运输。铁路运输是能效很高的。推动火车仅需0.06 kWh/（t·km）的能耗。火车运输以最高160 km/h的速度一个晚上跑1 250 km。如果要拿铁路运输与其他运输相比较，它与重新分布费用的原始船运一样重要（通过陆地运输）。③ 海洋运输。轮船比铁路和公路运输效率更高（图4-104）。国际船运非常便宜，使得长途运输变为可能。海洋运输在将来可能会变得更加重要。海港具有战略意义，不会变成其他功能。河道又将会变得重要。在欧洲，现在有许多新的河道（比如在多瑙河和莱茵河之间以及巴黎和比利时之间）。新种类的船意味着新的运输可能。集装箱轮船因为使用廉价燃料使得海运更有效率。尽管如此，考虑到硫黄和氮氧化物的泄露问题，至今为止船运仍是最脏的一种运输模式。这不仅仅是缺乏先进的技术来减少硫黄和氮氧化物的泄露问题。高速的船运能减少运输时间但花费更多的能源，还对环境产生更大的影响。用船运货是最节能的，但用船运人将会耗费更多的能源。在速度上仍有许多值得我们努力之处。能源的消耗与速度的提高是成二次方增长的。减小船身以及更高效的发动机和传送可以使每只船减少能耗达30%左右。在港口，结合降低10%—15%的速度，可以降低能耗达50%。④ 航空运输。空运在过去的10年中变得更有效率。研究报告表明，它已经节约54%以上的能耗。这得益于材料的变轻以及机身和机翼形状的改善。还得益于组织、减少空座、缩短空运路程、最佳的飞行高度以及"绿色"的降落过程。低速的螺旋桨飞机（640—700 km/h）代替涡轮喷射飞机（820—920 h）可以降低能耗近25%。苏联曾用过使用氢气作燃料的飞机，并且用生物制造煤油。用氢气当燃料的飞机不需要大油箱，它是未来空运问题的解决之道（图4-105）。为了承载笨重的货运，不论齐柏林式飞艇有多慢，它还是复兴了，用来承载重物和人。还有一种节能的飞机是一种特殊的低速飞机，它可以离海平面6 m飞行。从飞机里产生一种低压波以及借助海洋的表面可以帮助其平稳飞行。⑤ 传送带运输。传送带是运输大量液体和气体的一种节能的运输方法。它只限于在有传送带的连续的大陆上使用。

（10）**电子商务**。减少运输的一种方法就是利用科技信息（图4-106）。比如，通过网络购物。越来越多的人通过网络购买食物及其他物品。当邮购到达人们不一定在家时，伊莱克斯公司发明了一种盒子专门用于家庭投递（UDT＝无人照顾投递单元）（图4-107）。这种盒子包括三个独立的隔间：一个冰箱和一个为食物投递用的冷藏库，第三个隔间是放其他物体的。这种盒子有200 L的容量，相当于5包食物。每笔订单的盒子上有一个一

图4-104　地中海俱乐部的巡航舰
其是用发动机驾驶的。仍有许多关于降低化石燃料附属的新种类帆船正在试验中

图4-105　未来的航空飞行器
这种飞行器还处于原型开发阶段。插图为托马斯·汉密尔顿（Tomas Hamilton）绘制

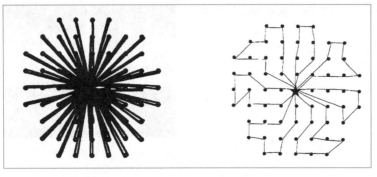

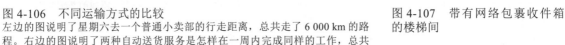

图 4-106　不同运输方式的比较
左边的图说明了星期六去一个普通小卖部的行走距离，总共走了 6 000 km 的路程。右边的图说明了两种自动送货服务是怎样在一周内完成同样的工作，总共走了接近 300 km。这意味着减少了 15 t 的二氧化碳排放量。资料源于克拉斯·布瑞索茨（Claës Breitholtz），1997

图 4-107　带有网络包裹收件箱的楼梯间

次性的代码。一旦投递人员用这个代码打开了盒子把物体放进去，这个代码就失效了。

4.2.3　整体城市

　　发展的趋势指向越来越多的市区及郊区的分裂。人们住在一个地方，工作在另一个地方，休闲在第三个地方，并且购物在第四个地方。换而言之，我们正在建造一个越来越依赖于交通运输的社会。运输意味着大量能源的消耗和环境的污染。一种减少交通部门对环境污染的方法是再次融入不同的功能建造一个"整体城市"（图 4-108），而不是将居住区与工业区、商业区和休闲区分离。

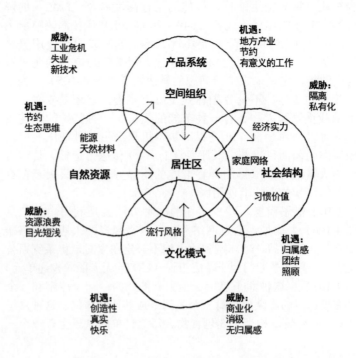

图 4-108　"整体城市"构成图
这个"整体城市"包括了居住区、生产系统、社会结构、文化模式以及大自然

1）城市的未来

从历史学的角度来看，社会正在经历下述的发展。在工业发展前的农业社会，每种功能都定位在离家很近的地方。随着工业的发展，人们除了上班，其他事情都在家里完成。到了工业社会，每种服务都从家转移成了商业交易。在现代社会，人们住在住宅区，而其他功能都完全迁出（图4-109、图4-110）。我们怎样才能使将来的社会变成"整体城市"呢？我们怎样才能建造出不让人们一直从一个地方移动到另一个地方的城市结构呢？这有许多的答案。这些答案的关键都是住得与娱乐场所接近（不是接近家就是在家里）。所有其他活动都发生在网络社区里。其中一个例子就是IT社区，在那里大部分的工作、娱乐休闲及其他服务都发生在家里。人们在网上购物并且电脑连接到工作的地方。尽管如此，工作、娱乐及其他服务也能发生在家外（图4-111）。

（1）郊区商业中心。建立大型商店和在郊外建立商业中心是一种城市变成碎片的典型例子（破碎的分离）。这样的后果就是城市中心和小的商业中心将与生意分离。城市变成少有活力破旧的地方。另外，那些没有车的人去取得他们想要的服务就成为问题。在很多国家，比如丹麦和挪威，建立郊外商业中心也面临禁令和限制。对于一个可持续的社区来说各种服务应该是完整的和容易获得的。在"新都市生活"中，新建造郊外商业中心是被禁止的。它们都被联合安置在城市的街道旁，与城市混合。对于有车的和没车的都能比较方便地到达商店或者大型商店。这被称作运输导向发展（TOD）（图4-112）。

（2）汽车街道。汽车不应该像今天这样占优势。汽车应该被排斥于居住区之外，大部分时间停在大门口的停车场，否则将被限制只能在交通危险多发地的限速地带行驶。例如，在荷兰阿尔卑斯—上莱茵（Alpen-an-Rhein）的伊科尼亚（Ecolonia）生态城，允许汽车直接开到居住区，但它的景观不是一种常规的景观。相反的，步行者的景观很美，有许多树木、长椅、街灯以及茂盛的草地覆盖。他们有"车行自由区""车行限制区"及"安静驾驶区"。在那里车辆完全按步行者的需要行驶。在德国和奥地利的花园城市，道路不是宽的笔直的大道。相反的，他们更加关心这些道路的风景以及使旅途更加有趣的河流。到处都有小广场，人们必须慢下来以便继续找寻他们该走的路。

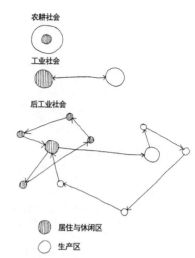

图4-109 不同社会发展阶段的形成量比较
行程量在历史上已经发生了改变：在农业社会几乎没有什么行程量，在工业社会人们需要去工作，而在今天有许多复杂的事需要行程，当然包括大量的休闲娱乐。资料源于《可持续发展的规划》，拉尔斯·奥斯孔格（Lars Orrskog），1993

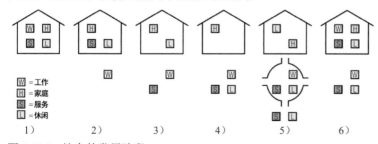

W = 工作
H = 家庭
S = 服务
L = 休闲

1）　2）　3）　4）　5）　6）

图4-110　社会的发展阶段
1）农业社会；2）工业化发展；3）工业社会；4）服务社会；5）未来的网络社会；6）未来的信息社会

图4-111　瑞典的行程类型
在瑞典，其行程大体上可分为三个部分：1/3的行程是去工作、1/3的行程是去购物及1/3的行程是去休闲娱乐。而且去休闲娱乐的行程量正在增加

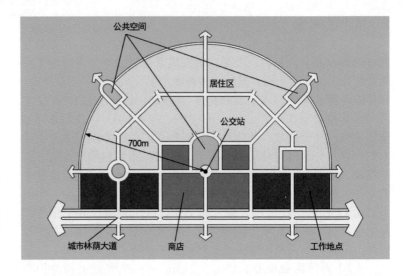

图 4-112　TOD 模式

这个 TOD 是一种多功能的混合城市模式，靠步行、自行车或者是汽车都能轻松到达城市中心。在城市中心，商店和公共交通系统都散落于城市的街道上。资料源于《下一代美国大都市——生态、社区、美国梦》，彼得·卡尔索普（Peter Calthorpe），1993

（3）新都市生活。破碎的城市在去工作的路途和时间上都有增长。这种现象在美国尤为明显，他们每人的汽油消费量多于世界其他地区。一种被称为"新都市生活"的运动正在发展中。他们是为了寻求一种方法来打破如果你要从一个功能去完成另一个功能就不得不上高速的生活。这个新都市生活把欧洲的城市比作理想城市。他们正在试图创造一个综合的城市区域，再创一个公共空间，并且把这些功能间的距离拿走（图 4-113 至图 4-115）。好的功能型城市区域是以有可识别的城市中心为目标。而且靠步行走到城市的任何一个边缘应该只需 10 分钟。城市的距离应该是完整的，并且还要包括各种收入阶层的住房、工作的地方、商店、学校以及儿童步行可达的游乐场。街道应该是成方格状的，没有死胡同，而且任何一个地方双向行驶都是可到达的。但是街道必须是窄的，以保证车辆必须慢行，还要有足够的空间给步行者和骑自行车的人。街道必须有足够的空间种树。在市中心的建筑必须挨得很紧以便创造一种城市的感觉，并且最好的空间要留给文化活动使用。在瑞典，部分的这种城市发展体系已经被运用，比如，在临近厄勒海峡（Öresund）的洛马（Lomma）海港就有一个这样的新城区。有两种郊区结构尺度会产生问题，它们是交通区分和功能分离。死胡同缺乏目的地并且使工作路线复杂化，还阻止了高效的公共交通的发展。混合的功能和整合的交通体系是社会服务、商业以及住宅创造的街道安全的先决条件。

2）适宜尺度的城市

现在城市的发展趋势是巨大的城市，也被称为需要巨大资源的大城市。创造一个生态平衡的城市最容易达到的就是一个合适的尺度。能源房的创建和可再生资源的利用已经达到了一个很高的水平。但最大的问题是正在稳步增长的交通量。在一个中型城市，交通量远小于特大城市和农村。应该增加在中型城市的投资，而不是扩大特大城市或者是发展原始的农村。

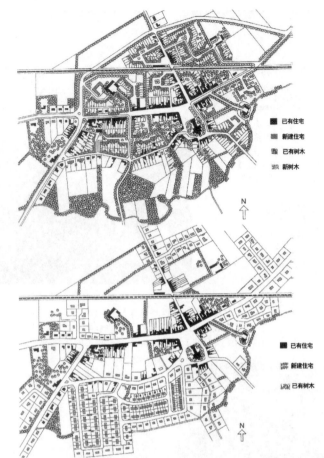

图 4-113　综合型小城市与扩张型城市的对比

上面的图说明了绿色结构已经发展起来的综合型小城市的例子。下面的图说明了在小社区里经常发生的事情，由于小家庭的扩张，发展成大家庭（城市的扩张），破坏了小城市的亲密感。资料源于《可持续和健康的建筑和生活——依据生物生态准则》，雨果·范德施塔特（Hugo Vanderstadt），1996

图 4-114　破碎城市与整合城市的对比

该图上部分是碎片城市的交通图，在这里甚至短途的行程都需要上拥挤不堪的高速。图的下部分说明在整合的城市，短途的行程只需要在城市的街道上就能达到。资料源于《新都市主义的章程》，兰德尔·阿伦特（Randall Arendt）及其他人的论文，1999

图 4-115　洛马海港规划图

在洛马（Lomma）海港，一种新型的城市大道区域已经计划实施 15 年了。在这里，容积率是 e=0.5（e= 建造面积除以占地面积），也就是说这里的房子大部分都是两到三层。这里的主题是低矮、紧密、城市、丰富和健全。这个地方的结构创造了一种需要混合住宅的条件，并且在逐步的扩张中。这里公共街道和私有财产的联系是很清楚的。资料源于布鲁伯格·福士德（Brunnberg-Forshed）建筑师事务所有限公司

小贴士 4-5　欧洲的生态城市

　　为了维持可持续发展，城市已经没有足够的空间建造可持续建筑。在欧洲的一些地方一些建筑正在成为可持续城市的一部分（图 4-116 至图 4-121）。

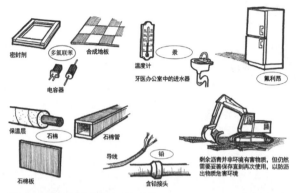

图 4-116　德国弗赖堡的沃邦（Vauban）
其是德国最有趣的新兴城镇，有轨电车连接了城市的中心区。汽车在居住区严格限制：汽车在住宅区必须缓行，且必须停在车库。街道更多地被用作孩子们玩耍的地方而不是车行道。房屋采用了有效节能及被动式设计。很多建筑有太阳能集热器，在墙上及屋顶上装有太阳能电池。尽管高密度，但是在各个建筑物之间依然有美丽的绿地和花园。资料源于弗赖堡城

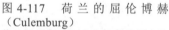

图 4-117　荷兰的屈伦博赫（Culemburg）
其已经扩展成一个水体保护区。住房采用被动式太阳能搜集器及太阳能电池。车辆由手动门限制。水系统分成雨水、交通用水、灰水及黑水系统。在这里还有果园及市区农场。农场排放的黑水及有机水由生物体净化。灰水由人工湿地净化。这个地区被分成几块，其中有住户种植及照管的共享花园。资料源于 E.V.A. 基金会，兰克思米尔（Lanxmeer），屈伦博赫（Culemburg）

图 4-118　德国图宾根（Tübingen）镇法国区（Französiches Viertel）
这是以前法军驻地的延伸。当初的想法是在不新增郊区的情况下扩大城镇。这个思想的指导原则是混合功能以及小的交通短距离。混合功能的意思是在每幢建筑里都有住宅、工作地点以及商店。交通短距离意味着有连接镇中心的人行道和自行车道，以及好的公共交通，并且汽车限用。其中有意思的部分是土地卖给那些在土地利用上符合当地城市规划的人而不是开发商。规划中的用地小而具有可调性，这样符合建造者的愿望。资料源于萨德斯坦德（Südstadt）开发区，图宾根（Tübingen）

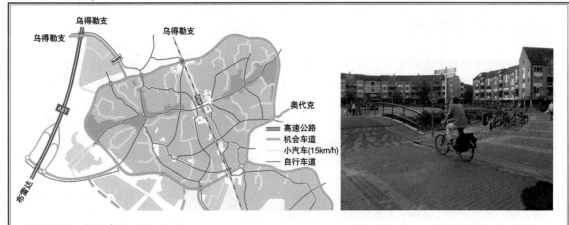

图 4-119　荷兰豪滕（Houten）
豪滕靠近乌得勒支，是一个拥有50 000名居民的自行车之城。这里有独一无二的交通系统，自行车是主要的交通工具。在城市的中心，有一个火车站连接它和乌得勒支。在火车站旁有一个2 000辆自行车容量的自行车库。它的交通系统就是把自行车和汽车的道路分开设置。主要的道路只供自行车行走，步行者走人行道。这个城市被一条外环路包围着，它是外面的人到城市的唯一道路。资料源于豪滕委员会（The Houten Council）

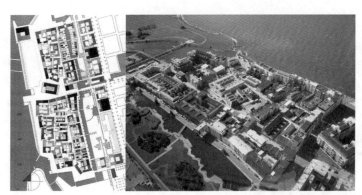

图 4-120　瑞典马尔默的BO01
其是城市沿海的新区，它取代了旧的船坞。BO01始于2001的住宅展。住区利用的是可再生能源。新区的建筑物、街道以及水资源进行了创造性的整合。最有趣的部分是BO01的规划：多样性及人性尺度是设计的主题。建筑师克拉斯·谭（Klas Tham）对这个新城规划的灵感来自于古罗马和中世纪的城市。资料源于规划建筑师：克拉斯·谭（Klas Tham）；摄影：罗尼·贝里斯特伦（Ronny Bergström），马尔默城市规划行政中心（Malmö City Planning Administration）

图 4-121　斯德哥尔摩哈默比湖城
该城始建于2000年。这个工程取代了湖边的老工业区。修建的目的是为了对比传统建筑中水、电及热的使用分配。新城里有分别的系统处理雨水、交通水及污水。有机垃圾经过特殊处理得以进化，这样可以排入土壤用来耕种。汽车燃料用的沼气是通过净化过程生产的。斯德哥尔摩的北尤尔格丹（Norra Djurgårdsstaden）地区也是以生态规划为导向。资料源于斯德哥尔摩城市规划局

小贴士 4-6　花园城市

　　花园城市的概念最初是由英国的霍华德于 1898 年在"明日的花园城市"中提出来的（图 4-122）。它在石头建造的拥挤城市中给人们创造了一个健康生活的处所。英国的建筑师雷蒙德·昂温（Raymond Unwin）想实现花园城市的这一概念。他写了一本书题为《城市规划实践》。在伦敦以北 50 km 的一个叫莱奇沃思（Letchworth）的地方，首先于 1903 年开始建造了一个花园城市。在德国，人们对花园城市的概念也十分有兴趣，在柏林他们最早建造了赫勒劳（Hellerau，1908）和史塔肯（Staaken，1914—1917）的花园城市。瑞典最早的花园城市是在斯德哥尔摩的老恩斯克德（Gamla Enskede）。瑞典的花园城市的特点是包括了许多不同种类的住宅，比如独立式住宅、半独立式住宅、联排住宅和小公寓楼。这里的容积率 e（建筑总面积除以占地面积）大概在 0.15—0.4 之间。当新的矮小而压实的城市结构发展起来后，像是卢马（Lomma）海港，这里的容积率就尽量低于 0.5。

　　隆德工学院（LTH, Lund Institute of Technology）的约翰·劳德伯格（Johan Rådberg）教授认为，花园城市可以作为生态发展的一个模范（图 4-123）。预定的城市规划决定了花园城市的结构属性，并描绘了它的特征。它非常重要的标准是适度的密度、花园式建筑、三层楼的限高以及传统的街道网格。

　　三层限高有许多的原因。一个原因是为了建立多家庭使用的花园。在一个三层楼高的公寓里，才有可能使住在顶层的人与住在底层的人联系。

　　传统的网格式街道造就了花园城市。所有的建筑原则上都沿街布置。这样，建筑有许多不同的面，有一个公共面对着街道，有一个私人的面对着花园。另外一个花园城市结构的组成部分是在商店和公共交往场所也要有集会的空间或者是广场。这是创造花园城市特色气氛的小场所（图 4-124）。

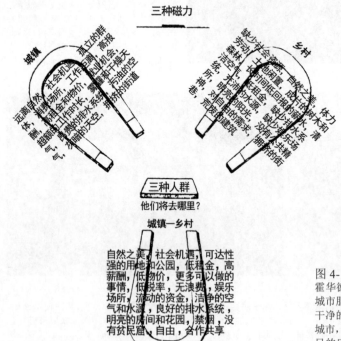

图 4-122　花园城市的三种磁力
霍华德描述的花园城市具有三个吸引人的地方：城市服务与文化的挑选，国家的耕地、大自然和干净的环境，以及作为一个新的有吸引力的花园城市，它要集中城市和国家的优点。资料源于《明日的田园城市》，埃比尼泽·霍华德（Ebenezer Howard），1902

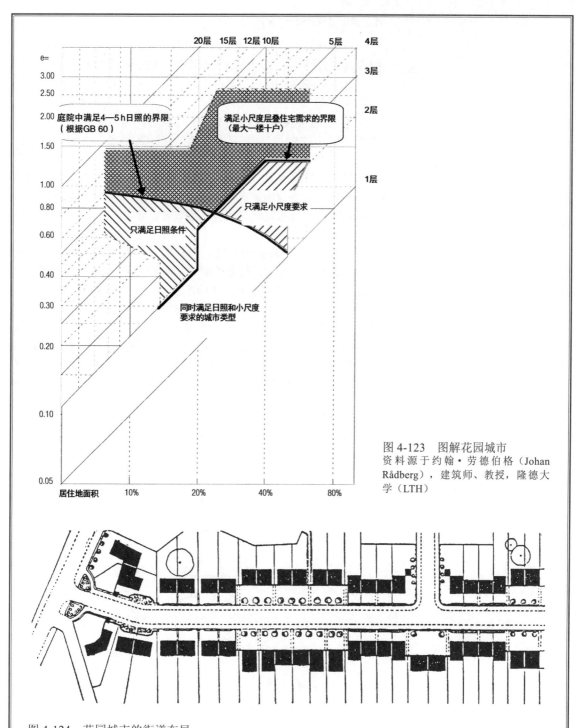

图 4-123　图解花园城市
资料源于约翰·劳德伯格（Johan Rådberg），建筑师、教授，隆德大学（LTH）

图中文字：

20层　15层　12层10层　　5层　4层

e=
3.00　　　　　　　　　　　　　　　　3层
2.50　　　　　　　　　　　　　　　　2层
2.00　庭院中满足4—5h日照的界限　满足小尺度层叠住宅需求的界限
　　　（根据GB 60）　　　　　　（最大一楼十户）
1.50
　　　　　　　　　　　　　　　　　　1层
1.00
0.80　　　　　　　　　只满足小尺度要求
　　　只满足日照条件
0.60
0.40
　　　同时满足日照和小尺度
0.30　要求的城市类型
0.20

0.10

0.05
居住地面积　　10%　　20%　　40%　80%

图 4-124　花园城市的街道布局
当城市规划者布置花园城市的街道时，显示出了他们非凡的才能。为了联系街道和使不同种类的篱笆在花园城市里"强调它们的作用"，建筑的选址是一个很重要的问题：怎样在十字路口创造一个美丽的街道景观？怎样设计开敞的空间和广场？怎样使车辆慢下来？资料源于《城镇规划实践》，雷蒙德·昂温（Raymond Unwin），1909

4.2.4　城市与乡村

城市规划向来只关注城市而忽略了乡村。在生态的社会中，城市、乡村和他们之间的地带应该在规划中同时被考虑。

1）城市与乡村的互动

（1）**城乡关系**。城市周围没有乡村，城市是不可能生存下去的（图4-125）。除非有不合理的长距离交通。将城市看成绿色地图上的红点的方法已经过时了，在可持续社会中，乡村地带更像是一个网络结构，拥有城市和乡村。城市需要食物和生物燃料，乡村中的农业活动可以为城市提供这些产品。城市提供可以生物分解的垃圾和富营养的废水给农业。城市人需要接近大自然，乡下人需要社会和文化活动。

（2）**生产与消费的接近**。国际贸易使对运输业的需求持续上升，这不符合可持续社会的需要（图4-126）。我们必须明白，大部分日用品可以在本地生产而不需要参与国际竞争。最好的例子是本地的食品生产。对于食物的生命循环的比较分析表明，本地生产的食品对环境影响要小得多。如果营养物可以反作用于农业，接近将成为优势。还有，许多食品不易保存，较短的运输路程就意味着较好的质量。厄兰岛（Öland）的胡萝卜运往哥德堡（Gothenburg）储存，随后再运往厄兰岛和其他地方销售。当有了新西兰的进口苹果后，本地的苹果就只能烂在地里。甚至生物燃油也应该在本地生产。为了达到可持续发展，农业应该与其他商业活动区分开来。同样，大量使用的建材也应该在本地生产，

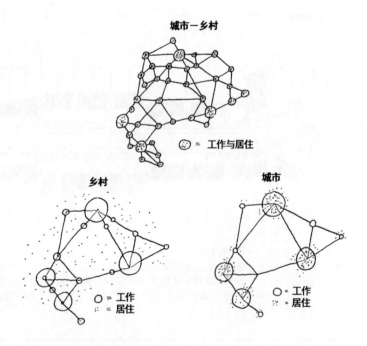

图4-125　城市—乡村、乡村、城市发展关系示意图
分散的集中源于城市—乡村的概念

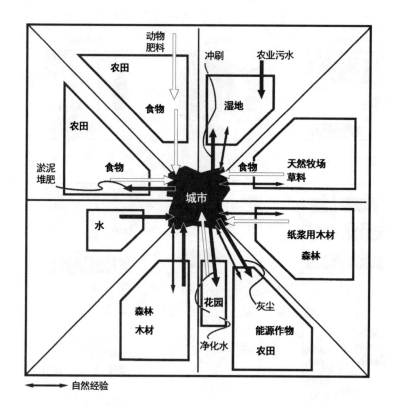

图 4-126　城市与周围区域的关系示意图
生态循环是新的挑战。围绕着城区的空间和可持续社会需要的空间。资料源于《瑞典 2009，愿景提案》，建筑及规划报告，1994:14

从而避免不必要的运输和污染。人们越来越倾向于使用进口材料。回收部门也从本地网络中收益，例如旧建材回收业。

2）可持续的城市

一个不与周围乡村互动的城市不可能是可持续的。对于可持续的未来规划，需要同时处理好城市与乡村的问题。行政区的划分应该与此相符。然而，行政区的划分不一定与规划边界相符。因此，行政区之间必须相互合作以求发展（图 4-127）。

（1）**土地利用。** ① 耕地。耕地应该被保护并主要用于生产食物。食品业必须生态，这意味着避免化学农药的使用与化肥的使用。耕地、草地、牧场、休耕地的交替使用有助于提高土壤肥力、改善土壤成分和增加腐殖质含量。另一个重要方面是有利于牧草与牲畜的数量平衡，防止水土流失。部分耕地也可用于种植。② 森林。森林是提供木材、纸和生物能的重要资源。林业应该以更加生态的方式进行。生物多样性和美丽的自然地带应该得到保护。森林还是蘑菇、梅子的产地，并有野生动物可供猎食。森林和其他自然地带的重要性不能被忽视。山坡上与河边的树木能够有效防止水土流失。③ 水域和湿地。水域和湿地对于人类生存至关重要，能够提供饮用水，必须得到保护。湿地是天然的养料供给，还能净化污水。水规划应该更加多样化，这意味着规划应该保护地下水、地表水和雨水，还有怎样生产饮用水以及在哪里取水。水产业生产食物和能源作物，应该成为系统的一部分。水力和潮

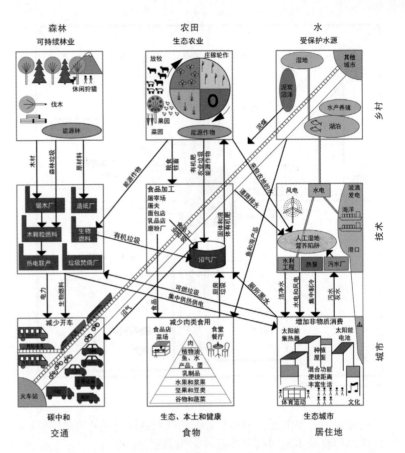

图 4-127　可持续城市发展关系示意图

在可持续的行政区中，城市和乡村紧密相连。许多不同的生态循环连接着城市和乡村，为社会提供基本需要。目标并不是自给自足，而是更有效地使用本地资源，避免养料流失，尽量减少气候变化，从而促进地方文化、生产和经济的繁荣

汐能的使用应该提上议程。开阔地带、海滩、浅水这些风力较大的地方可以使用风能。

城市应很好地与周围地区结合，并且与自然相和谐。珍贵的自然资源应得到保护。开发活动应控制在适当的区域进行，并在高密度与低密度之间取得平衡。城市结构应与交通结构相结合，目的是将交通流量减少到最低。通过"多用途城市"的规划，可以用最短距离到达最多功能区。城市规划也应在生态层面上加以考虑以改善本地的微气候。绿地和水域对于城市空气的净化和改善至关重要，也是生物—气候设计的一部分。生态走廊、林荫大道、生态公园应贯穿在城市结构中。

（2）**基本需要**。① 交通。交通系统应划分为步行和车行、公共交通、火车、家用车和货运系统。重点应在步行、自行车和公共交通上，这样就不会让汽车占领城市。还应该为环保车辆（节能的混合动力车）和零 CO_2 排放的燃料作出计划。② 居住。居住区应当适应当地气候，并进行能量调节。住宅应该取消供暖系统（被动式住宅），或减少供暖需求。供暖与热水供应由可再生能源支持。节电和节水设备应该像垃圾分类一样被使用。一个好的室内气候是指无害的材料和有效的通风。③ 饮食。食物应在当地采用生态农业的方式生产。食物的质量和口味是首要目标。西方世界的一个大问题是，因为工业化生产的食物中含有化学农

药，并且营养和维生素含量都低于天然食品，人们由于长期食用而引发肥胖。由于肉类生产需要消耗大量资源，所以应该减少肉类消费。④ 生活。城市规划的目的是创造适应人体尺度的城市生活。城市应当成为一个人们可以在其中生活、工作、获得服务、参与娱乐的美好、安全、健康而美丽的场所。城市应当属于每个人。多样的城市生活闪耀着光彩。城市中，每个人的文化水平和社会身份得到提升。一个民主的城市应该让市民参与城市规划。可持续的生活方式是指应该有更多的精神消费而不是更多的物质消费。

（3）技术。① 运输。运输不该再依靠化石燃料。从有机废料生产沼气、从能源作物生产酒精、从林业原料生产甲醇和从有机材料生产生物柴油的技术已经产生。未来的汽车和货车使用插电混合动力技术将更加节能。电动车可以用于公共交通和短途交通。燃料电池技术和氢能源技术也是解决方法之一。② 住宅。城市中的住宅可以使用中央空调来进行温度调节。电力和热力或冷气可以在联合发电站中同时产生。联合发电站使用林业、农业、工业和住宅中产生的可燃废料作为燃料。生产建筑材料的锯木厂和用林业废料生产燃料球的工厂将成为重要的本地产业。热泵技术也可以在能源系统中占有一席之地。太阳能光电收集器可以铺满南向的屋顶和立面。有了这些技术以后，城市可以自我发电了（图4-128）。③ 食品。食品产业也应该在其组成基础上生态和本地化。需要在屠宰场、牛奶店、磨坊、面包房、酿酒厂等地方实现生态化。同样需要的是一个销售系统，这样本地农户的产品就能够被销售到农产品市场、健康食品商店或者直接销售到消费者手中。政治手段可以用来激励本地产品在学校、医院或其他公共福利机构中销售。本地农户和餐馆之间的协作也可以协助推广健康食品。④ 垃圾。垃圾也是一种资源。它主要可以被分为两个部分：有机物废料和无机物废料。无机物废料应该在处理中最小化，将碎片分类、再生和再利用。有毒废料必须谨慎处理。有机废料在营养循环和保持土壤肥力中有重要作用。它应该避免污染，被沼气站利用或者送回耕地进行堆肥。在耕地中保持高腐殖质含量是生态农业中很重要的一环。可燃废料可作为联合发电站的燃料。纸张可以被再生作为绝缘材料（纤维素）。⑤ 污水。污水可以被分类，如黑水（厕所污水）、灰水（淋浴、洗衣、洗盘子的污水）、交通水（停车场和街道的污水）。每类污水有其不同的处理方式，黑水（营养含量高）可以用来制造沼气。

图4-128　瑞典恩雪平（Enköping）的污水设备和能量站
瑞典恩雪平（Enköping）是利用技术运作来连接乡村与城镇的一个很好的例子。提供整个镇热量和电力的发热发电设备的燃料来自一个能量站的集成电路。能量站由污水提供能量。污水设备由地方供暖系统的回水加热。将来的系统将由沼气设备来补充。这张图片是从热电厂的屋顶拍摄的。资料源于 ENA 能源公司，恩雪平

3）生态社会中的流

在设计可持续社会时，规划不仅仅是为发展而制定，同时也要考虑到适应气候、绿化、水域、废水排放、废物处理、能源供给、交通和城市中的社交和文化生活。每个独立的规划都具有其独立的流程。① 气候。规划通常首先考虑气候问题，而以本地的微气候为起点。在瑞典，气候的问题首先应考虑避免大风地带、阴

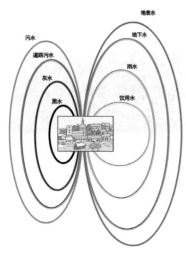

图 4-129 污水和地表水
每种类型的规划都有流量研究。在水的规划设计中应组织净水和污水两套系统

冷环境、潮湿地区和寒冷的低地。户外空间、阳台和平台应布置在向阳而避风的地方。由于自然条件，对气候的考虑和其他气候区完全不同。② 绿化。景观规划包括一系列的绿化规划，这项工程同时包括公有土地和私有土地的规划。规划包括城市中的植被种植，例如公园、街道环境、广场、建筑周边和城市周边的环境，也包括农林业区、园艺和未开发地区的规划。以生物多样性和本地能源和食品生产为目标。③ 水域。水规划确保各种水源，如地表水、地下水、雨水、洁净水的清洁和适当使用。废水规划提供处理和净化各种废水的方法：表面水、道路污水、民用污水等。计划也包括水中的养分回收和净化水的再利用（图 4-129、图 4-130）。④ 废物处理。废物处理规划包括垃圾分类、有机物分离、回收利用、化学废料收集、废品处理（燃烧或填埋）。废物处理的方法也是计划的一部分，包括有机废物处理（污泥、堆肥、沥出液和沼气）、垃圾处理（在何地如何处理可燃垃圾和填埋垃圾）。同样，将化学废料无害化处理的系统也包括在计划内。⑤ 能源。能源规划负责处理本地可再生能源的生产（发电、太阳能收集、太阳能电池、风力和水力发电）、分配、地区供暖、空调和燃料供应（图 4-131）。⑥ 沼气。沼气的生产、使用和处理环节是紧密相连的，因此很难将沼气融入以上环节中。用于生产沼气的作物在绿化环节中产生（水中的污泥和有机物），最终产品在不同的流程中实现。比如，沼气在能源流程中产生，固态和液态废料在绿化环节中产生。沼气被认为是可持续社会中组织各种流程的关键。⑦ 交通。交通规划处理旅客交通（行人、自行车、公共交通和私家车交通）、货运交通（火

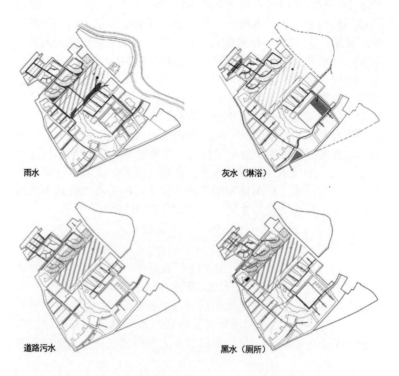

雨水　　　　　　　　　　　　　　灰水（淋浴）

道路污水　　　　　　　　　　　　黑水（厕所）

图 4-130 荷兰屈伦博赫（Culemburg）的污水系统规划
资料源于约阿希姆·伊布（Joachim Eble）建筑事务所

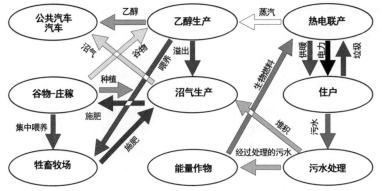

图 4-131　能源系统示意图
理想的配合效果能通过整合不同的生态技术达到：在某一过程的垃圾可作为下一过程的原料。这张图表示了把瑞典诺尔雪平（Norrköping）的汉德索（Händelsö）和恩雪平（Enköping）地区能源系统结合起来的可能性

车、铁路、船舶、飞机与管道交通）。交通运输包括许多层级，例如：高速列车、地区火车、往返列车与电车。因此，交通换乘站的选址和建造也很重要。⑧ 社交和文化生活。发展规划关心的是不同功能的选址（居住、工作、服务和娱乐）上彼此靠近。居住区应避免种族隔离。工作区应在居住区内部，并可以通过交通网络很快到达。购物中心不得设立在城外，因为这样必须驾车才能到达。学校、幼儿园、休闲场所应位于步行和自行车交通的可达范围内，如此规划可以避免儿童常常需要乘车。市中心应具有活力，设有文化活动中心、咖啡厅、广场等。已有的建筑尽可能保留（图 4-132、图 4-133）。

图 4-132　台南县附近的新城
这座新城运用生态原则规划而成，大约有 25 000 人口。高速铁路贯穿台湾南北。火车站附近将建立新城，因为铁路不经过已有的城市。规划由 GAIA 国际建筑事务所提出：瓦瑞斯·博卡德斯（Varis Bokalders，瑞典），克里斯·巴特斯（Chris Butters，挪威），约阿希姆·伊布（Joachim Eble，德国）和罗尔夫·麦瑟（Rolf Messersmith，德国）；合作者是 EDS 设计公司——台湾本土规划团队；建筑生活（Archilife）基金会，还有由台湾学者组成的多学科顾问团。1. 高速列车；2. 电车，"轻轨"；3. 快捷公交；4. 本地公交；5. 自行车道；6. 步行道；7. 本地电动出租车；8. 绿色大学；9. 工业科研；10. 居住办公区；11. 花园城；12. 中国城礼堂；13. 生态村庄；14. 展览区；15. 服务区域；16. 学校；17. 中学；18. 寺庙；19. 火车站；20. 酒店；21. 体育设施；22. 永久文化园；23. 森林；24. 生态农业；25. 河谷植物；26. 作物公园；27. 街道树木；28. 养猪场；29. 人工湿地；30. 水库；31. 水池和喷泉；32. 冲刷系统；33. 黑水系统；34. 家庭污水系统；35. 河水净化；36. 能量作物；37. 沼气厂；38. 重要冷气厂；39. 太阳能电池屋顶；40. 太阳能板屋顶；41. 风力发电机；42. 甲醇工厂

图 4-133　台南新城规划鸟瞰

1）可持续的城市

可持续的城市是与人、自然、未来三者和谐的城市。

（1）**城市和周边的乡村**。① 与自然平衡的城市；② 珍贵的自然环境和肥沃土地受到保护的城市；③ 与区域发展相协调的城市；④ 在适当区域集中开发的城市。

（2）**城市的资源与流动**。① 节约资源的城市；② 适应气候的城市；③ 产生可再生能源的城市（图 4-134）；④ 水域得到保护和利用的城市；⑤ 处理和净化污水的城市（图 4-135）；⑥ 处理和再利用废品的城市；⑦ 拥有生物多样性的绿色城市；⑧ 经济实力强的城市。

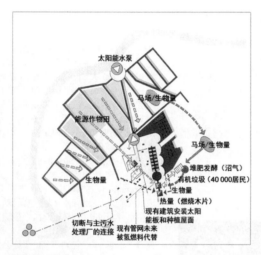

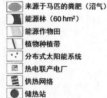

图 4-134　能量种植
能量种植包括能源作物、能源森林和河边树木的形式，为中央热电厂提供原料用于发电和为周边地区供暖。沼气厂的原料来源于牧马场的肥料和生物废料。太阳能收集和热量储存。沼气和太阳热能连接到区域供暖系统

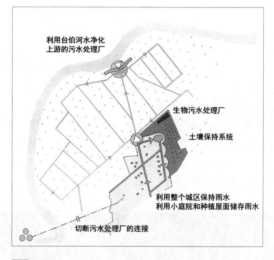

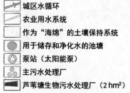

图 4-135　雨水管理方法
使用池塘作为水库的雨水管理的方法。田里有灌溉渠，使土壤保持湿润。地区内有泵站和生物净化的植物

（3）**城市与汽车**。① 每个地方都便于到达的城市；② 在集中和分散中找到平衡的城市；③ 为行人、骑车人和乘坐公共交通的人们着想的城市；④ 与国际接轨的城市。

（4）**城市建筑的质量标准**。① 建筑与城市规划的想法和内容相符合；② 适应气候（图 4-136）；③ 节约资源；④ 成为生态链中的一环（图 4-137）；⑤ 健康的居住。

（5）**城市与人**。① 每个人的城市；② 多样化的城市；③ 生活多彩的城市；④ 以人为本的城市；⑤ 安全、舒适、有益健康的城市；⑥ 可持续的城市生活方式；⑦ 市民参与规划和管理的城市；⑧ 拥

有文化同一性和社会多元化的城市。

（6）城市和未来。对可持续发展作出贡献并给未来带来希望的城市。

2）罗马附近的奥斯蒂亚（Ostia）

在罗马城外的奥斯蒂亚城生态规划中 [由马西莫·巴斯蒂安尼（Massimo Bastiani）、瓦莱里奥·卡尔德拉罗（Vlerio Calderaro）和乔金·伊布（Joakim Eble）完成]，出发点是场地的自然环境。水文地质的研究、植物和作物的研究、微气候、区域的历史和城市发展史都是规划的依据。

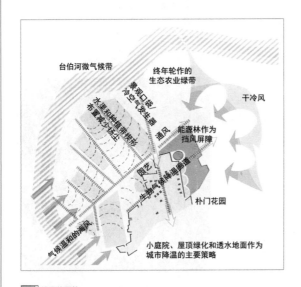

图 4-136　气候的适应
防护林带有助于防止干旱和冷风。开敞的走廊有利于引入海风。植被和运河能够防沙和通过蒸发降温。院子的排列制造了宜人的微气候

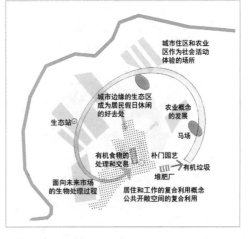

图 4-137　有机物的生态循环
农业、园艺和农耕文化产业，处理和出售食物的市场，肥料工厂和有机物分类，居住区和耕地之间的边缘地带使城市和乡村之间产生互动

小贴士 4-8　马略卡岛的帕尔玛（西班牙）的扩展规划

建筑师理查德·罗杰斯负责"阳光村"的提议，马略卡岛的帕尔玛扩展可以作为生态社区的规划样板（图 4-138 至图 4-141）。

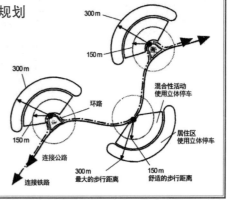

图 4-138　运输系统和舒适的步行距离
资料源于《可持续的建筑——原则、范式和案例研究》，詹姆斯·斯蒂尔（James Steele），1997

图 4-139　城市模式的形成
城市模式的形成主要靠特有的选址将各种因素融为整体。水、耕地、交通系统、社会生活和能源一起合作。能源农场是计划里的一部分。这三个地区的能源供给都靠太阳能和生物燃料，拒绝焚化。地形学和水在流域里的运动是计划工作的出发点。所有的水都将被耕地和住宅所用。流出的水都是纯净的，并被当成一种资源。资料源于《建筑与城市规划中的太阳能》，托马斯·赫尔佐格（Thomas Herzog）主编，1996

图 4-140　"地形学"城市规划的模型照片
三个城镇区域是对区域地形学研究的结果。到镇中心舒适的步行距离是评价每个区域面积的标准。在城市中心，目标是多样性的活动，居住区、服务区、工作区被整合在一起。中心区的发展受到与种植园和耕地相结合的居住区的控制。资料源于"建筑与城市规划中的太阳能"，托马斯·赫尔佐格（Thomas Herzog）主编，1996

图 4-141　某地区规划平面图
地形和水系会影响城市规划。植被区和开发区互相交织。资料源于《可持续的建筑——原则、范式和案例研究》，詹姆斯·斯蒂尔（James Steele），1997

4.2.5 文化价值

很难找到一处没有受到人工干预的自然环境。拥有大量文化遗产的地区影响到我们和我们的艺术审美。因此，对于这些地方，它们的自然价值和艺术、文化、历史价值同样重要，应该得到使用、保护和开发。文化适应包括对已有文化价值的保护，将它们整合到未来社会中，还有发扬本土文化和特殊形式。

1）建筑传统

如果生态地建造建筑，并且关注本土材料的使用和气候的适应，本土建筑传统便能被发扬光大。在瑞典，建筑类型在不同地区有很大区别，取决于当地的建筑材料与建筑技术。在斯科纳（Skåne）有木架抹灰的房屋，在达拉纳（Dalarna）有原木的房屋，在梅代尔帕德（Medelpad）有外部设木板并华丽装饰的房屋，在哥特兰岛（Gotland）有石质的房屋，而厄兰岛（Öland）有框架板结构的住宅。典型的建筑形式是斯科纳的茅草屋顶、达尔斯兰（Dalsland）的石板屋顶和瓦西曼岛（Västmanland）的铁质烟囱。不同的建筑类型：如布莱金厄省小屋（Blekingestuga），是一种有高阁楼并且中部有较低的部分 ["茅屋"（stuga）] 的房子；斯凯尼兰卡（skånelänga）是一种有院子的长房子；哈兰德斯兰卡（hallandslänga）是达拉纳（Dalarna）农场上的木房子；哈尔斯格（Hälsinge）的大农庄由建筑和等大的外物组成；托纳代（Tornedal）住宅"pörtebyggnad"是一种在冬天所有人都住在最大房间 ["舱"（pörtet）] 的建筑（图 4-142 至图 4-146）。

2）新的老式建筑

在有些地区，地方博物馆请建筑师设计与老建筑融合得很好的建筑。这些例子中，建筑师以本地建筑类型作为起点，并将它们设计得适合现代人居住。1992 年在厄勒布鲁（Örebro）举办的住宅展上，出现了一种新的内尔彻（Närke）住宅（风格来源于厄勒布鲁南部地区）（图 4-147）。令人惊讶的是，老式的布局很好地融合进现代住宅中（图 4-148）。另一个值得注意的例子是索尔比（Sörby）住宅，来源于 18 世纪的木头房子，在国家博物馆馆长拉尔斯·舍贝里（Lars Sjöberg）的推动下完成。1998 年，这个住宅在国家博物馆外面等比例展出。

图 4-142　奥纳斯（Ornäs）住宅
该住宅是 16 世纪的一所富人住宅，坐落于博伦厄（Borlänge）和法伦（Falun）之间

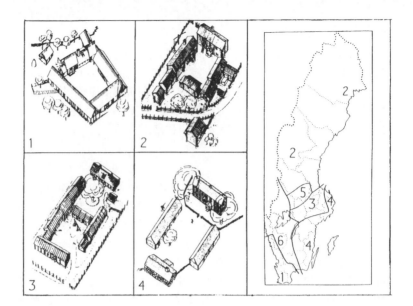

图 4-143　按照建筑传统对瑞典建筑的分类
可以找到四种农场建筑的类型：1.瑞典南部斯科纳（Skåne）和哈兰德（Halland）的农场建筑；2.达拉纳（Dalarna）和更北部的瑞典北部农场建筑；3.乌普兰（Uppland）、梅拉（Mälar）和赫尔默（Hjälmar）地区的瑞典中部农场建筑；4.布莱金厄（Blekinge）和东海岸的耶阿特（Geatish）农场；5.混合类型的农场建筑；6.不规则的和分散的农场建筑形式。资料源于《地理公告》，埃里克森（Erixon），1949

图 4-144　瑞典南部的耶阿特人（Geatish）建筑（18 世纪）
瑞典的建筑传统受到当地气候的影响，也受到材料和文化个性的影响。该建筑位于布莱金厄（Blekinge）的克库特（Kyrkhult），已经被迁移到斯德哥尔摩的斯堪森（Skansen）户外博物馆。这是典型的瑞典东南部建筑

图 4-145　石头住宅
该住宅在哥特兰岛最为常见，在乡村也是

图 4-146　托纳德（Tornedal）住宅
该 住 宅 位 于 Kommes, Niskanpää,
Övertorneå，瑞典最北部，在冬天，
外部的门廊会上锁，只有最大的房间
有供暖

图 4-147　内尔彻（Närke）老住宅
资料源于建筑师杰克·奥尔顿（Jerk
Alton）的调查

　　（1）**传统布局**。许多传统类型的住宅从木材的质地和长度
进行设计以节省材料。传统的布局包括独户住宅（两间房）、三
户或者一对房子、长屋、有四间房的十字形住宅，还有传统的六
居室宅邸（图 4-149）。所有这些类型可以在一层、一层半或两
层中实现。烟囱的造价很昂贵，并且尽可能为更多的房间服务（图
4-150）。两居室布局的长屋在中部有一个烟囱。四居室布局中的
烟囱带有四个壁炉。贵族和神职人员的大住宅通常有两个烟囱并
服务六个房间。

　　（2）**村庄布局**。典型的传统村庄布局仍然可以在瑞典各地
找到。典型的例子是厄兰岛（Öland）的排状村庄，有屋顶的通
路通向街道和建筑围绕的内院。其他例子包括：乌普兰（Uppland）
的教堂村庄，在那里住宅布置在通向教堂的路两旁（中世纪的居
多）（图 4-151）；布胡斯省（Bohuslän）沿海的社区中，房子
布局紧密以抵抗强风；东海岸的渔村中，由于耕地异常宝贵，所
以村庄都建在悬崖上，捕鱼的小屋建在沿岸的水面上；还有达拉
纳（Dalarna）的村庄，他们喜爱和谐和古典气质，所以在村庄中
心的广场上有"仲夏柱"（五月柱）。土地重新被划分，特别是
恩斯科菲特（Enskifte）的土地改革（为每个农场搜集土地）和

图 4-148　一座适应已有建筑文化
的住宅
该住宅位于布胡斯省（Bohuslän）谢
得考斯特（Sydkoster），建于 1990—
1991 年。屋顶上的太阳能集热器证明
这是一个新时代的建筑。资料源于建
筑师汉斯·阿伦（Hans Arén）

图 4-149　传统住宅布局形式
1. 独院住宅；2. 双宅的三个部分；
3. 长屋，瑞典南部的长而低矮的房
屋；4. 十字形住宅；5. 六居室的贵
族住宅。资料源于《地方性农屋——
瑞典建筑传统（Landskapshus-svensk
byggtradition）》，卡琳·奥尔森-
雷约（Karin Ohlsson-Leijon），莱拉·瑞
彭（Laila Reppen），2001

图 4-150　伊科斯卡（Eckerska）
农庄
从伊科斯卡农庄的一翼，用传统的瑞
典胶画颜料（Falun Red paint）作画，
有两个铁质烟囱

1800 年开始的 Laga 的土地重组中，造成了很大的改变，所有这些都源于村庄的分散。所有这些村庄没有服从土地改革的地方现在都成为珍贵的环境。

（3）城镇特点。在北欧的乡下有许多美丽的小村庄，它们的特点是低矮的房屋，有篱笆的花园，狭窄的街道、广场和小巷。甚至大一些的城镇也拥有文化上的个性，像哥德堡（Gothenburg）的地方行政建筑（图 4-152）。地方行政建筑的底层用石头建造，二三层用木材建造。这种类型的建筑在 1875—1940 年间建造。消防规范决定了他们的特性。

（4）传统结构的加建。在许多地方人们根据历史加建原有的建筑。瑞典有许多加建老建筑的例子。大大小小的城镇也有加建的例子，加建保留原有的城镇结构。在哥德堡，加建了新的地方行政建筑。在芬兰，许多漂亮的小镇用木材建造，一项被称为"现代木头村"的工程正在进行，人们正在尝试按照传统的城镇建设方法建造新家（图 4-153 至图 4-155）。

（5）拥有有趣文化历史的环境。在瑞典，地方议会管理区县的人文环境资产，国家遗产会议（RAÄ）管理国家的历史建筑。这些权威人士有权决定建筑的保护策略。在县区，县博物馆对有文化价值的建筑和环境作出详细的记录。并尝试根据建筑的保护价值对它们进行分类。重要的文化历史环境包括工业区，例如，博格斯兰根（Bergslagen）和乌普兰（Uppland），建筑对称地分布在街道两旁，并且工作环境的层次关系清楚地反映在建筑中；诺尔兰（Norrland）的教堂镇的布置是为了方便人们到达教堂；同样的，这些社区中工人的公寓和农民的联排住宅也是为了功能的需求。

（6）文化—历史建筑。瑞典的许多建筑都有国家纪念性。这些老建筑组成了一笔庞大的国家财富，包括整个国家的地区教堂。保护良好的贵族住宅和数量庞大的乡间别墅，这些保护工作

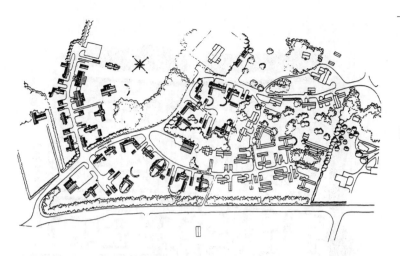

图 4-151　乌普兰斯布罗市（Upplands-Bro）的哈勃蒂博（Håbo Tibble）村
该村基于乌普兰斯教堂村的扩建，建筑师斯文·奥洛夫·尼伯格（Sven Olof Nyberg）对此作出特殊贡献。这里，村庄的扩建遵循了传统，现代的小型社区根植于古老的教堂村

图 4-152　哥德堡的县行政所
资料源于《1880—1980 年间建筑如何建造——一百年间我们居住的公寓楼的建筑、建造和材料》，塞西莉亚·伯奇（Cecilia Björk）、玻·卡尔斯坦纽（Per Kallstenius）、莱拉·瑞彭（Laila Reppen），1984

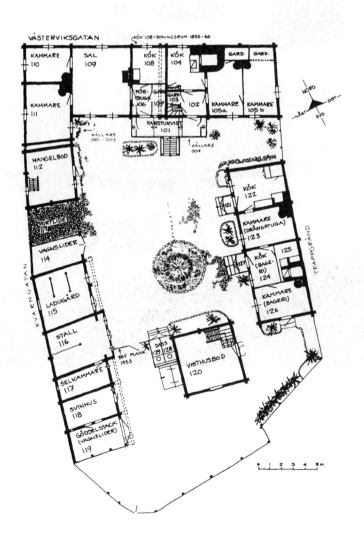

图 4-153　斯特兰奈斯（Strängnäs）格拉萨（Grassa）农舍（1846 年至 1917 年）的重建蓝图
因为有动物养殖区域和多样的活动，老城区给人乡村的感觉

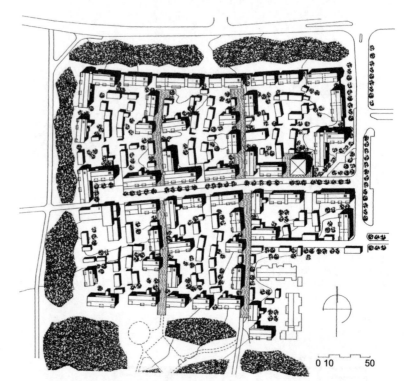

图 4-154 奥卢（Uleåborgs）新城区
在新城区中，新的木结构建筑延续了老木建筑的城市肌理。资料源于芬兰奥卢大学建筑学院，约尼·科奥索 - 康迪拉（Jouni Koiso-Kanttila）教授

图 4-155 奥卢（Uleåborg）新城区中的木建筑

需要大量的人力、物力。漂亮的农场建筑建在农场附近，包括谷仓、仓库、牛舍、马棚、铁匠作坊等等。由于他们的形式美丽而繁复，好像旧时的图画，应该得到保护。水磨坊和风磨坊建造在适宜的地点。它们经常暴露在水、风和各种天气中，所以需要特殊的保护。有些永久性建筑也应该得到保护，如学校、商店、公共场所、法院、

电影院、人民游乐园、旅馆、客栈等等。同时，瑞典还有来自不同时代的工业建筑。驻军基地、军官住宅、军事基地和兵营是有趣的军事建筑。甚至像仓库、地窖、柴房、室外厕所、桑拿室、船库和小型谷仓都值得保护。

（7）**古老的基础设施**。最初，道路在环境中的选址都非常谨慎，例如，山脊的土壤干燥而密实，有利于修建道路。当古老的道路穿过湿地、小溪或河流时，便会修建桥梁。通常从桥梁的形式可以推断出其年代。许多古老道路上都会修筑里程碑以便旅行者测算距离和时间。有必要将这些古老道路与步行和自行车网络整合起来，这样就能够重新利用它们。运河与窄铁轨是工业时代早期的必要条件。

（8）**遗迹**。瑞典的遗迹分布在肥沃的长久有人定居的地区。这些遗迹都受到法律保护，并且在地区发展中要重点考虑。如果我们从生态角度寻找最佳的定居点，通常会发现古时候人们的定居点是最佳地点，这些地方拥有较好的水源、微气候、耕地和景观。瑞典最多的遗迹是铁器时代和青铜时代遗留下的墓地。负责管理地方古迹的部门通常不愿意将建筑修建在靠近墓地的地方，但是建筑与古迹的距离需要与权威人士商定，特别是有人愿意负责古迹保护的时候。古老的定居点可以通过土壤的颜色、磷含量的高低与房屋基础或者耕种作物的遗迹来加以鉴别。找到遗迹后，必须请地方古迹保护部门加以鉴别，以决定是否需要保护和发掘。

图 4-156　歌德斯滕（Gårdsten）的
环境友好型改建项目
该项目位于瑞典哥德堡，增加了额外
的保温环节并且装有空气太阳能集热
器。资料源于建筑师克里斯特·诺德
斯特龙（Christer Nordström）

4.3　既有建筑

　　每年并不会有很多的新建筑出现，因此关于环境和建造，既
有建筑是最重要的。这就是为什么要将既有建筑向健康发展、使
得资源有效利用和适应生态循环。同时，还要思考场地的独特性。
低质量的建筑材料将被替换，运作和管理的费用会尽量减低。根
据这些评价标准，需要进行调研以确定为了能源的有效利用或是
其他原因，是否有必要进行改造（图 4-156）。

4.3.1　使用阶段

　　环境对于建筑的影响是一个方面，更重要的是在一座建筑
的使用年限中，总能量的85%是在使用阶段被消耗的（图4-157）。
因此，应该重视使用阶段。同样的原则适用于既有建筑和新建
工程。

1）建立详细目录

　　目前的既有建筑数目巨大。管理机构应该有策略地改善这部
分建筑。但是由于对每一个建筑进行详细资料整理花费太高，所

图 4-157　建造和管理中的能源消耗
资 料 源 于 Hus i Sverige–perspektiv på
energianvändningen，BFR T2:1996

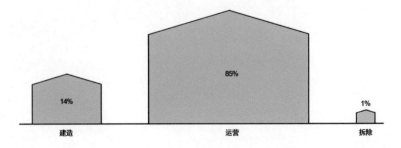

以通常选择有代表性的建筑。通过对整体状况的观察来决定对哪个建筑进行资料收集整理。一旦决定了所要调查的建筑，其服务设施和外部环境也要被调查。环境影响分析应基于对室内气候和室外环境进行资料整理的调研结果。然后，再决定是否需要进一步的调查和测量。当这些步骤都实施之后，要制订一份操作建议，这样最差的建筑可以优先进行改造（图 4-158）。

（1）**行业比率**。越来越多的物业经理开始使用所谓的行业比率了。行业比率使得比较不同资产的不同作用成为可能，例如，能源消耗方面如热能（kWh/m^2）、电能（kWh/m^2）、水量（L/m^2 或升／户）。还有其他方面的因素也可以作比较，例如消费（欧元／m^2）、表面效率（人／m^2）和质量（如到达某计量单位或温度偏差需要的时间），以及有多少资产管理公司的客户接受过环保培训。行业比率也可以作为一个预警。当比率与正常数值产生严重偏差时，就意味着出了问题。比率同时也具有诊断作用，资产可以经过相互比较来确定哪个应该提高改进。甚至它还具有预测作用。例如，我们可以设定一个未来目标，如所有物业的能耗水平。

（2）**环保行业比率**。瑞典市政住房公司协会（SABO）已经开发出环保工作的比率，有以下七种不同类别：① 环保意识。有多少员工接受过环保培训？居民们有多少次接收到环保信息？有多少公寓是可以作为环保范例的？② 垃圾。有多少未分类家庭垃圾的产生是与公寓的数量有关的？有多少种垃圾分类可供使用？有多少人有机会堆制肥料？③ 能源。租用空间里每平方米有多少电量被消耗？每平方米制热能耗多少？装有节能装置的公寓占有多少比例？④ 运输和动力设备。每公里道路可服务多少居住单元？公司车辆行驶每公里需要用多少燃料？有多少汽车使用可再生燃料或是电能？⑤ 净水与污水。每平方米建筑使用多少升水？有多少住户装有节水设备？⑥ 室外环境和园艺。每平方米绿化区使用多少化肥？又使用多少化学杀虫剂？有多少住户可以直通花园？⑦ 健康的建筑与室内环境。使用环境友好型建材的住户占多少比例？检查其通风设备的住户占多少比例？使用环境友好型清洁方式的清洁行为又占多少比例？

此外，SABO 已经研究出关于社会性质量的四个比率：第一，声誉好的房东；第二，联系和介入；第三，秩序和治安；第四，状态和稳定性。

2）环境分类

不管是对于单一物业还是大量物业的业主来说，对相关建筑进行环境资料整理和环境分类（环境声明）都可以促进环境工作（参见第 1.4.2 节）。从环境角度来看，这些措施可以显示建筑中哪些是有利哪些是有害的，哪些需要优先进行以降低消极的环境影响。现在有一些不同的环境分类方式，而所有方式都包括对于一系列影响环境的特征进行资料收集整理。为了获得建

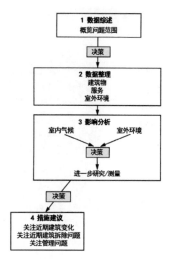

图 4-158　建筑资料收集整理方法示意图
在改造之前需要对既有建筑（区域）进行资料收集整理。现在斯德哥尔摩 Tyréns 的建筑生态协会已经发展出一种进行建筑资料整理的方法，这种方法分多个步骤进行，避免不必要地清点所有建筑，而是将努力都集中放在一些最重要的区域

未来环境状况11种属性					
问题序号					
1 室内环境					
2 通风					
3 光					
4 噪音					
5 垃圾分类					
6 再利用程度					
7 危险垃圾					
8 有害垃圾					
9 能耗					
10 电耗					
11 水耗					

图 4-159　斯德哥尔摩 Tyréns 建筑生态协会得出的环境评估

筑的环境情况，每一个特征都列出从好到坏的范围（这个范围可以分为 5 或 10 个等级，0 代表最差，5 或 10 代表最好）。这一结果可以用一种简单易懂的图表呈现出来，从环境角度来看，越绿的地方代表建筑越好。这些信息也有经济方面的因素并且影响资产的价值（图 4-159 至图 4-161）。可以列出的特征范例：① 资源消耗，如热、电和水的使用。② 材料的使用，如健康材料、能源密集型材料以及散发毒素的材料。③ 企业中化学制品的使用、清洁和管理，以及热力泵中的冷却液。④ 对环境具有危害的材料应该被取消，如石棉、石墨、镉、汞、多氯联苯等。⑤ 垃圾处理，如分类、再利用和堆制肥料，以及如何处理危害环境的废弃物。⑥ 舒适度，如房间温度、表面温度、非对称辐射（温度）、相对湿度和气流。⑦ 室内环境，如灯光、噪音、振动、烹调气味、其他气味和静电。⑧ 辐射，例如氡、电磁场。⑨ 影响健康的因素，如湿气和真菌、寄生虫、烟和军团病的风险。⑩ 室外环境，如空气污染物、交通噪音和绿化区域的可进入性。⑪ 运输对环境的影响，包括人的运输。

4.3.2　运营与管理

物业管理的目标是保持正常运营，如果有条件的话应对技术上的、卫生上的和环境上的建筑运作及标准加以改进（图 4-162）。在建筑建造的时候管理费用已经在很大程度上被决定

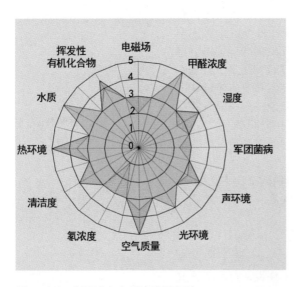

图 4-160　分区域室内环境成果汇编
该汇编结果是根据雅各布森（Jacobson）和韦德马克（Widmark）在"1999 年建筑的环境状况"里的评估方式得出的。绿色区域代表评估的环境状况。橙色区域代表目标状况

环境评估 A建筑与B建筑或参考值相比较		好很多	更好	相同	更差	差很多
材料消耗	排放量			●		
	废能	●				
	自然资源				●	
资源消耗	排放量				●	
	垃圾		●			
	自然资源		●			
室内环境	健康影响		●			
	环境因素				●	
室外环境	健康影响				●	
	生物多样性				●	
	生物生产率				●	
生命周期成本	设定比价关系		●			
	提高环境成本	●				

图 4-161　汇编成果
环境效果方法显示出在不同区域的环境影响的评估。该方法是在瑞典皇家理工学院耶夫勒（Gävle）校区开发的

图 4-162　物业管理的改进措施
在物业管理方面，不同改进措施之间的划分并不是特别明确，通常在运作、维护和改造措施中都存在着相互交叠。
资料源于 ABB 公司，1997

了，也就是结构、技术系统、室内装修、表皮和设计确定之后，管理费用即已确定。在某些国家，谁建造、拥有和管理建筑，谁将对建筑产生的任何环境问题承担主要责任。

1）管理组织

基于对技术需要和经济可能性的分析，许多业主制订一些长远的、滚动发展的维护计划或是区域项目。物业管理包括三部分：行政、经济和实践。行政方面包括租赁问题、检查、职员计划编制、管理和运作计划、技术维护计划、获取、购买等等。经济方面包括资本获取、货币管理、租金收入、支出、预算、清算账目和平衡账目。实践方面的工作包括建筑管理员任务、定期维护、运作监督、暖气、垃圾收集、清洁和小型维修。

（1）**质量合格管理**。如何组织管理影响到结果和环境工作。因此，关于环境方面的质量合格管理是当前需要的。一个公司如果想要达到合格，必须采取环境政策，设定环境目标，以及为了在计划期限里达到目标分配足够的资源。需要培训所有员工让他们明白环境工作将要完成什么。为了给技术措施和技术维护计划提供基础，需要从环境角度对建筑进行资料收集整理。为了完成检查和维护的措施需要制订计划。这一概念也包括一个内部审计，帮助公司获得如何改进提高系统的效率和可靠性的反馈信息。确保环境工作惯例对于现行的管理工作是很重要的，它也有助于由第三方对审计进行核查。

（2）**环保方面的管理**。如何实施管理工作同样对环境有着直接影响。例如，电动车辆、割草机和吹叶机都使用环境友好型燃料、环保型清洁化学产品以及采用环保型控制杂草都是可以实现的。当然，选择环境友好型材料和表面处理方式也同样非常重要。

（3）**维护频率**。维护的目的在于保持建筑及其组成部分处于正常运作状态，否则就要进行维修。维护通常分为定期维护、故障检修和紧急维护（维修）。选择了维护方式，就选择了维护要求的条件。质量越好，建筑部件的使用周期越长，所需要的维

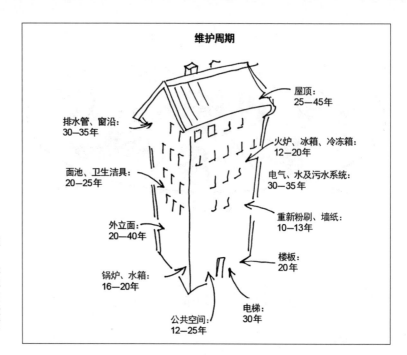

维护周期

屋顶:
25—45年

排水管、窗沿:
30—35年

火炉、冰箱、冷冻箱:
12—20年

电气、水及污水系统:
30—35年

面池、卫生洁具:
20—25年

重新粉刷、墙纸:
10—13年

外立面:
20—40年

楼板:
20年

锅炉、水箱:
16—20年

电梯:
30年

公共空间:
12—25年

图 4-163　建筑不同部分的大致维护周期

这已经说明从长远来看预防性的维护是有利的。将某些维护结合起来处理会比单独维护的花费要少些。资料源于贡内尔·埃里克松（Gunnel Eriksson）设计的 Att planera sitt underhåll 的封面图片，Sveriges Fastighetsägare，1989

护就越少。但是，结构部件迟早也需要维护甚至更换。不同的产品需要不同周期的维护。而周期的长度很大程度上取决于用户和产品暴露在环境中的程度（图 4-163）。

2）运行中的资源消耗

热、电和水的需求量在很大程度上取决于建筑和设备对节约资源方法的选择。不论什么时候设备需要更换，都应该选择市场上高效率使用的资源，并且采用对环境危害最低的产品。为了尽快追踪故障以及建立长期节约目标，管理部门应该能够方便地对热、电、热水及冷水的消耗进行可靠和现时的运作统计。

3）运行监测

自动的运行监测可以用来控制不同系统，以及快速确定哪里出现故障。电脑控制和监测系统通常分为以下三个独立明确的层面：① 传感器、控制元件等，它们是最接近程序本身的。② 电脑控制中心，负责控制、调节和监测。③ 主机（数据库），用以收集和显示一台或多台电脑控制中心的信息，它可以被安置在操作中心或是建筑里。可被操控的部件包括风扇和泵、制热和制冷设备、温度调节和通风设备、照明设备等等（图 4-164）。无论在夏天或是冬天、工作日或是周末、白天或是晚上、空房间或居住房间，都是可以进行调节的。不同型号的传感器可以满足控制的不同需要。当发生问题时，维修人员可以用手提电脑到现场查询该做什么。如今，电脑系统已经普遍用于建筑的控制、监测和运营管理了。

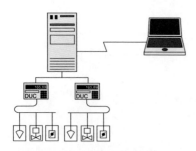

图 4-164　电脑中心示意图

电脑与温度和湿度传感器、泵、风扇和调节风门等连接。通过预安装的程序来控制和监测室内气候

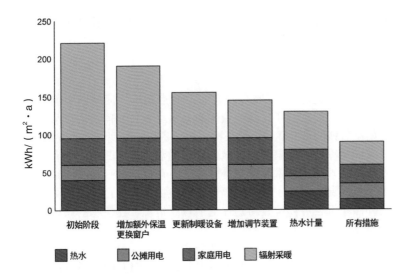

图 4-165　不同节能措施的能耗
比较
通过可行的手段，一栋典型的 20 世
纪 60 年代的建筑的能源消耗可以
从 220 kWh/（m²·a）降到 90 kWh/
（m²·a）。资料源于《改造正在进行
中……》，VVS Företagen and Svensk
Ventilation，2008

图例：
■ 热水　■ 公摊用电　■ 家庭用电　■ 辐射采暖

4.3.3　节约能源

很多陈旧的建筑能耗巨大，达到 300 kWh/（m²·a）。经验表明，系统地执行能源节约措施可以将能源消耗降到 100 kWh/（m²·a）。在 20 世纪 70 年代发生石油危机之后，整个相关的专业领域都开始研究能源节约。当时，有很多措施并不成功。现在不论是与能源节约相关的理论知识还是实际经验，都已经有比较成熟可用的措施了（图 4-165）。

1）能源节约的可能性

能源节约措施通常分为四个方面：使用者的习惯、运作和维护、调节和简单测量、改造和替换系统（图 4-166）。通常以调节、校准、控制采暖系统和通风设备开始。然后寻找密封、保温和热桥方面的薄弱环节。通常，在窗户上安装第三层玻璃，增补阁楼地板的保温材料，在没有窗户的山墙外立面上增加额外的保温材料，增加地下室天花板的保温材料，这些措施既简单又便宜。为了满足不同公寓的制热要求，制热系统必须进行改造（图 4-167）。

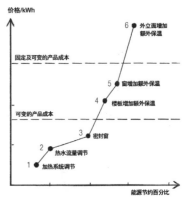

图 4-166　能源节约和各种措施成本之间的关系
第 1-3 项是从个人的角度来看经济可行的。第 4、5 项是从国家的角度来看经济可行的。第 6 项只是从长期的环境角度来看可行。资料源于 Effektivare energianvändning，SOU 1986:16

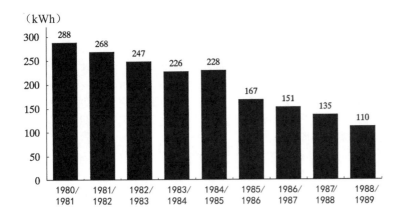

图 4-167　每年每平方米公寓需要消耗的能源
法尔肯贝里（Falkenberg）市政当局在有效利用能源方面走在前列。在 10 年里，在一个由 150 户公寓组成的地区中，城市住房公司成功减少了 62% 的能源消耗。这是由技术的逐渐改进、更好的维护技术以及为住户提供信息进行配合等共同实现的。资料源于 Nya grepp om ekonomi，energi och miljö på lokal nivå，NUTEK B 1994:5，Naturvårdsverkets Rapport 4284，1994

图 4-168 建筑物能量损失的三种确定方法

资料改编自 Trimma täta isolera – Åtgärder för energihushållning i hus, en handbok utarbetad av Bygginfo på uppdrag av statens planverk, 1978

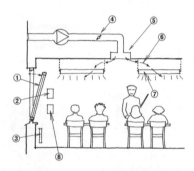

图 4-169 学校可以采取的节能措施

1. 窗户：U 值 1.0 W/（$m^2 \cdot K$）。为了减少气流和安全，很多窗户只有顶部可以开启。2. 控制照明和通风的运动感应器。3. 调整良好的散热系统。4. 动力可调风门。5. 只吸入低温空气而不产生散失气流的空气吸纳设备。6. 根据房间的使用与否调节空气流动。7. 照明：10 M/m^2，并由移动检测器控制。8. 控制散热器的传感器，当室内温度超过 19℃时自动停止供热

有时，为了提供一个良好的室内气候，必须对通风设备进行改造从而防止过多的能量损耗（图 4-168）。

2）节能手段

（1）**检查**。许多既有建筑的薄弱点在于气流问题和能量流失巨大。节能顾问在仔细检查建筑之后可以找到问题所在从而提出简单省钱的节能建议。用来检查的设备包括发现气流的发烟器，以及确定冷桥和保温薄弱区域的灵敏的温度计。其中一个有趣的方法是红外照相技术。在寒冷的冬天，可以从外部拍摄建筑物，由于表面温度不同，红外线辐射将产生由不同颜色组成的图像。红外照相机也可以检查新建住宅的保温情况。建筑物的通风系统也需要检查。

（2）**节能**。通过改用最新的节能型照明技术（例如 LED），减少灯的数量（如果可以的话），对照明、通风风扇、采暖系统、水泵实行按时间调节，这些措施都可以节能（图 4-169）。适时改用节能高效型的洗衣机及烘干机。

（3）**采暖系统的调节**。要想在同一建筑的不同房间或公寓里达到要求的温度并降低多余温度就需要进行仔细调节（图 4-170）。当每台散热器里所含的水量与其散热表面面积正好相匹配时，供暖系统就会运作良好。好的调控系统需要设置不同的调节阀如旁路阀、主要阀门和散热器阀门。控制系统也需要调节，在合适的位置放置温度调节装置和温度传感器也非常重要。采暖系统需要设定，以便在通风的时候关掉散热器，这样在通风时不会消耗额外的热量。当有热量来自人、太阳辐射和电气设备时，采暖系统也应该能够感应并停止供热，并充分利用这些热量。有些房间具有可以实现良好调节的制热设备，如礼堂。热水的消耗影响着能耗。在独立计量、绝缘管道、降低水温、限制气压及其流动以及在制热系统里调节好热水的流动等方面都还需要提高。

（4）**通风系统的调节**。需要对不同房间的空气流通进行仔细调节以达到理想的空气流通。窗户和门必须密封好以控制空气流通。通常需要专家的协助来达到预期效果。通风也应适应需求，夏天比冬天需要更多通风，而没有人在的时候需要较少通风。很多房间的通风需求变化很大，例如礼堂。通风系统可以采用手动调节或自动调节。通风受到室外温度、太阳照射的热量等的影响，并且可以根据天气情况进行调节。温度、气压或相对湿度可以控制通风调节系统。根据二氧化物浓度含量来进行控制的方法已经过时了。通风系统应定期清洗，因为泥土、灰尘、油脂很容易堵塞输送管道，从而减缓空气流通。进风口和排风设备、风扇和格栅也应定期清洗。通风系统里的所有过滤设备需要定期更换。

（5）**调整燃烧系统**。大多数燃烧系统都必须进行调整。这通常都由安装者或专门人员在安装过程中完成。烟灰必须从燃烧的区域转移出来，这个区域需要有规律的清理，并且同时还可以

进行检查看看是否有其他需要调整的。当然，所有这些将会影响能效的等级，以及发热的总量。四种不同的方法可以用来确定废气中损失的热量，从而确定锅炉的燃烧效率。它还能确定如何对气流调节器和防烟阀进行调整来改进热能传递。测量的参数包括煤灰的总量、二氧化碳浓度、废气温度和通风气流。细微的调整包括对流入空气和废气速度的细微调整，这些将会影响燃烧、吸热和废气温度。

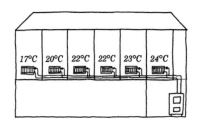

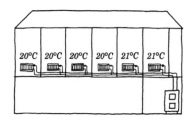

图 4-170　调整前后建筑温度情况的比对
上图显示了在调整之前建筑内的温度情况。下图显示的是调整之后的同一建筑的情况

（6）**密封**。以前的建筑通常通风良好，但这也意味着在不知不觉中损失了巨大的能量。使用吹烟器可以很容易地检测出空气渗漏。窗扇与窗架间的空隙应该密封好，有种专门用于密封的特殊的橡胶耐候条，比如三元乙丙橡胶密封条。而窗架与墙之间的空隙也应由环境友好型的填充材料密封好。窗户玻璃与窗框的结合处也需要密封，为了加强陈旧窗户的密封性常常使用油泥。门与门框以及门框与墙体之间的空隙也应密封。应该对外墙和与其相接的地板构造以及相接的墙壁的密封情况进行检查。在电箱、水电线路送入口和壁脚板可能会有渗漏问题。不应该密封的地方有地基墙上的开洞、到阁楼的通气口、外板后的通气管和外立面墙壁下边缘的开洞。这些洞口可以保持建筑结构干燥和维持良好状态。给建筑提供新鲜空气的进风口设施也不应该密封。在某些建筑里，新鲜空气通过窗户缝隙进入，如果缝隙被密封就会阻断空气流通（图 4-171）。

（7）**窗户质量改善措施**。为了减少热量损失，可以在较旧的窗户上安装第三层窗格（图 4-172）。这一额外的窗格可以安装在窗户的内侧，这样就不会影响窗户的外观，或者安在窗户外部以保持内部的完整性。另外也可以将原先的一个窗扉更换为新的保温窗格，或是改造一个窗扉以更换保温窗格。还有种方式是将额外的窗格附加到既有窗扉上并加以密封，这从原则上形成一个新的保温的窗格，甚至可以将原有窗格换成带有节能玻璃的双层窗户窗格，但这样节能的作用会减小（图 4-173）。在节能窗户领域已经有了很大发展。最现代的窗户对能源利用的效率已经三倍于多户住宅中的最普通的窗户了。在某些情况下，将老的窗户更换为新窗户是最好的解决办法。

（8）**附加保温**。较早的建筑往往很少有保温措施，可以通过附加的保温措施来改善。百万工程时期的建筑在墙体只有大约 10 cm 厚的保温层，在屋顶只有 15 cm 厚。对这些保温层进行替换时，应该加入两倍厚的保温层。最简单廉价的方法是在阁楼地板上增加保温，但是要注意不能堵塞屋檐处的通风口。做好阁楼开口的保温也很重要。阳台门的下部也比较缺乏保温或是根本没有做保温。外门有时在保温上也比较差，所以可以在这些地方安装附加的保温或者直接更换外门 [现代的外门的 U 值为 0.7 W/（$m^2\cdot K$）]。如果天花板的高度允许，增加地下室屋顶的保温也是一个很好的措施。旧的保温材料会老化收缩，在这种情况下应该增加保温或是移除进行替换。地板结构的边缘也需要增

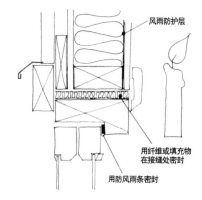

风雨防护层

用纤维或填充物在接缝处密封

用防风雨条密封

图 4-171　窗户与外墙之间的密封材料
一个确定窗户和外墙之间是否密封良好的方法实例：拿一根蜡烛到交接部位附近看火焰闪烁的程度。资料源于《节能的方法》，瑞典节能委员会，1978

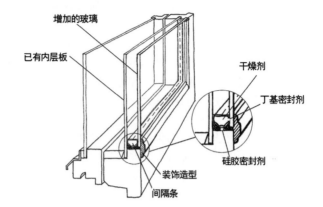

增加的玻璃

已有内层板

干燥剂

丁基密封剂

硅胶密封剂

装饰造型

间隔条

图 4-172　窗户质量改善的简易方式

在调整和控制之外，如果还想在节能措施方面更进一步，建筑改造就是下一步。其中最简单的方法之一就是增加第三层窗格

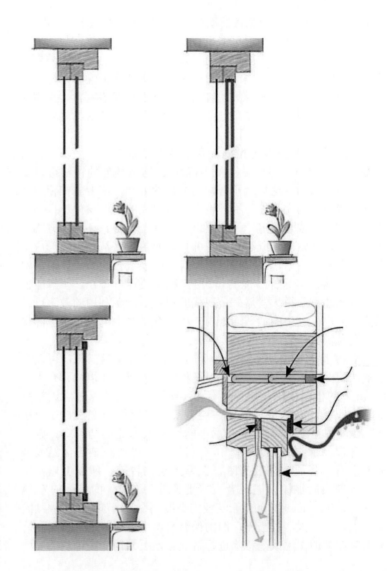

图 4-173　窗户质量改善措施

最大的节能效果是将内侧玻璃替换为由节能玻璃构成的双层玻璃窗。或者是节能玻璃构成的保温窗户。这样，建筑在替换窗户之后和之前看起来一样。如果窗户不需要任何外部的维护，那么最简单最有效率的方式就是通过在内侧替换为节能玻璃的构造来改善窗户。可以在窗户的内侧或是外侧安装一块 4 mm 厚的硬膜节能玻璃。同时也改进了隔音效果。资料源于《用节能玻璃改造窗户》，瑞典玻璃工业协会

加保温。连接平板底层的三角形拱梁会成为严重的热桥部位，所以要增加额外的保温。当地下室的外墙被湿气破坏后需要额外保护时，是个给地下室外墙的外部增加保温的好机会。通常来说，对建筑的外立面增加保温是不划算的措施，而且还会丑化建筑外观特征。在暴露在外的部位，例如山墙面上，在一个明确的区域进行保温措施是可行的（图4-174）。如果在外墙上需要增加辅助的保温，要保证湿气能够从保温层散发出去。

（9）**玻璃围合**。在空间里进行玻璃围合可以减少能量流失，同时还可以从太阳光吸收一定量的额外能量。阳台以及南向的立面上都可以安装玻璃。大门及入口处可以建造玻璃围合的走廊。阳光房的设置可以在阁楼，或是在地面层建造玻璃围合的走廊。有时，用玻璃围合院子也可以减少热量流失。由玻璃围合的区域只要有热量来源就能一直储存能量，但这是种花费较高的节能方式，除非这些被玻璃围合的区域还能获得其他好处，一般不使用这种方式。

（10）**建筑的变形**。在某些情况下，人们认为在有窗口的外立面上增加附加的保温层是合适的。在这种情况下，很重要的是确保建筑外观没有因为外部改变太大而变形从而失去魅力。外立面上的窗户需要外移以确保在增加了保温之后依旧与外观齐平。材料和颜色都需要经过仔细挑选，外墙怎样与基础、屋顶起坡、入口、外挂楼梯和延伸物相连接都需要慎重考虑。如果要更换窗户，也要考虑与之前窗户的设计、玻璃窗框、尺寸、细部和比例保持一致（图4-175）。

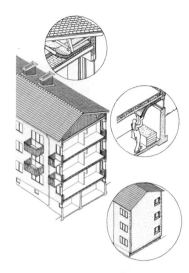

图4-174　山墙的保温措施
山墙的保温应当在外部、水电管线通过空间之上的楼板处进行。资料源于《小住宅节能和立面保温》，斯德哥尔摩房屋建设咨询和指导机构，1979

4.3.4　排除污染

长期以来特别是在20世纪期间，现在被认为是有危害的建筑材料一直在使用。包括放射性的轻质混凝土、可能导致肺部损伤的纤维（例如石棉）、含多氯联苯的密封剂、重金属和材料中的添加剂。当前的管理和改进实践包括从建筑中系统地去除这些危害物质和材料。必须制定法律来取消某些材料。有特别的规章规范我们应该怎样做，以及材料应该从哪里获得。

图4-175　窗户改造前后的比对
左边是原先的窗户，与外表面保持齐平。右边是个缺乏魅力的例子，如果窗户没有外移，从外观来看，它处于一个深凹黑暗的阴影中。资料源于奥洛夫·安泰尔（Olof Antell），Riksantikvarieämbetet

1）材料清单

进行环境方面的资料整理，例如当一个建筑在拆除中或拆除前，需要鉴定所有被视为危险废弃物的材料。甚至那些可能被视为危险的其他材料，以及任何剩余的化学制品也需要鉴定。评价的标准在于，建筑之中或是建筑周围的活动是否有可能会导致建筑材料或地面的污染。必要时，还需要对潜在的危险材料进行分析（图4-176、图4-177）。

2）有害垃圾

有害垃圾是可能对环境和健康产生危害的废弃物。关于有害

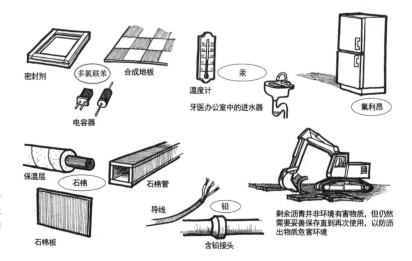

图 4-176　拆卸过程中的废弃材料
在拆卸过程中有很多旧的产品含有对环境有害的物质,如有的材料和物体含有铅化合物、汞、石棉、氟利昂和多氯联苯。资料源于 SIAB 手册

图 4-177　拆卸过程中的危险材料
在建筑和拆卸的场所中,危险垃圾应该被分离出来进行特别处理。可能很难确定哪些垃圾是有害的。在新建建筑场所中,墙壁填充料、胶水、油漆、溶剂、残留的油类和密封剂是可能存在的危险垃圾

垃圾的法规界定了哪些垃圾被认为是危险的。有害垃圾不应与其他垃圾混合,而且必须进行分类。必须确保是由认证机构的认证人员运输和处理危险垃圾。如果无法确保垃圾中不含有害物质,那它应被视为有害垃圾。以下是一些在建筑拆卸过程中常见的关于有害垃圾的例子。① 石棉。石棉在 20 世纪 50 年代和 60 年代被大量使用,直到 1976 年才被禁用。石棉在水电管道中被用作防火、隔热、加固、隔音、冷凝绝缘,作为填料用在涂料、纸板和塑料中,以石棉水泥的形式用在板材中(石棉水泥板)。石棉水泥板被用作地板、墙壁和屋顶材料。同时,一层石棉可以用于塑料垫、瓷砖固定液、窗户腻子、喷射混凝土、胶合剂、密封剂和窗台的下层。Internite 和 eternite 也许是最知名的品牌。石棉的清除必须由认证的净化排污公司来进行。这种材料需要放置在封闭容器中运输并且存放于特定的地点。② 沥青。沥青可以被粉碎并重复使用于道路和仓库外表的新涂层表面。然而,再生沥青不能用于有大量交通的路面上。③ 电池。电池和蓄电池含有重金

属和对环境有害的电解质，如铅、镍、镉和汞。④ 铅。在 1970 年之前铅被大量使用在铸铁污水管之间的连接部位。铅被用作屋顶护板以及其他金属之间的接缝材料（例如在屋顶、阳台和卫生间）。旧的电线和电话线往往都用铅来包裹。铅用来制造煤气管和水管。注入沥青的铅用作基础的保温。铅还可以用于老建筑的窗户玻璃。集水坑泵的水位传感器也含有铅。铅在塑料中被用作稳定剂，用作使白色、黄色、绿色和红色这些颜色加暗的色素。红色氧化铅已被用作户外防腐剂。铅应当被分离出来并回收，作为金属反复使用。⑤ 防火设备。防火设备，如灭火器可能含有卤素。烟雾探测器和某些火灾报警器中可能含有放射性物质。有专门的规章来处理放射性物质。⑥ 密封剂。密封剂在建筑物的许多部位使用。自 20 世纪 50 年代中期起，密封剂已被用作建筑密封，作为强力的连接。通常，区别在于弹性还是塑性的密封剂。弹性的化合物能够吸收大部分的运动。密封剂中使用的结合剂包括石油、丙烯酸酯、聚氨酯、多硫化物、丁基合成橡胶、沥青、硅。密封剂中包含一个或多个下列对环境有害的物质：多氯联苯、邻苯二甲酸盐、氯化石蜡和生物杀灭剂。人们往往难以确定使用的是哪种类型的密封剂。基于多硫化物的密封剂在 1957 年取得了突破。聚氯联二苯（20%）直到 1972 年被禁止之前一直被用作柔软剂。基于聚氨酯的密封剂在 20 世纪 60 年代被引进运用。基于聚氨酯的密封剂往往含有邻苯二甲酸盐作为柔软剂（20%—30%）。为了放置密封剂，需要加入触变性物质，往往是聚氯乙烯（20%）。少量的有机锡化合物通常被用作催化剂。⑦ 氟利昂。氟利昂（氯氟烃，CFCs）可以用于冰箱、冰柜、热泵和制冷空调装置。氯氟烃已被用来给泡沫塑料发泡，例如保温板中的挤塑聚苯乙烯（XPS 多孔聚苯乙烯），在冰箱和冰柜的隔热板中的硬质聚氨酯，以及包装门窗、用作隔音设备中的聚苯乙烯泡沫塑料。可能含有氯氟烃的泡沫塑料通常为蓝色、红色或黄色，绝对不是纯白色。关于氯氟烃和卤素等的规章规定了如何保存和销毁冷却设备/器具。自 1995 年以来，冰箱和冰柜必须以可控制的方式转移和销毁，避免氯氟烃释放到空气中。⑧ 油漆、清漆、溶剂、密封剂和胶水。油漆、清漆、溶剂、密封剂和胶水通常含有对环境有害的物质，如溶剂、乳化剂和软化剂。含有残留油漆或类似产品的铁罐被认为是危险废弃物，应当送去销毁。涂有对环境有害涂料的木制品应在特殊的设备中烧毁。带有聚氯乙烯（塑料溶胶）表面处理的金属产品，因为在重新熔化时产生二氧化物而导致废弃物管理的问题。剩余的油漆和清漆被分装在特别的容器中。溶剂被分解出来并单独处理，剩下的胶水也是如此。它们都存放在循环再生站中然后送去销毁。⑨ 土地污染物。土地的污染主要发生于工业、加工场所、车辆管理设施和供暖设备。被污染的土地里可能包含油类、重金属等。当包含的指数比较高时，土地会被列为危险废弃物。为了确定适当的进行方式，应该在采取措施之前进行污染分析。应该使用生物方式就地净化污染土地，土壤清洗或得到特别许可证的热处理方式，或带走进行特别填埋。⑩ 浸渍木材。浸渍木材，在垫路木板、码头、悬浮的基础、屋架和托梁以及其他在有腐烂风险部位的木质结构中都有使用。使用的浸渍剂包括CCA试剂（铬化砷酸铜），其中包含氧化铜、铬和砷。有机锡化合物，如氧化三丁基锡和三丁基环烷酸盐，以前用作窗扉的浸渍剂。硼和磷也被用作木材防腐剂。过去，杂酚油也被使用，特别是在铁路枕木和电线杆中。在1963—1978年之间，大量的粗锯材用五氯苯酚制成的杀真菌剂浸泡。浸渍木材被送到特殊设施中燃烧。因干燥而受损的木材或遭到昆虫破坏的木材也需要焚烧。⑪ 镉。镉作为稳定剂或色素已被用于塑胶材料中（主要是在20世纪60年代和70年代）。黄色、橙色和红色等明亮色调的塑料往往基于镉色素。现在禁止镉作为色素使用，但是含镉的材料仍然可以进口。镉目前存在于镍镉电池中。⑫ 汞。汞被用于电子元件和测量仪器中。汞的销售已经被禁止了一段时间，但是旧式的温度计、温度调节装置、液面传感器、压力计、门铃、报警装置、热水器、带有自动开启的灯的旧冰柜和压力控制器仍然可能含有汞。电子开关和接头也含有汞，例如定时器开关和继电器，以及汞灯和荧光灯管。含有汞的装置被视为有害垃圾，应当按照当地的法律规范进行处理。目前有设施场所专门处理荧光灯管和回收其中的汞。如果建筑物中有某些特定的活动，比如牙医的治疗，那么污水处理系统中可能会积累含有汞的汞合金。⑬ 石油垃圾。石油垃圾来自石油水箱、液压箱、升降机和其他装置的发动机、润滑油、燃料、变压器油和废油。陈旧的变压器可能会含有多氯联苯的油类。在处理之前，油类物质应该由有认证的净化公司进行分析。⑭ 多氯联苯。多氯联苯在20世纪50年代首次用于建筑行业中，并在20世纪60年代达到了使用的高峰。多氯联苯在1972年被禁止使用，但它可能存在于1975年之前建造的建筑物中。建筑中可能含有基于多硫化物的密封剂，其中含有多氯联苯（最多高达30%），用于将护墙板连接起来，并密封隔热玻璃窗格。多氯联苯在塑料、清漆、涂料和含有石英砂的防滑地板中被用作柔软剂。在洗衣机、燃油炉、荧光管装置和变压器中的电容器油也含有多氯联苯。根据法规，某些建筑的所有者必须对其建筑进行资料的收集整理，关于多氯联二苯的含量，以及在清单上有关于处理方案的计划报告，瑞典环境保护机构以及某些市政当局都对如何执行作出了指示。⑮ PVC塑料。PVC塑料（聚氯乙烯）一直是建筑行业中使用最多的一种塑料，用量占整个塑料使用的60%。硬质PVC用于护墙板、板材、天花板、窗户窗扉、模板、壁脚板、盖板、电缆管道、管线和装置。软质PVC使用在地毯、电缆绝缘、绝缘胶带、密封塞、金属覆盖板材、保温阻隔层和墙体镶板中。聚氯乙烯的问题是氯（在废弃物中PVC是氯的最大来源）和添加剂。讨论最多的对环境有害的添加剂是铅、溴化阻燃剂、邻苯二甲酸盐、氯化石蜡和有机锡化合物。早期进口的塑料或PVC中还可能含有镉。

4.3.5　改造

不论是对改造建筑还是新建建筑来说，所有参与者对环境方面的考虑以及相应承担的责任意见一致都是个优势。人们要进行的将是个谨慎的改造，并且努力降低成本。在改造中，是否可以将居民的居住或工作活动保持运转，只是搬到一个临时的居住或工作场所很短时间？或是一个全新的改造，以实现一个吸引人的生活或工作环境？这些都是需要考虑和讨论的问题。

1）谨慎的改造

当将要对既有建筑做某些事情时，谨慎总是需要的。这意味着认清现有的条件和质量，并尽可能地利用它们去满足需要和目标。按照节约资源的观点，自然要利用既有建筑而避免不必要的改造。建筑可以提供一种新的用途，或在任何情况下重复使用。自然通风往往形成良好的室内气候，但人们并不总是了解通风系统可以工作多久，如果它们没有得到及时的维护，它们很可能无法正常工作。此外，大多数老建筑是采用健康和经过验证的建筑材料建造的，但是也有例外（图4-178）。保留建筑在其建造年代的特色，这是很有价值的。被质疑的建筑的特征、品质和技术条件等问题被确定。缺陷需要被列出，有时还需要设置新的目标。社会方面的因素是非常重要的：在此区域生活和工作的人应得到尊重。

2）改造时的要求

我们必须遵循的条例和法规。在达到建设中的技术性能标准的同时，改造应在深思熟虑之后进行，这样建筑鲜明的特点可以得到考虑，同时技术设计、历史、文化历史和艺术价值得以保存。在改建中同样重要的是，达到社区所面对的新的环境要求。例如，应该提供人们分离垃圾和污水的可能，外部环境应该利用地表水、花园地、温室、堆肥、垃圾分类站等等做到尊重生态循环（图4-179）。

图 4-178　谨慎的改造
谨慎的改造意味着只做那些必须要做的事情，具有吸引力的外立面、环境和建筑局部得以保存。各部分通常最终变得富有吸引力，同时也节约了资源

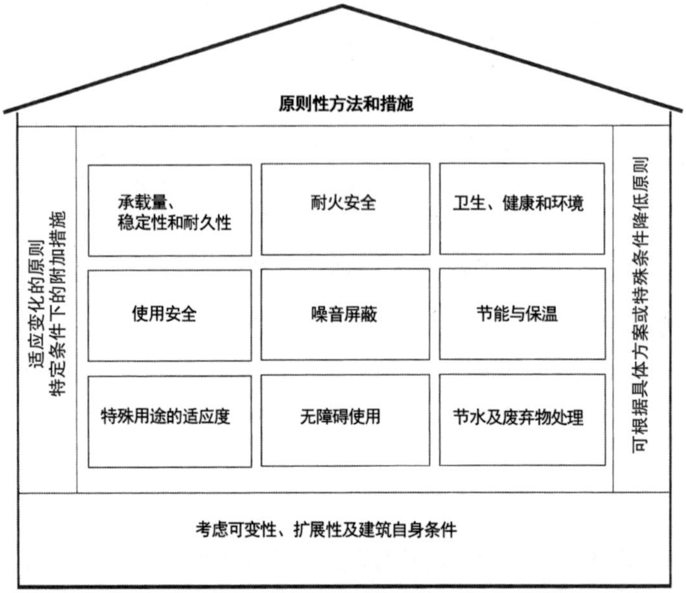

原则性方法和措施

承载量、稳定性和耐久性	耐火安全	卫生、健康和环境
使用安全	噪音屏蔽	节能与保温
特殊用途的适应度	无障碍使用	节水及废弃物处理

适应变化的原则 特定条件下的附加措施

可根据具体方案或特殊条件降低原则

考虑可变性、扩展性及建筑自身条件

图 4-179　改造建筑过程中整个调整系统的示意图（规划和建筑法）九个方格对应建筑工程法第 2 章的九个原则性技术性能标准，此章在建筑工程条例中的第 3—14 章得到进一步细化。资料源于建筑相关法规，瑞典住房、建筑与规划部，1996，再版 2006

3）环境改造

　　环境改造比普通改造更困难（图 4-180）。需要掌握关于以前建筑使用的技术和材料的大量知识。有一些可能需要找到老式的建筑部件和不同时期的建筑材料有特色的集中点。但是谁也不能保证，一切都基于旧的知识就意味着环境友好型。每个国家都需要这样的机构，提供关于一些被讨论的时代的信息，从而帮助正确和敏感地来改造建筑。在英国，有乔治王时代文化、维多利亚女王时代文化、保存古代建筑的文化等。① 供水和污水系统。大多数建筑的供水和污水系统必须在使用 30—60 年后进行更换。我们无法确定它们什么时候会损坏，但是当它们开始泄露的时候，可能发生损失惨重的损害。有一些方式可以将供水和污水处理系统的更换延迟几年。通过冲洗、清洁、检查、给管道加内衬有可能达到这种目的。给管道加内衬使用硬塑料，例如环氧玻璃增强聚酯，而且在改造进行的过程中，居民通常不需要搬出建筑。硬塑料会引起职业健康问题，但是使用它们可以避免大量建筑垃圾的产生。另一种方式是堵上原先旧的管道，重新铺设新的管道，这里所有的管线都可以方便地进行检查、更换和补充。可以采用包含污水管和供水管的接入箱，厕所的冲厕水箱连接到这个接入箱。在某些情况下，毛巾干燥器是包括在内的。该盒子并不需要比厕所的冲厕水箱占据更多的空间。还有另外一个选择是将一个小管井和马桶座圈连接到另外一个物件上，形成一个盥洗室架子。这些盒子与传统的固定设备相比更加昂贵，但是优点在于可以快速简便地安装和监控。节水马桶、淋浴和单杆冷热水混合龙头也可以同时安装。旧建筑里的冷水管是镀锌的。这比铜管更容易被腐蚀，同时用所谓"螺纹接头"来连接，这个部件同样也比较容易被腐蚀。这样的管道就需要替换。因为电化腐蚀可能发生，最

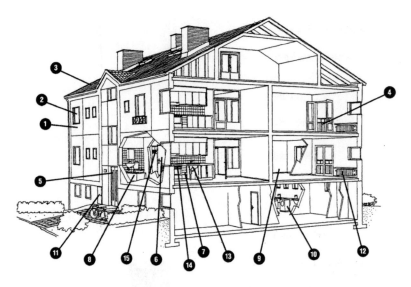

从环境角度评估以下15类建筑构件

1 外墙	7 厨房	9 卧室及起居室	13 水及污水系统
2 窗	木制品	地板表层	14 通风系统
3 屋顶	电气用具	墙面表层	15 电力分配板及电线
4 阳台	8 浴室/淋浴	10 洗衣房	
5 入口及楼梯井	地板及墙面 防水层	清洗设备	
6 公寓外部入口	地板表层	11 垃圾处理	
	墙面表层	12 供热系统	配图：Leif Quist

图 4-180　从环境角度评估的建筑构建类型

《环境改造，一种设计工具》，是比耶·沃恩（Birger Wärn）为瑞典市政房屋公司协会（SABO）准备的手册，用来从环境的角度评估建筑构件

好不要将不同类型的材料混在一起。水的质量也是个因素。铜管会因酸性的水而损坏，硬水则对不锈金属的水管有害。可供选择的是不含镍或交联聚乙烯的不锈金属板。②盥洗室。盥洗室中的潮气损害往往是由于简陋的或没有防水设施，以及淋浴习惯的改变。墙壁和地板应使用有环保认证的防水层来进行更新。浴室天花板推荐使用具有湿度缓解能力的刨花水泥板。散热器可以用毛巾烘干机取代。如果有浴室窗户，窗台的较低边缘应该急剧下斜，便于排水（图 4-181）。③窗户。如果是用纹理密实和干燥处理过的木材做的，20 世纪 60 年代之前的旧窗户质量就会非常好。在 20 世纪 60 年代之前，木制品都有着柔和的外形，这样日光可以逐渐地进入房间，使得室内和室外的对比得到缓和。它们往往是被涂上亚麻籽油油漆。这种窗口应该翻修，重新刷上腻子、抹平、涂上底漆、涂上新亚麻籽油。红外加热和特殊工具可用于除去旧的油漆和腻子。可以增加第三窗格以减少能量损失。对于处在非常暴露位置的窗户，可以给外面的窗扇覆盖铝板，但重要的是保证给原先的木材提供合适的通风。④门。大门和外门要么予以翻修，要么定制类似原先旧门的新门，因为它们往往都是建筑特征的重要组成部分。同样的问题也针对公寓楼的外门和进入单套公寓的内门。但是，更换门时需要考虑能量损失、防火要求、防止噪音及防止盗窃。门廊可能需要重新设计，尤其是在 20 世

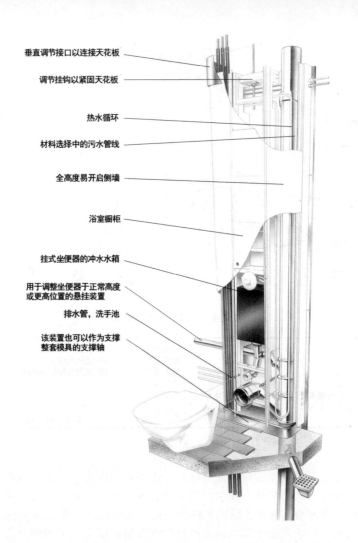

垂直调节接口以连接天花板

调节挂钩以紧固天花板

热水循环

材料选择中的污水管线

全高度易开启侧墙

浴室橱柜

挂式坐便器的冲水水箱

用于调整坐便器于正常高度
或更高位置的悬挂装置

排水管，洗手池

该装置也可以作为支撑
整套模具的支撑轴

图 4-181 整体式卫生间
整体式卫生间是个一体的盒子，里面
配有冷水、热水、卫生间和循环系统
的管道出口。资料源于 Columbi 公司

纪 60—70 年代建造的建筑中。⑤ 垃圾。我们需要进行垃圾管理，
以便将垃圾分成不同的类型，每种类型的垃圾可以单独进行储存
和处理。在许多情况下，在院子里建造独立式的建筑。一个有堆
肥设施的垃圾处理屋，可以为附近花园的植物提供腐殖质。垃圾
处理屋可以建造在院子里，这样它就为周边地区作出了积极的贡
献。⑥ 自然通风系统。利用自然通风系统有时无法达到令人满意
的通风效果。采用新的方法可以加强和调整现有的自然通风系统。
这些方法不再需要对安装空间和耗能有特殊要求的风扇控制系统
进行大量改造，并且使得用户可以根据自己的需要来选择对通风
的调整。压力和温度控制系统确保风扇不会进行不必要的运转。
某些自然通风系统通过窗户周围的狭窄开口来引入新风。有的通
风口可以扩散空气流通，减少气流。⑦ 厨房。旧式厨房里的炊具
和木制品往往是用良好的材料制作的，具有吸引力，并有着明确
的用途，这些应当得到保存。当更换器具时，应选择节约能源的
材料。安装新的节水型单杆冷热水混合龙头。电线改为接地的线
路，并配备接地故障断路器。在炊具上方安装尺寸适当的排风罩，

配合自然通风系统可以一起很好地工作。食品库可以保留或者新建，可通风的高大橱柜可以实现类似的功能。厨房柜台可提高到目前标准的 90 cm，可以利用橱柜框架上方的框架，或是抬起的桌子。⑧ 屋面和外立面。屋面和外立面拥有特定时代的具体特征，应在维护和维修中予以保留。对于外立面的附加保温通常并不符合成本效益，而且常常改变了建筑的特性。在外露的部分，如山墙部分，可以考虑在有限的区域进行保温措施。然而，屋面保温往往是一种符合成本效益的措施，并且从外观上是不可见的。有一种丹麦的太阳能收集器可以安装在已有的屋顶瓦片的下方。这样的能量保存就没有安装在屋瓦上方的有效。这种太阳能收集器主要适用于保护那些不能改变外形的建筑。⑨ 阳台。阳台的状况会由于加固部件的腐蚀或是混凝土的碳酸化而变得糟糕。有供应商供应不同时期特点的阳台板（如波纹金属板）。如果没有的话，可以增加新的阳台，现有的阳台也可以被扩大。但是这些应该在保证建筑物特征的前提下进行。玻璃围合的阳台提供了一个走廊式的空间。这样的阳台可以减少能量损失，但如果采暖则会增加能源消耗。阳台的底板会成为明显的热桥。⑩ 电梯。一定要安装电梯，为了通过改造提高建筑的可达性。这往往包括安装可以从入口门厅到达的电梯，既可以安装在现有的楼梯间里，也可以安装在以前被公寓占用的区域。在减小楼梯的宽度之后，有一些狭窄的电梯可以在楼梯间里建造。如果有足够的空间，楼梯间可以扩大，这样就有足够的空间保持现有的踏步宽度和放置电梯。考虑由电梯产生的噪音也是重要的。如果电梯的上方没有足够的空间放置电梯的机械装置，可以采用机械装置位于电梯之下的液压电梯（图4-182）。⑪ 噪声。噪声干扰是在老建筑中最常被抱怨的问题之一，噪音问题可能来自于楼梯间、邻居，以及服务性设施。在楼梯间安装新的隔音安全门，在公寓之间的天花板和墙上加设隔音层，往往能最大限度地降低对建筑品质的破坏。

　　由于以下几个原因，需要避免按照压缩到紧迫的时间表来执行改造。运输上的小麻烦或者由于天气等原因，可能会导致无法解决的延迟。这可能会导致额外的费用和协调的困难，以及牵扯到居住区居民的问题，这些居民已经按照确定的时间表计划他们的生活（图 4-183）。所以建筑工人的行为对居民来说是非常重要的。

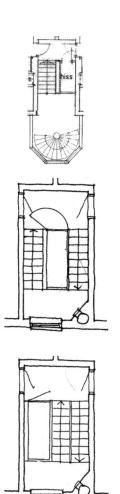

图 4-182　电梯的改造
在某些情况下，为了增加被改造建筑的无障碍性，必须安装新的电梯。有几种不同的方法，可以将狭窄的电梯安装到现有的楼梯井中。资料源于 Varsamt & Sparsamt–Förnyelse av 1950-talets bostäder，Ingela

4）适应生态循环

　　人们常常可以通过给公寓设计种植花园和菜园来改变外部环境，使之更适应生态循环，为成熟堆肥创造更多的空间，为给盆栽提供营养丰富的土壤创造更多的机会。雨水可以排到土地中或用于灌溉。可以通过有吸引力的水坝和水景来加强径流。玻璃围合的空间可以充分利用被动式太阳能热量，或者通过屋顶太阳能集热器积极地利用太阳热量。用以垃圾分类的围合场地可以将垃圾管理变得更实用，这一空间还可以用于人们相互之间交换二手

图 4-183 外部环境改造计划草图
一份对外部环境进行改造的计划，包括菜园、堆肥、温室或玻璃围合的外部空间、食用浆果的灌木丛和果树、有沙砾层的行人步道，以促进当地径流的渗透。资料源于 Miljöarbete i bostadsförvaltning–från mirakeltrasa till miljöledning，Ylva Björkholm och Örjan Svane，Byggforskningsrådet 1998

货物。这种设施可以统一到当地的步行道及自行车道。通过供应带有屋顶的自行车站和自行车储藏室，使自行车的使用变得更为便利，易于推广。

小贴士 4–9 环境改造的实例

实现社会的可持续发展不仅包括建立新的环境区域，还包括将旧的建筑物和地区转变为适应生态循环的健康、节约资源的地区，并能很好地适应周围地区。在瑞典，在百万工程时期以来，有大约 80 万套高耗能的公寓住宅建成。如果所有这些公寓都被改造成高效节能的，那么将节约 36 TWh 的能源，这是整个瑞典能源供应的 8%。

1）歌德斯滕（Gårdsten），哥德堡（图 4-184 至图 4-187）
建筑师：克里斯特·诺德斯特龙（Christer Nordström）

图 4-184 歌德斯滕全景
其设计于 20 世纪 60 年代。由混凝土建造的阳台因为没有良好的维护，给人一种灰色沉闷的印象。建筑局部由柱子支撑，由于西风，建筑下面开放的走道成为令人非常不愉快的多风的场所

图 4-185 歌德斯滕的温室
在建筑入口处，由于种植了绿色植物，原先令人不愉快的多风区域转变成了令人愉悦的温室。入口之间是光线充足、现代的洗衣房。建筑下面的玻璃温室成为居民聚集会面的一个自然场所。每个温室里都放置有共用的堆肥机器

2）埃里克街（Eriksgade），哥本哈根（图 4-188 至图 4-191）

图 4-186　歌德斯滕近景
通过增加附加的保温层、新的高效能的窗户和通风系统中的热交换器，低层建筑变得能更有效地利用能源。通过给建筑刷上不同的颜色、建造新的带有顶棚的门廊、种植树木和绿色植物来创造新的具有吸引力的景观，周围环境的品质得到了彻底的改变

图 4-188　院子里的遮蔽处
这里垃圾可以按照环境保护的方式进行分类。有遮蔽的自行车站也建在这里，居民可以存储并锁好自己的自行车。在院子里种植着绿色植物，垃圾分类站和自行车站有植草屋顶

图 4-187　改造之前的歌德斯滕
高大入口平台的长边一侧朝南，对改造来说这是好的前提条件。改造通过在屋顶上增加太阳能集热器、玻璃围合的阳台和玻璃围合的底层空间，使得该区域发生了根本的改变，将原先多风的区域变为温室

图 4-189　埃里克街一景
这里是一个人口密集的城市地区，这里有许多小公寓，缺乏现代的便利性，是一个迫切需要翻新及改善的地区。在改造中，同时还有着提高环境标准的目标

图 4-190　公寓外立面的凸窗
在朝向院子的一侧增加了凸窗，公寓变大了一些。这样就有可能在公寓中增加带有淋浴的盥洗室。太阳能电池放在南向凸窗上。阁楼中增加了保温，窗户被密封，同时增加了第三层窗扇

图 4-191　地下洗衣房
在地下室建有一个面积较大的最高品质的洗衣房，配备了节能洗衣机和干衣机。洗衣房的玻璃延伸到地面，太阳光可以照进地下室，居民们可以坐在院子里等待他们的衣服洗好。这样也在邻里之间创造出一个公共聚会的场所

3）纳威城（Navestad），诺尔雪平（图 4-192、图 4-193）

图 4-192　诺尔雪平的纳威城
此建筑建于 20 世纪 60 年代，从未成功地吸引过居民。它包括两个环形建筑，里面一个是较高的建筑，外面一个是较低的建筑。建筑物是用灰色的预制混凝土建造的且维修不善。该地区声誉不好，现在到了变化、翻修和改造的时候

图 4-193　改造后的纳威城
环形的一部分被拆掉来打开景观，较高的建筑减少到两层以更多地获得人的尺度。节能措施也实施了：增加保温，窗户进行密封或替换。建筑物通过改造和刷上令人愉悦的颜色而显得焕然一新，而且其中一部分建筑被改造为工作场所

4）扬布罗特（Järnbrott），哥德堡（图 4-194、图 4-195）

图 4-194　哥德堡的扬布罗特
此建筑建于 20 世纪 50 年代，由三层高的公寓楼组成。增加了附加的保温层，这样在原有的和新加的保温层之间就留下了一个空气腔。空气太阳能集热器放置在屋顶上，在新的空气口用风扇吹动空气循环带走集热器的热量来加热建筑，从而减少了为加热而使用的其他能源

图 4-195　扬布罗特的温室
大楼还配备了一个温室，每个公寓在这里都有一个种植的空间，挖出来的草坪为居民创造了菜园。温室里还有一个供居民们喝咖啡休息的公共区域。因为增加了园艺的机会，人们喜欢这里。在这里居民可以得到相互了解。资料源于建筑师克里斯特·诺德斯特龙（Christer Nordström）拍摄

5）布罗花园（Brogården）住宅区，阿灵索斯（Alingsås）

布罗花园是 20 世纪 70 年代百万工程中建造的住宅区，大约有 300 户公寓，在 2008 年开始了五年的改造计划。Alingsåshem 作为所有者，和居民一起对这个区域的优势及不足进行了彻底的分析。这项改造工作由 Skanska 建造公司和 Efem Arkitektkontor 建筑事务所合作进行。改造将所有的外墙都拆除，并替换成新的具有良好保温的墙体。外立面由水泥基板组成。在耐候的建筑外壳之外安装新的阳台，以避免室内产生热桥。在每个公寓里，都有装在橱柜里的热交换器，运行良好以至采暖成本可以低到被忽略。在一年中，大约 10 天这些热交换器需要由区域供热来做补充。住宅在改造之前，每年的能量消耗为 216 kWh/m^2，改造之后为 90 kWh/m^2（图 4-196、图 4-197）。

图 4-196　住宅改造前

图 4-197　住宅改造后

图4-198　苹果花托儿所
它位于瑞典诺尔雪平（Norrköping），由阿斯穆森（Asmussen）建筑工作室设计。儿童的玩耍区域位于厨房和庭院之间。在这栋建筑物里，房间既有开敞高大的空间，又有私密的小角落。玻璃温室在室内外之间，提供了一个良好的庇护所

4.4　人

规划一个可持续的社会，包括了对生态、经济和社会等各方面的全局考虑。一个可持续的社会应该不仅仅减少环境问题，而且能提供好的生活条件。这包括以下几个要点：私人生活、归属感、参与决策、合作、舒适和美丽（图4-198、图4-199）。

4.4.1　人的需要

在上一个世纪，西方世界人们的生活方式经历了从农业社会到工业化社会再到信息技术（IT）社会的迅速改变。人们更加频繁地移动，单身家庭比25年前更加常见。更多人长寿。我们不知道未来会流行哪种模式。所以，对建筑和场所而言重要的是更具灵活性，那样他们才能容易地适应新的价值和环境。

1）根据人的需要进行规划

在规划层面上，人的需要也经常作为出发点（图4-200、图4-201）。丹麦学者英格丽·格尔（Ingrid Gehl）论述了必须考虑的三种需要：① 生理的需要，例如睡眠、休息、食物和饮料，上厕所、保持自身和周边环境的整洁、性、新鲜空气、日照和采光。② 安全的需要，用于保护我们免受野生动物、犯罪、对我们感官不利的刺激（例如噪声、污染的空气、湿气、极端炎热和寒冷）以及在家中或交通中发生事故的伤害。③ 心理的需要，与以下几点有密切的联系：自闭感、经验、活动、游戏、美感、结构和可识别性，这些都可以帮助理解环境和定位自己的角色。规划应创造所有这些需要都得以满足的环境。这可以通过对尺度、构成元素和场地的操作控制，以及激发创造力来实现。

图4-199　持续性规划需要解决的各种关系
一个持续性规划的社会需要解决对人们自身、彼此、环境和物质的关系

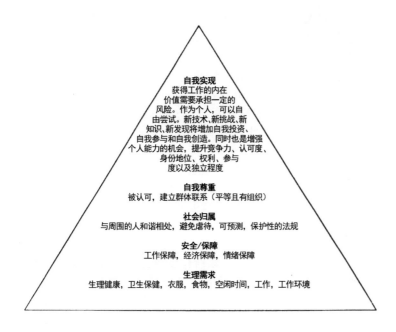

图 4-200　马斯洛的金字塔理论
它反映了人的需要。人最优先考虑的是满足他们基本的生理需要。一旦这些获得满足，人会进而寻找社会保障、建立与他人的关系。无形的价值控制着金字塔的顶层，在那里人的需要被更多的定义为各种经验服务——甚至比商品服务和其他基本服务更重要

2）三重维度观点

人智说[①]认为人的需要分为三个维度：人们有移动和完成生理工作的需要，有思考和反馈的需要，处理自己和他人关系的需要。这三个维度是：职业生活、智力生活和社会生活，他们根据完全不同的规则（冲动）发生。智力生活应对自由，人一定要能自由地思考，并且所有对智力自由的局限都是不好的。在社会生活中，平等是最为重要的，所有人是平等的，并且应该依照法律系统被平等地对待。职业生活和集体有关，并且分享个人和他人的劳动成果。这三个维度不能平均地在人脑中平等划分——因为其发展着各自的差异。不能在社会生活中完全提倡自由，在最坏的情况下，人们介入与荣誉相关的家族纷争。不能在职业生活中提倡完全平等，例如老板比雇员肩负着更多的责任。

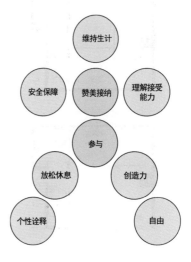

图 4-201　曼弗雷德·马克思·尼夫（Manfred Max Neef）所提出的人的基本需求

3）精神性

人们的需要是不仅表现在生理和心理维度上的，精神维度上也有所需求，精神需求与更高的价值密切相关。在所有文化中，包括过去和现在，都会有满足这些需要的场所和建筑，包括教堂、寺庙、清真寺和佛塔。这些非常特殊的建筑（使用几何、对称等等）被设计用于满足人精神属性的需求。对于许多人来说，精神维度可以通过诗歌、音乐、自然经验、静思等来满足。

4）群体的领域性和规模

每个人都有隐私和偶尔独处的需要。有许多对于人的领域性的研究表明这一点在不同文化下也会不同。建造过程中的每个要素，都必须考虑和安排这些条件和因素。在瑞典文化中，

① 德国哲学家斯坦纳创立的把人类作为研究一切知觉中心的"精神科学"学说。

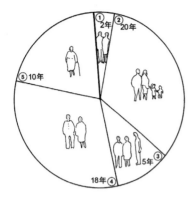

图 4-202　普通瑞典家庭在不同生活阶段的构成

人的一生，其生活状况发生数次改变，因此，住房当然应该能满足不同阶段的不同需求

图 4-203　住宅楼中的非常规设计平面图

这是由密斯·凡·德·罗对一所多单元的住宅楼进行的设计，其具有可灵活分隔的平面。资料源于 Bau und Whonung, 1927

家庭历来是安全感的一个重要来源。即使在瑞典独居人数越来越多的情况下，对"家"的需要仍然存在。因此，在相近的邻里间规划较小规模的群体或许格外重要。许多生态导向的社区和住区由 5—60 户人构成。这是便于人们结识和合作的适宜规模。建筑师安德斯·尼奎斯特（Anders Nyquist）就在 20 世纪 60 年代他参与的瑞典松兹瓦尔（Sundsvall）朗潘（Rumpan）度假村开发设计中如此写道："每个居住群体的规模被有意识地限定在 25—30 个家庭间。75—90 人的群体为个体（生活方式）的多样化提供了可能，人们既可以找到意气相投者一起居住，也可以选择与外隔绝，独居一隅。如果群体规模过大，陌生人就会增加；如果偏小，邻里冲突就会增加。在 25 个家庭组成的群体中，人们能彼此保持联系，营造出集体感；并且，它也足够大，每个成员可以在力所能及的范围内出钱或者出力，来完成较大的工程。"系统生物学家福尔克·冈瑟（Folke Günther）认为，规划可持续的社区必须包括对生态循环、社交联系、技术系统的相应规划。采用的策略应该致力于节约能源、控制放射性和节约材料，并使用利于整个系统的方法。他相信一个住区合理的规模是 100—200 人。

5）家庭的组成

21 世纪初，单身家庭是瑞典最普遍的家庭形式，约占 45%；两口之家约占 30%；有孩子的三口之家（母亲、父亲和孩子）仅占 20%；其余大约 5% 是单亲家庭。然而，尽管如此，住区规划却经常按照三口之家的设定来进行（图 4-202）。

6）居住空间的要求

节约资源意味着争取合理的人均居住空间。拥有最大人均居住面积的欧洲人中，瑞典人也在列。由瑞典家庭来看，包括度假别墅在内，瑞典人均拥有大约 50 m² 可供个人使用的居住面积。实现社会的可持续发展，意味着减少人均居住面积，而不是增加。

7）灵活性

具有灵活性的发展策略，有利于不断变化的个人生活。例如孩子离开家或人们找到新伴侣时，他们无须搬走。灵活性可以在不同的层面上达到。房间可以被设计，因此同一个房间能根据不同的功能以不同的方式安置家具。家可以被设计，因此人们能用不同的方式划分房间，并且在日后进行改变。公寓可以被"操作"，因此彼此能够分割、组合、安装露台以及向外扩张。这种场所需要这样的一栋建筑 —— 平面有不同可能性，墙体可以移动，建筑内的服务设施能很好地应对变化而非阻碍（图 4-203、图 4-204）。建造住房的一种灵活方式是"房中房"，即住房的某处闲置时可供租出，需要时也可供成人、孩子或年长的家庭成员居住。然而，灵活性也不能过分。实际上相比于能够到处移动墙壁，人们觉得倒不如对构造设计进行落实以免隔声太差。

4.4.2　舒适性

　　关于什么能营造舒适住区的研究揭示了一些基本原则，规划过程中的参与者应了解这些原则。人们需要正式的场所、半私密的场所和完全属于个人领域的私密场所。一个场所应该使人们感到安全、有个性、舒适并且易于被认知。它也应该为人们的偶遇停留提供机会。

1）使用率

　　对一个场所的满意度体现为使用率。关于人们愿意继续居住的区域所具备的特征，谢福斯（Sjöfors）和奥柏克（Orback）的研究发现了一些有趣现象。以下特征值得重视：① 有保护措施，不会被外界窥视的露台广受欢迎。② 接近半私密的公园和游乐场。③ 易于观察并熟悉的区域。④ 区域应该有自己的特色，使其他人能够知道它是哪个和它在哪里。

2）舒适

　　对于多数人来讲，家是他们生活的中心，是他们体验安全、信任、参与、个人发展和扎根的地方（图 4-205）。这些感觉经常与家庭的具体居住环境相联系：客厅角落的一个大阅读椅，厨房桌前的沙发，或是一个可以观赏美景的阳台。如果细节被精心地考虑，那么简单的东西也可以变得美好。理解好这些要素，它们将很容易打动人心，特别是如果它是无意识的和非主动的。必要的更新应该被仔细地执行并辅以很好的心理洞察。让居住者认为更新有利于改善生活是很重要的。

3）安全

　　关于安全有几个方面，其中之一是建造一个没有社会隔离的平等的社会和城市。我们可以从三个不同方面来评判安全性：① 维护与保养，如除草、垃圾收集，游乐场所的器械设备处于良好状态。破坏和磨损的出现会降低安全性。② 建筑的组织，如尽可能减少可供袭击者藏匿的巷弄和角落。因为多数攻击行为发生在容易隐蔽的昏暗环境里，傍晚乃至夜间的照明设备能够提高安全性。③ 城市的组织，如避免"无人之地"和容易迷路的荒凉之地。安全规划应注意以下要点：A. 混合住所、商店和公共办公。B. 避免将公共汽车站设置在偏僻地点。C. 修建入口醒目的圆形小内院，这样任何不速之客进来后都会立即被发现。D. 确认建筑背面和后街不会令人不快。E. 建筑的入口、门道和电梯应该显著、易见。F. 清除过度生长的灌木。G. 改进照明设备。H. 提供"安全路线"——照亮和拓宽公园周边和穿越住宅区的通道，在那里人们能互相看见。I. 避免修建黑暗的地下室。贴近公寓单

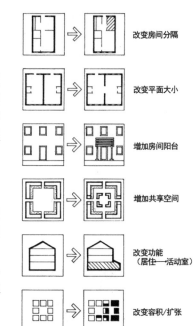

图 4-204　建筑改扩建的各种可能性

资料源于"Tid, människor och hus-Idéer kring ett experiment med föränderliga flerbostadshus i Malmö"，努比斯（E. Nobis），约翰内松（H. Johannesson），卡萨珀-莱雷特（J. Calsapeu-Layret），BFR，T47:1982

右侧图示说明（自上而下）：
- 改变房间分隔
- 改变平面大小
- 增加房间阳台
- 增加共享空间
- 改变功能（居住—活动室）
- 改变容积/扩张

图 4-205　住宅入口

人们希望住宅有个性并有家的氛围，因此回家对他们而言是愉快和受欢迎的

元直接安置贮存区。洗衣房安排在贴山墙的地方，并装有全景大窗。K. 车库应该小一些，便于有清晰视野。J. 避免配太多备份钥匙。应安装可以经常改变的入口密码系统或使用可被冻结的磁卡。L. 当规划地下通道和多层停车场时考虑安全性。他们应该是容易观测到其内部和整体区域的。M. 特别重要的区域安装直接与警察局处理中心相连的监视器。

4）私密—半私密—半公共—公共

创造半私密空间是规划住区内邻里环境的好方法，它缓和了从完全私密到公共区域的转变。例如，共享的开放空间、前院、公用的建筑设施。以前的建筑设计经常包括这些半私密区域的类型，但是功能主义者对公园建筑的理想以及瑞典"百万计划"时期大尺度的住房街区却缺少这些重要的半私密区域。区域的转变有时被划分成：私密、半私密、半公共和公共空间（图4-206、图4-207）。

5）园艺机会

能够在紧邻家的地方尝试园艺是内心愉悦和安宁的一大来源。关于街区园圃，建筑师夏洛特（Charlotte Horgby）和莉娜（Lena Jarlöv）在他们的书中表示，在街区附近尝试园艺的机会能产生一些积极作用，例如减少人们故意破坏公物的行为，改善社会交往（图4-208、图4-209）。

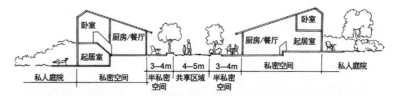

图 4-206　住宅区室外空间
该空间由独户住宅组成，可被划分成私密、半私密和公共区

图 4-207　柏林 Onkel Toms Hütte
居民和访客之间的自发交谈
建筑师：布鲁诺·陶特（Bruno Taut），20 世纪 20—30 年代

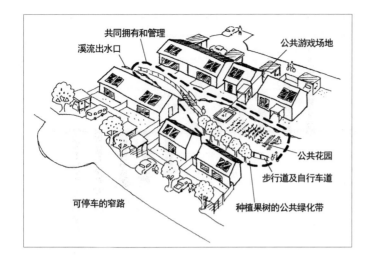

图 4-208　美国加州戴维斯的园艺建设尝试
居住在美国加州戴维斯（Davis）的居民努力使他们的城市变得更加环保。他们建立了公共步行和自行车路线，并疏通溪流以利排水。公共空间为周边 8 个独户住宅的居民提供了娱乐、植树和园艺的场所，并由他们共同管理。在这里，美国采取了更加欧洲化的生态适应模式规划建筑，不全依赖汽车和私密空间

6）紧邻开放公园

各种研究表明，家邻近一个开放的公园，是人们感到愉快并安居于此的一个原因。这样的公园应该提供玩耍、娱乐，以及园艺的机会。生态公园的显著特征是，它试图用多种生物群落去增加生物多样性。例如蝴蝶餐馆（种植蝴蝶爱吃的植物）、生态池塘，以及用一定方式使部分区域可耕种。

7）识别和了解

认识一个区域要求了解它是如何划分随后又组合起来的，这在规划阶段尤其值得考虑。区域应该易于了解和可识别。人们也应去了解这个区域的技术系统。我们需要知道技术系统怎么运作，谁负责什么事情，决策如何运作执行，以及我们如何参与和影响与我们切身相关的环境。如果人们了解一个地方的历史，了解它如何联系周围的自然环境和发展状态，那么，人们自然而然会更深刻地理解这个地方。

图 4-209　令人向往的居住环境
当人们评价他们的居住环境时，适宜的气候条件、良好的植物生长条件、不被他人视线所及的露台是令人向往的

8）不同开发类型都市的吸引力

什么样的都市开发设计才能让更多人喜欢？过去几十年的研究表明，许多最有吸引力的都市发展由独户住宅主导，但这并未影响独户住宅和多户住宅组合的混合型住区的吸引力。有吸引力的区域主要有两个特点：① 小规模；② 公共和私密区域间有清晰的边界。被认为非常有吸引力的都市发展类型包括工业革命以前的城市、彼此分隔的独户住宅区、邻里城市和花园城市的住宅，发展模式包括联排和独户住宅紧邻的住区。缺少吸引力的模式包括三层楼板公寓组成的街区、塔楼区、二层楼板公寓区，高层公寓与板式公寓混合的住区。仅有高层板式公寓的住区被认为是最缺乏吸引力的（图 4-210）。

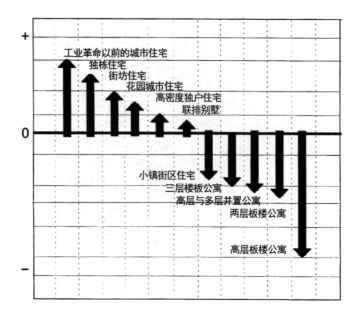

图 4-210　不同类型发展模式的吸引力

不同箭头的长度分别表明有吸引和缺少吸引的程度。资料源于《城市类型和质量》，约翰·劳德伯格（Johan Rådberg）和拉尔夫·约翰松（Rolf Johansson）

4.4.3　公共性

可持续发展不仅指生态可持续，也意味着社会和经济的可持续发展。在国际发展历史中的一个普遍共识是，贫穷是可持续发展中一个最大的障碍。对于工业化国家而言，失业和种族隔离是它们难以实现理想的社会发展的原因。

1）平等

随着各国的发展，贫穷国家和富有国家之间的差距在不断增加，国家内的贫富差距也在增加，这种现象必须得到积极的抵制。我们不能继续去创造一个属于三分之二的人的社会，这种社会下另外三分之一的人没有归属感，也不认为社会需要他们。我们必须确保人们有赖以合理生存的就业机会。我们需要一个可以照顾困难群体的社会。另外，我们不能接受一个为追求最廉价产品（以最差的工作环境）而驱使他们不承担公司运营之外的社会责任的经济环境。

（1）"21世纪议程"提出的指标。斯德哥尔摩的"21世纪议程"是一个致力于提高参与度、提供广泛对话平台的项目，包括公众、企业部门、研究人员、俱乐部和协会的活跃人士，市政雇员和决策者。其中一个发展项目依照议程提出的指标衡量、发展和汇报，支持和推动了在斯德哥尔摩的可持续发展进程。问题是：什么能让斯德哥尔摩成为一个更宜居住的城市，什么问题最重要？对指标的讨论通过圆桌会议，参考小组，竞选和研讨会进一步进行。在汇编整理后，明确提出了以下17个指标。一是环境。① 人均能源消耗；② 人均家用废物量；③ 进入城市的重金属量；④ 人均二氧化碳排放量；⑤ 具有优质空气的天数；⑥ 人们使用公共交通占所有交通方式的比例。二是经济。① 就业水平；② 教育水平；③ 有生态标签的食物的销售量。三是社会发展。① 哮喘人口的比例；② 有经济安全感的人口比例；③ 害怕遭遇暴力的人数比例；④ 孩子在成长期间和大人共度的时间。四是民主。① 从事志愿工作的人口比例；② 首次参与选举的选民的参与率；③ 具有社会参与感的人口比例；④ 未满 25 岁且感到自己可以影响社会发展的人口比例（资料源于《可持续发展的指标》，斯德哥尔摩市，2003-09-11）。

（2）**多文化融合**。在房产市场上有一种不幸的分层，一些底层的住区名声不佳。政府应该制定积极的规划政策来抵制社会隔离，避免出现仅由单一种族或社会群体构成的住区。我们有必要在多方面反对社会离析并且改善那些存在问题的区域。问题应该一个一个解决。了解不同的文化是互相理解和合作的关键。

（3）**无障碍设计**。符合残疾人、孩子和老人需求的设计通常对其他人也适用。孩子应该能安全地参加课内、课外活动，并在游乐场所安全玩耍。一个无关病老，人人皆可比邻而居的社会促进了彼此的理解。

（4）**可达性**。大型高速公路或其他突来的限定不应该让人们感到隔绝感。通过对各年龄层步行者和骑车者的关注，这个障碍应被消解。死胡同附近、主要交通干道周围、未开发的土地或者自然区域都容易成为被隔离的区域。城市应着力于建立密集居住区和各城市不同区域之间的连接。

2）城市生活

（1）**好的生活**。许多人赞赏城市，它的多样性、文化设施和社会接纳性使多种生活方式得以共存。生态城市是一个有趣的挑战，它应是适居之地。扬·盖尔（Jan Gehl）是对城市生活和城市空间怀有特殊兴趣的丹麦建筑师。他的多年工作都致力于使哥本哈根尽可能成为宜居城市（图 4-211）。他相信步行街道是市中心的支柱，将广场和露天场所、公园和水面连接在一起。步行街设在地面层，而非下挖或者架空，止于广场和开阔空间。人们能坐下休憩或去露天咖啡馆。尺度很重要，较小的单元，较多的门，以及有许多商店的小街道是宜人的。对气候的仔细考量是城市规划的一个重要部分。阳光应该能到达，同时风应被阻挡。无论是日间还是晚上，城市都应该是鲜活和多面的，因此居住在市中心的人们会觉得生活美好。人类的活动使城市具有吸引力。没有什么能比文化教育场所对于体现市中心生命力更具意义。学生在一年的不同时段和一天的不同时间里使用城市。城市应该成为容纳日常活动和庆典的不拘于形式的场所，并且提供进行文化活动和其他活动的空间（图 4-212、图 4-213）。

（2）**城市空间**。凯文·林奇在其所著的《总体设计》中将

图 4-211　公共空间设计细节

哥本哈根公共空间研究中心正在进行的研究，基于扬·盖尔（Jan Gehl）的工作成果，提出界定步行空间质量的具体标准。标准在盖尔建筑事务所的设计分析中得到应用。这使得从人性化角度考察本地环境成为可能，物质需要变为次重要优先要求。资料源于拉尔斯·吉姆松（Lars Gemzøe），MAA，公共空间研究中心城市规划高级讲师。盖尔（Gehl）建筑事务所合伙人——城市质量顾问

图 4-212　城市街景生活

许多因素影响城市生活。人类以及人类活动决定了一个城市吸引力的大小。在一个"美好"的城市中，应该有地方坐下、放松和享受。"人人皆爱"是维京时期的一句古谚

图 4-213　阿姆斯特丹的城市生活

资料源于玛丽亚·布洛克（Maria Block）拍摄

公共空间设计细节的关键词

保护	1. 保护免受交通事故 - 交通事故 - 对交通工具的畏惧感 - 其他事故	2. 保护免遭暴力和犯罪的侵害（安全感） - 居住/使用 - 街道生活 - 街道旁观者 - 具有空间和时间上交叠的功能	3. 保护免受不愉快的经历 - 风/气流 - 雨/雪 - 冷/热 - 污染 - 脏/强光/吵闹
舒适	4. 漫步的可能性 - 可以漫步的室内空间 - 无台阶的街道布局 - 有趣的街道界面 - 无障碍设计 - 良好的布边界面	5. 驻足和停留的可能性 - 有吸引力的边界 - 良好限定的驻足点 - 能够停留	6. 有坐的可能性 - 坐的地点 - 最大的优化人休憩的可能性 - 休息的长椅
舒适	7. 看的可能性 - 视域 - 无遮蔽的景色 - 有趣的景色 - 夜间照明	8. 美学/积极的感官感觉 - 良好的设计和细部 - 景观/视线 - 树木/种植/水	9. 游戏/聚集/吸引人的可能性 - 吸引人的/嬉戏/聚集的环境/节日/夏日的夜晚/冬天
喜爱	10. 比例 - 建筑物和空间的尺寸遵循人体尺度和感觉及习惯	11. 享受积极气候条件可能性 - 阳光/阴影 - 温暖/凉爽 - 微风/通风	12. 美学/积极的感官感觉 - 良好的设计和细部 - 景观和视线 - 树木/种植/水

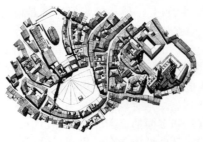

图 4-214　意大利锡耶纳广场

建筑师被中世纪的意大利城市启发。位于意大利锡耶纳的形状不规则、呈半圆形，顺着斜坡而上的坎波广场（Piazza del Campo）被誉为世界上最美丽的广场。资料源于《交往与空间》，扬·盖尔（Jan Gehl），1971

25 m 理解为室外进行社会活动的宜人空间尺度，而大于 110 m 的室外空间在规划完善的城市中十分罕见。几乎所有中世纪广场的长宽都在 25—110 m 范围内（图 4-214）。

4.4.4 参与性

我们对地球和彼此有责任。我们必须自己承担，例如对待其他人和环境，没人能取代我们承担它。道德引导我们对待伦理规范的态度，并促使意识转化为行动。我们有责任了解并知道如何解决世界的环境问题。如果一个人力不能及，可以通过加入或支持运作在该区域的组织来承担这份责任。通过政治和日常的行为影响社会的发展是很重要的，例如成为一名拉客的促进消费者。

1）落实民主

不幸的是，当前参与社会发展事业的方式相对匮乏。许多人感到不能融入和影响社会发展。这是必须认真考虑的民主问题。我们需要找到并不需花费太多固定时间，却能更容易参与社会生活的新的方法（图4-215）。

2）公共参与形式

（1）**居民参与规划**。让居民参与规划是一个困难的过程。一方面，在规划建筑之前与居民接触是必要的，但另一方面，建造过程不能过分冗长，以防止居民意见的反复（图4-216）。一旦建立小组，一般以学习基本的建筑概念为起步，这可以通过学习小组和讲座的形式完成。而设计工作一旦开始，大的团队和小的工作组可以同时进行设计。工作小组对许多领域负有责任，例如室外环境、公共空间、能源供应等。他们在自己的公寓工作，时而做自己的工作，时而一屋人与建筑师会面。草图具有积极影响，能有效帮居民获取更多知识。当居民能自始至终地参与，最终的成果经常是高质量的，但是整个过程会花费更多时间（图4-217、图4-218）。项目负责人必须以居民的视角在效率和感受之间取得平衡。在涉及其他投资之前，买主和居民需要参与项目的规划，并且对他们要购买的东西有一个相对比较清晰的意向。对拥有影响周围环境能力的需要也分为身体和社会两方面。其中，有能力影响具有重大情感意义的活动和场所是尤为重要的。当居民参与规划时，应注意四个方面：① 为参与者提供相关知识；② 对现实状况的敏锐洞察；③ （参与）过程会花费很多时间并且在行政方面程序繁冗；④ 最终结果是，居民若参与规划设计，一定比没有参与的好。

（2）**参与实施**。谈及瑞典松兹瓦尔（Sundsvall）朗潘（Rumpan）度假村庄的规划概念和具体实施，建筑师安德斯·尼奎斯特（Anders Nyquist）说道："基础公共设施，即大家公用并且共同对其负责任的设施，包括道路（通过道路协会）、步行道、绿地、水泵房、夏天供水、码头和港口（通过土地所有者协会）等。"而当居民有能力投入时间、金钱和精力的时候，更高级的义务设施被建立起来。参与投资的居民能在以后的日子里使用这些设施。例如：桑拿浴室、冬天热水供应、拖车滑道、运动场等。基础和高级公

图4-215　参与社会发展事业的不同层级

第一个层级是建筑和街区（例如住房合作社、生态社区协会），在这里居民能够参与规划和管理。下一层级是邻里或市区（例如镇区委员会或者本地业主委员会）。第三级是城市或区域（例如市和郡议会）。第四个层级是国家或国家联盟（例如瑞典、北欧国和欧盟）。最高层级是全球性级别

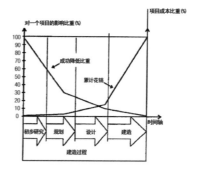

图4-216　项目建造过程中的成本、影响比重及时间关系图

建造过程的起始阶段是最容易被影响的。工程持续时间越长，投资越多，影响的机会就越少

图4-217　柏林某住宅楼

这栋住宅楼是由建筑师弗雷·奥托（Frei Otto）按照准业主们的期望所设计的

图 4-218　Tuschteckningen 1 号公寓单元

该公寓位于斯德哥尔摩奥斯塔（Årsta），建于 20 世纪 90 年代，居民的参与是规划过程的一个重要组成部分。资料源于建筑师马丁·伍尔夫（Martin Wulff）

共设施的建立以及管理，都依靠住区居民们的合作。相比于为居民们直接"提供"公共设施，志趣相投的人若能通过努力协作自己去"创造"，他们会感到更多的责任感。在此之前，他们或许从未能获此机会大展身手，而之后，创造性和人们潜在的天赋得以展现（图 4-219）。

（3）**专家研讨会**。专家研讨会的设立是为了让所有业主都能参与开发规划活动。在历时两到三天的专家研讨会中，人们拟草并讨论，希望达成各有重点的议案，在现存权益中取得平衡。这个方法起源于法国，盛行于美国，在瑞典的一些自治区也已有尝试。例如尼奈斯港（Nynäshamn）、萨尔特舍巴登（Saltsjöbaden）和谢莱夫特奥（Skellefteå）已举行过专家研讨会。为了集中解决对参与者最重要的问题，避免程序拉长，平添过多细枝末节的讨论，专家研讨会需要进展迅速并且承诺有效。早期尝试研讨会的地方现已收获成效。在诺尔雪平，一个咖啡馆面临拆迁。当地居民通过专家研讨会最终留下了这个他们最喜欢的集会场所。

（4）**公共咨询**。工作手册法是指当产生问题或发生变化时，政府代理机构 / 决策人与相关民众之间的咨询、磋商程序。这个方法被采用，因而问题不仅被谈论，而且会通过书面程序达成变革。项目小组和项目经理对此负责，并应咨询该区域民众的意见。各个项目小组由相关人员组成。整个过程有三个步骤。首先，了

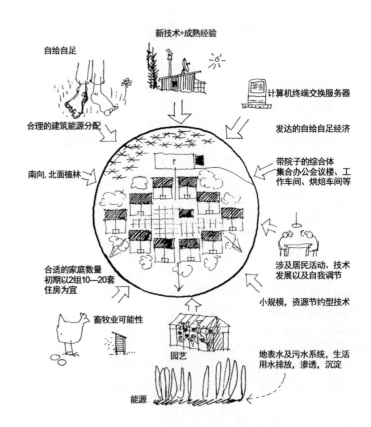

图 4-219　瑞典松兹瓦尔（Sundvall）一个生态社区里人们的设想

插图为建筑师安德斯·尼奎斯特（Anders Nyquist）绘制

解问题并把它呈现为文字和图片的形式。随后补充信息，并设法将人们的需求更准确化。最后，结果被总结，并作为市政当局发表评论、观点和行动的依据（图4-220）。

（5）私人维护和管理。一种降低居住成本的方法是自己进行维护和管理。这是生态社区的一种常见策略，这不仅因为资金方面的原因，也因为它可能带来的更大的参与性和团队精神。一种常用的方法是在特别的责任范围内形成工作组，例如公共锅炉的维护、汽车库的管理、庭院的维护等等。责任的分工应经常改变，比如每年一次。

（6）不同类型的集体。集体管理的公寓住区通过共享居住空间和设备实现"大事化小"，比如通过群众商议来形成一个自然的邻里关系。在瑞典，大多数集体管理的公寓住区规模在10—50套公寓楼之间。所有的这些建筑都有共享空间，但这些空间的功能和规模大相径庭。在一个集体住宅里，5—15人的集体共有一个"家"，通常是一人一间卧室。这种形式的房子常见于残疾人和老年人之家。其他的所有区域都是公用的，例如入口、厨房、起居室、洗漱间等。在丹麦的"bofælleskab（院舍，丹麦语）"人们有自己的居所，但公共区域扮演着重要的角色。在业主自己拥有房产权的公寓街区，人们各自为生，却因各种不同的目的而共享一些空间。在斯德哥尔摩安德斯坦雪登（Understenshöjden）生态村里，为了建造一个包括会议室、厨房、活动室、洗衣间、工作间和二手房的公共建筑，每间公寓的个人生活面积减少到了大约 10 m²（大约10%）。会议室用作派对、会议、游戏和休闲之用，例如兴趣活动。其他共享空间还可能是休息室和小剧院（图4-221、图4-222）。

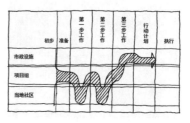

图4-220　工作手册法的具体步骤
在简单的谈判中，工作手册法能够以图表的方式来描述。居民、规划者、决策者和其他参与者会受影响，也产生影响。当这个方法以理想状态发挥作用时，在规划和决策时，各方利益得以建设性的交流。资料源于《因此我们希望拥有它——工作手册法》，布·马腾松（Bo Mårtensson）和拉尔斯·奥斯孔格（Lars Orrskog），建筑科学研究院，1986

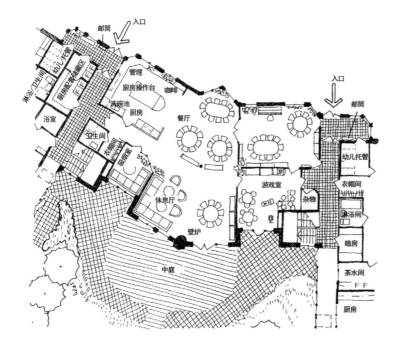

图4-221　瑞典隆德（Lund）彩虹社区（Regnbågen）
该社区建于 1988—1989 年，由建筑师罗尔夫·林斯特龙（Rolf Lindström）和洛塔·松兹特龙（Lotta Sundström）设计。是一个合理设置公共设施的例子，居民在回公寓途中经过公共设施，并能知道里面发生着什么。资料源于 Kök för gemenskap-i kollektivhus och kvarterslokaler，格尼拉·卢瑟兹（Gunilla Lauthers），T1:1988

图 4-222 哥本哈根腾博伍珀街
（Tubberupvænge）社区的共享空间
在 哥 本 哈 根 腾 博 伍 珀 街
（Tubberupvænge）社区，4 所公寓共享
一个大的玻璃空间。这个围合的空间
成为人们会面并喝杯咖啡的门廊、花
房和阳台。不仅如此，公共的洗衣房
也在其中

图 4-223 桑拿浴室
分享桑拿浴室是让桑拿浴变得更加经济
合理的方法。公共桑拿浴之夜能够成为
让住区和谐的社会因素

（7）私有的和共享的。所谓的"好邻居"指通过社区精神，责任和合作满足重要的需求，而不侵害个人利益。现在和过去的乡村委员会就是这个观点的例证。诸如照料儿童、老人，或者将一个公共的院子改造成大家活动和宠物嬉戏的绿地可以由集体合作的形式完成。一些街坊建立了公共停车场来停、取车，这比拥有私人停车场要便宜得多。其他公共活动或设施有诸如桑拿浴室（图 4-223），烘焙房和储藏食物的地下室。

4.4.5　审美

设计师和建筑师头脑中萦绕的美往往比表面的美学更深刻。他们的出发点也许有区别，例如按照 4 个或 5 个基本元素进行设计，它们是火、水、气、土，而第五个要素经常是象征生命力的树。我们的味觉、嗅觉、视觉、听觉和触觉功能也可能成为出发点。往事提供了很多能激发灵感的例子。或许乍看之下，生态建筑并不能通过特定的建筑设计语言来识别。生态建筑不停留于表面。正如许多环境问题不那么显而易见，我们可能无法直接看出生态建筑适应环境的一面。然而，生态建筑有以下诸方面的特征，例如绿化、天然材料、太阳能收集、适宜性等等。

1）感觉

美学一词来源于希腊语"aisthtikos"，意思是"对感观的感受"。例如我们用感观感受到的东西。克拉斯·塔姆（Klas Tham）在"Boendet och våra omätbara behov"中说："美学与刺激性的环境的产生需要体量、规模、材料等方面变化的可能性。一个直白

图 4-224　柏林鹦鹉镇（Onkel Toms Hütte）的一所多户住宅
该房子使用了明亮的硅酸盐涂料。德国建筑师布鲁诺·陶特（Bruno Taut）在 20 世纪 20—30 年代有意大胆地在建筑中使用色彩

而枯燥的环境不足以刺激我们的大脑，无疑对心理健康有害。"

（1）**视觉**。视觉是我们最发达的感觉，通过它我们可以记录大约 80% 的感官印象。视野的运用是伟大的——光年以外就能看到遥远星辰的闪烁，而我们若想看到他人，距离则需保持在 100 m 以内。70—100 m 之内有可能看出人的年龄、性别、走路方式和他们大概在做的事情。在大约 30 m 的距离内可以看到人的面部表情和发型，并且有可能认出我们不常见到的人。而在 20—25 m 内我们能察觉另一个人的心情和感受。"在这个距离内，人们可能坠入爱河"——日常交谈发生在 1—3 m 的距离内。在这个距离，有可能察觉出细致入微的差别。

（2）**颜色**。人们可以迅速感知颜色，甚至经常会在形状被确认之前。毋庸置疑，颜色具有重要的象征意义，并且从心理和生理上影响人们（例如强烈的红光会加快心跳）。然而，色彩间细微的差别比实际色彩种类的选择更为重要。巴勃罗·毕加索（Pablo Picasso）这样说道："如果没有红色，我就用绿色。"明白颜色类型、细微差别、色块面积、光泽、形状、表面质感和光线条件的相互关系如何影响着颜色给人的印象相当重要。某个微妙的颜色能够在一种文脉中起完全支配作用，而在另一种文脉中变得无关紧要（图 4-224）。

（3）**光线、光影和黑暗**。阳光在创造美的体验的过程中是最重要的因素之一。光决定颜色的光泽并随时间改变创造光影变化，光线可以是直射的、间接射入的或者漫射的。光线的颜色会影响人的感受，并且随地点、季节、天气和时间而变化。窗户在让日光进入房间以及提供对周围区域的观景两方面扮演着重要的角色。当以有趣的观景面创造美丽、明亮的房间时，窗户的位置、倾角和窗户退后的设计是非常重要的。在热工绝缘性能良好的建筑中应尽可能地使用厚墙和带倾角的窗（图 4-225）。当然，昏暗的空间亦有其品质。光线从不同方向进入建筑，建筑因此显得不同。对于一些房间，向南的朝向并不令人满意，例如对于工作

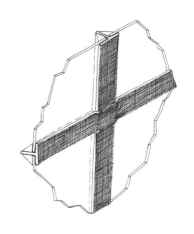

图 4-225　窗户的细部设计比较
窗户的细部设计十分重要。玻璃的凹入在明暗之间创造了灰空间和更自然的过渡，减少了眩光

图 4-226 挪威某教堂
新涂了焦油的教堂的气味是与众不同的

室和厨房，南向的阳光显得太强烈。相比开灯，黄昏的环境更适合思考，然后黑暗逐渐笼罩，星光逐渐升起。或者在黄昏中绕城市漫步，看城市的轮廓慢慢变暗。不过，出于对人们安全感的考虑，街市和人行步道在傍晚和夜里应该灯火长明。

（4）听觉。在大约 7 m 内，人类的听觉十分强大。在这个距离内的交谈不会有任何困难。当距离拉至 35 m，人耳仍有可能听到，例如，讲座、有问答内容的会议。但在这个距离内一般不能进行常规意义的交谈。距离大于 35 m 时，或许能听到呼喊声，但很难区分出每个单词。声音对我们的影响超乎了我们的想象，它影响心脏、胃、呼吸、肌肉反应、血管、荷尔蒙、睡眠和工作节奏。安静对当今社会而言是一件奢侈品。还有什么比通风设备、电冰箱和电脑发出的嗡嗡声更让人烦躁？声音也被认为是一个影响心情的因素。最安宁的声音是火焰噼啪、水流潺潺、风声过耳、雨落窗台以及鸟鸣啾啾。最好的声音体验能够如画，例如倾听在一栋美丽建筑里的弦乐四重奏，伴随着扑扑的火焰和滴滴雨声，古典乐流入房间。当人们行走在日本寺庙中，木地板上发出的声音如鸟儿歌唱。日本的园林艺术中，经常出现被称作"丝竹"的竹制容器，它缓缓地蓄水，随后翻倒发出响声，然后再慢慢盛满，周而复始。在泰国和中国，有竹子或者木头做成的楼梯，人们走过时会奏出某种音乐或声调。

（5）嗅觉。嗅觉是一种强大的感觉。人们对香味和臭味总是记忆深刻。微小的感觉能够迅速唤起时隔很久的记忆。恶心的气味能迅速使房间变得令人不快。积极的气味体验包括花草的香味、新烤的面包香和愉快的香水味。在室内，有特有香味的木头、新涂上焦油的屋顶和墙面，以及刚清洗过的地板散发出的气味都是清晰可辨的（图 4-226）。芬兰式的桑拿浴也有着独特的气味。与此同时，不能忽略过敏症和健康方面的问题。

（6）触觉。材料的手感很重要，例如表面结构和温度。想一想，当你沿着木质扶手走下楼梯时，手的感觉如何？当只穿着袜子，走在硬砖地上时，脚是否感觉冰凉？以及当双脚踩在会议桌底的软毯上时，是否油然而生一种奢侈感？

2）基本元素

事实证明，四个基本元素——气、水、火、土——是有助于建筑设计的。许多文化中还包括第五个元素，是在上述四种元素中发展起来的。它通常由树象征，代表着成长和生命。与其他四大元素不同，它遵守熵变原理和热力学定律。它用于创造而非毁灭，用于凝聚而不是分散。随着时间的推移，它更具多样性。

（1）气。在空间设计时，思考空气的运动能使设计更三维、立体化。不同的通风方案如何影响建筑设计，又如何在建筑中体现他们的价值？如果选择自然通风，那么建筑就会以高烟囱或其他特殊的方式来增加或减少空气流通（图 4-227）。在其内部，有些房间就可能出现较高的吊顶、阁楼、天窗。

（2）水。水能以多种方式用于外部环境或引入建筑，例如喷泉、池塘、瀑布、河流、雕塑（图4-228）。水是美丽的，水声是温柔的。水使空气潮湿，并且能蒸发吸热从而降温。人工瀑布常用于公共建筑（酒店等）的入口处。

（3）火。没有东西像火一样温暖。壁炉的重要性深深根植于人类生活。我们的祖先用火取温、准备膳食。火能吓走野兽，带来了光明和安全感。此外，它还被认为是邪恶的精神。坐在火前看着火焰利于引发沉思。壁炉在很多生态建筑中都得以应用。为了让能源高效燃烧，火炉必须是封闭式的。然而为了让人依旧能看到火焰，可以用一个折中的方法，例如给壁炉安上门或者使用钢化玻璃（图4-229）。

（4）土。对许多人来说土地意味着居住地，意味着家。在生态建筑里，场地是设计的出发点，建筑师试图把握场地的灵魂，这在拉丁语被称为Genius loci。土壤代表着肥沃，生命得以生长；但土壤也代表着腐烂，生命循环在此走向终点。土是世界上最常见的建筑材料之一，有着许多优点。它耐火、隔声、贮热、抗潮，可以建构一个舒适的室内环境。

图4-227 瑞典西曼兰省（Västmanland）马灵斯布（Malingsbo）的谷仓
如今在瑞典乡村仍能见到这类壮观的建筑。墙上的洞作为自然通风系统的进气孔，旨在风干谷物

3）建筑质量

建筑师奥拉·尼兰德（Ola Nylander）在他的《住宅建筑》一书中强调这些问题："家的无价之处是什么"和"是什么赋予住宅建筑这样的特点""如何让人们感到舒适，营造出家的感觉"？他的研究确定了七组他认为对如何营造一个家十分重要的属性。它称这些组为"属域"，定义为"可辨别的细节、质量和特点的归类组合"（图4-230、图4-231）。他试图用个案研究和他的鉴定方法去描述它们。奥拉·尼兰德（Ola Nylander）定义的七组属性：① 材料和细节 —— 材料和细节的设计对居民关于家的体验有核心的重要性。② 轴线 —— 廊道和活动能够联系彼此的房间。轴对称的体验意味着跟住宅建筑的体验有一个直接的物理联系（图4-232）。③ 围护 —— 一个封闭的房子具有多个各自的开口是种非常重要的体验。当一个人从被围护包裹着的家中看向外面时，舒适和亲切感更为强烈。④ 运动 —— 能够通过不同的方式穿越房间，增加了体验的丰富性。如果建筑平面图可以形成环路，就可以不受阻碍的自由运动。除了最私密的房间，一个有两扇门的房间比死胡同的房间更具魅力。⑤ 空间的轮廓 —— 处理房间的形态和比例。在人智唯灵论的幼儿园始终尝试设置一个包括较高天花和楼梯的大尺度空间，以及一个可供孩子自由玩耍的小尺度空间（图4-233）。⑥ 日光 —— 光线是一个重要因素。日光应该能够照入房间深处而不产生眩光。如果日光从两个方向进入房间，对光线的控制和室内陈设的调整会更加复杂。⑦ 房间的组织 —— 避免人们从外部进入时轻易误闯卧室是很重要的。布置入口、门厅、公共空间（厨房和起居室），而卧室应处于较私密的位置。

图4-228 水雕塑
其被称为"流动的形式"，构成美丽的室内景观，发出悦耳的声音并能增加空气湿度

图4-229 壁炉
火在传统建筑中扮演着重要的角色。当寒冷的冬天到来时，火辐射出的热带来了舒适温暖的体验

图 4-230 由艺术家巴尔布鲁·亨尼鲁斯（Barbro Hennius）诠释的天堂
建筑师本特·沃恩（Bengt Warne）尝试在他的建筑中重建天堂

图 4-231 建筑与树木等植物的组合
如果细节被仔细地处理，那么简单的设计也可以很美丽。例如，建筑与树木和植物的组合就能够带来愉悦的体验。插图为海因里希·特森诺（Heinrich Tessenow）绘制

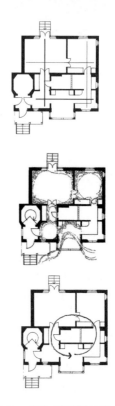

图 4-232 瑞典哥德堡林登霍尔曼（Lindholmen）的一个单户住宅
该住宅由怀特建筑事务所 1992 年设计。建筑平面有一些特点，在其他元素按主轴线和次要轴线环形排列。资料源于 Ola Nylander《住宅建筑》2002 （"Bostaden som arkitektur"，1999）

室内、封闭的空间　　室内、开敞的空间　　外部开敞空间

图 4-233 封闭与开放的区域

4）灵感的源泉

生态建筑从包括传统建筑和其他文化建筑在内的许多不同来源得到灵感。如"草根建筑"（例如那些有想象力的自建住宅）、嬉皮时代（20 世纪 60—70 年代）的穹顶（充分使用材料和巨柱）、美国的被动式太阳能住宅、地下建筑、与绿化结合紧密的建筑（特别是在丹麦和德国）、使用废弃材料建造的建筑、低技和高技建筑、宗教建筑、仿生有机建筑（如不同动物如何筑窝）和花园城市建筑。

（1）**传统建筑**。传统建筑作为一种由地方环境发展而来的建筑类型，有许多值得生态建筑借鉴的地方（图 4-234 至图 4-237）。传统建筑被当地气候、地方材料和工艺等因素限制，因此对于资源通常能够充分利用，比如将对温度需求高的房间放置在烟囱周围。

（2）**其他文化建筑**。正如在贝尔纳·鲁多夫斯基（Bernard Rudofsky）《没有建筑师的建筑》一书中记载的，在其他的文化

环境中建造，世界各地的建筑都有着巨大的区别和财富差距。在这些各种各类的条件中，当然可以从具有相似的气候环境和相似的地方材料的文化中找到令人兴奋的创意。① 泥土建筑。泥土是世界上最常见的建筑材料之一。现存的一些最古老的建筑就是用泥土建造的。以泥土建造的各种建筑形式出现在许多文明中，同时在世界的许多地方生土建筑构造正在经历一场复兴（图4-238、图4-239）。

图 4-234　蒙古包内景
资料源于《庇护所》封面，劳埃德·康（Lloyd Kahn），1973

图 4-235　蒙古包外观
蒙古包是一种有着悠久历史的有趣的居住形式。由于它被游牧民族所使用，所以它是可以拆分的。它的墙由可折叠的格状构架组成，同时覆盖几层毛毡来保温隔热。顶部的通风孔起到了日晷和日历的作用，并赋予空间一个特别的意义。资料源于《庇护所》，劳埃德·康（Lloyd Kahn），1973

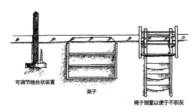

图 4-236　震教派（The Shakers）的家具陈设
震教派是一个从 18 世纪到 19 世纪的美国的宗教团体。他们努力使他们所创造的物体简单、美观且具有功能性。尤其是他们具有实用性的家具陈设已经成为室内设计师和建筑师的一种参考模式——他们在当时就已经开始寻求环保、可持续和资源节约型替代品。资料源于《常识建筑》，约翰·S·泰勒（John S. Taylor），1983

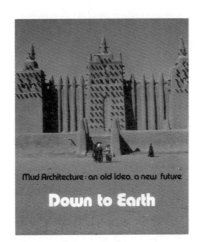

图 4-238　《回归土地——生土建筑：旧的方式，崭新未来》一书封面
在 1981 年于巴黎蓬皮杜中心举行的以"生土建筑"（Des Architecture de Terre）为主题的大型展览之后，人们对生土建筑的兴趣蓬勃发展起来。资料源于《回归土地——生土建筑：旧的方式，崭新未来》，蓬皮杜文化中心，1981

图 4-237　《为穷人设计的房屋》一书封面
哈桑·法塞（Hassan Fathy）是一位优秀的埃及建筑师，他捍卫了古老的努比亚拱门，全心为穷人设计他们需要的好建筑。他将传统建筑视为一种即使是穷人也负担得起的建筑方式。资料源于《为穷人设计的房屋》，封面插图，哈桑·法塞（Hassan Fathy），1973

图 4-239　尼伯（Nibble）学校
该学校位于瑞典耶纳市（Järna）的郊外索尔维克（Solvik）。它的建筑使用了几种不同的生土建造技术。这个建筑是以砌筑方式将湿的黏土堆积起来的材料建造而成，不掺杂灰泥浆，上面覆以黏土石膏

图 4-240　私用花园别墅
在哥本哈根谢德哈文（Sydhavnen）的弗里德里克街（Fredrikshøj）社区，居民可以自己建造一个 100 m² 以内的私用花园别墅，并可常年居住在其中

图 4-241　网架穹顶住宅
该住宅建于 20 世纪 90 年代，位于丹麦的一个生态村中

图 4-242　福斯托姆（Fjällström）住宅
温室激发了不少建筑师对于生态效应方面的探索。将温室效应融合于建造过程中为彼此提供了不少优势。本特·沃恩（Bengt Warne）在他的几个项目中都使用了温室。在福斯托姆（Fjällström）住宅中，有三处温室，分别创造了不同的气候带：可以进行土豆和西红柿播种、种植的瑞典的夏季，可以种植葡萄的地中海气候，以及可以种植香蕉的热带气候

② 手工制造的房屋或"草根建筑"。手工制造的房屋或"草根建筑"在美国 20 世纪 60—70 年代尤为流行。这种富有想象力的自建建筑在靠近瑞典的丹麦首都哥本哈根的克里斯蒂安区也能看到。这种建筑类型被不少书记录在案，包括《手工制造的房屋》和《伍德斯托克手工之屋》。许多人都被这种非传统却极具诗意的"自己动手"的建造方式所激发。这种建筑不会很贵，因为它使用最简单和最易获得的材料建造，如木头、石头和玻璃（图 4-240）。

③ 嬉皮时代的穹顶。嬉皮时代（20 世纪 60 年代）的穹顶是被美国建筑师、机械师巴克敏斯特·富勒（Buckminster Fuller）所设计的穹顶所带动起来的。他发明了网格穹顶并坚信它将会成为最有效的覆盖大面积屋顶的材料建造方式。穹顶是一个以三角形为单元的球状建构物（图 4-241）。他在 1954 年获得了这种建构方式的专利权。世界上的第一个网格穹顶建筑于 1922 年建造在德国的耶拿。

④ 被动式太阳能建筑。被动式太阳能建筑在 20 世纪 60 到 70 年代的美国最为流行。这些建筑都朝南以玻璃围合并以重型材料建造。在此期间，美国召开了许多太阳能使用会议，并对此类建筑作了特别的强调。北欧许多国家参与了会议，并对此赋予很高的热情。然而，人们最终认识到，相对于美国其他地区，北欧的气候更接近阿拉斯加，具有良好的隔热性能的建筑比大规模使用玻璃的建筑更适合北欧的气候（图 4-242、图 4-243）。

⑤ 地下建筑。地下建筑在 19 世纪 70 年代中期十分流行（图 4-244）。那时美国建筑师马尔科姆威尔斯以生态保护为由宣传此类建筑，他宣称除了建筑的屋顶，他将不占用地面的 1 m² 来建造建筑。他出版了一本题为《地下建筑》的书，这本书开创了地下建筑在美国流行的趋势。

⑥ 自然植物和动物的巢穴。自然植物和动物的巢穴可以作为一个有趣的灵感的来源。白蚁窝的形状保证其中可以保持一个非常稳定的温度和相对湿度（图 4-245）。它们利用自然通风和地下通道来调节冷热。白天，它们可以从利用蚁窝内壁和朝南墙壁的导热来实现自然循环加热，夜间则从地面和蚁窝通道之间通过自然循环获取热量。不论外界气候如何善变，白蚁窝的温度始终保持在 28℃，相对湿度则为 90%。

5）比例、韵律和平衡

不论建筑物怎样设计，我们都会希望它们是有吸引力的。建筑常被称为凝固的音乐。结构、顺序、韵律、形式和变化都是十分重要的特征（图 4-246）。这意味着，在不同文化的不同的历史时期，人们对和谐和平衡始终保持着不懈的追求。比如说，黄金分割的出现实现了建筑形体的和谐比例。这是一种十分流行的设计手法，即将一条线分成两段（a+b），并使其中较长线段（a）的长度与整条线段长度的比值等于较短线段（b）的长度与较长

图 4-243　被动式太阳房
该太阳房由史蒂夫·贝尔（Steve Baer）设计，位于美国的亚利桑那州，其朝南玻璃立面的隔热百叶窗可以开启或关闭。窗户背后的充水煤气管可以储存太阳热

图 4-244　地下建筑
该建筑位于圣达菲（Santa Fe）新墨西哥的菲茨杰拉德（Fitzgerald）。资料源于建筑师戴维·赖特（David Wright），美国

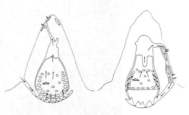

图 4-245　白蚁窝的截面
左侧的图显示白天的状况，右侧显示夜间的状况。资料源于《仿生建筑》，芬兰建筑博物馆，1995

图 4-246　非对称的建筑形体
通过以不同的方式连接建筑物，可以产生韵律和非对称的形式。因此，用相对简单的建筑形体亦能创造出有趣且各异的环境

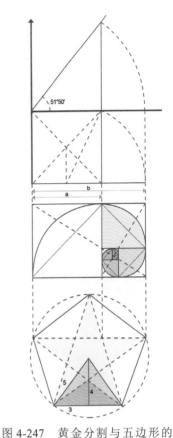

图 4-247　黄金分割与五边形的几何关系
资料源于 "Duurzaam en Gezond Bouwen en Wonen-volgens de bio-ecologische principes"，雨果·文德斯塔特（Hugo Vanderstadt），1996

线段（a）的长度的比值，即 (a+b):a=a:b。不仅如此，一个边长满足黄金分割比例的长方形可以被分成一个正方形和一个较小的长方形，而这个长方形的边长也满足黄金分隔比例……这也是一种画螺线的方法，得出的螺线与在蜗牛壳中找到的一样。用一张纸带通过逐步打结的方式可以得到一个正五角星，并且五角星的每个边都是符合黄金分割比例的（图 4-247）。这种行为有时被称为黄金或神圣几何学。对于毕达哥拉斯学派来说，五角星是一个良好的象征，他们喜欢挂一个五角星在自己家的入口处。在传统意义上，我们用圆形描述天空，用方形描述大地。相同面积或周长的圆形和方形叠合在一起时被称为"正交圆"，也意味着天和地、精神和物质是象征统一的（图 4-248）。另一个例子是从地球上看到的金星运动的轨迹是一个非常美丽的图案（图 4-249）。这就是为什么美的女神被称为维纳斯，即金星。这种图案常被使用，例如教堂的窗户。

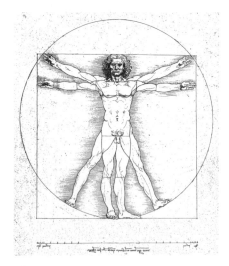

图 4-248 　正交圆，天地合一
插图为列奥纳多·达·芬奇（Leonardo da Vinci）绘制

图 4-249 　从地球上看到的金星划过天空的运动轨迹
资料源于《太阳系——随机或隐藏的结构》，约翰·马蒂诺（John Martineau），2001

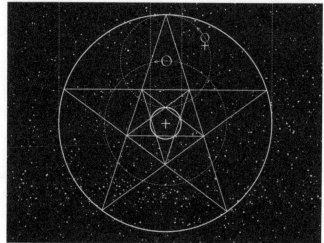

[1]   Allard Francis. Natural Ventilation in Buildings: A Design Handbook, European Commission Directorate General for Energy Altener Program[M]. London: Earthscan, 2003.

[2]   Allen Paul, Todd Bob. Off the Grid: Managing Independent Renewable Energy Systems[M]. Wales: Centre for Alternative Technologies/ CAT Publications, 1995.

[3]   Allin Steve.Building with Hemp[M]. Ireland: Seed Press, 2005.

[4]   Anderson Jane, Shiers David, Sinclair Mike. The Green Guide to Specification[M]. Oxford: Blackwell Science, 2002.

[5]   Anink David, Boonstra Chiel, Mak John. Handbook of Sustainable Building: An Environmental Preference Method for Selection of Materials for Use in Construction and Refurbishment[M]. Landon: James & James London Ltd., 1996.

[6]   Architects Council of Europe. A Green Vitruvius: Principles and Practice of Sustainable Architectural Design[M]. London: James & James London Ltd., 1999.

[7]   Arendt Randall, et al. The Charter of New Urbanism[M].New York: McGraw-Hill, 2000.

[8]   Baggs Sydney, Baggs Joan. The Healthy House: Creating a Safe, Healthy and Environmentally Friendly Home[M]. London: Thames and Hudson, 1996.

[9]   Baker N, Fanchiotti A, Steemers K. Daylighting in Architecture: A European Reference Book[M].London: James & James London Ltd., 1993.

[10]   Bear Steve. Sunspots: An Exploration of Solar Energy Through Fact and Fiction[M]. Mayne Island and Seattle Cloudburst Press, 1979.

[11]   Behling Sophia, Behling Stefan. Sol Power: The Evolution of Solar Architecture[M]. Munich: Prestel Verlag, 1996.

[12]   Bell Graham. The Permaculture Way: Practical Steps to Create a Self-Sufficient World[M]. London: Thorsons, 1992.

[13]   Berg Per G. Timeless City-land: Building the Sustainable Human Habitat[M]. Uppsala: Baltic University Press, 2009.

[14]   Berge Bjørn. The Ecology of Building Materials[M].2nd ed. Oxford: Architectural Press (Elsevier), 2009.

[15]   Betsky Aaron. Landscrapers: Building with the Land[M]. London: Thames and Hudson, 2002.

[16]   Boericke Art, Shapiro Barry. Handmade Houses: A Guide to the Woodbucher's Art[M]. San Francisco: Scrimshaw Press, 1973.

[17]   Boyle Godfrey, Harper Peter. Radical Technology[M]. New York: Pantheon Books, 1976.

[18]   Brodersen Leif, Kraft Per. Architectural Technology—A Survey of Contemporary Construction Structures and Materials[Z]. Stockholm: Royal Institute of Technology （KTH） School of Architecture, 2005.

[19]   Brown Lester R. Eco-Economy: Building an Economy for the Earth[M].[S.l.]: Norton Books, 2001.

[20]   Calthorpe Peter. The Next American Metropolis: Ecology, Community and the American Dream[M]. Princeton : Princeton Architectural Press, 1993.

[21]   Compagno Andrea. Intelligent Glass Facades: Material Practice Design[M]. Basel: Birkhäuser, 1999.

[22]   Day Christopher. Building with Heart: A Practical Approach to Self and Community Building[M]. Cambridge: Green Books, 1990.

[23]   De Asiain, Jaime Lopez. Open Spaces in the EXPO 92[Z]. Seville: The Superior Technical School of Architecture, 1992.

[24]   Dethier Jean. Down to Earth: Mud Architecture—An Old Idea, a New Future[M]. London: Thames and Hudson, 1981.

[25]   Douglas Sholto J, Hart A D J. Forest Farming: Towards a Solution to Problems of World Hunger and Conservation[M]. London: Watkins, 1972.

[26]   Dreiseitl Herbert, Gran Dieter, Ludwig Karl H C. Waterscapes: Planning, Building and Designing with Water[M]. Basel: Birichauser Verlag, 2001.

[27]   Edwards Brian, Turrent David. Sustainable Housing: Principles and Practice[M]. New York: E. & F.N. Spon, 2000.

[28]   Ekman Bo, Rockstrom Johan, Wijkman Anders. Grasping the Climate Crisis: A Provocation from the Tällberg Foundation[M]. Stockholm: Tällberg Foundation, 2009.

[29]   Falkenberg Haike. Eco Architecture — Natural Flair[M]. Cologne: Evergreen, 2008.

[30]   Fathy Hassan. Architecture for the Poor[M].Chicago: University of Chicago Press, 1973.

[31]   France Robert L. Wetland Design: Principles and Practices for Landscape Architects and Land-Use Planners[M]. London: W. W. Norton & Company Ltd., 2003.

[32]   Fromonot Francoise. Glenn Murcott: Works and Projects[M]. London: Thames and Hudson, 1997.

[33]   Gaffron Philine, Huismans Géand, Skala Franz. Ecocity: Book I, A Better Place to Live[M]. Vienna: Facultas Verlags- und Buchhandels AG, 2005.

[34]   Gaines Jeremy, Jäger Stefan. A Manifesto for Sustainable Cities: Think Local, Act Global[M]. Munich: Prestel Verlag, 2009.

[35]   Gauzin-Müller Dominique. Sustainable Architecture and Urbanism: Concepts, Technologies, Examples[M]. Basel: Birkhäuser, 2002.

[36]   Gauzin-Müller Dominique. Sustainable Living: 25 International Examples[M]. Basel: Birkhäuser, 2006.

[37]   Gehl Jan. Life Between Buildings: Using Public Space[M]. Copenhagen: Arkitektens Forlag/ Danish Architectural Press, 2001.

[38]   Granstedt Artur, Thomsson Olof, Schneider Thomas. Environmental Impact of Eco-Local Food Systems, Final Report from BERAS Work Package 2 [R]. Uppsala: Baltic Ecological Recycling Agriculture and Society （BERAS） / Uppsala University, 2005.

[39]   Grindheim Barbro, Kennedy Declan. Directory of Eco-villages in Europe[M]. Steyrberg: Global Eco-village Network Europe, 1998.

[40]   Halliday Sandy. Sustainable Construction[M]//Hart Robert. Forest Gardening. UK: Green Books, 1988.

[41]   Herzog Thomas. Solar Energy in Architecture and Urban Planning [M]. Munich: Prestel Verlag, 1996.

[42]   Herzog Thomas. Architecture + Technology[M]. Munich: Prestel Verlag, 2000.

[43] Holdworth Bill, Sealey Antony F. Healthy Buildings: A Design Primer for a Living Environment[M]. London: Longman Group, 1992.

[44] Houben Hugo, Guillard Hubert. Earth Construction: A Comprehensive Guide[M]. London: CRA Terre-EAG, Intermediate Technology Publications, 1994.

[45] Howard Ebenezer. Garden Cities of Tomorrow[M]. London: Faber and Faber, 1902 [1965].

[46] Ingram Colin. The Drinking Water Book: A Complete Guide to Safe Drinking Water[M]. Berkeley, CA: Ten Speed Press, 1991.

[47] Jackson Hildur, Svensson Karen. Ecovillage Living: Restoring the Earth and Her People[M]. Combridge: Green Books, 2002.

[48] Japan Sustainable Building Consortium. CASBEE Manual, Comprehensive Assessment System for Building Environmental Efficiency: Design for Environment Tool[Z]. Tokyo: Institute for Building and Energy Conservation, 2003.

[49] Johansson Thomas B, Bodlund Birgit, Williams Robert H. Electricity: Efficient End-Use and New Generation Technologies and Their Planning Implications[M]. Lund : Lund University Press, 1989.

[50] Johnston Jacklyn, Newton John. Building Green: A Guide to Using Plants on Roofs, Walls and Pavements[Z]. London: London Ecology Unit, 1991.

[51] Kahn Lloyd. Shelter[M]. London: Random House, 1973.

[52] Kennedy Margrit, Kennedy Declan. Designing Ecological Settlements, European Academy of the Urban Environment[M]. Berlin: Dieter Reimer Verlag, 1997.

[53] Kourik Robert. Designing and Maintaining Your Edible Landscape Naturally[M]. Santa Rosa, CA: Metamorphic Press, 1986.

[54] Krygiel Eddy, Nies Bradley. Green BIM: Successful Sustainable Design with Building Information Modeling[M].New York: Wiley Publishing, 2008.

[55] Kvarnström Elisabeth, et al. Urine Diversion: One Step Towards Sustainable Sanitation[M]. Stockholm: Eco San Res Publication Series/ Stockholm Environment Institute（SEI）, 2006.

[56] Lambertini Anna, Leenhardt Jacques. Vertical Gardens: Bringing the City to Life[M]. London: Thames and Hudson, 2007.

[57] Lloyd Jones David. Architecture and Environment: Bioclimatic Building Design[M]. London: Laurence King Publishing, 1998.

[58] Lopez Barnett Dianna, Browning William D. A Primer on Sustainable Building[Z]. Colorado: Rocky Mountain Institute, 1995.

[59] Lyle John Tillman. Regenerative Design for Sustainable Development[M]. New York: John Wiley & Sons, 1994.

[60] Lynch Kevin. Site Planning[M.3rd ed. Cambridge: MIT Press, 1984.

[61] Malbert Björn. Ecology-Based Planning and Construction in Sweden[Z].Sweden:The Swedish Council for building Research, 1994.

[62] McNicholl Ann, Lewis Owen. Green Design: Sustainable Building in Ireland[Z]. Dublin: University College Dublin, 1996.

[63] Melet Ed. Sustainable Architecture: Towards a Diverse Built Environment[M]. Rotterdam: NAI Publishers, 1999.

[64] Minke Gernot. Earth Construction Handbook: The Building Material Earth in Modern Architecture[M]. Southampton: WIT Press, 2000.

[65] Minke Gernot, Mahlke Friedemann. Building with Straw: Design and Technology of a Sustainable Architecture[M]. Basel: Birkhäuser, 2005.

[66] Mollison Bill, Slay Reny Mia. Introduction to Permaculture[M]. Tyalgum: Tagari Publications, 1991.

[67] Morrow Rosemary. Earth User's Guide to Permaculture[M]. Sydney: Kangaroo Press, 1993.

[68] Mostaedi Arian, Broto Caries, Minguet Josep. Sustainable Architecture: Low Tech Houses[M]. Barcelona: Gingko Press, 2002.

[69] Ndubisi Forster. Ecological Planning: A Historical and Comparative Synthesis[M]. Baltimore: Johns Hopkins University Press, 2002.

[70] Oesterle Eberhard, et al. Double-Skin Facades: Integrated Planning[M]. Basel: Prestel Verlag, 2001.

[71] Oijala Matti. An ECO Architectural Guide: A Summary of Ecological Building in Southern Finland [Z]. [S.l.]: SAFA Finland, 2001.

[72] Olgyay Victor. Design with Bioclimatic Approach to Architectural Regionalism[M]. Princeton: Princeton University Press, 1963.

[73] Olivier Paul. Encyclopedia of Vernacular Architecture of the World[M]. Cambridge: Cambridge University Press, 1997.

[74] Pallasma Juhani. Eläinten Arkkitehtuuri （Animal Architecture） [Z]. Helsinki: Museum of Finnish Architecture, 1995.

[75] Papanek Viktor. The Green Imperative: Ecology and Ethics in Design and Architecture[M].London: Thames and Hudson, 1995.

[76] Pfaffenrott Jens. Enhancing the Design and Operation of Passive Cooling Concepts[M]. Stuttgart: Frauenhofer IRB Verlag, 2004.

[77] Pratt Simon. The Permaculture Plot: The Guide to Permaculture in Britain[M]. East Meon: Permanent Publications, 1996.

[78] Preisig H R, Dubach W, Kasser U, et al. Ecological Construction Practice: A—Z Manual for Cost-Conscious Clients[M]. Zurich: Werd Verlag, 2001.

[79] Reinberg Georg W. Architecture by Georg W Reinberg[Z]. Firenze: Alinea, 1998.

[80] Richards J M, Saregeldin I, Rasdorfer D. Hassan Fathy[Z]. [S.l.]: Concept Media, 1985.

[81] Ridderstolpe Peter. Wastewater Treatment in a Small Village: Options for Upgrading[Z]. Uppsala: WRS （Water Revival Systems） , 1999.

[82] Roaf Sue, Fuentes Manuel, Thomas Stephanie. Ecohouse 2: A Design Guide[M]. Oxford: Architectural Press （Elsevier） , 2003.

[83] Roodman David Malin, Lenssen Nicholas. A Building Revolution: How Ecology and Health Concerns Are Transforming Construction[Z]. [S.l.]: Worldwatch Paper No 124, 1995.

[84] Ruano Miguel. Eco Urbanism: Sustainable Human Settlements, 60 Case Studies[M]. Barcelona: Gustavo Gilli, 1999.

[85] Rudofsky Bernard. Architecture Without Architects[M]. New York: Doubleday, 1964.

[86] Ryden Lars, Andersson Magnus, Migula Pawel. Understanding, Protecting, and Managing the Environment in the Baltic Sea[M]. Uppsala: Baltic University Press, 2003.

[87] Sartogo Francesca. Saline Ostia Antica: Ecological UrbanPlan with a 93% Integration of Renewable Energies Ecology and Architecture[Z]. Firenze: Alinea, 1999.

[88] Schiffer Herbert. Shaker Architecture[M]. Pennsylvania : Schiffer Publishing Ltd., 1979.

[89] Schmitz-Günter Thomas. Living Spaces: Ecological Building and Design[M]. Cologne: Konemann, 2000.

[90] Sick Friedrich, Erge Thomas. Photovoltaics in Buildings: A Design Handbook for Architects and Engineers[M]. London: James & James London Ltd./Germany: Frauenhofer Institute, 1996.

[91] Smith Peter F. Architecture in a Climate of Change: A Guide to Sustainable Design[M]. Oxford: Architectural Press（Elsevier）, 2001.

[92] Steel James. Sustainable Architecture: Principles, Paradigms and Case Studies[M]. New York: McGraw-Hill, 1997.

[93] Steineck S, Carlsson G, Gustafson A, et al. Approaches to sustainable agriculture II: Good agricultural practice[M]// Bodin B, Ebbersten S. A Sustainable Baltic Region, Session 4, Food and Fibres. Sustainable Agriculture, Forestry and Fishery. Uppsala: The Baltic University, Swedish University of Agricultural Sciences, 1997: 37-40.

[94] Stiburek Joseph, Carmody John. Moisture Control Handbook: Principles and Practices for Residential and Small Commercial Buildings[M]. New York: Van Nostrand Reinhold, 1993.

[95] Strong Steven J, Scheller William G. The Solar Electric House: Energy for the Environmentally Responsive, Energy-Independent Home[M]. Massachusetts: Sustainability Press, 1993.

[96] Taylor John S. Commonsense Architecture: A Cross-Cultural Survey of Practical Design Principles[M].[S.l.]: Norton Books, 1983.

[97] Theresia de Maddalena Gudrun, Schuster Matthias. Go South— Das Tübinger Modell[M]. Tübingen and Berlin: Ernst Wasmuth Verlag, 2005.

[98] Thoman Randall. Environmental Design: An Introduction for Architects and Engineers[M]. London: E. & F. N. Spon, 1996.

[99] Todd Nancy Jack, Todd John. From Eco-Cities to Living Machines: Principles of Ecological Design[M]. Berkeley, CA: North Atlantic Books, 1994.

[100] Todd Nancy Jack, Todd John. Tomorrow is Our Permanent Address[M]. New York: Harper & Row, 1979.

[101] Tong Zhang. Green North: Sustainable Urbanism and Architecture in Scandinavia[M]. Nanjing: Southeast University Press, 2009.

[102] Turner Bertha. Building Community: A Third World Case Book[M. London: Building Community Books, 1988

[103] Unwin Raymond. Town Planning in Practice[M].New York: Princeton Architectural Press, 1996.

[104] Vale Brenda, Vale Robert. The Autonomous House: Design and Planning for Self-sufficiency[M]. London: Thames and Hudson, 1975.

[105] Vale Brenda, Vale Robert. Green Architecture: Design for an Energy-Conscious Future[M]. London: Bulfinch Press, 1991.

[106] Van der Ryn Sim, Calthorpe Peter. Sustainable Communities: A New Design Synthesis for Cities, Suburbs and Towns[M]. San Francisco: Sierra Club Books, 1991.

[107] Van der Ryn Sim, Cowan Stuart. Ecological Design[M]. Washington, DC: Island Press, 1996.

[108] Van Hal Anke. Beyond the Backyard: Sustainable Housing Experiences in their National Context[M]. The Netherlands: Aeneas, 2000.

[109] Von Weizsacker Ernst, Lovins Amory, Lovins Hunter. Factor Four: Doubling Wealth, Halving Resource Use— The New Report to the Club of Rome[M]. London: Earthscan, 1997.

[110] Walter Bob, Arkin Lois, Crenshaw Richard. Sustainable Cities: Concepts and Strategies for Eco-City Development[M]. Los Angeles: Eco-Home Media, 1992.

[111] Watkins David. Urban Permaculture: A Practical Handbook for Sustainable Living[M].London: Permanent Publications, 1993.

[112] Watson Donald. Climatic Design: Energy-Efficient Building Principles and Practices[M]. New York: McGraw-Hill Book Company, 1983.

[113] Weismann Adam, Bryce Katy. Building with Cob: A Step-By-Step Guide[M]. London: Green Books, 2006.

[114] Wells Malcolm. Underground Designs[M]. Andover: Brick House Publishing Company, 1981.

[115] Whitefield Patrick. Permaculture in a Nutshell[M].London: Permanent Publications, 1993.

[116] Wilhide Elizabeth. ECO: The Essential Source-book for Environmentally Friendly Design and Decoration[M]. London: Quadrille Publishing Ltd., 2002.

[117] Winblad Uno, Simpson-Hebert Mayling. Ecological Sanitation[M]. Stockholm: Stockholm Environment Institute, 2004.

[118] Wines James. Green Architecture[M]. Cologne: Taschen, 2000.

[119] Wizelius Tore. Developing Wind Power Projects, Theory and Practice[M]. London: Earthscan, 2006.

[120] Woolley Tom. Natural Building: A Guide to Materials and Techniques[M]. Ramsbury: The Crowood Press, 2006.

[121] Zeiher Laura C. The Ecology of Architecture: A Complete Guide to the Environmentally Conscious Building[M]. New York: Whitney Library of Design, 1996.

小贴士 0-1　2003 年瑞典建筑业的环保计划 /021

小贴士 0-2　瑞典生态建筑的历史 /028

小贴士 1-1　不同种类木材的用途 /042

小贴士 1-2　涂料中应当避免使用的成分 /097

小贴士 1-3　室内环境的要求 /117

小贴士 1-4　环境友好型通风系统的原则 /123

小贴士 1-5　瑞典采用自然通风的建筑例子 /133

小贴士 1-6　关于建立良好电磁环境的建议 /137

小贴士 2-1　瑞典的低能耗建筑实例 /203

小贴士 2-2　被动式住宅标准：Passivhus［由建筑
　　师汉斯·艾克（Hans Eek）注册的瑞典商标］/206

小贴士 2-3　被动式住宅实例 /207

小贴士 2-4　被动式建筑实例 /208

小贴士 2-5　建筑实例 /224

小贴士 2-6　现代玻璃建筑 /228

小贴士 2-7　被动式太阳房案例 /229

小贴士 2-8　被动制冷的现代实例 /233

小贴士 2-9　电器新技术 /241

小贴士 2-10　可持续生活方式的厨房 /242

小贴士 2-11　新光源 /249

小贴士 2-12　地窖 /258

小贴士 2-13　直接驱动泵 /271

小贴士 3-1　未来的热泵 /329

小贴士 3-2　太阳能电池利用实例——光伏和建筑一
　　体化设计 /355

小贴士 3-3　未来标准 /358

小贴士 3-4　大规模污水分离 /360

小贴士 3-5　四种小型本地污水净化系统 /364

小贴士 3-6　沼气的使用 /376

小贴士 4-1　环境影响评估 /409

小贴士 4-2　适应自然的实例 /409

小贴士 4-3　实例：斯德哥尔摩安德斯坦雪登
　　（Understenshöjden）/414

小贴士 4-4　瑞典的气候适应性 /424

小贴士 4-5　欧洲的生态城市 /450

小贴士 4-6　花园城市 /452

小贴士 4-7　规划可持续城市 /460

小贴士 4-8　马略卡岛的帕尔玛（西班牙）的扩展
　　规划 /461

小贴士 4-9　环境改造的实例 /488

后 记

今夜，在南京的夜空能清晰地看见北斗七星，这让我想起10年前的冬夜，在瑞典北极圈内的树林里看到的绚烂极光。

跟这个遥远国家的联系，起源于与瑞典皇家理工学院（KTH）何颖方老师和伊沃·马丁奈克（Ivo Martinac）教授在杭州郊区东明山居工地的见面。我们聊起建筑与环境的未来，激发起了我去这个世界上环境控制最为先锋的国家学习和交流的愿望。由此，我才促成了东南大学建筑学院与瑞典皇家理工学院产业生态系的跨学科交流。

2006年7月在KTH访问研究期间，经罗纳德·维纳斯坦（Ronald Wennersten）教授推荐，我读了Byggekologi（Building Ecology），这是我读过的关于这一领域知识体系最为全面的著作。后来见到了作者瓦尔斯·博卡德斯（Varis Bokalders）和玛利亚·布洛克（Maria Block），通过与这两位谦逊温和的建筑师的交谈，我意识到国内建筑学教育知识面的偏狭，也催生了要把这些先进思想和技术介绍到中国的想法。

2009年翻译工作正式启动。感谢罗纳德·维纳斯坦教授在此期间所做的协调和组织工作，他还从欧盟Urban-NET计划中申请了专项经费来支持这项翻译和研究工作，使得团队中的年轻学子得以赴北欧亲身学习和体验书中的优秀案例。特别感谢何颖方老师，她在我们两个学校之间架设起了桥梁，十几年来无私地帮助每一位去KTH访问学习的老师和学生。没有她细致入微的关心和大量繁杂的事务协调，这远隔千里的跨学科国际交流无从开始，也无以为继。顾震弘老师一直是整个研究团队的中间核心，尤其是在后期，他在十几个人提供的参差不齐的翻译稿中反复校对，组织平衡各专业的内容，整理插图，使这部著作得以最后成稿。

参加本书翻译工作的研究团队包括东南大学建筑学院的三届研究生，他们是赵玥、爨博宁、庞莹、陆昊、职朴、周晔、郑金兰、周艺南、陈晓娟、李沂原、熊玮、吕彬、马丹红和赵茹梦同学在后期的图版和文字整理中做了大量的工作；此外，栗茜、叶华、陈学实、顾鹏、郭文博、韩晓斐、靳锦、孙宏、张吉宇、邵如意、向子禹、熊侦宇、姜维正、杨鹏、虞晗、韩岗等同学在课程学习中也参与了翻译工作。

本书综合了与房屋建筑室内外环境相关的多个专业的知识，虽然内容多以北欧国家的技术经验为参照，却经历了剧烈城市化历程、建筑环境质量与性能亟待提升、为迫切寻求城乡建设可持续发展之路的中国，提供了重要的借鉴。本书的翻译工作历经七年，在此期间建筑环境知识、技术和产品设备不断更新，原作者及时提供了新的版本。由于本书内容涉及的知识面远远超过了传统建筑学的范畴，参加翻译工作的师生大多是建筑学专业背景，虽然努力补缺，却难免疏漏和生涩。书被催成墨未浓，读者在阅读中发现错漏之处，请不吝赐予指正。

本项目研究获得国家自然科学基金重点项目"长江三角洲地区低碳乡村人居环境营建体系研究"（51238011）子课题"低碳乡村建筑设计策略与风貌研究"资助。

张 彤

2017年1月，南京坐看山房